铁矿山规划生态环境保护对策

——以鞍钢老区铁矿山改扩建规划项目为例

邓鹏宏　蒋国胜　主编

北　京
冶金工业出版社
2014

内 容 简 介

　　本书共分 10 章，内容包括引言，鞍钢老区铁矿山规划现状调查与评价，重点环境影响因素识别、筛选与预测研究，生态承载力与规划区生态综合整治对策，水资源承载力与规划节水对策，保障生态安全与防范环境风险的对策机制，土地、地质与景观环境的空间控制对策，清洁生产机制与资源综合利用对策，铁矿山生态保护对策的经济分析，铁矿山规划生态保护执行总结。

　　本书可供高等院校环境学科类学生、铁矿山生态环境保护领域的工作人员阅读参考。

图书在版编目（CIP）数据

铁矿山规划生态环境保护对策：以鞍钢老区铁矿山改扩建规划项目为例/邓鹏宏，蒋国胜主编. —北京：冶金工业出版社，2014.1

ISBN 978-7-5024-6429-5

Ⅰ.①铁…　Ⅱ.①邓…　②蒋…　Ⅲ.①铁矿床—矿山规划—生态环境—矿区环境保护—研究—鞍山市　Ⅳ.①X322.231.3

中国版本图书馆 CIP 数据核字（2013）第 263006 号

出　版　人　谭学余
地　　　址　北京北河沿大街嵩祝院北巷 39 号，邮编 100009
电　　　话　(010)64027926　电子信箱　yjcbs@ cnmip. com. cn
责任编辑　杨盈园　王雪涛　美术编辑　彭子赫　版式设计　孙跃红
责任校对　卿文春　责任印制　牛晓波
ISBN 978-7-5024-6429-5
冶金工业出版社出版发行；各地新华书店经销；三河市双峰印刷装订有限公司印刷
2014 年 1 月第 1 版，2014 年 1 月第 1 次印刷
787mm×1092mm　1/16；23.5 印张；30 彩页；659 千字；362 页
95.00 元

冶金工业出版社投稿电话：(010)64027932　投稿信箱：tougao@ cnmip. com. cn
冶金工业出版社发行部　电话：(010)64044283　传真：(010)64027893
冶金书店　地址：北京东四西大街 46 号(100010)　电话：(010)65289081(兼传真)
　　　　　（本书如有印装质量问题，本社发行部负责退换）

参加单位与编写人员

鞍钢集团矿业公司：

    刘忠卫   王海龙   王景乐

北京京诚嘉宇环境科技有限公司：

    杨晓东   张 红   姜 琪   郭兆成

沈阳环境科学研究院：

    刘洪雯   方晓明

保定中冶资源与环境研究中心：

    常凤池   刘 淼

序

资源与环境是人类赖以生存的两大问题。资源是人类生存的物质基础，离开资源人类无法生存。环境直接影响着人类的生存质量。矿产资源是现代工业和现代农业生产的基础，离开了矿产资源，国民经济无法运行。但资源的开采大多会给环境带来某种危害，破坏自然界的生态平衡，如何做到既满足经济发展对矿产资源的需求，又最大限度地保护环境，是我们面临的重大课题。中国几十年的工业化进程伴随着大规模的矿业开发，在满足工业化需求的同时，也造成了不可小觑的环境破坏；被破坏的环境正损害着人们的生活质量，威胁着人们的健康。这个问题在许多老矿山、老工业基地显得十分突出。因而，如何治理老矿山开采、老工业基地的发展带来的环境问题有着十分重要的意义。

在"鞍钢老区铁矿山改扩建规划项目"各项成果基础上整理完成的《铁矿山规划生态环境保护对策——以鞍钢老区铁矿山改扩建规划项目为例》一书，在大量调查取得的实际资料的基础上，分析了铁矿山开发对生态环境的影响、对地表水、地下水环境的影响、对大气环境的影响、对地质环境的影响，给出了环境影响的综合评价，在此基础上提出了铁矿山土地复垦与生态系统恢复重建的对策、水污染控制与水资源保护措施、地质环境治理对策，进而提出了铁矿山的清洁生产与资源的综合利用问题，不失为一本有关老矿山环境治理与保护的好书。如果其他新老矿山都能这样对待矿山开发带来的环境问题，那将是一大幸事，将会为我国社会经济的可持续发展做出大的贡献。

谢学锦

中国科学院院士

2013 年 8 月 22 日

前　言

　　本书是在"鞍钢老区铁矿山改扩建规划项目"的各项成果基础上整理完成的，自2011年底开始，历时一年有余。承蒙鞍钢集团公司、鞍钢集团矿业公司、北京京诚嘉宇环境科技有限公司领导、同仁的支持，本书在规划项目申请报告文本、环境影响评价文件、环境保护规划、生态环境治理规划等相关前期文件的基础上，提炼了铁矿山生态环境保护对策研究的生态调查、生态环境影响因素识别、生态安全、矿山地质、景观格局、空间控制到生态保护对策经济分析等内容。作为在铁矿山领域探索性的案例研究，本书旨在抛砖引玉，吸引更多的同行专家参与，共同推进我国铁矿山生态环境保护的水平。本书可供高等院校环境学科类学生、铁矿山生态环境保护领域的工作人员阅读参考。

　　感谢中国科学院谢学锦院士百忙之中为本书作序。

　　本书凝结了多家相关单位和众多工作人员大量的辛勤劳动。各章节撰写人员分别为：第1章、第10章，蒋国胜、张红；第2章、第3章，常凤池、刘洪雯、刘晓刚、郭兆成、方晓明、游春、熊樱、伯鑫、吴铁、王海龙、刘加刚；第4~8章，常凤池、方晓明、吴铁、刘洪雯、郭兆成、蒋国胜、刘嵘、吕爱玲、刘小温、刘坤坤、韩志军、刘淼、叶友斌、王璐璐；第9章，蒋国胜、刘小温。

　　在项目成果报告和本书编写过程中得到了辽宁省环保厅的指导，得到辽宁省鞍山市政府鞍钢办、环保局、国土局、发改委、规划局、林业局、水利局等有关部门，辽阳市政府办、环保局、国土局、发改委、文化广播新闻局等有关部门的指导与支持，得到辽阳县政府、鞍山市千山区政府、千山风景区管理委员会、鞍山市规划设计院、鞍钢集团安全环保部、鞍钢集团矿业设计院等有关部门、单位的支持与帮助，在此谨致谢意。

　　由于时间仓促，加之笔者水平有限，不妥之处在所难免，敬请读者批评指正。

编　者

2013 年 8 月于北京

目　录

1 引 言

1.1 项目由来与规划研究意义

1.1.1 矿山环境影响的生态本质

矿产开发是采矿、选矿活动的总称，是地壳内或地表开采矿产资源的技术和科学，其实质是一种物料的选择性采集和搬运过程。这一过程包括岩石破碎、松散物料运移、流体输送、废弃物排放等，导致了大量废弃地存在，引起了诸多的生态环境问题。

矿山的地域特征总体上是连片的面状或串珠状的范围，"面"是矿山各因子紧凑布局组成的整体矿山设施，"珠"是采场、排土场、尾矿库、选矿厂等设施，"线"是铁路、公路、胶带和各类管线。矿山开发前后的空间变化是"斗转星移"，露天采场的高山经深凹开采为深谷洼地，地下采场形成地下空洞或地表塌陷区，排土排岩场、尾矿库则是将山谷、平原变为山峰。矿山开发前后不仅植被与土壤等表征因素发生变化，人工生态对自然生态发生简单替代；矿区地质环境、水资源条件、生态系统的完整性和生态体系结构也随之发生了整体性变化。这些变化作为一种形态单独存在，同时又相互关联，总体而言具有综合性、区域性的特点。

矿山影响的生态系统包括自然生态系统，与环境相关，主导类型各异，由矿区向外延伸；伴随城市的发展还会影响作用于城乡规划，影响城乡生态系统。城乡生态系统牵涉社会经济各方面，其中影响人群的因素涉及健康、安全和生活质量，隶属于所在的自然或农业、城市生态系统，对其深入探讨超乎通常意义上的城市环境保护，已进入社会学范畴。

矿山的环境质量与各环境要素影响，广义上也可看做是对各生态系统因子的单一指标体系的影响。

由此看来，矿山环境影响的类型纷繁复杂，成因也包含多个方面，但其影响的最终结果均表现为生态后果和区域性、系统性的影响。

1.1.2 铁矿山生态保护措施研究的重要意义

矿产资源是工业生产的基础。钢铁产业、有色金属产业、材料工业等的发展，进一步带动了金属矿山的加快开发，其中铁矿山是伴随我国钢铁工业的迅猛发展，作为战略资源在近期实施开发的重点内容。它与非金属矿山不同，具有金属矿山的"用精排废"的物料交换特征：选、冶规模大且工艺复杂，尾矿、废石产生量大，排土场、尾矿库等配套设施占地面积大；与其他有色金属矿山不同之处又在于，铁矿石是铁金属含量高而价值相对较低的贱金属，而我国铁矿石资源富矿少、贫矿多，因此铁矿山生产规模及铁矿石资源战略需求量巨大，也因此具有巨大的勘探开发远景。

　　随着近年来矿产资源勘探开发力度的不断加大，矿山生态问题日益突出，尤其是累年开发的铁矿山，存在大量历史遗留的环境欠账，矿山区域的生态环境问题不仅是制约矿山开发建设的限制性环境因素，也成为矿山企业发展生产、提高效益的"瓶颈"所在，处理和协调不当势必影响矿区社会经济的可持续发展。

　　铁矿山生态问题不仅集中表现在地面植被的破坏、地貌的改变和地质环境的恶化、景观体系的演替，也伴生水资源减少、粉尘污染、水环境污染等环境问题。这些问题有其特殊性和规律性，归结起来都是生态影响因素，或最终表现为系统性的、综合的生态环境问题，或延伸至对所在区域自然生态保护、农业生态保护乃至城市生态保护的多个环节和方面的影响。因此，矿山生态环境保护首先要从矿区生态的适宜性出发，从区域生态系统的响应后果出发，采取针对性、系统性的保护生态的对策。

　　矿山生态环境综合治理是"十二五"时期重点任务。矿山区域生态保护也是生态文明建设的重点环节和关键内容。在目前国内矿山生态保护相关研究、技术咨询与服务实践的基础上，开展矿山生态环境综合治理对策研究，提出系统性、区域性的矿山生态环境综合防治技术和整体解决方案，对于减缓生态破坏的影响，恢复、重建和再造矿山区域生态系统具有重要作用，对于打造绿色矿山、实现区域可持续发展目标具有非常重要的现实意义，也是关系到我国冶金工业可持续发展的重要课题。相关工艺技术与应用范例可为同类型金属矿山生态环境综合治理提供借鉴。

1.1.3　铁矿山规划阶段生态环境保护对策的思考

1.1.3.1　铁矿山规划生态环境保护的重点任务

　　铁矿山作为金属矿山，矿山生态问题所具有的不可逆转性、差异性、突发性、滞后性及动态空间特性的复杂性都具备，还包括大量固废处置工序形成的对生态系统完整性、景观生态的影响等，更呈现系统性、区域性的特点，生态保护的任务尤为突出和迫切。

　　长期以来，对铁矿山生产中生态环境问题的认识和管理水平严重滞后于采选技术的发展，存在较大技术发展空间。其中在规划阶段采取综合性的生态保护对策措施，对于指导下一步设计、施工，着力打造绿色矿山、实现矿山可持续发展具有重要作用。

　　基于矿山环境问题的生态后果，矿山环境综合治理与生态环境保护紧密相连。铁矿山规划的生态保护对策措施不仅包括生态环境影响减缓措施、恢复措施，服役期满排土场、尾矿库的土地复垦等措施，还包括矿山地质环境治理、水土保持、生态安全与防灾减灾、资源综合利用等多个方面。用于矿山污染防治、环境治理、地质环境保护措施因其具有明显的生态恢复效果，不仅是矿山生态保护的前提和支撑性措施，也是矿山所在区域性生态保护对策的有效组成部分。铁矿山规划的生态环境保护因而具有系统性、全面和综合性的特点。

1.1.3.2　铁矿山水资源综合利用与规划编制

　　"水账"是铁矿山规划、设计建设与运营中长期忽视的内容，无论铁矿山区域缺水或不缺水，水资源浪费都是常见的状态。这除了因为对铁矿山用、储、排水量的掌握程度及水量平衡统筹不足外，还有多项因素，如：产水单元来、补、排水因素复杂，产水量时空变幅大，降水、局部旱涝等水文情势随机性强，作用于每处设施与生产环节的效果差别也较大，向地下的渗入量难以准确计量，等等。诸多不确定性限制了水资源在矿区一定时空范围内的充分、高效利用，而矿区内输水设施及一般性的水利工程措施的技术经济水平远不足以解决节约水资源的本质问题，使铁矿山成为流域内的用水负荷，即丰水期间（如暴雨）矿山也大量排出洪水，增加泄洪压力；平水或枯水期间铁矿山生产用水不减反增，加剧水资源供需紧张趋势。

铁矿山水资源规划的提出对于节水目标的实现尤其重要，编制水资源综合利用规划有助于通过矿山区域系统性的水平衡，通过相应措施推动解决水资源时空平衡问题，达到相应的节水目标。

1.1.3.3 从空间控制看铁矿山地质环境治理

空间控制系统的建立对于梳理矿山问题的成因与确定目标是至关重要的。对铁矿山局部的空间控制无论从功能划分和景观分析来看都未能切中可能影响生态系统稳定安全的隐患因素，而单纯进行的地质灾害控制、水土保持内容又只能是细部的单一工程措施，其实施效果受到工程外部因素的影响。因此要从整个空间系统的整体效用得以保持的角度来确定地质环境乃至生态环境的综合治理，地质环境的治理也需从工艺环节开始，切忌"头痛医头、脚痛医脚"。

1.1.3.4 铁矿山生态安全与环境风险控制

国内很早就开始用"生态安全"的概念看待系统性的风险和灾害条件下生态系统自我调节、抵御和规避风险的能力。但由于铁矿山生态系统结构的特点及影响类型的复杂，迄今难以对生态安全因素进行归类分析。

灾变的随机性及矿山以人工生态为主导的生态体系稳定性的平衡是铁矿山生态安全的保障机制和硬件设施。有效的管理和监控体系是软件控制措施。

1.1.3.5 铁矿山循环经济、资源综合利用与清洁生产机制

资源综合利用也是从生产核心解决生态问题困扰的措施，采用各类资源利用措施在环境保护方面的意义体现在固废量的减少、占地的减少、水资源和能源的节约，类似于工业生产的清洁生产环节，是最终解决矿山生态环境问题的有效途径。由于能源利用效率、资源综合利用率的提高，使排土场、尾矿库容积及占地面积大幅度减少，矿山人工生态系统的稳定性提高，矿区空间管理与控制难度降低，对整个系统而言其效用（或效率）是明显提高的过程，是再造矿山生态的辅助手段和机制。在此基础上，诸如生态系统的效率等，则是可以在本研究之后引申和继续讨论的话题。

1.2 国内外相关研究与案例分析

1.2.1 国内外案例概览与研究的前瞻性

根据文献，国外对矿山废弃地的复垦工作十分重视，同类范例与核心技术研究与国内相差不大，但生态恢复及土地复垦经济投入及实施效果好于国内。1970年，德国莱茵矿区生态恢复率已达55%，美国部分矿山生态恢复率已达70%，矿山环境得到了很好保护。目前发达国家矿山生态恢复率总体在75%以上。

中国与国外相比起步较晚，土地复垦始于1950年代，至"十五"初期矿山植被复垦率不到6%，统计2009年工矿废弃地复垦率仅为12%，目前国内矿山总体土地复垦率大致在15%左右。

自"十五"以来，国家针对矿山开发环节可能产生的生态问题，发布了一系列维护生态安全、减缓生态影响的管理技术政策。"十一五"期间，针对矿山生态问题开展了多项生态恢复、保护与重建技术的相关研究，并制定技术规范。到目前为止，除国家环保部环发〔2005〕109 号《矿山生态环境保护与污染防治技术政策》外，已编制《矿山采矿生态保护与恢复标准》初稿，正在征求各部门意见；《矿山生态环境保护与恢复治理方案编制导则》已作为标准发布。总体而言，目前国内尚未正式公布矿山行业生态综合治理对策的相关规范与技术要求，对矿山生态环境保护的管理要求和技术进展主要是根据生态建设的相应指标要求，制定出针对性强的、具有可操作性的方案和规划、建议措施，在矿山生态保护实践中逐步落实各项措施环节，并摸索成熟的技术方案。

国内开展的生态综合治理工程案例多集中于非金属矿山行业，相当数量煤矿开展了区域性的生态治理与恢复，提出了生态修复的概念，并提出划定生态恢复规划区的设想，但尚未进行系统的生态综合治理与恢复规划。在金属矿山尤其是铁矿山，生态问题的成因复杂，生态保护措施与研究相对滞后，矿山的生态环境治理措施主要停留在废弃矿山的植被恢复措施方面，未提出系统性解决方案。国内系统地将治理矿山地质环境、恢复再造生态景观、节约水资源等作为生态环境综合治理的规划尚未见诸报道。

总体而言，目前国内尚未正式公布矿山行业生态综合治理对策的相关规范与技术要求，对矿山生态环境保护的管理要求和技术进展主要是根据生态建设的相应指标要求，制定出针对性强的、具有可操作性的方案和规划、建议措施，在矿山生态保护实践中逐步落实各项措施环节，并摸索成熟的技术方案。国内对金属矿山的生态环境问题的认识和管理水平严重滞后于采选技术发展，存在较大的技术发展空间。本研究提出的生态环境保护对策主要基于铁矿山规划案例，尝试做出一些有益的探索。

1.2.2　铁矿山规划案例分析

1.2.2.1　鞍钢老区铁矿山规划背景与建设内容

鞍钢集团老区铁矿山，地处铁矿资源保有储量占全国 30.9% 的辽宁省，《全国主体功能区划》中国家层面的优化开发区域"（二）辽中南地区"。集团矿业公司现有 7 座铁矿山，分别位于鞍山市区周边和辽阳市弓长岭区，自建国后逐步投入规模化生产，截至 2010 年已历经多次扩建，累计采出铁矿石 13 亿吨，大部分露天采区已转入深凹开采，井下矿已延伸到 -340m 水平。

上述 7 座铁矿山采区大多已有几十年的开采历史，随着露天矿山向深凹开采的进行，矿石产量规模呈下降趋势，在一直没有大的后续建设投入的前提下连续超产多年，也导致各矿山生产参数难以满足矿山正常生产组织要求，设备消耗上升，铁矿石产量不足造成选矿处理能力闲置，严重影响到矿山总体经济效益。同时，由于多年的超负荷生产，大部分骨干矿山已到了必须扩界和开采过渡时期，目前设计境界内的矿量已严重不足，矿山服务年限已到了相当危急的时刻，急需进行矿山项目的建设。

在"十二五"期间，鞍钢集团实施铁矿山改扩建规划，包括老矿山产能延续改造、新建矿山及选厂等主体和公用辅助设施，涉及规划区 14 个铁矿山、9 个选矿厂和 5 座尾矿库项目，其中新建铁矿山 7 座和选矿厂 3 座，改扩建老矿山 7 座、选矿厂 3 座，对两座尾矿库进行扩容；规划实施后远期（~2020 年）矿山的铁矿石总产量为 11600 万吨/a，铁精矿总产量为 3688 万吨/a，需征地 2664.41hm²。

该规划是矿业公司未来 10 年发展的总体规划，是鞍钢集团在自有矿山领域进行的自主规划，体现了目前专项规划由行业部门或企业先行、政府指导，部门与社会参与的趋势。该规划共包括铁矿山改造续建和新建、选矿厂新建扩建、尾矿库改造扩容。具体为：对前期实施的项目进行一定的配套工程建设；对正在生产的齐大山铁矿、鞍千矿业铁矿、东鞍山铁矿、大孤山铁矿、弓长岭独木采区进行改扩建，延续这些矿山的生产能力；对已完成项目前期工作的关宝山铁矿采选工程进行建设；对风水沟尾矿库和大孤山球团厂尾矿库进行扩容改造；新建张家湾铁矿、谷首峪铁矿、西鞍山铁矿及选厂、黑石砬子铁矿及选厂等。

经对"项目核准申请报告"评估后，国家发改委《关于鞍山钢铁集团公司老区铁矿山改扩建规划项目开展前期工作的复函》，同意开展该项目的前期工作。2012 年 9 月，又以发改产业 ［2012］3113 号文对该项目核准予以批复同意。

改扩建规划项目的实施，是鞍钢加快矿山，保障铁矿山稳定生产，实现自身发展战略的需要；是扩大自产精矿比例、平抑国际铁精矿市场价格，保障中国钢铁行业效益及战略安全的需要；是立足统筹规划、合理布局，解决城矿矛盾的需要；是促进地区经济发展和社会稳定的需要；是切实保护环境，促进环境、经济、社会协调发展的需要；是坚持以人为本，维护矿区周边居民权益，建设和谐社会的需要。

1.2.2.2 规划主要环境问题与生态保护任务

鞍钢老区铁矿山开发历时久，矿区开发范围与周围影响区域原有的天然生态系统已完全发生改变，受矿区开发累积影响而形成相对平衡的自然环境、生态环境系统；另外其影响范围和程度随着开采范围、规模的扩大有不断延伸和加重的趋势，历史遗留的环境问题较多，环境破坏面积大，生态恢复治理任务重，环境污染和环境风险类型复杂。因此，本规划的实施将坚持可持续发展、统筹兼顾的要求，既是促进实现集中统筹治理污染、防范环境风险的有效措施，也是构建生态安全屏障，保障区域生态安全的重要组成部分。

规划铁矿山矿区占地面积 130km²，除了与城市交接地带要与城市发展协调外，周边还与 50 多个村落接壤，其中部分农村居住区已处于矿区开发防护距离范围内，也需要在规划框架内，由矿山、政府、村民协调解决，这也是国内矿山所面临的普遍问题。解决这些问题的根本出路在于加快动迁工作，对影响范围内的村民进行搬迁和集中统一安置。规划手段作为协调安置事项必备的中间环节，将起到重要的作用。居民动迁工作也是解决村民诉求，避免重大群体事件，建设和谐社会的唯一途径。

1.3 研究内容与方法

1.3.1 研究内容

通过对铁矿山规划阶段生态保护综合治理对策、措施的研究和案例分析，研究其在水环境、景观环境、生态体系及其空间结构、生态安全与环境风险等各个方面的措施的应用，为相关矿山生态保护实践提供借鉴。

1.3.2 研究方法

本次对策研究是围绕铁矿山规划的实例展开的，结合应用过程探讨理论研究的热点，并进行了实证的分析。

1.3.3　技术路线与依托工程

1.3.3.1　研究技术路线

研究的开始是基于在系列铁矿山环境管理中进行的探索性工作,在规划阶段又能够突出项目特点进行的"规划项目环评"的实践,探索完成了《鞍山钢铁集团公司老区铁矿山改扩建规划项目环境影响报告书》,因此前期技术工作脉络基本是基于规划类的环境影响评价工作技术程序,并参考了其他相关成果。

研究工作以对策措施的探讨研究为主,在以上成果基础上对生态环境综合治理与恢复重建的矿山人工生态系统的体系与结构进行了深度挖掘,并进行了验证分析。其中的相关对策措施并不仅适用于铁矿山,对于其他有色金属矿山也有很好的借鉴意义。但基于着重实证的考虑,对适用性不做特别注明。

1.3.3.2　依托工程

将鞍钢集团老区铁矿山改扩建规划项目作为本次研究依托工程,并利用了部分项目的前期工作成果。

1.3.4　研究目标

本研究以工程实例为先导,着重讨论基于生态环境角度的矿山综合治理对策。研究目标有以下几个方面:

(1) 铁矿山生态环境问题与综合治理对策分析。

(2) 铁矿山土地复垦对策措施。

(3) 铁矿山水资源时空平衡与节水对策措施。

(4) 铁矿山区域保障生态安全与防范环境风险的对策机制。

(5) 矿区土地、地质与景观环境的空间控制对策措施。

(6) 铁矿山清洁生产机制与资源综合利用对策措施。

1.4　关键技术与适用方法

1.4.1　遥感调查方法

基于评价范围及内容的需要,本书将遥感方法分别用于中等、微观尺度,及跨越不同时期的调查,进行验证分析。以中等尺度的区域性生态调查为主,尝试将遥感数据解译判读用于特殊地物,如粉尘排放、水体、视觉景观等。

1.4.2　地质与水文地质调查试验方法

地质与水文地质的调查方法在同类工作中已有多次应用,本书探索了高密度电法应用于判读尾矿库等设施所在山体的构造渗漏等,提出预测分析。

1.4.3　系统分析方法

将铁矿山看作完整生态系统并进行系统的分析,在同类应用研究的基础上尝试将各因子与系统关联进行分析比较。生态综合治理对策不再以单项工程累加的效果评判,开始注重相互影响与促进,及提出促进总体目标最优的方案。

1.5 本报告主要结论与对策

1.5.1 规划铁矿山生态环境影响的要素与控制途径

(1) 铁矿山区域环境问题的产生有其复杂的历史原因,伴随铁矿山区域经济社会发展,各类环境问题凸现,资源开发与环境保护的矛盾日益突出。

(2) 铁矿山区域各类环境因素的影响最终表现为区域性生态系统的影响,系统控制和区域综合治理是解决矿山生态环境问题、打造绿色矿山的有效途径。

1.5.2 矿山生态环境保护的对策与措施

(1) 铁矿山规划要按照清洁生产、资源综合利用的要求,重点论述开发方案,统筹规划、设计铁矿山开发建设进程,实施包括土地复垦、节约水资源、保护地质环境、保障生态安全与防范环境风险、做好空间控制多个方面的生态环境综合治理对策与措施,解决铁矿山开发中的环境问题,减缓各类环境要素的影响。

(2) 铁矿山开发进程要贯彻环境保护的"三同时"与竣工验收制度,要按照建设绿色矿山要求,对开发进程实施观测与控制,贯彻跟踪评价与后期评估制度。

2 鞍钢老区铁矿山规划现状调查与评价

2.1 鞍钢老区铁矿山改扩建规划方案

2.1.1 矿区开发历程回顾

2.1.1.1 矿区组成及开发历史

鞍钢作为国有大型钢铁公司，截至 2008 年可以掌控的铁矿资源量约占我国已探明铁矿石储量（680 亿吨）的 13.04%，占辽宁省探明储量的 67%。通过对铁矿床深部及其外围资源潜力的详细分析，初步估计潜在资源量可达 170 亿吨（不含已探明储量）。但目前鞍钢铁矿石产量仅占全国总产量的 5.79%，尤其以鞍山及辽阳弓长岭周边的铁矿资源潜力巨大。现有的齐大山铁矿、大孤山铁矿、眼前山铁矿、东鞍山铁矿、鞍千矿业（胡家庙子）铁矿和弓长岭露天铁矿 6 座露天开采矿山，和弓长岭井下铁矿山，截止到 2009 年底累计采出铁矿石 12.4 亿吨。优良的资源储量和开采条件，为新的市场形势下扩大开采规模提供了可靠的资源保证。

鞍钢集团老区铁矿山分鞍山矿区和辽阳弓长岭矿区两个片区，本次鞍钢矿区规划露天开采类企业 10 家，其中 6 家现有企业，4 家规划企业；地下开采类企业 5 家，其中 1 家现有企业，4 家规划企业；选矿类企业 9 家，其中 6 家现有企业，3 家规划企业，详见表 2-1，彩图 2-1~图 2-3。

表 2-1 鞍钢矿区规划各矿山企业信息

序号	类别	矿区名称	现有企业	规划企业
1	露天开采类	鞍山矿区	大孤山铁矿、东鞍山铁矿、齐大山铁矿、鞍千（胡家庙子）铁矿、眼前山铁矿	西大背铁矿、碾子山铁矿、关宝山铁矿、黑石碾子铁矿
		辽阳弓长岭矿区	弓长岭露天铁矿	
2	地下开采类	鞍山矿区		西鞍山铁矿、张家湾铁矿、谷首峪铁矿、眼前山铁矿
		辽阳弓长岭矿区	弓长岭井下矿	
3	选矿类	鞍山矿区	大孤山选矿厂、鞍千选矿厂、齐大山选矿厂、调军台选矿厂、东鞍山选矿厂	西鞍山选矿厂、关宝山选矿厂、黑石碾子选矿厂
		辽阳弓长岭矿区	弓长岭选矿厂	

2.1.1.2 矿区开发进程回顾

依据鞍山钢铁集团矿业公司生产年报等基础数据资料，统计分析后得到采场、选矿规模及其变化。

A 采场

鞍钢矿业公司现有矿山包括弓长岭铁矿、大孤山铁矿、东鞍山铁矿、齐大山铁矿、眼前山铁矿、鞍千矿业等。2000～2009年，随着市场需求的不断增加，鞍山地区、弓长岭地区开采量逐渐增加，铁矿石产量随之增加。

各矿山铁矿石产量均有所增加，2006～2008年产量有显著提高。多数矿山不能完成年度定额，需外购铁矿石完成任务，这就需要寻找接替矿山维持产能。

采场生产技术参数及其变化：

由于各矿区开采情况不同，剥采比也不同。2009年，大孤山、东鞍山铁矿处于扩产前准备阶段，剥离量有所上升。眼前山铁矿露天转地下，露天剥离量减少。受到矿山地质条件的影响，各矿山年度间剥采比变化较大。

矿石采出品位均在30%左右，属贫铁矿，除鞍千、弓长岭井下矿外，品位逐年下降，矿石开采难度不断增加。鞍千矿山为新开采矿山，矿石采出品位逐年提高。弓长岭井下矿矿石采出品位变化较大，这与矿石赋存条件有关。

矿山开采的回采率多在95%以上，开采贫铁矿为主，易采矿山与东鞍山等难采矿山兼顾，维持矿山服务年限，矿山开采技术水平和开采管理水平较高，矿石中铁资源利用程度较高。2000～2006年，弓长岭露天开采矿山回采率较低，在88%左右，较其他矿山明显低一些，2007年以后，采取设备更新及技术改造等措施后，开采技术水平及开采回采率有所提高。

2000～2005年间，矿石贫化率变化不大，2006年、2007年各矿山技术改进后，矿石贫化率下降明显，使最终产品质量提高，企业经济效益增加。

B 选厂

在过去十年间，矿山配套工程选矿厂有些已停产，有些新建，现在生产的选矿厂有大选磁选，大选三选，大选分厂，齐欣选厂（2010年停产），东选一烧，齐选一选，齐选二选，齐矿选厂，鞍千选厂，弓长岭一选，二选，三选。

磁选工艺金属回收率较浮选工艺要高。随着矿石品位降低，选矿工艺水平也逐渐升高。原矿石品位在30%左右，精矿品位在60%以上。

2.1.1.3 矿区资源能源消耗回顾

收集矿业公司生产报表等资料，统计分析采矿、选矿资源与能源消耗。

A 采矿

部分矿山取得开采权、扩大开采规模后，铁矿石资源工业储量增加，远景储量不断减少。

露天、井下采矿的用电量和用电单耗逐年下降。露天采矿的水耗量和单耗都有所降低，井下开采的用水量和用水单耗呈现上升趋势。

B 选矿

2007～2009年，磁矿选矿工艺的用电量和用电单耗增加，赤矿选矿工艺的用电量增加，用电单耗减少。赤铁矿用水量较大。2008年，用水量最少。赤铁矿循环用水量较大，新鲜用水量和用水单耗最小。根据《清洁生产标准　铁矿采选行业》（HJ/T 294—2006）选矿电耗、水耗标准，水耗满足一级标准要求，电耗多为三级或低于三级。

2.1.2 规划内容概述

2.1.2.1 规划目标

近期目标：规划项目实施后，到2015年矿山的铁矿石产量为6950万吨/a，铁精矿总产量为2300万吨/a，新增铁精矿739万吨/a；

远期目标：到2020年矿山的铁矿石产量为11600万吨/a，铁精矿总产量为3688万吨/a，在2015年基础上新增铁精矿1388万吨/a。

2.1.2.2 规划项目名称及其规模

鞍钢矿业公司本次规划项目包括老矿山产能延续改造、新建矿山及选厂等主体和公用辅助设施。

本次规划老矿山产能延续项目有：眼前山铁矿露天转井下开采、大孤山矿二期扩建、东鞍山矿二期扩建、弓长岭矿井下矿开采、露天矿独木采区外扩开采、齐大山矿二期扩建、鞍千二期扩建等项目；

新建铁矿山项目有：鞍千铁矿西大背采区、砬子山铁矿、张家湾铁矿、谷首峪铁矿、西鞍山铁矿、关宝山铁矿、黑石砬子铁矿等项目；

老选矿厂改造项目有：大孤山三选改造、弓长岭二选改造等项目；

新建选矿厂项目有：西鞍山选矿厂、关宝山选矿厂、黑石砬子选矿厂；

尾矿库扩容项目有：大孤山选矿厂尾矿库、风水沟尾矿库扩容项目。

鞍钢矿业公司规划矿区铁矿山、选矿厂及尾矿库见表2-2。

表2-2 鞍钢矿业公司规划矿区铁矿山、选矿厂及尾矿库一览表

序号		名 称		性质	开采方式	2009年产量/×10⁴t	铁矿生产能力/×10⁴t·a⁻¹	
							近期	远期
1	矿山	鞍山	眼前山铁矿	改扩建	露天转井下	234	300	800
2			大孤山铁矿	改扩建	露天	462	700	400
3			东鞍山铁矿	改扩建	露天	456	700	700
4			齐大山铁矿	改扩建	露天	1401	1800	1800
5			鞍千铁矿 许东沟、哑巴岭采区	改扩建	露天	925	1200	1200
6			西大背采区	新建	露天	—	300	300
7			砬子山铁矿	新建	露天	—	200	200
8			张家湾铁矿	新建	井下	—	—	100
9			谷首峪铁矿	新建	井下	—	—	50
10			西鞍山铁矿	新建	井下	—	—	3000
11			关宝山铁矿	新建	露天	—	400	400
12			黑石砬子铁矿	新建	露天	—	—	1000
13		弓长岭	弓长岭井下矿	改扩建	井下	233	550	750
14			弓长岭露天矿（独木采区、何家采区）	改扩建	露天	711	800	900
合 计						4422	6950	11600

续表 2-2

序号	名称		性质	远期原矿处理能力	2009年产量/×10⁴t	精矿生产能力/×10⁴t·a⁻¹	
						近期	远期
15	选矿厂	大孤山选矿厂	改扩建	1350	286	370	370
16		鞍千选矿厂	现状	1160	219	310	310
17		齐大山选矿厂	现状	900	198	300	300
18		齐矿选矿分厂（调军台选矿厂）	现状	1440	305	480	480
19		东鞍山（东烧）选矿厂	改扩建	700	166	240	240
20		西鞍山选矿厂	新建	3000	—	—	1088
21		关宝山选矿厂	新建	400	—	120	120
22		黑石砬子选矿厂	新建	1000	—	—	230
23	弓长岭	弓长岭选矿厂	改扩建	1650	387	480	550
	合　计			11600	1561	2300	3688

序号	名称			堆存量/×10⁴m³	
				现状	远期
24	尾矿库	鞍山	大孤山球团厂尾矿库 扩容	15600	22916
25			风水沟尾矿库 扩容	17000	42781
26			金家岭尾矿库 计划征地	0	0
27			西果园尾矿库 维持现状	10721	6492
28		弓长岭	弓长岭尾矿库 维持现状	11388	18574
	合　计			54709	90763

2.1.2.3　铁矿山交通地理位置

鞍钢矿业公司本次规划项目的建设地点主要集中在鞍山周边地区和辽阳弓长岭地区。规划矿区现状及规划项目分布见彩图2-2。

2.1.3　铁矿山、排土场规划方案

2.1.3.1　矿山现状规模与内容

鞍钢集团矿业公司现有矿山包括鞍山地区齐大山、鞍千、大孤山、眼前山、东鞍山铁矿，弓长岭地区何家、独木、大砬子采场以及井下矿。现有矿山规模见表2-3，采场情况见彩图2-4，排土场规模见表2-4。

表 2-3　现有矿山规模统计表

区域	矿山名称		建设时间	开采量/×10⁴t	建设规模			开采方式
					长度/m	宽度/m	深度/m	
鞍山	齐大山		1949年	4924.1033	4500	2400	-150	露天
	鞍千	许东沟	2005年	3081.7414	1500	285	+84	露天
		哑巴岭	2005年		970	450	+84	露天
	大孤山		1949年	2645.1439	1600	1200	-270	露天
	眼前山		1949年	290.2066	1410	570~710	-159	露天转井下
	东鞍山		1950年	3269.0457	2100	1400	-38	露天

区域	矿山名称	建设时间	开采量 /×10⁴t	建设规模			开采方式
				长度/m	宽度/m	深度/m	
弓长岭	何家采场	2004 年	5674.4944	1550	950	+104	露天
	独木采场	1958 年		1950	1150	+128	露天
	大砬子采场	2004 年		800	600	+388	露天
	井下	1949 年	261.8472	—	—	-280	井下

表 2 - 4　现有排土场规模统计表

区域	矿山名称		废石场名称	废石场		备　注
				占地面积 /hm²	剩余容量 /×10⁴m³	
鞍山矿区	齐大山		胶带、汽车、铁路排土场	690	14660	3 处
	鞍千	许东沟	1 处胶带机排土场和 3 处汽车排土场	49.6219	1655	4 处
		哑巴岭	哑巴岭排土场	31.3112	0	1 处, 已用完
	大孤山		胶带、汽车、铁路排土场	479	5560	3 处
	眼前山		汽车、铁路排土场	419.2963	7400	2 处
	东鞍山		山南排土场、月明山排土场	454.1	15325	2 处
辽阳弓长岭矿区	弓长岭露天	独木采场	棋盘岭排土场、哑巴岭排土场、阳沟汽车排土场	143.5756	2950	3 处
		何家采场				
		大砬子采场				
	弓长岭井下					
合　计					53425	

2.1.3.2　近期规划项目

近期规划项目包括:

(1) 弓长岭露天矿延续开采工程, 包括独木采区和何家采区两个采区;

(2) 弓长岭井下矿延续开采工程;

(3) 眼前山铁矿露天转地下工程;

(4) 大孤山铁矿二期扩建工程;

(5) 东鞍山铁矿二期扩建工程;

(6) 齐大山铁矿二期扩建工程;

(7) 鞍千矿业 (胡家庙子) 铁矿二期开采工程;

(8) 鞍千西大背采区铁矿开采工程;

(9) 砬子山铁矿建设工程;

(10) 关宝山铁矿建设工程。

2.1.3.3　远期规划项目

(1) 张家湾铁矿建设;

(2) 谷首峪铁矿建设;

（3）西鞍山铁矿建设；

（4）黑石砬子铁矿建设。

2.1.3.4 规划铁矿山、选矿厂、尾矿库与排土场建设时序

规划铁矿山、选矿厂、尾矿库近期建设进度见表 2-5。

表 2-5 鞍钢矿业公司规划铁矿山、选矿厂、尾矿库近期建设运营时序表

序号	名　　称	年　份				
		2011	2012	2013	2014	2015
1	弓长岭露天矿延续开采工程		建设期			生产期
2	弓长岭井下矿延续开采工程		建设期			
3	眼前山铁矿露天转地下工程			建设期		生产期
4	大孤山铁矿二期扩建工程	建设期		生产期		
5	东鞍山铁矿二期扩建工程	建设期		生产期		
6	齐大山铁矿二期扩建工程			建设期		
7	鞍千矿业（胡家庙子）铁矿二期开采工程			建设期		生产期
8	鞍千西大背采区铁矿开采工程	建设期		生产期		
9	砬子山铁矿扩建工程	建设期		生产期		
10	关宝山铁矿建设工程			建设期		生产期
11	关宝山选矿厂建设工程			建设期		生产期
12	风水沟尾矿库扩容工程		建设期			生产期

近、远期排土场规划建设进度见表 2-6。

表 2-6 近、远期排土场规划建设进度安排表

项目名称＼年份	2011	2012	2013	2014	2015	2016	2017	2018	2019	2020
西大背		▨	▨	▨						
砬子山		▨	▨	▨						
关宝山				▨	▨	▨	▨	▨	▨	▨
黑石砬子						▨	▨	▨	▨	▨
张家湾			▨	▨	▨	▨	▨	▨	▨	▨
谷首峪						▨	▨	▨	▨	▨
眼前山铁矿转井下					▨	▨	▨	▨	▨	▨
齐矿二期				▨	▨	▨	▨	▨	▨	▨
东鞍山铁矿	▨	▨	▨	▨	▨	▨	▨	▨	▨	▨
大孤山铁矿	▨	▨	▨	▨	▨	▨	▨	▨	▨	▨

2.1.4 选矿厂、尾矿库规划建设方案

2.1.4.1 选矿厂现状

现有选矿厂设计生产能力、实际产量分析，见表 2-7。

表 2-7 现有选矿厂生产能力、实际产量 　　　　　　(10⁴ t/a)

选厂名称	原矿设计处理能力	精矿设计产量	实际精矿量	备　注
大孤山球团厂	1000	410	286	由于缺少铁矿资源，2010 年分厂停产，减少 140×10⁴ t/a 处理能力
东鞍山烧结厂	700	240	166	
鞍千矿业选厂	800	260	219	
齐矿选矿分厂	1440	480	305	
齐大山选矿厂	900	300	198	
弓长岭选矿厂	1650	600	387	由于缺少磁铁矿资源，2010 年一选减产，二选停产，减少 300×10⁴ t/a 处理能力
总　计	6490	2290	1561	

注：实际精矿量——2009 年实际指标测算精矿量。

2.1.4.2 选厂规划

A 关宝山选矿厂建设工程

新建关宝山选矿厂建设规模为年处理原矿 400 万吨。

粗破碎设备作业率为 56.5%，设备年运转 4950h；中、细破碎筛分系统设备作业率为 67.8%，设备年运转 5940h；磨选、浓缩、过滤、水处理、尾矿运输系统设备作业率为 90.4%，设备年运转 7920h。

本项目实施后，年产铁品位 64.5% 的铁精矿 120 万吨。

B 西鞍山选矿厂建设

年处理西鞍山贫赤铁矿石 3000 万吨，年产铁精矿 1088 万吨，精矿品位 65.19%，精矿水分小于 11%。

破碎筛分系统为三段一闭路破碎筛分流程。破碎最终产品粒度 $d_{95}=12mm$。磨矿选别系统根据"西鞍山铁矿床矿石选矿试验研究报告"推荐的试验流程，并借鉴处理类似性质矿石选厂的生产实践经验，拟采用"两段连续磨矿、粗细分选、中矿再磨、重—磁—浮"联合工艺流程。一二次连续磨矿粒度为 73.87%-0.074mm（-200 目），再磨粒度为 81%-0.074mm（-200 目）。

C 黑石砬子选矿厂建设

处理磁、赤混合铁矿石 1000 万吨/a，年产铁精矿 230 万吨左右。破碎、筛分流程采用三段一闭路破碎筛分流程。破碎产品的粒度为 12~0mm；磨矿、选别流程采用"连续磨矿、粗细分级、重—磁—中矿再磨"流程。

D 其他选矿厂扩建

弓长岭选矿厂二选车间原来流程为处理磁铁矿流程，由于缺少磁铁矿资源目前停产，导致选矿能力闲置，拟对弓长岭选矿厂二选车间进行改造，改为处理赤铁矿的流程。同时，也是由于缺少矿石资源，目前大孤山球团厂选矿分厂处于停产状态，待眼前山铁矿和大孤山铁矿改造达产后，选矿分厂恢复生产并对三选车间进行改扩建，以处理增加的矿石。鞍千矿业铁矿二期扩建后增加的矿石拟由鞍千选厂处理，拟对鞍千选厂进行局部改造。

（1）对大孤山球团厂三选车间实施球磨大型化改造，增加原矿处理能力 $400 \times 10^4 t/a$，增加精矿生产能力 $100 \times 10^4 t/a$。

（2）对弓长岭选矿厂二选车间进行改造，增加原矿处理能力 $150 \times 10^4 t/a$，增加精矿生产能力 $50 \times 10^4 t/a$。项目实施后，弓长岭选厂年处理赤铁矿石规模由目前的 $300 \times 10^4 t$ 增加到 $450 \times 10^4 t$（含三选），赤铁精矿产量由目前的 $100 \times 10^4 t$ 增加到 $150 \times 10^4 t$（含三选）。

（3）鞍千选厂增加原矿处理能力 $360 \times 10^4 t/a$，增加精矿生产能力 $50 \times 10^4 t/a$。拟增建两个磨矿、选别系统。

2.1.4.3 尾矿库规划

A 尾矿库现状

a 大孤山球团厂尾矿库

目前，大孤山球团厂尾矿坝标高156m，滩顶标高154m，工作水位149.65m，汇水面积约 $5.29 km^2$，已排放尾矿 $1.56 \times 10^8 m^3$；到165m设计标高剩余库容 $1426 \times 10^4 m^3$，尚余服务年限5.6年。

b 风水沟尾矿库

风水沟尾矿库最终标高140m，全库容 $2.28 \times 10^8 m^3$，有效库容 $1.68 \times 10^8 m^3$，占地面积 $7.828 km^2$，目前为齐选厂、调选厂和鞍千矿业选厂服务。现尾矿库已经服务15年，排入尾矿砂 $1.7 \times 10^8 t$，尚余库容 $6200 \times 10^4 m^3$，可为各选厂服务6~7年。

c 东烧厂西果园尾矿库

东烧厂西果园尾矿库设计库容 $18348 \times 10^4 m^3$，已堆积库容 $10721 \times 10^4 m^3$，尚余库容 $7627 \times 10^4 m^3$。西沟坝体高度98m，坝体长度950m，汇水面积为 $1.45 km^2$；东沟坝体高度93m，坝体长度950m，汇水面积为 $1.28 km^2$；井峪沟坝体高度85m，坝体长度1000m，汇水面积为 $0.83 km^2$。

d 弓长岭尾矿库

弓长岭尾矿库位于弓长岭选厂西约2.5km参将峪沟，是全国大型尾矿库之一。尾矿库总库容约 $37290 \times 10^4 m^3$，尾矿库累积存放尾矿 $11387.9 \times 10^4 m^3$。

B 尾矿库扩容工程

a 风水沟尾矿库扩容

风水沟尾矿库扩容分两期建设，即初期工程主坝采用上游筑坝方法加高到160m时，副坝采用排岩筑坝同时加高，尾矿库总库容 $3.52 \times 10^8 m^3$，计算有效库容 $2.60 \times 10^8 m^3$，服务年限9.7年。二期工程在现有主坝下游新建透水废石碾压主坝，坝顶标高200m，副坝在160m标高的基础上继续加高到200m，尾矿库总库容 $6.92 \times 10^8 m^3$，计算有效库容 $5.39 \times 10^8 m^3$，可延长服务16.6年，该库累计服务年限为26.3年。

b 大孤山球团厂尾矿库扩容改造

大孤山球团厂尾矿库扩容采用排岩筑坝方法加高四周坝体，坝体顶标高为180m，总库容 $9470 \times 10^4 m^3$，有效库容 $7576 \times 10^4 m^3$，可服务13年，服务期满后该库通过继续加高方式来满足大球厂和未来黑石碴子选矿厂尾矿排放的需要。

C 金家岭尾矿库工程

根据鞍钢地区尾矿库发展规划，金家岭尾矿库作为风水沟尾矿库的后备接替库，投运期在 2036 年。因此金家岭尾矿库在规划期内不进行建设,仅在规划远期完成金家岭尾矿库的征地手续。

鞍钢老区铁矿山规划选矿厂配套尾矿库建设情况见表 2-8。

表 2-8　鞍钢集团老区铁矿山规划选矿厂配套尾矿库情况

区域	选厂名称	尾矿库名称	尾矿库建设性质	尾矿库			
				原设计库容/×10^{8}m^3	现有剩余库容/×10^{8}m^3	扩容新增库容/×10^{8}m^3	规划实施后服务年限/年
鞍山矿区	齐矿选矿分厂(调军台选厂)	风水沟尾矿库(远期备用金家岭尾矿库)	扩容(新建)	1.68 (1.908①)	0.62	3.71	31
	齐大山选矿厂						
	鞍千矿业选厂						
	关宝山选矿厂						
	大孤山球团厂	大孤山尾矿库	扩容	1.48	0.1463	0.6113	19.2
	黑石砬子选矿厂						
	东鞍山烧结厂	西果园尾矿库	利用现有	0.7361	0.72	0	21.1
	西鞍山选矿厂						
辽阳弓长岭矿区	弓长岭选矿厂	弓长岭尾矿库	利用现有	3.729	2.4978	0	46.0
总　计					3.9841	4.3213	

①括号中为远期规划新建的金家岭尾矿库一期工程内容。

2.1.5　土地利用规划

2.1.5.1　规划征地方案

规划 2010~2015 年期间老矿山改扩建、新建矿山和选厂共需征地 2003.31×10^{4}m^2,其中鞍山征地 994.29×10^{4}m^2,辽阳征地 1009.02×10^{4}m^2。2015~2020 年期间拟新建西鞍山铁矿及选厂、黑石砬子铁矿及选厂、谷首峪铁矿、张家湾铁矿等项目,这些项目征地、矿权办理等前期工作也应在 2015 年前完成,为以后项目的开工实施做好准备,需征地 518.19×10^{4}m^2。

充分利用现有老矿区排土场,节省土地;发挥老选厂的选别系统能力节约用地,新建关宝山选厂可利用一部分即将闲置的眼前山破碎车间建设,以节省土地。

风水沟、大孤山球团厂尾矿库扩建采用排岩筑坝技术,使采矿排岩与尾矿库筑坝有效衔接起来,大量地节省了土地占用;极大地扩大了尾矿库的有效容积和单位面积尾矿堆放利用系数。

项目占用少量耕地,耕地面积正在统计当中。鞍钢以及矿业公司已经在项目的建设投资中准备了土地征用所发生的费用,项目在建设前期将向土地部门上缴耕地占用补充资金,由政府统一负责耕地的补充工作。

结合社会主义新农村建设,鞍钢矿业公司与鞍山市、辽阳市政府协商,解决规划矿区范围及影响范围人员动迁。因此,本次搬迁将规划项目征地范围和环保搬迁的居民与新农村建设搬迁一并考虑。根据国家的规定和当地的实际情况，对动迁范围内的工厂、居民提供相应的经济补偿。

2.1.5.2 规划项目地面总布置

由于铁矿石资源赋存情况和周围地理条件，本次规划项目分布在鞍山市东部和南部部分地区及弓长岭地区。排土场分布在矿山周围。为了减少铁矿石运输路线的长度，选矿厂分布在对应矿山附近，尾矿库距离选矿厂较近，依地势而建。矿山、选矿厂及尾矿库按工艺组成合理布局。

2.1.6 交通运输规划

2.1.6.1 矿山现状交通运输条件

大孤山、东鞍山、眼前山等原有老矿山目前多采用铁路－汽车联合开拓运输方式。火车、汽车来往穿梭于采场、排土场、选矿厂之间，完成铁矿山整个采剥过程。

新建矿山鞍千和改造矿山大孤山、齐大山等铁矿在原有公路、铁路运输的基础上，增加了胶带运输，并在胶带运输线路上设置遮挡，以减少对环境的影响。

弓长岭各矿山矿石、岩石运输均采用公路。

现有运输道路统计见表2-9。

表2-9 铁矿山内部运输道路现状统计表

类 别	线路名称	线路长度/km
公路	齐矿—齐选厂公路	3
	齐矿—齐矿选矿分厂公路	3.5
	许东沟采场—齐矿选矿分厂公路	2.5
	齐矿—许东沟采场公路	4.5
	许东沟采场—鞍千选厂公路	13
	哑巴岭采场—鞍千选厂公路	1.5
	大选厂—大球尾矿库公路	2.6
	大选厂—大矿公路	3.5
	东矿—东烧厂公路	4.0
	何家采场～212m矿石倒装场	1.56
	何家采场～248m矿石倒装场	1.92
	何家采场～大阳沟排土场	3.8
	独木采场～矿石倒装场	2.0
	独木采场～棋盘岭排土场	2.5
	大砬采场～299m矿石倒装场	2.9
铁路	环市路	42
	何家采区～岭东矿山站场	2.0
	独木矿石场～岭东矿山站场	0.5
	大砬矿石场～岭东矿山站场	4.1
	岭东矿山站场～岭西站场	3.8
	井下铁矿～岭西站场	0.7
	岭西站场～安平选矿厂	7.8

2.1.6.2　矿区交通运输规划

A　外部运输条件

鞍钢各矿山距离市区较近，市（区）内有公路、铁路直通矿山、选厂，现有矿山与选厂已经形成比较完备的运输系统。改造的选厂利用原有运输设施，新建的矿山、选厂利用鞍钢矿山运输专线。

B　内部运输条件

根据各露天境界封闭圈的标高，以及矿体最高出露标高、露天底标高等因素，矿石开拓运输系统初期采用的是汽车运输方式，这是由于项目初期在山坡露天生产时矿石运输距离较近的原因。当矿山进入深凹露天开采后，随着开采水平的下降，矿石运输距离逐年增加，增加了运输成本，能源消耗高。在适当位置建设矿石破碎胶带运输系统，以达到缩短汽车运距，节省能耗的目的。

采用汽车、破碎胶带系统在长距离运输上具有极大的优势，节能降耗，因此本次规划根据各个矿山的具体实际情况，采取合理的矿石开拓运输系统。

矿山运输方案见表 2 - 10、表 2 - 11。

表 2 - 10　各矿山开拓运输方案/选矿流程表

项目名称	产品产量 /×10⁴t·a⁻¹	开拓运输方案/选矿流程
弓长岭露天矿	800	汽车公路开拓运输系统
弓长岭井下矿	550	竖井斜坡道开拓系统
眼前山露天转井下	800	竖井斜坡道开拓系统
大孤山铁矿二期开采工程	700	汽车破碎胶带运输方式为主，辅之以汽车运输
东鞍山铁矿二期开采工程	700	汽车破碎胶带运输方式为主，辅之以汽车运输
齐大山铁矿二期扩建	1800	现有的矿石胶带系统改造，原岩石破碎胶带系统保留，新建岩石破碎胶带系统
鞍千铁矿二期开采工程	1200	汽车破碎胶带运输方式为主，辅之以汽车运输
西大背铁矿	300	汽车开拓运输方案
碜子山铁矿	200	汽车开拓运输方案
关宝山铁矿	400	汽车开拓运输方案

表 2 - 11　规划新增运输线路表

类　别	线路名称	线路长度/km
公路	碜子山采场—关宝山采场	0.5
	碜子山采场—眼前山矿	0.5
	黑石碜子选厂—大选厂	4.5
	黑石碜子选厂—黑石碜子采场	0.6
	鞍千选厂—关宝山选厂	2.5
	关宝山选厂—关宝山采场	2.4
	东矿—西鞍山选厂	1.2
	眼前山矿—谷首峪采场	1
铁路	弓长岭井下铁矿新建主井运矿铁路	0.725

2.1.7 供电规划

矿山及选矿厂供电利用原有或新建变电所,可满足规划需要。

2.1.8 给排水规划

2.1.8.1 规划矿山现状供排水条件

A 现状矿山供水来源

本着"循环用水,一水多用,节约用水"的原则,鞍山矿区和弓长岭矿区采用循环供水系统和中水水源,使废水在一定的生产过程中多次重复使用,既能减少废水的排放量、减轻环境污染,又能减少新水补充,节省水资源,解决了日益紧张的供水问题。

规划矿山用水由下列部分组成:

(1)各类供水水源(包括鞍钢水源、首山水源、汤河水源)的自来水系统来水,作为矿山生活用水和生产用水。

(2)中水水源:鞍钢循环水系统来水,由北大沟污水处理厂提供的净环水,用作对水质要求不高的矿山生产用水;弓长岭矿区利用弓长岭区市政污水厂中水作为一般生产用水。

(3)矿坑涌水(或称矿山伴生水)就地、就近资源化利用,作为矿山用水新的来源。

系统内生产用水重复使用和循环利用的水量,如选矿厂内生产用水循环利用的部分,不影响统计口径的,在规划矿山用水中不再进行统计;尾矿库回水用作选厂生产用水的,在选厂项目中进行统计,在规划项目中也不作为水源进行统计。

B 现状矿山排水组成及去向

规划矿山现状排水主要由下列部分组成:

(1)部分矿山(鞍山眼前山矿区、弓长岭分散的矿区)未利用矿坑涌水的排放,另有少量生产生活排水汇入其中。

(2)各选矿厂均可以做到正常生产条件下生产排水的零排放,选厂少量生活污水混同选厂生产用水循环利用系统统一排往尾矿库,选厂不同程度存在非正常生产状态的事故排污现象。

(3)矿山现有四座尾矿库接纳各选厂含水尾砂,在保持一定回水率前提下依靠自身蒸发、渗入达到平衡。正常生产中坝下和部分坝体、山体部位的排渗水汇入就近的河流,最终成为地表水的一部分。因目前技术水平和观测研究深度,对这部分水量的计量统计不足。

2.1.8.2 规划给水

矿山供水来源同现状类似,包括各类供水水源(鞍钢水源、首山水源、汤河水源)的自来水系统来水,鞍钢循环水系统的净环水,弓矿市政中水,以及现阶段未能准确计量的矿坑涌水。

规划矿山生活新水取自市政分配给鞍钢的供水自来水管线系统,矿山生产用水和公路除尘用水多取自矿坑涌水,选矿厂用水利用矿山剩余矿坑涌水、鞍钢循环水系统来水和自来水系统来水,尾矿库接纳选厂含水尾砂,并回水给选厂。

各矿山、选矿厂等改扩建新增用水项主要利用原有设施，近期新建关宝山选厂、远期新建黑石砬子选厂、西鞍山选厂用水需新增用水设施。鞍山市政水源供水已达极限。取用生产新水增量主要依托引自汤河至鞍山的供水管线。

2.1.8.3 规划排水

现状供排水条件是基于现状供水水源条件下的矿山用水平衡，规划实施后矿区依改扩建规模增加用水量，同时采用节水措施，建立新的供排水平衡。

规划实施后，通过统筹安排矿山水循环利用系统，统一协调用水平衡、就近利用和重复使用，使矿坑涌水用于矿区公路除尘、破碎洒水后全部用于选矿厂等配套设施，选矿厂生产用水闭路循环，尾矿水随尾矿进入尾矿库后，部分回用于选厂，部分补给地下水及作为坝下渗水排出。规划期内除分散的弓长岭露天、井下矿山外，其余铁矿山均不排放矿坑水，即规划项目排水主要通过尾矿库排出。

正常生产状态下，近期排水包括尾矿库排水，弓长岭矿区铁矿山排水；远期排水为尾矿库排水。

2.1.9 供热规划

2.1.9.1 矿区供热现状

规划矿区供热锅炉主要依托生产供热系统。

2.1.9.2 矿区供热规划

原有矿山及选矿厂利用现有锅炉，现有锅炉供热规模能够满足近期改扩建矿山及选厂的生产、生活的需求。

如关宝山铁矿山生产用蒸汽量约24t/h，冬季采暖用蒸汽量约15t/h，生活用蒸汽量约1.5t/h，考虑管网损失及锅炉自用蒸汽，拟建2台30t/h锅炉房一座。

规划远期眼前山铁矿拟新增3台10t/h锅炉。

2.1.10 环境保护规划与"绿色矿山"建设规划

2.1.10.1 环境保护规划内容

规划项目环境保护规划内容包括污染防治措施、水土保持措施与生态恢复、土地复垦措施。规划环评在规划分析、资源环境承载力分析、环境影响分析与评价的基础上，对规划环境保护内容进行梳理、完善。具体内容见相关章节。

2.1.10.2 绿色矿山建设规划

A 工作背景

随着鞍钢老区铁矿山改扩建规划项目的实施，必然对矿区及周边环境产生扰动，这就要求鞍钢在矿产资源开发全过程既要严格实施科学有序的开采，又要将矿区及周边环境的扰动控制在环境承载力范围内；对于必须破坏扰动的部分，通过科学、先进、合理的有效措施及时加以恢复治理，确保矿山发展始终与周边环境相协调。

为此，鞍钢集团矿业公司近期委托鞍钢集团矿业设计研究院编制《鞍钢集团老区铁矿山"绿色矿山"建设规划》。目前规划正在编制中。

B 主要编制内容

"绿色矿山"建设规划总体思路和规划目标为：

大力发展绿色矿业、建设绿色矿山，以资源合理利用、节能减排、保护生态环境和促进矿地和谐为主要目标，以开采方式科学化、资源利用高效化、企业管理规范化、生产工艺环保化、矿山环境生态化为基本要求，将绿色矿业理念贯穿于矿产资源开发利用全过程，推行循环经济发展模式，实现资源开发的经济效益、生态效益和社会效益协调统一。鞍钢集团老区铁矿山"绿色矿山"建设规划将围绕资源合理利用、综合利用、环境保护、生态环境恢复、节能减排等方面，以循环经济理念为指导，确定规划的总体设想，按科学、低耗和高效的原则合理地开发利用矿产资源。

根据《全国矿产资源规划（2008～2015年）》及其附件《国家级绿色矿山基本条件》，绿色矿山建设的核心内容包括以下三个方面：

（1）要做到珍惜矿产资源，集约高效利用资源。矿山企业要树立珍惜资源的理念，大力推广先进技术和工艺，加大科技创新、节能减排、综合利用的力度，积极推动循环经济，努力提高矿产资源合理开发和综合利用的水平。

（2）要做到保护矿山环境、开展生态重建。矿山企业要遵循"谁开发、谁保护、谁破坏、谁恢复"的原则，制定矿山环境保护与治理规划。建设绿色矿山的主要目标之一，就是要切实保护环境，复垦土地，重建矿山生态。

（3）要在矿山建设过程中不断促进地方经济建设和社会和谐。构建和谐社会是党中央提出的社会发展目标。加强矿山企业的文化建设，建立企业与当地政府和群众的沟通协调机制，探索企地共建的途径和模式，达到矿山企业建设和当地经济建设互利双赢、共同发展的目的。

2.1.10.3 相关专项规划

根据前述打造绿色矿山的总体思路和规划环境保护内容，在本规划项目环评编制过程中，鞍钢矿业公司委托相关部门编制了下列两项专项规划内容：

（1）鞍钢老区铁矿山废石、尾矿综合利用专项规划。

该规划用以协调、指导鞍钢矿业公司实施老区铁矿山各子项目固体废弃物的处置及综合利用。

该专项规划中的各项综合利用项目及静脉产业项目，与矿山工程配套的内容拟在下一步铁矿山子项目实施阶段实施；独立的建材加工等项目按规定程序向省市两级环保部门申报、核准批复后实施。

（2）鞍钢老区铁矿山生态治理专项规划。

《鞍钢集团矿山生态环境治理总体规划（2011～2020年）》已基本编制完成，各个规划子项目的生态治理与复垦措施正在编制中。各矿山和选厂拟达到的土地复垦指标见表2-12。

表 2-12 土地复垦指标表

序号	名 称	单 位	数 量	备 注
1	拟达到的土地复垦率	%	20	
2	水土流失防治责任范围面积	$10^4 m^2$	2677	新增
3	水土流失总治理度	%	大于85	
4	可恢复土地复垦率	%	大于80	
5	拦渣率	%	大于95	

序号	名　称	单　位	数　量	备　注
6	植被恢复系数	%	75 以上	
7	林草植被覆盖率	%	大于 20	
8	水土流失控制率	%	85 以上	

2.1.11　规划方案外部协调性分析

2.1.11.1　外部协调性分析内容

铁矿山规划外部协调性分析主要从矿区发展目标与定位，矿区规模、产业结构与布局，资源利用效率、污染控制及环境保护等三个层面，明确国家、辽宁省及鞍山市、辽阳市等市的相关政策、法规及规划的具体要求，分析规划与上述政策、法规及规划的协调性和一致性，找出潜在的冲突。

2.1.11.2　相关各层面规划

规划方案外部协调性分析涉及的主要政策、法规和规划，见表 2 - 13。

表 2 - 13　规划方案外部协调性分析涉及的主要政策、法规和规划

分　类	相关政策、法规和规划
社会经济 发展规划	《国家国民经济和社会发展十二个五年规划纲要》
	《辽宁省国民经济与社会发展第十二个五年规划纲要》
	《辽宁省工业经济发展"十一五"规划》
	《辽宁省区域发展"十一五"规划》
	《辽宁老工业基地调整改造振兴规划》
	《鞍山市国民经济和社会发展第十二个五年规划纲要》
	《辽阳市国民经济和社会发展第十二个五年规划纲要》
产业结构	《中华人民共和国循环经济促进法》
	《国务院关于全面整顿和规范矿产资源开发秩序的通知》（国发［2005］28 号）
	国家发改委《"十一五"资源综合利用指导意见》
	《产业结构调整目录》（2011 年本）（国家发改委［2011］第 9 号令）
	《全国主体功能区规划》（国发［2010］46 号）
	《国土资源部关于印发矿产资源节约与综合利用鼓励、限制和淘汰技术目录的通知》（国土资发［2010］146 号）
行业 发展规划	《钢铁产业发展政策》
	《钢铁产业调整和振兴规划》
	《全国矿产资源规划（2008～2015 年）》
	《金属尾矿综合利用专项规划（2010～2015）》
	《辽宁省矿产资源总体规划（2008～2015）》
	《鞍山市矿产资源总体规划（2006～2020）》
	《辽阳市矿产资源总体规划（2001～2010）》

分 类	相关政策、法规和规划
资源生态环境保护规划	《辽宁生态省建设规划纲要（2006～2025）》
	《辽宁省循环经济和生态环境保护"十一五"规划》
	《辽宁省环境保护"十二五"规划》
	《矿山生态环境保护与污染防治技术政策》
	《辽宁省"十一五"主要污染物总量控制计划指标分配方案》
	《鞍山市环境保护"十一五"规划》
	《辽阳市环境保护"十一五"规划》
	《辽阳生态市建设规划纲要》（2009～2020）
	《鞍山市水资源开发利用"十一五"规划》
	《辽宁省鞍山市千山风景名胜区总体规划》（2009～2020）
	《辽阳市地下水资源开发利用规划报告》
城镇规划	《鞍山市城市总体规划》（2006～2020）
	《辽阳市城市总体规划》（2001～2020）
	《鞍山市城市发展战略规划研究》
	《鞍山市土地利用总体规划》（2006～2020）
	《辽阳市汤河新城总体规划》（2010～2030）
	《弓长岭区土地利用总体规划》（2006～2020）
	《辽阳市土地利用总体规划》（2006～2020）
	《鞍山市千山区土地利用总体规划大纲》（2006～2020）

2.1.11.3 本规划与相关各层面外部规划协调性综述

A 与上层规划的协调性分析

本规划方案外部协调性分析涉及国家、行业及辽宁省主要政策、法规和规划，经列表分析，规划与各上层规划协调性较好，不存在影响规划实施的限制性因素。

B 与现状鞍山市、辽阳市相关的相容性分析

本规划现状条件与已到期的鞍山市、辽阳市现状规划——鞍山市矿产资源总体规划（2001～2010）、鞍山市城市总体规划（1996～2010）、鞍山市土地利用总体规划（1997～2010）、千山风景名胜区总体规划（1986～2010）、辽阳市土地利用总体规划（1997～2010）、辽阳市矿产资源总体规划（2001～2010）相容性较好，本规划项目实施与上述规划内容存在不相容性，需要进一步新修编的规划指引。

本规划与正在实施的现状规划——辽阳市城市总体规划（2001～2020）相容性较好，不存在影响本规划实施的限制性因素。

C 与相关待审规划的相容性分析

本规划与鞍山市、辽阳市相关未批复或待审批的规划——鞍山市矿产资源总体规划（2006～2020）、鞍山市土地利用总体规划（2006～2020）、鞍山市城市发展战略规划研究、鞍山市城市总体规划（2006～2020）、辽宁省鞍山市千山风景名胜区总体规划（2009～

2020)、辽阳市土地利用总体规划（2006～2020）、汤河新城总体规划（2010～2030）的相容性较好，不存在影响规划实施的限制性因素。

2.1.12 规划方案内部协调性分析

规划阶段主要针对矿山资源、开发技术条件进行了设计说明，对各矿山之间的联系、开发建设时序，配套设施，基础设施等内容没有统筹规划，规划方案内部协调性很多内容无法确定。

规划方案内部协调性分析主要针对矿区是否坚持可持续发展原则，是否在开发矿产资源的同时，注重对污染的预防、生态环境的保护和其他资源的综合利用；分析规划本身内部采矿与选矿、采矿与运输、矿石综合利用、尾矿综合利用等在规模、能力、布局和建设时序上是否协调一致等，分析结果见表2-14。

表2-14 规划方案内部协调性分析结果

项 目	规 模	能 力	布 局	建设时序
矿区与鞍钢集团	+++	+++	+++	++
矿山与选矿厂	+++	+++	++	++
选矿与烧结、球团	++	++	++	++
选矿厂与尾矿库	+++	+++	++	++
矿石综合利用	++	++	++	++
尾矿综合利用	++	++	++	++

注：+++表示协调性高；++表示协调。

2.1.12.1 矿区与鞍钢集团其他产业

鞍山钢铁集团公司是具有90年悠久历史的特大型钢铁企业，是国家计划单列的企业集团，隶属国务院国资委直接管理。经过大规模技术改造，鞍钢已经实现了装备的现代化和大型化，形成了以板材为主导，管、棒、型、线精深发展的产品结构，可生产700多个品种、25000多个规格的钢材产品。主要经营范围包括采矿、矿物加工、钢铁冶金、金属加工、冶金建设、机械制造等。

根据《鞍钢集团中长期战略发展规划》，鞍钢本部（鞍山、鞍凌、鲅鱼圈）铁矿石维持较高的自供比例，目标60%～70%。鞍山基地主要由矿业公司保障供应，鞍凌基地主要由当地矿产资源保障供应，鲅鱼圈主要由金达必项目保障供应。

矿业公司作为鞍钢集团公司的钢铁主要原料和辅助原料基地，主导产品有：铁矿石、铁精矿、烧结矿、球团矿和石灰石等。近年来通过矿业公司对铁矿山装备进行了部分更新，使铁矿山装备水平得到了一定的提升；对选矿厂进行了流程改造和优化，形成了具有自主知识产权的贫赤铁矿选矿新工艺，使贫赤铁矿选矿工艺达到了国际领先水平；对烧结厂进行了全面改造，烧结矿质量大幅度提升；同时建设了设计年产800万吨铁矿石和260万吨铁精矿的鞍千采选联合企业；建设了球团矿生产项目。

2.1.12.2 矿山采选平衡分析

近期、远期各矿区采选矿石品位在30%左右，采选工艺采用鞍山式贫铁矿采选技术，根据采选平衡，选矿厂建设规模、能力、布局能够满足铁矿石选矿要求。

2.1.12.3 选矿厂与尾矿库平衡分析

根据选矿厂与尾矿库的平衡并对比尾矿库库容，尾矿库的规模与接纳能力完全能够满足选矿厂排矿需求。

由于尾矿库扩容坝体加高，增加了对下游居民及其他敏感点的环境风险，在规划中需对尾矿库下游居民与敏感点的关系进行分析，提出合理的解决方案。

2.1.12.4 选矿与烧结、球团平衡

烧结、球团为选矿的后续工艺，并与后续钢铁生产相连接。

2.1.12.5 矿山与排土场平衡分析

规划铁矿山的开发需要有足够的排土场容积，这也是对区域生态环境有重大影响的要素之一。近期规划矿山与排土场平衡分析见表 2-15，远期规划矿山与排土场平衡分析见表 2-16。

表 2-15 预计 2015 年采排平衡表 $(10^4 t)$

采场产生量		排土场接纳量	
名 称	规 模	名 称	规 模
齐大山铁矿	4000	胶带排土场	4000
鞍千许东沟、哑巴岭采区	2900	许东沟排土场	1600
		哑巴岭排土场	1300
鞍千西大背采区	840	西大背排土场	840
砬子山铁矿	600	眼前山汽车排土场	1200
眼前山铁矿	120		
关宝山铁矿	480		
大孤山铁矿	1800	胶带排土场	1000
		汽车排土场	800
东鞍山铁矿	1700	月明山排土场	1700
弓长岭露天	3800	棋盘岭排土场	2300
		大阳沟排土场	500
		岭西排土场	1000
弓长岭井下	300	后台沟排土场	300
合 计	16700	合 计	16700

表 2-16 预计 2020 年采排平衡表 $(10^4 t)$

采场产生量		排土场接纳量	
名 称	规 模	名 称	规 模
齐大山铁矿	3000	胶带排土场	3000
鞍千许东沟、哑巴岭采区	2700	许东沟排土场	1400
		哑巴岭排土场	1300
鞍千西大背采区	500	西大背排土场	500

采场产生量		排土场接纳量	
名　称	规　模	名　称	规　模
砬子山铁矿	600	眼前山铁路排土场、露天坑	1340
眼前山铁矿	240		
关宝山铁矿	480		
张家湾铁矿	10		
谷首峪铁矿	10		
大孤山铁矿	1300	胶带排土场	1000
		汽车排土场	300
东鞍山铁矿	1700	月明山排土场	1700
西鞍山铁矿	300（回填）		
黑石砬子铁矿	4000	胶带排土场	3500
		汽车排土场	500
弓长岭露天	2800	棋盘岭排土场	1800
		大阳沟排土场	200
		岭西排土场	800
弓长岭井下	300	后台沟排土场	300
合　计	14210	合　计	14210

根据矿山与排土场平衡，排土场的规模与接纳能力完全能够满足矿山排岩需求。

2.1.12.6 废石、尾矿综合利用

规划提出了矿石综合利用的方式、拟利用的总量，在环评期间根据工作进程完善编制了综合利用专项规划，提出利用的方式、途径和年度计划，在规模、能力、布局和建设时序上，具备一定的协调性。

2.2 规划区环境现状调查与回顾分析

2.2.1 规划区域自然环境与资源条件

2.2.1.1 鞍山市区周边地区自然环境概况

A 地理位置

鞍山市地处辽东半岛中部，东部、北部靠辽阳县，南部与凤城市、庄河县毗邻，东南部与大石桥市接壤，西部与盘山、辽中县连接。市中心距辽宁省人民政府所在地沈阳市89km，东距煤铁之城本溪市96km，南距大连市308km，西南距营口鲅鱼圈新港120km，西距盘锦市103km。地理坐标位于东经122°10′~123°41′，北纬40°27′~41°34′。全境南北最长175km，东西最宽133km，总面积9252.43km²，占辽宁省总面积的8.4%，其中市区624.3km²（铁东区21.5km²，铁西区28.8km²，立山区15.9km²，千山区558.16km²），海城市2732.08km²，台安县1394.0km²，岫岩满族自治县4502.17km²。

B 地势地貌

鞍山市地势地貌特征是东南高西北低，自东南向西北倾斜，地形大致分为三大部分，即东南部是山地丘陵区，中部为波状平原区，西北部为辽河冲积平原的一部分。

C 气候特征

鞍山市地处中纬度的松辽平原的东南部边缘，属暖温带大陆性季风气候区，四季分明，雨热同期，干冷同季，降水充沛，温度适宜，光照丰富，主要气象指标为：常年盛行风向为偏南风和偏北风，S、SSW 和 SSE 风向频率合计 27.96%，N、NNE 和 NE 频率为 19.86%，静风频率为 13.70%；年平均气温：8.7℃，最热月（7月）平均气温 25℃，最冷月（1月）平均气温 -10.2℃。年平均降水量 713.5mm。年平均相对湿度 63%。年日照百分率 58%。年平均风速 2.6m/s。

D 水文、水文地质

鞍山市境内有大小河流 40 余条，其中，较大的河流有辽河、浑河、太子河、大洋河、哨子河，前 3 条为过境河，后 2 条流源均在岫岩满族自治县境内。源于鞍山市区的沙河、南沙河、杨柳河、运粮河均汇入太子河。

鞍山市的地质构造属于华北地台及华夏、新华夏构造体系。其东部为辽东半岛隆起带背斜，西部为下辽河断陷，鞍山市位于其间的复合部位。

E 土壤

区域内土壤类型为棕壤类土壤，有棕壤性土、棕壤、潮棕壤三个亚类，酸性岩类棕壤性土、耕型坡积棕壤、耕型黄土状棕壤、棕壤型菜园土、耕型淤积潮棕壤五个土属。

鞍山市土壤结构复杂，形成的自然肥力差别很大，其有机质含量变幅在 0.82% ~ 6.39% 之间，加权平均值为 1.84%。全氮含量大致在 0.011% ~ 0.197% 范围内，加权平均值为 0.091%。氮素供应能力较好。速效磷含量平均为 5.48×10^{-4}%，含量偏低。钾素含量较为丰富。全市土壤除磷素偏低、氮肥力不足外，其他元素含量均可，质地和酸碱度适中，代换量为中等以下，多在 10 ~ 20mg 当量/100g 之间，土壤的保肥力属于中等水平。

F 动物

随着人口的增加，矿山的开采，旅游业的兴旺，野生动物如狼、野猪、熊等在鞍山已绝迹，岫岩、海城山区和台安县自然保护区——西平林场偶有所见，现有动物多为小型、个体。兽类常见的有狍子、狐狸、獾子、山猫、貉、黄鼬、山兔、刺猬等。禽类常见的有啄木鸟、布谷鸟、沼泽山雀、翠鸟、黄鹂、云雀等 180 余种。此外，境内除大小河流可捕捞鲶、黑、马口、鳌条、麦穗、棒花、泥鳅等 20 多种河鱼外，星罗棋布的坑、塘、泡、沼可养殖的水面 5000 余公顷。养殖的淡水鱼种有鲤、鲫、草、青、鲢、鳙、黄鳝、非洲鲫鱼、武昌鱼以及螃蟹、虾、龟和河蚌、水獭等。

G 植物

鞍山林木资源比较丰富，主要分布在岫岩境内和海城东部山区以及市郊千山一带。林木多为天然次生混交林和人工林；中部和沿河平原多为人工栽植的农田道路、水系林网、防风固沙和村屯四旁植树的人工林。鞍山的树木种类繁多，仅乔木即达 170 余种。在林木中，除有红松、落叶松、油松、云杉、柏、杨、柳、榆、桦、椴、水曲柳、花曲柳、柞等用材林外，还有株类矮树——柞蚕场，饲养柞蚕，其茧是岫岩、海城丝绸厂的主要原料。

此外，还有观赏、风景以及药用食用野果等林木。岫岩山林灌木丛中的榛子、山花椒等年产均可观；灌木丛下的草本植物多达几百种，其中山蕨菜、山芹菜等加工后多出口外销。此外，鞍山境内植物药材蕴藏量较大，品种较多，但也主要分布在海城东部山区和岫岩境内，共有 700 余种。

H　水资源

2009 年，鞍山市水资源总量 $28.64 \times 10^8 m^3$，多年平均地表水资源量约 $24.86 \times 10^8 m^3$，地下水综合补给量约 $10.92 \times 10^8 m^3$。水资源可利用量约 $14.67 \times 10^8 m^3$，其中境内地表可利用量约 $3.99 \times 10^8 m^3$，境内地下可利用量约 $6.58 \times 10^8 m^3$，境外地表可利用量约 $1.2 \times 10^8 m^3$，境外地下可利用量约 $2.9 \times 10^8 m^3$。

2.2.1.2　辽阳市自然环境概况

A　地理位置

辽阳位于辽东半岛城市群的中部，是一座历史悠久的文化古城，也是新兴的现代石化轻纺工业基地。地处东经 122°36′~123°41′、北纬 40°5′~47°31′，属大陆性温带季风气候，现辖辽阳县、灯塔市（县级市）和白塔、文圣、宏伟、太子河、弓长岭五区。全市总面积 4731km²。

B　地势地貌

辽阳市地处辽东低山丘陵与辽河平原的过渡地带，其地貌类型齐全，分布规律清楚，层状地貌典型，地貌分区规整。自东南部边界白云山到西北部界河（浑河）畔，地势由高到低，从中山、低山、高丘陵、低丘陵、台地到平原，层次分明，海拔由千米以上到 50m 以下，依次跌落，构成了东南高、西北低的同向倾斜缓降地势。界临岫岩、凤城和本溪县的水泉乡是辽阳地区最高点，大黑山是境内第一高峰，海拔 1181m；最低点是界临海城市、台安县和辽中县的唐马寨和穆家镇。

C　气候特征

辽阳地区年平均气温为 8.4℃，年平均蒸发量为 1649.9mm，日照充足，因地貌形态差异，其气候特征亦各不相同。

温带湿润性季风气候形成于东部低山丘陵地带，包括辽阳县的水泉、甜水、寒岭、河栏、上麻屯、塔子岭、吉洞峪、隆昌、八会、下达河等乡镇和弓长岭区的南部，气候特征是降水较多，多暴雨、大雨，年平均降水量在 800~900mm 之间，大部分集中在夏季，是辽阳地区年降水量最大的区域，全年日照时数少，冬季时间较长，气温较低，年平均气温 6~8℃，无霜期 140~160 天，年平均正积温 3000~3400℃。温带半湿润季风气候形成于北部丘陵平原地带，严寒期较长，气温较低，春季多大风，降水量少于低山丘陵地带，平均年降水量在 500~700mm 之间，年平均气温 6~8℃，无霜期 150 天左右，年平均正积温 3100~3400℃。暖温带半湿润气候形成于西部沿河平原区，大陆性气候较强，夏季气温较高，冬季气温较低，降水多于北部丘陵地带，且多集中于 5~10 月农作物的生长季，年平均温度 8~9℃，降水量在 600~800mm 之间，无霜期 160~180 天，年正积温量在 3400℃以上。

D　水文、水文地质

辽阳市境内共有流程 5km 以上的大小河流 86 条，其中 10km 以上的大小河流 29 条，这些河流组成了太子河、浑河两大水系。境内河流多为太子河支流，其中流程 10km 以上的支流多达 24 条，从北、东、南三面汇入太子河，形成向心水系；浑河是辽阳、辽中界河。

辽阳属华北地层区辽东分区，出露的主要地层比较复杂，由老至新可分为前震旦系、寒武系、奥陶系、石炭系、二迭系、侏罗系、第四系等 8 个地层系。第四系地层是辽阳地区分布面积较广的地质现象，西部近代辽河平原区第四系地层以河流冲积相为主，并且极为发育；东部山区第四系地层不甚发育，只沿汤河、兰河河谷呈条带状分布。

E 土壤

辽阳全区土壤分为 3 个土类，6 个亚类，70 多个土种。其中，以棕壤土类占地最多，占土地总面积的 57.5%；草甸土类次之，占土地总面积的 28.1%；水稻土类占土地总面积的 8.7%。全市耕地耕层土壤肥力属于中上等，特别是浑河、太子河平原，土壤肥沃，为农业生产提供了得天独厚的自然条件。

F 动物

辽阳境内现今所见兽类在山地只有小型动物，如狐、貉、黄鼬、獾、狍、刺猬、松鼠、花鼠、黄鼠等。在平原地区基本以鼠类为主，如黑线仓鼠、大仓鼠、黑线姬鼠、小家鼠等。鸟类在林区常见者为大山雀、沼泽山雀、家燕、金腰燕，市内多有楼燕。爬行类动物，较常见的有鳖、丽斑麻蜥、白条草蜥、黄脊游蛇、蝮蛇等。两栖动物在山区可见到东北小鲵、林蛙，分布较广的种类有蟾蜍、花背蟾蜍、青蛙、无斑雨蛙等。曾经是盛产的太子河鱼类，几乎绝迹，其他水生动物如河蟹亦极少见。辽阳境内有记录的脊椎动物共计 5 纲 31 目 69 科 227 种。无脊椎动物 15 纲 39 目 82 科 486 种。农林业昆虫 300 种。危害人类健康的昆虫 161 种。

G 植物

辽阳市植物资源丰富多样，主要植被资源有尖柞、蒙古柞、油松、辽东栎、槲树、花曲柳、南蛇藤、红松（又称果松）、赤松、沙兰杨、加拿大杨和钻天杨（又名美国白杨）、旱柳、河移口、黄花柳、榆树、豆科的刺槐（洋槐）、槐树等。辽阳境内现有植物 854 种，其中菌类 5 科 11 种、蕨类 7 科 11 种，裸子植物 9 科 38 种，被子植物 125 科 794 种。

2.2.1.3 规划铁矿山区域资源条件

A 鞍山市域矿产资源

鞍山境内已探明的矿产资源有 35 种。储量最丰富的有铁、菱镁矿、滑石、玉石、大理石、石灰石、花岗岩、硼等。铁矿，探明储量为 100 亿吨，居全国之首，主要分布在鞍山市区周围及辽阳市的弓长岭。除分布在海城、岫岩的小部分中小型铁矿由乡、镇开采外，东鞍山、大孤山、齐大山、眼前山、弓长岭等大型铁矿均由国家开采。菱镁矿，主要分布在海城东部山区和岫岩境内，探明储量为 23 亿吨，也为全国之首，占世界储量 1/4，且质地、品位俱佳。滑石矿，主要分布在海城和岫岩境内。探明储量为 6000 万吨。玉石矿，大部分分布在岫岩境内。岫岩素有"玉石之乡"之美称，少量分布在海城孤山镇等地。大理石，主要产于岫岩和海城，储量巨大。石灰石，主要分布在岫岩和海城东部山区，千山区的唐家房和大孤山乡也有些许分布，储量可观。上述地区的石灰石质地好、品位稳，含钙量达 53%，是生产水泥的上好原料。花岗岩，主要产地是岫岩满族自治县，储量超 200 亿吨。其他矿藏，金属矿有铅锌矿、铜矿、镍钴矿、金矿、黄铁矿；非金属矿有硅石矿、磷矿、石棉、萤石、蛭石、白云母、重晶石、硼矿、黏土矿、石墨、煤及石油等。

B　辽阳市域矿产资源

辽阳市已发现矿藏 9 类 18 个矿种，共有矿床和矿点 500 余处，其中探明储量的有 28 种，开发利用的 35 种，主要有铁、水泥灰岩、熔剂灰岩、硅石、石膏、菱镁矿、钾长石、钠长石、滑石、金、石油、天然气、煤、透辉石、白云母等。此外，石油、天然气、煤、金、黄铁矿、磷、耐火黏土、钾长石、菱镁矿、滑石、透辉石以及稀土等在辽宁省都占有重要位置。

C　规划铁矿山区域资源量

截至 2009 年末，规划铁矿山区域已开采矿山 7 座，分别为大孤山铁矿、东鞍山铁矿、齐大山铁矿、眼前山铁矿、鞍千（胡家庙子）铁矿、弓长岭露天铁矿、弓长岭井下铁矿。保有地质储量为 54.88×10^8 t，其中采矿权范围内 26.80×10^8 t、采矿权范围外保有地质储量为 28.09×10^8 t。

未开采矿山有 7 座，分别为西鞍山铁矿、碇子山铁矿、关宝山铁矿、张家湾铁矿、谷首峪铁矿、黑石碇子铁矿、祁家沟铁矿（本次规划不包括祁家沟铁矿）。保有地质储量为 33.64×10^8 t，其中拟办采矿权范围内 24.83831×10^8 t、拟办采矿权范围外保有地质储量为 8.80×10^8 t。国家计委办公厅在《关于西鞍山等三十个矿山作为第一批国家中、长期开发规划矿区的复函》（计办国土〔1989〕66 号）中把西鞍山铁矿与祁家沟铁矿划为鞍钢后备矿山。

本次核准项目矿山有 5 座，分别为弓长岭露天铁矿独木采区、鞍千矿业（胡家庙子）铁矿、齐大山铁矿、关宝山铁矿、碇子山铁矿。截至 2009 年末保有地质矿量为 37.66×10^8 t，其中采矿权范围内矿量（含拟办矿权）为 19.78×10^8 t，采矿权范围外 17.88×10^8 t。

鞍山和弓长岭地区的铁矿蕴藏量丰富，矿体分布甚广。鞍山地区的铁矿床属前震旦纪海相沉积变质大型铁矿床，矿体赋存集中、完整、规模巨大，绵延数十公里，覆盖层薄，多数宜于大规模机械化露天开采。

2.2.1.4　鞍山、辽阳弓长岭区地热资源

A　鞍山市地热资源

鞍山市位于新华夏系第二巨型隆起带与新华夏系第二巨型沉降带的交接地带，地质构造复杂，深大断裂发育，形成了众多储量丰富、具有较大开发利用潜力的地热水。

鞍山市地热水分布较广，除台安县及城区没有发现地热水外，在其余地区均发现了地热水资源，目前鞍山已建立了五个地热水保护区，即：千山倪家台地热水保护区、汤岗子地热水保护区、海城市东四方台西荒地地热水保护区、岫岩县哈达碑镇沟汤地热水保护区、岫岩县前营镇仙人嘴地热水保护区。各个保护区已基本形成了自己的特色。千山倪家台保护区已形成了温泉旅游度假区，地热水主要用于经济效益高的旅游、度假、娱乐。汤岗子保护区有闻名国内外的汤岗子温泉疗养院，其特有的热矿泥及医疗作用为汤岗子增添了神秘色彩，该区地热水主要用于保健疗养。东四方台西荒地保护区由于所处的地理位置，距市区较远，地热水主要用于出售给各个浴池用于洗浴，部分用于农业种植的取暖。岫岩仙人嘴保护区的地热水已引入岫岩县城的家庭，用于家庭生活用水。

规划鞍山矿区不涉及地热水资源，离矿区最近的地热水千山倪家台地热水保护区地处千山风景区范围，与矿区最近处大孤山尾矿库、眼前山矿区采场距离均在 3km 以上。汤岗子温泉离矿区最近处东鞍山采场的距离则在 5km 以上。

B　辽阳市弓长岭区地热资源

辽阳市弓长岭区具有丰富的地热资源，汤河冷、热矿泉历史悠久，冷热双泉相距不过300m，并涌而出，堪称奇观。热泉日涌量为 4000m³，温度达 72℃，含氡 1900 埃曼，对风湿、关节炎、皮炎等多种疾病有显著疗效，该区现已有鞍钢弓长岭矿山公司疗养院、辽阳市职工疗养院等多家疗养院。温泉旅游也是汤河水库下游的旅游景点。

规划弓长岭矿区不涉及地热资源，与矿区较近的汤河温泉旅游度假区游泳馆至弓长岭选矿厂、弓长岭尾矿库的距离均在 3km 以上。弓长岭井下、露天采区附近无温泉分布。

2.2.2　矿区环境质量现状调查与回顾评价

采用资料收集和现场监测相结合的方法，调查了解项目区域的环境空气、地表水、地下水、声环境质量现状。

2.2.2.1　环境空气质量现状与回顾

A　规划区域环境空气质量现状调查

（1）鞍山城区：2009 年度，鞍山市区环境污染为煤烟型污染，空气质量超过国家二级标准，但达到三级标准，属轻污染水平，与上年相比空气质量基本稳定。NO_2 年日均值达到国家一级标准，SO_2 年日均值达到国家二级标准，PM_{10} 年日均值符合国家三级标准。

（2）鞍山矿区：现状监测期间受周边工矿企业分布的影响，绝大多数监测点 TSP、PM_{10} 出现不同程度超标，不能满足《环境空气质量标准》（GB 3095—1996）中二级标准要求；区域内 SO_2 小时浓度的单因子评价指数在 <0.01~0.23 之间，日均浓度的单因子评价指数介于 0.03~0.58 之间，各点位的小时浓度和日均浓度监测结果均能满足《环境空气质量标准》（GB 3095—1996）中二级标准；区域内 NO_2 小时浓度的单因子评价指数介于 0.02~0.68 之间，日均浓度的单因子评价指数介于 0.03~0.74 之间，各点位的小时浓度和日均浓度监测结果均能满足《环境空气质量标准》（GB 3095—1996）中二级标准。

（3）千山风景区：受周边采场、选厂、排土场及尾矿库干滩扬尘影响，千山风景区测点 TSP、PM_{10} 出现不同程度超标，其中 TSP 最大超标倍数为 1.51，PM_{10} 最大超标倍数为4.42，不能满足《环境空气质量标准》（GB 3095—1996）中一级标准要求，其余监测因子均能满足相应环境标准限值要求。

（4）弓长岭矿区：现状监测期间各点位的 TSP 和 PM_{10} 日均浓度、SO_2 和 NO_2 小时浓度和日均浓度监测结果均能满足《环境空气质量标准》（GB 3095—1996）中二级标准，区域环境质量较好。

B　规划区域环境空气质量回顾

a　鞍山市

收集 2003~2009 年环境监测与污染源监测数据，见表 2-17。

表 2-17　大气环境质量监测统计表

年份	区域	SO₂		NOₓ		TSP	
		年均值 /mg·m⁻³	日均值 /mg·m⁻³	年均值 /mg·m⁻³	日均值 /mg·m⁻³	年均值 /mg·m⁻³	日均值 /mg·m⁻³
2003	厂区	0.027	0.073	0.021	0.065	0.225	0.563
	生活区	0.026	0.079	0.022	0.062	0.189	0.258
2004	厂区	0.034	0.087	0.029	0.068	0.355	1.808
	生活区	0.032	0.063	0.027	0.077	0.598	0.618
2005	厂区	0.040	0.60	0.026	0.052	0.521	0.671
	生活区		0.599		0.048		0.599
2006	厂区	0.048	0.114			0.059	0.089
	生活区		0.082				0.081
2007	厂区	0.060	0.086	0.060	0.084	0.269	0.361
	生活区		0.08		0.083		0.281
2008	厂区		0.051		0.091		0.301
	生活区		0.044		0.102		0.364
2009	厂区		0.043		0.038		0.395
	生活区		0.045		0.039		0.385
标准值		0.06	0.15	0.05	0.10	0.20	0.30

2003~2009 年 SO₂、NOₓ 年均值、日均值多数监测值都不超标，只有 2007 年厂区超标。这是由于企业每年监测点位不同。TSP 大部分监测点超标，这是由于矿区运输道路、排土场扬尘引起的。

b　辽阳市

收集 2007~2009 年辽阳市环境质量报告书分析辽阳地区环境空气质量，见表 2-18，图 2-5。

表 2-18　2007~2009 年辽阳市环境空气质量

年　份	PM₁₀		SO₂		NO₂	
	浓度/mg·m⁻³	超标倍数	浓度/mg·m⁻³	超标倍数	浓度/mg·m⁻³	超标倍数
2007	0.104	0.04	0.055	0	0.048	0
2008	0.084	0	0.048	0	0.041	0
2009	0.080	0	0.052	0	0.043	0

2007~2009 年辽阳市环境空气中 SO₂、PM₁₀、NO₂ 浓度均有所下降。

2.2.2.2　规划区域地表水环境现状与回顾分析

A　区域地表水系分布与现状监测断面

区域地表水系分布图见彩图 2-6。

根据矿区内现状排水和排水去向，共设 15 个监测断面，其中鞍山地区设 12 个地表水现状监测断面，弓长岭地区设 3 个监测断面。监测断面布设位置见表 2-19、表 2-20 和彩图 2-7、彩图 2-8。

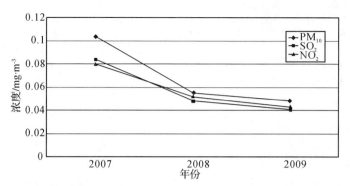

图 2 - 5　辽阳市环境空气质量变化趋势

表 2 - 19　鞍山地区监测断面布设一览表

断面编号	名　称	水　域	断面编号	名　称	水　域
I - 1	英家堡	杨柳河	III - 1	七岭子	南沙河北支流
I - 2	解家堡		III - 2	孔姓台	
I - 3	西河南		III - 3	金家岭	
II - 1	花麦屯	南沙河	III - 4	胡家庙	
II - 2	谢家房身		III - 5	判甲炉	
II - 3	忠新堡		III - 6	陈家台	

表 2 - 20　弓长岭地区监测断面布设一览表

水　域	断面编号	名　称
汤河	I - 1	三官庙
	I - 2	球团二厂
	I - 3	耿家屯

监测项目：pH 值、色度、COD$_{Cr}$、SS、石油类、硫化物、氨氮、氟化物、六价铬、铜、锌、汞、锰、铅、砷、铁 16 项，同时监测河水流量、流速及水深 3 项。

监测时间及频率：鞍山地区监测时间为 2010 年 6 月 21 日～2010 年 6 月 23 日。弓长岭地区监测时间为 2010 年 11 月 16 日～2010 年 11 月 18 日。连续监测 3 天，每天采样分析一次。

采样及监测分析方法：水样的采集、保存方法按《地表水和污水监测技术规范》（HJ/T 91—2002）执行，分析方法按《地表水环境质量标准》（GB 3838—2002）进行。

B　规划区域地表水环境现状评价

a　评价方法

采用标准指数法，计算公式为：

$$S_{i,j} = C_{i,j}/C_{si}$$

式中　$S_{i,j}$——单项水质参数 i 在 j 点的标准指数；

$C_{i,j}$——水质参数 i 在 j 点的监测浓度，mg/L；

C_{si}——水质参数 i 的地面水水质标准，mg/L。

pH 值计算公式为：

$$S_{pH,j} = (7.0 - pH_j) / (7.0 - pH_{sd}), \quad pH_j \leq 7.0$$
$$S_{pH,j} = (pH_j - 7.0) / (pH_{su} - 7.0), \quad pH_j > 7.0$$

式中　$S_{pH,j}$——pH 值在 j 点的标准指数；

　　　pH_j——pH 值在 j 点的监测值；

　　　pH_{sd}——地面水水质标准中规定的 pH 值下限；

　　　pH_{su}——地面水水质标准中规定的 pH 值上限。

水质参数的标准指数大于 1，表明该水质参数超过了规定的水质标准。

b　评价标准

地表水执行《地表水环境质量标准》（GB 3838—2002）表 1 Ⅲ类和Ⅳ类水体标准，其中 SS 执行《农田灌溉水质标准》（GB 5084—2005）表 1 "旱作"标准。

c　地表水现状监测评价结果

杨柳河英家堡村断面出现锰和氟化物超标，解家堡村断面出现 pH 值、COD、锰和氟化物超标，西河南村断面出现 COD、氨氮、SS、铁、锰和氟化物超标；南沙河花麦屯村断面出现 COD、石油类、锰超标，谢家房身村出现 COD、氨氮、石油类、铁、锰超标，忠新堡村断面出现 COD、氨氮、石油类、SS、铁、锰超标；七岭子村断面出现石油类、SS、铁和氟化物超标，孔姓台村断面出现 SS 超标，金家岭村断面出现石油类、SS、铁、锰超标，胡家庙村断面出现 COD、石油类、SS、铁、锰超标，判甲炉村断面出现 SS、锰和氟化物超标，陈家台村断面出现氨氮、SS、铁、锰超标。区域内地表水环境质量较差，已不能满足《地表水环境质量标准》（GB 3838—2002）中Ⅲ类和Ⅳ类水体水质标准要求。

pH 值、COD、氨氮、SS、石油类、铁、锰超标主要是受当地生活污水直排和周边铁矿山排水影响，氟化物超标可能与该区域内地下水氟化物含量较高有关。

汤河三官庙断面、球团二厂断面和耿家屯断面各监测因子均能满足《地表水环境质量标准》（GB 3838—2002）表 1 Ⅲ类水体标准中相应限值要求，项目所在区域水环境质量较好。

C　矿区地表水环境质量回顾评价

鞍山地区涉及的地表水系主要有南沙河、杨柳河、运粮河。辽阳弓长岭矿区涉及的地表水为汤河。

矿区内的南沙河、运粮河和杨柳河均为农业用水功能，但在穿越城区时，均承纳了工业废水和生活污水，河流水质已经受到污染；特别是南沙河、杨柳河受到矿业公司多年来采矿和选矿废水的直接排放，导致水体污染、河道严重淤积；市区的南沙河、杨柳河每年平均淤积 20~30cm；所有河流目前已经超过Ⅳ类水质要求。2005~2009 年的历史监测数据表明，各条河流的污染物均大致且呈逐年上升趋势，直至 2009 年区域污水处理厂的建设运行后，各项污染指标才有所下降，但远超过Ⅳ类水质要求。

2005~2009 年南沙河、杨柳河、运粮河 COD 浓度均超标，2008 年运粮河超标倍数达到了 2.15。2009 年较前几年 COD 浓度有所下降，但仍超标。

汤河在汤河水库下游至入太子河口段为农业用水功能，水质能达到Ⅲ类水质要求。

2.2.2.3　地下水环境质量现状与回顾

A　地下水环境质量现状

地下水环境质量现状监测的目的是为保留规划矿区开发活动前的地下水环境质量背景

资料，故对规划矿区区域内地下水水质现状进行监测。

a 监测点布设

根据规划区域各功能分区的性质、地理位置及周围环境特征等因素，共设 18 个监测点位，其中鞍山地区设 12 个监测点，弓长岭地区设 6 个监测点。地下水监测布点图见彩图 2 -7、彩图 2 -8。

b 监测项目

监测项目为水温、pH 值、色度、氨氮、硝酸盐氮（以 N 计）、亚硝酸盐氮（以 N 计）、氟化物、高锰酸盐指数、硫酸盐、总硬度、铜、铁、锌、锰、六价铬、铅、镉、镍、砷、细菌总数、总大肠菌群，共 21 项。

c 监测时间和频率

2010 年 6 月 24 ~26 日，各监测断面连续采样 3 天，每天采样 1 次。

d 采样及监测分析方法

水样的采集、保存方法按《环境监测规范》中规定的方法进行采样、样品保存。

e 现状评价方法

评价方法采用标准指数法，计算公式及 pH 值的标准指数计算公式同地表水。

评价标准执行《地下水质量标准》（GB/T 14848—1993）中Ⅲ类水质标准。

f 监测评价结果

监测评价结果表明，鞍山地区的地下水质量总体较差，所有 12 个监测点位中西沟里测点 pH 值和锰超标，最大超标倍数分别为 0.500 和 9.100；网户屯测点高锰酸盐指数、硝酸盐氮、硫酸盐和锰超标，最大超标倍数分别为 0.823、3.035、0.168 和 7.710；七岭子村测点硝酸盐氮和总硬度略有超标，最大超标倍数分别为 0.360 和 0.178；金家岭测点高锰酸盐指数略有超标，最大超标倍数为 0.453；胡家庙村测点硝酸盐氮和总硬度略有超标，最大超标倍数分别为 0.270 和 0.140；张家堡子测点高锰酸盐指数、硝酸盐氮、总硬度和锰超标，最大超标倍数分别为 0.313、0.970、0.138 和 1.390；兰家镇泉水村硝酸盐氮超标，最大超标 0.415 倍。

各监测点中除西沟里、大孤山和齐矿现有水井外总大肠菌群均有所超标，其最大超标倍数大于 75.67，各测点中沟家寨、朱家峪、七岭子村、胡家庙村细菌总数均有所超标，其最大超标倍数为 4.1。

弓长岭地区老茨沟和高家两个监测点硝酸盐氮出现超标，最大超标倍数为 0.78，露天采区矿部监测点亚硝酸盐氮和总大肠菌群超标，超标倍数分别为 2.55 和 22.33。除此之外，各监测因子均能满足《地下水质量标准》（GB/T 14848—1993）中Ⅲ类水质标准限值要求。

pH 值、高锰酸盐指数、硝酸盐氮、亚硝酸盐氮、硫酸盐、总硬度、锰、总大肠菌群、细菌总数和硫酸盐超标原因除与区域内地质构造有关外，还与区域内超标排放的生活污水、工业废水通过淋滤、溶解、离子交换、微生物分解等一系列物理化学和生物化学作用有关。

B 区域地下水质量回顾

a 鞍山矿区地下水源

根据相关资料和 2005 ~2009 年鞍山市环境质量报告书，近年来集中供水的地下水源水质良好，满足Ⅲ类标准要求。

b 辽阳弓长岭矿区地下水源

弓长岭矿区地下水源水质满足Ⅲ类标准要求。

c 浅层地下水质特征

区域内浅层地下水水质普遍受到不同程度的污染，自然污染以铁锰为代表，含量分布与铁矿山分布存在相关性；部分地段地下水氟化物背景值较高；生活污染以亚硝酸盐和氨氮、挥发酚为代表，含量分布无明显规律，呈分散状态。区域地下水 pH 值为 7.20 ~ 8.43，属弱碱性水，不含腐蚀质及硫化氢。

由于地下水的长期开采和不合理开采，造成地下漏斗，从而加大了地下水的水力坡度；补给欠丰富地带浅层地下水矿化度较高；城市工业、生活污水很容易补入地下，使浅层地下水水质变坏。

C 区域地下水水位变化

a 辽阳县首山水源地

供给鞍山市和鞍钢地下水资源的首山水源地，同时也是辽阳市工农业和城镇生活用水的主要水源，由于历史原因超量开采地下水，从 20 世纪 80 年代末已经形成了 $310km^2$ 的首山地下水位降落漏斗。

1997 年编制完成《辽阳地下水资源开发利用规划报告》，并进行及时更新完善。从辽阳市地下水资源开发、利用、管理与保护的实际需要出发，合理地划分了地下水超采区、未超采区，对不同分区进行了规划并提出了合理开采和保护措施。对超采区（首山漏斗区）提出了削减超采量的实施计划和针对性的控制措施，并进行严密的水位观测。近年来观测首山水源地水位基本处于均衡状态。

b 鞍山市政水源地下水

鞍山市水源地地下水已严重超采，形成了较大面积的超采区，已形成 3 个区域性的地下水位降落漏斗，主要分布在 4 处城市水源地。由于铁西 – 西郊水源地漏斗区基本相连，因此形成海城水源、铁西 – 西郊水源、太平水源三个超采区。超采区总面积 $128.2km^2$，总超采量 $1700 \times 10^4 m^3$，平均日超采量达 $4.6 \times 10^4 m^3$。其中海域水源 $32.2km^2$，现状水位埋深为 9.5m；铁西 – 西郊水源 $73km^2$，铁西水源漏斗中心静水位埋深为 30.7m；西郊水源漏斗中心静水位埋深为 25.0m；太平水源 $23\ km^2$，现状水位埋深为 11.0m。

c 鞍山矿区地下水位

据辽宁地质环境监测院和鞍山市水文站统计，2007 年底，仅鞍山市鞍钢四大矿区每个面积都超过 $10km^2$，总面积已发展到 $44km^2$。枯水季节矿区每天大约有 $(2 ~ 4) \times 10^4 m^3$ 水被疏干排走，汛期降水得不到补给就全部被排走。该区域开矿前地下水静水位是 3 ~ 6m，现在矿区周边已降至 40 ~ 50m，局部地区第四纪地下水已近枯竭。

2.2.2.4 声环境现状

A 声环境现状

监测期间，受交通噪声影响，西鞍山铁矿东夜间、关宝山选矿厂西昼夜间噪声超标；受周边企业影响，东鞍山铁矿南夜间、大孤山铁矿南昼间、关宝山选厂北昼间、齐矿西侧昼夜间和鞍千二期选厂西夜间噪声超标；受铁路机车排岩影响，东鞍山铁矿东侧夜间噪声超标；受大孤山选矿厂设备运行噪声及铁路机车噪声影响，大孤山铁矿北侧昼间噪声超标。其余各测点噪声值均能满足《声环境质量标准》（GB 3096—2008）中 2 类环境噪声标准限值要求。

B 振动环境现状监测评价

监测期间，各敏感点环境振动现状值均能满足标准要求，区域内振动环境现状较好。

2.2.3 矿区生态环境现状调查与回顾分析

2.2.3.1 生态环境调查与评价方法

本项目为鞍钢矿业公司在鞍山地区和辽阳弓长岭地区两个矿区进行包括老矿山产能延续改造、新建矿山及选厂等主体和公用辅助设施的规划项目环评。根据 HJ 19—2011《环境影响评价技术导则——生态影响》，本次评价等级应为三级，但考虑到项目组成及矿山开采对生态环境的扰动，故将本次评价等级提升为二级。设定生态环境现状调查与评价的范围是鞍山矿区、弓长岭矿区建设项目的外围轮廓向外扩展 2km，评价总面积约为 682km^2。评价区涉及行政区域有：鞍山市立山区沙河镇、千山区齐大山镇、千山镇及辽阳市宏伟区、兰家镇、首山镇及辽阳市弓长岭区等（彩图 2 - 9）。

生态环境现状调查与评价采用野外实地调查、资料收集、遥感解译、GIS 空间分析及野外取样和实验室测试等多种方法相结合，具体方法和技术流程见图 2 - 10。遥感数据采用评价范围的 2009 年的高分辨率影像数据和 2010 年 6 月 25 日的 Landsat 5 号卫星的多光谱影像（7 个波段，空间分辨率 30m）作为土地利用现状解译、水土流失现状评价及景观现状评价的基础数据。收集的其他资料包括项目规划报告、可研报告、评价区水土流失、水土保持方案、土地复垦、鞍山市地质灾害防治规划等。

根据导则要求和评价区实际情况，生态环境现状调查的内容分为几个方面：（1）区域生态环境功能与保护要求：基于评价区所处的生态功能区划方案，宏观定性描述评价区的生态功能、生态问题以及需采取的生态保护措施等；（2）土地利用现状调查与评价：基于遥感数据进行区域和评价区两个尺度上土地利用现状评价；（3）动植物现状调查与评价，采用地面调查、遥感解译及模型运算和资料整理等方式了解评价区动植物现状；（4）土壤环境质量现状调查与评价：通过野外土壤采样和实验室分析，评价评价区土壤质量现状；（5）水土流失现状评价：利用定量模型获取评价区水土流失现状；（6）河流底泥环境质量调查与评价以及生态系统格局、生态敏感目标调查与分析等。

在分类调查与评价基础上，总结评价区生态环境现状水平及存在的主要问题。

本次生态现状调查与影响评价具体方法和技术流程见图 2 - 10。

2.2.3.2 区域生态环境功能与保护要求

2008 年环境保护部和中国科学院联合发布了《全国生态功能区划》，对我国生态空间特征进行了全面分析，对全国范围内的区域生态敏感性、生态系统服务功能进行了评价，确定了不同区域的生态功能，提出了全国生态功能区划，将全国划分为 216 个生态功能区，彩图 2 - 11 即为辽宁省生态功能区划。

可以看到本次评价区跨三个区，分属Ⅱ1 - 3 鞍山市冶金工业污染与城郊农业面源污染防治生态功能区、Ⅱ1 - 1 辽中 - 台安洪涝盐渍化防治生态功能区和Ⅰ2 - 6 辽阳 - 海城土壤保持生态功能区。

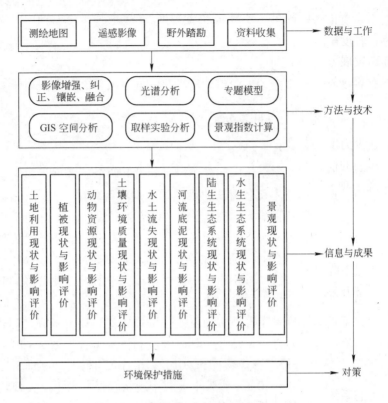

图 2-10 生态环境影响评价方法流程

A Ⅱ1-3鞍山市冶金工业污染与城郊农业面源污染防治生态功能区

主要生态环境问题：以钢铁冶金污染为主要内容的工业污染仍居较高水平，特别是冶金烟尘对空气环境的污染尤为严重。矿区和厂区的环境质量较差，绿化面积小，废旧矿场缺乏整治，环境质量较低。新区无序建设现象时有发生，城市绿化水平不高。城郊环境缺乏管理，面源污染仍很严重。

保护措施与发展方向：搞好城市规划布局，科学确定旧城区改造和新城区建设模式。加大对小采（选）矿的综合整治力度，以市区周边矿山生态恢复为重点，推进退役矿山植被恢复，巩固矿山生态恢复治理成果。加大城市烟尘、粉尘和细颗粒物治理力度，应用先进技术，改善城市空气质量。发展循环经济，推广清洁生产，建立节能、高效、低污染产业体系。重点加大对区内三条流域的治理力度，完善城市污水处理设施，加强水污染防治。郊区农业要大力发展生态农业，降低化学品使用强度，整治规模化畜禽养殖场环境。

本次规划鞍山矿区的齐大山选矿厂、齐大山矿区排土场、采场的部分地段在该生态功能区内，其主要工程内容为齐大山选矿厂。

B Ⅱ1-1辽中-台安洪涝盐渍化防治生态功能区

主要生态环境问题：河网密集，雨量集中，易发生洪涝灾害。地势低洼，土壤黏重，排水不畅，土壤盐渍化较重。土地利用率高，冬春季节，土地裸露，土壤流失加剧。农用化学品使用强度大，面源污染严重，畜舍、粪堆、垃圾堆和厕所分布在沿河和水渠岸边附近，成为地表水的重要污染源，水土环境的质量降低。生态环境敏感性：综合评价为高度、中度、轻度敏感，高度和中度敏感区域面积大。土壤侵蚀中度、轻度、一般地区，一般地区面积大。沙漠化高度、中度敏感，高度敏感和中度敏感区域面积大。土壤盐渍化中度、轻度敏感，轻度敏感区域面积大。

保护措施与发展方向：进一步调整土地利用结构和农业产业结构，综合开发，综合整治，保护基本农田。发展生态农业，鼓励绿色、有机食品生产，降低农用化学品使用强度，控制农业面源污染。工程与生物措施相结合，强化堤防，提高田间工程建设水平，合理种植，改进栽培方式，防洪治涝，治理土壤盐渍化。加强辽中等地的沙化土壤治理。加大生态示范区建设力度。要合理确定工业园区产业发展方向与规模，加强与沈阳、鞍山等周边城市工业布局的衔接，协调好经济发展与保护环境的关系。

本次远期规划项目的西鞍山井下矿区在该生态功能区内，东鞍山烧结厂紧邻该区边界。

C Ⅰ2-6 辽阳－海城土壤保持生态功能区

主要生态环境问题：不合理开采矿产，使山林植被受到破坏，废弃矿场较多，植被恢复较差，蚕场质量下降，退化面积较大，水土流失加剧。防护林面积小，质量差，土壤保持功能下降。经济开发占地面积较多，环境容量下降，重利用轻保护现象严重。

保护措施与发展方向：进一步整顿矿产秩序，取缔无证开采；清理非法占地，整合土地资源；整治废弃矿场，恢复土地植被；扩大防护林面积，提高森林质量；退化蚕场实行退蚕还林，合理确定载畜量，严禁牲畜破坏森林和植被。汤河水库是辽阳市的饮用水源地，上游地区要培育水源涵养林，限制污染企业发展及小矿山的开发。重点保护油松栎林和落叶阔叶林生态系统，发展千山旅游产业。建立合理、有序的矿山开发长远规划，避免短期行为所造成的资源浪费和严重的生态环境破坏，淘汰落后的矿产开发和加工工艺，提高产品附加值。建立优质水果种植加工基地。

本次规划项目除齐大山选矿厂、西鞍山井下矿区及齐大山矿区、东鞍山烧结厂有零星交汇地带外，均在该生态功能区内。该生态功能区基本涵盖本次规划的主要内容，因此也是生态环境调查、评价和落实生态保护措施的重要区域。

2.2.3.3 规划矿区土地利用现状与回顾

A 区域土地利用现状

本评价区涉及鞍山市市区范围及辽阳（市）县范围，因此本次评价的区域土地利用分析包括鞍山市市区和辽阳（市）县两部分区域。考虑到评价面积区域较大，区域的土地利用现状分析采用基于 2010 年 6 月 25 日的两景 TM（119/31，119/32）图像进行人机交互分类的方式进行。按照鞍山市和辽阳（市）县土地利用的实际情况和参考国家土地利用分类标准，本次区域土地利用类型分为耕地、林地、草地、水域、农村居住用地、城镇用地、工矿用地和未利用地共 8 类。各类土地利用类型分布见图 2-12。

整个区域的土地利用类型总面积为 4013km²，其中耕地面积为 1508km²，占区域总面积的 37.58%；林地面积达到 1898km²，占区域总面积的 47.3%；草地面积为 21.1km²，仅占区域总面积的 0.52%；而水域面积为 134.3km²，占区域总面积的 3.35%；农村居住用地达到了 158km²，占区域总面积的 3.94%；城镇用地面积为 199km²，占区域总面积的 4.96%。同全国其他地区及东北其他地区相比，该区域中由于大型钢铁企业及矿山的存在，工矿用地面积达到 84.7km²，占区域总面积的 2.11%，高于其他区域中工矿用地的比例。整个区域内未利用地面积仅为 9.2km²。

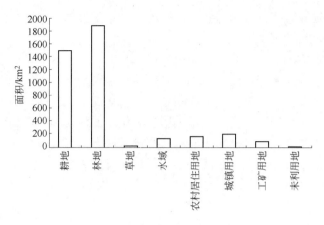

图 2 – 12 区域土地利用现状结构

分析区域土地利用现状的类型分布及其空间格局可以看到，整个区域的土地利用以本次生态评价区所在位置为中线，其东南侧以林地为主，人类活动干扰程度小，生态环境良好；西北一侧则是以平原耕地、城镇用地和工矿开发用地为主，生态系统受人类改造的程度较高。对比本次评价区的位置和各工矿用地、城镇位置可以发现，本项目区周围分布较多的大型工矿用地和城镇用地。

区域土地利用形态和类型受到地形地貌的控制：在平原低丘以及沿沟谷地带基本以耕地、居民地为主导类型，丘陵低山地带由成片灌丛地和有林地斑块组成。工矿用地的位置受矿产地质条件的约束，基本上是沿铁矿的分布呈现条带状的空间布局。可以看到，多年来的该矿产资源开发，区域内工矿用地的占地面积增加，已经在一定程度上形成了对灌丛生态系统和农田生态系统的干扰。解译数据见彩图 2 – 13。

B 评价区土地利用现状

利用高分辨率的遥感数据，按照土地利用分类标准，对评价区的土地利用现状进行遥感解译。获取评价区的土地利用类型信息见表 2 – 21，彩图 2 – 14，图 2 – 15。

表 2 – 21 评价区土地利用分类

用地类型代码	用地类型	面积/m²	百分比/%
3	草地	1391143	0.20
11	水田	6852292	1.00
12	旱地	158846383	23.29
21	有林地	292323654	42.85
22	灌木林地	15463313	2.27
23	其他林地	57669068	8.45
41	河流水面	3149772	0.46
43	坑塘水面	14596006	2.14
46	滩地	1142832	0.17
51	城镇用地	23905648	3.50
52	农村居住用地	35918869	5.27
53	独立工矿用地	70865407	10.39
合 计		682124387	100

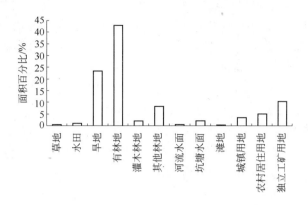

图 2 - 15 评价区土地利用类型结构

综合上述图表分析结果，可以看到本次生态评价区是以丘陵有林地、平原旱地和独立工矿用地及各种果园、复垦绿化构成的其他林地为土地利用的主导类型，构成了评价区土地利用景观的基底。有林地、旱地、独立工矿用地和其他林地四者之和占全部用地面积的85%。除此之外，农村居住用地、城镇用地、灌木林地、各个尾矿库为主构成的坑塘水面用地、水田等用地类型也占据一定的比例，分别达到5.27%、3.50%、2.27%、2.14%和1.00%。其他的用地类型，如河流水面、草地和滩地用地面积较小，所占比例均在1%以下。而从空间布局来看，在鞍山矿区，有林地主要分布在评价区的东南部，即各个已有矿区和规划项目所在地的上游地区，而旱地、城镇用地、独立工矿用地则集中分布在北部、西部及西北部区域，其中，独立工矿用地沿铁矿矿产资源的条带状分布，处在有林地与旱地、城镇用地等用地类型之间。农村居住用地的分布较为分散。从地貌类型上看，西部、北部、西北部的平原地貌区分布着城镇用地、旱地；中部丘陵地带由于铁矿石资源的富集而形成了独立工矿用地；东南部及东部地区连绵的低山丘陵地带为有林地的连片分布区域，如千山风景区及汤河水库一带区域；耕地沿河谷地带及平原区广泛分布；评价区内山坡坡脚处尤其在居民点附近常见果园分布；在矿区办公用地区域存在一些复垦绿化用地为主的其他林地；评价区没有大型河流通过，仅有南沙河支流等小河流经，坑塘水面用地则以众多的选厂尾矿库和沉淀池，例如风水沟尾矿库、西果园尾矿库为主等。在弓长岭矿区，以人工次生林为主的有林地沿评价区四周的低山丘陵分布，水田、旱地等沿沟谷两侧呈条带状分布，城镇用地则主要分布在沟谷交汇的宽阔区域。独立工矿用地分布在弓长岭矿区评价区的东南部一角，主要为铁矿采场和排土场等用地类型。水库坑塘用地主要是弓长岭矿区的尾矿库，为一半封闭的流域地形。

综上所述，本次生态评价区历经历史上及现代以来多年来的以铁矿开采为主的高强度矿产资源开发，区域内人工垦殖的旱地、独立工矿用地等用地类型的比例较高。过去多年来的矿山开采不注重生态保护措施的实施，使评价区内以人工次生林为主的森林生态系统、灌丛生态系统和农业生态系统一定程度地受到矿产开采活动的侵入与干扰。

C 矿区土地利用变化回顾分析

a 土地利用变化分析技术方法

为说明矿区在过去几十年的土地利用累积变化情况，选取1992年10月、2001年8月和2007年9月共三期的美国陆地卫星TM影像数据进行解译说明。在参考有关资料和实地考察的基础上，通过GPS定位、建立地面解译标志和线路调查等方法，根据全国土地利用分类系统，按1:100000精度进行遥感影像解译，并在ENVI软件和GIS软件的支持下，进行数据采集、编辑和分析，完成评价区不同时期土地利用图的编绘与成图工作。

在此基础上，利用ARC/INFO软件将完成分类的三期数据进行空间叠加分析，并提取土地利用变化的数据，评价该地区不同时期的土地利用变化。

考虑到研究区域土地利用的现状，不同类型土地利用程度的差异以及各期遥感图像的可判程度，依据中国科学院土地利用分类系统，将该区土地利用划分为耕地、林地、草地、建筑用地、水域和未利用地6个一级分类。

b 土地利用变化解译结果分析

土地利用解译结果见彩图2-16，图2-17，彩图2-18，彩图2-19，表2-22~表2-24。

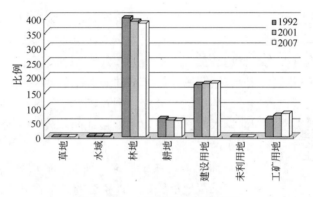

图2-17 土地利用面积统计图

表2-22 土地利用面积统计表 （km²）

年份	土地利用类型							
	草地	水域	林地	耕地	建设用地	未利用地	工矿用地	合计
1992	0.26	2.84	387.94	59.63	171.50	0.35	59.48	682
2001	0.25	2.88	377.76	56.17	173.52	0.56	70.86	682
2007	0.25	2.89	371.40	54.33	175.16	0.56	77.41	682

表2-23 1992年、2001年土地利用变化矩阵 （km²）

2001年 ＼ 1992年	草地	水域	林地	耕地	建设用地	未利用地	工矿用地
草地	0.25	0	0	0	0.28	0	0.23
水域	0	2.84	0	0	0	0.62	0
林地	1.52	0	377.76	0	1.54	0	11.34
耕地	2.32	0	0	56.17	4.50	0.10	0.87
建设用地	0.31	0	0	0	171.50	1.55	0
未利用地	0	0	0	0	0	0.35	1.36
工矿用地	0	0	1.69	0	1.21	0	59.48

由表2-23可看出,评价区主要土地利用类型为林地。在所有的土地类型中,虽然建设用地所占比重很小,但10年间明显增加,工矿建设用地面积的增加主要是由未利用土地、林地以及建设用地中的农村居民用地转化来的。由于经济发展,城市规模不断扩大,草地、林地、耕地有所减少。

表 2-24 2001 年、2007 年土地利用变化矩阵 （km²）

2001 年 ＼ 2007 年	草地	水域	林地	耕地	建设用地	未利用地	工矿用地
草地	0.25	0	0	0	0.09	0.03	0.11
水域	0	2.88	0	0	0	0	0
林地	1.23	0	371.40	0	4.61	6.87	6.37
耕地	0	0	0	54.33	0.68	2.87	1.91
建设用地	2.93	0.24	0	0	173.52	0	0.57
未利用地	2.13	0	0.31	0	0.42	0.56	0.15
工矿用地	2.82	2.65	6.08	2.16	0	1.35	70.86

由表2-24可看出,评价区主要土地利用类型仍为林地。工矿建设用地持续增加,工矿建设用地面积的增加还是由未利用土地、林地以及建设用地中的农村居民用地转化来的。城市规模不断扩大,建设用地增加。由于人们观念的改变,在发展的同时,开始注重环境保护,工矿用地复垦为林地、草地,不断改善矿山周围的环境。

2.2.3.4 水土流失与土壤侵蚀现状

A 区域水土流失现状

第二次卫星遥感调查表明,辽宁省全省水土流失面积达51160km²,占全省土地总面积的35%。

根据遥感资料分析及相关研究成果,鞍山、辽阳市土壤侵蚀以水力侵蚀为主。水土流失多存在于工矿用地区域,且较为严重。部分农业用地,由于长期的农耕活动使地表土层疏松,也存在水土流失现象。坡耕地的水土流失现象较为严重。总体而言,区域整体范围内水土流失的面积及强度均较低。轻度以下区域占72.90%,中度占26.08%,高度占1.02%。鞍山市中部工矿用地区域水土流失程度最高,中等程度的区域包括平地向山区过渡的丘陵区域和岫岩县山区坡度较陡的区域,其他大部分区域都属于微度、轻度区。

本次评价根据遥感影像解译和《齐大山铁矿采场北部新建破碎胶带工程水土保持方案报告书》提供的基础资料,获得了千山区的水土流失程度分布图和统计数据,见表2-25。

表 2-25 千山区水土流失现状统计

水土流失强度级别	平均侵蚀模数 /t·(km²·a)⁻¹	水土流失面积 /km²	占水土流失总面积比例/%	占千山区总面积比例/%
轻度	500~2500	68.64	50.79	15.37
中度	2500~5000	38.35	28.38	8.59
强度	5000~8000	2.40	1.78	0.54
极强度	8000~15000	25.74	19.05	5.76
剧烈	>15000	0.00	0.00	0.00
小 计	—	135.13	100	30.26

由表 2-25 可看出，鞍山市千山区总面积 446.58km²，水土流失面积 135.13km²，占总面积的 30.26%，该比例略小于辽宁省的平均比例。

B 评价区水土流失状况

评价区属于东北黑土区，水土流失类型以水力侵蚀为主，水力侵蚀包括面蚀、沟蚀和泥石流三种形式，其中以面蚀的侵蚀量最大，且分布较广。水土流失强度以轻度和中度为主，土壤侵蚀模数 500~5600t/(km²·a)，沟壑密度 2.5km/km²。

评价区水土流失现状是通过基于遥感与 GIS 空间数据库的土壤流失模型进行评价。模型建立是基于土壤侵蚀强度和侵蚀因子之间的定量匹配关系。本次评价参考水利部颁布的《土壤侵蚀分类分级标准》（SL 190—1996）和（SL 190—2007），以土地利用类型、植被覆盖度和地形坡度为水力侵蚀的判别指标，评价各个图上的水土流失强度。水土流失强度根据水利部颁布的《土壤侵蚀分类分级标准》（SL 190—1996）土壤侵蚀强度分级标准，按年水土流失量分为微度（<500t/km²）、轻度（500~2500t/km²）、中度（2500~5000t/km²）、强烈（5000~8000t/km²）、极强烈（8000~15000t/km²）和剧烈（>15000t/km²）6 个级别。

评价区水土流失现状通过基于遥感与 GIS 空间数据库的土壤流失模型进行评价，模型建立是基于土壤侵蚀强度和侵蚀因子之间的定量匹配关系。

遥感影像解译和基于《鞍钢集团矿业公司齐大山铁矿二期扩建工程可行性研究报告》以及《鞍钢集团矿业公司生态复垦情况报告》提供的基础资料，利用 GIS 空间分析功能和遥感解译技术手段获得了评价区的水土流失程度分布图和统计数据，见彩图 2-20。

由图可以看出，评价区范围内微度侵蚀面积最大，达到 492.6km²，轻度侵蚀区域面积为 125.7km²，中度侵蚀区域面积为 53.4km²，强烈侵蚀区域面积为 7.9km²，极强侵蚀区域面积为 1.1km²，剧烈侵蚀区域仅为 0.09km²。

评价区范围内地形地势为中低丘陵区，坡度较缓，从彩图 2-20 可以看到，在大范围尺度上，评价区土壤侵蚀严重的区域首先是矿坑及排土场的陡坡，其次是沿河谷两侧植被分布较为稀疏的区域。基于植被对水土流失的控制作用，评价区在控制土壤侵蚀方面的首要工作是对符合复垦条件的排土场进行绿化复垦。同时，在河道两侧进行植树造林也能有效防治土壤侵蚀的发生和侵蚀程度加重。

C 土壤侵蚀回顾分析

土壤侵蚀是指土壤及其母质在水力、风力、冻融、重力等外营力作用下，被破坏、剥蚀、搬运和沉积的过程。土壤侵蚀将导致土层变薄、土壤退化、土地破碎，破坏生态平衡，并引起泥沙沉积、淹没农田、淤积河道水库、对农林牧业的生产以及电力水利等行业危害极大，直接影响国家经济建设。

受气候和地形的影响，区域内土壤侵蚀以水力侵蚀为主，矿山采区、排土场地、选厂、尾矿库等土壤侵蚀程度较重，其次是一些坡耕地、果园地和荒山坡地。多年来，一方面有工矿场地增加新增的水土流失，另一方面也有因矿区生态恢复减少的土壤侵蚀。

a 土壤侵蚀分级

参考《土壤侵蚀分类分级标准》（SL 190—2007）对全国土壤侵蚀类型区的划分，评价范围内土壤侵蚀基本以水力侵蚀为主，属于水力侵蚀类型区的北方土石区。评价方法主要参考 SL 190—2007 的土壤侵蚀强度分级标准和面蚀分级指标，见表 2-26。

表 2 - 26 面蚀分级指标

地类 \ 地面坡度		5°~8°	8°~15°	15°~25°	25°~35°	>35°
非耕地的林草覆盖度/%	60~75					
	45~60		轻度			强度
	30~45			中度	强度	极强度
	<30			强度	极强度	剧烈
坡耕地		轻度	中度			

b 土壤侵蚀统计

土壤侵蚀统计见表 2 - 27，彩图 2 - 21。

表 2 - 27 土壤侵蚀统计表

时期与指标 \ 侵蚀程度	1992 年		2001 年		2007 年	
	面积/km²	比例/%	面积/km²	比例/%	面积/km²	比例/%
微度或无侵蚀	543.35	79.67	457.96	67.15	426.32	62.51
轻度	102.16	14.98	160.07	23.47	167.57	24.57
中度	28.58	4.19	52.72	7.73	74.75	10.96
强烈	6.82	1	9.55	1.4	11.46	1.68
极强烈	1.16	0.17	1.71	0.25	19.10	0.28
剧烈	0	0	0	0	0	0
合 计	682	100	682	100	682	100

1992 年至 2007 年评价范围内土壤侵蚀程度在不断加重，侵蚀级别较高的面积依次上升，中度侵蚀及中度侵蚀以上的面积在不断扩大。根据 1992 年至 2007 年土地利用的变化情况，可以看出，林地和草地面积总体上呈下降趋势，地表植被的破坏，加重了土壤侵蚀程度。

在矿山开采过程中务必注意水土保持措施，加大水土保持力度，防止该地区因为矿产的开采进一步加剧水土流失。

2.2.3.5 区域土壤环境现状调查分析

A 区域土壤类型现状调查

根据土壤普查资料，矿区土壤为棕色土壤，是在自然因素和人为因素综合作用下形成的，可以分为 1 个土类、3 个区类和 9 个土种。土壤分布规律及土壤类型见表 2 - 28。

B 规划区土壤环境质量现状

a 监测方案

矿区土壤环境质量现状评价矿区通过野外特征样点的取样和实验室分析监测的方法进行。共在评价区范围内设置了 21 个土壤环境质量监测点，采样日期为 2010 年 6 月 17 日，土壤调查以地表下 0~50m 的土样为调查对象。

监测点位信息见表 2 - 29，彩图 2 - 22。

表 2 – 28 评价区土壤分布规律及土壤类型

土类	区类	土 种	植被	剖面	pH 值	有机度
棕壤	生草棕壤	花岗岩上薄腐殖质弱化棕壤	油松 阔叶林	腐蚀层 层质层	5.98 4.71	6.27 1.39
	生草棕壤	花岗岩上薄腐殖质棕壤	油松 杜鹃林	腐蚀层 层质层	6.86 5.24	10.37 2.33
	生草棕壤	花岗岩坡积物上厚腐殖质棕壤	杂木林	腐蚀层	6.84	9.12
	生草棕壤	左倾花岗岩坡积物上厚腐殖质弱灰化棕壤	油松 灌木林	腐蚀层 层质层	6.72 5.62	6.14 6.22
	生草棕壤	坡积上弱灰化厚度沉积棕壤	板栗林	腐蚀层 层质层	6.99 5.40	7.02 1.78
	生草棕壤	发育在坡积物上厚腐殖质棕壤	栎树林	腐蚀层	5.67	8.34
	棕壤	坡积物上薄腐殖质弱沉积棕壤	油松 苔藓林	腐蚀层 层质层	6.82 5.62	4.79 2.22
	棕壤	坡积物上薄腐殖质弱沉积棕壤	油松林	腐蚀层	6.68	4.91
	草甸棕壤	坡积物上薄腐殖质沉积棕壤	河谷 杂木林	腐蚀层 层质层	6.99 6.49	4.54 1.84

表 2 – 29 土壤监测点位表

编 号	监测点位	编 号	监测点位
S1	陈家台村土壤	S12	西鞍山铁矿规划选厂厂址
S2	判甲炉村土壤	S13	网户屯村
S3	齐大山办公楼东侧果园土壤	S14	东鞍山排土场植被恢复工程所在地
S4	王家堡子土壤	S15	汤岗子镇鞍山城村土壤
S5	西马家庄土壤	S16	唐家房村土壤
S6	兰家镇孔姓台村土壤	S17	长岭子村
S7	风水沟尾矿库土壤	S18	大孤山矿排土场绿化恢复区
S8	兰家镇泉水村土壤	S19	大孤山村
S9	金家岭子村土壤	S20	西鞍山采场
S10	关宝山现规划厂址绿地土壤	S21	七岭子村
S11	关宝山现规划厂址山林		

b 监测项目

pH 值、铜、锌、汞、镉、铅、砷、镍、铬共 9 项。

c 监测时间及频次

2010 年 6 月 17 日,监测 1 天,每个断面采样 2 个。

d 样品分析方法

土壤样品分析方法参照环境保护部《环境监测分析方法》、《土壤元素的近代分析方法》(中国环境监测总站编)的有关要求进行。

e 现状评价方法

土壤环境质量现状评价采用单因子标准指数法进行。

单因子标准指数计算公式为：

$$S_i = C_i / C_{0i}$$

式中　S_i——第 i 种污染物的标准指数；

　　　C_i——第 i 种污染物的监测平均值，mg/kg；

　　　C_{0i}——第 i 种污染物的评价标准，mg/kg。

评价标准：土壤环境质量执行《土壤环境质量标准》（GB 15618—1995）中的二级标准。

f　监测与评价结果

鞍山市环境监测站对规划区内的土壤环境质量现状进行了监测，监测结果见表 2－30 ～ 表 2－32。

土壤环境质量现状评价结果见表 2－33。

根据表 2－30 ～ 表 2－33 的监测、评价可知，除 S11 和 S12 监测点位出现镍、锌超标，S17 和 S18 监测点位出现镍超标外，其余各监测点位及各监测因子均能满足《土壤环境质量标准》（GB 15618—1995）中的二级标准要求，说明规划区内土壤环境质量状况较好。

表 2 - 30　土壤环境质量现状第一次监测结果

监测因子	监测结果/mg·kg⁻¹										
	S1	S2	S3	S4	S5	S6	S7	S8	S9	S10	S11
pH（无量纲）	8.1	6.43	6.97	6.98	6.61	6.28	9.32	7.05	6.75	7.45	6.4
砷	6.7	3.7	10.6	7.9	9.6	5.6	2.5	11.5	9.9	10	8.5
镍	44.7	15.4	32.5	39.9	32.2	33.2	20	37.1	37.5	44.7	38.2
铜	26.1	10.9	22.4	21	19.5	16.8	7.95	20.8	24.3	34	26.2
铅	40.1	18.3	25.2	26.9	24.3	25.2	16.9	18.3	19.5	32.2	25.6
锌	122	57.3	94.2	147	78	96.9	59.3	78.6	72	121	81.6
铬	171	21.2	30	61.1	51.5	48.7	26	44.6	56.5	82.5	60.8
镉	0.509	0.157	0.117	0.11	0.084	0.095	0.412	0.07	0.158	0.241	0.214
汞	0.027	<0.002	0.004	0.026	0.018	0.014	<0.002	0.014	0.012	0.131	0.022

监测因子	监测结果/mg·kg⁻¹										
	S12	S13	S14	S15	S16	S17	S18	S19	S20	S21	
pH（无量纲）	7.09	8.45	8.08	8.29	8.18	7.19	8.16	8.14	7.51	6.71	
砷	10.7	8	2.4	18.5	12.5	5.6	10.1	9	11.7	11.3	
镍	140	42.5	34.9	32.4	37.3	59	164	51.8	43.8	39.2	
铜	30	28.8	26.1	26.7	26.9	36.5	60.4	26.3	21.9	28.8	
铅	133	25.4	35.9	35.2	30.3	22.2	14.4	20.9	26.9	20.4	
锌	1799	106	102	108	91.7	106	116	78.1	97.2	65	
铬	168	56.4	44.5	37.9	40.3	91.6	286	129	101	100	
镉	0.365	0.154	0.26	0.173	0.223	0.311	0.16	0.159	0.125	0.068	
汞	0.02	0.029	0.017	0.013	0.036	0.001	0.012	0.016	0.026	0.04	

表 2 - 31 土壤环境质量现状第二次监测结果

监测因子	监测结果/mg·kg⁻¹										
	S1	S2	S3	S4	S5	S6	S7	S8	S9	S10	S11
pH（无量纲）	8.07	6.77	6.86	6.97	6.63	6.14	9.22	6.51	6.77	7.57	6.47
砷	6.3	4.1	11.4	8.2	10.1	5.9	2.8	10.3	10.7	10.4	8.8
镍	34.6	8.89	40.4	36.1	36.4	32.9	14.7	40.5	39.5	47	73.2
铜	20.7	7.89	27.7	20.1	19.1	18.8	3.2	53.3	24.6	35.5	26.3
铅	32.2	17.2	27	26.4	22.5	27.3	8.39	114	21.5	47	66.8
锌	107	38.4	91	109	123	117	30.7	183	79.5	117	667
铬	57.6	14.5	52.3	57.1	56	54.1	15.1	72	59.2	85.3	91.7
镉	0.493	0.088	0.085	0.091	0.123	0.077	0.189	0.272	0.152	0.339	0.217
汞	0.04	<0.002	0.006	0.022	0.016	0.02	<0.002	0.011	0.014	0.141	0.029

监测因子	监测结果/mg·kg⁻¹									
	S12	S13	S14	S15	S16	S17	S18	S19	S20	S21
pH（无量纲）	7.31	8.38	8.01	8.27	8.22	7.08	8.12	8.06	7.22	6.6
砷	9.7	8.3	2.5	18.3	11.2	5.7	10.8	9.1	12.5	12.8
镍	35.7	46.3	22.8	42.3	34.3	88.9	46.2	48.1	38.8	32.9
铜	24.2	27.6	22.8	29.1	22.5	51.8	23.3	27.3	26.2	22.2
铅	22.1	30.8	39.2	25.7	33.7	13.3	19	20.6	24.9	19.1
锌	92.4	91.5	109	87.5	105	106	74.8	85.2	77.4	62.5
铬	51.3	55	32.2	41.9	38.8	148	133	130	98.1	95.2
镉	0.222	0.25	0.187	0.157	0.356	0.189	0.116	0.13	0.133	0.041
汞	0.024	0.032	0.018	0.012	0.039	0.002	0.014	0.014	0.024	0.037

表 2 - 32 土壤环境质量现状监测结果平均值

监测因子	监测结果/mg·kg⁻¹										
	S1	S2	S3	S4	S5	S6	S7	S8	S9	S10	S11
pH（无量纲）	8.09	6.6	6.92	6.98	6.62	6.21	9.27	6.78	6.76	7.51	6.44
砷	6.5	3.9	11	8.05	9.85	5.75	2.65	10.9	10.3	10.2	8.65
镍	39.65	12.15	36.45	38	34.3	33.05	17.35	38.8	38.5	45.85	55.7
铜	23.4	9.4	25.05	20.55	19.3	17.8	5.58	37.05	24.45	34.75	26.25
铅	36.15	17.75	26.1	26.65	23.4	26.25	12.65	66.15	20.5	39.6	46.2
锌	114.5	47.85	92.6	128	100.5	106.95	45	130.8	75.75	119	374.3
铬	114.3	17.85	41.15	59.1	53.75	51.4	20.55	58.3	57.85	83.9	76.25
镉	0.5	0.12	0.1	0.1	0.1	0.09	0.3	0.17	0.16	0.29	0.22
汞	0.03	<0.002	0.01	0.02	0.02	0.02	<0.002	0.01	0.01	0.14	0.03

监测因子	监测结果/mg·kg⁻¹										
	S12	S13	S14	S15	S16	S17	S18	S19	S20	S21	
pH(无量纲)	7.2	8.42	8.05	8.28	8.2	7.14	8.14	8.1	7.37	6.66	
砷	10.2	8.15	2.45	18.4	11.85	5.65	10.45	9.05	12.1	12.05	
镍	87.85	44.4	28.85	37.35	35.8	73.95	105.1	49.95	41.3	36.05	
铜	27.1	28.2	24.45	27.9	24.7	44.15	41.85	26.8	24.05	25.5	
铅	77.55	28.1	37.55	30.45	32	17.75	16.7	20.75	25.9	19.75	
锌	945.7	98.75	105.5	97.75	98.35	106	95.4	81.65	87.3	63.75	
铬	109.65	55.7	38.35	39.9	39.55	119.8	209.5	129.5	99.55	97.6	
镉	0.29	0.2	0.22	0.17	0.29	0.25	0.14	0.14	0.13	0.05	
汞	0.02	0.03	0.02	0.01	0.04	0.00	0.01	0.02	0.03	0.04	

表2-33 土壤环境质量现状评价结果

监测因子	监测结果/mg·kg⁻¹										
	S1	S2	S3	S4	S5	S6	S7	S8	S9	S10	S11
pH(无量纲)	>7.5	6.5~7.5	6.5~7.5	6.5~7.5	6.5~7.5	<6.5	>7.5	6.5~7.5	6.5~7.5	>7.5	<6.5
砷	0.26	0.13	0.37	0.27	0.33	0.14	0.11	0.36	0.34	0.41	0.22
镍	0.66	0.24	0.73	0.76	0.69	0.83	0.29	0.78	0.77	0.76	**1.39**
铜	0.23	0.09	0.13	0.21	0.19	0.36	0.06	0.37	0.24	0.35	0.53
铅	0.10	0.06	0.09	0.09	0.08	0.11	0.04	0.22	0.07	0.11	0.18
锌	0.38	0.19	0.37	0.51	0.40	0.53	0.15	0.52	0.30	0.40	**1.87**
铬	0.46	0.09	0.21	0.30	0.27	0.34	0.08	0.29	0.29	0.34	0.51
镉	0.83	0.40	0.33	0.33	0.33	0.30	0.50	0.57	0.53	0.48	0.73
汞	0.03	<0.002	0.02	0.04	0.04	0.07	<0.002	0.02	0.02	0.14	0.10
监测因子	监测结果/mg·kg⁻¹										
	S12	S13	S14	S15	S16	S17	S18	S19	S20	S21	
pH(无量纲)	6.5~7.5	>7.5	>7.5	>7.5	>7.5	6.5~7.5	>7.5	>7.5	6.5~7.5	6.5~7.5	
砷	0.34	0.33	0.10	0.74	0.47	0.19	0.42	0.36	0.40	0.40	
镍	**1.76**	0.74	0.48	0.62	0.60	**1.48**	**1.75**	0.83	0.83	0.72	
铜	0.27	0.28	0.24	0.28	0.25	0.44	0.42	0.27	0.24	0.26	
铅	0.26	0.08	0.11	0.09	0.09	0.06	0.05	0.06	0.09	0.07	
锌	**3.78**	0.33	0.35	0.33	0.33	0.42	0.32	0.27	0.35	0.26	
铬	0.55	0.22	0.15	0.16	0.16	0.60	0.84	0.52	0.50	0.49	
镉	0.97	0.33	0.37	0.28	0.48	0.83	0.23	0.23	0.43	0.17	
汞	0.04	0.03	0.02	0.01	0.04	0.00	0.01	0.02	0.06	0.08	

2.2.3.6 河流底泥现状调查与评价

A 河流底泥中重金属含量监测

a 监测方案

鞍山市环境监测站于 2010 年 6 月 17 日对规划区内地表水评价河段底泥重金属含量进行了监测，监测时间为 1 天，每个断面采样 2 个，见表 2-34。监测指标为 pH 值、铜、锌、汞、镉、铅、砷、镍、铬。

表 2-34 河流底泥监测点

编号	点位名称	具体点位	X 坐标	Y 坐标	Z 高程
R1	西河南	双龙山公墓大门对面桥下	4548978	491630	29
R2	沟家寨子	旧堡路上桥下	4548414	493373	38
R3	解家堡	解家堡子桥头	4543573	495327	47
R4	英家堡	英家堡子村桥下	4543203	499168	67
R5	花麦屯村	花麦屯村委会桥下	4544822	503925	95
R6	忠新堡村	鞍山胜世钢构彩板有限公司对面河流	4550565	506725	54
R7	七岭子村	—	—	—	—
R8	金家岭村	西大背东门卫小房对面	4550206	512286	66
R9	孔姓台村	孔姓台村河流	4553478	513039	95
R10	胡家庙子村	金家岭和孔姓台支流汇合处	4552234	510658	46
R11	王家堡子村	王家新村村政府院内	4555768	509022	53
R12	判甲炉村	判甲炉村政府附近小桥	4556621	507489	39
R13	陈家台	两个支流汇合处	4556754	506054	39

b 分析方法

河流底泥的采样和监测分析过程按照《水和废水监测分析方法》（第四版）中的相关要求和分析方法执行。

c 监测结果

监测点位布置见彩图 2-23，监测结果见表 2-35。

表 2-35 规划区内河流底泥监测结果

监测因子	评价标准/mg·kg⁻¹	R1	R2	R3	R4	R5	R6	R7	R8	R9	R10	R11	R12	R13
pH 值	—	7.85	7.96	8.21	8.33	7.57	7.81	7.98	8.21	8.07	7.99	7.71	8.22	8.18
砷	30	12	7.1	8.4	11.3	14.2	22.4	9.7	9.5	7.2	10.7	7.5	7.2	11.5
镍	200	38.6	15.2	31.1	21.9	25.4	46.9	38.6	44.9	34.2	22.5	22.1	21.2	20.6
铜	400	27.9	13.3	17	9.6	12.6	22	19.6	18.6	24.1	16.8	14.4	11.5	13.3
铅	500	18.1	8.93	13.1	12.6	11	16.6	13.8	18.7	21.5	16.5	12.7	20.5	16.6
锌	500	73.9	43	69	61.7	64	92.2	79.7	74.4	63	50.6	55.1	81.8	65.6
铬	300	106	88.4	95.7	93.6	93.1	105	150	143	97.3	108	141	97.6	86.1
镉	1	0.333	0.08	0.122	0.075	0.069	0.172	0.15	0.483	0.523	0.115	0.079	0.129	0.105
汞	1.5	0.089	0.007	0.021	0.007	0.003	0.111	0.002	0.009	0.022	0.011	<0.002	<0.002	0.014

《土壤环境质量标准》三级

监测因子	评价标准/mg·kg⁻¹	《农用污泥中污染物控制标准》												
		监测结果												
		R1	R2	R3	R4	R5	R6	R7	R8	R9	R10	R11	R12	R13
pH值	—	7.85	7.96	8.21	8.33	7.57	7.81	7.98	8.21	8.07	7.99	7.71	8.22	8.18
砷	75	12	7.1	8.4	11.3	14.2	22.4	9.7	9.5	7.2	10.7	7.5	7.2	11.5
镍	200	38.6	15.2	31.1	21.9	25.4	46.9	38.6	44.9	34.2	22.5	22.1	21.2	20.6
铜	500	27.9	13.3	17	9.6	12.6	22	19.6	18.6	24.1	16.8	14.4	11.5	13.3
铅	1000	18.1	8.93	13.1	12.6	11	16.6	13.8	18.7	21.5	16.5	12.7	20.5	16.6
锌	1000	73.9	43	69	61.7	64	92.2	79.7	74.4	63	50.6	55.1	81.8	65.6
铬	1000	106	88.4	95.7	93.6	93.1	105	150	143	97.3	108	141	97.6	86.1
镉	20	0.333	0.08	0.122	0.075	0.069	0.172	0.15	0.483	0.523	0.115	0.079	0.129	0.105
汞	15	0.089	0.007	0.021	0.007	0.003	0.111	0.002	0.009	0.022	0.011	<0.002	<0.002	0.014

B 河流底泥中重金属含量现状分析

河流底泥没有相关评价标准，故参考《土壤环境质量标准》（GB 15618—1995）中的三级标准和《农用污泥中污染物控制标准》（GB 4284—1984）的标准对南沙河北支流底泥重金属监测结果进行定量评价，详见表2-35。

a 评价方法

河流底泥环境质量现状评价采用单因子标准指数法进行。

单因子标准指数计算公式为：

$$S_i = C_i / C_{0i}$$

式中 S_i——第i种污染物的标准指数；

C_i——第i种污染物的监测平均值，mg/kg；

C_{0i}——第i种污染物的评价标准，mg/kg。

b 评价结果

评价结果见表2-36。

表2-36 河流底泥评价结果

监测因子	评价标准/mg·kg⁻¹	《土壤环境质量标准》三级												
		评价结果												
		R1	R2	R3	R4	R5	R6	R7	R8	R9	R10	R11	R12	R13
pH值	—	7.85	7.96	8.21	8.33	7.57	7.81	7.98	8.21	8.07	7.99	7.71	8.22	8.18
砷	30	0.4	0.23667	0.28	0.37667	0.47333	0.74667	0.32333	0.31667	0.24	0.35667	0.25	0.24	0.38333
镍	200	0.193	0.076	0.1555	0.1095	0.127	0.2345	0.193	0.2245	0.171	0.1125	0.1105	0.106	0.103
铜	400	0.06975	0.03325	0.0425	0.024	0.0315	0.055	0.049	0.0465	0.06025	0.042	0.036	0.02875	0.03325
铅	500	0.0362	0.01786	0.0262	0.0252	0.022	0.0332	0.0276	0.0374	0.043	0.033	0.0254	0.041	0.0332
锌	500	0.1478	0.086	0.138	0.1234	0.128	0.1844	0.1594	0.1488	0.126	0.1012	0.1102	0.1636	0.1312
铬	300	0.35333	0.29467	0.319	0.312	0.31033	0.35	0.5	0.47667	0.32433	0.36	0.47	0.32533	0.287
镉	1	0.333	0.08	0.122	0.075	0.069	0.172	0.15	0.483	0.523	0.115	0.079	0.129	0.105
汞	1.5	0.05933	0.00467	0.014	0.00467	0.002	0.074	0.00133	0.006	0.01467	0.00733	0.00133	0.00133	0.00933

续表 2 - 36

监测因子	评价标准/mg·kg⁻¹	《农用污泥中污染物控制标准》												
		评价结果												
		R1	R2	R3	R4	R5	R6	R7	R8	R9	R10	R11	R12	R13
pH 值	—	7.85	7.96	8.21	8.33	7.57	7.81	7.98	8.21	8.07	7.99	7.71	8.22	8.18
砷	75	0.16	0.09467	0.112	0.15067	0.18933	0.29867	0.12933	0.12667	0.096	0.14267	0.1	0.096	0.15333
镍	200	0.193	0.076	0.1555	0.1095	0.127	0.2345	0.193	0.2245	0.171	0.1125	0.1105	0.106	0.103
铜	500	0.0558	0.0266	0.034	0.0192	0.0252	0.044	0.0392	0.0372	0.0482	0.0336	0.0288	0.023	0.0266
铅	1000	0.0181	0.00893	0.0131	0.0126	0.011	0.0166	0.0138	0.0187	0.0215	0.0165	0.0127	0.0205	0.0166
锌	1000	0.0739	0.043	0.069	0.0617	0.064	0.0922	0.0797	0.0744	0.063	0.0506	0.0551	0.0818	0.0656
铬	1000	0.106	0.0884	0.0957	0.0936	0.0931	0.105	0.15	0.143	0.0973	0.108	0.141	0.0976	0.0861
镉	20	0.01665	0.004	0.0061	0.00375	0.00345	0.0086	0.0075	0.02415	0.02615	0.00575	0.00395	0.00645	0.00525
汞	15	0.05933	0.00467	0.014	0.00467	0.002	0.074	0.00133	0.006	0.01467	0.00733	0.00133	0.00133	0.00933

由表 2-36 可以看出，评价区内河段底泥中重金属含量均远低于《土壤环境质量标准》（GB 15618—1995）中的三级标准和《农用污泥中污染物控制标准》（GB 4284—1984）的标准限值，未出现重金属超标的现象。

2.2.3.7 评价区植被现状与回顾

A 植物区系

本生态评价区在气候上属于暖温带大陆性季风气候区，地貌类型区划上属于辽东半岛北部，下辽河平原东缘与辽东山地丘陵过渡带，是我国长白、华北、内蒙古三大植物区系交汇地带，地带性植被包括温带针叶林、温带落叶灌丛以及温带草丛区。植物区系分区上属于华北山地植物亚地区，其代表性植物为油松和辽东栎、蒙古栎等。

B 珍稀濒危保护植物

根据统计资料，在鞍山市市域范围内有国家重点保护野生植物 20 余种。但根据区域资料查询及现场野外植被调查，在本次生态评价区内除距离矿区较远的千山风景区核心区域内存在部分国家重点保护植物，其中一级保护种有人参、银杏；二级保护种有水曲柳、红松；三级保护种有胡桃楸、天女木兰、东北黄芪、黄菠椤等。除此之外，在鞍山矿区、弓长岭矿区区域内不存在重点保护野生植物。区域保护植物见表 2-37。

表 2-37 区域保护植物名录

序 号	中文名	拉丁名	保护级别
1	翠柏	*Calocedrus macrolepis*	II
2	银杏	*Ginkgo biloba*	I
3	红松	*Pinus koraiensis*	II
4	东北红豆杉（紫杉）	*Taxus celebica*	I
5	浮叶慈菇	*Sagittaria natans*	II
6	野大豆	*Glycine soja*	II

序　号	中文名	拉丁名	保护级别	
7	莲	*Nelumbo nucifera*		II
8	水曲柳	*Fraxinus mandshurica*		II
9	黄檗（黄菠椤）	*Phellodendron amurense*		II
10	钻天柳	*Chosenia arbutifolia*		II
11	紫椴	*Tilia amurensis*		II
12	野菱	*Trapa incisa*		II
13	人参	*Panax ginseng C. A. M.*	I	

C　植被类型与分布

根据野外调查和相关资料统计，鞍山市域范围内植物共有 120 科、470 属、1039 种。其中，蕨类植物：17 科、21 属、39 种；种子植物：103 科、449 属、1000 种；子植物：3 科、7 属、14 种；被子植物：100 科、42 属、986 种；双子叶植物：86 科、355 属、805 种；单子叶植物：14 科、87 属、181 种。

植被类型的空间分布见彩图 2-24。

本次规划矿区地属暖温带大陆性季风气候区，地带性植被包括温带针叶林、温带落叶灌丛以及温带草丛区，区域内落叶灌丛植被分布广泛，有些区域由于人为干扰种植了各种林木（板栗林、桃树林和梨树林等）；区域内黄背草草丛也有分布，主要分布在低丘地带，在河道内还分布一些常见的草甸植物；生态评价区内无原始植物资源分布；生物多样性较差。

本评价区内的乔木林多为建国后营造的人工林和封育萌生的幼龄林，主要为人工油松林、刺槐、杂交杨、蒙古栎、辽东栎等。

评价区内灌木林占主导地位，主要分布在低山丘陵地带，呈连片分布；灌丛以榛子和胡枝子灌丛为主，还有酸枣、荆条灌丛、白羊草、黄背草灌草丛。部分植物群落则以油松-杜鹃林和油松-苔草林两种类型为主，这两个群落的立地条件通常岩石裸露或土壤相当少，缺水分，较为干旱，其他植物种类很难生长，当这个群落生长一定年限，逐步形成一定数量腐殖质，立地条件向有利于植物生活的方向发展，逐步生长出一定种类的灌木，则形成油松-灌木林。由于落叶阔叶灌木的生存，枯枝落叶增多，腐殖质逐年增加，再进一步阔叶乔木随之出现；最后形成本区的地带性植被油松-落叶阔叶混交林。当油松-落叶阔叶混交林的油松被采伐后，群落即变成目前评价区内最常见的落叶阔叶混交林。落叶阔叶混交林再被破坏后，形成栎树林，栎树林再受破坏，则形成灌丛群落和草丛群落。

本评价区的农田植被主要是栽培植被中的农作物，主要分布在平原地带、缓丘地带和河谷地带，农作物以玉米、高粱为主；还有农田道路、水系林网、防风固沙和村屯四旁种植的人工林。

D　植被生产力现状

根据土地利用调查结果及野外生态观测，评价区的生态生产力的主要植被类型为以油松和辽东栎为代表的有林地，榛子和胡枝子为代表的灌丛，刺槐、杂交杨为代表的人工林和平原农田的玉米作物等。只有了解生物量的空间分布，才能正确评估本评价区内植被生产力的空间格局并评价项目施工及运营期对植被的影响程度。本次评价通过利用经过大气校正的 TM 影像数据，利用植被指数 NDVI 算法模型及其与生物量的关系方程式，估算了评价区内生物量的空间分布格局，见彩图 2-25。

可以看到，评价区内乔木林的生产力状况最高，次之为灌木林、草丛和农田，植被生产力最弱的区域为露天采矿矿坑、未复垦的排土场、尾矿库水面及干滩等。可以看到，历史上长期的矿山开采活动及人类耕植活动，使评价区内的植被生产力降低。而从空间分布看，鞍山矿区评价区南部由于千山风景区植被保育，其范围内植被生产力普遍较高；而在评价区的鞍山矿区的北部地区各个矿采场和尚未复垦的排土场等工矿区域，例如齐大山采场、大孤山排土场、风水沟尾矿库等区域的植被生产力极小。弓矿弓长岭地区的植被生产力在评价区范围的周边最高，中间谷地的植被生产力次之，矿区采场和排土场的植被生产力最小。

E 植被覆盖回顾分析

植被指数指从多光谱遥感数据中提取的有关地球表面植被状况的定量数值。通常是用红波段和近红波段通过数学运算进行线性或非线性组合得到的数值，用以表征地表植被的数量分配和质量情况。常用的植被指数有很多种，本次评价选择归一化差值植被指数（NDVI）进行植被覆盖度计算（表 2-38），NDVI 的计算如下：

$$NDVI = \frac{TM_4 - TM_3}{TM_4 + TM_3}$$

式中，TM_4，TM_3 分别为 LANDSAT-5 第四（近红外）和第三（红）波段亮度值。

表 2-38 矿区 NDVI 值统计表

时期 指标	1992 年	2001 年	2007 年
NDVI 最大值	0.79	0.77	0.75
NDVI 最小值	-0.73	-0.79	-0.83
植被占区域总面积比例/%	77.35	74.19	67.79

由于矿区及相关行业的发展以及城镇化进程的加快，NDVI 值降低较为明显，这些因素共同导致了该矿区植被覆盖度逐年降低。

2.2.3.8 动物资源调查评价

A 动物区系

本评价区地处辽东半岛北部，下辽河平原东缘与辽东山地丘陵过渡带，动物区系复杂，属于东北、华北、内蒙古三大动物区系交汇地带。

B 区域动物类型与特点

鞍山、辽阳市区由于人口的增加，矿山的开采，旅游业的兴旺及乱捕滥猎，野生动物如狼、野猪、熊等大型动物已基本绝迹，仅在岫岩、海城山区和台安县自然保护区（西平林场）偶有所见。鞍山市区范围现有动物多为小型个体。常见兽类为狍子、狐狸、獾子、山猫、貉、黄鼬、山兔、刺猬等。禽类常见的有环颈雉、啄木鸟、布谷鸟、沼泽山雀、翠鸟、黄鹂、云雀等180余种。

野外调查发现评价区内常见禽类为：环颈雉（*Phasianus colchicus*）。矿山采场及排土场的绿化复垦恢复了环颈雉等小型野生动物的生境，使部分小型动物种群逐步扩大。

C 区域及评价区内重点保护野生动物

区域范围内分布着国家和省规定一类保护的有黑鹳、白鹳、白鹤、大天鹅。但经野外实地踏勘调查和走访鞍山市野生动物保护站，本次生态评价区范围无重点保护野生动物分布，见表2－39。

表2－39 区域重点保护野生动物名录

纲	序号	中文名(别名)	学名(拉丁名)
兽纲	1	狼	*Canis lupus*
	2	狐狸（赤狐、草狐狸、火狐狸）	*Vulpes vulpes*
	3	貉（貉子）	*Nyctereutes procyonoides*
	4	黄鼬（黄鼬狼、黄皮子）	*Mustela sibirica*
	5	香鼬（香鼠、香鼠子）	*Mustela altaica*
	6	银鼠（伶鼬、白鼠）	*Mustela nivalis*
	7	艾虎（地狗）	*Mustela eversmanni*
	8	猪獾（沙獾、猪鼻獾）	*Arctonyx collaris*
	9	狗獾（獾子、芝麻獾）	*Meles meles*
	10	豹猫（山狸子、狸猫）	*Felis bengalensis*
	11	野猪（山猪）	*Sus scrofa*
	12	狍（狍子）	*Capreolus capreolus*
	13	普通刺猬（刺猬、刺球子）	*Erinaceus europaeus*
	14	达乌尔猬（短棘猬）	*Hemiechinus daurius*
鸟纲	15	黑颈鸊鷉（王八鸭子、水葫芦）	*Podiceps caspicus*
	16	红脸鸬鹚（水老鸦）	*Phalacrocorax urile*
	17	大白鹭（鹭鸶）	*Egretta alba*
	18	小白额雁（弱雁）	*Anser erythropus*
	19	鸿雁（洪雁、大雁）	*Anser cygnoides*
	20	黑雁（大雁）	*Branta bernicla*
	21	豆雁（大雁、东方豆雁）	*Anser fabalis*
	22	绿翅鸭（小水鸭、小麻鸭、八鸭）	*Anas crecca*
	23	斑嘴鸭（大麻鸭、蒲鸭）	*Anas poecilorhyncha*
	24	黑嘴鸥	*Larus saundersi*
	25	石鸡（嘎嘎鸡）	*Alectoris graeca*
	26	灰斑鸠（灰鸽子）	*Streptopelia decaocto*
	27	斑鸠（红鸠）	*Oenopopelia tranquebarica*
	28	大杜鹃（郭公、布谷鸟、喀咕）	*Cuculus canorus*
	29	中杜鹃（郭公、布谷鸟、喀咕）	*Cuculus saturatus*
	30	小杜鹃（郭公、布谷鸟、喀咕）	*Cuculus poliocephalus*
	31	四声杜鹃（光棍好过、快快割麦）	*Cuculus micropterus*
	32	棕腹杜鹃（布谷鸟）	*Cuculus fugax*
	33	普通夜鹰（贴树皮）	*Caprimulgus indicus*
	34	黑枕绿啄木鸟（绿啄木官）	*Picus canus*
	35	大斑啄木鸟（啄木官）	*Dendrocopos major*

纲	序号	中文名(别名)	学名(拉丁名)
	36	小斑啄木鸟（花叨木官）	*Dendrocopos minor*
	37	黑啄木鸟（黑叨木官）	*Dryocopus martius*
	38	星头啄木鸟（小花叨木官）	*Dendrocopos canicapillus*
	39	小星头啄木鸟（小叨木官）	*Dendrocopos kizuki*
	40	棕腹啄木鸟（叨叨木）	*Dendrocopos hyperythrus*
	41	白背啄木鸟（啄木官）	*Dendrocopos lecuotos*
	42	杂色山雀	*Parus varius*
	43	小沙百灵（沙溜）	*Calandrella rufescens*
	44	角百灵（牛角雀）	*Eremophila alpestris*
	45	凤头百灵（阿兰）	*Galerida cristata*
	46	蒙古百灵（百灵鸟）	*Melanocorypha mongolica*
	47	栗耳短脚鹎	*Hypsipetes amaurotis*
	48	黑枕黄鹂（黄莺）	*Oriolus chinensis*
鸟纲	49	太平鸟（十二黄）	*Bombycilla garrulus*
	50	小太平鸟（十二红）	*Bombycilla japonica*
	51	黑卷尾（黑黎鸡）	*Dicrurus macrocercus*
	52	发冠卷尾（黑黎鸡）	*Dicrurus hottentottus*
	53	灰喜鹊（长尾巴廉）	*Cyanopica cyana*
	54	红点颏（红颏）	*Luscinia calliope*
	55	蓝点颏（蓝颏）	*Luscinia svecica*
	56	寿带（一支花）	*Terp siphone paradisi*
	57	紫寿带	*Terpsiphone atrocaudata*
	58	震旦鸦雀	*Paradoxornis heudei*
	59	红翅旋壁雀	*Tichodroma muraria*
	60	红交嘴雀（交嘴）	*Loxia curvirostra*
	61	黑头蜡嘴雀（蜡嘴、铜嘴蜡子）	*Eophona personata*
	62	黑尾蜡嘴雀（蜡嘴、铜嘴、蜡子）	*Eophona migratoria*
	63	锡嘴雀（老西儿、铁嘴蜡子）	*Coccothraustes coccothraustes*
	64	爪鲵	*Ouychodactylus fischcri*
	65	中国林蛙（田鸡、蛤士蟆）	*Rana chensinensis*
两栖纲	66	黑龙江林蛙（田鸡、蛤士蟆）	*Rana amurensis*
	67	桓仁林蛙	*Rana huanrensis*
	68	史氏蟾	*Bufo stejnegeri*
	69	桓仁滑蜥（金马蛇子）	*Scincella huanrensis*
	70	北滑蜥（马蛇子）	*Scincella septentrionalis*
	71	黑眉蝮蛇（土球子、贴树皮）	*Agkistrodon saxatilis*
爬行纲	72	白眉蝮蛇（土球子、贴树皮）	*Agkistrodon halys*
	73	棕黑锦蛇（黄花松、乌松）	*Elaphe schrenckii*
	74	团花锦蛇（花长虫）	*Elaphe davidi*
	75	鳖（甲鱼、团鱼、王八）	*Trionyx sinensis*
圆口纲	76	东北七鳃鳗	*Lampetra morii*
	77	雷氏七鳃鳗	*Lampetra reissneri*

2.2.3.9 生态敏感目标调查与分析

A 调查方法

通过资料收集、分析，结合野外调查和访问，调查项目区周边需特殊保护的生态敏感地区和国家重点野生保护物种的种类、分布、栖息环境。在资料收集、分析和现场踏勘的基础上，确定敏感目标，利用 RS、GIS、GPS 技术进行相关数据采集、制图。

B 调查结果

需特殊保护的生态敏感区是针对受本工程建设影响敏感的区域和国家规定的一些重要区域，主要是指在评价区内及周边地区分布的一些自然保护区、森林公园、风景名胜区、水源保护区、国家重点保护文物、水土流失重点保护预防区、基本农田保护区以及野生动物的重要栖息地、重要或特殊的植物群落分布区等。

根据调查结果可知，评价范围内有千山风景名胜区和汤河水库、鞍山市集中供水水源地、西鞍山典型地貌区四处，除此之外无其他需要特殊保护的生态敏感区。规划矿区范围内不存在基本保护农田、重要保护野生动植物。生态敏感区分布见彩图 2-26。

C 千山风景区

站在千山风景名胜区北部最高峰可以看到千山北部鞍山市区的部分概貌；规划有建设项目位于千山风景名胜区的东北部，考虑到建设项目可能会对景区内游客的视觉景观美感造成影响，将千山风景名胜区作为本次评价中的特定保护目标；此外，汤河上游的汤河水库部分也在评价区范围内，考虑到水体的生态敏感因素，将汤河水库列入特定保护目标。

D 西鞍山

作为鞍山市地表地貌标志的西鞍山也位于评价区范围内，项目规划进行西鞍山铁矿采场及选厂的建设，作为目前鞍山市大力保护的区域和铁矿蕴藏丰富的区域，需要各方协调，做到保护典型地貌特征和整体环境。将该区域作为评价区的特定保护目标。

E 汤河水库饮用水源保护区

汤河水库是矿区规划依托的主要水源，进行了饮用水源保护区划分，其一级、二级保护区应作为重点水域和生态保护目标进行保护。

F 集中饮用水源保护区

按鞍山市政地下水源集中开采区域划分了一级、二级保护区，基本位于鞍山市区和辽阳县首山水源范围，是鞍山市和鞍钢矿山的主要用水来源之一，与规划有关的保护要求主要为保护水资源和节约规划项目用水，水源保护区也是生态敏感区的一部分，将在水环境相关章节中进行重点论述。

G 汤河景区、文物保护区、鞍山市城区、农村居住区等

另外，汤河景区以汤河水库为背景，包括下游温泉旅游等景点，是汤河水库保护区之外的生态单元；《辽阳市汤河新城总体规划（2010~2030）》给出了未来20年内弓长岭发展的总体规划，考虑到弓长岭区城市发展与矿区发展紧密相关，而且规划汤河新城大部分区域位于本次生态评价范围内，是一种城乡生态环境系统，也将汤河新城作为本次生态评价的一个生态单元，进行有针对性的保护。

规划项目范围至今未发现保护文物，在勘探开发中遵守文物保护的规定，一旦发现文物及时按照有关规定处理。

鞍山市城市规划区与鞍山矿区相邻，鞍山市、鞍钢集团根据鞍山市总体规划，参照本规划，致力于保持城市、矿山发展的布局一致性问题，协调解决城矿结合地带的地块冲突和矛盾，使规划项目用地基本得到落实；规划项目粉尘污染控制、水环境保护、生态保护要求也在规划中得到体现和解决。主要内容见第4章、第7章。

围绕矿山分布的乡村农用地及居住区，是矿山周边人工生态与社会环境，也是重要的保护目标和生态敏感区。规划根据矿山用地及影响范围采取征地、动迁方式，同时配合鞍山市、辽阳市社会主义新农村建设，使失地农民得到妥善安置，同时矿山用地范围采取生态保护和复垦措施等，维护生态系统的完整性。

2.2.3.10 评价区生态景观格局现状评价与回顾分析

A 评价区景观格局与生态系统结构现状

a 景观生态结构

评价区的地形属于长白山、千山支脉的丘陵地带。区域内生态类型大致可分为以下几类：森林生态系统、灌丛生态系统、草丛生态系统、农田生态系统、河流生态系统以及人工工矿生态系统；每种生态系统又由各个相对独立的生态单元组成，每个生态单元交错分布，工矿地和灌丛这两个生态单元分布区域较大。

目前新建项目区域内大多呈现明显的人工林地、农田、灌丛地以及工矿用地相间存在的格局，区域内生态系统类型较少，各景观的优势度相差不大，系统的生态功能不是一种或两种单一景观类型起主导作用，系统的稳定性和抗干扰能力受多种景观类型控制，主要是森林景观、灌丛景观、农田景观、工矿景观为控制类型。评价区内自然生态系统的完整性已经受人类活动较大程度的干预。

b 生态景观组分的空间特征现状

景观生态调查是应用景观生态学的理论及相关研究方法，对评价区生态系统的宏观结构、功能、人类活动等，从景观层次上做出分析和比较，为项目的宏观、整体评价提供依据。

本次工作利用高分辨率的遥感影像的景观类型解译，在地理信息系统软件ArcGIS9.3中生成景观的栅格数据，继而利用景观指数计算与统计软件Fragstat3.3平台，计算了各个景观组分的相关景观指数，来反映和描述评价区内各景观组分的宏观特征及其空间分布特征。

(1) 评价方法。

在本次评价中，根据评价区的实际情况和国内外景观评价中通用的几种景观评价指数：斑块密度（PD）、最大斑块指数（LPI）、景观形状指数（LSI）、分布交叉指数（IJI）、斑块聚集指数（COHESION）、有效网格大小（MESH）和破碎度指数（SPLIT）对评价区的景观分布特征进行分析和评价。

(2) 评价区景观类型解译。

评价区景观类型解译见图2-27，表2-40，彩图2-28。

(3) 指数计算与景观评价。

指数计算与景观评价见表2-41。

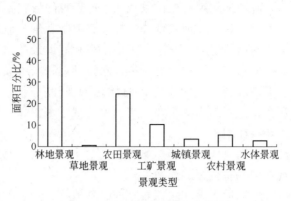

图 2 - 27　评价区景观类型结构

表 2 - 40　景观类型及特征

景观类型	面积/km²	比例/%	斑块数	斑块密度	最大斑块指数
林地景观	365.5	53.58	52	0.0762	25.2169
草地景观	1.4	0.21	13	0.1651	0.0455
农田景观	165.7	24.29	81	0.1187	8.9529
工矿景观	70.9	10.39	37	0.0542	2.3717
城镇景观	23.9	3.50	6	0.0088	2.3850
农村景观	35.9	5.26	131	0.1920	0.3106
水体景观	18.9	2.77	23	0.0191	0.7933

表 2 - 41　景观指数计算

景观类型	LSI	COHESION	DIVISION	MESH	SPLIT	IJI	NLSI
林地景观	17.7764	99.8942	0.9243	5161.76	13.2150	56.85	0.010
草地景观	8.3517	97.6250	1.00	0.0400	1703746.77	66.44	0.063
农田景观	27.6637	99.7234	0.9906	640.19	106.5504	61.63	0.021
工矿景观	9.8290	99.5757	0.9987	88.4037	771.6060	66.19	0.011
城镇景观	4.8814	99.6460	0.9994	42.0468	1622.3091	72.50	0.008
农村景观	16.3011	98.4446	0.9999	3.6004	18945.9690	56.75	0.026
水体景观	12.7747	99.3899	0.9999	9.7741	6978.9535	70.78	0.027

　　从表 2 - 40 可以看出，在生态评价区的景观属性方面，根据斑块数量分析，分散的农村居民点形成的农村景观斑块数目最大，达 131；农田景观的数目也较大，达到了 81；其次分别是林地景观、工矿景观、水体景观、草地景观和城镇景观。结合最大斑块指数的数据分析，林地景观和农田景观的最大斑块指数最大，分别为 25.2169 和 8.9529，说明本区的景观类型以森林景观和农业景观为主，其斑块连接成片。农村景观、草地景观和水体景观的最大斑块指数极小，说明这三类景观分布较为分散，景观面积相对均匀。工矿景观最大斑块数较大，且其斑块数目相对较少，则说明其景观相对独立，景观集中度较大。

　　在景观形状方面，根据景观形状指数数据分析，农田景观、林地景观和农村景观、水体景观的形状指数较大，而城镇景观、工矿景观和草地景观的形状指数较小。从景观形状指数的计算可以看出，农田景观、林地景观和农村景观由于其景观斑块的面积较大，其形状最为复杂，而水体景观的形状也较为复杂；工矿景观和城镇景观的形状最为规整。

在景观配置上，根据分布交叉指数数据分析，水体景观和城镇景观的分布交叉指数最高，其次为草地景观、工矿景观、农田景观，而林地景观和农村景观的分布交叉指数最小。这就说明水体景观在评价区内广泛存在，与其他景观紧密相邻，而林地景观和农村景观相对独立，与其他景观存在间隔。

在景观连通性方面，根据斑块凝结指数数据分析，各景观的斑块凝结指数都在 97 以上，说明评价区各景观类型都有较好的连通性。

在景观破碎性方面，除林地景观和农田景观外，其他各类景观的破碎度指数很高，而森林景观和农田景观的破碎度较小。这就说明，评价区内林地景观和农田连接成片，斑块面积较大。有效网格大小指数的计算结果也同样反映了这一趋势。

B　矿区开发景观生态格局变化回顾分析

a　景观生态格局变化分析技术方法

矿区景观生态调查是应用景观生态学的理论及相关研究方法，对矿区生态系统的宏观结构、功能、人类活动等，从景观层次上做出分析和比较，为矿区开发景观影响的宏观、整体评价提供依据。

根据信息论中关于不定性的研究方法，一个景观生态系统中，景观要素类型越丰富，破碎程度越高，信息含量和系统不稳定性越大。据此分析矿区景观生态现状，统计各景观生态类型的调查数据结果，说明矿区的景观生态结构状况。

矿区景观生态类型图的编制是选取 1995 年 9 月、2000 年 9 月和 2007 年 9 月共三景不同时期的美国陆地卫星 TM 影像数据，经过影像几何纠正选择、坐标变换和增强处理后，确立解译标志和解译精度，通过人工交互式，参考有关资料，利用 GPS 定位进行实地调查，并采用图像处理法、信息融合法和逻辑推理法进行解译，在 Definiens Professtional 信息系统和 GIS 软件下，进行数据采集、编辑、分析后完成的。

b　景观类型的划分和景观指数的选取

（1）景观生态指标分类。

考虑到矿区景观的现状以及所获取的资料，本次研究的景观分类系统主要依据中国科学院土地利用分类系统，同时参考当地的土地利用总体规划及各期遥感图像的可判程度等其他研究资料，将矿区的景观分类系统确定为 6 类：耕地景观、林地景观、草地景观、水域景观、建筑用地景观和未利用土地景观。

（2）景观格局分析中指数的选用

景观指数是反映景观结构组成和空间配置特征的简单定量指标。景观格局定量分析中的指数很多，这些指数相互间的相关性往往很高，同时因为采用多种指数并不增加更多的信息，因此本次研究采用的格局分析主要采用以下几个指数：斑块密度、斑块数量、最大斑块指数、边缘密度、景观形状指数、形状分布指数、周长－面积分维指数、景观蔓延度指数、Shannon 多样性指数、Shannon 均匀度指数和斑块聚集指数。

为了更好地评价铁矿山开发对生态景观所造成的影响，本着简单、有效、实用的原则，本报告将上述指数分为景观破碎化指数、景观形状指数和景观多样性指数、景观连通性指数四大类，分析各景观要素变化的空间结构规律，并据此对评价区域的景观格局变化进行回顾分析。表 2-42 是 1992 年 10 月、2001 年 8 月和 2007 年 9 月三期的评价范围三类景观特征指数汇总。

表 2-42 评价区景观特征指数回顾分析

评价类别	景观指标	1992 年	2001 年	2007 年
景观破碎化指数	斑块数量（NP）	2088	2703	3157
	斑块密度（PD）	0.10	0.13	0.15
	最大斑块指数（LPI）	68.27	72.90	73.24
景观形状指数	边缘密度（ED）	6.47	6.80	7.68
	景观形状指数（LSI）	24.50	25.68	28.87
	景观形状分布指数（SHAPE-MN）	1.13	1.12	1.10
	周长-面积分维指数（PAFRAC）	1.53	1.59	1.53
景观多样性指数	景观蔓延度指数（CONTAG）	55.98	53.88	48.29
	Shannon 多样性指数（SHDI）	0.88	0.92	1.02
	Shannon 均匀度指数（SHEI）	0.49	0.51	0.57
景观连通性指数	斑块聚集指数（COHESION）	99.5683	99.5549	99.5539

c 规划区域景观破碎化回顾分析

（1）景观破碎化指数原理。

斑块密度（PD）：用于描绘土地利用类型的破碎程度。PD 愈大，破碎化程度愈高，空间异质性程度也愈大。当所有景观类型的总面积保持不变时，斑块密度可视为异质性指数。因为一种景观类型的斑块密度大，显然意味着具有较高的空间异质性。

斑块数量（NP）：用于分析景观破碎化程度。

最大斑块指数（LPI）：用来测定最大的斑块在整个景观中所占的比例，它有助于确定景观的基质或优势类型，其值的大小决定着景观中的优势种、内部种的丰度等生态特征；其变化反映人类活动的方向和强度。

（2）景观破碎化影响回顾分析。

结果表明，自 1992 年以来，研究区景观斑块数量、斑块密度和最大斑块指数逐渐增加。说明随着矿区及相关产业的发展，导致评价区域景观的破碎度逐年增加，空间异质性程度逐渐增大。斑块破碎化引起的主要变化是相邻的生态系统被边缘隔离、暴露在其他生态系统中的边缘比例增加，不同生态系统之间产生边缘效应等。

d 规划区域形状指数回顾分析

（1）景观形状指数计算原理。

边缘密度（ED，m/km²）指景观中单位面积的边缘长度，反映景观的破碎程度。边缘密度的大小直接影响边缘效应及物种组成。

景观形状指数（LSI）用来测定其形状的复杂程度。

（2）铁矿山开发对区域景观形状指数影响回顾分析。

自 1992 年以来，区域景观的边缘密度、景观形状指数呈逐渐增加的趋势，且增加幅度较大；景观形状分布指数呈现降低的趋势，周长－面积分维指数呈现波动变化特征。边缘密度反映景观的破碎程度，边缘密度的大小直接影响边缘效应及物种组成。景观形状分布指数变化可以表征斑块不规则形状的复杂性，由景观指数生态学含义可知，受人类干扰活动越大，各景观类型边缘趋于平滑规则，形状分布指数越低。1992~2007 年间，随着矿区的开发建设，区域的形状分布指数趋于减小，表明形状分布指数随着矿区开发的深入呈持续减小趋势，说明矿区开发是引起景观形状指数变化的主要原因。由各景观形状指数的变化趋势及增减幅度来看，研究区域景观整体形状是趋于复杂化的，受人类活动的干扰程度逐渐增大，人为干扰逐年增强。

e 规划区域景观多样性回顾分析

（1）景观多样性指数计算原理。

景观蔓延度指数（CONTAG）：描述的是景观里不同拼块类型的团聚程度或延展趋势。由于该指标包含空间信息，是描述景观格局的最重要的指数之一。一般来说，高蔓延度值说明景观中的某种优势拼块类型形成了良好的连接性；反之，则表明景观是具有多种要素的密集格局，景观的破碎化程度较高。而且研究发现蔓延度和优势度这两个指标的最大值出现在同一个景观样区。

Shannon 多样性指数 SHDI（SHDI≥0）：是一种基于信息理论的测量指数，在生态学中应用很广泛。该指标能反映景观异质性，特别对景观中各拼块类型非均衡分布状况较为敏感，即强调稀有拼块类型对信息的贡献，这也是与其他多样性指数不同之处。在比较和分析不同景观或同一景观不同时期的多样性与异质性变化时，SHDI 也是一个敏感指标。如在一个景观系统中，土地利用越丰富，破碎化程度越高，其不定性的信息含量也越大，计算出的 SHDI 值也就越高。景观生态学中的多样性与生态学中的物种多样性有紧密的联系，但并不是简单的正比关系，研究发现在同一景观中二者的关系一般呈正态分布。

（2）铁矿山开发对区域景观多样性影响回顾分析。

1992~2007 年间，景观蔓延度指数有所减小，Shannon 多样性指数和 Shannon 均匀度指数都呈现出增加的趋势。1992~2007 年间，蔓延度指数随着矿区开发的深入而减小，多样性指数和均匀度随之增加，表明矿区开发在该时期内对区域景观的多样化和丰富化有一定的促进作用。蔓延度指数减小，表明各景观类型之间聚合度减小，连通性下降，景观破碎程度增大。各类景观多样性和均匀性指数增加，说明 1992~2007 年间区域内景观异质性有所增加，景观更加多样化，更加丰富化。

f 规划区域景观连通性回顾分析

1992~2007 年间，景观连通性指数（斑块聚集指数）有所减小。斑块聚集指数减小，表明各景观类型之间聚合度减小，连通性下降，景观破碎程度增大。1992~2001 年景观连通性指数（斑块聚集指数）减小明显，而 2001~2007 年景观连通性指数（斑块聚集指数）减小得很少，基本不变。1992~2001 年城市开发、盲目扩大，斑块聚集指数减小明显，此时的矿山开采主要为深度开采，地面平面范围变化很小。2001~2007 年，城市规模继续快速扩张，鞍山市区周围新建大型矿山鞍千铁矿，但斑块聚集指数减小很少，基本不变，说明鞍钢矿业公司开始进行的生态复垦，使生态系统连通性增加，取得了很好的生态效益。

2.2.3.11 评价区生态系统完整性、脆弱性评价

A 规划区域生态系统完整性回顾分析

生态完整性评价采用景观指数法，利用多样性、破碎度等指标。矿山开采引起规划区内斑块数目增多，蔓延度指数减小，表明各景观类型之间聚合度减小，连通性下降，景观破碎程度增大。斑块破碎化引起的主要变化是相邻的生态系统被隔离，形状分布指数较低，受人类干扰活动较大，影响了生态系统的完整性。

B 生态环境功能与系统完整性分析

本次规划的项目多，建设地点分散，涉及范围广，项目所在地多为工矿企业及其配套设施集中分布地区，区域生态环境在水平及垂直方向受人为扰动的程度都较重，区域的工矿景观已经形成一定规模，无论是斑块总面积还是斑块平均面积都较大。总体而言，生态系统的稳定性多年来处于动态平衡当中，并且局部区域的生态环境相对处于一个遭受破坏的过程中，但在矿山退役后，经人工辅助生态恢复措施，生态系统可以缓慢地进入新的平衡，并使原本被破坏的系统结构得到一定的修复，并发挥其新的生态调节等功能，使系统转入良性循环，如大孤山、眼前山等的排土场生态恢复区。

从整个区域的连通性来看，生态系统层次结构仍基本保持完整，组成各生态系统各因子的匹配与协调性以及生物链的完整性依然存在。

C 生态脆弱性评价与回顾分析

生态脆弱性是指生态系统在特定时空尺度中相对于外界干扰所具有的敏感反应和恢复能力，是生态系统的固有属性在干扰作用下的表现，是自然属性和人类活动行为共同作用的结果。生态脆弱性是表征生态系统脆弱程度的综合指标。脆弱生态环境是对环境因素改变反应脆弱，而维持自身稳定的可塑性较小的生态环境系统。生态环境脆弱区域已不适宜于工业化、城镇化和人口集聚。

脆弱生态环境在不同时间尺度和空间尺度的表现形式有所差异，从广义上讲，脆弱生态环境具有脆弱性和不稳定性两个主要特征。生态系统脆弱性是自然和人文因素共同作用的结果，表征脆弱的特征包括植被退化、土壤侵蚀、土地适宜性降低等诸多方面。

当前生态脆弱性评价的概念模型主要有自然－生态－社会经济系统/社会－生态系统方法、影响因子－表现因子－胁迫因子方法、基于自然成因指标－结果表现指标的方法，还有基于生态敏感性－生态恢复力－生态压力度的评价模型方法；计算方法主要有综合指数法、景观生态学方法、层次分析法、模糊数学方法、灰色评价方法、熵权物元可拓方法等。本次环评根据上面提到的生态脆弱性的定义，同时依据本次评价区内铁矿矿山区域生态系统的实际特点，选择生态敏感性－生态恢复力－生态压力度作为评价的概念模型，并据此选取反映上述三大层面的个体指标。考虑到各个指标之间可能存在着相关性，通过主成分分析方法予以剔除，并根据选取的各个主成分的特征根得到其权重，建立最终的评价模型。对评价区进行生态脆弱性分析，为经济与环境协调发展区域布局提供基础，使之更符合环境保护和生态建设的要求，提出更有利环境保护与生态建设的空间管制与调控措施。

本次评价生态脆弱性涉及的生态敏感性因子包括地形因子、地表因子、气象因子，其中地形因子有海拔高度、坡度，地表因子用植被覆盖度（植被指数）表示，气象因子用多

年平均太阳年总辐射、多年平均降水量和多年平均气温 3 项子指标表征。生态压力度主要是指生态系统受到外界扰动的压力，一般为人口活动压力和经济活动压力。本次评价分别用公里格网上的人口密度和 GDP 密度表示。

根据评价区内的生态环境脆弱程度，将其划分为 4 个等级：高度脆弱、中度脆弱、低度脆弱和微度脆弱，见表 2－43，彩图 2－29。

表 2－43   规划矿区生态脆弱性现状及面积统计

编码	生态脆弱性	面积/km²	备 注
1	高度脆弱	38.85	主要是矿山开采及废石堆放形成的高陡边坡区域，植被破坏殆尽，水土流失强度大，极不稳定
2	中度脆弱	77.88	主要是矿山开采及废石排放形成的平台和其他工程措施影响的范围，原有植被破坏殆尽，部分得到恢复，存在水土流失，不稳定
3	低度脆弱	289.83	植被覆盖较好，不受矿山开采的影响区域，较稳定
4	微度脆弱	273.53	植被覆盖较好，不受矿山开采和其他工程活动的影响，生态系统稳定

由上述图、表可看出，根据生态脆弱性现状的评价结果，结合矿山开采的历史条件分析，2000 年之前，随着矿山开采的不断进行和规模的扩大，矿区内生态脆弱性程度有所增加，且高脆弱性区域面积不断扩大。2000 年之后，随着矿山复垦措施的加大，被复垦的原有排土场平台区域（中度脆弱区）的生态脆弱程度得到减缓，生态功能得到部分恢复，其脆弱性已经转变为低度脆弱。

规划项目的实施扩大了矿山开采的规模，可以预见，在各个矿山及排土场的建设期、运营期内，随着高陡边坡的面积扩大，评价区内高度脆弱区域的面积将显著增加，降低整体生态系统的稳定性。因此，在矿山开采过程中，必须实施边开采边复垦的措施，最大限度地维持区域生态系统的稳定性。运营结束后，通过大规模的复垦措施，恢复本区的生态系统功能。

2.2.4   区域环境现状评价小结

2.2.4.1   规划鞍山市域矿区环境质量现状

A   环境空气质量现状分析

根据鞍山市环境空气自动监测站数据分析可知，2009 年度，鞍山市城区环境空气污染为煤烟型污染，空气质量超过国家二级标准，但符合三级标准，达到轻污染水平，与 2008 年相比空气质量基本保持稳定。环境空气中 NO_2 年日均值达到国家一级标准，SO_2 年日均值达到国家二级标准，PM_{10} 年日均值符合国家三级标准。

本次规划环境空气现状监测期间，区域内 PM_{10} 和 TSP 日均浓度监测结果都出现了超标现象，15 个监测点位中，网户屯、唐家房村、大孤山村、千山风景区、胡家庙、齐大山铁矿、金湖新村南和王家堡 8 个点位的 TSP 日均浓度监测结果超出了《环境空气质量标准》（GB 3095—1996）中二级标准的要求，鞍山城、网户屯、唐家房村、大孤山村、千山风景区、七岭子、胡家庙、齐大山铁矿、金湖新村南和王家堡 10 个点位 PM_{10} 日均浓度监测结果超出了《环境空气质量标准》（GB 3095—1996）中二级标准的要求。

监测结果表明，区域内各点位 SO_2、NO_2 小时浓度和日均浓度监测结果均能满足《环境空气质量标准》（GB 3095—1996）中二级标准，但 PM_{10} 和 TSP 日均浓度均出现超标现象。规划区内环境空气质量受到矿山开发以粉尘为主的污染。

B 地表水环境质量现状

规划区域内南沙河、杨柳河段地表水环境质量较差，已不能满足《地表水环境质量标准》（GB 3838—2002）中Ⅳ类水体水质标准要求。汤河水库下游汤河桥断面水质符合Ⅳ类水质标准要求，但由于受弓长岭选矿厂及弓长岭区小选矿的尾矿渣污染，使该河流悬浮物的污染非常严重。

规划区内地表水受到污染，主要原因为鞍山现有城镇污水处理厂处理能力尚不能满足鞍山地区污水排放的要求，生活污水处理率低，污水处理厂及附属管网建设进度不快，导致地表水污染严重。此外，鞍山市区的规模化养殖专业排放的污染物也会随雨水进入河流，增加面源的污染。

规划范围内各类矿山的生产运营中，未经处理的矿坑涌水，生活污水排放，选厂废水无序或非正常排放，尾矿库渗透水、溢流水等，排放方式连续或间断，排放浓度或高或低，一次排水量往往较大，在环境统计、管理中往往没有好的抓手而漏项，目前虽不具有较大的环境危害性，但也正越来越成为值得关注的因素。

C 地下水环境质量现状

现状监测结果表明，规划区的地下水质量总体较差，所有 12 个监测点位中西沟里测点 pH 值和锰超标；网户屯测点高锰酸盐指数、硝酸盐氮、硫酸盐和锰超标；七岭子村测点硝酸盐氮和总硬度略有超标；金家岭测点高锰酸盐指数略有超标；胡家庙村测点硝酸盐氮和总硬度略有超标；张家堡测点高锰酸盐指数、硝酸盐氮、总硬度和锰超标；兰家镇泉水村硝酸盐氮超标。

各监测点中除西沟里、大孤山和齐矿现有水井外总大肠菌群均有所超标，其最大超标倍数大于 75.67；各测点中沟家寨、朱家峪、七岭子村、胡家庙村细菌总数均有所超标，其最大超标倍数为 4.1；其余各监测点及其上下游的其他各项监测指标可满足《地下水质量标准》（GB/T 14848—1993）Ⅲ类水质要求。

地下水监测结果反映的超标因素除了个别水文地质背景有关的因素外，集中反映了地下水质的污染影响途径与矿山开发等人为活动的密切关系。其中总大肠菌群、细菌总数超标严重，主要原因为：（1）由于受经济条件限制，矿区饮用水供水设备简陋，维护不良，水源卫生防护较差，对水源造成污染；（2）监测点受到农业面源污染；（3）矿区生活区生活垃圾等收集率不高，地下水受到生活垃圾和人畜粪便污染，从而导致地下水受到污染。

D 声环境质量现状

根据对规划矿区声环境监测可知，监测期间除东鞍山铁矿东测点夜间超标、关宝山选厂西昼间超标、鞍千二期选厂西夜间超标外，各测点噪声值均能满足相应环境噪声标准限值要求，区域内声环境质量现状较好。

2.2.4.2 规划辽阳市弓长岭矿区环境质量现状

A 环境空气

根据辽阳市环境空气自动监测站数据分析可知，2009 年辽阳市环境空气中 PM_{10}、

SO_2、NO_2 浓度年均值分别为 0.080mg/m³、0.052mg/m³ 和 0.043mg/m³，均符合国家二级标准要求。

此外，根据补充监测资料可知，监测期间，各点位的 TSP 和 PM_{10} 日均浓度、SO_2 和 NO_2 小时浓度和日均浓度监测结果均能满足《环境空气质量标准》（GB 3095—1996）中二级标准，区域环境质量较好。

B　地表水环境

根据辽阳市例行监测数据可知，2009 年度，汤河下游汤河桥断面水质符合Ⅲ类水质标准。

补充监测资料表明，监测期间，三官庙断面、球团二厂断面和耿家屯断面各监测因子均能满足《地表水环境质量标准》（GB 3838—2002）表 1 中Ⅲ类水体标准中相应限值要求，项目所在区域水环境质量较好。

C　地下水环境

补充监测结果表明，老茨沟和高家两个监测点硝酸盐氮出现超标，最大超标倍数为 0.78，露天采区矿部监测点亚硝酸盐氮和总大肠菌群超标，超标倍数分别为 2.55 和 22.33。除此之外，各监测因子均能满足《地下水质量标准》（GB/T 14848—1993）中Ⅲ类水质标准限值要求。

D　声环境

根据对规划弓长岭矿区内的声环境监测可知，监测期间，各测点噪声值均能满足《声环境质量标准》（GB 3096—2008）中相应环境噪声标准限值要求，区域内声环境质量现状较好。

2.2.4.3　评价区生态环境现状总结

总体来看，评价区南部和东部等受人为干扰较轻的地区生态环境质量良好，植被覆盖率高、分布完整，群落组成大多为次生温带落叶灌丛和温带针叶林演替的结果。南部的千山风景区为 AAAA 级旅游区，拥有丰富的名木古树资源及温泉地热资源，景观类型保持得较为完整、连通，生态系统功能得以稳定地发挥。

本规划项目所在地多为工矿企业及其配套设施集中分布地区，区域生态环境在水平及垂直方向受人为扰动的程度较重。齐大山铁矿、鞍千铁矿、大孤山铁矿、东鞍山铁矿从北往南顺序排列在鞍山市东侧，露天矿山及其配套工业场地向东部低山丘陵区延伸。千山风景区北、上堡村以西地区集中了齐大山采矿场、尾矿库，鞍千采场、选厂及排土场，大孤山采矿场、选矿厂、尾矿库以及眼前山采矿场、排土场、工业场地。

评价区内深凹开采的露天坑及堆积的排土场、尾矿库等工矿景观已经形成一定规模，无论是斑块总面积还是斑块平均面积都较大，如大孤山铁矿，经过几十年的开采，原海拔 280m 的山头已经变为长 1600m、宽 1200m、深 180m 的深凹露天矿。现有各矿区几十年来的开发对鞍山市、辽阳市的环境、经济和社会的演变与发展带来了巨大的影响。鞍山钢铁行业历来就是鞍山市的支柱行业，矿区开发产生了巨大的经济效益，极大促进了鞍山市的经济和社会发展，但与此同时多年来高强度的矿山开发和利用，也给鞍山市、辽阳市的生态环境造成了较大的影响。

总体而言，多年来评价区的生态系统稳定性处于动态平衡，并且局部区域的生态环境相对处于一个遭受破坏的过程中，例如矿山采场、排土场等地。但在矿山退役或服役期满，经人工辅助生态恢复措施，生态系统可以缓慢地进入新的平衡，使原本被破坏的系统结构得到一定的修复，发挥其新的生态系统服务功能和调节功能等，使生态系统转入良性循环。如大孤山铁矿、眼前山铁矿等排土场的生态恢复区。

2.3 规划区域铁矿山开发环境问题梳理分析

2.3.1 区域背景与规划实施的不确定性分析

2.3.1.1 规划项目依托资源的不确定性分析

A 矿产资源

评价区目前铁矿资源勘探深度最大为 $-914m$（弓长岭井下矿），其他均在 $-700m$ 范围内，现有的资源调查、压覆矿床等报告都是基于该勘探深度作出的。对深部铁矿资源的勘探程度不足、勘探范围不足及探采结合的生产方式，可能导致通过地质勘查了解的矿脉的总体情况，资源量等情况会与实际情况存在偏差，存在不确定性。

B 水资源

鞍山市是全国严重缺水的 50 个城市之一，经济发展严重依托外来水源（辽阳县首山水源和汤河水库来水），自用水源主要为地下水水源，而城市供水地下水水源地超采严重，一直采用限采和严格控制。规划实施后生产规模进一步扩大，总用水量还会持续增加，规划近、远期用水规模分别在现状 $6844.08 \times 10^4 m^3/a$ 基础上增加至 $8014.97 \times 10^4 m^3/a$ 和 $11006.99 \times 10^4 m^3/a$，汤河水库给出了供水承诺。

本规划考虑采用扩大对城市中水、鞍钢循环水的使用，并充分利用矿山伴生水资源，使规划新鲜水维持现状水平不增加，可以在规划层面环节区域水资源紧张、严重依托汤河水库水源的局面，解决用水来源不确定性问题。但在用水平衡的细节方面还存在一定的不确定性，需要在下一步规划设计阶段解决。

C 土地资源

近年来，随着经济的不断发展，人口的不断增加，建设用地需求快速增长，鞍山市土地后备资源有一定的压力，新增用地内容存在不确定性因素。

2.3.1.2 规划项目布局的不确定性分析

A 鞍山市城市总体发展中的局部不确定性

近年来，由于鞍山市区的迅速发展，城市规模的不断扩大，居民住宅已修建到大孤山镇大孤山矿区脚下。由于矿山开采存在爆破噪声及振动影响、排土场扬尘污染等影响，如果居民区继续向大孤山矿区方向发展，矿山开采可能影响周围居民的生活，存在矛盾冲突。

鞍山市由于地理条件的限制，市区发展方向为以海城方向为主，这就涉及规划中黑石砬子铁矿与西鞍山项目用地问题，存在发生矛盾冲突的可能。

以上矛盾冲突是由于鞍山市城市不断发展引起的，鞍山市城市规划也同时在修编报审，是两者发展中产生的矛盾，可以通过鞍山市城市规划与本规划协调解决，但由此也使本次规划在用地布局上存在不确定性。

B 规划项目设施布局的不确定性

根据截至目前已明确的资源勘探成果，规划确定了矿山开发规模及相关配套设施，配套设施尤其是远期尾矿库设施、选矿厂设施、尾矿综合利用设施的选址仍存在一定的不确定性，有待于项目规划设计阶段确定详细的方案。

C 西鞍山铁矿开发的不确定性

按照目前已批复的《鞍山市矿产资源总体规划（2001~2010）》，西鞍山铁矿为禁止开采区，如规划近期对西鞍山铁矿进行开发，则与规划要求不相容。规划中将西鞍山铁矿作为远期规划矿山，目前正在办理前期手续，对西鞍山铁矿的开发需要进一步的规划指引。《鞍山市矿产资源总体规划（2006~2020）》正在送审报批环节，存在一定不确定性。

2.3.1.3 针对规划不确定性应采取的对策与措施

综上所述，规划环境影响评价中的不确定性主要来自综合规划方案的不确定、环境信息和环境影响程度的不确定，具有普遍性、传递性、累积性和可降低性，对决策者存在着较大的干扰。

针对规划项目依托矿产资源存在不确定性，可采取编制勘探规划方式，及时调整采矿方案，减少矿产资源不确定性的影响。针对规划项目依托水资源存在的不确定性，可采取提高水资源利用率的方式，减少水资源不确定性的影响。

针对规划项目依托土地资源、项目用地布局存在不确定性的问题，可采取多方面协调，开展公众参与座谈等方式，减少这些方面不确定性的影响。

2.3.2 矿山开发主要环境问题及其特征

2.3.2.1 区域矿产资源勘查开发利用与矿山环境保护存在的主要问题

（1）勘查工作不能适应经济社会发展的需要。

鞍山地区除铁、菱镁矿、滑石、玉石等资源外，大部分矿产尤其是有色金属、贵重金属矿产勘查工作程度低。随着矿山的开采，接续资源严重不足，加上地质勘查资金缺乏，矿山本身又无资金投入，导致资源枯竭，矿山闭坑。

（2）地质勘查程度发展不平衡，缺乏统一规划。

全市434处矿产地达到详查、勘探程度的仅占12.7%，而且达到勘探、详查程度的主要是铁、菱镁矿、滑石、玉石等重要矿产的重点矿区，而短缺的铅、锌、金及具有开发前景的方解石、水泥大理岩等非金属矿产勘查程度很低。优势矿产中的铁、菱镁矿、滑石、玉石等深部及外围找矿工作尚没有有效地开展起来。公益性勘查投入不足，商业性勘查零散分布。

（3）矿山主体多样，矿权界限不清，滥采滥挖严重。

除鞍钢矿山外，本地区还分布有数量巨大的民采矿区，大部分未按规范运作，造成资源不清，开发布局不合理。

多数民采矿山早期是从开采"露头矿"开始，无地质资料，盲目开采，普遍没有投入探矿工程，资源储量基本属于推断的内蕴经济资源量。矿山照此编制的开发利用方案与矿山开采实际差异很大，一经投入开采，矿体面貌皆非，造成矿山乱采滥挖。另外，企业规模小、技术与装备水平低，经营、管理模式粗放，属于典型的"高投入、低产出、高污染、低效率"的传统经济模式。在铁矿石开采利用过程中，存在采富弃贫、采易弃难、采主弃副和优质劣用等问题，因而造成严重的资源浪费和流失；绝大多数伴生和共生矿未能得到综合开发利用；采矿废石和选矿尾矿占地堆放，矿区周边的生态环境破坏严重。

（4）矿山普遍不按开发利用方案组织生产，造成资源利用效率低。

大多民采矿山置开发利用方案不用，乱采滥挖。露天矿不拉段、不剥岩，一段到顶，随处排岩；井下矿随意开坑口，坑道纵横交错，无序开采。矿山企业置开发利用方案而不用的主要原因：一是业主短期行为，利益驱动或暗箱转包，疯狂开采；二是矿体变化大，方案失去指导作用；三是没有技术人员指导，习惯土法开采，来得快。

（5）总量调控难度大，开发秩序待规范。

由于勘探开采能力不匹配，矿产开采超量较大。出现两个问题：一是调控指标不合理，对国内、国外两大市场信息把握不够，预测量与市场需求量相差太大；二是调控总量与业已存在的巨大开采能力相差太大，实际开采能力远超过调控总量，如按照调控总量管理，则规范矿山难以生存。

另外，各矿山生产技术水平和配套完善差异较大，矿产品精深加工程度低，产品结构不尽合理。

（6）资源开发过程中生态环境破坏现象仍然严重。

矿区开发项目建设、采矿以及排土场占压土地，都将会带来植被的破坏、水土流失加剧、土地肥力下降、地下水资源损失、土地生产力降低等问题。同时以前矿区开发对生态破坏的历史欠账尚没有有效解决，因此如何进行合理适度开发和采取措施对矿区开发、对生态环境的破坏进行有效恢复，以维持矿区现有的生态服务功能，将是矿区开发中需要重点解决的问题。

矿产资源无序开采，严重破坏了山体植被，矿区自然景观面目全非，难再恢复；矿产品生产工艺落后，粉尘、烟尘超标排放，致使土壤板结，农作物减产，部分土地甚至丧失耕种功能，村庄空气环境污染严重。尽管鞍钢的生态恢复力度较大，但由于历史遗留问题较多，自然生态严重破坏面积较大，其恢复任务较重（引自"鞍山市环境保护'十二五'规划"）。

（7）矿山环境治理欠账大，恢复治理资金严重短缺。

鞍山城区周边岩石堆积总量18亿吨，尾矿堆积6亿吨，环绕大半个城区。随着城区发展，城矿逐步融合，矿山环境对城市环境及经济社会发展的影响越来越大。

"十一五"期间虽做了大量工作，取得了一定成绩，但由于历史欠账太大，矿山环境问题已构成经济社会发展的严重障碍。按照现时矿山生态环境可恢复区测算，土地复垦和植被恢复需要资金巨大，依靠矿山企业环保投入资金是杯水车薪，社会资金筹集渠道不畅，国家和地方财政资金支持份额很小，矿山生态环境保护与恢复治理面临严重的资金困难。

2.3.2.2 矿山开发至今形成的主要生态环境问题与影响

A 对矿山生态系统完整性的影响

矿山开采后，斑块破碎化引起的主要变化是相邻的生态系统被边缘隔离、暴露在其他生态系统中的边缘比例增加，不同生态系统之间产生边缘效应等。区域景观整体形状是趋于复杂化的，受人类活动的干扰程度逐渐增大，人为干扰逐年增强。各种类型之间聚合度减小，连通性下降，景观破碎程度增大。

B　矿山开采影响植物的生长

规划区域矿山露天开采造成矿区内地表植被破坏。开采过程中弃渣等固体废物、矿山排水、粉尘等，均会对周边的植被产生影响。

C　矿山开采加剧矿区及周围土壤侵蚀

露天开采后排土场岩石堆形成一个松散的堆积体，受降水渗入的影响及废渣在自然沉降、人为活动的作用下可能发生冲刷、滑塌等水土流失现象。另外，开采工程中存在土壤的结构、组成及理化性质等改变，进而影响土壤的侵蚀状况，新增一定量的土壤侵蚀。

D　对自然景观和旅游资源的影响

长期的采矿活动，尤其是露天开采对地貌景观影响较大。对千山风景区等生态敏感区影响较为直接，需进行严格的空间控制，保持景观的协调性和一致性。

2.3.2.3　区域水资源利用与矿山水资源保护方面存在的问题

（1）地表水调蓄能力低，水旱灾害仍然频繁而严重。

鞍山市现有水库和塘坝等拦蓄工程总调节能力占年径流量的比例很小，加之山林减少，水土流失加剧，自然植被含蓄能力也大大降低。降雨稍大则发生洪水，自然资源白白流失；无雨则土地干旱，山溪断流。虽然经几十年不断治理并取得了很大成绩，但从发展趋势上看，发生频率没有降低，灾害损失越来越重。

（2）地下水严重超采，已经引起并将进一步激化环境水文地质问题。

目前，杨柳河冲洪积扇、太子河冲洪积平原及南沙河冲洪积扇，为地下水过量开采的超采区。不仅单井出水量明显减少，地下水位也普遍下降，分别形成铁西、西郊和太平等三个区域性降落漏斗。由于地下水过量开采，现已出现并将继续加剧以下四个方面环境地质问题：1）水源区地下水枯竭；2）地下水质污染加剧；3）可能存在或将会产生地面沉降；4）地面塌陷的出现。

包括规划矿山在内的环城矿山露天开采和井下开采，也是加速地下水排泄、造成地下水位下降的潜在影响因素。

（3）区域供水负担加重，水需求与水资源间的矛盾加剧。

一方面随着采矿生产规模的扩大，以及相关产业的发展，对水资源的需求大大增加，而另一方面是地表、地下水资源总量有限，水的需求与可持续供水能力间的矛盾会逐渐加剧，这是矿区开发需要解决的又一重点问题。

（4）地表水污染引发一些问题。

目前运粮河、南沙河和杨柳河三条河流，已成为市区和重点污染源工业的排污河道。由于大量矿粉悬浮物和其他一些有毒有害物质排入河内，不仅污染了河水，使其不能饮用，用于农业灌溉对农田及灌区内地下水也造成了严重影响。

2.3.2.4　矿山开发的布局制约因素及粉尘影响源分析

A　规划用地布局的制约因素及协调的要求

本规划环境现状调查监测表明，评价区环境空气颗粒物浓度超标较为严重，初步公众参与过程中群众反映粉尘污染问题较严重，对此问题进行认真深入分析，一则由于区域环境受矿区扬尘等开放性尘源影响较大，二则与本规划矿区开发历时长，矿区开发范围与城市规划区相距较近乃至相互重叠交叉有密不可分的关系。规划的不协调与布局冲突使更多敏感目标与人群遭受粉尘污染困扰。

近年来，鞍山市政府及鞍钢各自进行规划时，均将现有矿区周边土地列入自己规划用地中；鞍山市总体规划和十二五规划设想中，均将市区"南进"作为城市拓展和发展的方向，而本规划处于鞍山城区外围的项目即有部分位于城区南部。除了矿区周边目前分布着的村庄外，部分城市发展和安置用地、公用设施等布设在矿区规划范围或附近，与矿区采场、排土场混合乃至交叉布置，构成了用地功能上的重叠。如此不可避免地与鞍山市城市规划产生不协调，产生布局、功能方面的冲突。

本规划鞍山地区现有矿山的采矿场、排土场和尾矿库等设施产生的扬尘对周边环境空气、生态环境产生了较大影响，同时与矿山配套的辅助设施如电厂、采暖锅炉排放的烟粉尘，采场作业噪声、爆破震动等对周围环境也产生不同程度的影响，生产中的矿区与居民越近，群众反映就越强烈。

一定程度上说，粉尘、噪声振动等扰民问题的出现与矿山开发密切相关，实质上也是鞍山市总体规划与鞍钢矿山规划在不协调的背景下各自执意开发，由此引发冲突加剧的问题。

B 粉尘排放因素调查分析

根据环境空气监测结果反映出的超标现象分析，矿山生产运营中的粉尘排放主要包括以下几个方面：

（1）监测期间超标点位均位于矿区及附近范围，在矿区内运输车辆行驶的道路扬尘影响较大。

（2）矿区目前仍正处于开发期，虽然对排土场等进行了一定的绿化，但区域内植被覆盖率仍较低，地表裸露面积较大，有风天气容易造成扬尘；采场剥离、开挖阶段扬尘也较大。

（3）矿区内现有企业的尾矿库分布较为散乱，尚未进行统一规划布置。库内尾矿均为露天堆放，尾矿库干滩在有风天气容易造成扬尘。

尽管鞍山矿业在开发过程中十分注重土地复垦和绿化工作，正在生产的场地还是造成施工及运输过程中的扬尘现象及无组织排放。利用遥感数据，对目前能够形成无组织排放的排土场、裸露矿坑、尾矿库干坡段分别进行解译，获取评价区目前扬尘尘源的位置及面积，见彩表 2-44，彩图 2-30。

C 布局与粉尘扰民问题的解决措施与途径

协调好鞍山城市规划与鞍钢矿业规划及本规划之间关系，让居民最终妥善安置在适宜的功能区内，是解决周边居民受污染影响的根本途径。

为此，鞍钢集团与鞍山市已经过多次协商研究，在本规划环评期间就个别项目的细节问题不断接触协商，其中城矿结合区的东鞍山矿区、大孤山矿区、齐大山矿区的生态复垦措施本身也是鞍山市重点绿化复垦工程，鞍钢集团与鞍山市密切结合，将其作为规划矿山未来生态复垦的重点区域，逐年投入资金恢复生态。对布局问题除了协商协调等管理环节外，进行了布局合理性分析，对不同地块采取保留、调整或替代措施，并提出了对下一步分区规划、项目建设的布局要求。

2.3.2.5　矿区环境地质灾害与隐患分析

A　地质灾害类型与形成条件

自然条件下，评价区所处的鞍山地区不易形成各种地质灾害。长期的矿山开采不仅造成了陡深采坑和高陡的排土场边坡，易于形成崩塌、滑坡，而且大量松散物质排土又形成了泥石流隐患，大型的尾矿库也是形成大规模尾渣流的潜在隐患点之一。基于生态评价过程中的野外踏勘、遥感解译及相关资料检索，目前评价区内地质灾害及隐患主要表现在高陡边坡的崩塌、排土场的滑坡与泥石流、地面沉降以及土地沙化四个方面。

地质灾害形成条件可分为物质条件、结构条件和临空面条件。

规划区常见的地质灾害类型有：崩塌、滑坡、泥石流、地面沉降。

B　地质灾害现状

现场踏勘调查采集地质灾害部位图片，见彩图 2-31。

C　矿山地质灾害危害与评价工作内容

上述地质灾害因素主要产生于矿山开发开采环节或结束后，由于开采工作面结构发生变化，或者排岩、排土、贮存尾矿而形成的排土场及尾矿库等新的人工设施，在不同部位存在失稳、崩塌、滑坡的可能，成为诱发次生灾害、造成污染和环境风险，影响生态安全的因素。

本规划地质灾害评价工作，将基于地面调查（野外踏勘 GPS 测量）和遥感影像解译及 Logistic 模型估计，综合野外调查点的灾害部分，获取评价区内地质灾害分布；计算出地质灾害高危险区、中危险区、低危险区；进行现状评价；论述矿山开采带来的崩塌、滑坡、泥石流、地面沉陷等主要地质灾害的影响；规定防止灾害性事故发生的防范措施。

地质灾害危害因素评价详见 6.2 节。

2.3.2.6　矿区生态保护与环境污染控制措施存在问题

A　生态保护

矿区生态系统的质量在下降，主要原因正是人类活动的影响导致的。从各个指标的回顾性分析评价中可以看出，随着人类活动的加剧，矿区总体的生态环境呈愈加脆弱的趋势。

B　大气污染控制

部分选矿厂锅炉未采取脱硫措施导致 SO_2 排放严重超标。

C　固体废物处置

矿区固体废物主要是排岩、排土和尾矿的堆存问题。由于是老矿区，矿区历史产生固废量巨大，堆存占用量大，占压植物造成生态破坏。另外，由于堆存而导致扬尘和淋溶问题也引发了大气和水体的环境问题。虽然产生的固废通过综合利用可以消耗一部分，但是由于堆存量巨大，需增加综合利用途径，消耗历史产生量，对排土场和尾矿库做好防护措施。

D　移民搬迁安置

铁矿山开采存在爆破噪声及振动影响、排土场扬尘污染等影响，对居民生产生活环境影响较大，矿业公司采取了搬迁附近居民的措施解决矿山开采对居民生存环境产生的影响。

2.3.3 污染源与污染物控制效果

2.3.3.1 矿区开发环境影响因素及现状污染源分析

A 废气污染源调查分析

a 矿山采场、排土场粉尘排放源

根据实地调查、遥感解译与规划矿区企业已有环评项目数据，统计分析得到矿区现状扬尘污染情况见表2-45。

表2-45 2009年扬尘排放统计表

序 号	矿山名称	采选原矿/×10⁴t	粉尘/t
1	眼前山	200	194.1
2	大孤山	490	396
3	东鞍山	520	208
4	齐大山	1500	786
5	鞍千	1040	516
6	弓长岭露天矿	720	388
7	弓长岭井下矿	165	8
合 计		4635	2496.1

由表可见，现有矿区采场及其排土场2009年排放粉尘总量为2496.1t。

b 选矿厂、热电厂燃煤锅炉等污染物排放

根据收集企业现有监测资料，2009年矿业公司各采场与选矿厂的锅炉及工业窑炉排放的SO_2、烟粉尘、NO_x排放总量分别为13472.4t/a、5814.3t/a、9361.8t/a。

B 废水污染源调查统计

2009年废水及其主要污染物排放情况见表2-46。

表2-46 2009年废水及其主要污染物排放统计表

名 称		污水排放量/×10⁴t	COD		NH₃-N		排放去向
			浓度/mg·L⁻¹	排放量/t	浓度/mg·L⁻¹	排放量/t	
矿山	眼前山铁矿	503.37	10	50.34	1.63	8.20	南沙河
	弓长岭露天和井下	684.16	10	68.42	1.63	11.15	汤河
尾矿库	大球尾矿库	259.63	10	25.96	1.0	2.60	南沙河
	西果园尾矿库	305.46	10	30.54	1.0	3.05	杨柳河
	风水沟尾矿库	559.87	10	55.99	1.0	5.60	南沙河北支
	弓长岭尾矿库	229.26	10	22.93	1.0	2.29	汤河
合 计		2541.75		254.18		32.89	

由表2-46可以看出，2009年铁矿山及尾矿库污水排放总量为2541.75×10⁴t，COD排放量为254.18t，NH_3-N排放量为32.89t。

C   固体废物排放

2009 年固体废物排放见表 2 - 47。

表 2 - 47   2009 年固体废物排放统计   (10^4 t)

类 别	矿山名称	产生量	利用量	排放量
废石	齐大山	3424	978.8	2445.2
	鞍千	2042	0	2042
	大孤山	2155	240	1915
	眼前山	90	0	90
	东鞍山	2749	0	2749
	弓长岭露天	4955	100.7	4854.3
	弓长岭井下	97	0	97
	小 计	15512	3420.7	12091.3
尾矿	大球	364	0	364
	东烧	336	0	336
	齐选	426	0	426
	齐选分厂	729	0	729
	鞍千	601	0	601
	弓长岭选矿厂	396	0	396
	小 计	2852	0	2852
燃煤灰渣	齐矿	1.0125	1.0125	0
	齐选	0.63	0.63	0
	鞍千及选厂	0.1575	0.1575	0
	眼前山	0.135	0.135	0
	东烧	0.81	0.81	0
	大球	0.4095	0.4095	0
	弓矿	0.3825	0.3825	0
	小 计	3.537	3.537	0
生活垃圾		0.9373	0.9373	0
总 计		18368.4743	3425.1743	14943.3

由表 2 - 47 可以看出，2009 年各矿山及选矿厂产生的废石量为 15512 万吨，尾矿 2852 万吨，产生的固体废物 18368.4743 万吨，排放量为 14943.3 万吨，综合利用量为 3425.1743 万吨，折合综合利用率为 18.7%。

2.3.3.2   规划区现有污染治理措施调查分析

A   铁矿山污染治理措施

鞍山地区现有眼前山铁矿、大孤山铁矿、东鞍山铁矿、齐大山铁矿和鞍千矿业胡家庙铁矿等大型露天开采铁矿山 5 座，现有排土场 5 个；弓长岭地区现有井下矿、露天矿 2 座铁矿山，现有排土场 3 个。扬尘对周边环境产生影响，同时与矿山配套的辅助设施如采暖锅炉排放的烟粉尘等对环境也产生不同程度的影响。

a 鞍千矿业公司扬尘治理措施

采矿厂采用露天开采工艺，汽车、胶带联合开拓运输方式。为保证各项环保措施达标，有效抑制采场各环节二次扬尘，鞍千公司针对采场、排岩场、皮带运输、钻机作业采取以下抑尘措施：

（1）大型生产钻机采用捕尘罩湿式除尘。

（2）采场公路、排岩场、工作平台采用水车洒水湿式作业，南北采场平均每天四次洒水（上、下午各2次，每次$50m^3$），减少公路二次扬尘。每月针对采场公路、排岩场、工作平台适时进行喷洒卤水一次，抑制扬尘效果明显。

（3）粗破机采用冷凝水管喷雾作业，减少翻卸作业产生的扬尘。选矿厂每年所需矿石由密封防护罩的皮带运输机运往选矿，不会产生扬尘。

b 大孤山矿粉尘治理

造成粉尘污染的主要包括生产汽车在运输过程中引起的二次扬尘，通过洒水车对运输通道的喷洒，来抑制车辆运行过程中产生的粉尘；其次造成粉尘污染的还有两井破碎及胶带运输转载，通过在井口及转载站安装除尘系统措施，降低除尘浓度。钻机生产过程中产生的粉尘采取喷水湿式作业方式来降低粉尘浓度。

c 东鞍山铁矿环境治理

东矿生产过程中的污染主要为牙轮穿孔、电铲装车和汽车行驶过程中产生粉尘和噪声，电机车行驶过程产生噪声，以及工人下班洗浴产生的生活污水。粉尘治理主要采用洒水防治，噪声治理采用操作人员戴耳塞防治，生活污水采用沉淀分离法治理。2009年生活污水排放量为$10 \times 10^4 t$。排土场需要恢复面积为$52 \times 10^4 m^2$，已恢复面积为$22 \times 10^4 m^2$。

目前已实施的绿化及生态整治面积$84 \times 10^4 m^2$左右。

d 弓长岭井下矿环境治理

由于全部生产过程都是在井下完成，因此，井下生产过程中产生的主要污染（粉尘、噪声）对地表环境不构成任何影响。在生产过程中主要通过湿式凿岩、作业前洒水、加装防尘胶帘、个体防护、安设风机等防护措施。井下现有排岩场$29000 m^2$，全部需要绿化复垦。

e 眼前山铁矿复垦工程

目前已实施的绿化复垦工程有汽运排土场复垦工程、排土130m复垦工程、山印子村北坡复垦工程、上山公路两侧绿化工程、居民区绿化工程等。

B 选矿厂污染治理

规划矿区内选矿厂的大气污染源及污染物主要是破碎筛分产生的粉尘及锅炉（包括采暖及生活锅炉）产生的烟尘和SO_2。

选矿系统中的磨矿、选别作业均为湿式作业，选矿系统中的大气污染源主要集中在破碎筛分工序，改造和新建选厂均采用湿式除尘器（文丘里），除尘效率95%以上，各污染源排放浓度均符合《大气污染物综合排放标准》（GB 16297—1996）标准要求。

燃煤锅炉烟气多采用湿式脱硫除尘，烟尘、SO_2排放均符合《锅炉大气污染物排放标准》（GB 13271—2001）的要求，但齐矿、弓矿等矿区部分锅炉未安装脱硫装置，SO_2排放浓度较高，大部分排气筒高度满足《锅炉大气污染物排放标准》（GB 13271—2001）45m要求。

未采取脱硫措施的单位见表2-48。

表 2 - 48   现状未采取脱硫措施的单位与锅炉、工业炉窑统计表

序　号	单　位	锅炉、工业炉窑	数　量
1	齐矿选矿分厂	AG - 75/5.3 - M 煤粉锅炉	2
2	东鞍山烧结厂	烧结机	2
3	大孤山球团厂	双锅筒横置式链条炉排锅炉	3
4		回转窑	1
5	弓矿	20t 锅炉	3
6		35t 锅炉	3
7		4t 锅炉	4
8		2t 锅炉	7
9		一球回转窑	1
10		二球回转窑	1

选矿厂的废水主要来自于生产废水和冲洗地坪水及生活污水。生产废水主要污染物是悬浮物和石油类。生活污水主要污染因子为悬浮物、BOD_5、COD 和油。总排水出口处设集水池和回水泵站,将全厂外排的生产、生活污水收集后,回送到尾矿浓缩池处理,溢流水供给生产使用,底流最终排入尾矿库。

尾矿库目前存在的问题主要是相应尾矿库内的干坡段扬尘,对周边生态环境和周边环境空气质量产生一定的影响。

2.3.3.3   规划项目污染源与污染物排放量统计分析

A   无组织排放粉尘量统计

根据近期(2010~2015 年)、远期(2015~2020 年)各矿区概况及采选矿污染物排放估算结果及"增产不增污"的要求,应进一步控制和削减排放量。其中,各采场及其排土场近期排放粉尘总量为 2782t/a,远期排放粉尘总量为 4760.14t/a。

B   有组织排放废气污染物统计

目前锅炉及工业窑炉未采取脱硫措施的矿山或选矿厂,拟采用湿式脱硫除尘装置,依据《环境保护产品技术要求——湿式烟气脱硫除尘装置》(HJ/T 288—2006),湿式脱硫除尘装置脱硫效率应大于 80%。脱硫率保守估计按 75%~80% 统计,见表 2 - 49。

表 2 - 49   规划项目大气污染物有组织排放量统计汇总表　　　　(t/a)

污染物排放量		SO_2	烟粉尘	NO_x
现状(2009 年)	鞍山矿区	8747.8	4876.2	5489.8
	弓长岭矿区	4724.7	938.1	3872.0
	合　计	13472.5	5814.3	9361.8
近期(~2015 年)	鞍山矿区	4657.7	3745.9	5543.3
	弓长岭矿区	4180.1	938.1	3872.0
	合　计	8837.8	4684.0	9415.3
远期(~2020 年)	鞍山矿区	3691.7	3953.5	6135.06
	弓长岭矿区	916.8	919.3	3871.94
	合　计	4608.5	4872.8	10007.0

由表2-49，各采场与选矿厂的锅炉及工业窑炉近期排放的 SO_2、烟粉尘、NO_x 排放总量分别为8837.8t/a、4684.0t/a、9415.3t/a；远期排放的 SO_2、烟粉尘、NO_x 排放总量分别为4608.5t/a、4872.8t/a、10007.0t/a。

2.3.3.4 规划项目污染物排放总量控制分析

A 总量控制技术路线

规划项目总量控制的主要污染物为 SO_2、COD，总量控制技术路线见图2-32。

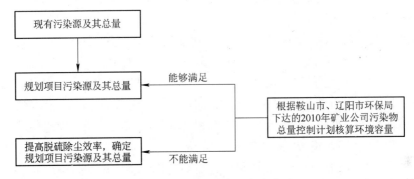

图2-32 总量控制技术路线图

B 总量控制指标分配

以2015年排放情况为基准，对规划项目大气、水污染物总量指标分配及达标情况分析，见表2-50。

表2-50 大气、水污染物总量控制指标分析

序号	单 位	二氧化硫/t		化学需氧量/t	
		分配指标	预测排放量	分配指标	预测排放量
1	鞍山矿区	5300	4657.7	200	162.1
2	弓长岭矿区	4568	4180.1	70	42.9

由表2-50可以看出，规划矿区污染物排放总量能够满足鞍山市、辽阳市环保局下达的2010年矿业公司污染物总量控制计划。

C 总量指标支撑分析

2010年矿业公司污染物总量指标与规划排放量见表2-51。

表2-51 2010年矿业公司污染物总量控制计划

项 目			二氧化硫/t	化学需氧量/t
矿业公司	鞍山片区	2010年指标	5300	200
	弓长岭片区	2010年指标	4568	70
	合 计		9868	270
2015年排放量			8837.8	205.0
2020年排放量			4608.5	225.9

从表 2-51 可知，规划 2015 年和 2020 年的污染物排放量与目前掌握的总量排放指标对比可知，SO_2、COD 总量指标基本可以满足规划指标要求，规划区污染物总量指标不存在约束条件。

2.3.4 生态复垦实践及其效果

2.3.4.1 鞍钢集团老区铁矿山环境破坏情况及生态复垦要求

鞍山市周边矿产资源大规模开发利用已有近一个世纪，目前大型矿山基本纳入鞍钢集团管辖。集团所属各矿区历经多年开采，矿山土地和生态环境遭受不同程度破坏。

规划范围内未开采矿区采场主要为自然山地和部分山坡区，山坡主要为灌木地，有部分果园，植被以草灌木为主。开采矿山矿区内则基本无原始地形显现，露天采坑多为 -200m 左右的深坑，采坑边帮为裸露地面的安全平台；排岩场主要为台阶状碎石堆，排弃的岩石主要以花岗岩、石英岩、绿片岩为主及少量的其他岩石成分；岩石抗风化能力较强，自然生态恢复能力很弱。近百年的矿山开采活动，在鞍山市城市周边形成了占地 $1213 \times 10^4 m^2$ 的排岩场和 $519 \times 10^4 m^2$ 的尾矿坝。

据初步统计，本规划项目环境破坏范围总计约 $12037.54 hm^2$，其中现状历史形成的环境破坏面积为 $7391.56 hm^2$，占 61.4%；本规划新增环境破坏面积占 38.6%，包括处于未开采矿区与新征用地的占地范围，及已开采矿区占地范围。

已开采矿区范围内视环境问题程度可分为一般破坏区、严重破坏区，其中矿山破坏严重区是指矿山开采、排岩场压盖、尾矿库区污染、运输道路以及生产活动严重影响原有生态环境，基本或完全失去了植被涵养条件，治理时需要投入较大量资金治理的重点区域，也是矿山生态恢复与土地复垦的重点地域；一般破坏区包括矿区范围地貌形态变化不大、开发力度较小的地段和矿区周边受到一定程度影响，生态功能可以基本或部分保持的地段，一般破坏区的环境破坏可以采取有针对性的生产控制措施和环境影响减缓措施，辅之以土地复垦手段。

近年来鞍钢集团及时响应鞍山市委打造综合型经济强市的决策，针对城市规模的不断扩大协调调整矿山设施布局，形成城矿融合的局面。针对矿业生产、开发对鞍山城市建设及发展的影响逐步加剧的问题，做出积极治理和修复矿山地质生态环境，改善当地居民的生活环境举措，其中以已开发矿区退役或闭矿后原始地貌的恢复和土地复垦为主要内容的生态治理措施是矿山生态恢复与重建的主要治理措施之一。

2.3.4.2 鞍钢集团矿山生态环境治理工作进展情况

A 生态环境治理的管理措施

2000 年起特别是"十一五"以来，鞍山市委、市政府、市国土资源管理部门及鞍钢集团密切合作，按照国务院《全国矿产资源规划（2008~2015 年)》和《全国矿山地质环境保护与治理规划（2009~2015 年)》以及省、市矿产资源总体规划部署，和《辽宁省矿山环境恢复治理保证金管理暂行办法》、《鞍山市废弃矿井治理规划（2009~2015 年)》要求，结合老区铁矿山实际，对集团所属矿山开展了一系列环境治理、土地复垦、植被恢复工作。

2002 年 9 月，鞍钢集团编制了《鞍钢集团鞍山地区生态环境保护规划》，确定了"分步实施、分期治理"的总体规划，遵照"边开采，边治理"的原则对停止服役区进行治理，规范土地复垦和生态恢复工作。近几年来，鞍钢集团先后对各矿采矿场、排土场、厂区等地采取了植树造林、种植草坪、铺设硬覆盖等措施；同时拨专款新建了苗木基地用于复垦区植被恢复。自 2008 年，鞍钢集团开始向鞍山市提交矿山环境治理恢复保证金，在自身开展生态治理的同时将矿山环境治理纳入鞍山市统一部署。

本次环评过程中，鞍钢矿业公司委托相关部门编制了"鞍钢集团矿山生态环境治理规划"，作为本规划项目生态复垦专项规划，同时作为鞍钢集团矿业公司 2011～2020 年期间矿山环境治理与保护的依据。

B 矿区生态复垦进展情况

鞍钢已开采矿区生态复垦绿化大致分为三个阶段：

第一阶段，对厂区进行绿化。2000 年以前，绿化复垦工作基本上处于低水平，公司年绿化复垦投资在 20～40 万元左右，基本上是小规模、零星治理，治理的幅度和效果不是十分明显，出现了年年栽树不见林，山上植树不见绿的状况。2000 年后，加大了绿化复垦工作的力度，每年拿出 200 万元作为绿化复垦专项资金，对矿区的主干道和重点区域进行绿化，到 2003 年，主厂区共栽种草坪 32hm²，完成植树 40 万株，基本上完成了矿区可绿化部位的绿化工作和主干道两侧的绿化，形成了软、硬覆盖结合，高、低树种的搭配的立体绿化格局，这一时期，绿化的重点完成了由单一的种草坪到以栽苗木为主，草、树相结合的立体绿化模式的转变。

第二阶段，对矿区周边进行复垦。2001～2002 年，在继续完善主厂区绿化的基础上，在厂区周边复垦条件相对比较好的大矿、东矿、眼矿三个矿山调度室周边及上山公路两侧和眼矿 35m 回归线等区域开展了大面积的植树造林活动，共栽植乔木近 3 万株，成活率在 90% 以上，复垦面积 40hm²。通过大面积的植树造林，形成了以三个铁矿调度室为中心的三个大型绿荫广场、以三条上山公路为轴线的公路林带，对改善矿区的外部环境取得了明显的效果。2002 年还在前峪尾矿库南侧区域 2hm² 不覆土试种了 5 万株沙棘，成活率在 65% 左右，为前峪大面积复垦提供了宝贵的经验。

第三阶段，大面积复垦绿化。2004 年以来，矿业公司每年都投资 1000 万元以上，在各厂矿确定重点区域进行大面积复垦绿化，并根据《鞍钢集团鞍山地区生态环境保护规划》和几年来的复垦实践，在废弃尾矿库实施覆盖客土植树工程。完成了大孤山东山包、东烧前峪尾矿库等重点地域的集中治理，取得了显著成效。

经过几年的努力，矿山的绿化和生态发生了很大的变化，绿化复垦不仅抑制了扬尘污染和水土流失，绿化美化了环境，也为今后以林养林创造了条件。

C 鞍钢集团公司矿山生态复垦项目统计

鞍钢集团公司矿山生态复垦项目统计见表 2-52。

表 2-52 鞍钢投资规划矿山生态环境治理区现状统计

序号	矿区名称	治理面积/m²	累计植树/株	树 种	备 注
1	弓长岭铁矿	87000	21750	刺槐、棉槐、丁香	花坛
2	齐大山铁矿	5000000	1800000	刺槐、棉槐、火炬、李子、梨树	花坛、草坪20余万平方米
3	齐大山尾矿库	—	—	—	服役期

序号	矿区名称	治理面积/m²	累计植树/株	树　种	备　注
4	张家湾铁矿	—	—	—	初采
5	鞍千矿业铁矿	—	—	—	初采
6	关宝山铁矿	—	—	—	未开采
7	碰子山铁矿	—	—	—	未开采
8	眼前山铁矿	500000	125000	速生杨、刺槐、棉槐、火炬	局部区域形成生态园
9	大孤山铁矿	830000	200000	速生杨、刺槐、棉槐、水蜡	办公区绿化效果明显
10	大球厂尾矿库	—	—	—	未治理
11	黑石碰子铁矿	—	—	—	未开采
12	东鞍山铁矿	1500000	600000	速生杨、刺槐、棉槐、火炬	逐步治理过程中
13	东烧厂尾矿库	2500000	1200000	速生杨、刺槐、棉槐、李子、梨	形成景观园
14	西鞍山铁矿	—	—	—	暂停开采
	合　计	10417000	3946750		2010 年底统计

D　重点地域生态复垦项目

a　大矿东山包排岩场扬尘治理

大孤山铁矿是鞍钢矿业公司主体矿山,由于该矿百余年的开采历史,废弃的排岩场长期裸露,沟壑纵横,面积达 $74 \times 10^4 m^2$。排岩场春季风沙弥漫,粉尘飞扬。2004 年以来,鞍钢矿业公司先后投入 1575 万元对东山排岩场进行场地平整、客土回填、绿化复垦。根据地形特点,对排土场坡顶、坡面、坡脚、采空区等处采用垂直绿化、鱼鳞坑种苗绿化、植树绿化等方式,栽植树木种类包括绿化类树种和观赏类树种 20 多个品种。经过场地平整、复垦绿化、植被等措施,不仅增强了排土场稳定性,消除了二次扬尘和水土流失等隐患,恢复了生态环境,还开辟梨树园 $5 \times 10^4 m^2$,李子园 $3 \times 10^4 m^2$。东山排岩场现在已经建设成为一个集绿化观光、养殖为一体的多功能生态园。

大孤山东山排土场复垦效果见彩图 2 - 33。

b　东烧前峪尾矿库扬尘治理

针对前峪尾矿库扬尘严重,污染环境的问题,从 2005 年开始到 2009 年,矿业公司共投资 2400 万元进行全面整改治理,共栽植树木品种达 20 多种,栽植乔木、灌木 400 万株,其中灌木 349 万株,乔木 48 万棵,果树类 2.2 万棵。

东烧前峪尾矿库复垦效果见彩图 2 - 34。

在废弃尾矿库实施覆盖客土植树工程,将尾矿库建成观光休闲公园。鞍钢矿业公司向东烧前峪尾矿库覆盖了大约近 $60 \times 10^4 m^3$ 的建筑残土,经过平整,在尾矿砂上造出了 $40 hm^2$ 的土地,覆盖客土的平均厚度为 60cm 左右,并种植速生杨 7 万棵、棉槐 40 万株,树木的成活率达到了 96%。在此基础上,对东烧前峪尾矿库 $120 hm^2$ 的区域进行了全面复垦,共回填土方 $12 \times 10^4 m^3$,平整场地 $80 hm^2$,栽种乔木、灌木 500 万株,使尾矿库变成了景色宜人的生态观光园。

c　眼矿排岩场扬尘治理

2002 年投资建成了 $10.5 hm^2$ 的速生杨林区和 $1.8 hm^2$ 的矿业广场。2003 年建成速生杨林带。2004 年、2005 年先后建成槐园、果园两大园区。总计投资 500 万元，复垦面积 60hm²。

d 齐矿排岩场治理

在 2000 年至 2005 年间累计投入 1500 余万元，在 67.3hm² 废弃排岩场上建成了树林，共植树 316099 株，其中桃、李子、梨等果树 5 万余株；速生杨、刺槐、银杏、新疆杨等乔木 25 万余株。

e 三个尾矿库抑尘治理

2009 年矿业公司投资 575.86 万元，喷洒抑尘剂对东鞍山烧结厂西果园尾矿库、大选厂尾矿库、齐选厂风水沟尾矿库进行抑尘治理，抑尘治理面积 251.79hm²。

2.3.4.3 鞍山市、辽阳市弓长岭区矿山生态治理情况

A 政府投资生态复垦情况

鞍山城区周边地质环境污染的严重情况受到国土资源部、辽宁省国土资源厅、鞍山市委、市政府及鞍山市国土局的高度重视。从 20 世纪 90 年代便拉开了还矿山青山绿水的世纪性战役的序幕。各级部门积极协调，筹措资金，对鞍山市城区周边地质环境进行治理。政府投资的鞍钢各矿山治理情况见表 2 - 53。

表 2 - 53 规划矿山政府投资环境治理区现状统计

序号	矿区名称	治理面积/m²	累计植树/株	树 种	备 注
1	弓长岭铁矿	480000	400000	刺槐、棉槐、火炬	灌溉设施若干
2	齐大山铁矿	356000	230000	刺槐、棉槐、火炬、李子、梨树	水池等灌溉设施若干
3	齐大山尾矿库	400000	300000	刺槐、棉槐	尾矿库周边
4	张家湾铁矿	—	—	—	初采
5	鞍千矿业铁矿	—	—	—	初采
6	关宝山铁矿	—	—	—	未开采
7	砬子山铁矿	—	—	—	未开采
8	眼前山铁矿	240000	161000	刺槐、樟子松、棉槐、火炬	灌溉设施若干
9	大孤山铁矿	810000	100000	刺槐、山楂、棉槐、火炬、山杏	灌溉设施若干
10	大球厂尾矿库	40000	50000	刺槐、棉槐	局部治理
11	黑石砬子铁矿	—	—	—	未开采
12	东鞍山铁矿	1420000	354000	刺槐、棉槐、火炬、松树	4100 万元项目施工中
13	东烧厂尾矿库	200000	500000	刺槐、棉槐	形成景观园
14	西鞍山铁矿	215000	800000	刺槐、棉槐	灌溉设施若干
	合 计	4161000	2895000		
	规划矿区总计	14577000	6841750		鞍钢 + 鞍山市、辽阳市政府
	占现状环境破坏范围	19.72%			

由表 2 - 53 可看出，规划矿山范围企业（鞍钢集团）和政府投资的生态复垦面积共有 1457.7hm²，植树 684.2 万株，占现状环境破坏范围的 19.72%。基于部分矿山设施占地范围正在服役期和不能满足复垦条件，未来对规划项目的生态复垦宜在进一步扩大复垦成果

的基础上，采用抑尘与复垦措施结合的方式进行。

　　B　生态复垦经验总结与成果展示

　　物种的选择原则：悬崖峭壁、采场终了边坡等选用地锦、爬山虎等藤蔓攀援植物；采场、排岩场平面或缓坡面栽植刺槐、沙棘、枣树等品种；排岩场陡坡面选择紫穗槐等小灌木和草本植物；原始荒坡地选择果树类或其他经济林树种；路树选择杨树、槐树等大乔木树种。

　　路树配植乔灌木复层结构；采场、排岩场、尾矿库、山坡荒地等配植乔、灌、草混交结构，有适宜条件地块、地段可配植果树或其他经济林，得到生态效益的同时，也得到了环境效益；位于风景区附近的大孤山复垦区和交通要道两侧的东鞍山等区，在绿化的同时尽可能增强美化，提高整体景观效果。

　　规划区域生态复垦效果见彩图 2 - 35。

　　C　生态复垦效果回顾与评价

　　根据 2009 年遥感解译，规划区内生态复垦绿化情况见彩图 2 - 36。

　　经过几年的努力，矿山的绿化和生态发生了很大的变化，绿化复垦不仅从源头上消除了尾矿砂和排岩扬尘，使鞍山市区大气环境有了明显的改善，而且对市区周边的生态恢复起到了积极的作用，增加了采矿区域的植被覆盖率，减少了扬尘污染和水土流失，一些量化的环境指标明显好转，也为今后继续扩大复垦绿化规模创造了条件。

　　鞍钢集团从 2000 年至 2009 年 11 月已累计投资 2.6 亿元，使矿区绿化覆盖率达到全国同行业先进水平，满足《矿山生态环境保护与污染防治技术政策》关于"历史遗留矿山开采破坏土地复垦率达到 20% 以上"的要求；同期根据鞍山市统计，鞍山市城矿结合地带植被恢复率已达到可恢复面积的 80%。

2.3.5　矿区规划项目环境管理制度执行情况

　　对规划鞍山矿区、辽阳弓长岭矿区范围内铁矿石、选矿厂以及尾矿库已执行环评的项目名称、内容及环境管理执行情况进行了调查。

　　根据环评实地调查，鞍钢老区铁矿山开采历史悠久，开发内容与规模变化呈现明显的生产导向性特征，对周围环境质量及生态环境影响、区域资源、环境问题及变化趋势的研究分析受限于环评等管理制度的发展阶段与完善程度，没有形成大的认识上的突破，历史遗留的环境欠账较多，环评执行率不足，严重缺乏区域性的现状分析、回顾分析和跟踪评价。迄今为止，反映在项目审批、跟踪评价方面存在一定程度的环境管理缺失，需要通过类似本规划环评的手段，不断强化执行和构建管理制度创新机制，开展区域问题研究，解决现状环境问题，还清历史生态欠账，使企业在环境管理执行方面步入良性化运转轨道。

2.3.6　矿区环境发展趋势分析

　　矿区环境发展趋势即"零规划"背景下产生的影响包括社会经济和环境两方面。

2.3.6.1　"零规划"社会经济影响

　　目前，矿业公司正在开采的铁矿山开采境界内的矿量仅够保障稳定生产 7 年，储采比例失调，矿山有效服务年限过短。如果不进行老矿山的改扩建和新矿山的开发建设，这些矿山将在 2010～2015 年期间消失生产能力 800 万吨，在 2015～2020 年期间消失生产能力 2000 万吨，到 2020 年以后现有矿山生产能力将大部分消失。

铁矿山产能迅速下降的后果，不仅是恢复产能的巨大投入和长周期的企业减产，而且将带来职工就业、资产浪费等重大社会和经济问题。矿山产能下降，选矿厂、烧结、球团车间面临停产或外购矿石以满足正常生产要求，将会影响鞍钢的生产。

2.3.6.2 "零规划"环境影响

A 生态影响

在"零规划"的背景下，铁矿山产能下降，矿山将不新增占地，通过植树造林、生态恢复后，工矿用地逐渐减少，区域的土地利用结构和功能产生的影响逐渐消除。露采形成陡深的矿坑和高大的排土场，对自然地形地貌的景观分布及其格局的影响逐渐消失。随着排土场复垦和绿化建设进度的推进，对植被的影响将会得到补偿和恢复，野生动物的生境逐渐恢复。

矿山开采形成大量的表土裸露，排土场形成的大量松散固体物质堆积，极易造成土壤侵蚀，需要通过持续的复垦和绿化，进一步减少土壤侵蚀。

总体而言，"零规划"背景下矿山开发对生态环境的影响趋于减缓，但需要通过持续不断的生态复垦投入来实现，否则会出现逆演替，即无序条件下局部生态环境持续恶化的趋势进一步加强。

B 对地表水的影响

由于矿区排水主要为矿井涌水和尾矿库排水，其水质较好，"零规划"情况下，对地表水的影响主要为对河道行洪的影响。在闭矿初期，铁矿山开采造成区域的土壤侵蚀暴雨引起的河床淤积，对河道行洪的危害依然存在。但随着生态复垦力度的加强，这种危害将逐渐削弱直至消失。

与生态环境影响相同，"零规划"背景下的规划区域水环境有赖于通过生态养护和区域综合整治逐步恢复功能，消除不利影响，仍需采取有效的污染控制措施和水资源保护措施。

C 对大气环境的影响

穿孔、爆破、采装等无组织排放粉尘污染维持现状或逐渐减少强度，而排土场、尾矿库在干燥大风情况下产生风蚀扬尘，如对废弃的排土场未进行覆土绿化，排土场风面源扬尘将呈面状污染。但伴随着闭矿，运输道路扬尘将不存在。

选矿厂和工业场地的锅炉烟囱、选矿厂有组织排放随着选矿停产或减产，排放的燃煤污染物将减少，对周围大气环境的影响有所降低。

D 对地下水的影响

地下开采在疏干与排水强度增加的工况下，局部地下水将出现明显下降，并导致区域地下水流场的变化。采场运营后期及退役期，地下开采基本停止，采场地下水位得到恢复，但尾矿库对地下水的补给减少，矿区地下水经调整后形成新的平衡。

E 固体废物产生的影响

矿山闭矿、选厂减产使生产过程中产生的废石、尾矿逐渐减少，废石可用于建筑、铺路等，尾矿可在技术条件成熟时生产铁精矿等，加以综合利用后，固体废物量减少，其堆放占用的土地减少，可经过绿化、生态恢复后，恢复原有的生态功能。

随着矿山尾矿坝服役期的延长，风险因素增加，突发性环境事件将呈上升趋势。而运营后期和退役期，随着入库尾矿减少，尾矿库在洪水季节溃坝的风险有所降低，但日常维护和定期巡查仍必不可少。

F　对声环境的影响

"零规划"背景下，矿山声环境影响有所减少，直至闭矿后，交通运输噪声及采场爆破噪声将会消失。

综上所述，在"零规划"背景下，环境空气质量、水环境质量及声环境有可能有所改善，生态环境存在向好的方向演替的趋势，但均有赖于持续的环保投入，实施有效的生态养护和区域环境综合治理，即区域内由于矿山开发削减规模导致环境、生态负荷有所减轻，但尚不能体现明显的环境正效益。社会经济效益方面，矿山停产对鞍钢及周边居民的就业等问题影响重大。矿山生产能力不足的问题已成为制约鞍钢生产和发展的"瓶颈"，铁精矿自给能力下降，鞍钢的资源优势将大大削弱。鞍钢的国内外竞争力非但得不到提升，反而会受到极大的损害，综合效益呈明显负效益。

2.3.7　规划实施的初步目标与方案

2.3.7.1　初步推荐规划方案

由以上分析提出初步推荐规划方案，见表 2 - 54。

表 2 - 54　初步推荐规划方案

规划项目		初步推荐规划方案
产业结构	勘探规划	制定铁矿山勘探规划，适度开发利用低品位矿和尾矿，形成能源和矿产资源战略接续区，建立重要矿产资源储备体系
	整合规划	对影响矿山统一规划开采的小矿，凡能够进行资源整合的，采取合理补偿、整体收购或联合经营等方式进行整合
	建设时序	合理安排各项目建设时序，形成部分矿区的接续矿区，矿山的配套设施也能够满足矿山及鞍钢正常生产要求
	回采率、选矿回收率	提高回采率和综合回收率，矿山回采率 97%；选矿回收：磁选回收率 92%，浮选回收率 80%
污染控制与资源综合利用环境保护	资源综合利用规划	矿产资源总回收率与共伴生矿产综合利用率达到 60%，其中尾矿达到 15%，固体废物综合利用重点发展冶炼渣、矿山尾矿等回收价值高的金属，提高资源综合利用附加值
	大气污染防治	(1) 地面运输系统设计时，宜考虑采用封闭运输通道运输矿物和固体废物；对因堆放、装卸、运输、搅拌等易产生扬尘的污染源，应采取遮盖、洒水、封闭等控制措施，最大限度减少扬尘污染。 (2) 新建烧结机必须配套安装脱硫脱硝设施。新建燃煤锅炉必须安装脱硫除尘设施，对规模在 35t 以上的现有燃煤锅炉实施烟气脱硫。对于未采用静电除尘器的现役烧结（球团）设备全部改造为袋式或静电等高效除尘器。对于规模在 20t 以上的燃煤锅炉必须安装静电除尘器或布袋除尘器，对 20t 以下中小型燃煤工业锅炉，推行使用含灰量小于 15% 的低灰优质煤，并综合考虑实施多种清洁能源替代措施
	水资源利用与水环境保护	(1) 选矿的水重复利用率应达到 93% 以上，矿井水、选矿水和矿山其他外排水应统筹规划、分类管理、综合利用。 (2) 选矿废水（含尾矿库溢流水）应循环利用，力求实现闭路循环，未循环利用的部分应进行收集，处理达标后排放

规划项目		初步推荐规划方案
污染控制与资源综合利用环境保护	固体废物综合利用	选矿厂设计时,应考虑最大限度地提高矿产资源的回收利用率,并同时考虑共、伴生资源的综合利用;推广利用采矿固体废物加工生产建筑材料及制品技术,如生产铺路材料、制砖等
	生态环境保护	(1) 建设项目确需占用生态用地的,应严格依法报批和补偿,并实行"占一补一"的制度,确保恢复面积不少于占用面积。 (2) 已停止采矿或关闭的矿山、坑口,必须及时做好土地复垦。 (3) 加强矿山影响严重区包括弓长岭铁矿及排岩场区、鞍山齐大山铁矿及排岩场辽阳市境内区的水土保持和生态复垦措施。 (4) 建立现代生态补偿机制,综合运用生物工程等技术,加强对采矿废弃地的复垦,对复垦后的土地宜农则农、宜林则林、宜牧则牧,逐步恢复工矿废弃地的生态功能。 (5) 加强矿山破坏土地生态治理力度,对拟建矿山按照先防治后建设的原则,制定矿山用地生态恢复规划;对在建矿山和生产矿山破坏土地实施阶段性治理,保证边生产边恢复;对废弃矿山用地实施集中治理,恢复其生态功能,保证资源开发与生态治理相协调。 (6) 千山区东部废弃工矿土地以复垦为林地和园地为主

2.3.7.2 规划方案的环境合理性综述

矿区开发是满足鞍钢自身生产发展的需要,是实现鞍钢矿山可持续发展的需要,是实现优势资源利用的需要,是保障国家经济安全的需要。矿区规划内容与国家产业政策、国家矿产资源规划、钢铁产业调整和振兴规划、区域规划和东北振兴规划等区域性规划有很好的相容性和协调性,通过实施规划项目可以稳定铁矿石规模,促进鞍山、辽阳等资源型城市可持续发展。矿区规划与鞍山市、辽阳市城市总体规划、"十二五"社会经济发展规划、环境保护规划、生态建设规划、环境质量功能区划等各项市域规划的协调性较好。

经过长期的勘探或开采,经过改进开采技术、开拓工艺、开采强度和选矿流程,并兼顾配套设施的建设,最终形成功能完善、工艺顺畅、布局合理的采区。但由于城市的不断发展,环境风险影响涉及环境敏感点(区)与保护目标等因素的影响,项目布局存在不确定性。在完善规划内容的基础上进一步做好规划地块布局,对地块单元进行分析评价,根据评价单元合理性确定地块用地类型,执行或放弃原方案,并采取必要措施。

规划项目环保投入在一定程度上缓解了环境影响,减少了由此造成的资源浪费损失和环境污染损失,减少了地质灾害因素引发环境风险事故的可能,由此也降低了规划付出的环境代价,使项目具有环境合理性。

3 重点环境影响因素识别、筛选与预测研究

3.1 老区铁矿山规划重点环境影响因素识别

3.1.1 区域环境资源特征

A 自然、生态环境

规划区属暖温带大陆性季风气候区，地表水、地下水资源相对缺乏，矿产资源丰富。

B 社会经济环境

近年来经济发展迅速，居民生活水平得到稳定提高。但支柱产业单一，以冶金为主的产业结构短期内难以改变，因此所带来的高能耗、高污染问题突出，节能减排压力巨大；城乡二元结构矛盾还没有得到实质性的破解，农民增收缓慢，社会矛盾有加剧的趋势；资源和环境压力较大，水资源缺乏对经济发展形成了制约。

C 生态破坏与环境污染特征

(1) 评价区生态环境脆弱，历史上铁矿开采对生态环境造成了较大破坏，现阶段尚未得到完全恢复。需要不断加大生态治理投入，使区域内生态环境恶化的趋势在经济快速发展中得到控制。

(2) 规划矿区范围内水环境承载能力较差。现状地表水受到严重的污染；区内水资源总量有限，在经济快速发展的同时水资源缺口将日趋扩大。

(3) 粉尘污染较为严重，固体废物综合利用率低，特别是土岩剥离物和尾矿的堆存量很大，排土场压占土地、植被对农业生产和生态环境造成影响。

3.1.2 矿区开发环境资源限制因素

3.1.2.1 矿区发展的资源要素限制因子

根据规划矿区环境资源特征分析，规划区发展的资源限制因素主要有两个：水资源和土地资源。

A 水资源

矿区内的规划建设的铁矿、选矿厂等项目需要大量的水资源，区域水资源分布特征和供应能力的大小直接决定了上述项目建设的布局合理性、建设可行性和规模合理性。加强对区域水资源的开发和保护，对于矿区的发展有着十分重要的意义，因此水资源是矿区开发的重要制约因子。

B 土地资源

排土场、废石堆场、尾矿库等将占用大量土地，铁矿开采沉陷对土地的破坏也很大，这些都将导致规划区可用耕地和林地面积减少，因此土地资源将会对矿区开发形成一定的制约。

3.1.2.2 矿区发展的环境要素限制因子

根据规划矿区所处区域环境特征分析，本矿区发展的环境要素限制因素主要有生态、大气、水、固废、声环境五个方面。

A 生态环境影响源

目前矿山开发已经给矿区生态环境造成了一定程度的破坏。当地生态环境的承载能力将是限制矿区开发规划和开发强度的主要因素。

伴随矿山开发而发生的地表景观格局变化，包括清除地表植被、增建人工生产设施、挖毁原地貌、废土、弃石堆置、地表塌陷形变等，是矿区发展最突出的特征。这种景观格局的变化，使矿区固有的自然生态功能完全丧失，而且随着时间的推移和开发规模的扩大，这种景观结构的变化还会不断延伸、扩大。矿山开采将导致采矿地景观生态结构的全面变化。

露天开采会完全清除植被，这将使原有自然生态系统的所有功能完全损失或削弱。土壤植被破坏导致资源损失和水土流失或沙漠化加剧。矿业固体废物堆置引起相关生态问题，如流失引起的污染和河道淤积问题。

B 环境空气质量和容量

由于当地以冶金为主的产业结构，使得规划区环境空气质量均受到了一定程度的污染。环境空气质量的超标也对矿区规划项目的布局和建设规模形成了制约。

C 地表水环境质量和容量

目前规划区的主要河流均受到了不同程度的污染，而矿区开发将会产生大量排水。地表水环境容量将对矿区项目实施形成较强的制约，对规划项目废水治理和资源化利用提出更高的要求。

D 固体废物处置

大量废石、尾矿、土岩剥离物等固体废物排放，若不能综合利用和安全处置，必然会对矿区环境带来一定影响。大量堆积土岩剥离物、废石、尾矿不仅占用了大量的土地资源，扬尘也给周边环境造成了污染。矿区规划的实施将带来更多的土岩剥离物、废石和灰渣的排放，固体废物处置和利用方面的压力将进一步加大。因此将来如何对矿区固体废物进行综合利用和安全处置也是制约矿区发展的因素。

E 噪声、振动污染

采矿、选矿等项目建设和运行过程中会产生机械、振动、排气等噪声污染，不仅污染环境，同时还会引发一系列社会问题（如噪声扰民），处理不好将影响矿区的和谐发展。因此，噪声污染问题也是限制矿区发展的制约因子。但总体来说噪声的影响是局部，比较容易得到解决。

综上所述，规划的实施存在一定的制约条件，规划区所处区域环境要素对规划方案实施制约因素初步分析详见表3-1。

表3-1 规划方案实施环境制约因素分析表

自 然 环 境		社 会 环 境	
制约因素	对规划的制约程度	制约因素	对规划的制约程度
环境空气质量	3	社会经济	2

自然环境		社会环境	
制约因素	对规划的制约程度	制约因素	对规划的制约程度
地表水环境质量	2	供电	1
地下水环境质量	1	供水	2
噪声环境质量	1	交通	2
固体废物	3	劳动力	1
生态环境	3	人体健康	1
土地资源	1	交通运输	3
水资源	2	产业结构	1
矿产资源	1	地区发展	1
地质灾害	2	城镇规划	1
自然景观	1	居民搬迁、安置	3

注：1—轻微；2—中等；3—严重。

3.1.3　矿区开发环境后果的生态特征与影响评价因子

3.1.3.1　矿区开发环境后果的生态特征

矿产开发产生了大量废弃地，引起了诸多的环境问题，尤其是累年开发的金属矿山，存在大量历史遗留的环境欠账。矿山区域的生态环境问题不仅是制约矿山开发建设的限制性环境因素，也成为矿山企业发展生产、提高效益的"瓶颈"所在，处理和协调不当势必影响到矿区社会经济的可持续发展。

基于各类金属矿山"用精排废"的物料交换特征，及金属矿体埋藏、品质与采出条件的差异，采用不同的采、选、冶技术等，大部分矿山的生态环境在开采前后发生了根本性的改变，并在一定程度上表现为不可逆转性。金属矿山生态问题不仅集中表现在地面植被的破坏、地貌的改变和地质环境的恶化、景观体系的演替，由此也伴生水资源减少、粉尘污染、水环境污染等环境问题。这些问题有其特殊性和规律性，归结起来都是生态影响因素，或最终表现为系统性的、综合的生态环境问题，或延伸至对所在区域自然生态保护、农业生态保护乃至城市生态保护的多个环节和方面的影响。

矿山的地域特征总体上是连片的面状或串珠状的范围，"面"是矿山各因子紧凑布局组成的整体矿山设施，"珠"是采场、排土场、尾矿库、选矿厂等设施，"线"是铁路、公路、胶带和各类管线。矿山开发前后的空间变化是"斗转星移"，露天采场的高山经深凹开采为深谷洼地，地下采场形成地下空洞或地表塌陷区，排土排岩场、尾矿库则是将山谷、平原变为山峰。矿山开发前后不仅是植被与土壤等表征因素的变化及人工生态对自然生态的简单替代，而且矿区地质环境、水资源条件、生态系统的完整性和生态体系结构也随之发生了整体性变化。这些变化作为一种形态单独存在，同时又相互关联，总体而言具有综合性、区域性的特点。

综上所述，矿山环境影响的类型纷繁驳杂，成因也包含多个方面，但其影响的最终后果均表现为生态后果和区域性、系统性的影响。

3.1.3.2　矿区开发环境影响评价因子

在矿区开发环境影响识别基础上，确定环境影响评价的重点内容和评价因子见表3-2。

表3-2　环境影响评价重点内容与评价因子

环境、资源、社会要素		评价重点内容	重点评价对象
环境质量	地表水	地表水环境容量、地表水水质变化、对地表水环境敏感点影响分析；废水污染控制方案与废水回用途径	杨柳河、南沙河、汤河
	地下水	固体堆存对地下水水质影响；地下水资源利用情况及承载力、矿区井下疏排水对地下含水层的影响；地下水污染控制方案	规划区域地下水水质
	环境空气	环境空气质量变化情况，大气环境容量、对大气功能区和敏感点的影响，矿区、选矿厂及尾矿库废气污染控制方案	矿山采选项目粉尘、SO_2排放，尾矿库扬尘
	环境噪声	厂界噪声、交通线路边界噪声控制方案	厂界噪声、环境噪声
	固体废物	固废处置方式、资源化综合利用途径、环境影响分析；固体废物堆存污染控制方案	土岩剥离物、废石、尾矿库等
	生态环境	规划实施对土地利用影响、生态系统演替及影响、水土流失影响、生态环境敏感区影响、景观生态影响分析、生态环境承载力分析、生态环境保护与综合整治方案	耕地、水土流失、生态足迹、生态承载力
资源	矿产资源	铁矿资源适度合理开发及可持续利用	铁矿及伴生资源
	土地资源	土地资源可持续利用、土地资源承载力分析、规划实施对土地资源的影响	耕地数量，土地生产力
	水资源	铁矿开采沉陷对水资源的破坏，水资源可持续利用、水资源承载力分析、水资源开发和保护方案	规划区地下水资源及杨柳河、南沙河、汤河等地表水资源
社会发展	经济总量	规划实施对当地经济总量的贡献	规划实施的环境代价、居民生活质量保障
	经济结构	产业结构比重变化	
	经济增长	规划实施对GDP增长率的贡献	
	经济效益	规划实施的经济效益、税收贡献	
	环境效益	规划实施的环境代价	
	劳动就业	规划实施提供的劳动岗位，对社会就业率的影响	
	清洁生产	万元GDP能耗、水耗、矿产资源消耗变化。废水排放达标率、废气排放达标率、厂界噪声达标率；废水回用率、固废综合利用率	

3.1.4　矿区开发环境影响识别矩阵分析

结合矿区规划、矿区开发环境影响回顾性评价、矿区污染源及生态影响分析和矿区发展环境限制因子分析，运用矩阵法对矿区规划主要行为活动对环境的影响识别结果见表3-3。

表 3 - 3　鞍钢老区铁矿矿山规划项目环境影响因素识别分析

	影响因子	铁矿开采	选矿	交通运输	固废堆存
自然环境	地形地貌	-2L	-1L		-2L
	大气环境	-1L	-1L	-3L	-2L
	地下水环境	-2L			-1L
	地表水环境	-1L	-1L		-1L
	声环境	-1L	-2L	-3L	-1L
生态环境	地表植被	-2L			-2L
	水土流失	-2S		-1S	-1L
	土壤	-1L			-1L
	动物	-1L		-2L	
社会经济环境	产业结构	+1L	+1L		
	工业发展	+3L	+2L		
	农业发展	-1L	-1L	-1L	-2L
	基础建设	+2L	+1L	+1L	
	供水	+1L	+1L		
	供电	+1L	+1L		
	移民搬迁	-1L	-1L	-1L	
	居民收入	+2L	+1L		

注：+表示有利影响；-表示不利影响；S表示短期影响；L表示长期影响；1、2、3分别表示影响程度轻微、中等、较大。

3.1.5　矿区规划环境目标与评价指标

矿区规划环境影响评价是一项十分复杂的工作，需要大量定性和定量指标加以描述和评价，需要构建矿区评价指标体系。通过评价区域环境现状、主要环境问题、矿区发展的资源要素限制因素和环境影响评价因子分析，运用系统的思想，采用层次分析法，将矿区分为自然环境、社会环境和经济环境三方面，构建矿区规划评价指标体系。具体见表 3 - 4。

表 3 - 4　规划项目环境影响评价指标

环境主题		环境目标	评价指标		指标类型
自然资源	资源	合理开发利用铁矿资源，节约资源和能源	资源能源利用指标	铁矿资源回采率（%）	L
				铁矿资源贫化率（%）	L
				采矿强度（t/（m² · a））	L
				选矿金属回收率（%）	L
				采矿电耗（kW · h/t）	L
				选矿电耗（kW · h/t）	L
				金属回收率（%）	L
				选矿水耗（m³/t）	L
			采选矿工艺	采矿方法	M
				选矿方法	M
			回收与综合利用指标	废石综合利用率（%）	L
				尾矿综合利用率（%）	L
				选矿工业水重复利用率（%）	L
				尾矿处置方案	M
				矿井涌水回用率（%）	L
				废污水利用率（%）	L

环境主题		环境目标	评价指标		指标类型
自然资源	环境要素	避免或减轻矿区开发活动产生的各种污染影响	大气污染指标	达标排放率（%）	L
			水污染指标	选厂废水产生量（m³/t）	L
				选厂悬浮物（kg/t）	L
				选厂化学需氧量（kg/t）	L
				达标排放率（%）	L
			固体废物处置指标	尾矿处置处理率（%）	L
				废石处置率（%）	L
			噪声环境影响指标	满足声环境功能区要求	L
		避免或减轻矿区开发活动产生的生态破坏	破坏指标	水土流失率（%）	L
			生态保护与生态恢复指标	恢复后植被覆盖率（%）	L
				土地复垦率（%）	L
				生态系统功能变化趋势	M
				生态系统整体性及功能变化趋势	M
经济、社会环境		促进区域经济、社会可持续发展	社会发展指标	规划区域城镇化率（%）	L
				搬迁居民生活质量	M
			资源环境代价指标	单位产值水耗（m³/万元）	L
				万元产值能耗（t标煤/万元）	L
			经济发展指标	工业总产值占地区国民生产总值的比例（%）	L
				税收增加值（万元）	L

注：L—定量描述，M—定性描述。

3.2 重点要素环境影响预测与评价研究

3.2.1 生态环境影响预测与评价研究

生态环境影响评价切合生态环境现状调查进行，区域评价范围同现状评价范围，重点评价范围为矿区及矿山开发直接影响区域，即矿区边界外延 500m 范围。

通过建立生态环境影响因素识别矩阵和分析规划建设的两期情景，对生态环境影响因素和建设项目范围进行叠加分析，获取项目生态环境影响预测与评价。

3.2.1.1 生态环境影响预测内容与规划情景划分

A　规划情景划分

根据项目建设规划，2010～2015 年是鞍钢铁矿山建设最集中的阶段，建设的项目为弓长岭露天矿、弓长岭井下矿、眼前山铁矿、大孤山铁矿、东鞍山铁矿、齐大山铁矿、鞍千矿业铁矿的改扩建；建设关宝山铁矿采选工程；对风水沟尾矿库和大孤山球团厂尾矿库进行扩容改造，同时对 2015 年之后进行西鞍山采选、黑石砬子采选等后续矿山建设项目开展前期工作，完成征地动迁。2015～2020 年建设项目包括张家湾铁矿建设、谷首峪铁矿建设、西鞍山铁矿及选厂建设、黑石砬子铁矿及选厂建设。因此，项目生态环境影响分为两个情景：前期建设情景和完全建设情景。

B　生态环境影响预测内容

基于评价区现状调查的要素种类及受规划项目建设影响的内容，本次评价对景观格

局、地形地貌、土地利用、动植物资源、土壤环境和土壤侵蚀、生态敏感区的影响等内容
进行分析。

3.2.1.2 景观格局影响分析

A 评价区景观格局影响分析

评价区域景观格局图见彩图 3-1。

根据评价区景观格局及敏感区的分布初步分析，总体上评价区景观格局以规划项目建
设的区域为中线分为两大部分，该线西北部分为平原地貌，生态系统以人类活动强烈的农
田生态系统和城镇生态系统为主，而该线东南部则为有林地和灌木林为主的森林生态系统
及灌草地生态系统等。随着规划项目建设的推进，评价区内矿山及其附属设施、尾矿库、
选厂等景观类型将连为一体，部分阻隔了评价区两部分生态系统景观的连通性。

B 区域生态完整性影响分析

生态完整性评价采用景观指数法，利用多样性、破碎度等指标，分别预测前期建设情
境下生态景观现状和完全建设情景下生态景观预测影响，见彩图 3-2，彩图 3-3。

根据规划内容分析计算，前期预测情景下的规划项目主要集中于项目所在矿区的生产
场地和已完成土地置换的部分新建设施用地，与现状用地景观格局变化差异很小，完全建
设情景下有若干个规划项目的集中建设对景观改变较大。现状情景、完全建设情景下景观
指数变化对比见表 3-5。

表 3-5 景观指数变化矩阵

现状景观指数

项 目	森林景观	灌草景观	农业景观	工矿景观	居住景观	水体景观	其他景观
景观形状指数（LSI）	24.72	32.55	36.55	6.65	17.59	9.16	6.21
斑块聚集指数（COHESION）	99.72	97.27	99.55	98.91	98.40	97.91	96.84
有效网格大小（MESH）	4165.43	22.69	2972.10	64.75	269.74	5.20	0.39
破碎度（SPLIT）	35.63	6542.31	49.94	2292.09	550.23	28519	377301
斑块密度（PD）	0.05	0.17	0.08	0.01	0.17	0.02	0.01
最大斑块指数（LPI）	11.69	0.55	12.61	1.71	4.11	0.48	0.14
分布交叉指数（IJI）	48.88	63.01	67.60	80.79	45.54	81.03	61.38

完全建设情景景观指数

项 目	森林景观	灌草景观	农业景观	工矿景观	居住景观	水体景观	其他景观
景观形状指数（LSI）	24.60	32.21	35.99	8.81	17.47	8.59	6.22
斑块聚集指数（COHESION）	99.70	97.12	99.55	99.23	98.41	97.44	96.85
有效网格大小（MESH）	3660.76	20.37	2938.93	174.81	269.64	2.63	0.39
破碎度（SPLIT）	40.58	7292.59	50.54	550.86	56483.98	378562.3	849.70
斑块密度（PD）	0.07	0.18	0.11	0.02	0.17	0.02	0.01
最大斑块指数（LPI）	10.54	0.55	12.52	2.27	4.11	0.27	0.14
分布交叉指数（IJI）	53.52	64.04	70.31	78.43	46.74	86.28	61.26

由表 3-5 可以看出，随着规划项目的建设，评价区景观发生较大变化，显著特点即

是工矿景观面积的大幅增加和斑块面积的增加，也就是工矿景观连接成片。由于各个矿区连接成片，工矿景观的破碎度指数大大减小，由现状的2292.09减小为550.86。

3.2.1.3 地形地貌影响

根据项目建设内容，随着建设项目的逐步开展，评价区地形地貌将产生巨大的改变，主要体现在四个方面：（1）低缓丘陵转变为陡深采坑；（2）谷地将变为高陡的排土场或复垦林地；（3）谷地变为尾矿库；（4）自然地表变为规整的建筑场地。其中，大孤山二期扩建、东鞍山二期扩建是在已有遭到破坏的地形地貌基础上进行的，原有地形地貌已经破坏殆尽；而新建西鞍山铁矿采用主胶带斜井—副竖井与斜坡道联合开拓方式，矿体开采采用胶结充填采矿方法，阶段高度120m，因此其对地形地貌的影响程度较小。

规划矿山各类设施用地变化统计见表3-6~表3-9。

表3-6 矿山采场地形地貌变化统计表

建 设 矿 山	变化面积/m²	露天底标高/m
独木采区	890935	-56
齐大山铁矿二期扩建工程	955000	-270
鞍千矿业（胡家庙子）铁矿二期开采工程（许东沟采区）	2720800	-240
鞍千矿业（胡家庙子）铁矿二期开采工程（哑巴岭采区）	721820	-276
鞍千西大背采区工程	640500	-48，高差变化为253
砬子山铁矿建设工程	1913961	48
关宝山铁矿建设工程	390000	-28

表3-7 排土场地形地貌变化统计表

建设排土场	变化面积/m²	高程/m
齐大山排土场扩建	3416800	215
月明山铁路排土场	4712300	215
山南铁路排土场	2611270	145
鞍千西大背排土场	1780800	220，增高100
眼前山铁矿铁路排土场	3139000	210
棋盘岭排土场西扩	842535	增高125

表3-8 选厂等场地地形地貌变化统计表

建设选厂	变化面积/m²	地貌变化
关宝山选厂建设	240000	自然地表形态转变为平整的建筑场地与构筑物
西鞍山选厂	1447655	
黑石砬子选厂	532600	

表3-9 尾矿库地形地貌变化统计表

尾矿库建设项目	变化面积/m²	标高/m	备 注
风水沟尾矿库扩容	2049000	200	山坡转变为水域或干滩，变化面积为：9.877 km²，现状面积：7.828 km²
大孤山球团厂尾矿库扩容	356239	180	原有尾矿坝增高
远期金家岭尾矿库建设	6902528	175（215）	自然山坡转变为岩土大坝，山谷地形变为水域或干滩

通过以上表格统计，可以看到随着规划项目的实施，在项目建设位置地形地貌发生巨大的变化。但是，本次生态评价范围内已有工程对其区域内地表、地形地貌及生态环境形成了较大程度的改变，而且由于各个建设项目的规模有限，改变的地形区域面积较小，规划项目的实施并不会改变目前评价区内整体地形地貌的格局。

3.2.1.4 土地利用的影响

通过叠加各种情景下的土地占用的量和空间位置，利用 GIS 叠加按照土地利用的现状图层，得出两个情景下土地资源、土地利用的影响，进而做出结论。

A 前期建设情景下土地利用影响预测

前期建设情景下，评价区土地利用占用见彩图 3-4。

根据规划项目内容给出的前期建设情景，有两处尾矿库需要扩容，分别是风水沟尾矿库扩容和大孤山球团厂尾矿库扩容改造。利用两个尾矿库现状的土地利用现状分别叠加矿区的边界和征地的区域边界，从中剔除目前尾矿库的现状面积，得出尾矿库扩容建设对土地利用的影响类型分布及其面积。尾矿库扩容征地占用了 169143m² 的旱地，林地面积 1184015m²；而矿区内扩容占用 1114616m² 的旱地，5132855m² 的林地。可以看到，尾矿库扩容对土地利用的影响主要是造成了约 6.31km² 的以人工次生林为主的林地和约 1.3km² 的旱地，其他少部分占用的用地类型是矿区内部的工矿用地。

2010 年至 2015 年前期建设情景下采场建设项目有：砬子山采场，西大背采场，独木采区外扩，何家采区延续开采，眼前山铁矿露天转井下开采，大孤山铁矿二期扩建，东鞍山铁矿二期扩建，齐大山铁矿二期扩建，鞍千矿业（胡家庙）铁矿二期扩建，关宝山铁矿建设等。

选矿厂建设有：关宝山选矿厂建设。

排土场建设及扩容有：新建西大背采场排土场和砬子山采场排土场等。

同样利用如上方法，得出采场建设占用的土地利用类型和选矿厂建设占用的土地利用类型及排土场建设占用的土地利用类型（表 3-10）。

表 3-10 前期建设情景下的土地利用类型变换矩阵　　　　　　　（m²）

用地类型代码	用地类型	采场	排土场	尾矿库	选矿厂
3	草地				
11	水田				
12	旱地	2895801	1993922	1283759	182496
21	有林地	3861613	6762613	4039290	57302
22	灌木林地	1385115	1742355	2277579	
23	其他林地				
41	河流水面				
43	坑塘水面				
46	滩地				
51	城镇用地				
52	农村居住用地	563792	210621		
53	独立工矿用地	328782	127147		

可以看到，2010~2015年前期建设情景下，规划项目占用的土地利用类型主要为旱地、有林地、灌木林地、农村居住用地以及已有的工矿用地。可以认为，前期规划建设情景下，规划项目实施一定程度上影响了评价区的土地利用，尤其是局部区域，影响程度更甚，部分旱地、有林地、灌木林地及农村居住用地类型转变为工矿用地类型。但对于整体评价区域，土地利用类型的转变只占评价区内各土地利用类型较小比例（图3-5），规划项目的实施不会对评价区内土地利用类型的格局及形态等产生根本性的影响。

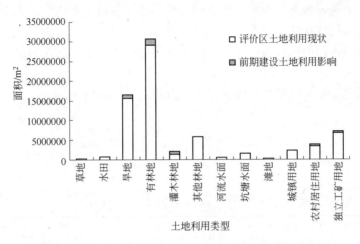

图3-5　前期规划情景下土地利用影响预测

B 完全建设情景下土地利用影响预测

规划实施后完全建设情景下，评价区土地利用占用见彩图3-6。利用上述同样方法，将建土地利用类型现状叠加完全建设情景下的项目边界，并减去项目已有的占地利用类型，则得到完全建设情景的用地类型变换矩阵，见表3-11。

表3-11　完全建设情景下远期规划项目土地利用类型变换矩阵　　　　（m²）

用地类型代码	用地类型	排土场	采场	尾矿库	选厂建设等
3	草地				
11	水田				
12	旱地	1993922	1205465	1433066	1029351
21	有林地	6762613	181058	4606979	577058
22	灌木林地	1742355	1658555	576500	
23	其他林地				
41	河流水面				
43	坑塘水面				
46	滩地				
51	城镇用地				
52	农村居住用地	210621	225617	113756	343491
53	独立工矿用地	127147	53486	166537	28757

根据鞍钢矿山规划项目申请核准报告，2015～2020 年建设项目包括张家湾铁矿建设、谷首峪铁矿建设、西鞍山铁矿及选厂建设、黑石碇子铁矿及选厂建设。而且，根据发展远景，考虑建设金家岭尾矿库作为尾矿库服务期满后齐矿选矿分厂、齐大山选矿厂、鞍千选矿厂、关宝山选矿厂四选矿厂尾矿排放，因此，本次评价将金家岭尾矿库建设也作为完全建设情景的部分内容。

同上，占地类型分为采场占地、排土场占地、尾矿库占地和选矿厂占地四类，在完全建设情景下，排土场占地类型为零。与前期建设情景下占地类型相似，完全情景下规划项目建设占用土地利用现状的类型主要为旱地、有林地、灌木林地、农村居住用地以及部分工矿用地，其中，占用面积最大的为人工次生林为主的有林地，其次是旱地，再次为灌木林地。

规划实施后完全建设情景下，评价区土地利用占用图见图 3-7。

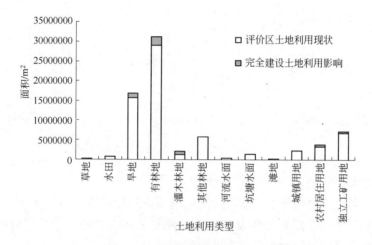

图 3-7　完全建设情景下的土地利用影响预测

图 3-7 是综合考虑两种情景下规划项目的土地利用影响程度叠加规划实施对土地利用的影响预测。从图中可以看到，规划的实施和项目的建设将使矿山开发区域内土地利用结构发生改变，占地区域内现有土地利用类型变为工矿用地，项目建设区域内工矿用地增加，且连接成片，故规划的实施对项目区内土地利用结构发生了改变。但是从项目建设所在地的评价区整体范围看，建设区域内土地利用结构的改变不会对评价区整体区域的土地利用结构和功能产生较大影响。

3.2.1.5　水土流失影响分析

同上所述类似，预测规划实施对土壤侵蚀的影响同样分为前期建设情景和完全建设情景两种情景。根据评价区内水土流失的强烈现状，在不考虑排土场等的绿化复垦情况下，前期建设情景下水土流失影响预测见彩图 3-8。完全建设情景下水土流失影响预测见彩图 3-9。

露天矿山开采工程建设中的采场开挖、排土场堆积是影响评价区水土流失的最重要两个方面，尽管尾矿库的干滩存在一定程度的土壤风蚀现象，其量值远小于排土场边坡及采场边坡的水土流失。另外，考虑到现状评价中各个采场及排土场中度侵蚀的水土流失强烈占据绝大多数。评价依据此进行规划实施后的水土流失强度预测，结果见表 3-12。

表 3 − 12 评价区水土流失强度统计表

侵蚀程度	侵蚀模数范围/t·km^{-2}·a^{-1}	现状面积/km^2	计算侵蚀模数/t·km^{-2}·a^{-1}	前期建设情景增加面积/km^2	完全建设情景增加面积/km^2
微度侵蚀	0 ~ 500	492.6	200	0.23	2.23
轻度侵蚀	500 ~ 2500	125.7			
中度侵蚀	2500 ~ 5000	53.4	2607	7.2	7.2
强烈侵蚀	5000 ~ 8000	7.9	6753	9	12.3
极强烈侵蚀	8000 ~ 15000	1.1			
剧烈侵蚀	>15000	0.09	18018	3.6	3.6

由上表计算，前期建设情景下，由于各项目建设，水土流失量增加 144458t/a；而完全建设情景下，水土流失量增加 167143t/a。可以看到，在没有绿化复垦的情况下，规划项目实施将大大增加评价区内水土流失的强度和水土流失量。

3.2.1.6 土壤环境影响分析

通过本次生态环境影响现状评价的土壤环境调查来看，经过过去几十年的矿山开发，评价区内除个别地点外，绝大部分区域的土壤质量现状满足《土壤环境质量标准》（GB 15618—1995）中的二级标准要求，说明规划区内土壤环境质量状况较好，该区域土壤可满足Ⅱ类土壤的功能要求。而且，评价区内河段底泥中重金属含量均远低于《土壤环境质量标准》（GB 15618—1995）中的三级标准和《农用污泥中污染物控制标准》（GB 4284—1984）的标准限值，未出现重金属超标的现象。在严格按照国家相关排放标准排放的前提下，规划项目对评价区内的土壤环境质量不会产生较大的影响。

3.2.1.7 植物资源的影响

由于鞍钢矿山开发历时久，生态复垦措施针对大量历史形成的排土场、尾矿库进行，在统计前期建设情景和全部建设情景的植被资源变化时，暂不考虑复垦措施的情景，进行保守的统计。前期建设情景下和完全建设情景下对植被资源的影响情况见彩图 3 − 10、彩图 3 − 11。

此外，从遥感影像图中可以看出，经过多年来鞍钢集团在该区域的矿山开发建设活动，区域内工矿扰动已形成并处于相对稳定状态，其对周围生态环境的扰动也已形成。

根据本区主要植被类型的平均生物量进行估算，得出前期建设和完全建设两种情景下的植被生物量损失，结果见表 3 − 13，表 3 − 14。

表 3 − 13 前期建设情景下生物量损失

植被类型	面积/hm^2	平均生物量/t·hm^{-2}	生物量损失/t
油松林、蒙古栎	14700	49.75	731325
榛子、酸枣灌丛	5400	13.5	72900
玉米、高粱	6400	5.9	37760
合 计	26500		841985

表 3 - 14 完全建设情景下生物量损失

植被类型	面积/hm²	平均生物量/t·hm⁻²	生物量损失/t
油松林、蒙古栎	20100	49.75	999975
榛子、酸枣灌丛	7600	13.5	102600
玉米、高粱	10100	5.9	59590
合　计	37800		1162165

根据规划项目核准申请报告，前期建设情景下会减少约 6.4km² 的农田植被生物量，14.7km² 的油松林和蒙古栎为主的乔木林生物量和 5.4km² 的以榛子、酸枣为主的灌木林生物量；完全建设情景下减少量分别为 10.1、20.1、7.6km²。由此可看出，规划实施后的完全建设情景，区内植被面积和生物量均有所减少，必须要通过对以往服役期满的排土场、尾矿库等的生态复垦置换，才能保持和扩大评价区内植被生物量的水平。

3.2.1.8 动物资源影响

矿山开采破坏了动物的生境，选矿生产过程中产生的爆破声响以及机械设备连续作业时的噪声对野生动物生存也产生一定的影响。但从规划项目所在区域的生态系统和整体环境来看，基本上属于人工干扰长期干扰后形成的环境，已经不再适合作为野生动物的生境，而且随着规划项目的实施，区域将形成大面积的工矿景观，对区域外的野生动物不会产生影响。随着矿山服役期满，矿山复垦绿化力度的加大和排土场复垦及绿化的比例增加，区域内野生动物生境将逐步恢复，部分野生动物能够在区域内生存。

3.2.1.9 对生态敏感区的影响

针对各个生态敏感区的类型及特征、保护要求，对规划项目的空间分布和各生态敏感区进行空间叠加分析和缓冲区分析、可视性分析、水文分析等，分析各个前期建设规划情景和完全建设规划情景对各个生态敏感区的影响。

A　生态敏感区影响源初步分析

a　前期建设情景下生态敏感区空间叠加分析

前期建设情景下对各个生态敏感区的空间叠加分析见彩图 3 - 12。

从图中可以看出，在前期建设情景下，规划建设的项目中一处工程项目（大孤山球团厂尾矿库扩容工程）直接涉及千山风景区及其核心区域，因此本规划环评建议对该规划项目应进行严格的生态与环境评价，评估其对千山风景区这一生态敏感区的生态与环境影响的大小。除此之外，在前期建设情景下的规划项目基本没有涉及各个敏感区的范围，对各个敏感区的影响程度小。

b　完全建设情景下生态敏感区空间叠加分析

完全建设情景下对各个生态敏感区的空间叠加分析见彩图 3 - 13。

完全建设情景下，改扩建规划项目除了前期规划建设的大孤山球团厂尾矿库扩容工程涉及千山风景区外，还有新建西鞍山铁矿工程部分涉及西鞍山地貌环境敏感区的范围。

汤河水库、鞍山市城市规划区位于评价范围之外，汤河水源保护区、鞍山市集中供水水源保护区是与本评价相关的重要生态敏感区。

B　西鞍山铁矿项目对西鞍山景观保护的影响

a　西鞍山铁矿开发的限制性要素及规划方案

根据《鞍山市矿产资源总体规划》，西鞍山铁矿位于鞍本辽铁矿限制开采规划区和鞍山市矿产资源限制开采规划区的"限制开采区"内，在限制开采区内主要目标是："控制矿山最低开采（建设）规模，坚持开采规模与资源规模相适应……"。

西鞍山铁矿项目作为远期后备矿山，规划前已经过初步整合，在西鞍山铁矿开发整合区内，探明资源储量17.2亿吨，原有持证矿山4家，采矿权转让整合为鞍钢集团1个采矿权。完全满足矿产资源开采准备条件。

鉴于之前西鞍山无序开采中存在的问题及保持鞍山市标志性地貌景观西鞍山地貌的需要，鞍山市人大经过讨论提出了西鞍山铁矿近期不进行开采的提案，在规划环评阶段鞍山市相关部门也提出了相应意见。经过认真调查协商，鞍山市政府同意西鞍山采选项目近期办理矿权、土地等有关手续，远期进行保护性开采。

b　西鞍山采选工程规划设计期环境保护要求

作为鞍山市典型具有历史意义的地表性地貌区，虽然鞍山市政府等各个部门都对该区域进行了严格的政策性保护，但是目前西鞍山区域的地貌环境恢复还缺少大量资金的支持，且该区域蕴藏丰富的铁矿资源，临时的政策性保护对该地区地貌的保护不是根本性的解决方案。整合前粗放手段采矿的盗采矿石和破坏环境现象防不胜防，整合后也亟待对开发秩序进行规范。

因此，西鞍山地貌保护的根本方案是通过对西鞍山铁矿石资源的保护性开发，通过先进的地下开采方式和回填技术，一方面将使该区域的铁矿石资源得以开发，创造社会财富，另一方面，资源的开发将能够确保该区域地貌环境保护资金的获取，改善当前西鞍山地区环境保护与矿产开采的矛盾。同时，将该矿区作为生态环境恢复的优先对象，复垦和绿化措施将在铁矿生产过程中得以实现。基于上述考虑，完全建设情景下采用地采和回填技术的新建西鞍山铁矿工程不会对西鞍山地貌保护区产生较大影响。

C　规划项目对千山风景区的影响分析

a　千山风景区自然生态概况

千山风景名胜区位于辽宁省中部、鞍山市东南近郊，西距鞍山市中心17km，北距辽阳30km，保护区界限总面积125km²，辖区面积72km²，其中核心景区面积44km²。千山风景名胜区的主要景点集中分布在"核心景区"之内。

千山风景名胜区为"园林寺庙山岳型风景名胜区"。1982年被列入首批国家重点风景名胜区；2002年被评为国家AAAA级旅游区；2006年被评为全国文明风景游览区。建设部［90］建城字第502号文件关于《千山风景名胜区总体规划》批复意见中，将千山风景名胜区定义为："千山风景名胜区是以奇峰、峭石、古松和寺庙建筑景观为主要特色，供游览观光、度假休养和开展科学文化活动的山岳型国家级风景名胜区"。

千山处于燕山期侵入花岗岩体剥蚀低山——丘陵地貌，山峰陡峭，地形比高差较大，在2km地形面上，高低差300~480m。地表水径流条件较好，几百条沟岔形成14条小溪。地下水露头70余处，在标高200m以下丘陵地貌内，井泉常年存水。千山是南沙河和杨柳河的源头。

千山属于温带季风气候，夏季最高温度为36℃（略低于鞍山市区），冬季最低温度为零下34.4℃，年平均温度为8.7℃。无霜期为154d，年平均降雨量为729.5mm，其中在4月至10月降水量达626mm，占全年降水量89.46%。

千山森林资源丰富，种类繁多。仅风景名胜区内，拥有植物106科，426属，862种，其中，蕨类植物13科，17属，24种；种子类植物93科，409属，838种。

千山风景名胜区植被覆盖率高，特别是树木植被覆盖率高达95%以上。在树木植被中，油松、栎占主要成分，其中油松约占整个树木植被的40%以上。

千山果类资源丰富。千山素有梨乡之称，为辽宁三大梨乡之一。现有梨树25万株，历史上最高产量94.1×10⁴kg。在自然植被中，野生果类资源也比较丰富，有木天蓼（葛枣）、猕猴桃、山葡萄、山里红、樱桃、山核桃、山梨等。

野生动物资源也较丰富。据历史文献记述，清代中期以前，千山有虎、豹、熊、鹿等大型动物，成为辽南大型野生动物比较集中的地区。中华人民共和国成立时，千山尚有野猪、狍子、狼等几种大型动物，现在千山仅有狐狸、獾子、貉、豹猫、黄鼬、刺猬、松鼠、山兔等。鸟类有黑鹳、金雕鸢、鸥鸮、红尾伯劳、灰头鸦、齿胸鸦、山鹪鸰颈雉、斑啄木鸟、三宝鸟、灰喜鹊等。两栖动物和爬行动物中国林蛙、东方蛤蟆、东北小鲵、大蟾蜍、棕黑锦蛇等。

千山风景名胜区核心景区内的风景资源基本上分为自然资源和人文资源两大种类。自然资源以山峰为主要成分，包括峭石、古洞、名泉、古井、古树、名木等。人文资源主要以庙宇为主要成分，包括塔、亭、摩崖等古迹。自然资源是千山主要景观，触目皆是，而人文景观布入其中，形成了千山风景名胜区旅游资源的特点。

千山风景名胜区核心景区内有景点300余处，按自然地形分为北部、中部、西部和南部4个景区。北部景区主要有五佛顶、无量观、龙泉寺和南泉庵；中部景点主要有中会寺、五龙宫；西部主要有太和宫、斗姆宫；南部景点主要有香岩寺、仙人台。

五佛顶位于千山北麓西海北山，为千山风景名胜区核心景区内北部最高峰，海拔554.1m。峰顶峻而平，南北长20余米，东西15m，两端窄，呈枣核状。

b 千山风景区与本规划项目位置关系

本规划鞍山矿区的大孤山矿区尾矿库、排土场等与千山风景区相邻。

《千山风景名胜区总体规划（1986～2010）》经建设部文件［90］建城字502号批复，将千山风景名胜区定义为："千山风景名胜区是以奇峰、峭石、古松和寺庙建筑景观为主要特色，供游览观光、度假休养和开展科学文化活动的山岳型国家级风景名胜区"。确定了千山风景名胜区的范围为72km²，规定了四至边界，按此范围标界立碑，加强管理；风景名胜区外围保护地带范围53km²，在此范围要加强环境保护，维护生态平衡。保护分区分为一级、二级、三级、四级。

建设部［90］建城字第502号文件对千山风景区四至范围进行了初步界定，其北界为：风景名胜区边界，"千山温泉–宁家峪–鞍钢生活管理处农场"；外围保护地带，"北沟–蓑衣沟–160.2峰–尾矿坝（即大孤山尾矿库坝址）"。

从以上边界划分可看出，千山风景名胜区界限和保护地带范围是根据山体走向及地物初步确定的范围。名胜区界限与矿山不相邻，不相接，其保护地带与矿山相邻的部位是大孤山尾矿库。

由于时代背景与技术手段等方面的限制，该规划确定的现状风景区的边界界定不够精确。从规划给出的风景区范围和保护地带的四至划分可以确定：风景区范围、保护地带范围和现状鞍山矿区范围相邻，不存在布局矛盾。

2010 年编制完成了《辽宁省鞍山市千山风景名胜区总体规划（2009～2020）》，对风景名胜区范围和保护地带范围做了明确的划分，该规划正在报批中。

鞍钢集团与千山风景区管委会经过协商，本着社会经济环境协调发展的精神，确定本规划大孤山尾矿库扩容项目内容与修编的风景区总体规划内容相协调，明确了边界划分不冲突原则及大孤山尾矿库建设必须考虑千山风景区生态保护要求的原则。

经初步协调本规划范围与风景区位置关系，大孤山扩容工程范围最南端与风景区相邻，为澄清区水面，工程两侧排土场与风景区保护地带较近或毗邻。扩容工程同时征得千山风景区管委会复函同意。

c　千山风景区生态环境影响回顾

千山是鞍山市生态屏障和重要的自然生态环节。千山风景区既是千山优良自然环境、环境质量的代表性因子，也是丰富的物种资源库。近年来，千山风景名胜区在区域生态系统中的作用日益受到重视，相关部门对其旅游、物种资源开发利用的同时也在不断加强保护力度，促进其可持续发展。

根据相关调查研究资料，千山风景名胜区生态环境近年来也部分呈现逐步退化的趋势，表现为以水资源条件改变为主的因素带来生态退化的趋势，具体表征是：持续出现部分松树枯死、地下水位下降、古泉断流的现象，旅游等人为活动加剧对野生动物栖息地及物种资源的不利影响等。针对此类环境问题采取的措施有：实施引水入千工程；名树古树保护；植树造林；防止水土流失；改造排污设施。

另外，风景区外围持续多年矿山开发，历史形成大面积的生态破坏和水土流失等环境问题，已成为与风景区保护密切相关的不协调因素，具体表现在：

大孤山、眼前山等铁矿山露天开采的裸露面和尾矿库干滩、未复垦的排土场裸露面，对千山风景区的系列景观资源环境有影响；铁矿抽采矿坑涌水，加剧了区域地下水位下降，导致部分地面植被枯萎，也影响到景区物种资源；矿山尾矿库、排土场粉尘，对风景区环境空气质量和生态环境也产生不利影响。

与风景区邻近铁矿山现存环境问题相比，千山风景区近年调查监测也反映出大孤山尾矿库水面对千山风景区生态具有重要作用。邻近尾矿库水面的风景区山体植被长势良好，生物多样性丰富；尾矿库对恢复相邻风景区一侧地下水位具有重要作用，邻近尾矿库一侧地下水位下降不明显。

因此矿山方面在积极治理环境污染、生态破坏，做好对风景区保护的同时，需要统筹考虑保持邻近风景区一侧地下水的补给和生态复垦治理、协调景观资源。

d　本规划大孤山尾矿库扩容等项目建设对千山风景区的影响分析

本规划项目与风景区位置关系最为密切的项目为大孤山尾矿库，扩容后水面将与风景区毗邻；此外大孤山露天采场、排土场也与风景区相距较近；除大孤山尾矿库及大孤山铁矿山、排土场外，其他规划项目相距均在 3km 以上，与千山风景区的影响主要限于景观影响类型。

结合上述调查分析，规划项目对千山风景区生态环境的影响包括下列几个方面：（1）景观环境影响。主要表现为与五佛顶景区系列景观资源不够协调一致的问题，规划鞍山矿区的多个项目内容存在此类影响。（2）粉尘排放影响。基于千山风景区执行环境空气质量一级标准，属接纳粉尘排放的敏感区，粉尘排放影响不容忽视。（3）抽采地下水。突出表现为大孤山露天采场抽取矿坑涌水。

考虑到矿山开采对生态环境的影响区域主要集中在矿区征地范围内，建设扰动区域距离千山风景名胜区的距离较远，大孤山尾矿库、大孤山排土场、大孤山采场采用有效的生态复垦和粉尘控制措施后不会增加对景区环境空气质量的影响；加之景区内植被的屏蔽作用，故矿山在开发建设过程中不会对千山风景名胜区核心区内的动物资源产生影响；规划项目在开发过程中将会采取有针对性的生态复垦措施和防护措施，在排土场外、尾矿库外开展广泛绿化，在采场境界外100m范围内种植防护林带，开发建设过程中最大限度地控制了作业区域粉尘污染影响，规划项目建设运营不会对风景区、保护地带内的植被等资源造成破坏；大孤山铁矿抽采矿坑涌水的同时由于同时存在大孤山尾矿库的补给因素，可以缓解矿山开发对局部地下水位的影响，目前也在加强对景区地下水（包括温泉）开采的控制。

基于千山风景区生态保护的特殊性，项目环评阶段应与千山风景名胜区在具体措施层面予以协调一致。本规划层面对大孤山矿区、眼前山矿区、东鞍山矿区等在环境保护方面针对千山风景名胜区保护的对策措施主要包括：做好矿山生态复垦的要求，做好对粉尘排放控制的要求，具体内容见3.2.4节，4.4节，6.7节等。

e 规划项目对千山风景区景观影响的可视化情景分析

利用可视性计算分析前期建设情景和完全建设情景下，规划项目实施对千山风景区游览景观的影响。按照千山风景区北段最高峰的五佛顶位置为观察点位置，评价区的可视性计算结果如彩图3-14所示。自五佛顶观察的大孤山尾矿库及市区概貌见彩图3-15。

站在千山风景区内可以观察到本次评价区内的建设项目主要有关宝山采选厂工程、大孤山球团厂尾矿库扩容工程、大矿二期扩建工程等。但考虑到本区现有工程措施已经形成了规模宏大的景观，本次规划新建工程项目只是在已有人工景观基础上局部的改变，不会继续破坏景观的协调性。

从彩图3-15可以看出，立足千山之巅看到的大孤山尾矿库水面呈现为山体延伸部分，其景观流线、走向流畅，与风景区景观较为协调；千山山体与鞍山市区山丘遥相呼应，较为协调；突出显示的最近的荒丘景观是大孤山尾矿库西北侧、北侧排土场，同时也是尾矿坝外部基础的一部分，因还在使用，未进行绿化，与图片范围内山体-水面-植被景观因子组成的生态景观协调性较差，同时也是形成粉尘污染的因素。

D 规划项目对汤河水库影响分析

a 汤河水库空间地势水文分析

利用地势分析和水文计算分析规划建设项目对汤河水库生态敏感区的影响程度。分析结果如彩图3-16所示。

从彩图3-16可以看出，本次规划的所有项目所在区域均不在汤河水库的上游流域范围内，因此，从生态水文方面考虑，本次规划项目建设对汤河水库这一生态敏感点的影响极小。

b 汤河水库水源保护区影响分析

汤河水库水源保护区分为一级保护区、二级保护区。一级保护区基本为汤河水库水及其浸润面、直接汇水面积范围；二级保护区涵盖了与汤河水库可能产生水力联系的支流及上游生态环境。一、二级水源保护区的范围同以上水文地势分析结果相同，即针对汤河水库上游可能对水库水质产生影响的区域。

本次规划项目均不位于一、二级保护区及准保护区范围，二级保护区北边界与最近的弓长岭矿区大阳沟排土场相距3km，西南边界与千山风景区相接，西北边界与最近的谷首峪矿区相距5km。规划项目不向保护区范围排水或汇流，没有与水源保护区产生水力联系的途径，因此不会对汤河饮用水源保护区产生不利影响。

3.2.1.10 规划期满后对生态环境的影响与保护要求

矿山、排土场、尾矿库及其附属设施退役后，对生态环境的影响将持续一段时间，这些影响限定在一直存在的影响因素范围内，例如矿石开采、废石排放造成的地形地貌改变、水土流失等。

建议制定完善的生态恢复与复垦规划，对评价区内生产过程中逐步退役的采场、排土场、尾矿库及其他工业场地进行绿化和生态恢复，做到边开采边复垦。矿山退役后的矿区生态环境经过绿化、复垦后，将得到较大改观。

3.2.1.11 生态环境影响预测结论

A 土地利用影响结论

规划项目建设将使矿山开发、排土场堆积及场地建设区域内的土地利用发生改变，其他土地利用类型变为工矿用地，项目建设区域工矿用地大量增加，故规划实施造成了项目区内土地利用结构改变。但是从规划项目建设所在的评价区范围看，规划项目建设不会对评价区整体区域的土地利用结构和功能产生较大影响。

B 景观与地形地貌影响结论

规划项目的实施将极大地改变项目建设区的地形地貌特征，部分低丘变为陡深的采坑，而山间谷地变为高陡的排土场裸地。露采形成陡深的矿坑和高大的排土场，在局部范围内很大程度上改变了自然地形地貌的景观分布及其格局。尾矿库的建设改变小流域的地表水流通条件，形成集中的水域，在一定程度上改变局地小气候。

此外，采坑及排土场建设改变了山林绿地景观。

C 水土流失影响结论

矿山开采形成大量的表土裸露，排土场形成的大量松散固体物质堆积，极易造成土壤侵蚀范围及其强度的扩大化，在合理调整规划项目的生态优化措施及生产方式和实施复垦计划的条件下，可大大减少土壤侵蚀。

D 土壤环境影响结论

通过已有和目前土壤化学性状的调查评价结果，规划项目不会对大区域的土壤理化性状产生巨变，但针对重点区域，土壤理化性状的改变需要采取相应措施进行土壤的生态修复。在严格按照国家相关排放标准排放的前提下，规划项目对评价区内的土壤环境质量不会产生较大的影响。

E 植物资源的影响结论

露采及排土场、尾矿库建设均破坏已有的植被，但随着排土场复垦和绿化建设进度的推进，规划项目对植被的影响将会得到补偿和恢复。

F 动物资源影响结论

野生动物的影响是通过对其生境的影响而反映出来。野生动物的生境出现先破坏，后恢复的过程，因此，野生动物的影响也随着生境的变化而变化。

G 生态敏感区影响结论

近期建设大孤山尾矿库扩容项目与新规划千山风景区边界相邻，尾矿库水面对邻近一侧千山风景区的生态环境、地下水位恢复具有重要作用，规划项目建设要落实各项污染防治措施、生态治理措施以做好对风景区生态环境的保护。

规划项目实施后千山风景区可视化情景与现状差别不大，不会继续破坏景观的协调性。远期建设西鞍山铁矿采用地下开采充填工艺，不破坏西鞍山地表景观，满足保护鞍山城市景观要求。规划项目实施对汤河水库及鞍山市、辽阳市水源保护区无不利影响。

H 生态环境完整性影响结论

对土地利用/土地覆被、土壤侵蚀和理化性状及动植物和景观的影响体现了规划项目对自然生态系统的完整性的逆向干扰，随着这种逆向干扰的消失和正向干扰的强化，规划项目对自然生态系统完整性的影响日趋减弱。另外，规划项目对鞍山城市空间布局、社会经济结构、区域人文居住等方面的影响体现了社会生态系统完整性的干扰。规划项目的实施对社会生态系统的完整性同样存在逆向和正向的干扰，正向的干扰促进了鞍山市城市空间布局优化，社会经济、人文发展及自然生态的和谐，促使鞍山整体社会生态系统向可持续发展的方向。逆向干扰的出现将伴随规划项目的实施，社会经济结构、城市空间布局冲突，导致社会生态系统的不和谐，以及鞍山市社会发展的不可持续性。

鉴于规划项目对鞍山市社会生态系统影响的重要程度，有必要进一步深入开展规划项目与城市空间布局优化、经济结构调整等方面的研究，引导规划项目实施对社会生态系统的影响形成正向的干扰，实现鞍山市社会经济、人文景观及自然生态系统的和谐和可持续发展。

3.2.2 地下水环境影响预测与评价研究

3.2.2.1 地下水功能区、评价范围、保护目标与评价方法

A 地下水功能区划分

规划区由鞍山与弓长岭两个矿区组成，根据辽宁省第二水文队1998年编制的《辽宁省地下水资源区划报告》和鞍山市水资源管理办公室1999年编制完成的《鞍山市城郊水资源评价及开发利用对策研究报告》，以及《辽阳市水资源调查及开发利用对策研究》，规划区地域属辽东"低山丘陵混合岩裂隙水贫水亚区"，为分散用水取水区。

B 评价范围与保护目标

本项目评价范围包括规划范围内的鞍山与弓长岭两个规划矿区，地下水评价总面积约894.778km²，其中鞍山矿区775.99km²，弓长岭矿区118.788km²。

环境保护目标包括：

（1）在规划年及规划项目的实施年中，维持区域地下水资源的基本平衡，并使地下水水位基本维持现有水平。

（2）在矿山疏干废水、尾矿库排（渗）水、排土场淋溶水排放强度变化（排放量、空间分布）的前提下，废水污染物得到有效控制，纳污接受体（地下水体、地表水体、土壤）污染得到有效保护，区内地下水质量维持现有水平，并逐步得到改善。

（3）对处于矿区外围、评价区边界的饮用水源保护区的保护。

鞍山集中供水水源保护区：通过生产控制和地下水位动态观测管理保持规划项目区地下水位下降在合理限度，及鞍山市政水源的正常有序开采。

汤河水库水源保护区：遵照汤河水库饮用水源保护区划分规定，控制汤河水库下游河段排水水质、水量。

C 地下水评价的分类评价方法

a 地下水评价的分类

本规划作为大型黑色矿山开发规划，包括了采选全流程与附属工程规划。矿山开采疏干废水、尾矿库排（渗）水、排土场淋溶水排渗强度与空间变化，将涉及到对地下水水文地质环境与区域水资源的平衡和对地下水的污染影响两个方面。其直接影响到规划矿区区域内社会环境（生产生活）与人体健康，并间接影响到地表生态环境的稳定性。

根据《环境影响评价技术导则—地下水环境》（HJ 610—2011）的有关要求，本规划项目地下水影响因素包括Ⅰ、Ⅱ两类，属Ⅲ类地下水评价项目。本规划项目中每个建设项目均进行环评，故本环评对地下水环境评价不再确定评价等级。

b 地下水评价方法

（1）地下水水文地质环境影响——地下水均衡法。

均衡法适用于地下水埋藏较浅，补给与排泄较简单且水文地质条件易于查清的地区。它不仅是地下水资源评价的基本方法，也是其他方法评价的指导思想和检验结果的依据。它是根据物质守恒原理，研究地下水的补给、消耗与储存之间的数量转换关系。对于一个地区（均衡域）来说，在补给与消耗的不平衡发展过程中，任一时间段（均衡期）内补给量与消耗量之差，应等于该均衡区内水体积 ΔQ。均衡法计算地下水资源量数学模型如下：

$$(Q_{降水} + Q_{河流} + Q_{渠灌} + Q_{井灌} + Q_{渗漏}) - (Q_{蒸发} + Q_{开采}) = \Delta Q$$

其中：

$$Q_{降水} = P \times \alpha \times F; \quad Q_{渠灌} = Q_{引}\,\beta_{渠}; \quad Q_{井灌} = Q_{井}\,\beta_{井}; \quad Q_{渗漏} = k\omega I$$

$$\Delta Q = \mu \times \Delta H \times F$$

式中　P——区域年降水量；

　　ΔH——地下水位变化值；

　　k——渗透系数；

　　ω——过水断面面积；

　　I——水力坡度；

　　α——降水入渗系数；

　　$\beta_{井}$——井灌回归系数；

　　$\beta_{渠}$——渠灌田间入渗系数；

　　μ——给水度；

　　F——地下水计算面积。

本报告将规划区的鞍山和辽阳弓长岭两个老矿区分为若干水文地质微单元和计算单元，对地下水补给量和排泄量进行多因素平衡计算与分析，据此预测规划区地下水水文地质环境与地下水资源未来变化趋势。

（2）地下水污染影响——地下水渗透污染趋势分析法。

根据主要地下水污染源（兼顾其他地下水污染源）的空间分布，对所处地层条件、第四系覆盖层分布和污染防护性能进行综合水文地质调查，并选择有代表性的地层进行渗透性实验，对地下水的渗透量进行计算。

在此基础上根据渗水水质和地层的污染防护性能，对未来地下水水质影响做出评价分析。

3.2.2.2 规划区域环境水文地质特征简析

A 地形地貌

规划区处于长白山脉千山支脉之西端，地势东南高西北低。鞍山市区东部至辽阳市东弓长岭矿区及海城、岫岩地区，属低山丘陵地貌；向西北和台安逐步过渡到下辽河平原，海拔高度 150~500m，坡度 10°~30°。地形切割深度在 20~100m，河谷开阔平坦，谷地缓直且两侧残留有低矮残丘。总体上地形中等复杂。

B 地层与岩性

低山丘陵区主要分布地层有太古宙表壳岩鞍山群变质岩系，早元古宙陆间裂谷环境形成的火山沉积岩系辽河群变质岩，以及大面积出露太古宙和元古宙花岗岩系和第四系，区内残坡积层发育，地表植被生长良好。

a 前震旦纪变质岩系鞍山群

全群地层走向 145°~165°，倾向南西，地表与浅部多倒转为北东，倾角大于 80°，总厚度大于 500m。本群为矿区最老岩层，主要由含铁石英岩和片岩、千枚岩组成。自下而上依次为：

（1）绿泥石英片岩夹石英岩层：绿泥石片岩为主，石英绿泥片岩为次，局部有石英岩。走向延长 795~2800m，厚度 0~200m，直接与混合岩接触，接触界线不规则。

绿泥石英片岩呈灰绿色，片状构造发育，主要由石英和绿泥石组成，有时含少量绢云母，在局部地段相变为石英绿泥片岩。石英岩分布于许东沟南山至东小寺一带，呈透镜体状，走向延长 1000m，厚度 10~45m，延深 100~300m。该岩石为灰白色，块状构造，粒状变晶结构，主要由石英组成，时有绢云母、绿泥石和绿帘石。石英颗粒大小不均，绢云母与绿泥石不均匀分布，向上盘绢云母含量增多而相变为绢云母石英片岩。

（2）云母石英片岩夹绿泥石英片岩薄层：云母石英片岩为主，局部夹绿泥石英片岩薄层，全层走向延长 1121~2125m，厚度 0~60m。云母石英片岩呈灰白至浅灰色，片状构造，主要由石英和绢云母组成，时有绢云母量增含少量绿泥石的情形，偶有绢云母量超过石英而相变为石英云母片岩的情形。

（3）条带状贫铁矿层：本层即著名的鞍山式铁矿层，主要由各种含铁石英岩构成，夹有各种片岩（石英绿泥片岩、绢云母石英片岩、石英云母片岩、绿泥石英片岩、透闪片岩等）透镜体及一些零星小富铁矿体。本层纵贯全区，厚度波动在 145~293m 之间，平均为 199m。

（4）千枚岩夹条带状贫铁矿薄层：很少出露，绝大部分被辽河群和第四纪覆盖，全层纵贯全区，厚度大于 300m。主要由绢云母千枚岩、绿泥绢云母千枚岩、绢云母绿泥千枚岩、绿泥千枚岩等构成。局部含有铁石英岩。

b 辽河群

辽河群不整合覆盖在鞍山群地层古地形的凹陷部位，广泛分布于浅部，大多数分布于铁矿层的南西侧，少数分布在铁矿层的顶部或北东侧。

全群地层走向140°，倾向SW，个别NE，倾角一般不大于45°。总厚度大于200m，在铁矿层上的覆盖厚度平均为52m，最大为155m。全群地层有由南西向北东厚度渐薄，奔赴深度渐浅的趋势。

全群岩层以千枚岩为主，石英岩和砾岩较少。自下而上分为两层：

（1）底部砾岩及石英岩薄层：本层分布于铁矿层的顶部或两翼的浅部，走向延长100m至1700m，厚度1~10余米。自下而上为底部砾岩、石英（砂）岩。

（2）千枚岩夹石英岩及层间砾岩薄层：广泛出露，有时直接覆盖在鞍山群和底部砾岩之上。主要由绢云母千枚岩、绿泥千枚岩、砂质千枚岩、碳质千枚岩组成，局部夹石英岩及层间砾岩。全层纵贯全区，厚度大于200m。

c 第四系

矿区广泛分布有第四系地层，主要是山前平原及古河床中，自然沉积。第四系地层以坡洪积物和冲积物为主，岩性多为黏性土、砂类土及砂砾等，厚度不均，为2~10m。

d 岩浆岩

（1）太古代花岗岩（γ1）：黑云母奥长花岗岩~黑云母花岗岩分布于铁架山一带；二云母花岗岩~白云母花岗岩分布于齐大山一带。

（2）中生代花岗岩（γ5）：细粒花岗岩，主要分布在市区南部和东南部。

C 构造

规划区区域构造属华北地台。矿区位于辽东台背斜、营口古隆起的边缘，鞍山复向斜北东部向斜之南东端的南西翼。燕山运动时，本区地壳强烈运动，东部褶皱隆起而西部断陷下沉，喜马拉雅运动这种抬升和下陷持续，形成构造格架和地貌形态的基本轮廓。区内构造发育，其矿山均分布在断裂带附近，其中西鞍山矿、东鞍山矿、大孤山矿沿寒岭断裂带分布，眼前山矿、齐大山矿则沿倪家台断裂带分布，据资料记载，这些断裂带活动期距今为1~30万年。

D 规划鞍山矿区水文地质特征

a 地下水类型与地下水赋存特征

区内地下水类型按地下水赋存特征，可划分为松散岩类孔隙水和基岩裂隙水。上述两含水岩组上下叠加相互连通。

（1）第四系松散岩类孔隙水：大面积分布于矿区山间谷地中，其岩性主要为冲洪积的砂砾卵石与残坡积的粉质黏土及粉质黏土含碎石，最大厚度34.0m。根据相邻矿区资料，冲洪积砂砾卵石层渗透系数5.442~22.944m/d，单位涌水量为0.153~4.989L/(s·m)。

（2）基岩裂隙水：该层裂隙（风化、构造）较发育，勘探钻孔揭露此层时，除少部分钻孔外，大部分钻孔均在不同深度发现不同程度的漏水现象。该层涌水量变化于0.03357~0.558L/s，渗透系数0.0463~0.4057m/d。水化学类型多属矿化度小于1g/L的重碳酸钙或重碳酸钠水。

b 地下水的排、径、补关系

因评价区内规模性河流不甚发育，山地沟谷中发育的数条季节性小溪对地下水补给甚微，地下水主要靠大气降水补给，主要补给方式为垂向补给。因地形起伏较大，地势有利于地下水径流，排泄顺畅，主要是顺坡向下径流并补给沟谷处孔隙、裂隙水。受原始地貌、构造和矿山开采及其他人工活动的影响，区内可分为若干地下水水文微单元。各个单元因地貌、地层组成、构造影响、补排强度不同，造成规划区水文地质条件复杂。正常的情况下，基岩裂隙水沿着山坡浅部风化裂隙排泄。上游地表水补给地下水，下游地下水补给河水。除此之外，矿山开发过程中建设的多个大型储水排沙工程也是区内的地下水补给源之一。

区内地下水排泄主要以自然径流、蒸发的方式排泄，局部矿山疏干排水和工农业与生活取水也是地下水排泄方式之一。鞍钢四大矿山开采于 20 世纪 20、30 年代，到 80 年代，基本开采到地平面，之后开始负开采。以齐大山矿为例，1988 年开始负开采，现已进入深凹开采，目前开采深度已大于 -120m 左右，设计开采深度为 -270m。矿坑内已建一座大型排水站，5 台机组，单机排量在 1500m³/h 以上。大孤山铁矿深度已大于 -200m，其他矿山也都已采到 -100m 左右，且矿区逐年征地扩建，影响范围越来越大。据辽宁地质环境监测院和鞍山市水文站统计，2007 年底，仅鞍山市鞍钢四大矿区每个面积都超过 10km²，总面积已发展到 44km²。枯水季节矿区每天大约有 $(2 \sim 4) \times 10^4 m^3$ 水被疏干排走，汛期也得不到降水充分补给，该区域开矿前地下水静水位是 3～6m，现在矿区周边已降至 40～50m，部分露天采场局部地带第四纪地下水已近枯竭。

该区地下水原始流场与地形基本一致，即由东向西流动（见鞍山地调所 1957 年鞍山樱桃园矿区水文调查报告）。但受 50 多年来矿山高强度开发活动和其他工农业取水影响，地下水补排变化交织在一起，二者互相依托切不可分割。因此造成了区内地下水流场发生复杂变化，使之失去了原有规律性。

区域地下水流场见鞍山市区域水文地质图，见彩图 3-17。

E 规划弓长岭矿区水文地质条件

a 矿区地质

弓长岭铁矿床一矿区位于华北地台辽东地块太子河、浑河左凹陷南缘，区域构造弓长岭背斜的南西翼。矿床赋存于太古界鞍山群茨沟组沉积变质地层中，属于鞍山式沉积变质铁矿床。

区内出露地层主要为太古界鞍山群变质岩系，其次为震旦系钓鱼台组石英岩，南芬组泥灰岩、灰岩及第四系坡、冲积物。构成区内山系的岩石主要为坚硬的混合岩及含铁石英岩，部分为半坚硬的片岩。

区内褶皱构造较发育，地层呈波浪式缓倾斜褶曲，总体上由四个背斜五个向斜交替构成，褶皱轴向 310°～330°，SE 倾伏，倾伏角 10°～45°，其两翼岩层倾角 20°～30°。弓长岭矿区水文地质图，见彩图 3-18。

矿区为中低山区，大部分地区基岩裸露，标高 250～400m，当地侵蚀基准面，矿区东南侧何家堡子原始河床标高 200m。由于山岭相连地形坡度大，大气降水沿山岭斜坡汇流经沟谷很快被排泄到区外。不利于地表水的聚集与地下水的补给。

b 地表水系

弓长岭矿区何家、独木采区及排土场范围内无大的地表水体。仅有各沟谷的小溪，各小溪受季节影响，平时水量甚微，旱时近于干涸，仅雨季山洪暴发，流量骤增，洪水过后流量骤减；弓长岭选厂及尾矿库分别位于汤河东、西两侧。

c 岩石含水特征

区内岩石以含铁石英岩、混合岩和疏松的第四系层为主要含水岩层，其余的片岩层则含水极微弱，可视为隔水层。按其岩性、结构、裂隙发育程度和充水特征的不同分述如下：

（1）第四纪冲积、坡积层：分布于山谷斜坡和沟谷洼地，直接覆于基岩之上。成分主要是砂砾石及亚砂土、亚黏土等，一般冲积层分选较好。地下水主要以潜水形式（局部为承压水）赋存于该层的孔隙中，直接受大气降水、基岩裂隙水及地表水的补给，局部地段亦补给基岩裂隙水和地表水。多以下降泉的形式排泄，地下水径流条件较好。水位埋深受地形的控制，一般小于3m。地下水动态明显受季节性影响，民井调查水位波动幅度1～2m。矿化度一般小于0.3g/L，为低矿化的淡水。

（2）前震旦纪微弱含水的混合岩、混合花岗岩和硅质粒岩层：该层于矿区内广泛分布，大面积出露。据地表出露及露天矿坑观察，成岩节理和风化裂隙纵横交错，裂隙宽度0.5～5mm左右。由于长期的风化侵蚀作用使裸露地表的岩石多呈碎块及松散的粒状。风化程度由浅至深渐弱，风化带深度为100m左右，风化带以下裂隙甚微弱，岩心多完整，深部可视为不透水层，该层直接接受大气降水和第四纪坡积、冲积层水的补给，在山麓沟谷地形切割有利处常以下降泉形式排泄。泉水流量随季节而变化，雨季时泉水流量增大，枯水季节水量随地下水位下降而减少以至干涸。水化学类型主要为重碳酸硫酸钙钠水，矿化度小于0.3g/L。

（3）中-弱含水的鞍山群含铁石英岩层：该层赋存于混合岩中，整个矿区4层含铁层于片岩层相间产出。岩性以磁铁石英岩、透闪阳起磁铁石英岩和赤铁石英岩为主，质坚硬，性脆，受构造运动和混合岩化作用而遭受一定的破坏，其节理裂隙较发育，富水性较好。其上下盘的绿色片岩层起到隔水作用，从而致使该层的层间裂隙水具有承压性质。但该层的裂隙发育因受构造的影响发育时极不均一，故该层的富水性不均匀，透水性相差很大。地下水补给来源主要亦为大气降水，水质属硫酸重碳酸镁钙型水，矿化度小于0.3g/L，地下水动态亦受气候因素影响，但不显著。

（4）极微弱含水的鞍山群绿色片岩系（隔水层）：为各铁层的上下盘。岩性主要为斜长角闪岩、黑云变粒岩、绿泥角闪岩、绿泥片岩等，由于质较软，风化和构造破碎后具塑性，透水性甚差，可视为隔水层。

综上所述，矿区水文地质条件属于坚硬裂隙岩层充水为主的水文地质条件简单的矿床。

3.2.2.3 规划区水文地质单元划分

A 规划鞍山矿区水文地质单元划分

根据分析，本报告将规划鞍山老矿区大致分为9个水文地质分单元，各分单元见彩图3-19与表3-15。

表3-15 鞍山规划区各计算单元水文地质特征

地下水单元编号	单元名称	面积/km²	单元水文地质特征
C1	Ⅰ1：混合花岗岩基岩裂隙水	24.71	由鞍山群混合花岗岩，燕山期花岗岩，花岗斑岩和中基性岩脉等组成。岩石风化裂隙和构造裂隙发育，风化壳厚20~50m。大气降水渗透和孔隙水下渗补给，地下水径流遇岩石裸露处，形成季节性溪流或沟谷湿地
C2	Ⅰ2：变质岩基岩裂隙水	22.27	鞍山群、辽河群砂页岩、石英岩、石英砂岩等和含铁石英岩组成，岩石长期裸露，风化破碎，含微弱的裂隙水，在岩脉侵入的边缘部位，赋存基岩裂隙脉状水，涌水量达100~200m³/d，矿化度小于1g/L。千枚页岩和弱风化片麻状混合岩，视为隔水层
C3	变质岩基岩裂隙水	205.35	鞍山群、辽河群砂页岩、石英岩、石英砂岩等和含铁石英岩组成，岩石长期裸露，风化破碎，含微弱的裂隙水，在岩脉侵入的边缘部位，赋存基岩裂隙脉状水，涌水量达100~200m³/d，矿化度小于1g/L。千枚页岩和弱风化片麻状混合岩，视为隔水层
C4	变质岩基岩裂隙水	26.57	鞍山群、辽河群砂页岩、石英岩、石英砂岩等和含铁石英岩组成，岩石长期裸露，风化破碎，含微弱的裂隙水，在岩脉侵入的边缘部位，赋存基岩裂隙脉状水，涌水量达100~200m³/d，矿化度小于1g/L。千枚页岩和弱风化片麻状混合岩，视为隔水层
C5	Ⅱ1：砂砾石层孔隙水	70.47	沿平原区和近河谷地带，第四系黏土层，砂砾（卵）石层，中粗砂层等，粗细相间，进山前地段的犬牙交错堆积，有明显的二元结构。边缘处富水性较好的砂砾石层，似古河道的堆积特征。地下水埋深由深变浅，水交替作用由快变缓，呈现径流排泄区特点，局部形成沼泽或地表水体，地下水具承压性，涌水量大于1000m³/d，为鞍山市区供水源和农灌区的主要用水地段
C6	Ⅱ2：第四系坡洪积砂碎（卵）石层孔隙水	211.35	沿低山丘陵区，山间沟谷地段，为砂、砂砾（卵）石，粗-细粒砂层等，上部为黏土层，二元结构。顺河顺沟谷形成透镜体状砂碎石层，地下水具承压性，涌水量达200~500m³/d，矿化度小于1g/L，为局部地段供水和乡村中人畜用水
C7	Ⅱ2：第四系坡洪积砂碎（卵）石层孔隙水	1.01	沿低山丘陵区，山间沟谷地段，为砂、砂砾（卵）石，粗-细粒砂层等，上部为黏土层，二元结构。顺河顺沟谷形成透镜体状砂碎石层，地下水具承压性，涌水量达200~500m³/d，矿化度小于1g/L，为局部地段供水和乡村中人畜用水
C8	Ⅱ2：第四系坡洪积砂碎（卵）石层孔隙水	10.45	沿低山丘陵区，山间沟谷地段，为砂、砂砾（卵）石，粗-细粒砂层等，上部为黏土层，二元结构。顺河顺沟谷形成透镜体状砂碎石层，地下水具承压性，涌水量达200~500m³/d，矿化度小于1g/L，为局部地段供水和乡村中人畜用水
C9	Ⅱ2：第四系坡洪积砂碎（卵）石层孔隙水	3.82	沿低山丘陵区，山间沟谷地段，为砂、砂砾（卵）石，粗-细粒砂层等，上部为黏土层，二元结构。顺河顺沟谷形成透镜体状砂碎石层，地下水具承压性，涌水量达200~500m³/d，矿化度小于1g/L，为局部地段供水和乡村中人畜用水

资料来源：TM影像结合DEM和鞍山地区1:50000水文地质图综合解译。

B 规划弓长岭矿区水文地质单元划分

弓长岭地区按照地形地貌特征划分为两个计算区（见彩图3-20），两计算区内地下水流向与地形形态基本一致。由于本区在现状年矿山开发未进入深凹开采期，地下水开采与排泄强度较小，目前地下水仍接近自然状态，流场形态主要受地形控制。本次计算中，将弓长岭地区划分为2个计算区，15个计算亚区。各区与计算单元岩性分布及水文地质特征详见表3-16。

表 3-16 弓长岭地区地下水系统划分一览表

计算区	计算亚区编号	单元类型与名称	单元水文地质特征
第1计算区	L1	I1：混合花岗岩基岩裂隙水	燕山期花岗岩、花岗斑岩和中基性岩脉等组成。岩石风化裂隙和构造裂隙发育，风化壳厚20～50m。大气降水渗透和孔隙水下渗补给，地下水径流遇岩石裸露处，形成季节性溪流或沟谷湿地
	L2	II1：砂砾石层孔隙水	沿平原区和近河谷地带，第四系黏土层，砂砾（卵）石层，中粗砂层等，粗细相间，进山前地段的犬牙交错堆积，有明显的二元结构。边缘处富水性较好的砂砾石层，似古河道的堆积特征。地下水埋深由深变浅，水交替作用由快变缓，呈现径流排泄区特点，局部形成沼泽或地表水体，地下水具承压性，涌水量大于1000m³/d
第2计算区	L3、L8、L9	I1：混合花岗岩基岩裂隙水	燕山期花岗岩，花岗斑岩和中基性岩脉等组成。岩石风化裂隙和构造裂隙发育，风化壳厚20～50m。大气降水渗透和孔隙水下渗补给，地下水径流遇岩石裸露处，形成季节性溪流或沟谷湿地
	L4、L5、L6、L7、L13、L15	II2：第四系坡洪积砂砾（卵）石层孔隙水	沿低山丘陵区，山间沟谷地段，为砂、砂砾（卵）石，粗-细粒砂层等，上部为黏土层，二元结构。顺河顺沟谷形成透镜状砂碎石层，地下水具承压性，涌水量达200～500m³/d，矿化度小于1g/L，为局部地区供水和乡村中人畜用水
	L10、L11、L12、L14	I2：变质岩基岩裂隙水	鞍山群、清白口系砂页岩、石英岩、石英砂岩等和含铁石英岩组成，岩石长期裸露，风化破碎，含微弱的裂隙水，在岩脉侵入的边缘部位，赋存基岩裂隙脉状水，涌水量达100～200m³/d，矿化度小于1g/L。千枚页岩和弱风化片麻状混合岩，视为隔水层

资料来源：TM影像结合DEM和辽阳地质图综合解译。

3.2.2.4 规划区铁矿山开发对地下水资源的影响评价

A 规划鞍山矿区地下水资源影响

a 地下水资源评价方法和依据

本次水资源评价采用水均衡法对计算区内地下水资源量进行评价。根据地下水子系统补给径流排泄条件，地下水资源计算的概念模型概化如下：

均衡区上边界为地面，概化为垂向渗透边界，接受大气降水、河流入渗、地表水灌溉、井灌回归补给，以人工开采和潜水蒸发的形式排泄；在山丘区以基岩裂隙水底板为下界，平原区以松散岩类孔隙水底板为下界；东部及东南部以分水岭为界，概化为隔水边界；西部边界概化为人为边界。

b 地下水补给资源量

（1）大气降水入渗补给量计算。

降水入渗系数参照该地区以往工作研究成果，山区及平原区大气降水量采用该区多年平均降水量，具体计算结果见表3-17。

表 3-17 各计算区大气降水入渗补给量计算表

分 区	面积/km²	降水量/mm	入渗系数	降水入渗补给量/×10⁸ m³
I1	24.71	721.7	0.1	0.017831
I2	22.27	721.7	0.1	0.016069
I2	205.35	721.7	0.1	0.148202
I2－I1	26.57	715	0.12	0.022800

分 区	面积/km²	降水量/mm	入渗系数	降水入渗补给量/×10⁸m³
Ⅱ1	70.47	703	0.18	0.089168
Ⅱ2	211.35	703	0.2	0.297153
Ⅱ2	1.01	703	0.17	0.001206
Ⅱ2	10.45	703	0.17	0.012487
Ⅱ2	3.82	703	0.18	0.004838
合 计	575.99			0.609755

（2）河流入渗补给量。

由于区内河流水文站和断面监测资料缺乏，本报告根据区内南沙河、杨柳河及运粮河底岩性、河水入渗期长短，选用不同参比系数进行计算。现场水文地质剖面填图发现，受该区低山残丘地形和岩层风化作用影响，各河流侧向补给很大一部分源自于山区垂直入渗，为避免区域入渗量重复计算，本报告以理论补给量的50%进行校核（张英武，常凤池等：漕河流域地下水补给与保护区划定原则，物化探科研报导（内部资料），1985 第5期），各河水实际入渗补给量计算结果见表 3 - 18。

表 3 - 18   区内河流入渗补给量计算表

河流	单长补给量 /×10⁸m³·km⁻¹·a⁻¹	河流长度 /km	参比系数	河流理论补给量 /×10⁸m³	预测实际补给量 /×10⁸m³
杨柳河	0.012	11.5	0.22	0.03036	0.0158
运粮河	0.012	10	0.1	0.012	0.006
南沙河	0.012	11.5	0.4	0.0552	0.0276
合计				0.09756	0.04878

（3）灌溉入渗。

分别统计区内井灌区与渠灌区的用水量，并参照以往研究成果，计算区内灌溉入渗量的大小。本次工作中井灌与渠灌系数均在以往研究成果的基础上进行修正，均采用0.16。具体计算结果见表 3 - 19。

表 3 - 19   区内灌溉入渗补给量计算表

井灌水田		渠灌旱田		回归系数	灌溉入渗量 /×10⁸m³
面积/万亩	用水量/×10⁸m³	面积/万亩	用水量/×10⁸m³		
3.6	0.2808	5.85	0.2294	0.16	0.0633

注：1 亩 = 666.6m²。

（4）尾矿库渗漏入渗。

以现有尾矿库高分辨率卫星图片解译资料与金家岭尾矿库建设方案，尾矿库的渗漏采用达西公式来计算，渗透系数采用类似区域类比。

规划期区内尾矿库渗补给量见表 3 - 20。

表 3 – 20 规划期区内尾矿库渗补给量计算表

尾矿库名称	有效库容/×10⁴m³	近期补给量/×10⁸m³	远期补给量/×10⁸m³	备 注
风水沟	53900	0.093969	0.11276	近期来自风水沟水文地质均衡计算，按增加20%地下入渗计
大孤山	22366.5	0.028638	0.03437	近期来自矿山公司实际观测与平衡计算，远期按增加20%地下入渗计
西果园	18000	0.027799	0.03336	近期来自矿山公司实际观测与平衡计算，远期按增加20%地下入渗计
合计	113266.5	0.15041	0.18049	

综上所述，规划近期区内地下水年补给量为 $0.87225m^3$，其中大气降水入渗补给 $0.60976×10^8m^3$，河道入渗补给 $0.04878×10^8m^3$，灌溉入渗补给 $0.0633×10^8m^3$，尾矿库近期渗漏 $0.15041×10^8m^3$。

规划远期区内地下水年补给量为 $0.90233m^3$，其中大气降水入渗补给 $0.60976×10^8m^3$，河道入渗补给 $0.04878×10^8m^3$，灌溉入渗补给 $0.0633×10^8m^3$，尾矿库渗漏 $0.18049×10^8m^3$。

c 地下水排泄量

由于规划区内大部分地区地下水水位埋深大于4m，不易产生有效的地下水蒸发，地下水蒸发量可略不计。因此区内地下水的排泄主要由人为边界径流排泄、集中水源地开采、自备井开采、农业灌溉分散开采、农村人畜用水开采、矿区疏干排水等组成（采矿场地下涌水量由第四系和基岩裂隙水两部分组成，采用"补给带宽度"按经验公式及"大井法"公式分别计算）。

规划期区内地下水开采排泄量见表 3 – 21。

表 3 – 21 规划期区内地下水开采与排泄量

序号	开采类型	近期开采量/×10⁸m³	远期开采量/×10⁸m³	备 注
1	集中水源地开采	0.109	0.109	资料来自：1. 鞍山市水资源承载力分析；2. 鞍山市水资源开发利用分析与对策研究；3. "十一五"期间鞍山市水供求分析
2	自备井开采	0.290	0.290	
3	农业分散开采	0.176	0.176	
4	农村人畜用水	0.0331	0.0331	
5	眼前山矿坑涌水	0.0641	0.0665	资料来自：规划报告及鞍山矿业公司汇报材料；鞍山四矿山环境影响报告书；东鞍山矿山建设环境影响报告书；齐大山铁矿二期扩建环境影响报告书；涌水量计算：鞍千、东鞍山数据为经水文地质计算后的校核数据
	大孤山矿坑涌水	0.0606	0.0658	
	东鞍山矿坑涌水	0.0630	0.0680	
	齐大山矿坑涌水	0.1088	0.1111	
	鞍千矿坑涌水	0.0137	0.0237	
6	砬子山铁矿、关宝山铁矿坑涌水	0.0380	0.1067	资料来自：鞍山矿业公司汇报及备案材料；鞍钢集团矿业公司新建四座铁矿山环境影响报告书
7	张家湾铁矿、谷首峪铁矿、西鞍山铁矿坑涌水		0.1458	
	合 计	0.9563	1.1957	

综合以上计算过程，规划近期鞍山矿区内地下水补给资源量为 $0.87225 \times 10^8 \mathrm{m}^3$，排泄量为 $0.9563 \times 10^8 \mathrm{m}^3$，区域上补给小于排泄，二者之差为 $0.0840 \times 10^8 \mathrm{m}^3$。规划远期鞍山矿区内地下水补给资源量为 $0.90233 \times 10^8 \mathrm{m}^3$，排泄量为 $1.1957 \times 10^8 \mathrm{m}^3$，区域上补给小于排泄，二者之差为 $0.2934 \times 10^8 \mathrm{m}^3$。

因此预测全区地下水位在规划年内仍呈逐渐下降趋势。其中近期影响较小，地下水位与现状持平或略有下降；远期新开发矿山矿坑涌水量较大，将会形成以采场为中心的地下水位持续下降范围。

B 规划弓长岭矿区地下水资源评估

弓长岭矿区水资源评价仍采用水均衡法对计算区内地下水资源量进行评价。在山丘区以基岩裂隙水底板为下界，河谷区以松散岩类孔隙水底板为下界；第1计算区的西部、北部、南部以分水岭为界，概化为隔水边界，东南部向河流排泄，概化为流量边界；第2计算区的东南、南部及东北部以分水岭为界，概化为隔水边界，西北部向河流径流排泄，概化为流量边界。

a 地下水补给资源量

（1）大气降水入渗。

因弓长岭矿区水文地质条件较为简单，地下水补给主要来自大气降水入渗。

降水入渗系数参照相邻地区以往工作研究成果，山区及平原区大气降水量采用该区多年平均降水量，具体计算结果见表3-22。

表3-22 各计算区大气降水入渗补给量计算表

计算区	亚区编号	面积/km²	降水量/mm	入渗系数	降水入渗量/×10⁴m³
第1计算区	L1	8.799	0.7167	0.08	50.45
	L2	3.425	0.7167	0.1	24.54
	合计	12.224			74.99
第2计算区	L3	46.391	0.7167	0.08	265.99
	L4	0.811	0.7167	0.09	5.23
	L5	0.596	0.7167	0.09	3.84
	L6	2.890	0.7167	0.09	18.64
	L7	1.560	0.7167	0.09	10.07
	L8	19.458	0.7167	0.08	111.57
	L9	6.729	0.7167	0.08	38.58
	L10	3.883	0.7167	0.07	19.48
	L11	7.673	0.7167	0.07	38.49
	L12	6.408	0.7167	0.07	32.15
	L13	6.456	0.7167	0.09	41.64
	L14	11.317	0.7167	0.07	56.78
	L15	4.604	0.7167	0.09	29.70
	合计	118.778			672.17
总计					747.17

从计算结果看，第 1 计算区大气降水入渗补给量约 $75 \times 10^4 \mathrm{m}^3/\mathrm{a}$，第 2 计算区大气降水入渗补给量约 $672.17 \times 10^4 \mathrm{m}^3/\mathrm{a}$，整个计算区大气降水入渗补给量为 $747.17 \times 10^4 \mathrm{m}^3/\mathrm{a}$。

（2）尾矿库渗漏入渗。

鞍钢弓长岭矿业公司选矿厂尾矿库是 1958 年由鞍山冶金设计研究院设计的，共进行两期设计，一期设计已经服役结束，目前进入二期设计服役阶段。设计最终坝顶堆积标高为 190.0m，总坝高 130.0m，总库容约 $37290 \times 10^4 \mathrm{m}^3$，目前尾矿沉积干滩标高 147.0m，水位标高 142.8m，干滩长度约 775m。至 2009 年底，尾矿库累积存放尾矿 $19669.4 \times 10^4 \mathrm{t}$，$12312.1 \times 10^4 \mathrm{m}^3$。其中 2009 年入库尾矿量 $735.1 \times 10^4 \mathrm{t}$，$459.4 \times 10^4 \mathrm{m}^3$。尾矿平均粒径 0.052mm，其中 0.074mm（−200 目）含量约占 70%，尾矿堆密度 $1.6\mathrm{t}/\mathrm{m}^3$。尾矿库剩余库容为 $24977.9 \times 10^4 \mathrm{m}^3$，按选矿厂设计年处理原矿 $1200 \times 10^4 \mathrm{t}$，入库尾矿量 735 万吨计算，剩余服务年限为 46 年。

D1、D2 尾矿库利用现有尾矿库高分辨率卫星图片解译资料与尾矿库运行调查资料，尾矿库的渗漏采用达西公式来计算，渗透系数采用类似区域类比。规划区内尾矿库渗补给量见表 3−23。

表 3−23 规划区内尾矿库渗补给量计算表

尾矿库名称	有效库容/$\times 10^4 \mathrm{m}^3$	坝底渗透系数/$\mathrm{m} \cdot \mathrm{d}^{-1}$	补给量/$\times 10^8 \mathrm{m}^3$
弓矿尾矿库	37290	0.0168	0.02436
D1 尾矿库	4100	0.0168	0.0076
D2 尾矿库	2150	0.0168	0.0055
合 计	43540		0.03746

（3）灌溉入渗。

分别统计区内井灌区与渠灌区的用水量，并参照以往研究成果，计算区内灌溉入渗量的大小。本次工作中井灌与渠灌系数均在以往研究成果的基础上进行修正，北方旱地采用 0.08。具体计算结果见表 3−24。

表 3−24 区内灌溉入渗补给量计算表

灌溉水田		河渠灌旱田		回归系数	灌溉入渗量/$\times 10^8 \mathrm{m}^3$
面积/万亩	用水量/$\times 10^8 \mathrm{m}^3$	面积/万亩	用水量/$\times 10^8 \mathrm{m}^3$		
0.6	0.036	3.85	0.231	0.10	0.01997

上述计算结果表明，区内地下水补给量为 $0.13214 \times 10^8 \mathrm{m}^3$，其中大气降水入渗补给 $0.074717 \times 10^8 \mathrm{m}^3$，河渠与灌溉入渗补给 $0.01997 \times 10^8 \mathrm{m}^3$，尾矿库渗漏 $0.03746 \times 10^8 \mathrm{m}^3$。

b 地下水排泄量

（1）地下水径流排泄量。

由于规划区内大部分地区地下水水位埋深大于 4m，不易产生有效的地下水蒸发，地下水蒸发量可微略不计。因此区内地下水的排量主要由农村人畜用水开采、地下水径流排泄入河流组成。

区内地下水径流排泄量见表 3 - 25。

根据计算结果，第 1 计算区内地下水径流排泄入河流的排泄量约为 $74.8 \times 10^4 \mathrm{m}^3 / \mathrm{a}$，第 2 计算区内地下水径流排泄量约为 $590.56 \times 10^4 \mathrm{m}^3 / \mathrm{a}$，整个计算区内总径流排泄量约 $665.36 \times 10^4 \mathrm{m}^3 / \mathrm{a}$。

表 3 - 25 规划弓长岭矿区内地下水径流排泄量

计算区	断面长度/m	渗透系数 $K/\mathrm{m} \cdot \mathrm{d}^{-1}$	含水层厚度/m	水力坡度	排泄量/ $\times 10^4 \mathrm{m}^3 \cdot \mathrm{a}^{-1}$
第 1 计算区	1912	6.2	15.000	0.0055	35.79
	800	10	18.000	0.0074	39.00
	合 计				74.80
第 2 计算区	400	10	20.000	0.01	29.20
	300	10	20.000	0.01	21.90
	950	10	20.000	0.01	69.35
	3000	10	20.000	0.01	219.00
	7350	6.5	18.000	0.008	251.11
	合 计				590.56
总 计					665.36

（2）地下水矿山疏干排泄量。

鞍钢弓长岭矿业公司采矿系统由独木采场与何家采场组成，独木采场分露天采场和转地下两部分。目前独木露天采场面积 $654786 \mathrm{m}^2$，何家采场面积 $1568431 \mathrm{m}^2$。

根据原冶金部鞍山地质勘探公司 1989 年编写的《鞍钢弓长岭区地质勘探报告》（补充报告），采矿场地下涌水量由第四系和基岩裂隙水两部分组成。以"补给带宽度"按经验公式及"大井法"公式分别计算，预测采矿厂进入深凹开采后，独木露天采场日疏干废水量为 $10189 \mathrm{m}^3$，何家采场为 $12720 \mathrm{m}^3$，两矿区暴雨期日最大排水量为 $56459 \mathrm{m}^3$。独木采场转地下部分预测达到 $-210 \mathrm{m}^2$ 时，最大日疏干废水量为 $2190 \mathrm{m}^3$。上述各采场年地下水疏干总量为 $0.09161 \times 10^8 \mathrm{m}^3$。

上述矿区目前处于亏水作业，疏干废水全部用于矿山生产，包括爆堆预湿、采场机械设备冷却、场地与道路抑尘，部分作为生态用水，无工业废水排放。

本次规划拟将深凹开采疏干废水通过 7km 管道输送到弓长岭选场利用，其废水的利用率达到 92% 以上，正常工况无废水排放。

（3）地下水人工开采排泄量。

区内地下水人工开采主要包括农村生活用水与大牲畜用水两部分。根据计算区内社会经济统计数据，计算区内人口总数约 12000 人，大牲畜总数约 2800 头，按照有关用水定额，农村人口用水定额约 150L/d，大牲畜用水定额约 80L/d，计算得到区内地下水人工开采约 $8.176 \times 10^4 \mathrm{m}^3 / \mathrm{a}$（$0.000817 \times 10^8 \mathrm{m}^3 / \mathrm{a}$）。

上述计算结果表明，区内地下水排泄量为 $0.15896 \times 10^8 \mathrm{m}^3$。

c 弓长岭规划区地下水平衡

综合以上计算过程，规划弓矿矿区内地下水补给资源量为 $0.13214 \times 10^8 m^3$，排泄量为 $0.15896 \times 10^8 m^3$，区域上补给小于排泄，二者之差为 $0.026824 \times 10^8 m^3$，因此预测全区地下水位在规划年内仍呈逐渐下降趋势。

3.2.2.5 规划区铁矿山开发对地下水位及流向的影响分析

A 规划区地下水位变化趋势

a 规划鞍山矿区

规划近期鞍山矿区内地下水补给资源量为 $0.87225 \times 10^8 m^3$，排泄量为 $0.9563 \times 10^8 m^3$，区域上补给小于排泄，二者之差为 $0.0840 \times 10^8 m^3$。规划远期鞍山矿区内地下水补给资源量为 $0.90233 \times 10^8 m^3$，排泄量为 $1.1957 \times 10^8 m^3$，区域上补给小于排泄，二者之差为 $0.2934 \times 10^8 m^3$。预测全区地下水位在规划年内仍呈逐渐下降趋势。

b 规划弓长岭矿区

规划弓矿矿区内地下水补给资源量为 $0.13214 \times 10^8 m^3$，排泄量为 $0.15896 \times 10^8 m^3$，区域上补给小于排泄，二者之差为 $0.026824 \times 10^8 m^3$，预测全区地下水位在规划年内仍呈逐渐下降趋势。

B 地下水流场的变化趋势

a 规划鞍山矿区

在规划区范围内，随着原四大矿山的扩建或进入露天转地下阶段，其他规划矿山露天开采进入深凹开采期，在疏干与排水强度增加的工况下，局部地下水将出现明显下降，在采场及四周形成不规则的地下水下降漏斗，并导致区域地下水流场的变化。与鞍山市地下水集中开采区相邻的矿区单元（如东鞍山、大孤山矿区），将加剧采场地下水位下降，及使区域流场向地下水源富集区流动的趋势。因规划实施而发生交织，采场周边存在零星农业用水井的情况，则主要受采场疏干地下水的影响而产生局部流场变化，对农用水形成不同程度干扰。

另外，根据鞍山矿区尾矿库扩建库区水文调查和尾矿库建设方案分析，在尾矿库加高使得贮水水位上升、水头压力抬高后，将造成尾矿库周边一定区域内水位相对上升。例如鞍山矿区风水沟尾矿库，二期扩建完成后总容积达 $6.92 \times 10^8 m^3$，将成为国内乃至亚洲第一大高位尾矿库，水头压力的提高将造成四周地下水位的上升（中勘冶金勘察设计研究院：风水沟尾矿库坝区水文地质调查报告，2010 年 12 月），促进以尾矿库为中心向四周补给的流场形成和发展。与采场水文地质单元相同或相邻的尾矿库，对采场地下水的疏干有缓解作用，如风水沟尾矿库扩容后的补给流场已抵达齐大山采场、鞍千矿业许东沟采场，可能造成采场矿坑涌水量增加。

鞍山矿区外围南沙河及其支流、小溪流，杨柳河及其支流、小溪流，对流经途中河床、沟谷地下水具持续补给作用，未因规划实施发生大的变化，其对地下水的补给对缓解露天采场地下水疏干也有一定作用。

基于以上作用，区域地下水流场将变得更加复杂，对其变化趋势要通过长期的水文地质观测和在大范围水文地质勘察基础上的详查最终确定。现阶段，对规划齐大山铁矿扩建项目、风水沟尾矿库扩容项目实施后部分敏感点地下水位预测结果见表 3-26。

表 3-26 地下水水位变化情况预测

点号	水井所在位置名称	与本项目方位	距采场边界/km	现状井深、静水位/m	项目实施后预测水位变化
1号	辽阳县兰家镇泉水村	E	4.3	8 (5.5)	上升
2号	辽阳县兰家镇马家新村	SEE	5.7	4 (2)	上升
3号	千山区金胡新村	SSE	3.8	6 (4)	不确定
4号	千山区张家堡子村	E、S	0.6	15 (2)	上升
5号	千山区王家新村	SWW	0.4	26 (15)	平稳或不确定
6号	齐大山镇判甲炉村	W	0.4	25 (10)	下降
7号	樱桃园村（齐矿界内）	N	0.1	30 (14)	下降，井口可能废弃
8号	齐矿现有水井	N	0.3	110	下降，井口可能废弃
9号	立山区陈家台村	W	1.8	26 (12)	下降或平稳

b 规划弓长岭矿区

与鞍山矿区类似，随着尾矿库扩建和露天开采进入深凹开采期与进入露天转地下工程的实施，将导致区域地下水流场更加复杂化。在西部尾矿库下游及汤河两岸地下水位将保持现有水平或略有上升，据相关经验预测，其上升幅度 0.2~0.5m；东部、东南部矿区在疏干与排水强度增加的工况下，预测该区地下水位在规划年内仍呈逐渐下降趋势。

3.2.2.6 规划项目采场地下水位下降对取水水源的影响分析

A 规划实施对采场外侧农用水井及其他用水井取水的影响

a 采场外围地下水井水位变化分析

各规划项目实施后，由于进入深凹露天开采后采场下切，可能造成周边一定范围内地下水位下降。深凹露天矿封闭圈标高和露天底最终标高及地下矿的最终采深，是地下水影响分析的基本参数。特别是深凹露天采场，对地下水疏干的影响将直接导致附近井水流向采场矿坑，引起地下水井取水量下降，或取水困难，甚至可能使井口废弃。如表 3-26 中齐大山矿区采场外围樱桃园村水井。

本规划露天采场边界外 300m 将作为征迁范围，实施征迁后的矿区范围内不再有农户水井和其他用水井，井下采场征迁范围与露天采场类似，也会在井口外围矿体赋存地带外缘划出一定范围作为征迁范围。因此无论是露天采场还是井下采场，邻近可能存在的用水井在采场外缘 300m 以外。

规划鞍山矿区地处南沙河、杨柳河上、中游山区，弓长岭露天、井下采场处于太子河上游、汤河水库下游的汤河流域，两处矿区均处于山区及区域地下水的汇流、径流区，地下水补给类型均较复杂。采场抽取矿坑（井）水时地下水位下降，并会形成一定的影响范围，最大影响半径约在采场外缘 1200m 左右，边界外可能受到河床入渗等持续补给的方位地下水位下降不明显，影响半径稍小。采场抽取矿坑水的影响半径范围内，采场外的用水井取水会产生地下水位明显下降，形成一定程度影响。

b 减缓采场地下水疏干影响的对策措施

规划矿区采场外侧，企业及其他用水单位用水井一般为深水井，农用水井除集中乡镇居住区为深水井外，还有相当数量抽取浅层水，甚至有村、组、农户采用手压井，在距采场较近的水井及处于影响半径范围的水井水位均可能受到明显影响，严重时则会影响到水井正常取水乃至使井口废弃，以农用水井尤其是浅层水受到影响最大。

在现阶段水文地质勘察深度不足的条件下，应在采场外有针对性地设置地下水位观测井，严格定时记录水位的变化，当观测井水位急剧下降时，及时采取适当的封闭措施。

规划矿区部分采场外围，设置有水位观测井。本规划提出的设置地下水位观测井、完善水文地质观测对策措施，是控制采场周边地下水位下降的基本条件。

仍以齐大山矿区为例，对农用水井面临取水困难的情况，宜采取以下措施：

（1）樱桃园村、梨花峪村及齐矿周边均纳入本次动迁范围，其水井与齐矿现有水井等不再服务人群，搬迁人群采用自来水，可改善使用现有水源卫生不完全达标的状况。

（2）判甲炉村水井可作为地下水位长期观测点，积累地下水位变化数据，针对地下水位下降过快的趋势及时采取措施。

（3）上述邻近村镇的民用手压井及农户个体用水井处于采场抽水影响范围内的，应当随本项目搬迁、改水工程一并解决，实现集中、改良用水。

如上所述，项目实施后，存在地下水位下降的范围和态势，但经采取有针对性的应对措施，对采场周边用户取用地下水源的影响可以得到有效控制。

B 规划实施对鞍山市集中供水水源取水影响分析

a 地下水源保护区与鞍山市政水源地下水位下降情况

鞍山市域自有水资源短缺，地下水开发难度大，因此还依靠从辽阳市外调水源解决生产、生活用水。

鞍山市域内市政水源地地下水已严重超采，形成了较大面积的超采区，已形成 3 个区域性的地下水位降落漏斗，主要分布在 4 处城市水源地。由于铁西 – 西郊水源地漏斗区基本相连，因此形成海城水源、铁西 – 西郊水源、太平水源三个超采区。另外，供给鞍山市和鞍钢地下水资源的首山水源地，同时也是辽阳市工农业和城镇生活用水的主要水源，由于历史原因超量开采地下水，从 20 世纪 80 年代末已经形成了 $310km^2$ 的首山地下水位降落漏斗。

上述 4 处地下水降落漏斗是历经长期开采地下水形成动态均衡的结果，其中铁西水源、西郊水源位于杨柳河冲洪积扇中等富水地段；太平水源位于南沙河冲洪积扇强富水地段，也是重要的市政水源和地下水开发的重点地段。

与鞍山市相比，辽阳市水资源较为丰富，弓长岭矿区所在的弓长岭区以汤河水库为主要水源，地下水开发力度不大。

鞍山市、辽阳市已划出饮用水源保护区，水源保护区分为一级保护区和二级保护区。鞍山水源保护区一级保护区范围以取水井为中心，50m 为半径所围成的区域，铁西、西郊水源未设二级保护区，太平水源二级保护区是一级保护区边界向外延伸 700m 所围成的区域，包括延伸到河流的水域，面积约 $7.3km^2$。首山水源一级保护区以取水井 100m 为半径所围成的外包线区域或圆形区域，面积 $1.547km^2$，二级保护区由一级保护区外延，面积为 $46.629km^2$。

b 鞍山市地下水源与规划项目采场位置关系、干扰程度与范围判定

上述地下水源与本规划项目采场的位置关系见表 3 – 27。

表 3-27 规划项目采场与鞍山市集中地下水源距离

地下水源	首山水源	太平水源	铁西水源	西郊水源
规划项目及其与水源最近距离/km	齐矿采场，10.0	齐矿采场，4.0	西鞍山井口，2.7；东鞍山采场，5.3	西鞍山井口，7.0；东鞍山采场，9.2

根据前述数据判断，规划项目距离集中供水水源最近的一些矿区采场基本处于鞍山市政水源井水位降落漏斗范围内；而采场形成的影响半径范围一般在 500~1200m（齐大山矿采场影响半径最大约为 1000m），即水源井均处于采场疏干地下水的影响半径以外。

以齐大山矿区为例，齐矿扩界项目环评揭示，采场局部地下水位基本态势为：

（1）齐大山矿采场所处地段原属于基本无供水意义的贫水区，在开发初期地面以上的开采仅有部分山体泉流枯竭或废弃；

（2）进入负开采后露天采场西侧揭露了受南沙河河床渗水补给的第四系孔隙潜水含水层，潜水渗透补给采场；

（3）至目前采场边缘上覆第四系地下水含水层随开采深度增加逐步枯竭的过程中，形成以采场为中心的降落漏斗，漏斗边缘沿矿坑外扩呈疏干围岩圈闭形态，与外部地下水联系趋于稳定；

（4）随着规划实施齐矿进入深凹开采，深部地下水静储量消耗殆尽后，采场下切的过程中增加的矿坑涌水量也逐步趋于稳定，以弱透水或不透水岩层为主的底部地层含水微弱，地下水流动更加滞缓；

（5）矿坑排水降落漏斗顺沿此类岩石，扩展成狭长的椭圆形，随深度增加，矿坑涌水接受外围第四系含水地层补给意义变小，涌水量增加主要在于暴露面积的增大，袭夺同层位地下水的作用不明显，更具有"大口井"的特征。

东鞍山项目环评也已开展，其矿区采场地下水影响状况与齐大山矿区类似。

规划远期拟实施西鞍山采选工程，其中西鞍山铁矿采用地下开采方式，疏干水量可达 21700m³/d，并大量使用矿井水作为采选用水，同时需要增加新鲜水和循环水的使用。西鞍山矿井外围是规划项目实施后对地下水位影响的重点关注区域和地段，目前尚未进行该项目环评和水文地质勘察工作，其局部影响范围和程度待进一步工作揭示和判定。

c 小结

综上所述，规划项目采场矿坑（井）水，一般是基于采场范围第四系地下水含水层被疏干（鞍山矿区采场上部存在不同厚度的第四系含水层，弓长岭矿区采场水文地质类型相对简单，基本不存在上部第四系含水层），下部弱含水或不透水岩石、矿床持水的缓慢释放的类型，大多数矿山的矿体四周被隔水岩体所阻隔，构成一个相对封闭、独立的小含水单元，基岩含水岩层渗透性和富水性较差，且多被构造和岩体穿插成孤立的小含水区域，降落漏斗扩展缓慢，因此矿山疏干排水影响范围狭小，凭借空间深度形成的水量累计量不大，对外围影响半径之外开采第四系含水层的干扰影响相对有限。而鞍山市政水源距离齐大山矿区、东鞍山矿区采场及西鞍山井口均有相当距离，集中供水水源井深大，开采水量大，其抽水影响范围可能涵盖部分采场，但受采场疏干抽水的影响较小。

3.2.2.7 规划尾矿库贮水对地下水补给的影响

两矿区尾矿库库区及周边地带，随着运营及规划实施改扩建工程，贮水高度逐年上升，因此对库区及周边局部地下水位的贡献也在逐年增加，有益的方面体现在可以部分缓解采场抽取地下水（矿坑水）形成的水位降，不容忽视的后果是在坝下低洼地带，可能由于水位升高形成土壤潜育化、次生盐渍化乃至沼泽化，处理不妥则会形成环境问题。

规划实施后，对规划尾矿库、采场局部的地下水位变化趋势要加强水文地质观测，开展细部的水文地质勘察研究工作。通过有序的地下水开采和污染控制措施保障地下水流场和水位的稳定运行。

3.2.2.8 规划区铁矿山开发对地下水的污染影响分析

A 规划矿区地下水污染源与污染因子

规划项目地下水污染源包括：矿山疏干废水、尾矿库排（渗）水、排土场淋溶水。

a 排土场淋溶水水质

《鞍钢集团矿业公司新建四座（关宝山、砬子山、张家湾和谷首峪）铁矿山开采项目环境影响报告书》中，对现有排土场淋溶水进行了水质分析，见表3-28。

表3-28 排土场淋溶水水质

项目	pH值	SS	NH_3-N	硫化物	氟化物	Cu	Pb	Zn	Cd	Hg	总铬	Cr^{6+}	Mn	As
水质	7.58	38	0.66	≤0.005	1.06	0.094	≤0.10	0.045	未检出	未检出	0.015	0.012	0.020	≤0.10
标准1	6~9	20	8.0	0.5	10.0	0.5	1.0	2.00	0.1	0.05	1.5	0.5	2.0	0.5
标准2	6~9	20	2.0	1.0	1.5	1.0	0.1	2.0	0.01	0.001	1.5	0.1	2.0	0.1

注：1. 辽宁省污水综合排放标准（DB 21/1627—2008），其他项目参照 GB 8978—1996 二级标准选用；

2. 地表水环境质量标准（GB 3838—2002）Ⅴ类标准。其他项目参照《城市污水再生利用—景观环境用水水质》（GB/T 18921—2002）。

从分析结果来看，排土场淋溶水质所监测指标除悬浮物指标外，基本满足排放标准和相关环境质量、功能标准要求。

b 矿坑涌水、尾矿库排水水质

评价工作期间，2010年6月29日对矿坑涌水进行了一次性采样分析，矿坑涌水、尾矿库排水水质与相近水井水质相对比，见表3-29、表3-30。

表3-29 齐大山矿坑涌水与地下水质量监测、评价结果对比

点位与超标率	pH值	色度	氟化物	氨氮	高锰酸盐指数	六价铬	总硬度	锰
樱桃园村	6.68	1	0.192	0.034	2.70	<0.004	474	0.196
超标率/%	0	0	0	0	0	0	100	66.7
评价指数	0.20	0.07	0.19	0.17	0.90	0.08	1.05	1.96
齐矿现有水井	6.90	1	0.133	<0.025	1.93	<0.004	377	0.014
评价指数	0.07	0.07	0.13	0.12	0.64	0.08	0.84	0.14
齐矿矿坑涌水	7.56	4		0.053	1.45	<0.004		0.119
评价指数	0.37	0.27		0.26	0.48	0.08		1.19
Ⅲ类标准	6.5~8.5	≤15	≤1.0	≤0.2	≤3.0	≤0.05	≤450	≤0.1

点位与超标率	铁	铅	铜	锌	砷	悬浮物	石油类	COD$_{Cr}$
樱桃园村	0.058	<0.01	<0.01	<0.05	<0.007			
超标率/%	0	0	0	0	0			
评价指数	0.19	0.20	0.01	0.05	0.14			
齐矿现有水井	<0.03	<0.01	<0.01	<0.05	<0.007			
评价指数	0.10	0.20	0.01	0.05	0.14			
齐矿矿坑涌水	0.211	<0.01	<0.01	<0.05	<0.007	4	0.02	<10
评价指数	0.70	0.2	0.1	0.05	0.14	0.4	0.4	0.5
Ⅲ类标准	≤0.3	≤0.05	≤1.0	≤1.0	≤0.05	≤10 [1]	≤0.05 [2]	≤20 [2]

注：1. 《城市污水再生利用—景观环境用水水质》（GB/T 18921—2002）观赏性景观用水水景类标准值；

2. 《地表水环境质量标准》（GB 3838—2002）Ⅲ类标准；

3. 表中监测结果除 pH 值无量纲外其他单位为 mg/L，或见标注；评价指数无量纲。

表 3 – 30　尾矿库排水与地下水质量监测、评价结果对比

点位与超标率	pH 值	色度	氟化物	氨氮	高锰酸盐指数	六价铬	总硬度	锰
风水沟坝下排水	8.18	8	—	0.112	3.77	<0.004		<0.01
评价指数	0.81	0.53	—	0.56	1.25			0.1
Ⅲ类标准	6.5~8.5	≤15	≤1.0	≤0.2	≤3.0	≤0.05	≤450	≤0.1

点位与超标率	铁	铅	铜	锌	砷	悬浮物	石油类	COD$_{Cr}$
风水沟坝下排水	0.083	<0.01	<0.01	<0.05	<0.007	16	0.04	10.1
评价指数	0.28	0.2	0.01	0.14		1.6	0.8	0.50
Ⅲ类标准	≤0.3	≤0.05	≤1.0	≤1.0	≤0.05	≤10 [1]	≤0.05 [2]	≤20 [2]

注：1. 《城市污水再生利用—景观环境用水水质》（GB/T 18921—2002）观赏性景观用水水景类标准值；

2. 《地表水环境质量标准》（GB 3838—2002）Ⅲ类标准；

3. 监测结果除 pH 值无量纲外，其他单位为 mg/L，或见标注；评价指数无量纲。

从表 3 – 29、表 3 – 30 分析结果来看，矿坑涌水、尾矿库排水水质与地下水质无显著性差异，除矿坑涌水中金属元素锰略有超标外，非降雨条件下的矿坑涌水各项监测指标基本符合（GB/T 14848—1993）Ⅲ类标准要求。

B　规划矿区地下水污染影响分析

a　规划项目污染控制措施及地下水影响途径分析

本次规划从循环经济角度，着眼于矿区污染的全过程控制，矿区生活废水经处理后用于绿化，露天采场与井下疏干废水经沉淀后全部用于采场生产、爆堆预湿、厂内抑尘，多余部分输送到选场，选厂废水利用率达到 100%（含蒸发损失）。

至规划远期，采选矿系统正常生产条件下无废水直接排放进入河流和其他水系，因此对区域地下水环境质量产生影响的因素主要为尾矿库坝下与基地渗漏及排土场淋溶水渗漏。

b　规划项目矿层金属元素组成及水质化学背景分析

因鞍山式铁矿为沉积区域变质铁矿床，矿体矿石类型与矿物组合单一，上下盘围岩与矿体界限清晰。因受后期岩浆活动影响较弱，由此构成了除了含铁石英岩中主元素铁、锰丰度较高外，其他金属元素含量水平较低，且大多处于克拉克值范围内，因此矿体围岩淋溶水、矿山疏干废水、尾矿库体渗水成分相对简单，原生金属污染因子仅有锰元素相对较高。

规划矿区矿石成分分析见表 3-31。

表3-31 规划矿区矿石成分分析表 （%）

TFe	FeO	SiO$_2$	CaO	MgO	Al$_2$O$_3$	MnO	烧失量	S	P
32.80	2.69	50.63	0.17	0.32	1.04	0.040	0.72	0.010	0.040
31.90	16.78	44.82	2.02	2.48	1.02	0.14	3.1	0.086	0.046
30.14	3.95	52.20	0.11	0.20	0.15	0.029	0.67	0.011	0.035
24.99	3.95	58.80	0.44	0.77	1.47	0.075	1.20	0.038	0.075
29.86	5.05	50.01	0.45	0.18	0.41	0.012	0.88	0.010	0.015
31.12	10.47	50.25	0.85	1.15	1.65	0.077	0.3	0.019	0.053
26.77	1.92	53.66	0.51	0.22	0.38	0.61	0.38	0.015	0.011
30.65	4.57	52.95	0.34	0.48	0.10	0.048	0.48	<0.010	0.047
29.08	2.58	49.91	0.08	0.08	0.12	0.033	1.32	<0.010	0.025
32.53	1.08	52.05	0.22	0.16	0.33	0.030	0.68	<0.010	0.036

另外，上述所监测水质均经不同厚度的矿、岩、土层过滤，水质相对较好，能够满足相应的水环境功能。

c 排土场淋溶水排放和其他排水对地下水质的影响

排土场淋溶水一般基于降雨而形成，为控制冲刷和保持排土场稳定性在边坡设置导流沟渠，排放初期雨水和部分淋溶水，而部分淋溶水则可能沿排土场边坡垂直入渗，将对堆场基底地层及地下水产生影响。主要影响因子为围岩的可溶出元素及悬浮物、COD 等指标。

经对鞍山矿区和弓长岭矿区现场勘察，规划项目排土场多为高位排放，排土场场地残坡积覆盖层一般为 0.5~1.5m，下部强风化层为 0.6~1.2m，其下为弱风化基岩与原岩。彩图 3-21（a）、（b）为鞍山矿区齐大山排土场及排土场地地层结构。由于基岩的阻隔，对深层地下的水质不会产生影响。

多年的土壤学研究证明，第四系残坡积覆盖层土壤是一富含有机质和多种微生物组成的多孔体系，同时又是由多种变价元素组成的氧化还原体系。因规划矿区排土场淋溶水主要污染因子为铁锰元素及悬浮物、COD 等，经地层的物理吸附、化学吸附和物理化学吸附，废水污染物向地下含水层迁移过程中，污染物可得到有效降解和截流。下渗污水经地表覆盖层的截流和吸附降解，再经基岩阻隔，对深层地下水质不会产生影响。

d 尾矿库渗漏对地下水的影响分析

根据两矿区尾矿库设计资料，鞍山矿区及弓长岭矿区尾矿库均为山谷型尾矿库，库底地层上覆以第四系冲洪积作用主导的地层，由黏性风化土、基岩碎屑洪积和冲积所形成砂质黏土、砂、砾石等组成，部分地段地表覆盖有砂质黏土、黏土或夹有黏土与砂互层。表土层和包气带地层有一定的隔水性能，对废水的下渗及污染物向含水层迁移有一定的阻隔能力和吸附能力，贮水在下渗过程中经土壤及地层介质吸附、解析后，污水下渗动能逐步减小，水污染物得到高效去除。

库底下覆基岩为变性花岗岩，属低渗透性岩石。根据地层揭露和原《岩土工程勘察报告》，库底花岗岩地层完整，节理构造不甚发育。库区断裂构造规模不大，电法勘探资料表现为高阻特性，属含水较低的压扭性断层。因此推断库底渗漏量不大，对区域地下水的流场不会产生明显影响。由于尾矿库污染因子简单，水质相对较好，地下水渗漏过程中经土壤层的吸附截流和降解，不会对地下水水质产生明显污染影响。

规划期间对鞍山矿区风水沟、大孤山、弓矿区现有尾矿库和拟建尾矿库区进行了1:1000水文地质与工程地质剖面测量，结果表明上述尾矿库山体地段残坡积覆盖层一般为0.5~1.5m，山体鞍部5~10m，最深可达50m；下部强风化层为0.6~1.2m，最深达5.5m，其下为弱风化基岩－原岩。彩图3-21（c）、（d）、（e）为鞍山矿区风水沟尾矿库库坝地段地层结构。

尾矿库山体上部地段由于黏性土层连续性稍差，地层防护能力不足，在尾矿库不断加高和水头压力不断增加的情况下，天然山体作为尾矿库的坝体，将沿节理构造带、破碎构造带或透水岩脉产生侧向渗流，在山体外侧形成溢流泉，并造成库外地下水的上升，对浅层地下水形成污染。浅层地下水用户主要集中在外围农区，由于选矿过程中石灰粉的加入，使得 pH 值升高，因此不能满足生活饮用水水质要求，只能作为农业灌溉和景观用水使用。

据此，本报告建议对利用山体作为自然坝体的地段，在进行详细勘察的基础上，对重点地段进行工程防护；对库坝渗水地段立即进行注浆防渗处理，以防止尾矿废水的侧向渗流和渗漏。

C 规划矿区地下水污染影响的回顾与类比分析

a 规划矿区地下水污染影响的回顾

从规划区多年监测及现状评价结果分析，规划区中、深层地下水水质总体较好，基本满足地下水Ⅲ类水质要求；浅层地下水质量总体较差，个别地段已接近地下水Ⅴ类标准，污染因子在区域上主要表现为高锰酸盐指数、硝酸盐氮和锰元素超标，个别区段存在总硬度超标。对于该类污染物的物质来源与污染特征，辽宁大学和鞍山市水资源管理办公室多年研究认为，矿区及外围区域性的锰超标，主要与矿区地层及地球化学环境有关，属自然地质体污染源所引起；高锰酸盐指数、硝酸盐氮等污染主要与矿山开采过程中的人类活动有关，是矿区生活污水向地下转移的结果。

b 规划矿区地下水污染影响的类比分析

从前人研究成果和现状监测、评价结果可以看出，在半个世纪的矿山开发中，特别是20世纪90年代以前，由于矿区生产、生活废水的随意排放，造成了矿区浅层地下水较为严重的污染。但从位于齐大山矿区北侧1km的樱桃园村（井深30m，水位14m）和位于矿界内东北侧300m（井深110m，水位70m）的矿山自备井评价结果分析，矿山开采50年来对深层和中层基岩裂隙水未造成污染影响，区内基岩裂隙水的质量水平仍然保持原有水平。

D　规划区地下水污染的趋势分析

地下水污染不同于大气和地表水，地下水的自净和解吸是一个长期的过程。地下水体一旦受到污染，特别是重金属污染，其净化过程必须经过一个或多个水文周期甚至更长时间才能完成。鉴于该区地下水经 50 多年的开采活动和污染，现状浅层地下水污染已经形成，因此预测该区浅层地下水在一段时间内维持现有污染水平；预测该区中 - 深层地下水质量将基本保持现有Ⅲ级水平。

E　规划实施对鞍山市饮用水源地水质的影响与保护要求

规划实施对鞍山市饮用水源地水质不产生影响，具体表现在：

(1) 规划项目均在鞍山市饮用水源地保护区之外；

(2) 规划项目采场抽取矿坑水对水源地取水影响不大，对水源地长期取水可能引起的水化学类型、矿化度等水质指标变化基本没有贡献；

(3) 规划项目各类排水水质较好，汇入地表水系统、补给地下水的过程未产生污染，对相距较远，无直接水力联系的地下水源地不产生水质贡献；

(4) 规划项目排水不进入水源地保护区。

3.2.2.9　地下水环境影响分析结论

(1) 铁矿山开发对地下水资源的影响主要表现在矿坑涌水造成局部或地下水位下降，另外选矿厂的运营也会消耗一定的水资源，使区域的水资源由于矿山开发面临着重新分配的态势。根据尾矿库扩建库区水文调查和尾矿库建设方案分析，在尾矿库加高使水头压力抬高后，将造成尾矿库周边一定区域内水位相对上升。在规划区范围内，因局部露天开采进入深凹开采期或进入露天转地下阶段，在疏干与排水强度增加的工况下，局部地下水将出现明显下降，并导致局部地下水流场的变化。

规划近期鞍山矿区内地下水补给资源量为 $0.87225 \times 10^{8} \mathrm{m}^{3}$，排泄量为 $0.9563 \times 10^{8} \mathrm{m}^{3}$，区域上补给小于排泄，二者之差为 $0.0840 \times 10^{8} \mathrm{m}^{3}$；规划远期鞍山矿区内地下水补给资源量为 $0.90233 \times 10^{8} \mathrm{m}^{3}$，排泄量为 $1.1957 \times 10^{8} \mathrm{m}^{3}$，区域上补给小于排泄，二者之差为 $0.2934 \times 10^{8} \mathrm{m}^{3}$。

规划弓矿矿区内地下水补给资源量为 $0.13214 \times 10^{8} \mathrm{m}^{3}$，排泄量为 $0.15896 \times 10^{8} \mathrm{m}^{3}$，区域上补给小于排泄，二者之差为 $0.026824 \times 10^{8} \mathrm{m}^{3}$。

因此，预测上述两区地下水位在规划年内仍呈逐渐下降趋势。

(2) 规划项目对集中供水水源的影响。

规划项目采场抽取矿坑水，在采场第四系地下水含水层被疏干后影响范围随深度增加不大，对外围影响半径之外开采第四系含水层的干扰影响相对有限。对采场外的用水井地下水位会产生一定程度影响。经采取有针对性的应对措施，对采场周边用户取用地下水源的影响可以得到有效控制。

鞍山市政水源距离齐大山矿区、东鞍山矿区采场及西鞍山井口均有相当距离，受采场疏干抽水的影响较小。规划项目实施对饮用水水源地水质不产生影响。

(3) 规划项目生活废水经处理后用于绿化，疏干废水经沉淀后全部用于采场生产、爆堆预湿、厂内抑尘，多余部分输送到选厂，废水利用率达到 100%（含蒸发损失），正常生产中无废水进入河流和其他水系。

1）规划矿区排土场淋溶水主要污染因子为铁锰元素及悬浮物、COD 等，经地层的物理吸附、化学吸附和物理化学吸附，废水污染物向地下含水层迁移过程中，污染物可得到有效降解和截流。下渗污水经地表覆盖层的截流和吸附降解，再经基岩阻隔，对深层地下水质不会产生影响。

2）规划尾矿库均为山谷型尾矿库，库底地层上覆以第四系冲洪积作用主导的地层。库底下覆基岩为变性花岗岩地层完整，断裂、节理构造不甚发育，属低渗透性岩石。由于尾矿库排水污染因子简单，水质相对较好，地下水渗漏过程中经土壤层的吸附截流和降解，不会对地下水水质产生明显污染影响。

3）现有尾矿库和拟建尾矿库山体地段地层结构为：残坡积覆盖层 – 强风化层 – 弱风化基岩 – 原岩。山体上部地段黏性土层连续性差，地层防护能力不足。在尾矿库不断加高和水头压力不断增加的情况下，将沿节理构造带、破碎构造带或透水岩脉产生侧向渗流，造成库外地下水的上升。

据此，本报告建议对利用山体作为自然坝体的地段，在进行详细勘察的基础上，对重点地段进行工程防护；对库坝渗水地段立即进行注浆防渗处理，以防止尾矿废水的侧向渗流和渗漏。

（4）虽然规划区污水按"零排放"控制，地下水质量将会向好的方向转化，但多年的实验研究证明，地下水污染特别是重金属的自净和解吸是一个长期的过程，据此预测规划区地下水污染将在一定时间内维持现有水平。

（5）关于暴雨期疏干废水的大量排放，雨洪期间外排矿坑水主要是排除汇入采场的大气降水，排水中的污染物主要来自于采场地面污染物受到冲刷后的释放，导致排水带出地面污染物的特征指标超标，并受大气降水的影响。其悬浮物等污染指标增高，但特征污染物浓度经稀释又较非雨季的正常情况低。暴雨期废水的影响评价详见地表水评价专题。

3.2.3 地表水环境影响预测与评价

3.2.3.1 地表水水域功能及保护要求

矿区所涉及的地表水中南沙河和杨柳河为地表水 V 类水域功能要求，水域功能为农业用水，尽管南沙河和杨柳河的水域功能要求相对较低，但从现状监测结果看，如上两条河流的水质已经恶化，不能满足其规划所要求的地表水类别要求。

通过对矿区水环境功能及其现状分析，评价认为区域地表水系环境容量有限，矿区所发展的项目应按照"从严控制"的原则，污水按零排放考虑；优先将生产生活污水处理后回用于生产补充用水，生产生活污水回用率达到 85% 以上；矿井水达到最大程度的处理回用，对于无法避免多余的矿井水，必须达到辽宁省规定的排放标准进行控制。矿区主要地表水域规划功能、水质目标及评价提出的保护原则见表 3 – 32。

表 3 – 32 矿区地表水域功能及保护原则

名 称	水域功能	水 质 目 标			评价提出的保护原则		
南沙河		IV类			禁排或达标水质		
运粮河	农业用水	COD	BOD	NH₃ – N	COD	BOD	NH₃ – N
杨柳河		30	6	1.5	30	6	1.5

名 称	水域功能	水质目标			评价提出的保护原则
汤河	景观娱乐用水区	Ⅲ类			满足辽宁省地表水排放要求、满足环境容量控制要求
		COD	BOD	NH₃ - N	
		20	4	1.0	

3.2.3.2 废水排放特征分析

A 矿区排水总体设计

a 采矿类工程排水

采矿项目的废水主要有矿坑排水、生产废水、排土场淋溶水和生活废水。

（1）矿坑排水。

露天矿山封闭圈以上开采时的大气降水顺山坡自流排入地表水体，进入凹陷露天开采时有矿坑积水。矿坑水量由地下水涌水量和降雨径流（渗入）量两部分组成。

（2）生产废水。

采矿生产用水主要为凿岩、爆堆洒水、路面洒水等，在生产过程中流失，无集中外排。

（3）生活污水。

采矿工业场地的生活污水或送到选矿厂集中处理，或就地采用地埋式污水处理设施进行处理，经处理后的排水回用于路面洒水，不外排。

（4）排土场淋溶水。

雨季雨水冲刷排土场废石和生产过程产生的各类废石，会产生排土场淋溶水。

b 选矿类工程排水

选矿厂的废水主要来自于生产废水和各车间冲洗地坪水及生活污水。设计将选厂外排水全部回收，在选厂最低点建一座截污泵站。生产废水经格栅截污后，进入截污泵站沉淀池。生活污水首先汇流至化粪池中，经处理后自流至截污泵站沉淀池。沉淀池中污水经沉淀后，上层清水直接进入截污泵站调节水池，由清水泵送至综合泵站调节水池，再进入尾矿系统，底流最终排入尾矿库；选矿厂实现污水零排放，但尾矿库将排放一部分水。

B 矿区排水水质

由前面分析可知，矿区废水主要为矿井涌水、排土场淋溶水以及尾矿库排水。

a 矿坑涌水水质

根据 2010 年 6 月 29 日对大孤山矿、齐大山铁矿、西鞍山铁矿、东鞍山铁矿的实测结果，评价区域矿坑涌水水质见表 3 - 33。

表 3 - 33 矿坑涌水水质

项 目	COD	NH₃ - N	SS	石油类
矿坑水水质	10	1.63	3	0.017
排放标准	50	8	20	3

b 排土场淋溶水

《鞍钢集团矿业公司新建四座（关宝山、砬子山、张家湾和谷首峪）铁矿山开采项目环境影响报告书》对现有排土场淋溶水进行了水质分析，分析结果见表 3-34。

表 3-34 排土场淋溶水水质

项目	pH 值	SS	NH₃-N	硫化物	氟化物	Cu	Pb	Zn	Cd	Hg	总铬	Cr⁶⁺	Mn	As
水质	7.58	38	0.66	≤0.005	1.06	0.094	≤0.10	0.045	未检出	未检出	0.015	0.012	0.020	≤0.10
标准	6~9	20	8.00	0.50	10.00	0.50	0.50	2.00	0.05	0.001	0.50	0.30	2.00	0.40

c 尾矿库排水

根据 2010 年 6 月 29 日对风水沟尾矿库、大球厂尾矿库的实测结果，评价区域尾矿库排水水质见表 3-35。

表 3-35 尾矿库排水水质

项 目	COD	NH₃-N	SS	石油类
矿坑水水质	10	1.0	11.7	0.04
排放标准	50	8	20	3

C 矿区废水排放量及排放去向

矿区规划项目废水排放量、排放去向及距控制断面距离见表 3-36。

表 3-36 规划项目废水排放去向及距控制断面距离

序号	矿山名称	性质	水质类别	2009 年排水量/×10⁴ m³·a⁻¹	2015 年排水量/×10⁴ m³·a⁻¹	2020 年排水量/×10⁴ m³·a⁻¹	排水去向	控制断面名称	距控制断面距离/m
1	大球厂尾矿库	扩容	尾矿库水	259.63	432.00	672.00	南沙河	城昂堡	14700
2	西果园尾矿库	既有	尾矿库水	305.46	305.46	366.55	杨柳河	笔管堡	26700
3	风水沟尾矿库	扩容	尾矿库水	559.87	883.07	755.41	南沙河北支	城昂堡	9530
4	弓长岭尾矿库	既有	尾矿库水	229.26	367.81	465.05	汤河	汤河桥	31680
5	弓长岭铁矿排水	改扩建	矿坑排水	684.16	61.66	0	汤河	汤河桥	31680
6	眼前山铁矿	改扩建	矿坑排水	503.37	0	0	南沙河	城昂堡	18700

3.2.3.3 排水环境影响预测

A 矿区废水排放受纳水体特征及简化

矿区废水排放受纳水体特征见表 3-37。

表 3-37 矿区废水排放受纳水体特征

地 域	河流宽度 B/m	平均流速 u/m·s⁻¹	平均水深 H/m	河流地坡 I/m·m⁻¹	河流流量 Q_h/m³·s⁻¹
南沙河北支	3	0.77	0.4	0.0038	0.93

地　域	河流宽度 B/m	平均流速 u /m·s^{-1}	平均水深 H/m	河流地坡 I /m·m^{-1}	河流流量 Q_h/m^3·s^{-1}
南沙河西支	4	0.78	0.2	0.0036	0.56
南沙河干流	16	0.37	0.3	0.0013	1.81
杨柳河	7	0.48	0.5	0.0035	1.62
汤　河	16	0.053	0.7	0.0015	0.59

受纳水体均为小型河流，根据导则，预测时均可简化为矩形平直河流。

B　预测方法

预测时将各排放点单独进行计算，并在控制断面处进行线性叠加，从而判断规划排水对受纳水体的影响。

C　地表水环境影响预测模式

a　完全混合长度

预测模式采用《环境影响评价技术导则》（HJ/T 2.3—1993）中的估算公式，预测模式如下：

$$l = \frac{(0.4B - 0.6a)Bu}{(0.058H + 0.0065B)(gHI)^{1/2}}$$

b　平直河段混合过程段浓度预测模式

根据受纳水体的特点，以及确定的评价等级，按《环境影响评价技术导则》（HJ/T 2.3—1993）的要求，采用二维稳态混合衰减模式进行水环境影响预测，预测模式如下：

$$c(x, y) = \exp\left(-K_1 \frac{x}{86400u}\right) \cdot \left\{c_h + \frac{c_p Q_p}{H(\pi M_y x u)^{1/2}}\left[\exp\left(-\frac{uy^2}{4M_y x}\right) + \exp\left(-\frac{u(2B - y)^2}{4M_y x}\right)\right]\right\}$$

式中　$c(x, y)$ ——（x, y）处污染物垂向平均浓度；

　　　　c_h ——河流上游污染物浓度，mg/L；

　　　　c_p ——污染物排放浓度，mg/L；

　　　　Q_p ——废水排放量，m^3/s；

　　　　H ——平均水深，m；

　　　　u —— x 方向流速（河流中断面平均流速），m/s；

　　　　B ——河流宽度，m；

　　　　M_y ——横向混合系数，m^2/s；

　　　　K_1 ——污染物降解系数，1/d。

M_y 横向混合系数按照《环境影响评价技术导则》（HJ/T 2.3—1993）的要求，采用泰勒法计算，公式如下：

$$M_y = (0.058H + 0.0065B)(gIH)^{1/2}$$

式中　H ——平均水深，m；

　　　　g ——重力加速度，9.8m/s^2；

　　　　B ——河宽，m；

　　　　I ——水面比降。

c 充分混合段浓度预测

预测模式采用《环境影响评价技术导则》（HJ/T 2.3—1993）中的混合公式，预测模式如下：

$$c_0 = (c_p Q_p + c_h Q_h)/(Q_p + Q_h)$$

D 地表水环境影响预测

a 预测因子

根据目前受纳水体的污染状况，确定预测因子为 COD_{Cr} 和氨氮。

b 预测时段

现状模拟、2020 年预测。

c 预测内容

规划实施前后矿区排水对受纳水体的污染物浓度贡献，以及控制断面处污染物浓度值。

d 预测参数选择

现状排水按回顾评价的统计结果。

规划后排水按《辽宁省污水综合排放标准》的要求进行预测。

e 预测结果

（1）完全混合长度

各矿山排水与受纳水体的完全混合长度计算见表 3 – 38。

表 3 – 38 各矿山排水与受纳水体的完全混合长度

序号	矿山名称	排水去向	控制断面名称	距控制断面距离/m	完全混合长度/m
1	大球厂尾矿库	南沙河	城昂堡	14700	5048
2	西果园尾矿库	杨柳河	笔管堡	26700	964
3	风水沟尾矿库	南沙河北支	城昂堡	9530	532
4	弓长岭铁矿	汤河	汤河桥	31680	370
5	弓长岭选厂	汤河	汤河桥	31680	370
6	眼前山铁矿	南沙河	城昂堡	18700	5048

（2）至各河流控制断面预测结果

各矿山及尾矿库排水至控制断面水质预测结果见表 3 – 39。

表 3 – 39 矿区排水至各河流控制断面水质预测结果 　　　　　（mg/L）

河流名称	断面名称	项 目	COD	NH₃ – N
		现状贡献值	1.11	0.11
南沙河	城昂堡	2015 年预测贡献值	1.78	0.18
		2020 年预测贡献值	1.95	0.20
		现状贡献值	0.18	0.02
杨柳河	笔管堡	2015 年预测贡献值	0.18	0.02
		2020 年预测贡献值	0.21	0.02

河流名称	断面名称	项 目	COD	NH₃ - N
汤 河	汤河桥	现状贡献值	0.33	0.03
		2015 年预测贡献值	0.15	0.02
		2020 年预测贡献值	0.17	0.02

（3）控制断面处完全混合预测结果

由于各排水口至控制断面的距离均大于完全混合长度，因此，评价在控制断面处将新增排水与现状水质按照完全混合公式进行计算，其计算结果见表 3 - 40。

表 3 - 40　各河流控制断面完全混合预测结果

河流名称	断面名称	项　目	2015 年			2020 年		
			流量 /m³·s⁻¹	COD /mg·L⁻¹	NH₃ - N /mg·L⁻¹	流量 /m³·s⁻¹	COD /mg·L⁻¹	NH₃ - N /mg·L⁻¹
南沙河	城昂堡	现状监测值	1.81	47.3	10.1	1.81	47.3	10.1
		现状贡献值	0.42	—	—	0.42	—	—
		预测贡献值	0.42	—	—	0.46	—	—
		增加值	0.00	—	—	0.04	—	—
		混合后	1.81	47.3	10.1	1.85	46.4	9.9
		较现状削减值	—	0.0	0.0	—	0.9	0.2
杨柳河	笔管堡	现状监测值	1.62	52.8	10.8	1.62	52.8	10.8
		现状贡献值	0.10	—	—	0.10	—	—
		预测贡献值	0.10	—	—	0.12	—	—
		增加值	0.00	—	—	0.02	—	—
		混合后	1.62	52.8	10.8	1.64	52.2	10.7
		较现状削减值	—	0.0	0.0	—	0.6	0.1
汤河	汤河桥	现状监测值	0.59	6.2	0.63	0.59	6.2	0.63
		现状贡献值	0.29	—	—	0.29	—	—
		预测贡献值	0.14	—	—	0.15	—	— ·
		增加值	- 0.15	—	—	- 0.14	—	—
		混合后	0.44	8.1	0.8	0.45	8.0	0.8
		较现状削减值	—	- 1.9	- 0.17	—	- 1.8	- 0.2

从预测结果可知，由于矿区排水主要为矿井涌水和尾矿库排水，其水质较好，与现状断面混合后，能改善南沙河、杨柳河、汤河水库下游当前的地表水质。

规划 2015 年南沙河、杨柳河入河水量基本未变，水质维持不变，汤河桥入河水量减少，将使 COD 和氨氮浓度升高；规划 2020 年，由于入河尾矿库水量较现状增加，南沙河城昂堡、杨柳河笔管堡断面水质均较现状有所改善，但汤河桥 2020 年断面水质与 2015 年预测结果一致，COD 和氨氮浓度较现状略有上升。

由以上预测结果可看出，规划矿区排水水质 COD 和氨氮浓度优于现状南沙河、杨柳河地表水水质，排水汇入不会形成对地表水环境的不利影响。

3.2.3.4 规划区开发对河道行洪安全的影响

A 河床淤积现状

规划区涉及南沙河、杨柳河和汤河，其中南沙河和杨柳河为主要受纳水体，汤河接纳区域主要为井下开采，其河流淤积较小。

根据鞍山市环境质量报告书论述，是南沙河、杨柳河受到矿业公司多年来采矿和选矿废水的直接排放，导致水体污染、河道严重淤积，市区的南沙河、杨柳河每年平均淤积 20～30cm，河床逐渐抬高。

另据《鞍山市防洪手册》南沙河立山水文观测站 1985 年和 1995 年两个典型年断面比较，左侧河道由于人工开挖和冲刷，河道较深，水深为 4m；右侧河道发生不同程度淤积，最大淤高近 2m，每年淤高约 20cm，与鞍山市环境质量报告书描述结果基本一致。

B 暴雨洪水特点

由于南沙河、杨柳河中仅南沙河在立山站河段设立了水文观测站，因此评价采用南沙河立山水文观测站历年观测数据统计结果对规划区洪水特征进行描述。

立山站实测最大洪峰流量为 1090m³/s，最高水位 28.36m，发生于 1960 年 8 月 4 日 1 时 30 分；实测第二位洪峰流量为 940m³/s，最高水位 27.68m，发生于 1994 年 8 月 16 日 14 时 30 分。1985～1986 年立山站 $P_b - P_a - Q$ 关系可见图 3-22。

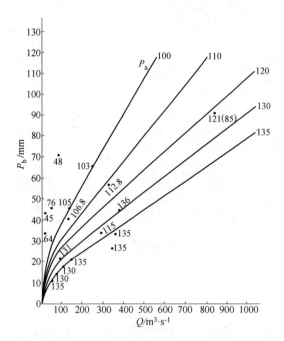

图 3-22 1985～1986 年立山站 $P_b - P_a - Q$ 关系

P_a—径流深（mm）；P_b—降雨量（mm）；Q—洪流量（m³/s）

C 典型断面的行洪能力分析

为评价规划导致河道在严重淤积和设障情况下的行洪安全，评价选择立山站作为行洪评价断面。但限于收集历史资料所限，而不对规划涉及的整个河段行洪安全进行评价。计算时以1994年洪峰为典型洪峰进行计算，以考察规划区实施前后对行洪安全的影响，行洪水深按两侧坝体底部受到冲刷计算，详见表3-41。

表3-41 1994年典型洪峰预测年通过立山断面的水位计算

年 份	设定洪峰/m³·s⁻¹	断面面积/m²	行洪水深/m	最高水位/m	最高水位河宽/m
1995	940	235	7.3	27.68	78
2015	940	335	5.3	28.48	150
2020	940	381	4.8	28.58	170

从立山河道断面的典型洪峰最高水位预测可知，随着规划进行，区域土壤侵蚀加大，暴雨导致河床淤积和堆积物量增大，将逐渐形成严重的行洪障碍，2020年最高水位将达到28.58m，立山河道断面附近的鞍山城区海拔高度为29~36m，较大洪水即可对城区造成严重危害。这说明规划开发导致洪水危害程度增大，潜伏着严重洪水灾害的威胁，必须采取有效措施，确保河道行洪安全。

3.2.4 环境空气影响预测与评价

根据矿区规划范围及环境保护目标，环境空气质量预测因子以颗粒物为主，就鞍山及周边地区和辽阳弓长岭地区分别进行预测。

预测参照《环境影响评价技术导则—大气环境》（HJ/T 2.2—2008）要求，并进行模式验证。目前阶段根据环境调查及粉尘污染源统计分析结果，初步分析规划实施的环境空气影响因素及影响途径、范围。

3.2.4.1 评价区污染气象分析

A 地理位置及地形概况

（1）鞍山市。

鞍山市地处辽东半岛中部。全境南北最长175km，东西最宽133km。鞍山市地势地貌特征是东南高西北低，自东南向西北倾斜，地形大致分为三大部分，即东南部是山地丘陵区，中部为波状平原区，西北部为辽河冲积平原的一部分。

（2）弓长岭区。

弓长岭区隶属于辽阳市，位于辽东半岛的中部，属千山山脉西麓低山丘陵地带；地势呈南高北低，为山区丘陵地带，山峦起伏，呈带状走向。

（3）本次环境空气影响评价区域范围为60km×40km。所处地理位置见彩图3-23。

B 地面常规气象特征

收集了鞍山市、辽阳弓长岭地区20年气象资料和2007~2009年各月地面温度、湿度、风频、风速等常规气象观测资料。

3.2.4.2 评价区粉尘污染源统计分析

A 现状（2009年）污染源调查分析

现状（2009年）各矿区概况及采选矿粉尘排放结果如表3-42所示。

鞍钢集团矿业公司在鞍山地区现有：眼前山铁矿、大孤山铁矿、东鞍山铁矿、齐大山铁矿和胡家庙铁矿大型露天开采铁矿山五座，在弓长岭地区现有：弓长岭露天矿、弓长岭井下矿。

表 3 - 42 现有矿区概况及粉尘排放情况一览表

序号	矿山名称	采选原矿 /×10⁴t·a⁻¹	粉尘/t·a⁻¹	排放源位置	
				东经	北纬
1	眼前山	200	194.1	123.1665	41.06169
2	大孤山	490	396	123.0519	41.05347
3	东鞍山	520	208	122.9524	41.04949
4	齐大山	1500	786	123.1088	41.16167
5	胡家庙	1040	516	123.1222	41.12334
6	弓长岭露天矿	720	388	123.5024	41.11938
7	弓长岭井下矿	165	8	123.4763	41.11721

B 近期（2015 年）新增粉尘污染源评价分析

近期（2015 年）各矿区概况及采选矿大气污染物排放估算结果如表 3 - 43 所示。2015 年鞍钢集团矿业公司在鞍山地区矿区有：眼前山铁矿、大孤山铁矿、东鞍山铁矿、齐大山铁矿、鞍千铁矿、西大背山、碱子山、关宝山等大型铁矿山，在弓长岭地区有：弓长岭露天矿、弓长岭井下矿。

表 3 - 43 近期矿区概况及粉尘排放情况一览表

序号	矿山名称	采选原矿 /×10⁴t·a⁻¹	粉尘/t·a⁻¹	排放源位置	
				东经	北纬
1	眼前山铁矿	300	212	123.1665	41.06169
2	大孤山铁矿	700	455	123.0519	41.05347
3	东鞍山铁矿	700	280	122.9524	41.04949
4	弓长岭井下矿	550	15	123.4763	41.11721
5	弓长岭露天矿	800	320	123.5024	41.11938
6	齐大山铁矿	1800	410	123.1088	41.16167
7	鞍千矿业铁矿	1200	520	123.1222	41.12334
8	鞍千西大背采区	300	120	123.1492	41.08999
9	碱子山铁矿	200	80	123.1524	41.07338
10	关宝山铁矿	400	370	123.135	41.07094

C 远期（2020 年）粉尘污染源预测分析

远期（2020 年）各矿区概况及采选矿粉尘排放估算结果如表 3 - 44 所示。

2020 年鞍钢集团矿业公司在鞍山地区矿区有：眼前山铁矿、大孤山铁矿、东鞍山铁矿、齐大山铁矿、鞍千铁矿、西大背铁矿、碱子山铁矿、张家湾铁矿、西鞍山铁矿、谷首峪铁矿等大型铁矿山，在弓长岭地区有：弓长岭露天矿、弓长岭井下矿。

表 3－44　远期矿区概况及大气污染物排放情况一览表

序号	矿山名称	采选原矿 /×10^4t·a^{-1}	粉尘/t·a^{-1}	排放源位置	
				东经	北纬
1	眼前山铁矿	800	415	123.1665	41.06169
2	大孤山铁矿	400	160	123.0519	41.05347
3	东鞍山铁矿	700	280	122.9524	41.04949
4	弓长岭井下矿	750	72	123.4763	41.11721
5	弓长岭露天矿	900	360	123.5024	41.11938
6	齐大山铁矿	1800	410	123.1088	41.16167
7	鞍千矿业铁矿	1200	520	123.1222	41.12334
8	鞍千西大背采区	300	120	123.1492	41.08999
9	砬子山铁矿	200	440	123.1524	41.07338
10	张家湾铁矿	100	6.66	123.1445	41.09627
11	谷首峪铁矿	50	6.48	123.1861	41.05767
12	西鞍山铁矿	1500	600	122.9181	41.05786
13	关宝山铁矿	400	370	123.135	41.07094
14	黑石砬子铁矿	1000	400	123.0206	41.045

通过对粉尘污染源的统计及对比分析，得到以下结果：

现状污染源调查分析表明，东鞍山铁矿、齐大山铁矿和弓长岭露天铁矿独木采区即将进入分期开采过渡期，眼前山铁矿已进入露天转地下开采过渡期。现状污染源粉尘排放总量较小，主要以露天开采铁矿排尘影响为主，对环境影响较低。

近期和远期污染源随着产量的增加，粉尘总量也随之增加，但随着露天开采转地下开采，污染物对外环境的影响逐渐降低。

3.2.4.3　矿区燃煤废气污染源调查分析

A　污染源参数模式化处理

本评价以第 4 章污染源调查分析等资料为依据，进行污染源参数模式化处理。将各污染源按现状、近期、远期三个界面进行整理，并根据预测模式的相关要求，将污染源根据点源、面源进行划分，整理成模式需要的格式，输入到预测模式进行预测。

B　污染源分析

现状污染源调查分析表明，目前大部分烧结、锅炉等污染源均未上脱硫等环保措施，SO_2 排放总量较大。

由表 3－42，表 3－43 可知，规划近期，随着 2015 年脱硫等环保措施的实施，SO_2 排放总量将大幅度减少；远期污染源排放量与近期污染源排放量相比，虽然远期锅炉的数量略有减小，但随着选矿厂规模的增加，远期污染源 SO_2、烟粉尘、NO_x 排放总量随之增加，但由于燃煤锅炉工况改善及烟气除尘、脱硫效率的进一步提高，总体污染物排放增幅较小。

3.2.4.4 预测模式系统

A 模型简介

不同的排放源将对大气环境产生不同的影响，这取决于排放源的特点，包括排放规模、排放高度和温度以及周围的地形地貌。此外，排放源对周围环境的影响与气象条件关系密切，并随着季节的变化而变化。

早期模型使用分级方式（如大气稳定度分级）来处理模拟过程。而新一代的大气扩散模型（如 ADMS 和 AEROMOD 模型）利用更为详细和复杂的方法量化大气稳定度，因此与早期模型相比，新一代的大气扩散模型可以产生较好的结果。

为了了解本项目排放的污染物所产生的地面污染物浓度，本次评价选用了 ADMS 模型来模拟各种污染物所产生的地面污染物浓度。

B 模式基本原理及公式

本次环评中正常工况的浓度预测使用的大气质量扩散模型是 ADMS - 城市模型。该模型可以模拟计算各类污染物的浓度，并对关心区域的空气质量的超标程度进行评价。

该模型是一个三维高斯模型，以高斯分布公式为主计算污染浓度，但在非稳定条件下的垂直扩散使用了倾斜式的高斯模型；使用一个拉格朗日烟羽抬升模块，烟羽抬升模块预测抬升轨迹和因为热气态物质的排放对污染物浓度的稀释，其机理是一个顶盖内嵌模型，包括对逆温渗透的处理；化学反应模块可以计算大气中一氧化氮、二氧化氮、臭氧和挥发性有机化合物之间的化学反应，化学反应使用了 GRS 机理；对颗粒物的干沉降影响使用了阻力公式，沉降速度考虑到污染物在大气表面层，穿过对流层底层到达地面所受污染物阻力的总和，附加重力沉降，湿沉降的计算使用了下洗率的定义。

本次环评中没有考虑各种污染物之间的化学反应。

ADMS 模型系统应用了基于 Monin - Obukhov 长度和边界层高度等参数描述边界层结构的最新物理知识，而其他模型使用不精确的 Pasquill 稳定度参数定义边界层特征。在这个最新的方法中，边界层结构可被直接测量的物理参数定义，即可以利用常规气象要素来定义边界层结构，这使得随高度变化而变化的扩散过程可以更真实地表现出来，模拟的污染物浓度预测结果通常是更精确、更可信的。

该模型以行星边界层（PBL）湍流结构及理论为基础。具有如下特点：

（1）按空气湍流结构和尺度概念，湍流扩散由参数化方程给出，稳定度用连续参数表示；

（2）中等浮力通量对流条件采用非正态的 PDF 模式；考虑了对流条件下浮力烟羽和混合层顶的相互作用；

（3）对简单地形和复杂地形进行了一体化的处理；

（4）包括处理夜间城市边界层的算法；

（5）能按不同计算时段（小时平均、日均、年均）进行计算，按照不同保证率给出最大浓度预测结果。

ADMS - 城市模型的数学原理：

（1）PDF 模式：

在不稳定条件下，对低浮力烟羽采用的是 PDF 模式计算地面浓度，即：

$$C = \frac{C^Y}{\sqrt{2\pi}\sigma_Y}\exp\left[-\frac{1}{2}\left(\frac{Y-Y_p}{\sigma_Y}\right)^2\right]$$

$$\sigma = \begin{cases} (\sigma_v\chi/u)/[1+0.5\chi/(uT_{LY})]^{1/2} & (F_* < 0.1) \\ 1.6F_*^{1/3}X_*^{2/3}Z_i & (F_* > 0.1, u/w_* \geqslant 2) \\ 0.8F_*^{1/3}X_*^{2/3}Z_i & (F_* > 0.1, u/w_* < 2) \end{cases}$$

式中，C^Y 为地面横风向积分浓度，由下式确定：

$$\frac{C^Y uh}{Q} = \frac{2F_1}{\sqrt{2\pi}\sigma_{Z_1}^*}\exp\left[-\frac{h_1^{*2}}{2\sigma_{Z_1}^{*2}}\right] + \frac{2F_2}{\sqrt{2\pi}\sigma_{Z_2}^*}\exp\left[-\frac{h_2^{*2}}{2\sigma_{Z_2}^{*2}}\right]$$

（2）小风对流尺度模式：

在不稳定条件下，对高浮力烟羽采用小风对流尺度模式，即：

当 $x < 10F/w_*^3$：

$$C = 0.021Qw_*^3x^{1/3}(F^{4/3}Z_i)\exp\left[-\frac{1}{2}\left(\frac{Y-Y_p}{\sigma_Y}\right)^2\right]$$

$$\sigma_Y = 1.6F_*^{1/3}X_*^{2/3}Z_1$$

当 $x \geqslant 10F/w_*^3$：

$$C = [Q/(w_*xh)]\exp\left[-\left(\frac{7F}{xw_*^3}\right)^{3/2}\right]\exp\left[-\frac{1}{2}\left(\frac{Y-Y_p}{\sigma_Y}\right)^2\right]$$

$$\sigma_Y = 0.6X_*Z_1$$

（3）Loft 模式：

对近中性条件下的高浮力烟羽，采用的是 Loft 模式，即：

$$C = \frac{Q}{\sqrt{2\pi}Z_i\sigma_Y u}[1-erf(\Phi)]\exp\left[-\frac{1}{2}\left(\frac{Y-Y_p}{\sigma_Y}\right)^2\right]$$

$$\sigma_Y = \begin{cases} 1.6F^{1/3}X^{2/3}u^{-1} & (L > 0 \text{ 或 } L < 0, \text{且 } u/w_* \geqslant 2) \\ 0.8F^{1/3}X^{2/3}u^{-1} & (L > 0, \text{且 } u/w_* < 2) \end{cases}$$

C 模型输入及输出参数

a 地形参数和粗糙度

本地区地势相对复杂。本次评价中，使用了地形高度资料。粗糙度取值0.5。

b 气象参数

本次环评中所使用的气象参数包括鞍山和辽阳气象站2007、2008、2009年全年逐时的常规气象要素，包括风向、风速、总云、气温和降水。

c 评价范围及敏感点

本次评价预测中，坐标系统以鞍山矿区和弓长岭矿区中心为原点，正北方向为 y 轴的正方向，正东为 x 轴的正方向。鞍山矿区环境空气影响预测计算范围的面积为 36.5km（东西向）×28km（南北向），弓长岭矿区环境空气影响预测计算范围的面积为 26km（东西向）×25km（南北向）。

敏感点的位置及坐标见表 3 - 45、表 3 - 46、彩图 3 - 24、彩图 3 - 25。

表 3 - 45 鞍山矿区敏感点及坐标

测点编号	测点名称	功能区类型	x	y
1	鞍山城	二类区	493726	4543250
2	沟家寨村	二类区	492931	4545896
3	网户屯村	二类区	497673	4542123
4	唐家房村	二类区	499061	4541757
5	大孤山村	二类区	503459	4544353
6	千山风景区	一类区	508043	4542481
7	七岭子村	二类区	507794	4549399
8	胡家庙村	二类区	510369	4550166
9	金湖新村南	二类区	510943	4549757
10	金家岭村	二类区	512281	4548384
11	洪台沟	二类区	514750	4545262
12	王家堡子	二类区	509019	4553943
13	深沟寺子站	二类区	503661	4552079
14	监测中心站	二类区	499930	4549056
15	太平子站	二类区	503473	4554824
16	铁西子站	二类区	496944	4549674
17	明达子站	二类区	496944	4548718
18	开发区子站	二类区（一般工业区）	494494	4547948

表 3 - 46 弓长岭矿区敏感点及坐标

测点编号	测点名称	功能区类型	x	y
1	张家村	二类区	537730	4544098
2	何家堡子村	二类区	544142	4550313
3	翁家沟村	二类区	543044	4547124
4	红花峪村	二类区	535561	4553587
5	安平村	二类区	534988	4556700
6	寒岭镇	二类区	546318	4559013
7	松树沟村	二类区	544242	4557632
8	宋家村	二类区	546006	4554250
9	金家村	二类区	544057	4554219
10	栗子园村	二类区	541481	4560808
11	泉眼背村	二类区	538545	4551754
12	高家沟村	二类区	540768	4548379

D 预测方案

本次环评应用 ADMS 模型模拟以下内容：

（1）预测 100% 保证率下鞍山矿区和弓长岭矿区 SO_2 的最大小时浓度分布、最大日均

浓度分布和年均浓度分布情况;

（2）预测100%保证率下鞍山矿区和弓长岭矿区对各敏感点的 SO_2 的最大小时浓度分布、最大日均浓度分布和年均浓度分布情况;

（3）预测100%保证率下鞍山矿区和弓长岭矿区 PM_{10} 的最大日均浓度分布和年均浓度分布情况;

（4）预测100%保证率下鞍山矿区和弓长岭矿区 PM_{10} 对各敏感点的 PM_{10} 最大日均浓度值和年均浓度贡献值;

（5）预测时段：2009 年、2015 年和 2020 年。

预测污染物小时和日平均浓度有多种方法（如典型日法、保证率法等），根据本项目的特点，本评价中采用保证率法进行计算分析。保证率是国际上通用的一种方法，其计算步骤如下：

首先对任意一个网格点，根据一年的逐时气象资料，计算其逐时地面浓度，并按日取平均，可得到各小时的浓度和日均平均浓度;然后将一年 8760h 的浓度和 365d 的日平均浓度，按大小次序排列，确定某一排位（如第一位）或某一累积频率（如 100%），则对应于该排位或该频率的小时或日均浓度即为该预测点的最大小时或日均浓度。

本次浓度预测采用 100%保证率进行概率浓度计算，即对任意预测点在全年逐时气象条件下，计算出一年 8760h 的浓度和 365d 的日均浓度，然后从大到小排列，按 100%累积频率取最大值。

3.2.4.5 环境空气影响预测

考虑到矿山对鞍山市和弓长岭地区的主要污染影响因子为烟粉尘和 SO_2，此次预测因子选定为 SO_2、NO_2 和 TSP。

A 鞍山地区 TSP 污染预测

（1）表 3-47 给出了 100%保证率条件下，鞍山矿区各年份 TSP 在各敏感点产生的日均和年均浓度贡献量。

表 3-47 鞍山矿区各年份 TSP 在各敏感点产生的浓度贡献量 （µg/m³）

点位	2009 年日均值	2015 年日均值	2020 年日均值	2009 年年均值	2015 年年均值	2020 年年均值
1	7.80	10.35	10.13	0.46	0.59	0.60
2	8.96	11.96	13.53	0.50	0.64	2.73
3	14.83	19.95	19.96	1.02	1.33	1.31
4	5.08	6.72	6.72	0.80	1.02	1.00
5	13.26	18.20	15.19	1.28	1.66	1.52
6	10.41	14.07	14.12	1.42	1.84	1.72
7	9.65	13.63	10.49	1.94	2.59	2.06
8	11.38	15.27	12.29	2.19	2.97	2.74
9	11.77	14.72	13.99	2.72	3.68	3.91
10	18.18	25.15	28.31	2.18	3.85	6.09
11	18.58	26.37	34.99	1.52	2.16	3.33

点位	2009 年日均值	2015 年日均值	2020 年日均值	2009 年年均值	2015 年年均值	2020 年年均值
12	13.79	18.45	19.28	2.66	3.49	3.35
13	10.99	15.48	10.38	1.79	2.42	1.96
14	10.56	14.19	14.27	1.46	1.93	1.88
15	10.51	14.69	11.57	1.62	2.20	1.86
16	8.64	11.64	10.95	1.48	1.96	1.98
17	9.20	12.32	12.27	1.61	2.14	2.15
18	13.80	18.48	18.64	1.56	2.07	2.08

由表 3 - 47 可见，在 100% 保证率下，2009 年正常排放下鞍山项目对各预测点的 TSP 贡献值日均最大浓度值为 5.08 ~ 18.59μg/m³，年均浓度值为 0.46 ~ 2.72μg/m³，均未超过《环境空气质量标准》中相应标准限值。

2015 年正常排放下鞍山项目对各预测点的 TSP 贡献值日均最大浓度值为 6.72 ~ 26.37μg/m³，年均浓度值为 0.59 ~ 3.85μg/m³，均未超过《环境空气质量标准》中相应标准限值。

2020 年正常排放下鞍山项目对各预测点的 TSP 贡献值日均最大浓度值为 6.72 ~ 34.99μg/m³，年均浓度值为 0.6 ~ 6.09μg/m³，均未超过《环境空气质量标准》中相应标准限值。

从预测结果来看，各污染物对 18 个预测点的贡献值均很低。

（2）表 3 - 48 ~ 表 3 - 50 分别给出了鞍山矿区 2009 年、2015 年和 2020 年 TSP 前十位日均浓度最大值及出现位置。

（3）表 3 - 51 给出了各年鞍山矿区 TSP 最大年均浓度值及出现的位置。

表 3 - 48 2009 年 TSP 前十位日均浓度最大值及出现位置

排位	污染物	x	y	距离/m	浓度/μg·m⁻³	标准值/μg·m⁻³	占标率/%
1	TSP	4596	2948	5460.3	624.0	300	208
2	TSP	4596	2667	5313.9	600.0	300	200
3	TSP	4596	3229	5616.9	568.0	300	189.33
4	TSP	3861	5756	6931.0	504.0	300	168
5	TSP	3861	6037	7166.0	496.0	300	165.33
6	TSP	-10846	-2668	11169.8	400.0	300	133.33
7	TSP	-10846	-2387	11106.0	399.2	300	133.07
8	TSP	-10846	-2949	11240.2	390.4	300	130.13
9	TSP	-10846	-3230	11317.1	353.2	300	117.73
10	TSP	3861	4633	6030.7	352.4	300	117.47

表 3 - 49 2015 年 TSP 前十位日均浓度最大值及出现位置

排位	污染物	x	y	距离/m	浓度/μg·m⁻³	标准值/μg·m⁻³	占标率/%
1	TSP	4596	2948	5460.3	730.8	300	243.6
2	TSP	4596	2667	5313.9	705.8	300	235.25

排位	污染物	x	y	距离/m	浓度/μg·m⁻³	标准值/μg·m⁻³	占标率/%
3	TSP	4596	3229	5616.9	668.4	300	222.79
4	TSP	3861	5756	6931.0	581.7	300	193.91
5	TSP	3861	6037	7166.0	576.5	300	192.18
6	TSP	−10846	−2668	11169.8	540.0	300	179.99
7	TSP	−10846	−2387	11106.0	537.6	300	179.19
8	TSP	−10846	−2949	11240.2	525.3	300	175.11
9	TSP	−10846	−3230	11317.1	475.4	300	158.46
10	TSP	−10846	−3510	11400.4	436.4	300	145.45

表 3－50　2020 年 TSP 前十位日均浓度最大值及出现位置

排位	污染物	x	y	距离/m	浓度/μg·m⁻³	标准值/μg·m⁻³	占标率/%
1	TSP	4596	2948	5460.3	720.0	300	240
2	TSP	4596	2667	5313.9	696.0	300	232
3	TSP	4596	3229	5616.9	656.0	300	218.67
4	TSP	3861	5756	6931.0	580.0	300	193.33
5	TSP	3861	6037	7166.0	580.0	300	193.33
6	TSP	−10846	−2668	11169.8	540.0	300	180
7	TSP	−10846	−2387	11106.0	536.0	300	178.67
8	TSP	−10846	−2949	11240.2	524.0	300	174.67
9	TSP	−10846	−3230	11317.1	476.0	300	158.67
10	TSP	−10846	−3510	11400.4	436.0	300	145.33

表 3－51　最大年均浓度值出现的位置

年份	污染物	x	y	距离/m	浓度/μg·m⁻³	标准值/μg·m⁻³	占标率/%
2009	TSP	4596	2948	5460.3	338.0	200	169.0
2015	TSP	4596	2948	5460.3	398.5	200	199.3
2020	TSP	4596	2948	5460.3	391.2	200	195.6

由预测结果可见，在 100% 保证率时，由 2009、2015、2020 年鞍山矿区 TSP 排放产生的日均最大浓度分别为 624.0、730.8、720μg/m³；分别占相应的大气质量标准限值的 208%、243.6%、240%，最大值超标，但超标天数全年不超过 10 天。超标浓度值均位于矿区以内。由 2009、2015、2020 年鞍山矿区 TSP 排放产生的年均最大浓度分别为 338、398.5、391.2μg/m³；分别占相应的大气质量标准限值的 169%、199.3%、195.6%，最大值超标，超标浓度值均位于矿区以内。

B　弓长岭地区 TSP 污染预测

(1) 表 3－52 给出了 100% 保证率条件下，弓长岭矿区各年份 TSP 在各敏感点产生的日均和年均浓度贡献量。

表 3 – 52　弓长岭矿区各年份 TSP 在各敏感点产生的浓度贡献量　　（μg/m³）

点位	2009 年日均值	2015 年日均值	2020 年日均值	2009 年年均值	2015 年年均值	2020 年年均值
1	2.93	3.24	3.62	0.16	0.18	0.20
2	22.64	25.17	28.28	2.59	2.88	3.23
3	260.47	289.38	299.52	67.63	75.14	84.52
4	4.14	4.56	5.06	0.21	0.23	0.25
5	6.37	7.06	7.88	0.28	0.31	0.35
6	11.25	12.49	14.00	1.06	1.18	1.32
7	15.67	17.42	19.57	1.31	1.45	1.63
8	16.87	18.75	21.06	1.35	1.50	1.68
9	18.11	20.12	22.59	1.66	1.85	2.07
10	16.72	18.59	20.87	1.28	1.42	1.59
11	7.01	7.79	8.70	0.36	0.39	0.43
12	12.09	13.97	15.56	3.46	4.06	4.48

由表 3 – 52 可见，在 100% 保证率下，2009 年正常排放下弓长岭地区矿山项目对各预测点的 TSP 贡献值日均最大浓度值为 2.93 ~ 260.47μg/m³，TSP 年均浓度值为 0.16 ~ 67.63μg/m³，均未超过《环境空气质量标准》中相应标准限值。

2015 年正常排放下弓长岭地区矿山对各预测点的 TSP 贡献值日均最大浓度值为 3.24 ~ 289.38μg/m³，年均浓度值为 0.18 ~ 75.14μg/m³，均未超过《环境空气质量标准》中相应标准限值。

2020 年正常排放下弓长岭地区矿山对各预测点的 TSP 贡献值日均最大浓度值为 3.62 ~ 299.52μg/m³，年均浓度值为 0.2 ~ 84.52μg/m³，均未超过《环境空气质量标准》中相应标准限值。

从预测结果来看，各污染物对 12 个预测点的贡献值均很低。

（2）表 3 – 53 ~ 表 3 – 55 分别给出了弓长岭矿区 2009、2015、2020 年 TSP 前十位日均浓度最大值及出现位置。

表 3 – 53　弓长岭矿区 2009 年 TSP 前十位日均浓度最大值及出现位置

排位	污染物	x	y	距离/m	浓度/μg·m⁻³	标准值/μg·m⁻³	占标率/%
1	TSP	4300	−823	4378.1	295.5	300.0	98.5
2	TSP	4300	−411	4319.6	291.0	300.0	97.0
3	TSP	4300	−1235	4473.8	274.8	300.0	91.6
4	TSP	4730	824	4801.2	258.7	300.0	86.2
5	TSP	3870	−411	3891.8	254.9	300.0	85.0
6	TSP	3870	−823	3956.6	252.0	300.0	84.0
7	TSP	3440	2059	4008.9	251.1	300.0	83.7
8	TSP	3870	1647	4205.9	243.4	300.0	81.1
9	TSP	3440	1647	3813.9	242.4	300.0	80.8
10	TSP	3870	2059	4383.5	239.1	300.0	79.7

表 3-54 弓长岭矿区 2015 年 TSP 前十位日均浓度最大值及出现位置

排位	污染物	x	y	距离/m	浓度/$\mu g \cdot m^{-3}$	标准值/$\mu g \cdot m^{-3}$	占标率/%
1	TSP	4300	-823	4378.1	328.3	300.0	109.4
2	TSP	4300	-411	4319.6	323.3	300.0	107.8
3	TSP	4300	-1235	4473.8	305.3	300.0	101.8
4	TSP	4730	824	4801.2	287.4	300.0	95.8
5	TSP	3870	-411	3891.8	283.2	300.0	94.4
6	TSP	3870	-823	3956.6	280.0	300.0	93.3
7	TSP	3440	2059	4008.9	279.0	300.0	93.0
8	TSP	3870	1647	4205.9	270.4	300.0	90.1
9	TSP	3440	1647	3813.9	269.3	300.0	89.8
10	TSP	3870	2059	4383.5	265.7	300.0	88.6

表 3-55 弓长岭矿区 2020 年 TSP 前十位日均浓度最大值及出现位置

排位	污染物	x	y	距离/m	浓度/$\mu g \cdot m^{-3}$	标准值/$\mu g \cdot m^{-3}$	占标率/%
1	TSP	4300	-823	4378.1	369.3	300.0	123.1
2	TSP	4300	-411	4319.6	363.7	300.0	121.2
3	TSP	4300	-1235	4473.8	343.3	300.0	114.4
4	TSP	4730	824	4801.2	323.3	300.0	107.8
5	TSP	3870	-411	3891.8	318.5	300.0	106.2
6	TSP	3870	-823	3956.6	315.0	300.0	105.0
7	TSP	3440	2059	4008.9	313.8	300.0	104.6
8	TSP	3870	1647	4205.9	304.1	300.0	101.4
9	TSP	3440	1647	3813.9	302.9	300.0	101.0
10	TSP	3870	2059	4383.5	298.9	300.0	99.6

表 3-56 给出了弓长岭矿区各年 TSP 最大年均浓度值及出现的位置。

表 3-56 弓长岭矿区最大年均浓度值出现的位置

年份	污染物	x	y	距离/m	浓度/$\mu g \cdot m^{-3}$	标准值/$\mu g \cdot m^{-3}$	占标率/%
2009	TSP	4730	824	4801.2	130.9	200.0	65.4
2015	TSP	4730	824	4801.2	145.4	200.0	72.7
2020	TSP	4730	824	4801.2	163.6	200.0	81.8

由预测结果可见,在 100% 保证率时,由 2009、2015、2020 年辽阳矿区 TSP 排放产生的日均最大浓度分别为 295.5、328.3、369.3$\mu g/m^3$;分别占相应的大气质量标准限值的 98.5%、109.4%、123.1%,2015、2020 年弓长岭矿区 TSP 最大值超标,但超标天数全年不超过 10 天。超标浓度值均位于矿区以内。由 2009、2015、2020 年辽阳矿区 TSP 排放产生的年均最大浓度分别为 130.9、145.4、163.6$\mu g/m^3$;分别占相应的大气质量标准限值

的 65.4%、72.7%、81.8%,均低于标准限值。最大值均位于矿区以内。

C 鞍山地区 SO$_2$ 污染预测

(1) 表 3-57 给出了 100% 保证率条件下,鞍山矿区各年份 SO$_2$ 在各敏感点产生的小时、日均和年均浓度贡献量。

表 3-57 鞍山矿区各年份 SO$_2$ 在各敏感点产生的浓度贡献量　　(μg/m³)

点位	2009 年小时值	2015 年小时值	2020 年小时值	2009 年日均值	2015 年日均值	2020 年日均值	2009 年年均值	2015 年年均值	2020 年年均值
1	45.1	13.0	36.3	5.81	2.40	6.70	0.91	0.35	0.98
2	36.1	8.6	24.1	5.47	2.28	6.35	0.80	0.35	0.97
3	35.4	15.6	43.7	7.87	2.73	7.61	1.29	0.52	1.44
4	39.8	23.8	66.4	9.14	3.62	10.11	1.32	0.56	1.56
5	40.6	13.3	37.1	3.69	1.51	4.22	0.82	0.34	0.96
6	37.9	9.4	26.3	2.91	1.43	3.98	0.51	0.22	0.61
7	48.2	10.3	28.8	4.65	1.42	3.96	0.74	0.29	0.82
8	44.4	9.6	26.9	4.80	1.34	3.73	0.73	0.25	0.71
9	42.6	9.3	25.9	4.59	1.23	3.43	0.68	0.24	0.68
10	37.7	8.5	23.6	4.16	1.36	3.78	0.51	0.18	0.50
11	32.5	8.4	23.3	3.11	1.38	3.84	0.34	0.14	0.38
12	57.1	12.8	35.6	4.55	1.24	3.46	0.74	0.27	0.77
13	124.2	14.9	41.5	11.56	2.29	6.38	2.15	0.73	2.03
14	72.0	18.8	52.4	15.46	4.78	13.34	3.76	1.53	4.27
15	92.9	13.3	37.2	11.81	2.24	6.24	2.03	0.61	1.69
16	52.7	14.2	39.5	6.23	3.43	9.56	1.66	0.77	2.15
17	68.1	16.1	45.0	7.05	3.65	10.18	1.70	0.73	2.04
18	38.6	14.0	39.1	4.93	2.09	5.83	0.86	0.38	1.07

由表 3-57 可见,在 100% 保证率下,2009 年正常排放下鞍山项目对各预测点的 SO$_2$ 贡献值小时最大浓度值为 32.5~124.2μg/m³,日均最大浓度值为 2.91~15.46μg/m³,年均浓度值为 0.34~3.76μg/m³,均未超过《环境空气质量标准》中相应标准限值。

2015 年正常排放下鞍山项目对各预测点的 SO$_2$ 贡献值小时最大浓度值为 8.4~23.8μg/m³,日均最大浓度值为 1.23~4.78μg/m³,年均浓度值为 0.14~1.53μg/m³,均未超过《环境空气质量标准》中相应标准限值。

2020 年正常排放下鞍山项目对各预测点的 SO$_2$ 贡献值小时最大浓度值为 23.3~66.4μg/m³,日均最大浓度值为 3.43~13.34μg/m³,年均浓度值为 0.38~4.27μg/m³,均未超过《环境空气质量标准》中相应标准限值。

从预测结果来看,各污染物对 18 个预测点的贡献值均很低。

(2) 表 3-58~表 3-63 分别给出了鞍山矿区 2009、2015、2020 年 SO$_2$ 前十位小时、日均浓度最大值及出现位置。

表 3-58 鞍山矿区 2009 年 SO₂ 前十位小时浓度最大值及出现位置

排位	污染物	x	y	距离/m	浓度/μg·m⁻³	标准值/μg·m⁻³	占标率/%
1	SO₂	-5331.3	5756.3	7845.9	205.9	500	41.2
2	SO₂	-5331.3	6879.5	8703.5	189.9	500	38.0
3	SO₂	-5331.3	7160.3	8927.1	180.3	500	36.1
4	SO₂	-7169.7	-3229.5	7863.5	178.2	500	35.6
5	SO₂	-4963.6	6037.1	7815.6	177.1	500	35.4
6	SO₂	-5331.3	6317.9	8266.7	170.7	500	34.1
7	SO₂	-4963.6	7160.3	8712.5	168.6	500	33.7
8	SO₂	-6066.7	5475.5	8172.2	165.4	500	33.1
9	SO₂	-4963.6	6317.9	8034.5	165.4	500	33.1
10	SO₂	-4963.6	7441.1	8944.7	165.4	500	33.1

表 3-59 鞍山矿区 2015 年 SO₂ 前十位小时浓度最大值及出现位置

排位	污染物	x	y	距离/m	浓度/μg·m⁻³	标准值/μg·m⁻³	占标率/%
1	SO₂	-7905.1	-983.1	7966.0	98.3	500	19.7
2	SO₂	-7169.7	-3229.5	7863.5	97.0	500	19.4
3	SO₂	-7905.1	-702.3	7936.2	90.6	500	18.1
4	SO₂	-7169.7	-2948.7	7752.4	88.0	500	17.6
5	SO₂	-8272.7	-702.3	8302.5	74.0	500	14.8
6	SO₂	-6066.7	-702.3	6107.2	65.7	500	13.1
7	SO₂	-8272.7	-983.1	8330.9	64.4	500	12.9
8	SO₂	-6066.7	-421.5	6081.3	58.1	500	11.6
9	SO₂	-7169.7	-3510.3	7982.9	53.5	500	10.7
10	SO₂	-6802.0	-2948.7	7413.7	52.3	500	10.5

表 3-60 鞍山矿区 2020 年 SO₂ 前十位小时浓度最大值及出现位置

排位	污染物	x	y	距离/m	浓度/μg·m⁻³	标准值/μg·m⁻³	占标率/%
1	SO₂	-7905.1	-983.1	7966.0	274.2	500	54.8
2	SO₂	-7169.7	-3229.5	7863.5	270.6	500	54.1
3	SO₂	-7905.1	-702.3	7936.2	252.8	500	50.6
4	SO₂	-7169.7	-2948.7	7752.4	245.7	500	49.1
5	SO₂	-8272.7	-702.3	8302.5	206.5	500	41.3
6	SO₂	-6066.7	-702.3	6107.2	183.4	500	36.7
7	SO₂	-8272.7	-983.1	8330.9	179.8	500	36.0
8	SO₂	-6066.7	-421.5	6081.3	162.0	500	32.4
9	SO₂	-7169.7	-3510.3	7982.9	149.2	500	29.8
10	SO₂	-6802.0	-2948.7	7413.7	145.8	500	29.2

表3-61 鞍山矿区2009年SO₂前十位日均浓度最大值及出现位置

排位	污染物	x	y	距离/m	浓度/μg·m⁻³	标准值/μg·m⁻³	占标率/%
1	SO₂	-6066.7	7160.3	9384.8	30.3	150	20.2
2	SO₂	-6066.7	4913.9	7807.1	29.4	150	19.6
3	SO₂	-6066.7	6879.5	9172.4	28.8	150	19.2
4	SO₂	-6066.7	7441.1	9600.8	28.1	150	18.7
5	SO₂	-4596	5475.5	7148.7	27.3	150	18.2
6	SO₂	-6066.7	4633.1	7633.5	26.7	150	17.8
7	SO₂	-6066.7	4352.3	7466.4	26.6	150	17.7
8	SO₂	-5699	4633.1	7344.7	26.2	150	17.5
9	SO₂	-5699	7441.1	9372.8	26.1	150	17.4
10	SO₂	-5699	7160.3	9151.4	25.9	150	17.3

表3-62 鞍山矿区2015年SO₂前十位日均浓度最大值及出现位置

排位	污染物	x	y	距离/m	浓度/μg·m⁻³	标准值/μg·m⁻³	占标率/%
1	SO₂	-7169.7	-2948.7	7752.4	12.3	150	8.2
2	SO₂	-7169.7	-2667.9	7650	11.4	150	7.6
3	SO₂	-7169.7	-3510.3	7982.9	10.6	150	7.1
4	SO₂	-8272.7	-1263.9	8368.7	10.2	150	6.8
5	SO₂	-6802	-3229.5	7529.8	10.0	150	6.6
6	SO₂	-8272.7	-702.3	8302.5	9.8	150	6.6
7	SO₂	-7169.7	-2387.1	7556.7	9.6	150	6.4
8	SO₂	-7169.7	-3229.5	7863.5	9.5	150	6.3
9	SO₂	-7905.1	-983.1	7966	9.4	150	6.3
10	SO₂	-7905.1	-702.3	7936.2	9.2	150	6.1

表3-63 鞍山矿区2020年SO₂前十位日均浓度最大值及出现位置

排位	污染物	x	y	距离/m	浓度/μg·m⁻³	标准值/μg·m⁻³	占标率/%
1	SO₂	-7169.7	-2948.7	7752.4	34.4	150	22.9
2	SO₂	-7169.7	-2667.9	7650	31.7	150	21.1
3	SO₂	-7169.7	-3510.3	7982.9	29.6	150	19.7
4	SO₂	-8272.7	-1263.9	8368.7	28.5	150	19.0
5	SO₂	-6802	-3229.5	7529.8	27.8	150	18.5
6	SO₂	-8272.7	-702.3	8302.5	27.4	150	18.3
7	SO₂	-7169.7	-2387.1	7556.7	26.9	150	17.9
8	SO₂	-7169.7	-3229.5	7863.5	26.5	150	17.7
9	SO₂	-7905.1	-983.1	7966	26.2	150	17.4
10	SO₂	-7169.7	-2948.7	7752.4	25.6	150	17.1

由预测结果可见，在100%保证率时，由2009、2015、2020年鞍山矿区SO₂排放产生的小时最大浓度分别为205.9、98.3、274.2μg/m³；分别占相应的大气质量标准限值的41.2%、19.7%、54.8%，均不超标。最大浓度值均位于矿区以内。

由2009、2015、2020年鞍山矿区SO₂排放产生的日均最大浓度分别为30.3、12.3、34.4μg/m³；分别占相应的大气质量标准限值的20.2%、8.2%、22.9%，均不超标。最大浓度值均位于矿区以内。

由预测结果可见，由2009、2015、2020年鞍山矿区SO₂排放产生的年均最大浓度分别为6.0、2.4、6.7μg/m³；分别占相应的大气质量标准限值的10.0%、4.0%、11.2%，均不超标，最大浓度值均位于矿区以内。

表3-64给出了各年鞍山矿区SO₂最大年均浓度值及出现的位置。

表3-64 最大年均浓度值出现的位置

年份	污染物	x	y	距离/m	浓度/μg·m⁻³	标准值/μg·m⁻³	占标率/%
2009	SO₂	-6066.7	4633.1	7633.5	6.01	60.00	10.01
2015	SO₂	-7905.1	-421.5	7916.3	2.40	60.00	4.00
2020	SO₂	-7905.1	-421.5	7916.3	6.69	60.00	11.16

D 弓长岭地区SO₂污染预测

（1）表3-65给出了100%保证率条件下，弓长岭矿区各年份SO₂在各敏感点产生的小时、日均和年均浓度贡献量。

表3-65 弓长岭矿区各年份SO₂在各敏感点产生的小时、日均和年均浓度贡献量 （μg/m³）

点位	2009年小时值	2015年小时值	2020年小时值	2009年日均值	2015年日均值	2020年日均值	2009年年均值	2015年年均值	2020年年均值
1	43.7	47.1	21.6	9.49	7.45	2.88	1.24	0.72	0.32
2	40.6	45.8	14.7	8.25	4.71	1.93	0.92	0.52	0.22
3	36.4	34.5	18.4	9.54	5.46	2.29	0.76	0.40	0.17
4	203.6	214.4	61.5	47.28	33.07	10.60	8.34	5.59	2.09
5	74.9	56.9	26.2	21.65	12.69	4.64	3.34	1.80	0.73
6	30.6	23.0	10.6	8.33	4.50	1.73	0.76	0.45	0.18
7	37.4	28.2	12.9	9.84	5.34	2.11	0.96	0.56	0.22
8	33.6	40.6	14.1	7.90	5.04	2.14	1.16	0.68	0.29
9	41.7	52.6	16.1	10.54	6.81	2.59	1.51	0.87	0.36
10	39.8	35.8	17.6	7.67	4.72	1.92	1.09	0.63	0.27
11	110.9	98.5	41.4	24.94	14.65	5.36	3.24	1.75	0.78
12	53.9	45.9	24.9	15.11	8.14	3.36	1.25	0.61	0.26

由表3-65可见，在100%保证率下，2009年正常排放下弓长岭地区矿山项目对各预测点的SO₂贡献值小时最大浓度值为30.6~203.6μg/m³，日均最大浓度值为7.67~47.28μg/m³，年均浓度值为0.76~8.34μg/m³，均未超过《环境空气质量标准》中相应标

准限值。

2015 年正常排放下弓长岭地区矿山项目对各预测点的 SO_2 贡献值小时最大浓度值为 $23 \sim 214.4 \mu g/m^3$，日均最大浓度值为 $4.5 \sim 33.07 \mu g/m^3$，年均浓度值为 $0.4 \sim 5.59 \mu g/m^3$，均未超过《环境空气质量标准》中相应标准限值。

2020 年正常排放下弓长岭地区矿山项目对各预测点的 SO_2 贡献值小时最大浓度值为 $10.6 \sim 61.5 \mu g/m^3$，日均最大浓度值为 $1.73 \sim 10.6 \mu g/m^3$，年均浓度值为 $0.17 \sim 2.09 \mu g/m^3$，均未超过《环境空气质量标准》中相应标准限值。

从预测结果来看，各污染物对 12 个预测点的贡献值均很低。

（2）表 3-66 ~ 表 3-71 分别给出了弓长岭矿区 2009 年、2015 年、2020 年 SO_2 前十位小时、日均浓度最大值及出现位置。

表 3-66　2009 年 SO_2 前十位小时浓度最大值及出现位置

排位	污染物	x	y	距离/m	浓度/$\mu g \cdot m^{-3}$	标准值/$\mu g \cdot m^{-3}$	占标率/%
1	SO_2	-3870.0	4528.6	5957.0	620.4	500	124.1
2	SO_2	-3440.0	4116.9	5365.0	578.0	500	115.6
3	SO_2	-3440.0	4940.3	6020.0	565.9	500	113.2
4	SO_2	-3010.0	4940.3	5785.0	562.9	500	112.6
5	SO_2	-3010.0	4528.6	5437.7	541.7	500	108.3
6	SO_2	-3870.0	4940.3	6275.6	432.7	500	86.5
7	SO_2	-4300.0	4528.6	6244.9	420.6	500	84.1
8	SO_2	-3010.0	4116.9	5099.9	414.6	500	82.9
9	SO_2	-3440.0	5352.0	6362.2	414.6	500	82.9
10	SO_2	-3870.0	4116.9	5650.3	405.5	500	81.1

表 3-67　2015 年 SO_2 前十位小时浓度最大值及出现位置

排位	污染物	x	y	距离/m	浓度/$\mu g \cdot m^{-3}$	标准值/$\mu g \cdot m^{-3}$	占标率/%
1	SO_2	-3440.0	4940.3	6020.0	559.6	500	111.9
2	SO_2	-3010.0	4528.6	5437.7	485.3	500	97.1
3	SO_2	-3440.0	4116.9	5365.0	468.8	500	93.8
4	SO_2	-3870.0	4528.6	5957.0	437.4	500	87.5
5	SO_2	-3440.0	4528.6	5687.0	430.8	500	86.2
6	SO_2	-3440.0	3705.3	5056.0	424.2	500	84.8
7	SO_2	-3870.0	4116.9	5650.3	409.4	500	81.9
8	SO_2	-3440.0	5352.0	6362.2	409.4	500	81.9
9	SO_2	-4300.0	4528.6	6244.9	399.5	500	79.9
10	SO_2	-4300.0	4116.9	5953.1	392.9	500	78.6

表 3 - 68 2020 年 SO_2 前十位小时浓度最大值及出现位置

排位	污染物	x	y	距离/m	浓度/μg·m⁻³	标准值/μg·m⁻³	占标率/%
1	SO_2	-3440.0	3705.3	5056.0	162.6	500	32.5
2	SO_2	-3440.0	4940.3	6020.0	156.6	500	31.3
3	SO_2	-3010.0	4940.3	5785.0	124.3	500	24.9
4	SO_2	-3010.0	4528.6	5437.7	123.3	500	24.7
5	SO_2	-3010.0	3293.6	4461.8	120.8	500	24.2
6	SO_2	-3870.0	4940.3	6275.6	117.3	500	23.5
7	SO_2	-3440.0	4116.9	5365.0	116.8	500	23.4
8	SO_2	-3870.0	4528.6	5957.0	116.3	500	23.3
9	SO_2	-3440.0	4528.6	5687.0	108.4	500	21.7
10	SO_2	-3870.0	4116.9	5650.3	107.9	500	21.6

表 3 - 69 2009 年 SO_2 前十位日均浓度最大值及出现位置

排位	污染物	x	y	距离/m	浓度/μg·m⁻³	标准值/μg·m⁻³	占标率/%
1	SO_2	-3440	4940.3	6020	188.5	150	125.7
2	SO_2	-3440	4116.9	5365	173.1	150	115.4
3	SO_2	-3870	4528.6	5957	158.6	150	105.7
4	SO_2	-3010	4528.6	5437.7	123.2	150	82.1
5	SO_2	-2580	6175.3	6692.6	89.3	150	59.5
6	SO_2	-5590	4940.3	7460.2	85.0	150	56.7
7	SO_2	-4300	4528.6	6244.9	84.1	150	56.1
8	SO_2	-3870	4940.3	6275.6	83.5	150	55.7
9	SO_2	-3010	4116.9	5099.9	82.9	150	55.3
10	SO_2	-6020	4940.3	7787.6	82.0	150	54.7

表 3 - 70 2015 年 SO_2 前十位日均浓度最大值及出现位置

排位	污染物	x	y	距离/m	浓度/μg·m⁻³	标准值/μg·m⁻³	占标率/%
1	SO_2	-3870	4528.6	5957	140.8	150	93.9
2	SO_2	-3440	4940.3	6020	124.6	150	83.1
3	SO_2	-3440	4116.9	5365	107.3	150	71.5
4	SO_2	-4300	4528.6	6244.9	91.4	150	61.0
5	SO_2	-3010	4528.6	5437.7	90.3	150	60.2
6	SO_2	-4730	4528.6	6548.4	72.8	150	48.5
7	SO_2	-3870	4940.3	6275.6	71.3	150	47.5
8	SO_2	-3870	4116.9	5650.3	68.7	150	45.8
9	SO_2	-5160	4528.6	6865.4	64.2	150	42.8
10	SO_2	-3010	4116.9	5099.9	62.6	150	41.7

表 3-71 2020 年 SO₂ 前十位日均浓度最大值及出现位置

排位	污染物	x	y	距离/m	浓度/μg·m⁻³	标准值/μg·m⁻³	占标率/%
1	SO₂	-3440	4940.3	6020	43.2	150	28.8
2	SO₂	-3870	4528.6	5957	37.8	150	25.2
3	SO₂	-3440	4116.9	5365	30.7	150	20.5
4	SO₂	-4300	4528.6	6244.9	27.3	150	18.2
5	SO₂	-3010	4528.6	5437.7	26.4	150	17.6
6	SO₂	-3870	4940.3	6275.6	25.7	150	17.1
7	SO₂	-4730	4528.6	6548.4	23.9	150	15.9
8	SO₂	-3010	3293.6	4461.8	23.5	150	15.6
9	SO₂	-5160	4528.6	6865.4	22.0	150	14.7
10	SO₂	-3010	3705.3	4773.8	21.9	150	14.6

由预测结果可见，在 100% 保证率时，由 2009、2015、2020 年辽阳矿区 SO₂ 排放产生的小时最大浓度分别为 620.4、559.6、162.6μg/m³；分别占相应的大气质量标准限值的 124.1%、111.9%、32.5%，2009、2015 年辽阳矿区 SO₂ 最大值超标。最大浓度值均位于矿区以内。日均最大浓度分别为 188.5、140.8、43.2μg/m³；分别占相应的大气质量标准限值的 125.7%、93.9%、28.8%，2009 年辽阳矿区 SO₂ 最大值超标。最大浓度值均位于矿区以内。

由预测结果可见，2009、2015、2020 年弓长岭矿区 SO₂ 排放产生的年均最大浓度分别为 32.7、21.5、7.9μg/m³；分别占相应的大气质量标准限值的 54.5%、35.8%、13.2%，均低于标准限值。最大值均位于矿区以内。

表 3-72 给出了弓长岭矿区各年 SO₂ 最大年均浓度值及出现的位置。

表 3-72 弓长岭矿区各年最大年均浓度值出现的位置

年份	污染物	x	y	距离/m	浓度/μg·m⁻³	标准值/μg·m⁻³	占标率/%
2009	SO₂	-3440	4940.3	6020	32.7	60.0	54.5
2015	SO₂	-3440	4940.3	6020	21.5	60.0	35.8
2020	SO₂	-3440	4116.9	5365	7.9	60.0	13.2

E 鞍山地区 NO₂ 污染预测

(1) 表 3-73 给出了 100% 保证率条件下，鞍山矿区各年份 NO₂ 在各敏感点产生的小时、日均和年均浓度贡献量。

表 3-73 鞍山矿区各年份 NO₂ 在各敏感点产生的浓度贡献量 （μg/m³）

点位	2009 年小时值	2015 年小时值	2020 年小时值	2009 年日均值	2015 年日均值	2020 年日均值	2009 年年均值	2015 年年均值	2020 年年均值
1	35.3	31.0	85.4	4.54	5.72	15.75	0.71	0.84	2.31
2	28.2	20.6	56.7	4.28	5.43	14.93	0.62	0.83	2.28
3	27.7	37.3	102.7	6.15	6.50	17.89	1.01	1.23	3.39

续表 3 - 73

点位	2009 年小时值	2015 年小时值	2020 年小时值	2009 年日均值	2015 年日均值	2020 年日均值	2009 年年均值	2015 年年均值	2020 年年均值
4	31.1	56.7	156.2	7.15	8.64	23.77	1.03	1.33	3.66
5	31.7	31.7	87.1	2.88	3.61	9.93	0.64	0.82	2.25
6	29.6	22.5	61.8	2.28	3.40	9.36	0.40	0.52	1.43
7	37.7	24.6	67.7	3.64	3.38	9.31	0.58	0.70	1.92
8	34.7	23.0	63.2	3.75	3.19	8.77	0.57	0.61	1.67
9	33.3	22.1	61.0	3.59	2.93	8.07	0.53	0.58	1.59
10	29.4	20.2	55.5	3.25	3.23	8.89	0.40	0.43	1.18
11	25.4	19.9	54.9	2.43	3.28	9.03	0.27	0.33	0.90
12	44.7	30.4	83.8	3.55	2.95	8.13	0.58	0.65	1.80
13	97.1	35.4	97.5	9.04	5.45	15.01	1.68	1.74	4.78
14	56.3	44.8	123.3	12.09	11.40	31.37	2.94	3.65	10.03
15	72.6	31.8	87.4	9.23	5.33	14.66	1.59	1.44	3.97
16	41.2	33.7	92.9	4.87	8.17	22.49	1.30	1.84	5.06
17	53.2	38.4	105.8	5.51	8.70	23.94	1.33	1.74	4.80
18	30.2	33.4	92.0	3.86	4.98	13.70	0.68	0.91	2.50

由表 3 - 73 可见，在 100% 保证率下，2009 年正常排放下鞍山项目对各预测点的 NO_2 贡献值小时最大浓度值为 25.4 ~ 97.1 $\mu g/m^3$，日均最大浓度值为 2.28 ~ 12.09 $\mu g/m^3$，年均浓度值为 0.27 ~ 2.94 $\mu g/m^3$，均未超过《环境空气质量标准》中相应标准限值。

2015 年正常排放下鞍山项目对各预测点的 NO_2 贡献值小时最大浓度值为 19.9 ~ 56.7 $\mu g/m^3$，日均最大浓度值为 2.93 ~ 11.4 $\mu g/m^3$，年均浓度值为 0.33 ~ 3.65 $\mu g/m^3$，均未超过《环境空气质量标准》中相应标准限值。

2020 年正常排放下鞍山项目对各预测点的 NO_2 贡献值小时最大浓度值为 54.9 ~ 156.2 $\mu g/m^3$，日均最大浓度值为 8.07 ~ 31.37 $\mu g/m^3$，年均浓度值为 0.9 ~ 10.03 $\mu g/m^3$，均未超过《环境空气质量标准》中相应标准限值。

从预测结果来看，各污染物对 18 个预测点的贡献值均很低。

（2）表 3 - 74 ~ 表 3 - 79 分别给出了鞍山矿区 2009、2015、2020 年 NO_2 前十位小时、日均浓度最大值及出现位置。

表 3 - 74　2009 年 NO_2 前十位小时浓度最大值及出现位置

排位	污染物	x	y	距离/m	浓度/$\mu g \cdot m^{-3}$	标准值/$\mu g \cdot m^{-3}$	占标率/%
1	NO_2	-5331.3	5756.3	7845.9	161.0	240.0	67.1
2	NO_2	-5331.3	6879.5	8703.5	148.5	240.0	61.9
3	NO_2	-5331.3	7160.3	8927.1	141.0	240.0	58.7
4	NO_2	-7169.7	-3229.5	7863.5	139.3	240.0	58.0
5	NO_2	-4963.6	6037.1	7815.6	138.5	240.0	57.7

排位	污染物	x	y	距离/m	浓度/μg·m⁻³	标准值/μg·m⁻³	占标率/%
6	NO₂	-5331.3	6317.9	8266.7	133.4	240.0	55.6
7	NO₂	-4963.6	7160.3	8712.5	131.8	240.0	54.9
8	NO₂	-6066.7	5475.5	8172.2	129.3	240.0	53.9
9	NO₂	-4963.6	6317.9	8034.5	129.3	240.0	53.9
10	NO₂	-4963.6	7441.1	8944.7	129.3	240.0	53.9

表 3 - 75 2015 年 NO₂ 前十位小时浓度最大值及出现位置

排位	污染物	x	y	距离/m	浓度/μg·m⁻³	标准值/μg·m⁻³	占标率/%
1	NO₂	-7905.1	-983.1	7966.0	234.2	240.0	97.6
2	NO₂	-7169.7	-3229.5	7863.5	231.2	240.0	96.3
3	NO₂	-7905.1	-702.3	7936.2	215.9	240.0	90.0
4	NO₂	-7169.7	-2948.7	7752.4	209.9	240.0	87.4
5	NO₂	-8272.7	-702.3	8302.5	176.4	240.0	73.5
6	NO₂	-6066.7	-702.3	6107.2	156.6	240.0	65.3
7	NO₂	-8272.7	-983.1	8330.9	153.6	240.0	64.0
8	NO₂	-6066.7	-421.5	6081.3	138.4	240.0	57.7
9	NO₂	-7169.7	-3510.3	7982.9	127.4	240.0	53.1
10	NO₂	-6802.0	-2948.7	7413.7	124.5	240.0	51.9

表 3 - 76 2020 年 NO₂ 前十位小时浓度最大值及出现位置

排位	污染物	x	y	距离/m	浓度/μg·m⁻³	标准值/μg·m⁻³	占标率/%
1	NO₂	-7905.1	-983.1	7966.0	644.6	240.0	268.6
2	NO₂	-7169.7	-3229.5	7863.5	636.2	240.0	265.1
3	NO₂	-7905.1	-702.3	7936.2	594.3	240.0	247.6
4	NO₂	-7169.7	-2948.7	7752.4	577.6	240.0	240.7
5	NO₂	-8272.7	-702.3	8302.5	485.5	240.0	202.3
6	NO₂	-6066.7	-702.3	6107.2	431.1	240.0	179.6
7	NO₂	-8272.7	-983.1	8330.9	422.7	240.0	176.1
8	NO₂	-6066.7	-421.5	6081.3	380.9	240.0	158.7
9	NO₂	-7169.7	-3510.3	7982.9	350.7	240.0	146.1
10	NO₂	-6802.0	-2948.7	7413.7	342.8	240.0	142.8

表 3 - 77 2009 年 NO₂ 前十位日均浓度最大值及出现位置

排位	污染物	x	y	距离/m	浓度/μg·m⁻³	标准值/μg·m⁻³	占标率/%
1	NO₂	-6066.7	7160.3	9384.8	23.7	120.0	19.7
2	NO₂	-6066.7	4913.9	7807.1	23.0	120.0	19.2
3	NO₂	-6066.7	6879.5	9172.4	22.5	120.0	18.8

排位	污染物	x	y	距离/m	浓度/μg·m⁻³	标准值/μg·m⁻³	占标率/%
4	NO₂	-6066.7	7441.1	9600.8	21.9	120.0	18.3
5	NO₂	-4596	5475.5	7148.7	21.4	120.0	17.8
6	NO₂	-6066.7	4633.1	7633.5	20.9	120.0	17.4
7	NO₂	-6066.7	4352.3	7466.4	20.8	120.0	17.3
8	NO₂	-5699	4633.1	7344.7	20.5	120.0	17.1
9	NO₂	-5699	7441.1	9372.8	20.4	120.0	17.0
10	NO₂	-5699	7160.3	9151.4	20.3	120.0	16.9

表 3-78 2015 年 NO₂ 前十位日均浓度最大值及出现位置

排位	污染物	x	y	距离/m	浓度/μg·m⁻³	标准值/μg·m⁻³	占标率/%
1	NO₂	-7169.7	-2948.7	7752.4	29.4	120.0	24.5
2	NO₂	-7169.7	-2667.9	7650	27.1	120.0	22.6
3	NO₂	-7169.7	-3510.3	7982.9	25.2	120.0	21.0
4	NO₂	-8272.7	-1263.9	8368.7	24.3	120.0	20.3
5	NO₂	-6802	-3229.5	7529.8	23.7	120.0	19.8
6	NO₂	-8272.7	-702.3	8302.5	23.4	120.0	19.5
7	NO₂	-7169.7	-2387.1	7556.7	23.0	120.0	19.1
8	NO₂	-7169.7	-3229.5	7863.5	22.7	120.0	18.9
9	NO₂	-7905.1	-983.1	7966	22.4	120.0	18.6
10	NO₂	-7905.1	-702.3	7936.2	21.9	120.0	18.2

表 3-79 2020 年 NO₂ 前十位日均浓度最大值及出现位置

排位	污染物	x	y	距离/m	浓度/μg·m⁻³	标准值/μg·m⁻³	占标率/%
1	NO₂	-7169.7	-2948.7	7752.4	80.8	120.0	67.3
2	NO₂	-7169.7	-2667.9	7650	74.5	120.0	62.1
3	NO₂	-7169.7	-3510.3	7982.9	69.5	120.0	57.9
4	NO₂	-8272.7	-1263.9	8368.7	67.0	120.0	55.8
5	NO₂	-6802	-3229.5	7529.8	65.3	120.0	54.4
6	NO₂	-8272.7	-702.3	8302.5	64.5	120.0	53.7
7	NO₂	-7169.7	-2387.1	7556.7	63.2	120.0	52.7
8	NO₂	-7169.7	-3229.5	7863.5	62.4	120.0	52.0
9	NO₂	-7905.1	-983.1	7966	61.5	120.0	51.3
10	NO₂	-7169.7	-2948.7	7752.4	60.3	120.0	50.2

由预测结果可见，在100%保证率时，由2009、2015、2020年鞍山矿区NO₂排放产生的小时最大浓度分别为161.0、234.2、644.6μg/m³；分别占相应的大气质量标准限值的67.1、97.6、268.6%，2020年鞍山矿区NO₂最大值超标。最大浓度值均位于矿区以内。

2009、2015、2020 年鞍山矿区 NO_2 排放产生的日均最大浓度分别为23.7、29.4、80.8μg/m³；分别占相应的大气质量标准限值的19.7%、24.5%、67.3%，均不超标。最大浓度值均位于矿区以内。

由预测结果可见，2009、2015、2020 年鞍山矿区 NO_2 排放产生的年均最大浓度分别为4.70、5.72、15.74μg/m³；分别占相应的大气质量标准限值的5.87%、7.15%、19.67%，均不超标，最大浓度值均位于矿区以内。

表 3-80 给出了各年鞍山矿区 NO_2 最大年均浓度值及出现的位置。

表 3-80 NO_2 最大年均浓度值及出现的位置

年份	污染物	x	y	距离/m	浓度/μg·m⁻³	标准值/μg·m⁻³	占标率/%
2009	NO_2	-6066.7	4633.1	7633.5	4.70	80.0	5.87
2015	NO_2	-7905.1	-421.5	7916.3	5.72	80.0	7.15
2020	NO_2	-7905.1	-421.5	7916.3	15.74	80.0	19.67

F 弓长岭地区 NO_2 污染预测

（1）表 3-81 给出了100%保证率条件下，弓长岭矿区各年份 NO_2 在各敏感点产生的小时、日均和年均浓度贡献量。

表 3-81 弓长岭矿区各年份 NO_2 在各敏感点产生的浓度贡献量 （μg/m³）

点位	2009年小时值	2015年小时值	2020年小时值	2009年日均值	2015年日均值	2020年日均值	2009年年均值	2015年年均值	2020年年均值
1	44.1	134.1	15.3	9.58	21.18	2.03	1.25	2.06	0.23
2	41.0	130.2	10.4	8.33	13.40	1.37	0.93	1.47	0.16
3	36.7	98.2	13.0	9.64	15.52	1.62	0.77	1.14	0.12
4	205.7	216.7	43.4	47.75	94.06	7.49	8.42	15.89	1.48
5	75.7	161.9	18.5	21.87	36.09	3.28	3.37	5.11	0.51
6	30.9	65.3	7.5	8.41	12.78	1.22	0.77	1.27	0.13
7	37.7	80.3	9.1	9.94	15.19	1.49	0.97	1.59	0.16
8	33.9	115.4	10.0	7.98	14.33	1.51	1.18	1.94	0.21
9	42.1	149.6	11.4	10.64	19.37	1.83	1.52	2.47	0.26
10	40.2	101.9	12.4	7.75	13.41	1.36	1.10	1.80	0.19
11	112.0	208.2	29.2	25.19	41.67	3.79	3.28	4.99	0.55
12	54.5	130.5	17.6	15.26	23.14	2.37	1.26	1.73	0.18

由表可见，在100%保证率下，2009 年正常排放下弓长岭地区矿山项目对各预测点的 NO_2 贡献值小时最大浓度值为30.9～205.7μg/m³，日均最大浓度值为7.75～47.75μg/m³，年均浓度值为0.77～8.42μg/m³，均未超过《环境空气质量标准》中相应标准限值。

2015 年正常排放下弓长岭地区矿山项目对各预测点的 NO_2 贡献值小时最大浓度值为65.3～216.7 μg/m³，日均最大浓度值为12.78～94.06 μg/m³，年均浓度值为1.14～

15.89μg/m³，均未超过《环境空气质量标准》中相应标准限值。

2020 年正常排放下弓长岭地区矿山项目对各预测点的 NO₂ 贡献值小时最大浓度值为 7.5 ~ 43.4μg/m³，日均最大浓度值为 1.22 ~ 7.49μg/m³，年均浓度值为 0.12 ~ 1.48μg/m³，均未超过《环境空气质量标准》中相应标准限值。

从预测结果来看，各污染物对 12 个预测点的贡献值均很低。

（2）表 3 - 82 ~ 表 3 - 87 分别给出了弓长岭矿区 2009、2015、2020 年 NO₂ 前十位小时、日均浓度最大值及出现位置。

表 3 - 82　2009 年 NO₂ 前十位小时浓度最大值及出现位置

排位	污染物	x	y	距离/m	浓度/μg·m⁻³	标准值/μg·m⁻³	占标率/%
1	NO₂	- 3870. 0	4528. 6	5957. 0	626. 6	240. 0	261. 1
2	NO₂	- 3440. 0	4116. 9	5365. 0	583. 8	240. 0	243. 2
3	NO₂	- 3440. 0	4940. 3	6020. 0	571. 5	240. 0	238. 1
4	NO₂	- 3010. 0	4940. 3	5785. 0	568. 5	240. 0	236. 9
5	NO₂	- 3010. 0	4528. 6	5437. 7	547. 1	240. 0	228. 0
6	NO₂	- 3870. 0	4940. 3	6275. 6	437. 1	240. 0	182. 1
7	NO₂	- 4300. 0	4528. 6	6244. 9	424. 8	240. 0	177. 0
8	NO₂	- 3010. 0	4116. 9	5099. 9	418. 7	240. 0	174. 5
9	NO₂	- 3440. 0	5352. 0	6362. 2	418. 7	240. 0	174. 5
10	NO₂	- 3870. 0	4116. 9	5650. 3	409. 6	240. 0	170. 6

表 3 - 83　2015 年 NO₂ 前十位小时浓度最大值及出现位置

排位	污染物	x	y	距离/m	浓度/μg·m⁻³	标准值/μg·m⁻³	占标率/%
1	NO₂	- 3440. 0	4940. 3	6020. 0	1591. 3	240. 0	663. 0
2	NO₂	- 3010. 0	4528. 6	5437. 7	1380. 1	240. 0	575. 0
3	NO₂	- 3440. 0	4116. 9	5365. 0	1333. 1	240. 0	555. 5
4	NO₂	- 3870. 0	4528. 6	5957. 0	1244. 6	240. 0	518. 3
5	NO₂	- 3440. 0	4528. 6	5687. 0	1225. 2	240. 0	510. 5
6	NO₂	- 3440. 0	3705. 3	5056. 0	1206. 4	240. 0	502. 7
7	NO₂	- 3870. 0	4116. 9	5650. 3	1164. 2	240. 0	485. 1
8	NO₂	- 3440. 0	5352. 0	6362. 2	1164. 2	240. 0	485. 1
9	NO₂	- 4300. 0	4528. 6	6244. 9	1136. 0	240. 0	473. 3
10	NO₂	- 4300. 0	4116. 9	5953. 1	1117. 2	240. 0	465. 5

表 3 - 84　2020 年 NO₂ 前十位小时浓度最大值及出现位置

排位	污染物	x	y	距离/m	浓度/μg·m⁻³	标准值/μg·m⁻³	占标率/%
1	NO₂	- 3440. 0	3705. 3	5056. 0	114. 8	240. 0	47. 9
2	NO₂	- 3440. 0	4940. 3	6020. 0	110. 6	240. 0	46. 1
3	NO₂	- 3010. 0	4940. 3	5785. 0	87. 8	240. 0	36. 6

排位	污染物	x	y	距离/m	浓度/$\mu g \cdot m^{-3}$	标准值/$\mu g \cdot m^{-3}$	占标率/%
4	NO_2	－3010.0	4528.6	5437.7	87.1	240.0	36.3
5	NO_2	－3010.0	3293.6	4461.8	85.3	240.0	35.6
6	NO_2	－3870.0	4940.3	6275.6	82.9	240.0	34.5
7	NO_2	－3440.0	4116.9	5365.0	82.5	240.0	34.4
8	NO_2	－3870.0	4528.6	5957.0	82.2	240.0	34.2
9	NO_2	－3440.0	4528.6	5687.0	76.6	240.0	31.9
10	NO_2	－3870.0	4116.9	5650.3	76.2	240.0	31.8

表 3－85　2009 年 NO_2 前十位日均浓度最大值及出现位置

排位	污染物	x	y	距离/m	浓度/$\mu g \cdot m^{-3}$	标准值/$\mu g \cdot m^{-3}$	占标率/%
1	NO_2	－3440	4940.3	6020	190.4	120.0	158.7
2	NO_2	－3440	4116.9	5365	174.8	120.0	145.7
3	NO_2	－3870	4528.6	5957	160.2	120.0	133.5
4	NO_2	－3010	4528.6	5437.7	124.4	120.0	103.7
5	NO_2	－2580	6175.3	6692.6	90.2	120.0	75.1
6	NO_2	－5590	4940.3	7460.2	85.9	120.0	71.6
7	NO_2	－4300	4528.6	6244.9	85.0	120.0	70.8
8	NO_2	－3870	4940.3	6275.6	84.4	120.0	70.3
9	NO_2	－3010	4116.9	5099.9	83.7	120.0	69.8
10	NO_2	－6020	4940.3	7787.6	82.8	120.0	69.0

表 3－86　2015 年 NO_2 前十位日均浓度最大值及出现位置

排位	污染物	x	y	距离/m	浓度/$\mu g \cdot m^{-3}$	标准值/$\mu g \cdot m^{-3}$	占标率/%
1	NO_2	－3870	4528.6	5957	400.4	120.0	333.7
2	NO_2	－3440	4940.3	6020	354.4	120.0	295.3
3	NO_2	－3440	4116.9	5365	305.1	120.0	254.3
4	NO_2	－4300	4528.6	6244.9	260.1	120.0	216.7
5	NO_2	－3010	4528.6	5437.7	256.8	120.0	214.0
6	NO_2	－4730	4528.6	6548.4	207.0	120.0	172.5
7	NO_2	－3870	4940.3	6275.6	202.8	120.0	169.0
8	NO_2	－3870	4116.9	5650.3	195.3	120.0	162.7
9	NO_2	－5160	4528.6	6865.4	182.6	120.0	152.2
10	NO_2	－3010	4116.9	5099.9	177.9	120.0	148.3

表3-87 2020年NO₂前十位日均浓度最大值及出现位置

排位	污染物	x	y	距离/m	浓度/$\mu g \cdot m^{-3}$	标准值/$\mu g \cdot m^{-3}$	占标率/%
1	NO₂	-3440	4940.3	6020	30.5	120.0	25.4
2	NO₂	-3870	4528.6	5957	26.7	120.0	22.2
3	NO₂	-3440	4116.9	5365	21.1	120.0	18.1
4	NO₂	-4300	4528.6	6244.9	19.3	120.0	16.1
5	NO₂	-3010	4528.6	5437.7	18.7	120.0	15.6
6	NO₂	-3870	4940.3	6275.6	18.1	120.0	15.1
7	NO₂	-4730	4528.6	6548.4	16.9	120.0	14.1
8	NO₂	-3010	3293.6	4461.8	16.6	120.0	13.8
9	NO₂	-5160	4528.6	6865.4	15.6	120.0	13.0
10	NO₂	-3010	3705.3	4773.8	15.5	120.0	12.9

由预测结果可见，在100%保证率时，2009、2015、2020年辽阳矿区NO₂排放产生的小时最大浓度分别为626.6、1591.3、114.8μg/m³；分别占相应的大气质量标准限值的261.1%、663.0%、47.9%，2009、2015年辽阳矿区NO₂最大值超标。最大浓度值均位于矿区以内。日均最大浓度分别为190.4、400.4、30.5μg/m³；分别占相应的大气质量标准限值的158.7%、333.7%、25.4%，2009、2015年辽阳矿区NO₂最大值超标。最大浓度值均位于矿区以内。

由预测结果可见，2009、2015、2020年弓长岭矿区NO₂排放产生的年均最大浓度分别为33.0、61.0、5.6μg/m³；分别占相应的大气质量标准限值的41.3%、76.3%、6.98%，均低于标准限值。最大值均位于矿区以内。

表3-88给出了弓长岭矿区各年NO₂最大年均浓度值及出现的位置。

表3-88 弓长岭矿区各年NO₂最大年均浓度值出现的位置

年份	污染物	x	y	距离/m	浓度/$\mu g \cdot m^{-3}$	标准值/$\mu g \cdot m^{-3}$	占标率/%
2009	NO₂	-3440	4940.3	6020	33.0	80	41.3
2015	NO₂	-3440	4940.3	6020	61.0	80	76.3
2020	NO₂	-3440	4116.9	5365	5.6	80	6.98

G 鞍山地区污染预测叠加分析

100%保证率下，工程主要污染物对预测点最大浓度叠加预测情况统计于表3-89和表3-90，表中监测值选取各点相应监测值中的最大值。

由表可知，在100%保证率下，工程对各预测点最大浓度叠加值中，SO₂、NO₂小时叠加值占标准比例分别为0.5%~16.26%、26.67%~78.13%，均未超过《环境空气质量标准》中相应二级标准限值。

SO₂、NO₂、TSP日均叠加值占标准比例分别为3.94%~25.69%、18.82%~79.67%、33.52%~183.97%，SO₂、NO₂日均叠加值未超过《环境空气质量标准》中相应二级标准限值，1号、3号、4号、5号、6号、8号、9号、12号TSP日均叠加值超标，主要原因是环境背景值超标。

表 3 - 89 预测点污染物小时浓度最大预测值叠加统计

预测敏感点	SO₂				NO₂			
	监测值/μg·m⁻³（标态）	贡献值/μg·m⁻³（标态）	叠加值/μg·m⁻³（标态）	叠加值占标率/%	监测值/μg·m⁻³（标态）	贡献值/μg·m⁻³（标态）	叠加值/μg·m⁻³（标态）	叠加值占标率/%
1 号	63	- 8.8	54.2	10.84	85	50.1	135.1	56.29
2 号	32	- 12	20	4.00	45	28.5	73.5	30.63
3 号	73	8.3	81.3	16.26	94	75	169	70.42
4 号	17	26.6	43.6	8.72	30	125.1	155.1	64.63
5 号	57	- 3.5	53.5	10.70	88	55.4	143.4	59.75
6 号	50	- 11.6	38.4	7.68	82	32.2	114.2	47.58
7 号	25	- 19.4	5.6	1.12	34	30	64	26.67
8 号	43	- 17.5	25.5	5.10	81	28.5	109.5	45.63
9 号	31	- 16.7	14.3	2.86	74	27.7	101.7	42.38
10 号	29	- 14.1	14.9	2.98	72	26.1	98.1	40.88
11 号	36	- 9.2	26.8	5.36	158	29.5	187.5	78.13
12 号	24	- 21.5	2.5	0.50	44	39.1	83.1	34.63

注：贡献值 = 工程完成后贡献预测值 - 现有贡献预测值，下同。

叠加值 = 监测值 + 贡献预测值，下同。

表 3 - 90 鞍山矿区预测点污染物日均浓度预测值叠加统计

预测敏感点	SO₂				NO₂				TSP			
	监测值/μg·m⁻³（标态）	贡献值/μg·m⁻³（标态）	叠加值/μg·m⁻³（标态）	叠加值占标率/%	监测值/μg·m⁻³（标态）	贡献值/μg·m⁻³（标态）	叠加值/μg·m⁻³（标态）	叠加值占标率/%	监测值/μg·m⁻³（标态）	贡献值/μg·m⁻³（标态）	叠加值/μg·m⁻³（标态）	叠加值占标率/%
1 号	22	0.89	22.89	15.26	43	11.21	54.21	45.18	300	2.33	302.33	100.78
2 号	12	0.88	12.88	8.59	21	10.65	31.65	26.38	96	4.57	100.57	33.52
3 号	15	- 0.26	14.74	9.83	50	11.74	61.74	51.45	476	5.13	481.13	160.38
4 号	13	0.97	13.97	9.31	20	16.62	36.62	30.52	487	1.64	488.64	162.88
5 号	38	0.53	38.53	25.69	51	7.05	58.05	48.38	462	1.93	463.93	154.64
6 号	29	1.07	30.07	20.05	49	7.08	56.08	46.73	301	3.71	304.71	101.57
7 号	18	- 0.69	17.31	11.54	20	5.67	25.67	21.39	251	0.84	251.84	83.95
8 号	30	- 1.07	28.93	19.29	65	5.02	70.02	58.35	551	0.91	551.91	183.97
9 号	23	- 1.16	21.84	14.56	49	4.48	53.48	44.57	495	2.22	497.22	165.74
10 号	22	- 0.38	21.62	14.41	42	5.64	47.64	39.70	175	10.13	185.13	61.71
11 号	31	0.73	31.73	21.15	89	6.6	95.6	79.67	275	16.41	291.41	97.14
12 号	7	- 1.09	5.91	3.94	18	4.58	22.58	18.82	341	5.49	346.49	115.50

H 弓长岭地区污染预测叠加分析

100%保证率下,对预测点工程主要污染物最大浓度叠加预测情况统计于表3-91和表3-92,表中监测值选取各点相应监测值中的最大值。

由表可知,在100%保证率下,工程对各预测点最大浓度叠加值中,SO_2、NO_2小时叠加值占标准比例分别为1.8%~10.48%、2.96%~29.33%,均未超过《环境空气质量标准》中相应二级标准限值。

SO_2、NO_2、TSP日均叠加值占标准比例分别为6.83%~40.70%、14.51%~37.53%、54.49%~85.21%,均未超过《环境空气质量标准》中相应二级标准限值。

表3-91 弓长岭矿区预测点污染物日均浓度预测值叠加统计

预测敏感点	SO_2				NO_2				TSP			
	监测值/μg·m⁻³(标态)	贡献值/μg·m⁻³(标态)	叠加值/μg·m⁻³(标态)	叠加值占标率/%	监测值/μg·m⁻³(标态)	贡献值/μg·m⁻³(标态)	叠加值/μg·m⁻³(标态)	叠加值占标率/%	监测值/μg·m⁻³(标态)	贡献值/μg·m⁻³(标态)	叠加值/μg·m⁻³(标态)	叠加值占标率/%
2号	35	-6.32	28.68	19.12	52	-6.96	45.04	37.53	250	5.64	255.64	85.21
5号	53	-17.01	35.99	23.99	36	-18.59	17.41	14.51	220	1.51	221.51	73.84
9号	69	-7.95	61.05	40.70	45	-8.81	36.19	30.16	159	4.48	163.48	54.49
12号	22	-11.75	10.25	6.83	54	-12.89	41.11	34.26	228	3.47	231.47	77.16

表3-92 弓长岭矿区预测点污染物小时浓度最大预测值叠加统计

预测敏感点	SO_2				NO_2			
	监测值/μg·m⁻³(标态)	贡献值/μg·m⁻³(标态)	叠加值/μg·m⁻³(标态)	叠加值占标率/%	监测值/μg·m⁻³(标态)	贡献值/μg·m⁻³(标态)	叠加值/μg·m⁻³(标态)	叠加值占标率/%
2号	77	-25.9	51.1	10.22	101	-30.6	70.4	29.33
5号	84	-48.7	35.3	7.06	79	-57.2	21.8	9.08
9号	78	-25.6	52.4	10.48	47	-30.7	16.3	6.79
12号	38	-29	9	1.80	44	-36.9	7.1	2.96

3.2.4.6 环境空气影响预测小结

A 预测结果评述

采用2007~2009年3年逐日逐时气象条件,通过对评价区域环境影响的预测分析,得到以下主要结论:

(1)2009年、2015年、2020年正常排放下鞍山项目对各预测点的TSP贡献值日均最大浓度值、年均值均未超过《环境空气质量标准》中相应标准限值。

从预测结果来看,各污染物对18个预测点的贡献值均很低。

按100%保证率计算给出的2009年、2015年、2020年TSP日均最大浓度分布图。由图可见,在100%保证率时,由2009年、2015年、2020年鞍山矿区TSP排放产生的日均最大浓度均超过标准限值,但超标天数全年不超过10天。超标浓度值均位于矿区以内。

(2)2009年、2015年、2020年正常排放下弓长岭地区矿山项目对各预测点的TSP贡献值日均最大浓度值、年均值均未超过《环境空气质量标准》中相应标准限值。

由预测结果可见，各污染物对 12 个预测点的贡献值均很低。在 100% 保证率时，由 2009、2015、2020 年矿区 TSP 排放产生的日均最大浓度均大于标准限值，但超标天数全年不超过 10 天，超标浓度值均位于矿区以内。

（3）2009 年、2015 年、2020 年正常排放下鞍山项目对各预测点的 SO_2 贡献值小时、日均最大浓度值、年均值均未超过《环境空气质量标准》中相应标准限值。

由预测结果可见，各污染物对 18 个预测点的贡献值均很低。在 100% 保证率时，由 2009、2015、2020 年鞍山矿区 SO_2 排放产生的小时、日均、年均最大浓度均低于标准限值。最大值均位于矿区以内。

（4）2009 年、2015 年、2020 年正常排放下弓长岭地区矿山项目对各预测点的 SO_2 贡献值小时、日均最大浓度值、年均值均未超过《环境空气质量标准》中相应标准限值。

由预测结果可见，各污染物对 12 个预测点的贡献值均很低。在 100% 保证率时，由 2020 年矿区 SO_2 排放产生的小时、日均、年均最大浓度均低于标准限值。2009 年辽阳矿区 SO_2 小时、日均最大值超标，年均值低于标准限值。2015 年辽阳矿区 SO_2 小时最大值超标，日均最大浓度值、年均值低于标准限值。最大浓度值均位于矿区以内。

（5）2009 年、2015 年、2020 年正常排放下鞍山项目对各预测点的 NO_2 贡献值小时、日均最大浓度值、年均值均未超过《环境空气质量标准》中相应标准限值。

由预测结果可见，各污染物对 18 个预测点的贡献值均很低。在 100% 保证率时，由 2009 年、2015 年鞍山矿区 NO_2 排放产生的小时、日均、年均最大浓度均低于标准限值。最大值均位于矿区以内。2020 年鞍山矿区 NO_2 小时最大值超标，日均、年均最大浓度均低于标准限值。最大浓度值均位于矿区以内。

（6）2009 年、2015 年、2020 年正常排放下弓长岭地区矿山项目对各预测点的 NO_2 贡献值小时、日均最大浓度值、年均值均未超过《环境空气质量标准》中相应标准限值。

由预测结果可见，各污染物对 12 个预测点的贡献值均很低。在 100% 保证率时，由 2020 年矿区 NO_2 排放产生的小时、日均、年均最大浓度均低于标准限值。2009 年辽阳矿区 NO_2 小时、日均最大值超标，年均值低于标准限值。2015 年辽阳矿区 NO_2 小时、日均最大值超标，年均值低于标准限值。最大浓度值均位于矿区以内。

（7）鞍山矿山项目对各预测点最大浓度叠加值中，SO_2、NO_2 小时叠加值占标准比例分别为 0.5% ~ 16.26%、26.67% ~ 78.13%，均未超过《环境空气质量标准》中相应二级标准限值。

SO_2、NO_2、TSP 日均叠加值占标准比例分别为 3.94% ~ 25.69%、18.82% ~ 79.67%、33.52% ~ 183.97%，SO_2、NO_2 日均叠加值未超过《环境空气质量标准》中相应二级标准限值，1 号、3 号、4 号、5 号、6 号、8 号、9 号、12 号 TSP 日均叠加值超标，主要原因是环境背景值超标。

（8）弓长岭矿山项目对各预测点最大浓度叠加值中，SO_2、NO_2 小时叠加值占标准比例分别为 1.8% ~ 10.48%、2.96% ~ 29.33%，均未超过《环境空气质量标准》中相应二级标准限值。

SO_2、NO_2、TSP 日均叠加值占标准比例分别为 6.83% ~ 40.70%、14.51% ~ 37.53%、54.49% ~ 85.21%，均未超过《环境空气质量标准》中相应二级标准限值。

B　污染源控制措施效果分析

结合对环境空气污染源的统计及对比分析，对上述预测结果分析如下：

现状污染源调查分析表明，东鞍山铁矿、齐大山铁矿和弓长岭露天铁矿独木采区即将进入分期开采过渡期，眼前山铁矿已进入露天转地下开采过渡期。现状污染源粉尘排放总量较小，主要为露天开采铁矿排尘影响为主，对环境影响较低。

近期和远期污染源随着产量的增加，粉尘总量也随之增加，但随着露天开采转地下开采，污染物对外环境的影响逐渐降低。

（1）露天矿山污染排放方式主要为生产过程中的穿孔、爆破、采装等无组织排放，露天开采的深凹露天矿例如眼前山、关宝山、碰子山，随着开采深度的下降，由于向外扩散越来越困难，则对外环境的影响较小。

（2）地下开采对环境的污染主要是主要产污工序为井下凿岩、采装、井下运输、地表运输等。在凿岩及装矿前对工作面 10m 以内坑道表面进行清洗，并经常向矿渣洒水；装矿时喷雾洒水；在溜井口、放矿口安装喷雾器；进风巷道定期清洗。采用强制性通风方式，通过回风井排到地表，减少井下作业粉尘对外环境的影响。粉尘通过风井排出地表后，粉尘浓度降低，且只对风井周围近距离范围区域产生一定的污染。

（3）排土场对环境的污染主要是风面源扬尘。排土场仅在干燥大风情况下才产生风蚀扬尘。排土场风蚀扬尘量是不断变化的，主要影响因素有：风速、湿度等气象因素；废石粒级分布、排土场表面湿度、堆场几何形状、堆存标高、作业面大小等自然状态因素；作业机械种类、台数和工作强度等机械动力因素等。从以往对矿山大气现状监测来看，扬尘起动的临界风速为 5m/s。即当风速大于 5m/s 时，可形成风面源扬尘，而当风速小时，风面源扬尘不容易产生。服务期满后将对废弃的排土场及时进行覆土绿化，届时排土场风面源扬尘将不再存在。

（4）尾矿库尾矿排放过程不但不会产生扬尘，而且排放过程会使干坡段面积相对减小，扬尘量也相应减少。一般情况下只有在风速大于 6.0m/s 时，才产生大量干坡段扬尘，且影响范围有限。

（5）运输道路扬尘，道路扬尘以大粒径粒子为主，扬尘浓度随距离的增加而迅速下降，矿山运输道路一般主要集中在采场开采境界内部，并且根据天气状况对路面适时进行洒水抑尘，保持路面湿润，可有效抑制扬尘。

（6）有组织排放大气污染源主要有选矿厂和工业场地的锅炉烟囱、选矿厂集中除尘的排气筒，粉尘排放量较小，根据估算模式计算结果，对项目所在地区域内的居民不会产生污染，生产不会改变当地的环境功能，即该地区仍将维持现状。同时大气污染物排放在厂界处影响相对较小，厂界附近区域环境空气质量可维持现状水平。

3.2.5　固体废物环境影响预测分析

3.2.5.1　固体废物来源

A　采选尾矿

根据前述规划项目污染源分析，到 2015 年规划铁精矿产量达到 2300 万吨左右，年产生尾矿 4650 万吨，规划安排生产建材产品使用尾矿 892.46 万吨，尾矿再选 84.45 万吨，其余需输送至尾矿库堆存的尾矿 3673.09 万吨。每年需输送至尾矿库堆存的尾矿占年尾矿产生量的 79%。

到 2020 年，铁精矿产量达到 3688 万吨，年产生尾矿 7912 万吨，规划安排采矿年充填尾矿 1399.46 万吨，生产建材产品使用尾矿 1085.52 万吨，尾矿再选 150.21 万吨，其余需输送至尾矿库堆存的尾矿 5276.81 万吨。每年需输送至尾矿库堆存的尾矿占年尾矿产生量的 67%。

尾矿排放及利用量统计参见表 8 - 14。

鞍钢集团矿业公司委托北京矿冶研究总院环评中心对风水沟尾矿库现有尾矿样品进行浸出毒性和腐蚀性鉴别，按照《危险废物鉴别标准—浸出毒性鉴别》（GB 5085.3—2007）和《危险废物鉴别标准—腐蚀性鉴别》（GB 5085.1—2007）中的相关要求和测定方法执行，浸出试验检测结果见表 3 - 93。

表 3 - 93　风水沟尾矿浸出试验监测结果　　　（mg/L，pH 值无量纲）

序号	监测因子	样品编号					GB 5085.1 ~ 3—2007	GB 8978—1996	DB 21 - 777—1994	
		1 号	2 号	3 号	4 号	5 号			一级标准	二级标准
1	Cu	<0.010	<0.010	<0.010	<0.010	<0.010	100	0.5	≥50.0	>1.0
2	Zn	0.006	<0.001	0.007	<0.001	<0.001	100	2.0	≥50.0	>5.0
3	Cd	<0.004	<0.004	<0.004	<0.004	<0.004	1	0.1	≥0.3	>0.1
4	Pb	<0.030	<0.030	<0.030	<0.030	<0.030	5	1.0	≥3.0	>1.0
5	Cr	<0.020	<0.020	<0.020	<0.020	<0.020	15	1.5	—	—
6	Cr^{6+}	<0.004	<0.004	<0.004	<0.004	<0.004	5	0.5	≥1.5	>0.5
7	Hg	<0.0001	<0.0001	<0.0001	<0.0001	<0.0001	0.1	0.05	≥0.15	>0.05
8	Be	<0.001	<0.001	<0.001	<0.001	<0.001	0.02	0.005	—	—
9	Ba	0.015	0.019	0.018	0.012	0.012	100	—	—	—
10	Ni	<0.010	<0.010	<0.010	<0.010	<0.010	5	1.0	≥25.0	>1.0
11	Ag	<0.030	<0.030	<0.030	<0.030	<0.030	5	0.5	—	—
12	As	<0.001	<0.001	<0.001	<0.001	<0.001	5	0.5	≥1.5	>0.5
13	Se	<0.002	<0.002	<0.002	<0.002	<0.002	1	0.1	—	—
14	氟化物	0.17	0.19	0.19	0.14	0.14	100	10	≥50.0	>15.0
15	氰化物	<0.004	<0.004	<0.004	<0.004	<0.004	5	0.5	≥1.5	>0.5
16	pH 值	8.07	7.93	7.94	8.36	8.57	≥12.5 或 ≤2.0	6 ~ 9	≥12.5 或 ≤2.0	<6.0 或 >9.0

注：《辽宁省污水综合排放标准》中氰化物浓度为 0.2mg/L。

由表 3 - 93 可见，风水沟尾矿库尾矿 1 号，2 号，3 号，4 号，5 号样品不具有浸出毒性和腐蚀性，属于一般工业固体废物。

根据《一般工业固体废物储存、处置场控制标准》（GB 18599—2001）规定，废石浸出液中任何一种污染物浓度均未超过《污水综合排放标准》（GB 8978—1996）最高允许排放浓度，且 pH 值在 6 ~ 9 的固体废物属于第 I 类一般工业固体废物，由此判别风水沟尾矿库尾矿属于第 I 类一般工业固体废物。

《辽宁省工业固体废物污染控制标准》（DB 21 - 777—1994）将工业固体废物划分为一级、二级标准。风水沟尾矿库 5 个尾矿样本均不属于工业固体废物一级、二级标准控制范围。

B 采掘废石

鞍钢矿山公司规划坚持贫富兼采、黑（磁铁矿）红（赤铁矿）兼采的原则，充分利用现有开采境界内的各种铁矿资源；对于露天和井下的采掘剥岩，定点堆放在排土场，用来修路、筑坝（尾矿坝）以及加工建筑碎石等。

到 2015 年，矿石产量达到 6950 万吨左右，年产生废石 11923 万吨，规划进行干选、加工建筑碎石、回填钻孔、铺路、筑尾矿坝以及井下回填等利用废石 1817 万吨，其余排至排土场。每年排至排土场堆存的废石占年废石产生量的 84.76%。

到 2020 年，矿石产量达到 11600 万吨左右，年产生废石 16480 万吨，规划进行干选、加工建筑碎石、回填钻孔、铺路、筑尾矿坝以及井下回填等利用废石 3464 万吨，其余排至排土场。每年排至排土场堆存的废石占年废石产生量的 78.98%。

废石产生量参见表 8-14。

鞍钢集团矿业公司委托北京矿冶研究总院环评中心对齐大山铁矿现有排土场和东鞍山铁矿现有排土场废石样品进行浸出毒性和腐蚀性鉴别，按照《危险废物鉴别标准—浸出毒性鉴别》（GB 5085.3—2007）和《危险废物鉴别标准—腐蚀性鉴别》（GB 5085.1—2007）中的相关要求和测定方法执行，浸出试验检测结果见表 3-94 和表 3-95。

表 3-94 齐大山铁矿排土场废石浸出试验监测结果 （mg/L，pH 值无量纲）

| 序号 | 监测因子 | 样品编号 | | | | | GB 5085.1~3—2007 | GB 8978—1996 | DB 21-777—1994 | |
		1号	2号	3号	4号	5号			一级标准	二级标准
1	Cu	<0.010	<0.010	<0.010	<0.010	<0.010	100	0.5	≥50.0	>1.0
2	Zn	<0.001	0.008	<0.001	<0.001	<0.001	100	2.0	≥50.0	>5.0
3	Cd	<0.004	<0.004	<0.004	<0.004	<0.004	1	0.1	≥0.3	>0.1
4	Pb	<0.030	<0.030	<0.030	<0.030	<0.030	5	1.0	≥3.0	>1.0
5	Cr	<0.020	<0.020	<0.020	<0.020	<0.020	15	1.5	—	—
6	Cr^{6+}	<0.004	<0.004	<0.004	<0.004	<0.004	5	0.5	≥1.5	>0.5
7	Hg	<0.0001	<0.0001	<0.0001	<0.0001	<0.0001	0.1	0.05	≥0.15	>0.05
8	Be	<0.001	<0.001	<0.001	<0.001	<0.001	0.02	0.005	—	—
9	Ba	0.030	0.012	0.013	0.027	0.014	100	—	—	—
10	Ni	<0.010	<0.010	<0.010	<0.010	<0.010	5	1.0	≥25.0	>1.0
11	Ag	<0.030	<0.030	<0.030	<0.030	<0.030	5	0.5	—	—
12	As	<0.001	<0.001	<0.001	<0.001	<0.001	5	0.5	≥1.5	>0.5
13	Se	<0.002	<0.002	<0.002	<0.002	<0.002	1	0.1		
14	氟化物	0.24	0.27	0.21	0.24	0.27	100	10	≥50.0	>15.0
15	氰化物	<0.004	<0.004	<0.004	<0.004	<0.004	5	0.5	≥1.5	>0.5
16	pH 值	7.88	7.86	7.78	7.90	7.89	≥12.5 或 ≤2.0	6~9	≥12.5 或 ≤2.0	<6.0 或 >9.0

注：《辽宁省污水综合排放标准》中氰化物浓度为 0.2mg/L。

表 3 - 95　东鞍山铁矿排土场废石浸出试验监测结果　（mg/L，pH 值无量纲）

序号	监测因子	样品编号					GB 5085.1~3—2007	GB 8978—1996	DB 21 - 777—1994	
		1 号	2 号	3 号	4 号	5 号			一级标准	二级标准
1	Cu	<0.010	<0.010	<0.010	<0.010	<0.010	100	0.5	≥50.0	>1.0
2	Zn	<0.001	<0.001	<0.001	<0.001	<0.001	100	2.0	≥50.0	>5.0
3	Cd	<0.004	<0.004	<0.004	<0.004	<0.004	1	0.1	≥0.3	>0.1
4	Pb	<0.030	<0.030	<0.030	<0.030	<0.030	5	1.0	≥3.0	>1.0
5	Cr	<0.020	<0.020	<0.020	<0.020	<0.020	15	1.5	—	—
6	Cr^{6+}	<0.004	<0.004	<0.004	<0.004	<0.004	5	0.5	≥1.5	>0.5
7	Hg	<0.0001	<0.0001	<0.0001	<0.0001	<0.0001	0.1	0.05	≥0.15	>0.05
8	Be	<0.001	<0.001	<0.001	<0.001	<0.001	0.02	0.005	—	—
9	Ba	0.032	0.13	0.13	0.11	0.017	100		—	—
10	Ni	<0.010	<0.010	<0.010	<0.010	<0.010	5	1.0	≥25.0	>1.0
11	Ag	<0.030	<0.030	<0.030	<0.030	<0.030	5	0.5	—	—
12	As	<0.001	<0.001	<0.001	<0.001	<0.001	5	0.5	≥1.5	>0.5
13	Se	<0.002	<0.002	<0.002	<0.002	<0.002	1	0.1	—	—
14	氟化物	0.23	0.49	0.31	0.40	0.16	100	10	≥50.0	>15.0
15	氰化物	<0.004	<0.004	<0.004	<0.004	<0.004	5	0.5	≥1.5	>0.5
16	pH 值	8.30	8.09	8.08	8.15	8.62	≥12.5 或 ≤2.0	6 ~ 9	≥12.5 或 ≤2.0	<6.0 或 >9.0

注：《辽宁省污水综合排放标准》中氰化物浓度为 0.2mg/L。

由表 3 - 94 和表 3 - 95 可见，齐大山铁矿和东鞍山铁矿排土场 5 个废石样品不具有浸出毒性和腐蚀性，属于一般工业固体废物。

根据《一般工业固体废物储存、处置场控制标准》（GB 18599—2001）规定，废石浸出液中任何一种污染物浓度均未超过《污水综合排放标准》（GB 8978—1996）最高允许排放浓度，且 pH 值在 6 ~ 9 的固体废物属于第 I 类一般工业固体废物，由此判别齐大山铁矿和东鞍山铁矿排土场废石均属于第 I 类一般工业固体废物。

《辽宁省工业固体废物污染控制标准》（DB 21 - 777—1994）将工业固体废物划分为一级、二级标准。齐大山铁矿和东鞍山铁矿排土场 5 个废石样本均不属于工业固体废物一级、二级标准控制范围。

C　锅炉燃煤灰渣

2015 年，燃煤灰渣产生量约为 36045t/a。

2020 年，燃煤灰渣产生量约为 39465t/a。

D　生活垃圾

根据《鞍钢矿山规划项目核准申请报告》，矿山采选职工生活区居住总人口 3.21 万人。人均垃圾 0.8kg/（人·d），则生活垃圾产生量为 9373.2t/a。

3.2.5.2　固体废物处理处置方式

A　尾矿

本次规划项目产生的尾矿，首先进行尾矿充填、尾矿制建材和尾矿再选综合利用，剩余尾矿排入相应尾矿库中。具体综合利用项目参见 8.4 节。

现有及规划新建尾矿库情况同见表 2-8。

B 采掘废石

根据《鞍钢矿业公司鞍山地区排土场规划设计说明书》，东鞍山铁矿、大孤山铁矿、眼前山铁矿、鞍千矿业公司、齐大山铁矿二期扩建后的排土场基本是在原土场或通过改变排土方式或扩大征地面积的方式完成扩建后岩石的排弃工作；新建矿山黑石硔子铁矿、西大背铁矿通过新建排土场完成排土工作；新建矿山硔子山铁矿、关宝山铁矿、谷首峪铁矿、张家湾铁矿通过将现眼前山铁矿排土场向上拔高扩大土场容积完成排土工作。

本次规划矿山产生的废石部分首先进行干选，回收废石中铁金属，然后用于废石用于尾矿库筑坝和废石回填采坑等项目，剩余废石再考虑送排土场堆存，见图 3-26。

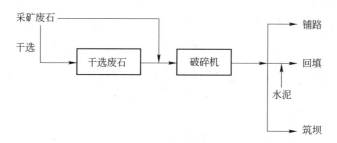

图 3-26 废石综合利用流程简图

3.2.5.3 燃煤灰渣

燃煤灰渣考虑综合利用，采用粉煤灰脱灰综合利用工艺，产品用于制砖和水泥，见图 3-27。

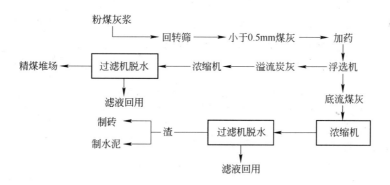

图 3-27 燃煤灰渣综合利用流程简图

3.2.5.4 生活垃圾

规划项目产生的生活垃圾及时进入城镇生活垃圾处理系统。

3.2.5.5 固体废物处置场选址环境可行性分析

A 尾矿库库址环境可行性分析

尾矿为第 I 类一般工业固体废物，按 I 类场要求设计，尾矿库库址选择环境可行性分析见表 3-96。

从表 3-96 可知，规划项目尾矿库选址满足《一般工业固体废物贮存、处置场》中 I

类场址选择的环境保护要求，选址可行。

B 排土场场址环境可行性分析

废石为第Ⅰ类一般工业固体废物，按Ⅰ类场要求设计，排土场厂址选择环境可行性分析见表3-97。

从表3-97可知，规划项目排土场选址满足《一般工业固体废物贮存、处置场》中Ⅰ类场址选择的环境保护要求，选址可行。

表3-96 规划尾矿库扩容项目库址环境可行性分析一览表

序号	一般工业固废Ⅰ类场厂址选择的环境保护要求	风水沟尾矿库	是否满足要求	大孤山球团厂尾矿库	是否满足要求
1	应符合当地城乡建设总体规划要求	符合《鞍山市城市总体规划》和《辽阳市城市总体规划》，项目建设用地手续正在办理中	满足	符合《鞍山市城市总体规划》，项目建设用地手续正在办理中	满足
2	应选在工业集中区和居民集中区主导风向下风侧，场界距居民集中区500m外	尾矿库周边张家堡子等搬迁后，500m内无居民集中区	搬迁后满足	尾矿库周边宁家峪等搬迁后，500m内无居民集中区	搬迁后满足
3	应选在满足地基承载力要求的地基上，以避免地基下沉的影响，特别是不均匀或局部下沉的影响	库址地基承载力较好	满足	库址地基承载力较好	满足
4	应避开断层、断层破碎带、溶洞区，以及天然滑坡和泥石流影响区	库址地质灾害危险性小，无大的不良工程地质条件	满足	库址地质灾害危险性较小，无大的不良工程地质条件	满足
5	禁止选在江河、湖泊、水库最高水位线以下的滩地和洪泛区	不属于江河、湖泊、水库最高水位线以下的滩地和洪泛区	满足	不属于江河、湖泊、水库最高水位线以下的滩地和洪泛区	满足
6	禁止选在自然保护区、风景名胜区和其他需要特别保护的地区	不在自然保护区、风景名胜区和其他需要特别保护的地区内	满足	不在自然保护区、风景名胜区和其他需要特别保护的地区内，紧邻千山风景区	满足

表3-97 排土场场址环境可行性分析一览表

序号	一般工业固废Ⅰ类场场址选择的环境保护要求	弓长岭地区排土场	是否满足要求	齐大山地区排土场	是否满足要求	眼前山地区排土场	是否满足要求	大孤山－鞍千地区排土场	是否满足要求	东鞍山地区排土场	是否满足要求
1	应符合当地城乡建设总体规划要求	符合《辽阳市城市总体规划》，项目建设用地手续正在办理中	满足	符合《鞍山市城市总体规划》和《辽阳市城市总体规划》，项目建设用地手续正在办理中	满足	符合《鞍山市城市总体规划》，项目建设用地手续正在办理中	满足	符合《鞍山市城市总体规划》，项目建设用地手续正在办理中	满足	月明山排土场为现有排土场，扩建工程排土是在现有排土场扩容基础上进行，占地属于鞍钢集团矿业公司原有工业用地	满足

序号	一般工业固废I类场场址选择的环境保护要求	弓长岭地区排土场	是否满足要求	齐大山地区排土场	是否满足要求	眼前山地区排土场	是否满足要求	大孤山-鞍千地区排土场	是否满足要求	东鞍山地区排土场	是否满足要求
2	应选在工业集中区和居民集中区主导风向下风侧,场界距居民集中区500m外	排土场周边何家堡子等搬迁后,500m内无居民集中区	搬迁后满足	排土场周边张家堡子等搬迁后,500m内无居民集中区	搬迁后满足	排土场周边关宝山村等搬迁后,500m内无居民集中区	搬迁后满足	排土场周边大孤山村等搬迁后,500m内无居民集中区	搬迁后满足	月明山场界外前三家峪村等居民集中区均在500m范围之外	搬迁后满足
3	应选在满足地基承载力要求的地基上,以避免地基下沉的影响,特别是不均匀或局部下沉的影响	排土场地基承载力较好	满足	现有排土场,以及新征排土场场址整体稳定性良好,无不良地质	满足	排土场地基承载力较好	满足	排土场地基承载力较好	满足	排土场地基承载力较好	满足
4	应避开断层、断层破碎带、溶洞区,以及天然滑坡和泥石流影响区	排土场地质灾害危险性小,无大的不良工程地质条件	满足	排土场场址地质灾害危险性小,无大的不良地质条件	满足	排土场地质灾害危险性小,无大的不良工程地质条件	满足	排土场地质灾害危险性小,无大的不良工程地质条件	满足	排土场地质灾害危险性小,无大的不良工程地质条件	满足
5	禁止选在江河、湖泊、水库最高水位线以下滩地和洪泛区	不属于江河、湖泊、水库最高水位线以下的滩地和洪泛区	满足	排土场场址未选在最高水位线以下的滩地和洪泛区	满足	不属于江河、湖泊、水库最高水位线以下的滩地和洪泛区	满足	不属于江河、湖泊、水库最高水位线以下的滩地和洪泛区	满足	不属于江河、湖泊、水库最高水位线以下的滩地和洪泛区	满足
6	禁止选在自然保护区、风景名胜区和其他需要特别保护的地区	不在自然保护区、风景名胜区和其他需要特别保护的地区内	满足	排土场场址不涉及自然保护区、风景名胜区、水源地等需特殊保护的区域	满足	不在自然保护区、风景名胜区和其他需要特别保护的地区内	满足	不在自然保护区、风景名胜区和其他需要特别保护的地区内	满足	不在自然保护区、风景名胜区和其他需要特别保护的地区内	满足

3.2.5.6 固体废物处置场相关环保要求

A 设计的环保要求

根据《一般工业固体废物储存、处置场控制标准》（GB 18599—2001），排土场、尾矿库设计的环保要求有：

（1）贮存、处置场的建设类型，必须与将要堆放的一般工业固体废物类别一致。

（2）贮存、处置场应采取防止粉尘污染的措施。

（3）为防止雨水径流进入贮存、处置场内，避免渗滤液量增加和滑坡，贮存、处置场周边应设置导流渠。

（4）应设计渗滤液集排水设施。

（5）为防止一般工业固体废物和渗滤液的流失，应构筑堤、坝、挡土墙等设施。

（6）为保障设施、设备正常运营，必要时应采取措施防止地基下沉，尤其是防止不均匀或局部下沉。

（7）为加强监督管理，贮存、处置场应按 GB 15562.2 设置环境保护图形标志。

（8）为监控渗滤液对地下水污染，贮存、处置场周边至少应设置三口地下水质监控井。第一口沿地下水流向设在贮存、处置场上游，作为对照井；第二口沿地下水流向设在贮存、处置场下游，作为污染监视监测井；第三口设在最可能出现扩散影响的贮存、处置场周边，作为污染扩散监测井。

B 运行管理要求

根据《一般工业固体废物储存、处置场控制标准》（GB 18599—2001）要求，本项目排土场、尾矿库运行管理应包含以下内容：

（1）一般工业固体废物贮存、处置场，禁止危险废物和生活垃圾混入。

（2）贮存、处置场的渗滤液达到 GB8978 标准后方可排放，大气污染物排放应满足 GB16297 无组织排放要求。

（3）贮存、处置场使用单位，应建立检查维护制度。定期检查维护堤、坝、挡土墙、导流渠等设施，发现有损坏可能或异常，应及时采取必要措施，以保障正常运行。

（4）贮存、处置场的使用单位，应建立档案制度。应将入场的一般工业固体废物的种类和数量等资料，详细记录在案，长期保存，供随时查阅。

（5）贮存、处置场的环境保护图形标志应按 GB 15562.2 规定进行检查和维护。

（6）禁止第Ⅱ类一般工业固体废物混入。

C 封场环境管理要求

（1）一般要求。

关闭或封场时，表面坡度一般不超过 33%。标高每升高 5～10m，须建造一个台阶。台阶应有不小于 1m 的宽度、2%～3% 的坡度和能经受暴雨冲刷的强度。关闭或封场后，仍需继续维护管理，直到稳定为止，以防止覆土层下沉、开裂，致使渗滤液量增加，防止一般工业固体废物堆体失稳而造成滑坡等事故。关闭或封场后，应设置标志物，注明关闭或封场时间，以及使用该土地时应注意的事项。

（2）为利于恢复植被，关闭时表面一般应覆一层天然土壤，其厚度视固体废物的颗粒度大小和拟种植物种类确定。

3.2.5.7 固体废物处置、利用的环境影响分析

A 尾矿库扬尘环境影响分析

尾矿库运行过程中，尾矿堆放过程中可能产生扬尘，从而污染尾矿库附近的区域环境空气质量。固体颗粒物起尘与颗粒大小、水分多少、环境风速有关，固废颗粒越小，表面

水分越低、环境风速越大就越可能产生扬尘。

根据有关资料，铁矿尾矿密度较大，尾矿堆场起尘启动风速为4.5m/s，根据区域气象资料，年平均风速小于2.6m/s，因此，可以预测尾矿堆放过程中，一年中大部分时间是不起尘的，但在大风时，仍会产生扬尘，对尾矿库附近的区域环境空气质量产生影响。因此，尾矿库在建设时要设500m的大气环境防护距离，以减轻尾矿库扬尘对周围环境敏感点的影响。

B　排土场环境影响分析

排土场周边采取的环保措施有：设挡渣墙、墙外设排水沟、废石装、卸载点设喷淋装置。

（1）挡渣墙、墙外设排水沟，可以防止临时废石场的水土流失。

（2）废石卸载点、装载点射喷淋装置，基本可以控制装、卸载的扬尘，根据类似矿山经验，装、卸载采取喷淋措施后，扬尘影响范围不超过50m。

（3）为控制大风、干燥天气等情况下排土场的扬尘，在周边设洒水喷淋装置，根据情况及时洒水，保证临时废石堆场表面废石保持一定的湿度，可有效控制排土场的扬尘。根据类似矿山临时废石场采取措施后的经验，影响范围不超过50m。

排土场在采取上述环保措施后，无组织扬尘可控制在一定的范围内，不会对周边村庄空气质量造成明显不利影响。

排土场对地表水环境影响是降雨条件下淋溶水外排对地表水及地下水环境的影响，根据鞍钢集团矿业公司现有矿山废石浸出试验结果，各有害因子浸出浓度均低于《危险废物鉴别标准》（GB 5085.3—2007）中的浸出毒性鉴别标准值和《污水综合排放标准》（GB 8978—1996）中的第一类污染物最高允许排放浓度和一级标准值。正常情况下废石没有淋溶水产生，暴雨时废石场淋溶水沿排水沟汇入地表水体，建议对废石场淋溶水进行收集并沉淀处理，然后回用于排土场道路洒水，不外排。

C　燃煤灰渣场对环境的影响

根据目前技术发展水平及实践经验，燃煤灰渣可用于生产水泥、建筑材料、筑路材料等，因此环评提出规划方案实施后燃煤灰渣进行综合利用，利用方向为制砖、筑路、建筑材料等，在不能利用时设灰渣场进行安全处置。

规划火电厂、锅炉燃煤排放灰渣对环境的影响与尾矿排放影响类似，但易起尘，有毒有害元素遇水易溶出，属于一般工业固体废物的Ⅱ类固体废物。在灰渣场采取底部防渗、上游来水疏导、分层推平、碾压、覆土封闭，周围设500m的大气环境防护距离等措施后，灰渣排放对环境空气、地表水、地下水、土壤等污染可得到有效防治，灰渣场运行期满，及时进行植被恢复，可进一步预防灰渣排放对环境的污染。

D　生活垃圾对环境的影响

生活垃圾以废纸、塑料、灰渣为主，其次为有机质等。垃圾的随意堆放一是造成感官污染，再者其中的有机质容易变质、腐烂，析出污水，招致蚊蝇，从而导致污染空气，传染疾病，影响环境卫生。因此生活垃圾必须做到每日清运，减轻生活垃圾对周围的环境影响。生活垃圾得到妥善处理处置后对环境的影响不大。

E　危险废物处置的环境影响

铁矿采选需要大量的机电设备、机械设备、运输设备等，因此，也会产生一定量的危险废物。

  a 多氯联苯（PCB）废物

在铁矿采选生产过程中需要各种变压器、电容器和其他电器设备，在废电器中可能含有多氯联苯废物，按整个区域统计这类危险废物的产生量会有一定规模。

  b 废铅蓄电池

在运输设备中都要使用各种蓄电池，在铁矿、废石运输过程中产生该类固废。

  c 废矿物油

铁矿开采过程中使用的各种机械、运输工具等都离不开使用各种矿物油，所以这类废物也会有一定的产生量。

除上述 3 种产生量较大的危险废物外，在铁矿开采过程中还会产生一定量的废旧电子电器、火药废物等。

综上所述，矿区在生产过程中会产生相当数量的危险废物，规划应加强对危险废物的调查与管理，规范危险废物的处理与处置，使危险废物的管理走向正常轨道，符合相关环境法规的要求。

3.2.6 社会经济影响分析

3.2.6.1 评价区社会发展现状与规划实施的社会风险因素

评价区包括鞍山市及辽阳弓长岭区，该区域地处辽宁中部，沈大经济带的重化工基地的核心区，是我国著名的钢铁工业基地。

评价区内的鞍山市是以铁矿资源为依托发展起来的钢铁工业城市，素有"钢都"之称，矿产资源丰富，是全国矿产资源大市，矿业开发大市，矿产品生产、消费和进出口贸易大市。评价区内矿产资源开发利用为辽宁省乃至全国的经济社会发展都作出了历史性贡献。

评价区内丰富的矿产资源是区域社会经济发展的基础和支柱，但由于部分老矿山已接近设计服务年限，鞍钢矿山的矿石产量从 2007 年达到 5332 万吨之后快速衰减，2010 年矿石产量将下降到 4635 万吨，产量较 2007 年减少 700 万吨。铁矿山产能迅速下降的后果，不仅是恢复产能的巨大投入和长周期的企业减产，而且将带来职工就业、资产浪费等重大社会和经济问题。

通过实施矿山改扩建及新建项目不仅提升了产量规模，还可以安排企业富余人员就业，增加职工收入；同时对地方经济发展和解决就业也具有很大的辐射作用，极大地促进地区经济发展。

值得注意的是，规划的实施将破坏大量的地表植被，矿产资源开发过程中将产生大量疏干水等将造成大量的地下水资源破坏，同时不可避免导致区域环境空气和地表水体受到污染，居民因矿山开发搬迁而产生的社会影响。

3.2.6.2 社会经济影响回顾性评价

多年来矿区的开发主要集中在鞍山市，矿区开发对鞍山经济发展产生了极大的促进作用，鞍山市经济发展对矿业公司以及鞍钢集团的发展有较大的依赖度。虽然农产品加工业、食品、电力、新型建材、精细化工以及县区规模以上工业经济总量不断上升，但是钢铁产业仍然具有不可替代的位置。

近些年来国内钢铁生产迅速增长，对铁矿石需求量增大，每年需要从国外进口大量铁矿石。合理开采国内矿山资源，不仅提高了国产矿石自给能力，而且为国家节约了大量外汇资金。

(1) 对就业及社会和谐的影响。

铁矿山开采带动了地区其他产业的发展，提供了大量的就业机会，直接和间接为当地提供就业岗位。这对保障转岗、富余人员就业和城镇下岗工人再就业，保障矿区职工收入并最大可能快速提升，改善居民生活质量具有较大的促进作用。同时也加速了当地城市化的发展进程。居民就业率的提升和生活质量的改善促进了矿区的稳定发展和地区的和谐社会建设。

(2) 对社会生活的影响。

矿区开发带来的经济增长带来地区年交销售税金及城市建设维护费和教育费附加税收入的提高，促进了地方城镇基础设施的建设；另外，矿区吸收周边居民就业及由此带动的其他产业发展所提供的就业机会，也提高了当地居民的人均纯收入，提高了当地的生活水平和质量。

(3) 移民搬迁安置。

铁矿山开采存在爆破噪声及振动影响、排土场扬尘污染等影响，对居民生产生活环境影响较大，矿业公司采取了搬迁附近居民的措施解决矿山开采对居民生存环境产生的影响。

3.2.6.3 规划实施对区域社会经济的有利影响分析

(1) 增强企业经济实力。

规划项目建设对缓解鞍钢集团铁原料紧缺的状况，稳定炉料供应，提高铁矿石自给率，降低对进口铁矿石的依赖度，保障企业生产经营安全，规避市场风险，促进国民经济发展具有积极意义。

(2) 增加就业促进地方经济发展。

建设单位将根据实际情况，对失去土地的居民进行培训，就近安排在矿山和选厂工作，促进就业。

规划项目达产后，大量的税金收入对改善鞍山市财政状况将产生积极影响，对促进地方经济发展具有十分重要的意义。

(3) 加快基础设施和新农村、小城镇建设。

由于建设及相应的移民搬迁，迁入地的电力、通信、交通等基础设施将得到进一步提升和完善，并促进迁入地第三产业的急速发展，城镇的人口数量、消费水平、消费结构等也将大大增加和提高；教育和文化建设会上一个台阶；城镇的综合实力得到增强。

(4) 促进产业结构调整。

大批农民转变成工人和城镇化建设的加快，将有力地促进产业结构的调整：第一产业从业人员有所降低，第二、三产业从业人员增加；同时，第二、三产业增加值也会有较大幅度提高。农业产业结构也会有所调整，围绕着大企业和小城镇，家禽家畜养殖业、蔬菜瓜果种植业及相关产品的加工、供销、服务业会得到较大发展。

(5) 带动相关产业的发展。

规划项目工业厂房、矿山公辅设施等建设，以及场内外道路新建和拓宽改造，尾矿库筑坝工程；此外，还有搬迁移民的房屋建设等等，将为当地建筑业持续发展带来活力。

规划项目达产后，外运铁精矿，运入煤炭等各种材料、备品备件等，主要依靠当地运力汽车运输，必将推动当地运输业发展。

矿山采选工程的建设、运营，围绕其生产、生活会使周边村镇的加工、服务业有较大的发展，如餐饮、食品及小商品加工和交易、缝纫、通信、小型加工厂、各类维修站点、电讯及储蓄网点等等；对当地文化教育、公民专业技能以及医疗卫生事业必将起到示范、带动和促进作用。

3.2.6.4 居民搬迁的社会影响分析

A 居民搬迁的正面影响分析

（1）符合新农村建设，改善村民生活居住条件。

村民搬迁安置符合新农村建设，将直接改善搬迁村民的生活居住条件，彻底解决行路难、饮水难、上学难、看病难等村民最关切的问题，提高村民的生活质量，对建设社会主义新农村建设将做出突出的贡献，规划项目将起到表率作用。

随着经济的增长，人民生活水平的提高，人们对住宅的多样化、可选择性以及功能质量和环境质量的要求越来越高。规划项目在搬迁安置过程中，通过承办单位、规划设计单位和有关政府机构的合作，将努力创造适应人们需要的舒适、安全、卫生和环境优美的村民安置居住小区，为社会展示出一个具有超前性和导向性的社会主义新农村建设的新模式。规划项目带来的搬迁具有良好的社会效益。

（2）有利于规划项目的顺利建成。

村民搬迁安置为规划项目的建设做好了前期准备工作，村民搬迁安置有利于鞍钢老区铁矿山改扩建项目的顺利建成。规划项目对促进鞍山市、辽阳市经济的发展、提供当地就业机会、扩展城市规模、提高城市品位，提高人民生活水平以及调整产业结构有着不可忽视的作用。

（3）有利于城镇化建设。

搬迁居民可自愿被安置在规划的安置区内，由当地政府统一规划、统一设计、统一管理，基础配套设施均由政府统一安排建设，对外交通、医疗、购物、教育环境较好，环境空气、声环境质量及水环境质量较好，饮用水卫生状况也将得到极大改善，随着社区建设规模的逐渐扩大、完善，拆迁复建点将具有舒适、优美的生活居住环境。

规划项目在搬迁安置过程中以建设文明的小康型住宅小区为目标，满足居住生活环境和条件的实用性、舒适性和安全性的要求，本着以人为本、注重生态环境的原则，利用项目周围的道路交通、绿化设施，合理组织绿化和交通体系，完善公共建筑及住宅布局，力争创造一个宁静、亲切、安全的居住环境。把"企业带动型"建设模式作为社会主义新农村建设的典范。规划项目带来的搬迁将具有良好的环境效益。

同时，矿区建设的直接作用是加速区域的城市化进程，因占用耕地和吸引劳动力向工业和服务业转移，直接促使产业结构进一步向第二和第三产业转化。对于促进区域经济增长和城市化进程均起到推动作用，从长远来看，它对当地农民生活水平的提高也有明显的促进作用。

B 居民搬迁的环境影响分析

由于年龄、文化、身体状况等种种条件制约，搬迁和失地农民不能全部转变成矿山企业工人，土地的丧失会给少数农民家庭生活带来困难；对搬迁户而言，有可能距离他们耕作的土地远了，给他们劳作带来不便。

建设单位对失地农民均按鞍山市政府规定标准给予经济补偿。矿山建成后将会使周边的商业和服务业快速发展，本项目安置地距离矿山较近，搬迁家庭可将这部分费用作为启动资金，依托矿山脱贫致富。

搬迁村庄及迁入地村庄人均占用耕地有所减少。对此，建设方给予一定补偿，失地村民可通过土地占用的资金补偿，将先进的生产技术应用于剩余耕地，不断改善土地质量，改善农业用水，提高土地使用效率，亦可用作在创业基金，从事工业或服务业。

安置点建成居民入住后，对自然环境产生的影响因素，主要来自生活污水及生活垃圾的排放。由于移民安置与村镇建设规划相结合，安置地距离原居住地仍处于鞍山、辽阳市域，人口没有增加，因而污染物产生量基本没有增加；同时，新建安置点加强了环保设施建设，配套建设污水处理厂，集中供热锅炉房，设置垃圾点，并由乡镇政府负责指定人员清理填埋处置，从而较原居住地减少了污染物排放，有利于改善当地环境质量。

3.2.6.5 规划项目社会经济影响初步分析

总之，规划项目的建设虽然有一定不利影响，但其有利影响是主流，将提升当地的矿山开采水平、工业技术实力和管理水平；为当地创造大量的税收收入和就业机会；使地区产业结构更加合理；带动建筑业、运输业、加工服务业、文化教育及医疗卫生等相关产业的发展；项目的建成必将大力促进当地的经济发展，提高当地人民的生活水平，提高地区的综合实力，为当地经济和社会发展做出重大贡献。

3.2.7 环境影响综合评价及长期影响趋势分析

3.2.7.1 矿山改扩建规划项目环境影响综合分析与评价

A 综合评价方法

矿区规划建设对区域环境的综合影响评价，是在进行了单因子分析和预测评价的基础上，采用影响分级权重法进行。

a 影响因子选择

经过分析筛选，选择了影响比较大的地区发展、环境空气、经济总量、地表水环境、地下水环境、土壤、植被及土地利用、人群健康等几个方面中的 15 个因子，并增补敏感因子项（参见表 3-98），作为综合评价的重点评价因子。

b 影响等级划分

影响等级共分三等七级。其中"三等"是按影响的性质来划分，即有利影响、不利影响和影响甚微，分别用"+"、"-"和"○"表示。根据因子影响大小（小、一般、较大）用数字"1"、"3"、"5"来表示其级别。

c 影响因子权重的确定

影响因子权重采用定性指标与定量指标模糊评价相结合的计算方法，根据相关文献类比，对所有指标进行综合评判，权重总计为 100 分。

d 综合评价

综合评价计算公式为：

$$E = \sum_{i=1}^{n} w_i \cdot p_i$$

式中 E——环境影响综合评价值；

w_i——环境因子 i 的权重；

p_i——环境因子 i 的影响程度；

n——环境因子总数。

B 评价结果及分析

根据以上评价方法，计算结果见表3-98。

表3-98 环境影响综合评价表

环境因子 / 效应指标		环境背景	环境效应	分级	权重	$w_i p_i$
环境质量	环境空气	SO_2、NO_2满足二级标准，TSP普遍超标，与矿山开发有关	规划实施后对主要空气污染物粉尘加强控制，环境空气影响较现状改善	-3	11	-33
	地下水环境	局部地下水位、水质动态变化中，区域尚可	水环境条件改变，将受到一定程度污染威胁。可通过规划强化控制	-3	7	-21
	地表水环境	区域水环境质量恶化，规划区水环境质量尚可，区内排污影响可控	规划实施后排水可控条件下对地表水质无影响，非正常生产条件下存在持续污染和环境风险	-1	10	-10
	声环境	各功能区的噪声均不超标	对附近居住人群存在噪声、振动影响	-1	2	-2
资源与生态	土壤 水土流失	存在土壤侵蚀	可以较现状改善	+1	5	+5
	土壤 地质灾害风险	矿山开发有多处隐患和整体风险	需要加强管理，对矿山设施进行有效控制，否则存在污染和环境风险	-5	5	-25
	土壤 环境质量	重金属等污染物含量在标准值范围内	不会发生大的变化，进而突破土壤环境容量	-1	3	-3
	植被	矿山占用土地，破坏植被在恢复中	占地范围植被将逐步得以恢复、重建	+1	10	+10
	资源 水资源	水资源紧张，矿区用水浪费严重	通过节约用水使规划区总体用水量得到控制	-3	3	-9
	资源 土地资源	资源紧张，功能划分不清晰	增加占用面积，通过规划提高利用率	-1	1	-1
	资源 矿产资源	需要投入资金规划，有序开发，提高利用率	高效开采、可持续利用资源	-1	7	-7
	人群健康	无地方病	基本无变化	0	2	0
社会经济环境	经济总量增长	现有水平逐渐衰减	年净增值50.59亿元	+3	10	+30
	地区发展	效益衰减，治理资金投入难以为继。环境恶化	带动配套产业发展和结构调整。新增5万人就业	+5	20	+100
	居民搬迁安置	在矿区周边维持一定生活水准	经补偿和合理安置，保持原有生活质量不降低	-1	5	-5
综合结果	有利影响（+）					145
	不利影响（-）					-116
	综合值 E					+29

对表中从单项环境因子影响评价和综合影响评价说明如下：

（1）表中权重划分为：环境质量:资源与生态:社会经济 =30%:35%:35%。

（2）各因子权重排序为：地区发展、土壤、环境空气、资源、经济总量增长、地表水环境、植被、地下水环境、居民搬迁安置、声环境、人群健康。

各正影响因子排序为：地区发展、经济总量增长、植被、水土流失。

各负影响因子排序为：地质灾害风险、环境空气、水资源、地下水环境、地表水环境、土壤环境质量、土地资源、矿产资源、居民搬迁安置、声环境。

（3）环境质量评价为负效益，反映规划实施前后对环境质量的改善尚不足以还清历史欠账，需要通过加大环保资金投入和实行区域综合整治，逐步加以改善；生态资源评价结果为负效益，是矿山开发不可避免的环境代价与成本；综合评价为正效益，反映通过规划及规划环保措施的实施，做到规划项目所在区域的可持续发展和社会、环境、经济三个效益的统一。

（4）以地质灾害等为表征的矿山灾害隐患存在于多个部位，需要采取措施防范和规避风险，总体而言矿山开发增加了各类风险事故突发的可能。

已判定粉尘为矿山开发影响区域环境空气的主要因子，改扩建规划项目实施后评价区TSP、SO_2落地扩散浓度均不超过《环境空气质量标准》（GB 3095—1996）的二级标准，符合所在的环境功能区要求。

规划加强水资源综合利用和减少浪费使规划用水量得到控制，不增加新鲜水用量，但区域水资源紧张趋势和供求关系未因为规划实施而发生质的改变，水资源仍是规划实施重要的限制性因素。

地下水作为与矿山开发密切的水环境要素，有较高的保护意义和控制要求。正常生产状态矿区排放的废水不进入地表水体，对地表水环境质量不产生不利影响。矿区规划固体废弃物亟待综合利用，以减缓固废贮存的环境影响。矿区规划建设将对评价区声环境造成一定影响。尽管可通过采用各项环境影响减缓措施可使上述影响因素得到控制，在这些环境要素方面整体上呈现负影响。

（5）规划实施后增加大的环保投入，主要针对服役期满的排土场、尾矿库实施生态复垦，增加了绿地面积，治理水土流失，通过矿区规划建设，使规划矿区的植被覆盖度较现状有所增加，矿区生态环境将得到大的改善。

通过矿区规划建设使现状老矿山得以接续开发，矿区年净增值50.59亿元。带动配套产业发展和结构调整。新增5万人就业。影响范围内的城乡居民经补偿和合理安置，可保持原有生活质量不降低。规划形成的区域社会经济发展的推动力，具有良好的正效益。

3.2.7.2 长期影响（累积影响）趋势分析

A 对环境空气的长期影响趋势分析

环境空气质量变化的累积影响：重点关注规划区域以颗粒物为主的废气排放对鞍山市城区环境空气质量的贡献，以及由此带来环境功能的改变，乃至长期会对区域旅游、人群健康及社会经济产生一定程度的影响。

（1）矿区及周边现状以粉尘为主的空气污染，区域环境问题已经凸显。

（2）从规划矿区及周边地区主要空气污染物排放情况分析，矿区开发范围扩大、生产规模扩大的直接后果，是规划矿区近期排放量比现状增加，远期比近期又增加，尽管单位排放源强度随环保措施的投入有明显减小，但主要污染物排放的总量仍呈增加态势。

（3）对空气环境的长期影响（累积影响）趋势分析。

由于矿区规划建设空气污染物烟尘、SO_2、NO_2、粉尘都随着矿区项目进入的增多而增多，新的污染源排放的上述污染物，与现状污染源（现有矿区项目）排放的污染物，在数量上有叠加影响，在空间上也有叠加影响。

现状空气污染物中烟尘、SO_2、NO_2 在冬季采暖期排放较多，采暖期过后，这些污染物在数量上减少，空气质量容易恢复，所以"时间拥挤"结果不明显。而新增矿山开发项目，为保证项目生产供汽需要，上述空气污染物的"时间拥挤"现象就非常明显。

从上述分析可见，现状矿区与鞍山市区所排放的粉尘无空间叠加影响。而在矿区规划项目所排出的粉尘与矿区周边矿山排放的粉尘在数量、空间上都有叠加影响。

总体而言，矿区开发范围较大，地形条件差异及启动风速差异较大，矿区规划建设所排放的空气污染物对区域空气质量长期（累积）影响不大，空气质量仍能保持在《空气环境质量标准》（GB 3095—1996）的二级标准范围内。区域烟尘、SO_2 和 NO_2 的空气环境容量较大，而无组织排放粉尘可能仍会在个别时段形成局部的污染影响。

B 对水环境的长期影响趋势分析

（1）矿区用水对区域水资源的影响趋势分析。

除利用矿坑涌水回用于生产外，矿区每年从汤河水库取水作为生产、生活用水水源，作为用户之一的鞍山市开采地下水已长年超采，没有潜力可供挖掘，规划矿区用水主要在汤河水库可供水量范围内进行平衡加以解决。

汤河水库是鞍山市、辽阳市宏伟区、弓长岭区的主要供水水源，且随着鞍山、辽阳市社会经济发展对汤河水库取水量有逐渐增加的趋势，这样对矿区取水就是一个限制因素。从汤河水库取水既减少了汤河水库输向下游的地表水量，又减少了上游对地下水的补给量，出现对地表水和地下水的叠加负效应。其累积影响的结果，就是"空间拥挤"。

根据目前的水平衡，矿区开采地下水和从汤河水库引水，不会影响汤河流域的各业生产用水，但减少了该流域的生态用水。这种影响从近期到远期是随时间的推移逐步加重的，汤河进入下游农区、城镇的总地表水量逐年减少，河道渗漏补给地下水的水量也会逐渐减少，就会影响到下游农业、生态用水量。这就会出现随时间的叠加影响。

随着区域农业、工业、矿山开发的发展，区域用水矛盾会越来越大，所以一定要注意区域各业的协调发展，保障区域用水平衡。近期投入的引兰入汤、引细入汤工程，即是增加汤河水库取水量，缓解汤河水库引水矛盾的解决措施。

为此，本规划根据区域水资源平衡，在矿区给排水平衡中考虑了不增加新鲜用水量、主要依托循环水（中水）和充分利用矿山伴生水的用水情景（见 2.1.8 节），这对于保持从汤河水库取水的水资源也是至关重要的。

（2）矿区用、排水对地下水环境的长期影响趋势分析。

矿山开发尤其是露天矿山开发对水环境的影响突出表现在对水资源和地下水位乃至对地下水流场的影响，局部地下水环境由于采坑或井下采区的截流，发生质的变化，形成新的地下水补给、径流、排泄平衡，并对矿区外围水环境产生连带影响。这种影响的长期性表现在新的平衡会随时被新的开发环节或其他人为因素影响，其影响趋势则呈现缓变性和难以逆转性。

根据本规划及环评确定的排水去向方案，正常生产状况下排水不会对地下水水质造成污染，主要的污染环节在于矿山采场对地下水的截流环节和尾矿库渗水向地下水的补给；另外，随着远期多个铁矿山开发，大量抽取矿坑水加剧了矿区地下水位下降趋势，使地下水位逐年下降。这两类的影响过程与途径由于水文地质勘探工作的缺乏难以定量评估，现阶段很难预料其对地下水的长期影响的趋势，需要通过长期的地下水动态观测，给予明确揭露和说明。

上述态势说明，本规划环评揭示的地下水环境影响，只是在短期根据实证分析预测的地下水环境的一般状况，对规划实施后地下水环境状况的监控，要依赖于对地下水环境的长期连续观测和分析研究，并根据地下水赋存规律采用有针对性的控制措施，保持地下水环境水位、水质的良性平衡。

（3）矿区排水对区域地表水环境的长期影响趋势分析。

本矿区规划充分利用矿坑涌水作为生产回用水，大大减少了矿坑水排放，至规划远期可做到正常生产中（非暴雨期间）矿坑水零排放；设计将选厂外排水全部回收，选矿厂实现污水零排放，不增加废水对环境的贡献量；尾矿库澄清水回用于选矿厂，渗流水也尽可能回用，这些措施的推行大大减少了矿山排水，在正常生产的部分时段各环节水量可充分循环，除尾矿库渗水外不向外环境排水。

根据上述分析可看出，规划项目可能对地表水产生污染的途径，主要是尾矿库排渗水、非正常生产排放、事故排放及尾矿库溃坝等重大环境风险事故条件下的泥石流等液态污染物排放。从总量上来说本规划的累积效应不大。

需要注意的是，矿山规划区大范围的采场作业地面、道路，不同高度的排土场、尾矿库等设施，在暴雨洪流状态下均会产生不同程度的水土流失，存在形成地表径流的可能，并最终将其中原始或富集后的矿岩成分带入河流，可能形成对河流水质的贡献。特别是大量存在的中小型选厂未能循环利用的排水的长期无序排放，带来对河流淤积的影响，及相关金属元素或化合物的贡献。

上述排水是在规划实施后的环境监测与跟踪评价中需要关注的方面。

C　对生态环境的长期影响趋势分析

上述规划实施后区域水资源分配和水环境容量的改变，均会带来对生态环境的连带性影响；由于长期效应进而可能影响到生态环境、农业生产、社会生活环境等因素，带来缓慢延续的生态演替趋势。

规划范围内的矿山开发包含的露天采场或井巷工程，矿山排土场、尾矿库的建设，乃至生态恢复，出现大量占地的状况，实际上也是占地范围内的生态破坏、影响减缓并最终实现再造的过程。从最初产生大面积的施工或作业粉尘起，到逐步减缓其环境影响，最终通过规划环保措施的实施控制污染，建立新的人工的生态平衡，是一个长期的过程，同时由于矿山规划的逐步推进实施，生态的恢复和重建又呈现递进状态和局部的方向性。

根据以上规律，对规划实施后矿山及周边区域的生态环境演替，应当通过跟踪影响评价进行定期评估。评估过程需要采取量化指标与针对范围相结合的方式，在区域生态系统架构中综合考虑，解译评价矿区生态恢复效果。

3.3　环境影响的可接受性评价研究

3.3.1　铁矿山规划资源承载与环境容量的协调性分析

本节将从空气环境、水环境、生态环境几个方面分析规划的环境影响，结合空气、水和生态环境的承载力，分析规划与环境的协调性。

3.3.1.1　空气环境

综合鞍山市城区环境监测结果和环境容量计算结果，鞍山市城市 SO_2 排放量已经基本达到区域所能容纳的污染物总量，根据监测结果，区域 PM_{10} 全部超过二类区标准限值要求，区域没有 PM_{10} 环境容量可供利用。根据《鞍山市大气颗粒物来源解析研究》的结论，鞍钢对鞍山市 PM_{10} 的分担率也接近 30%，因此需要加大鞍钢的粉尘控制力度，以减小对大气环境的压力。矿山老区随着规划的实施，SO_2 排放量也将得到很大程度削减，因此，SO_2 环境容量不会对规划项目发展形成制约。

根据辽阳地区空气环境容量的预测结果，按二类区日均值控制为目标，弓长岭片区 SO_2 目前尚剩余环境容量 $3.29 \times 10^4 t/a$，PM_{10} 剩余环境容量 $1.46 \times 10^4 t/a$，环境空气仍可承载区域的进一步发展。

根据近期和中远期鞍钢矿业公司的粉尘污染源排放估算结果，2015 年鞍山地区粉尘排放 2447t/a，相比 2009 年增加 347t/a，辽阳地区粉尘排放 335t/a，相比 2009 年削减 61t/a；2020 年鞍山地区粉尘排放 3728t/a，相比 2009 年增加 1628t/a，辽阳地区粉尘排放 432t/a，相比 2009 年增加 36t/a。辽阳地区剩余空气环境容量可满足矿区新增粉尘排放需求，但鞍山地区已没有空气环境容量，规划新增的粉尘排放将进一步增加空气环境压力，超出环境空气的承载力，需要进一步采取措施削减矿区的粉尘排放量。

3.3.1.2 水环境

从矿区的水资源进行平衡分析后可知，目前汤河水源和市区地下水源的剩余供水能力为 $3927 \times 10^4 m^3/a$，根据矿区规划设定的发展目标，近期~2015 年、远期~2020 年，规划矿区充分利用循环水、矿山伴生水前提下，可在现状基础上不增加新鲜水用量，因此目前的新水需求与水资源条件协调，不影响鞍山市市政供水的需求。但随着城市的发展，鞍山市城市用水量也将逐步增加，长期来看，区域水资源承载能力逐年下降，需水量逐年增加，都将加剧矿区开发与水资源承载力之间的不协调性。要解决这一问题，需要切实落实规划用水目标，提高矿区的清洁生产水平，提高矿井水利用率，加强管理以减少水资源的浪费，提高废污水的处理率和循环利用率，减少外排废水量和取水量。

从矿区范围内河流的水质情况看，鞍山界内南沙河和杨柳河的 COD、氨氮均没有环境容量可言，目前已不能新增污染物的排放。辽阳市境内的汤河下游 COD、氨氮仍有环境容量可供利用。

矿区采区生产、生活废水均无集中外排，选厂污水不外排，外排废水主要为矿井涌水、排土场淋溶水以及尾矿库排水，排入南沙河、杨柳河和汤河。根据矿区规划，近期~2015 年、远期~2020 年规划矿区排水量分别为 $2050 \times 10^4 t/a$、$2259 \times 10^4 t/a$，较现状 2009 年分别削减 $492 \times 10^4 t/a$、$283 \times 10^4 t/a$。从地表水预测结果可知，由于矿区排水主要为矿井涌水和尾矿库排水，其水质较好，衰减至控制断面后，浓度明显降低，与现状断面混合后，能改善当前的地表水质，基本可以满足地表水体功能。矿区废水排放和水环境容量之间可达到协调。

3.3.1.3 生态环境

通过生态足迹的分析，评价区内鞍山和辽阳两个片区的社会消费需求超过了区域生物生产能力，生态系统处于人类过度开发利用状态之中，区域生态环境已经没有承载能力，区域生态环境受人类开发较重，需进行区域综合整治和养护才能维持区域的发展。

矿区规划新增占地 $2557.27 hm^2$，所有占地中耕地为 $321.25 hm^2$，园地为 $419.01 hm^2$、林地为 $1230.79 hm^2$、草地为 $131.25 hm^2$，根据矿区规划，矿区排岩场和尾矿将进行复垦，复垦方向主要为耕地、园地、林地和草地，拟达到的土地复垦率为 80%，复垦面积为

$2099.6hm^2$，基本能补偿所占耕地、园地、林地和草地。

根据规划项目的生态环境影响预测结果，规划实施会造成项目区内土地利用结构改变，但不会对评价区整体区域的土地利用结构和功能产生较大影响；露采、排土场和尾矿库建设将改变地形地貌特征，尾矿库的建设由于改变小流域的地表水流通条件还将在一定程度上改变局地小气候；露采及排土场、尾矿库建设均破坏已有的植被，但随着排土场复垦和绿化建设进度的推进，规划项目对植被的影响将会得到补偿和恢复；规划项目的建设还将对动物生境出现先破坏后恢复的过程；矿山开采形成大量的表土裸露，排土场形成的大量松散固体物质堆积，极易造成土壤侵蚀范围及其强度的扩大化，需要调整生产方式和生态优化措施，减少土地侵蚀。综上所述，矿区开发将从土地结构、地形地貌、植被、动物生境、土壤侵蚀等方面对区域的生态环境产生干扰和破坏，规划通过优化生产方式和生态优化措施可以对生态环境进行一定的养护，但还需要进一步加大生态养护力度，以维护生态环境的承载力。

3.3.2 铁矿山规划环境影响的可接受性分析

3.3.2.1 在生态影响上的合理性分析

从生态影响上的角度来看，规划露采形成的矿坑、尾矿库等的占地造成永久的土地利用变化，但随着矿山闭坑及排土场的复垦绿化，项目对土地利用的影响将趋于弱化；矿山开采形成大量的表土裸露，排土场形成的大量松散固体物质堆积，极易造成土壤侵蚀范围及其强度的扩大化，但不会对大区域的土壤理化性状产生巨变，针对重点区域需要采取措施进行土壤的生态修复；露采形成陡深的矿坑和高大的排土场，在局部范围内很大程度上改变了自然地形地貌的景观分布及其格局，尾矿库的建设改变小流域的地表水流通条件，形成集中的水域，一定程度上改变局地小气候；露采及排土场、尾矿库建设均破坏已有的植被，但随着排土场复垦和绿化建设进度的推进，规划项目对植被的影响将会得到补偿和恢复；规划矿区内野生动物的生境出现先破坏，后恢复的过程，野生动物的影响也随着生境的变化而变化。

因此，鞍钢老区铁矿山规划的实施，将对区域地形地貌、土地利用结构、水土流失及动植物会产生一定程度的影响，但随着生态影响的逆向干扰消失和人工生态恢复重建的正向干扰强化，规划项目实施对自然生态系统完整性的影响日趋减弱，规划项目的实施还将有助于区内现状生态系统的恢复和稳定良性发展，不会对鞍钢老区铁矿山规划建设规模构成制约影响。

3.3.2.2 在水环境影响上的合理性分析

规划项目生活废水经处理后用于绿化，疏干废水经沉淀后全部用于采场生产、爆堆预湿、厂内抑尘，多余部分输送到选厂，废水利用率达到100%（含蒸发损失），至规划远期正常生产中无废水进入河流和其他水系，对区域地表水和地下水环境质量不会产生加重影响。但也存在铁矿山开采矿坑涌水所致的局部区域地下水水位下降，以及运营期选矿厂消耗一定的水资源，造成区域水资源由于矿山开发面临着重新分配的态势；而尾矿库扩建增高，还将导致周边区域水头压力抬高所造成的水位相对上升。

因此，从水环境影响的角度来看，将对规划建设规模存在一定程度的制约，但若按照本报告提出"节约用水及处理水循环利用措施"，鞍钢老区铁矿山开发对区域水环境的影响不会对规划建设规模造成较大的制约。

3.3.2.3 在大气环境影响上的合理性分析

根据环境空气影响分析，鞍钢老区铁矿山规划项目建成后在现状、近期和远期正常排放情况下，对区域各环境敏感点的 PM_{10} 和 SO_2 贡献值日均最大浓度值、年均值均未超过《环境空气质量标准》中相应标准限值；叠加区域背景值后，SO_2 排放产生的小时、日均最大浓度均低于标准限值，但 PM_{10} 排放产生的日均最大浓度均超过标准限值，超标天数全年不超过 10 天，超标浓度值均位于矿区以内。

因此，从大气环境影响的角度来看，鞍钢老区铁矿山规划项目建成后对区域 SO_2 影响不大，但由于区域 PM_{10} 浓度已超标，加上矿山建设新增 PM_{10} 的排放对区域环境空气质量造成进一步影响，这对鞍钢老区铁矿山规划建设规模造成一定程度的制约；然而若按照本报告提出的"矿山作业过程中无组织粉尘污染控制、排土场扬尘控制、尾矿干坡段扬尘控制、运输道路扬尘控制以及选厂和工业场地锅炉烟气污染控制等措施"，可大大降低老区铁矿山规划项目对周边环境空气的污染，鞍钢老区铁矿山规划项目开发所带来的大气环境影响对矿区建设规模的制约性将大大减小。

3.3.2.4 在固废环境影响上的合理性分析

规划产生的各类固体废物，最终都得到综合利用或者安全合理处置，对环境影响的程度不大。因此，鞍钢老区铁矿山固废不会对环境造成较大影响，不会对规划建设规模造成制约性的影响。

3.3.2.5 在社会环境影响上的合理性分析

鞍钢老区铁矿山改扩建规划项目的实施对社会生态系统的完整性同样存在逆向和正向的干扰，正向的干扰促进了鞍山市城市空间布局优化，社会经济、人文发展及自然生态的和谐，促使鞍山整体社会生态系统向可持续发展的方向，促进了辽阳市弓长岭区的资源整合和社会经济发展。逆向干扰的出现将伴随规划项目的实施，使社会经济结构、城市空间布局冲突，导致社会生态系统的不和谐，以及鞍山市、辽阳市、弓长岭区社会发展的不可持续性。为保障区域社会经济可持续发展，应当强化正向干扰的作用。

但通过本报告提出的居民搬迁安置对策，以及提出的可持续发展要求，鞍钢老区铁矿山规划项目建设将大大增强对社会环境正向干扰作用，逆向干扰作用大大减少，规划项目实施所带来的社会环境影响不会对矿区建设规模造成较大制约。

综合上述分析，鞍钢老区铁矿山改扩建规划项目建设规模符合区域铁矿资源需求，鞍钢老区所处的区域交通、电源和辅助设施等外部建设条件能够支持和促进规划的发展，鞍钢老区铁矿资源、水资源能够满足规划项目的需要，不会对规划建设总体规模构成制约；但也存在大气和水环境容量不足，以及矿区开发所带来的一系列生态、大气、水和固废对环境造成的影响对矿区建设规模的制约。按照提出的环境保护措施和节能减排要求，规划项目建设做到"量容而行"，在环境容量承载和环境影响上的制约将大大减少，规划提出的建设规模总体是可行的。

4 生态承载力与规划区生态综合整治对策

铁矿山开发进程也伴生了对土地、生态和人居环境的巨大破坏。基于矿山占地范围内土地使用功能发生了永久性改变，迄今为止国内外的法律、政策规定重点限制矿山设施占地面积，并提出了矿山土地复垦的要求。通过矿山用地一定时期内复垦后由建设用地转为林地乃至农用地功能的等量置换，使矿山区域满足城市生态建设与绿化率等指标的要求，保证乡镇耕地等农业用地面积不削减。

在矿山规划阶段，有必要评估土地资源承载力，规定包括排土场、尾矿库、采场的土地复垦措施，并合理规划居住用地，搬迁矿区内零星居民，以达到矿山规划建设环境、经济、社会效益的统一。

4.1 土地资源承载力分析

4.1.1 规划所在地区土地利用规划概况

根据《鞍山市土地利用总体规划（2006~2020年）》和《辽阳市土地利用总体规划（2006~2020年）》，矿业公司所在地区土地利用规划指标见表4-1。

表4-1 规划所在地区土地利用总体规划指标

指 标	鞍山市			辽阳市			指标属性
	2005年	2010年	2020年	2005年	2010年	2020年	
耕地保有量	239360	239000	238000	176282	176282	176282	约束
基本农田面积	210969	203800	203800		153100	153100	约束
园地面积	40614	41900	45900	11441	12700	14500	预期
林地面积	418636	428200	440200	168897	173800	178600	预期
牧草地面积	4113	4800	5400	2527	2900	3300	预期
建设用地总面积	98645	102000	106300	63749	66000	69200	预期
城乡建设用地规模	84826	87100	89900	51900	53900		约束
城镇工矿用地规模	33583	35900	39500	18566	20200	22500	预期
交通、水利设施及其他建设用地规模	13819	14900	16400	13437	14100	15300	预期

从规划可知，到2010年，鞍山市新增建设用地3355hm²，其中新增城镇工矿用地规模为2274hm²；到2020年，鞍山市新增建设用地7655hm²，其中新增城镇工矿用地规模为5917hm²。

到2010年，辽阳市新增建设用地2251hm²，其中新增城镇工矿用地规模为1634hm²；到2020年，辽阳市新增建设用地5451hm²，其中新增城镇工矿用地规模为3934hm²。

4.1.2 规划新增用地与占补平衡

根据规划，矿区新增用地类型见表 4 - 2。

表 4 - 2 矿区新增用地类型

地 类	2015 年			2020 年	总 计	备 注
	鞍山市	辽阳市	小计	鞍山市		
耕地	181.90	100.03	281.93	39.32	321.25	农用地
园地	252.27	35.52	287.78	130.11	417.89	农用地
林地	207.73	729.42	937.15	293.64	1230.79	农用地
草地	63.55	60.02	123.57	1.30	124.87	农用地
工矿仓储用地	110.02	31.54	141.56	10.95	152.51	建设用地
住宅用地	130.06	40.86	170.91	38.80	209.71	建设用地
水域及水利设施用地	7.78	2.58	10.36	4.88	15.24	建设用地
其他土地	15.24	9.07	24.31	24.93	49.24	其他
合 计	968.55	1009.04	1977.57	543.93	2521.50	

从表中可知，矿区规划新增占地 2557.27hm², 所有占地中耕地为 321.25hm², 该地类在土地利用规划中为约束指标，需进行占补平衡；占地中园地为 417.89hm²、林地为 1230.79hm²、草地为 124.87hm²，三种地类在土地利用规划中虽为预期指标，但规划年指标较现状年指标增加较多，矿区规划占用面积将影响区域规划目标的实现，同样需进行占补平衡；占地中工矿仓储用地、住宅用地、水域及水利设施用地则最终将变为建设用地，该部分用地无需进行占补平衡；此外，其他土地主要为裸地，属于土地的合理利用。

4.1.3 土地的复垦规划

根据规划，排岩场和尾矿将进行复垦，拟达到的土地复垦率为 80%；另外，根据土地复垦规划，还将对矿山进行土地复垦，矿山、排岩场和尾矿复垦面积见表 4 - 3。

表 4 - 3 规划土地复垦面积

序号	矿山企业名称	现已复垦面积/km²	规划新增复垦面积/km²				备 注
			2011 ~ 2015 年		2016 ~ 2020 年		
			林地	草灌木	林地	草灌木	
1	弓长岭铁矿	0.57	0.5	0.3	0.6	0.5	辽阳
2	齐大山铁矿	5.36	0.2	0.15	0.3	0.25	鞍山
3	齐大山尾矿库	0.4	0.05	0.1	0.1	0.15	
4	张家湾铁矿	—	0.02	0.01	0.03	0.02	
5	鞍千矿业铁矿	—	0.05	0.05	0.3	0.2	
6	关宝山铁矿及选厂	—	0.03	0.01	0.05	0.03	
7	砬子山铁矿	—	0.01	0.005	0.05	0.03	

序号	矿山企业名称	现已复垦面积/km²	规划新增复垦面积/km²				备　注
			2011~2015年		2016~2020年		
			林地	草灌木	林地	草灌木	
8	眼前山铁矿	0.74	0.45	0.3	0.55	0.4	鞍山
9	大孤山铁矿	1.64	0.9	0.8	1	0.8	
10	大球厂尾矿库	0.04	0.025	0.025	0.02	0.015	
11	黑石砬子铁矿及选厂	—	0.005	0.008	0.02	0.01	
12	东鞍山铁矿	2.92	0.45	0.45	1.46	1.46	
13	东烧厂尾矿库	2.7	0.1	0.1	0.2	0.2	
14	西鞍山铁矿	0.21	0.15	0.1	0.25	0.15	
合　计		14.58	5.348		8.845		28.773

4.1.4 土地资源承载力分析

4.1.4.1 土地占用的法律层面要求

根据我国现行政府核准投资目录要求,对于本次规划区域矿山项目,均属于"已探明工业储量5000万吨及以上规模的铁矿开发项目",由国务院投资主管部门核准。另外,规划矿山项目除关宝山铁矿外,基本位于城市建设用地规模范围之外,需单独选址并占用土地。根据《中华人民共和国土地管理法》,本次位于规划建设用地范围外的矿山项目可根据国务院批准的文件修改土地利用规划,而后进行土地补偿与占用。

由于规划区将进行土地复垦,根据《中华人民共和国土地管理法》,复垦后土地将收归国有土地,其他新增需要使用国有土地的(集体所有土地先征收为国有土地),应当按照土地使用权出让等有偿使用合同的约定或者土地使用权划拨批准文件的规定使用土地;确需改变该幅土地建设用途的,应当经有关人民政府土地行政主管部门同意,报原批准用地的人民政府批准。

鉴于此,规划区新增土地利用指标可以从两个渠道得到满足,即部分用地指标可从土地利用总体规划指标中得到满足,另外规划项目用地指标则依据国务院批准的文件修改土地利用规划,并由有关人民政府土地行政主管部门同意批准。

由于矿区进行土地利用复垦,且规划项目占用土地一般可通过国务院批准文件进行办理,因此土地利用承载力主要在于新增占用国有土地面积应小于复垦后收归国有土地的指标。

4.1.4.2 土地总体平衡分析

按照规划确定的矿业公司申报征地面积与鞍山市、辽阳市新增城镇工矿用地规模对比详见表4-4。

表4-4　矿业公司申报征地面积与新增城镇工矿用地规模对比　　　　　(hm²)

项　目	鞍山市	辽阳市	合　计
至2020年新增城镇工矿用地规模	5917	3934	9851
矿区规划新增用地规模	1512.48	1009.02	2521.50

从对比结果可知，矿业公司规划新增用地规模将占鞍山市和辽阳市新增城镇工矿用地的27%，在新增城镇工矿用地的规模内，但从对比《鞍山市土地利用总体规划（2006～2020年)》和《辽阳市土地利用总体规划（2006～2020年)》，目前仅关宝山铁矿用地指标被列入土地利用总体规划内，其余均未被考虑。

尽管大部分规划项目的用地指标并未被列入鞍山市和辽阳市的土地利用总体规划，但本次规划将进行土地复垦，复垦方向主要为耕地、园地、林地和草地，规划新增占用耕地、园地、林地和草地一般均可得到占补平衡，详见表4-5。

表4-5 新增占地与复垦面积对比 （hm²）

占补方式	用地类型	规划新增占地	规划复垦面积
需占补平衡	耕地	321.25	2877.3
	园地	417.89	
	林地	1230.79	
	草地	124.87	
	小计	2094.80	2877.3
其他无需补偿	工矿仓储用地	152.51	
	住宅用地	209.71	
	水域及水利设施用地	15.24	
	其他土地	49.24	
	小计	426.70	
合 计		2521.50	2877.3

综上所述，尽管矿业公司规划建设项目的用地指标并未列入鞍山市和辽阳市的土地利用总体规划，但规划通过土地复垦，可使占用的耕地、园地、林地和草地等指标得到补偿，实现占补平衡，规划项目的实施并不会影响鞍山市和辽阳市的土地利用总体规划总体目标的实现；另外，如果矿区提高复垦率，则可以促进鞍山市和辽阳市的土地利用总体规划园地、草地和林地在2020年较2009年增加目标的实现。

4.1.4.3 土地资源承载力论证结果

通过土地复垦，矿山规划新增用地指标基本可得到满足，在规划具体实施过程中，应重点考虑土地指标获取的来源，可通过国务院批准文件修改鞍山市和辽阳市土地利用总体规划，获取建设用地指标；此外，还应严格控制各厂矿用地指标，在满足生产的前提下，尽量减小占地，使规划得到顺利实施。

4.2 矿区生态承载力分析

从规划铁矿山所属行政区域来看，大部分位于鞍山市，小部分矿区位于辽阳市弓长岭区境内，按照矿区所属行政区域，对鞍山市、辽阳市弓长岭区的生态承载力采用生态足迹进行分析。

4.2.1 矿区生态足迹分析

4.2.1.1 近年评价区生态足迹变化趋势

评价区生态足迹与辽宁省水平对比可见表4-6。

表4-6 评价区生态足迹与辽宁省水平对比

类 型	均衡因子	人均生态足迹/hm² · 人⁻¹				
		2004 年	2005 年	2006 年	2007 年	2008 年
鞍山片区（鞍山市）	生态足迹（需求）	5.7879	5.8398	5.3934	5.8362	—
	生态承载力	0.5418	0.5407	0.5393	0.5381	—
	生态赤字	5.2461	5.2991	4.8541	5.2981	—
弓长岭片区（辽阳市）	生态足迹（需求）	—	5.7879	4.0233	3.4710	3.3094
	生态承载力	—	0.6243	0.6283	0.6279	0.6179
	生态赤字	—	5.1636	3.3950	2.8431	2.6915
辽宁省	生态足迹（需求）	4.0417	4.0586	3.5190	4.3578	—
	生态承载力	0.6597	0.6574	0.6606	0.6520	—
	生态赤字	3.3820	3.4012	2.8584	3.7058	—

通过对鞍山市2004～2007年人均生态足迹变化和人均生态承载力变化研究可知，近四年鞍山市人均生态足迹有逐渐增大的趋势，而人均生态承载力则逐渐减小，生态足迹均为赤字，且缺口相对辽宁省平均水平较大。从人均生态足迹的构成来看，鞍山市煤炭、焦炭的消费量大是造成区域生态足迹较辽宁省平均水平高的重要原因，该分析结果充分体现鞍山市以钢铁工业为支柱产业，对自然资源依存度较高的典型特征。

通过对辽阳市2005～2008年人均生态足迹变化和人均生态承载力变化研究可知，近四年辽阳市人均生态足迹有先减小后增大的趋势，而人均生态承载力则逐渐减小，生态足迹均为赤字。

通过生态足迹的计算与分析，说明评价区内两个片区的社会消费需求超过了区域生物生产能力，生态系统处于人类过度开发利用状态之中，区域生态环境已经没有承载能力，区域生态环境受人类开发较重，需进行区域综合整治和养护才能维持区域的发展。

4.2.1.2 规划项目引起的生态足迹变化

在计算规划项目引起的生态足迹变化时，鞍山片区以2007年为计算基准年、辽阳片区以2008年为基准年，2020年生态足迹计算时仅考虑规划项目造成的土地占用情况、复垦后土地类型变化，不考虑其他社会发展的变化，并以此对比规划项目实施前后区域生态赤字的变化情况。见表4-7。

表4-7 规划2020年评价区生态足迹变化情况

类 型	均衡因子	人均生态足迹/hm² · 人⁻¹					
		2004 年	2005 年	2006 年	2007 年	2008 年	2020 年
鞍山片区（鞍山市）	生态足迹（需求）	5.7879	5.8398	5.3934	5.8362	—	5.8362
	生态承载力	0.5418	0.5407	0.5393	0.5381	—	0.5440
	生态赤字	5.2461	5.2991	4.8541	5.2981	—	5.2922
弓长岭片区（辽阳市）	生态足迹（需求）	—	5.7879	4.0233	3.4710	3.3094	3.3094
	生态承载力	—	0.6243	0.6283	0.6279	0.6179	0.6189
	生态赤字	—	5.1636	3.3950	2.8431	2.6915	2.6905

4.2.1.3 规划区实施后与现状生态足迹对比

从规划目标年可以看出，由于土地复垦的实施以及建设用地增加的原因，在仅考虑规划项目造成的生态足迹变化看，鞍山片区 2020 年生态承载力上升 1.1%，生态赤字较 2007 年略下降 0.11%；辽阳片区 2020 年生态承载力上升 0.16%，生态赤字较 2007 年略下降 0.04%。

4.2.2 生态承载力小结

通过生态足迹的计算与分析，说明评价区内两个片区的社会消费需求超过了区域生物生产能力，生态系统处于人类过度开发利用状态之中，区域生态环境受人类开发较重，需进行区域综合整治和养护才能维持区域的发展。

从规划目标年可以看出，由于土地复垦的实施以及建设用地增加的原因，在仅考虑规划项目造成的生态足迹变化看，鞍山片区 2020 年生态承载力上升 1.1%，生态赤字较 2007 年略下降 0.11%；辽阳片区 2020 年生态承载力上升 0.16%，生态赤字较 2007 年略下降 0.04%。

采用生态足迹法计算结果表明，规划项目的实施并不会明显改变评价区内两个片区的社会消费需求超过区域生物生产能力、生态系统处于人类过度开发利用状态，但通过生态复垦、土地利用的改变，区域生态承载能力有所提高，区域生态环境将因为规划的实施而得到改善。

4.3 矿区受影响居民搬迁安置对策

4.3.1 搬迁安置原则

鞍钢矿业公司应对移民搬迁问题给予足够的重视，确保搬迁安置工作的顺利进行，该问题能否妥善解决将关系到矿区能否顺利开发及其可持续发展问题。安置工作应遵循以下原则：

（1）矿区开发建设单位应积极与地方政府密切配合做好搬迁安置工作，在当地政府部门的主持下，以友好协商、妥善安置为原则，在和谐、良好的气氛中完成搬迁安置工作。

（2）搬迁安置应结合地方政府城市建设规划和新农村建设规划，按照搬迁后的居民生活质量不低于搬迁前的原则，有计划地实施搬迁。

（3）本评价建议采取集中、统一安置方式，对于个别居民，也可采取货币补偿，自行安置的方式。对于已经进行补偿并安置的搬迁居民，建议有关部门与之签订协议，不得再自行在本规划用地范围内安置，避免因此造成纠纷。

（4）搬迁距离不宜太远，不能给居民的生产生活带来不便。

（5）为了保证规划项目的顺利进行，同时不影响正常的居民生产、生活，移民搬迁应在项目实施前完成。

（6）矿区开发建设单位应按国家有关政策要求，提供一切搬迁安置费用，同时要合理分配搬迁资金，保证搬迁居民生活环境和质量能够得到改善，生活水平不下降。

4.3.2 搬迁安置方案

4.3.2.1 搬迁安置经费

鞍钢老区铁矿山改扩建规划项目区域内地方政府预编动迁方案总费用 563.74 亿元。

其中：建设工程动迁工厂 4 座，费用 8 亿元，居民 2123 户，14.44 亿元；环保动迁 1067 户，费用 10.55 亿元；地方新农村建设动迁 15740 户，费用 488.9 亿元。

本次搬迁安置是鞍山市和辽阳市建设社会主义新农村的重要组成部分，将按照鞍山市、辽阳市城市总体规划和新农村建设规划的要求，以改善村民的生活环境和居住条件为目标，合理配套各项生活服务设施和市政配套设施。

上述搬迁总费用中扣除新农村建设费用 488.9 亿元，为本规划项目近期征地、搬迁的规划费用，总额为 74.8 亿元，其中征地费用 41.8 亿元，涉及搬迁的费用 33.0 亿元，内容包括建设工程动迁和环保动迁（环境影响范围内的动迁，包括尾矿库外 0～500m、排土场外 0～500m、采场外 0～300m）。

4.3.2.2 搬迁安置办法

A 拆迁补偿依据和办法

拆迁补偿根据《中华人民共和国土地管理法》及实施条例，以及鞍山市、辽阳市有关征地拆迁补偿实施办法等有关政策法规，同时结合本地区实际情况进行搬迁补偿安置，在土地使用、就业等方面给予村民优先权，按照村民安置规划对村民进行合理的补偿，保证村民搬得出、住得下、能发展。

本次搬迁以社会主义新农村安置模式为主，依靠工业企业带动农村，加速乡村城镇化。通过建设社会主义新农村，实行集中安置村民，大力发展地方经济。

B 安置主要途径

按照"生产发展，生活宽裕，村容整洁，乡风文明，管理民主"的社会主义新农村建设方针，进行建设新村镇、发展新产业、培育新村民、组建新经济组织、塑造新风貌为内容进行新农村建设工作；精心组织科学管理，尽职尽责建设好新村，妥善解决村民的实际问题；根据相关政策，让村民充分享受社会保险带来的可靠保障，并通过对村民进行各种劳动知识技能培训，全面提高村民的综合素质；积极发展现代服务业，大力提高现有行业和企业的层次和水平，积极发展新兴行业，推进第三产业健康发展，切实扩大就业需求。

C 搬迁安置资金筹措

搬迁安置总投资约 563.74 亿元，由鞍钢和政府补贴共同完成。

D 搬迁村民住房安置

进行安置新村建设，使搬迁村民的住房面积明显增加。住房面积由原来的人均约 25～30m² 增加到搬迁安置后的 30～40m²。村民的住房质量明显提高。由原来砖木结构平房、砖混结构楼房改建成框架结构楼房。村民的居住环境明显改善，从住房破旧、坎坷不平的泥路、卫生条件较差的村庄中搬出来，入住到生活设施配套齐全、环境优美的社会主义新农村。搬迁新村住房套型初步分为 46m²、56m²、75m²、90m² 4 种户型。

E 村民就业安置

保证搬迁区域内学龄儿童有书读，老年人生活有保障，青壮年劳动力就业有保障，村民生活质量显著改善。对所有失地村民采取货币化安置。

建设单位将配合当地政府采取重培训、促安置等多种措施，广开就业渠道，确保村民实现再就业。考虑到搬迁居民已离开土地，由村民变成城市居民，男 60 周岁、女 55 周岁村民享受城市低保,其他青壮劳动力就地就近安排就业。

通过以上安置方案可以使规划项目在建设过程中涉及的居民利益得到充分保障,建设单位还将积极配合地方政府进行基础设施的建设,做到通过移民安置改善居民生活质量。

4.3.3 搬迁安置去向及需考虑的影响因素

搬迁居民可自愿被安置在规划的安置区内,由当地政府统一规划、统一设计、统一管理,基础配套设施均由政府统一安排建设,对外交通、医疗、购物、教育环境较好,环境空气、声环境质量及水环境质量较好,饮用水卫生状况也将得到极大改善,随着社区建设规模的逐渐扩大、完善,拆迁复建点必将具有舒适、优美的生活居住环境。

同时,矿区建设的直接作用是加速区域的城市化进程,因占用耕地和吸引劳动力向工业和服务业转移,直接促使产业结构进一步向第二和第三产业转化,对于促进区域经济增长和城市化进程均起到推动作用,从长远来看,对当地村民生活水平的提高也有明显的促进作用。

4.3.4 规划搬迁安置改进措施与建议

建设单位对失地村民均按鞍山市、辽阳市政府规定标准给予经济补偿。矿山建成后将会使周边的商业和服务业快速发展,安置地点距离矿山较近,搬迁家庭可将这部分费用作为启动资金,依托矿山脱贫致富。

总之,规划项目的建设虽然有一定不利影响,但其有利影响是主流,将提升当地的矿山开采水平、工业技术实力和管理水平;为当地创造大量的税收收入和就业机会;使地区产业结构更加合理;带动建筑业、运输业、加工服务业、文化教育及医疗卫生等相关产业的发展;项目的建成必将大力促进当地的经济发展,提高当地人民的生活水平,提高地区的综合实力,为当地经济和社会发展做出重大贡献。

4.4 矿区生态综合整治措施

生态整治措施也称为生态恢复与重建措施。包括生态破坏的恢复与补偿、生态体系的恢复与建设、绿化与景观体系建设等。

4.4.1 区域矿山生态综合整治要求与总体目标

4.4.1.1 鞍山、辽阳市区域规划矿山生态综合整治要求

规划区所在的鞍山、辽阳两市,对矿山生态恢复与重建工作非常重视,在十二五环境保护规划和生态建设规划中均提出了矿山生态恢复的基本要求:

(1)以市区周边矿山为重点,开展矿山生态恢复工作。坚持预防为主、保护优先的方针,理顺管理体制,强化资源开发过程中的环境监管,构建生态监测网络,充分发挥自然环境的自我修复能力,优化生态保护与建设工程,优先实现重要生态功能区的保护和恢复。规划和建设市区周边废弃矿山的景观再造型生态恢复区,结合环城绿化带建设,建设环城森林公园;规划和建设海城市、岫岩县为植被恢复型生态恢复区,逐步改善镁矿、滑石矿和玉矿的生态环境质量。全市矿山废弃地生态恢复治理率达到21%;市区周边矿山废

弃地生态恢复治理率达到100%。

（2）以生态功能保护区为重点，开展区域生态保护工作。加强东部水源涵养区以及台安西北部防风固沙区等重点区域的生态保护和建设，构建全市生态安全体系。争取新建岫岩大洋河水源涵养生态功能保护区、岫岩哨子河水源涵养生态功能保护区、海城河源头生态功能保护区和台安西北部防风固沙生态功能保护区。

（3）规划实施鞍钢集团矿业公司矿山生态恢复、海城市东部山区水土保持、海城市矿山生态修复、台安县防风治沙水土保持等14项生态保护工程，计划投资约4.73亿元，使鞍山地区废弃矿山得到一定程度的生态恢复、森林覆盖率明显提高、水土流失有效减轻。

4.4.1.2 规划区域生态环境整治要求

本评价区内存在多个个体承包经营的采选厂，自行设置尾矿库，缺少规划和生态环境保护措施，造成一系列的生态环境问题。为改善区域环境质量，应进行区域环境综合治理。区域环境综合治理建议考虑如下方面：

（1）严格新建项目的环境准入及监管制度，加大施工及车辆扬尘治理力度；

（2）落实"谁污染，谁治理"政策，对于临近开采结束的矿山及闭库的尾矿库，应按照"因地制宜、综合治理"的原则，宜耕则耕，宜林则林，宜渔则渔，宜园则园（公园），使废弃地达到全面复垦、恢复；

（3）建立环境保护和土地复垦保证金制度。通过保证金的合理征收与统筹使用，使"谁破坏谁治理"的原则得以落实。对于历史遗留下来的企业环境治理与土地复垦欠账，要纳入国家计划，分期、分批给予资金支持。加大土地开发整理复垦资金投入，积极为土地开发整理复垦提供资金保证；

（4）对闭坑后塌陷矿坑实行综合利用，排弃区域采矿废石、尾砂等固体废物。

4.4.1.3 矿区生态环境治理总体目标

矿区的生态环境问题是多种因素相互作用的结果，矿区生态环境综合整治的目标是实现矿区生态的恢复及破坏土地的重新开发利用。要实现这一目标，必须采取综合的治理和整治措施。总体而言，矿区生态综合整治措施是在遵循环境评价和土地利用总体规划的基本原则基础上，综合各个采矿、排土、输送等的设计、水土保持规划、土地复垦规划等的整治方案。

原则上，根据各个矿区实际的状况，具备可供利用条件的区域，则生态综合整治的目标是通过整治和复垦措施的实施恢复到可供利用的状态。而对于那些坡度较大、植被缺乏、物理风化强烈的区域，不可能达到可供利用的要求，则生态综合整治的目标是生态恢复。

具体而言，参考鞍山市及辽阳市的总体规划要求，依据鞍钢集团矿业公司各矿山的情况，生态环境综合整治措施的具体目标为：建立和完善矿山环境治理监督管理体系，建立健全矿山生态环境建设和环境保护规章制度体系；规范矿业活动，减轻矿业活动对环境的影响；开展污染与地质灾害严重区域先治理，改善矿山开采后生态环境；落实"边开采，边治理"的恢复工作；落实矿山治理后的养护工作；逐步建成与总体生态环境建设相协调和与社会经济发展相适应的矿山生态环境的局面。

《鞍钢集团矿山生态环境治理总体规划（2011~2020）》已基本编制完成，各个规划子项目的生态治理与复垦措施正在编制中。各矿山和选厂拟达到的土地复垦指标见表2-

12，近、远期矿区复垦范围见彩图 4-1。

4.4.1.4 矿区生态环境治理工程范围与措施

矿区生态环境治理工程涵盖辽阳境内的弓长岭铁矿，鞍山城区周边的齐大山铁矿、齐大山尾矿库、张家湾铁矿、鞍千矿业铁矿、关宝山铁矿、碱子山铁矿、眼前山铁矿、大孤山铁矿、大球厂尾矿库、黑石碱子铁矿、东鞍山铁矿、东烧厂尾矿库、西鞍山等开采区和尾矿库。对以上开采矿区及尾矿库依其破坏形式和植被恢复立地条件，共划分 14 个复垦项目，其中新建矿山 4 个，生产矿山 7 个，尾矿库 3 个。规划期土地复垦面积 14.193km²，占矿山土地破坏总面积的 23.90%，其中 2015 年恢复破坏面积 5.348km²，2020 年恢复破坏面积 8.845km²，恢复后面积纳入矿山公司统一规划管理，不得破坏。

4.4.2 规划生态环境治理阶段目标

根据本次规划的矿山开发顺序及建设情景分析，具体目标可分为前期建设目标（2011~2015 年）和完全建设情景目标（2016~2020 年）。

4.4.2.1 前期建设情景下的生态环境综合整治目标

（1）矿山环境治理面积占可恢复面积的 85%，植物成活率达到 85% 以上；

（2）新建矿山开采初期更加规范，开采与治理同时进行；剥离表层土统一堆放在未利用的排岩场，并采取覆盖措施防止水土冲蚀；

（3）全面执行矿产开采环境影响评价制度，完善矿山开发利用方案与矿山生态环境保护治理方案，做到开采与治理同步；

（4）规范矿山生产操作规程；提高矿山和选矿厂"三废"处理能力和选矿水的循环利用率，做到矿山"三废"达标排放；

（5）开展矿山开采过程中的生态环境治理，兼顾地质环境治理和绿化造林及景观同时修复；

（6）加强科技创新，推广新技术、新方法，提高资源的利用率和废弃物的再生利用，减少环境污染及对土地的占用。

4.4.2.2 完全建设情景下的生态环境综合整治目标

（1）矿山环境治理面积占可恢复面积 90%，植物成活率达到 90% 以上。

（2）建立或通过市场机制引入专门的养护队伍，对治理后的成果实行专业养护，对部分改良区域进行优化，建立果园、观赏园。

（3）加强矿山植被恢复示范区建设，扩大齐大山、东鞍山尾矿库区和西鞍山 3 个市级植被恢复示范区规模，提高绿化、美化水平，增强观赏性，完善养护管理设施。在此基础上要选择两处建立市级植被恢复示范区，以典型示范作用引导矿山企业植被恢复向科学化发展。

（4）健全和完善矿山生态环境和地质环境监测网络及监控管理专业队伍，在集团所属矿山内开展矿山地质环境调查与评价工作，基本掌握矿山生态环境问题的发育分布规律，制定防治预案，建立防灾抗灾体系，把灾害损失控制到最低程度。

（5）建立完善的矿山地质环境治理制度，将治理任务纳入到年初生产任务当中，并在年末实行考核制。

4.4.2.3 规划生态环境综合整治目标面积指标统计

对规划矿区占地面积、扰动影响面积、可恢复面积及生态复垦规划面积进行统计，作为本规划生态环境综合整治的量化目标，见表4-8。

表4-8 鞍钢集团矿业公司生态复垦规划统计表

序号	矿山企业名称及评价指标	扰动影响面积/km²			可恢复面积/km²			生态治理复垦面积/km²					备注
		现状	新增		~2010年	2011~2015年	2016~2020年	~2010年	2011~2015年		2016~2020年		
		~2010年	2011~2015年	2016~2020年					林地	草灌木	林地	草灌木	
1	弓长岭铁矿	11.7996	3.2004	7.9256	0.81	2.0792	2.0792	0.57	0.5	0.3	0.6	0.5	辽阳
2	齐大山铁矿	8.2737	5	8.6454	5.92	7.42	4.5	5.36	0.2	0.15	0.3	0.25	
3	齐大山尾矿库	10.1745	0.15	0.5303	0.8	0.95	1.007	0.4	0.05	0.1	0.1	0.15	
4	张家湾铁矿	0.0635	0.0365	1.4281	—	—	0.9255	—	0.02	0.01	0.03	0.02	
5	鞍千矿业铁矿	6.6809	0.1	6.3276	2	2.1	3.3872	—	0.05	0.05	0.3	0.2	
6	关宝山铁矿	1.6106	1.4	1.338	0.31	0.31	0.4517	—	0.03	0.01	0.05	0.03	
7	砬子山铁矿	2.0665	1.6	2.7851	—	1.6	2.7111	—	0.01	0.005	0.05	0.03	鞍山
8	眼前山铁矿	1.0081	0.9919	1.1154	0.93	1.2935	1.2935	0.74	0.45	0.3	0.55	0.4	
9	大孤山铁矿	9.9064	0.9064	0.4072	2.1	2.9328	4.778	1.64	0.9	0.8	1	0.8	
10	大球厂尾矿库	1.0114	0	0.9886	0.08	0.08	0.0916	0.04	0.025	0.025	0.02	0.015	
11	黑石砬子铁矿及选厂	2.1254	1.9	6.4272	—	1.9	3.017	—	0.005	0.008	0.1	0.01	
12	东鞍山铁矿	4.7186	3	4.7814	3.24	3.24	3.24	2.92	0.45	0.45	1.46	1.46	
13	东烧厂尾矿库	6.1934	0	0	3	3	3	2.7	0.1	0.1	0.2	0.2	
14	西鞍山铁矿	8.283	1.8	3.7599	0.26	1.8	4.52	0.21	0.15	0.1	0.25	0.15	
	合 计	73.9156	20.0852	46.4598	19.45	28.7055	35.0018	14.58	5.348		8.845		
	评价指标/%	累积生态治理复垦面积/扰动影响面积						19.72	21.34		23.90		
	评价指标/%	累积生态治理复垦面积/可恢复面积						74.96	69.42		82.20		

从表中指标来看，规划近期（～2015年，即前期建设情景）生态复垦面积占扰动影响面积比为21.34%，规划远期（～2020年，即完全建设情景）生态复垦面积占扰动影响面积比为23.90%，均大于现状面积比19.72%并呈递增趋势，说明规划实施后生态复垦面积持续增加，使规划区生态环境得到有效保护；规划近期（～2015年，即前期建设情景）生态复垦面积占可恢复面积比为69.42%，低于现状面积比74.96%，主要由于规划实施前期新增用地部分生产期用地较多，尽管加大土地复垦比率，仍需持续加大投入；规划远期（～2015年，即完全建设情景）生态复垦面积占可恢复面积比为82.20%，高于现状面积比，也达到生态治理面积占可恢复面积比大于80%的目标。说明通过规划实施后生产调整进一步强化了绿化复垦效果和质量。

本次规划阶段实施后，随着矿山开采进度推进，露天采场逐渐闭坑和排土场服役期满，生态复垦面积中的可恢复面积将大幅度增加，进一步的生态复垦规划需要根据运营期满后的规划区实际状况进行修编，以达到矿山建设用地的全面占补平衡目标和建设绿色矿山、实现矿区生态可持续发展的总体要求。

4.4.3 矿区生态环境整治与复垦措施

4.4.3.1 生态环境综合整治区划

规划矿区历经多年开发，历史欠账很多，生态恢复任务较重。在规划实施过程中，要根据鞍山、辽阳市矿山恢复指标要求，根据矿山现状及规划矿区排土场、尾矿库等使用期限，确定需进行生态恢复的面积，订出计划，分阶段予以实施。

露天矿区生态环境综合整治区划见表4-9。

表4-9 露天矿区生态环境综合整治区划

治理规划区	规划范围	土地利用类型	整治目标	整治内容
露天采场恢复重建区	采掘场及采坑周边2km范围	旱地、草地	土地治理率达到98%，植被恢复系数达到98%，表层土水土流失总治理达到95%，植被覆盖率达到80%	阶段性实施封育、减少人为干扰
排土场及尾矿库恢复重建区	排土场、尾矿库范围	草地	土地治理率达到98%，植被恢复系数达到98%，表层土水土流失总治理度达到95%，植被覆盖率达到90%	水土保持治理、地质灾害防治、排土场复垦为草地
选矿厂及工业场地恢复重建区	选矿厂、工业场地、道路周边200m范围	旱地、草地	建设期受干扰的草地生产力得到恢复，区域草地覆盖率达到85%	严格控制活动范围，减少对草地生态系统干扰
下游河道、湿地保育区	露天采场下游河段	水域、湿地	重建因露天矿建设损失掉的湿地	通过上游导洪渠保证下游河段水量等于或大于现有水平，河道两侧500m范围划定封育区

4.4.3.2 露天采场生态整治措施

（1）露天采场剥离表土过程中遵循"分层剥离、分层堆放、分层回填"的原则，对采区内的表土进行分层次的剥离，将剥离的表土暂时单独存放在各自矿山的影响范围内，采取播撒草籽等临时防护措施，作为矿山后期复垦过程中的覆土来源。

（2）在采矿场境界外30m范围内栽植灌木；境界外30~50m范围内栽植杨树或刺槐等防护林；爆破影响区200m内条件允许就栽植树木，即在采矿场周围形成封闭防护林带，从而抑制采场扬尘对周边环境的影响。

（3）运行期随着露天采场逐年扩帮推进，从高向低逐渐形成固定边坡和固定平台，为防止边坡松散岩土掉落及扬尘，采取喷洒固化剂等措施，对开采平台栽植灌木等进行绿化。

（4）加强排土场排灌工程水土保持工程措施，防止水土流失和滑坡等地质灾害。

（5）复垦后应使采掘场区土地治理率达到98%，表层土水土流失总治理度达到98%，植被覆盖率达到80%。

（6）规划眼前山铁矿露天采场剥离废石采用内排，随着剥离废石的内排，矿山在露天底逐渐就形成了地下开采所必须的覆盖层，这样既减少了为形成覆盖层从废石场回运的废石量，又有效地利用了露天采坑。眼前山采坑除排弃眼前山铁矿剥离的废石，还排弃拟建的关宝山铁矿、碸子山采区、张家湾地下开采及谷首峪矿山的废石。

（7）规划对矿区内的矿山采取有序开采，尽量利用废弃的矿坑作为排土场和尾矿库，以达到土地资源的综合利用。

4.4.3.3 排土场及尾矿库生态整治措施

落实排土场水土保持和生态恢复方案。排土场先建挡土墙，建设泄洪道，排土场要逐年进行平整、覆土，及时进行生态恢复。加强绿化，采矿场境界以外、采矿场200m爆破警戒圈内进行植树绿化，形成封闭防护林带。

（1）对开采过程中堆积形成的稳定边坡及平台及时采取恢复措施，如：对平台先进行地面初步平整，然后覆土平整，覆土厚度为0.3m，再种植刺槐等适生树种，按照生态景观的要求进行恢复。

（2）加强排土场排灌工程和水土保持工程措施，防止水土流失和滑坡等地质灾害。

（3）复垦后应使排土场区土地治理率达到98%，表层土水土流失总治理度达到98%，植被恢复系数达到98%，植被覆盖率达到90%。

4.4.3.4 选矿厂及工业场地生态整治措施

（1）选矿厂、工业场地、场外道路工程在场地开挖过程中剥离的表土需进行临时堆存，可采用编织袋装表土挡护，为防止雨水冲蚀，采用薄膜覆盖。

（2）在施工场地周边修建临时排水沟，运输道路布设排水沟，排除施工过程中地表积水。

（3）选厂及工业场地四周栽树，以减小粉尘、废气和噪声对周围环境的影响，场地内进行绿化。

（4）对运输道路、各类输送线路、地表塌陷区和未利用土地等采取绿化和尽量避免扰动地表及植被的措施。

（5）复垦后应使工业场地、场外道路工程重建区土地治理率达到98%，表层土水土流失总治理度达到98%，植被恢复系数达到98%，植被覆盖率达到85%。

4.4.3.5 规划典型矿山生态复垦措施与计划

规划中的关宝山、砬子山、谷首峪、张家湾等多个子项均已完成了生态环境恢复措施详细设计，以上述四座矿山为例，生态环境恢复措施见表4-10。

表4-10 规划关宝山、砬子山、谷首峪、张家湾四座矿山生态恢复计划

生态恢复对象	阶段	复垦年度	复垦面积/hm²	资金投入/万元	主要恢复措施
关宝山铁矿	露天采场 基建期	2012~2013年	0	0	在采场边坡和平台喷洒土、肥、固化剂和草籽混合的固化剂，一般喷洒2~3次；采坑设计为大气降水和地下水渗流的蓄水水池，可作为周边复垦土地的灌溉用水
	露天采场 生产期	2014~2020年	0.24	0.32	
		2021~2032年	0.26	0.77	
	露天采场 退役后	2033~2036年	69.8	260.26	
	爆破界限内 基建期	2012~2013年	0	0	对爆破影响区的土地进行防护林建设，采矿场境界外100m的范围内栽植刺槐等高大落叶乔木，采矿场境界外50~100m范围内栽植紫穗槐等灌木，在采矿场周围形成封闭防护林带
	爆破界限内 生产期	2014~2020年	70.17	326.25	
		2021~2032年	0	0	
	爆破界限内 退役后	2033~2036年	20.59	150.307	
	排土场 生产期	2014~2020年	1.04	28.35	采取覆土恢复植被措施：用于林业时覆土厚度为30cm，边坡坡度小于35°，选取当地适生树种刺槐；用于草业时覆土厚度20cm，边坡坡度小于40°
		2021~2032年	0	0	
	排土场 退役后	2033~2036年	206.08	10506.08	

生态恢复对象		阶段	复垦年度	复垦面积/hm²	资金投入/万元	主要恢复措施
砬子山铁矿	露天采场	基建期	2012~2014 年	0	0	在采区境界外10m范围内栽植小叶杨防护林,对固定边坡喷洒固化剂;采坑内48m至72m间设计为采矿场内大气降水和地下水渗流的蓄水水池,作为周边复垦土地的灌溉用水,选择种植灌木和藤科植物作为边坡防护措施;平台上进行覆土,种植当地适生树种刺槐等
		生产期	2015~2020 年	0.08	0.15	
			2021~2031 年	0.3	0.6	
			2032~2043 年	0.76	2.22	
		退役后	2044~2046 年	69.98	5215	
	爆破界限内	基建期	2012~2014 年	63.3	229.67	采矿场境界外100m范围内栽植刺槐、新疆杨、速生杨等高大落叶乔木为防护林,露天采矿场境界外100m范围内栽植灌木(棉槐、紫穗槐等),在采矿场周围形成封闭防护林带。覆土后根据土壤有机质含量和坡度选择用于林业或复垦为果园
		生产期	2015~2020 年	20.47	71.645	
			2021~2031 年	0	0	
			2032~2043 年	7.9	26.94	
	排土场	生产期	2012~2014 年	31.94	95.14	排土场的平台和边坡分别复垦成林地、草地和园地,依据地形坡度、灌溉条件和地表物质确定复垦类型;边坡坡度小于35°的可覆土1m以上用于林业;边坡坡度小于40°的可覆土0.5m以上用于草业
			2015~2020 年	52.33	0.3	
			2021~2031 年	0	0	
			2032~2043 年	0	0	
		退役后	2044~2046 年	89.97	6340.25	
谷首峪铁矿	塌陷和压占面积	基建期	2012~2014 年	0.94	47.89	根据地表塌陷情况采用废石填充塌陷区域,再回填熟土进行植树造林;排土场采取全面覆土20cm后种植加杨和刺槐等,在林间空地撒播林地早熟禾。灌木树种选用耐瘠、耐干旱的紫穗槐;采取内部绿化采用五叶地锦。
		生产期	2015~2019 年	0.09	0.81	
			2020~2029 年	0.29	2.72	
			2030~2044 年	1.02	9.73	
		退役后	2045~2046 年	29.11	2559.18	
张家湾铁矿	塌陷和压占面积	基建期	2012~2014 年	9.23	85.45	地表塌陷区采用废石充填和植被恢复措施予以治理,即:先用废石填充塌陷区域,再回填熟土进行植树造林;排土场形成的稳定边坡和平台采取覆盖表土之后种植紫穗槐和紫花苜蓿等;其他区域覆土后选择种植耐寒、抗尘性能好的刺槐作为防护林
		生产期	2015~2019 年	0.18	1.7	
			2020~2034 年	1.13	10.43	
			2034~2054 年	5.07	46.92	
		退役后	2055~2056 年	49.5	10822.35	

注:表中年限以实际开采年限为准。

4.4.4 生态环境治理工程

根据上述生态环境整治区划、鞍钢集团矿山生态环境治理总体规划,并结合矿山开采设计和生产安排,本次环评制定了对矿山开采废弃的采场、排岩场、尾矿库区等停止服役区的主要治理工程,如表 4-11 所示。

表 4-11 生态环境治理工程

工程位置	工程内容	
	2011~2015 年	2015~2020 年
弓长岭矿铁矿	治理平台乔木面积 1.1km²,斜坡草灌木面积 0.8km²	
齐大山铁矿	治理平台乔木面积 0.5 km²,斜坡草灌木面积 0.4km²	

续表 4 - 11

工程位置	工程内容	
	2011 ~ 2015 年	2015 ~ 2020 年
风水沟尾矿库	治理平台乔木面积 0.05km²，斜坡草灌木面积 0.1km²	累积治理面积达到 0.4km²
张家湾铁矿	厂区行道树和绿化花坛类复垦，面积 0.03km²	累积治理面积 0.08km²
鞍千矿业铁矿区	厂区行道树和绿化花坛类复垦，面积 0.1km²	治理总面积 0.51km²
关宝山铁矿区	厂区行道树和绿化花坛类复垦，面积 0.4km²	治理总面积 0.09km²
碴子山铁矿区	厂区行道树和绿化花坛类复垦，面积 0.015km²	治理总面积 0.095km²，进行排岩场整理压实，客土覆盖，恢复生态条件，种草植树绿化
眼前山铁矿区	治理面积 0.75km²	累积治理面积 1.7km²
大孤山铁矿区	治理乔木区 0.9km²，草灌木区 0.8km²	治理乔木区 1.9km²，草灌木区 1.6km²
大球厂尾矿库	治理尾矿库周边破坏的自然山地，乔木面积 0.05km²，斜坡草灌木面积 0.1km²	累计治理面积达到 0.28km²
黑石碴子铁矿区	厂区行道树和绿化花坛类复垦，面积 0.013km²	治理总面积 0.043km²
东鞍山铁矿区	治理乔木区 1.45km²，草灌木区 1.45km²	治理乔木区 1.9km²，草灌木区 1.6km²
东烧厂尾矿库区	治理尾矿库周边破坏的自然山地，乔木面积 0.1km²，斜坡草灌木面积 0.1km²	累计治理面积达到 0.6km²
西鞍山铁矿区	治理破坏的自然山地，乔木面积 0.15km²，斜坡草灌木面积 0.1km²	治理乔木面积 0.25km²，斜坡草灌木面积 0.15km²

4.4.5 水土流失综合防治措施

4.4.5.1 水土流失防治分区要求

A 防治分区及综合体系要求

根据水土流失防治分区，在分析评价主体工程中具有水土保持功能措施的基础上，确定水土保持措施的总体布局。在总体布局上本着工程措施与植物措施相结合，永久措施与临时措施相结合的原则，形成布局合理的水土保持综合防治体系。防治体系的配置按照系统工程原理，处理好局部与整体、单项与综合、近期与远期的关系，力争做到技术上可行、经济上合理、可操作性强；同时，将主体工程中具有水土保持功能工程纳入到本方案的水土保持措施体系当中，使之与方案新增水土保持措施一起，形成一个科学、完整、严密的水土流失防治措施体系。在防治措施具体配置中，充分发挥工程措施速效性和控制性，同时也要发挥植物措施的后续性和生态效应。

根据水土流失现状及影响分析，评价区内各侵蚀等级范围依次为：微度侵蚀区域 > 轻度侵蚀区域 > 中度侵蚀区域 > 强烈侵蚀区域 > 极强侵蚀区域 > 剧烈侵蚀区域。各类用地的土壤严重程度排序依次为：矿坑及排土场的陡坡、沿河谷两侧植被分布较为稀疏的区域、未硬化道路路面、胶带机、选矿厂区等。宜采用有针对性的措施，进行全面、综合的分区体系防治。

B 重力侵蚀危险区防护工程

重力侵蚀危险区主要是边坡滑塌以及可能产生滑坡，坡面泥石流等危险区。根据其可能造成的危害，采取如设挡水墙、边坡设防护工程积极疏导径流等措施。提高防护标准，采取综合对策积极治理。同时要做好水土流失的监测工作，以便及时采取措施治理。

C 重点水土流失防治工程措施

在道路和工业场地修建排水渠道，建立起高标准的排水渠道，将雨水归整流入渠道，排出区外。排土场应先建挡土墙，并应从最高排土场开始，从上而下地修筑排水渠道，建立横纵向的完整排水系统，纵向上因排水量大，边坡比降大，排水渠道的设计要考虑其稳固性，比如用铁丝笼石修筑成逐段跌水式渠道以消能排洪。这样可在排土场上形成完整的排水系统，是防治沟蚀产生和滑坡的骨干工程。

D 下游河道、湿地保育区

（1）露天矿建设损失的水域和湿地可通过改河道工程在下游河道得到补偿。

（2）通过上游导洪渠、排洪渠建设保证下游河段水资源量等于或大于现有水平。

（3）将河道两岸500m范围划定为封育区。

4.4.5.2 采场水土流失防治

采用植物措施对各采矿场进行水土保持。在开采的200m爆破警戒圈内，采矿场境界外100m范围内，栽种高大乔木速生杨；在各采矿场境界外50～100m范围内，栽种灌木棉槐，形成封闭防护林。可抑制采场水土的风蚀，同时也可保护采场的水蚀，达到水土保持作用。

随着采矿场台阶的形成，在固定边坡处，采取喷固化剂形式进行防尘、防止水土流失，待开采工作面逐渐远离时对边坡进行绿化，间隔种植五叶地锦，达到防尘绿化效果，形成现代矿山生产景观。

建设过程中临时堆土场内设置临时挡土设施，采用编织袋装土、"品"字形紧密排列的堆砌护坡方式，起到挡护的作用，以防水蚀。

4.4.5.3 排土场水土流失防治

A 边坡防护

针对边坡发生水土流失较为严重的问题，在排土的工艺上首先将土堆在排土场的外边缘上以便修筑挡水墙，修筑后的挡水墙形成类似反坡式梯田，然后在坡角下挖排水沟。在排土场深翻土地之后，分区平整，打田埂成畦，留有出水口，使之既能蓄水，又能排水。排土场修整后，要迅速进行人工生态系统的建设工作，恢复重建植被。

各排土场的边坡脚在雨季很容易发生泥石流，排土场最终靠近工业设施地段如发生泥石流将产生严重灾害。为防止流经土场的地表水污染下游，在各土场的下方适当位置处设置渗水堤坝，以拦截、过滤污水，堤坝可由排弃废岩石堆筑。

在排土场边坡上作鱼鳞坑、水平沟来防治坡面沟蚀和重力侵蚀，防护后的边坡赶在雨季到来之前，播种植物种子，尽快重建植被。

B 植物水土保持

为减少排土场扬尘，在洒水同时适当加入覆盖剂，以减小风蚀量，降低水土流失。加强排土场的生产防护，减小对周边环境的影响，在各个土场边缘种植30m宽的防护林带。

在各排土场的排放过程中，要对边坡竖向高每隔20~30m进行台阶处理，待完成使用寿命，在坡面选择喜光、生长快、耐干旱、适应性强的小灌木，如丁香、迎春、荆条等，沿边坡种植，对边坡进行绿化。

C 临时储土场处置

在各矿山开发建设过程中，需要剥离大量的表土资源，而表层土壤是经过熟化过程的土壤，其中的水、肥、气、热条件更适合植物生长，表土作为一种资源，需要在施工建设过程中予以足够的重视，必须选择临时储土场进行储存，以保证工程的绿化用土需求。

各矿山根据实际情况选择临时储土场。各土场的储土在工程结束后，运往各场地进行覆土绿化，在土方运走前、后需采取防护措施，以防止水土流失。

4.4.5.4 道路防护工程

A 道路施工防护

路基施工时应先在公路外侧设置围栏进行拦挡。对于开挖土石方应作好工程临时防护措施，如土袋装土、干砌石挡护。施工结束后道路路面需采取硬化措施，对于道路两侧存在的部分开挖边坡，需在易发生水土流失的边坡采取永久工程防护措施，如修护面墙、截洪沟、边沟、拱型护坡、网格护坡等。

施工临时道路时要与永久道路结合起来施工，便于在场地平整同时，填方段路基能得到充分压实，同时也为建筑施工提供施工空间。对施工道路及时洒水以减少大气扬尘，控制施工场地内的水土流失。

B 运营期公路路基防护

对各矿山新建公路路基采用绿化措施进行水土保持防护。在道路边坡宜采取植物措施的边坡应进行绿化。

（1）对道路边坡进行表土覆盖，先喷撒草籽，后用0.6%的覆盖剂喷撒采用药剂覆盖，并定时喷水人工维护，进行综合绿化。

（2）道路两侧种植垂榆。

4.4.5.5 胶带机排土及穿越区水土保持

各矿山和选厂新建胶带机的防护措施主要是绿化防护措施，对施工后的场地及时整平，客土回填30~50cm，种植丁香、小桃红、迎春花等各种灌木树种，既保持水土不流失又美化矿山生产环境。

4.4.5.6 选矿厂区

A 总平面布置方案优化

新建选厂总平面布置贯彻充分利用自然地形，减少原地形的破坏，节约用地原则，力求合理紧凑，尽量减少占地。

在满足生产工艺前提下，根据生产主体工艺流程要求，优化生产厂房内部工艺布置，减少厂房占地面积。优化胶带机长度，减小各工艺厂房间距离；同时调整辅助设施的功能分区，使各种管线路径短、交叉少。

提高道路的利用率，压缩道路长度，减少道路用地。

B 竖向优化设计

结合建筑物、构筑物的结构形式及特点，合理进行竖向优化设计。

优化破碎厂房的结构设计，利用建筑物平衡竖向高差来减少挡土墙工程。

C 采用挡土墙、截洪沟进行水土保持防护

在施工建筑物基础同时，挡土墙、护坡工程相应安排施工，对开挖的山坡进行保护。

D 采用场地铺砌进行水土保持防护

建筑物基础施工后应对场地及时回填，并对具备条件的场地进行铺砌，控制水土流失范围。

5 水资源承载力与规划节水对策

水资源是矿区发展重要的资源要素限制因子，加强对区域水资源的开发和保护，对于矿区的发展有着十分重要的意义。而"水账"却是多年来铁矿山规划、设计建设与运营中长期忽视的内容，诸多不确定性因素限制了水资源在矿区一定时空范围内的充分、高效利用。另外，矿区内现有输水设施及一般性的水利工程设施不足，加剧了铁矿山开发加剧流域内的用水负荷及水资源供需紧张趋势。因此，矿区开发的同时需要强化水资源管理，通过规划、设计相应的水资源节约利用和保护措施来缓解供水矛盾，实现水资源综合利用。

在规划阶段，编制铁矿山水资源综合利用规划，在了解矿区现有水资源状况的基础上，合理配置各环节用水，并通过相应的水污染控制及水资源保护对策及配套工程，支撑矿山区域系统性的水平衡，解决水资源时空平衡问题，最终达到符合清洁生产、循环经济及节能减排的节水目标。

5.1 区域水资源状况及供水能力分析

从鞍钢老区铁矿山所属行政区域来看，大部分矿区位于鞍山市，小部分矿区位于辽阳市弓长岭区境内，由于鞍山市域水资源不足，供水主要依托汤河水库解决，因此对矿区水资源承载力分析主要依托鞍山市的水资源条件，重点对汤河水库取水的承载力进行分析。

5.1.1 区域水资源条件分析

5.1.1.1 鞍山、辽阳市域水资源量

鞍山市多年平均降水量 $71.58 \times 10^8 \mathrm{m}^3$，地表水资源量 $24.86 \times 10^8 \mathrm{m}^3$，水资源总量 $28.64 \times 10^8 \mathrm{m}^3$。多年来平均地下水资源量 $10.92 \times 10^8 \mathrm{m}^3$，可开采量 $6.58 \times 10^8 \mathrm{m}^3$。人均占有水资源量 $825 \mathrm{m}^3$，为全国人均占有水资源量的 1/3。鞍山市降水时空分布不均，降水主要集中在汛期，5~8 月降水量占全年降水量的 75%~85%，降水量年变差系数 0.20。鞍山市城区多年平均降水量 $4.57 \times 10^8 \mathrm{m}^3$，地表水资源量 $1.05 \times 10^8 \mathrm{m}^3$，水资源总量 $1.38 \times 10^8 \mathrm{m}^3$。

鞍山、辽阳市域水资源分布如彩图 5-1 所示。

5.1.1.2 区域水源取用条件分析

A 区域河流取用条件分析

鞍山市共有大中小河流 35 条，其中 6 条大型河流为辽河、浑河、太子河、绕阳河、大辽河、大洋河；中型河流为哨子河和海城河；小型河流 27 条。流经市区有的南沙河、运粮河和杨柳河。南沙河发源于千山乡韩家峪，河流全长 67.8km，年径流量 $30.5 \times 10^8 \mathrm{m}^3$，它主要接纳鞍钢矿山公司齐大山选矿厂、大孤山选矿厂及鞍钢北部、鞍山啤酒厂等工业废水和立山地区生活污水。运粮河发源于"二一九"公园东山，河流全长 41.9km，流域面积 $249.4 \mathrm{km}^2$，年径流量 $1.5 \times 10^8 \mathrm{m}^3$，它主要接纳鞍钢及市政工业废水和城市生活

污水。杨柳河发源于唐家坊乡偏岭,河流全长53.5km,流域面积330km²,年径流量0.65×10⁸m³,主要接纳鞍山市政排污及鞍钢矿业公司东鞍山选矿废水。

从如上分析可知,流经鞍山市区有的南沙河、运粮河和杨柳河,其功能已成为接纳鞍山市各类生活、生产废水的纳污水体,已经不具备作为地表水源的条件。

B 汤河水库取用条件分析

汤河水库位于辽河流域太子河支流汤河干流上,坐落在辽阳市弓长岭区汤河镇境内。汤河是太子河中游左岸的一条较大支流,全长90.9km,流域面积1460km²,控制流域面积1228km²,汤河水库是一座以防洪、工业及城市生活供水为主,兼顾灌溉、发电、养鱼等综合利用的大Ⅱ型水利枢纽工程。其兴利库容3159×10⁸m³,防洪库容3168×10⁸m³,总库容为7107×10⁸m³。汤河水库于1995年和2004年先后在兰、细两流域上修建了引兰入汤和引细入汤工程。

辽宁省汤河水库管理局陈文军设置了4个方案对汤河水库跨区域调水兴利最优方案进行了研究,4个方案如下:

方案1,满足工业供水保证率95%,工业供水量最大前提下,农业供水量最大。

方案2,满足工业供水保证率95%,工业供水批复指标的前提下,农业供水量最大。

方案3,满足工业供水保证率95%,工业供水批复指标的前提下,发电量最大。

方案4,满足工业供水保证率95%,工业供水量最大的前提下,发电量最大。

各方案情况见表5-1。

表5-1 汤河水库调水方案设定

方案	汤河径流 /m³	兰细径流 /m³	农业用水 /m³	工业用水 /m³	年弃水量 /m³	年发电量 /kW·h	年末库容 /m³
1	289.1×10⁶	100.5×10⁶	74.4×10⁶	254.6×10⁶	38.9×10⁶	532.9×10⁴	316.9×10⁶
2	289.1×10⁶	98.8×10⁶	73.7×10⁶	237.3×10⁶	54.7×10⁶	523.2×10⁴	304.7×10⁶
3	289.1×10⁶	99.8×10⁶	26.3×10⁶	236.6×10⁶	56.9×10⁶	823.0×10⁴	305.1×10⁶
4	289.1×10⁶	98.2×10⁶	21.3×10⁶	254.7×10⁶	62.8×10⁶	674.8×10⁴	299.0×10⁶

根据4个方案的计算结果和各指标计算可知,方案4(满足工业供水保证率95%,工业供水量最大的前提下,发电量最大)为优选决策方案,即水库效益最大;方案1(满足工业供水保证率95%,工业供水量最大的前提下,农业供水量最大)为次优选决策方案,即社会效益最大;水库在考虑自身经济效益的同时更注重社会效益,决定选社会效益最大的方案1为最后决策方案。其结果为:汤河水库每年最大工业及城市生活供水能力254.6×10⁶m³,不但能满足各用水户的用水能力,还有21.7×10⁶m³的优质水,可开发出新的用水户,充分发挥引兰、引细工程的引水效益。

因此,按照汤河水库社会效益最大方案,汤河水库目前仍剩余21.7×10⁶m³的水可供利用。另外,根据区域城市发展规划,辽阳市弓长岭区在2020年拟从汤河水库取用水量为730×10⁴m³,则2020年汤河水库剩余可供水量为1440×10⁴m³。

C 周边大型地下水源取用条件分析

鞍山市地下水源有5处,即首山水源、西郊水源、铁西水源、太平水源和海城水源。水源地地下水补给来源主要有垂向、侧向、河渠入渗、大气降水入渗、灌溉水入渗、地下径流补给等。

鞍山市水源地地下水已严重超采，形成了较大面积的超采区，已形成 3 个区域性的地下水位降落漏斗，主要分布在 4 处城市水源地。由于铁西—西郊水源地漏斗区基本相连，因此形成海城水源、铁西—西郊水源、太平水源三个超采区。超采区总面积 128.2km²，总超采量 1700×10⁴m³，平均日超采量达 4.6×10⁴m³。其中海域水源 32.2km²，现状水位埋深为 9.5m；铁西—西郊水源 73km²，铁西水调漏斗中心静水位埋深为 30.7m；西郊水源漏斗中心静水位埋深为 25.0m；太平水源 23km²，现状水位埋深为 11.0m。

因此，矿业公司周边地下水并不具备为矿业公司提供水资源条件。

D 矿井伴生水资源条件分析

根据规划项目情况，规划区 2015 年和 2020 年产生的伴生水（矿坑涌水）情况见表 5-2。

表 5-2 规划区伴生水产生情况

时 段	现 状	2015 年	2020 年
矿坑（井）水/m³	3420.48×10⁴	2089.17×10⁴	3759.09×10⁴

按照国家相关矿井水综合利用的政策，针对本矿区属于缺水矿区的实际，矿区开发过程中应对矿井水加强综合利用，考虑伴生水产生情况不稳定，按照矿坑（井）水 100% 利用计算，矿区矿井排水作为生产用水的潜力巨大，2015 年伴生水资源可利用量为 2089.17×10⁴m³，2020 年为 3759.09×10⁴m³。

5.1.1.3 矿区雨水资源分析

现阶段，矿区分布地域内输水设施及一般性的水利工程措施主要用来满足各时段的生产用水，用水量变幅大，调节能力不足，其技术经济水平远不足以解决节约水资源的本质问题，使铁矿山成为流域内的用水负荷。

矿区地面起伏大，春季融雪水和雨季集中汇流的降水沿地势向低洼沟谷或河流汇集，是矿区排水的一部分。丰水期间（如暴雨期），矿山也大量排出雨洪，增加泄洪压力，还是水土流失的重要因素；平水或枯水期间铁矿山道路降尘、除尘、冷却生产用水不减反增，加剧水资源供需紧张趋势。矿区短期大面积降水尤其雨水资源还有较大的潜力可供挖掘。

雨水资源的合理利用是未来开发利用的方向之一。尾矿库区可贮存一定量降水返回选矿等生产利用，是目前雨水利用的主要部分，规划远期考虑对矿山办公区、选矿厂、排土场等区域雨水进行收集，提高雨水利用效率。

5.1.1.4 区域水质功能分析

矿区所在区域水体环境功能区划见表 5-3。

表 5-3 区域水体环境功能区划

河流名称	水 域	长度/km	主导功能	水质目标
南沙河	鞍山市、唐马寨下口子村	80.0	农业用水区	Ⅳ
杨柳河	鞍山市、穆家镇大台村	42.8	农业用水区	Ⅳ
汤河	汤河水库下游—入河口	22.5	景观娱乐用水区	Ⅲ

根据区域水体的环境功能，对比其 2009 年监测值，各地表水体水质情况见表 5 - 4。

表 5 - 4　评价区内各地表水体水质

河流名称	水质目标	项　目	COD	氨氮	石油类
南沙河	IV	执行标准/mg·L⁻¹	30	1.5	0.5
		现状达标类别	> V	> V	IV
杨柳河	IV	执行标准/mg·L⁻¹	30	1.5	0.5
		现状达标类别	> V	> V	III
汤　河	III	执行标准/mg·L⁻¹	20	1.0	0.05
		现状达标类别	I	III	IV

从矿区范围内河流的水质情况看，鞍山界内南沙河、运粮河和杨柳河的 COD、氨氮均超标，辽阳市境内的汤河下游 COD、氨氮达标，石油类超标。

5.1.2　区域供水状况

鞍山市供水主要由市政供水系统、鞍钢供水系统和城市自备水源供水系统三大部分组成。2007 年鞍山市城市供水总量 $4.06 \times 10^8 m^3$，其中市政自来水 $1.15 \times 10^8 m^3$，鞍钢企业用水 $2.91 \times 10^8 m^3$。在 $4.06 \times 10^8 m^3$ 总供水量中，市政供水系统境内地下水源供水 $0.22 \times 10^8 m^3$，境外地下水 $0.41 \times 10^8 m^3$，境外地表水 $0.52 \times 10^8 m^3$；鞍钢供水全部为境外客水，其中地下水 $2.71 \times 10^8 m^3$，地表水 $0.20 \times 10^8 m^3$；鞍山城市供水的 94.5% 为境外客水，足见鞍山市供水之严峻。

综上所述，鞍山市水资源较为匮乏，远不足以支撑城市社会经济发展，需要依靠外来辅助水源。矿山开发所需的市政水源也就近依托境外辽阳市，鞍山矿区供水主要依托汤河水库解决。鞍山市城区多年水源及供水情况见表 5 - 5。

表 5 - 5　近年鞍山市水源及供水情况

序号	供水水源	供水能力/m³·a⁻¹	供水量/m³·a⁻¹ 2003 年	2004 年	2005 年	2006 年	2007 年	备　注
1	汤河水源	7300×10⁴	4694×10⁴	4989×10⁴	5232×10⁴	5339×10⁴	5212×10⁴	地表水（外来）
2	首山水源（市政）	5475×10⁴	3130×10⁴	3185×10⁴	3820×10⁴	4029×10⁴	4121×10⁴	地下水（外来）
3	太平水源	328.5×10⁴	282×10⁴	314×10⁴	302×10⁴	264×10⁴	259×10⁴	地下水
4	铁西水源	985.5×10⁴	683×10⁴	796×10⁴	752×10⁴	755×10⁴	707×10⁴	地下水
5	西郊水源	1095×10⁴	873×10⁴	910×10⁴	1052×10⁴	1066×10⁴	958×10⁴	地下水
6	自备井		584×10⁴	357×10⁴	400×10⁴	275×10⁴	263×10⁴	地下水
7	首山水源（鞍钢）		17715×10⁴	17119×10⁴	17146×10⁴	24324×10⁴	29095×10⁴	其中部分为地表水（外来）

5.1.3　铁矿山供水来源现状

规划矿山用水由下列部分组成：

（1）各类供水水源（包括鞍钢水源、首山水源、汤河水源）的自来水系统来水，作为矿山生活用水和生产用水。

（2）中水水源：鞍钢循环水系统来水，由北大沟污水处理厂提供的净环水，用作对水质要求不高的矿山生产用水；弓长岭矿区利用弓长岭区市政污水厂中水作为一般生产用水。

（3）矿坑涌水（或称矿山伴生水）就地、就近资源化利用，作为矿山用水的新的来源。

系统内生产用水重复使用和循环利用的水量，如选矿厂内生产用水循环利用的部分，不影响统计口径的，在规划矿山用水中不再进行统计；尾矿库回水用作选厂生产用水的，在选厂项目中进行统计，在规划项目中也不作为水源进行统计。

现有供水管线长度、供水能力情况见表 5-6。

表 5-6　现有供水管线统计表

序号	名　称	规格	数量	线路长度/km	供水能力/×10⁴m³·d⁻¹
1	鞍钢给水厂—东烧厂供水管线	$\phi900$	两条	10	19.2
		$\phi400$	两条	2	8
2	鞍钢16水站—齐矿选矿分厂供水管线	$\phi900$	两条	22	5
3	鞍钢北大沟污水处理厂—齐选厂供水管线	$\phi900$	两条	12	3
4	鞍钢给水厂—大球厂供水管线	$\phi600$	两条	20	2
5	引汤入鞍管线接点—鞍千供水管线	$\phi400$	两条	2	1
6	汤河水库—弓选厂供水管线	$\phi900$	两条	4	5
		$\phi400$	两条	4	
7	汤河水库—苏家泵站供水管线	$\phi400$	一条	4	1
8	汤河水库—井下矿供水管线	$\phi300$	一条	4	1
9	汤河水库—井下矿供水管线	$\phi300$	一条	4	1

5.1.4　铁矿山排水组成及去向

5.1.4.1　现状废水污染治理与水资源利用措施

选矿厂的废水总排水出口处设集水池和回水泵站，将全厂外排的生产、生活污水收集后，回送到尾矿浓缩池处理，溢流水供给生产使用，底流最终排入尾矿库。

5.1.4.2　矿区排水组成

铁矿山现状排水主要由下列部分组成：

（1）部分矿山（鞍山眼前山矿区、弓长岭分散的矿区）未利用矿坑涌水的排放，另有少量生产生活排水汇入其中；

（2）各选矿厂均可以做到正常生产条件下生产排水的零排放，选厂少量生活污水混同选厂生产用水循环利用系统统一排往尾矿库；

（3）矿山现有四座尾矿库接纳各选厂含水尾砂，在保持一定回水率前提下依靠自身蒸发、入渗达到平衡，正常生产中坝下和部分坝体、山体部位的排渗水汇入就近的河流，最终成为地表水的一部分。因目前技术水平和观测研究深度，对这部分水量的计量统计不足。

鞍山及弓长岭地区现状供排水量见表 5 - 7，如彩图 5 - 2 所示。

表 5 - 7 规划矿区现状供排水量统计表

区域	名 称	供水量 / ×10⁴m³ · a⁻¹				排水量 / ×10⁴m³ · a⁻¹	排水去向
		总供水	新鲜水	鞍钢循环水	矿坑涌水		
鞍山	眼前山铁矿	569.38	5.26	—	564.12	503.37	南沙河
	大孤山铁矿	560.97	6.89	—	554.08	—	大孤山球团厂
	东鞍山铁矿	586.61	6.01	—	580.60	—	东鞍山烧结厂
	齐大山铁矿	938.23	16.63	—	921.6	—	齐矿选矿分厂（含齐矿热电厂）
	鞍千铁矿	42.83	6.17	—	36.66	—	矿山用水、蒸发等消耗
	大孤山球团厂	213.93	73.93	140.0	(481.75)[①]	—	大球厂尾矿库
	鞍千选厂	530.86	219.00	311.86	—	—	风水沟尾矿库
	齐大山选矿厂、齐矿选矿分厂	883.77	348.5	535.27	(490.32)	—	风水沟尾矿库
	东鞍山烧结厂	390.58	202.49	188.09	(501.38)	—	西果园尾矿库
	大球厂尾矿库	—	—	—	259.63	—	南沙河
	西果园尾矿库	—	—	—	305.46	—	杨柳河
	风水沟尾矿库	—	—	—	559.87	—	南沙河北支
	鞍山矿区小计	4577.16	884.88	1035.22	2657.06	1483.43	
弓长岭	弓长岭露天、井下矿山	773.79	10.37	—	763.42	684.16	汤河
	弓矿选矿厂	840.60	15.60	825[②]	—	—	弓长岭尾矿库
	弓矿尾矿库	—	—	—	229.26	—	汤河
	弓长岭矿区小计	1663.11		825	763.42	913.42	
	合 计	6844.08	1563.38	1860.22	3420.48	2541.75	

①数据不参与统计；
②弓长岭区市政中水。

5.1.5 铁矿山现状水资源利用存在问题

（1）矿坑涌水利用率较低。部分矿山（鞍山眼前山矿区、弓长岭分散的矿区）未利用矿坑涌水的排放，导致矿山排水量较大。

（2）生活污水处理利用方式不尽合理。部分矿山（鞍山眼前山矿区、弓长岭分散的矿区）矿坑涌水有少量生产生活排水汇入其中；

各矿区选厂少量生活污水混同选厂生产用水循环利用系统统一排往尾矿库，选厂不同程度存在非正常生产状态的事故排污现象；

（3）尾矿库排水量较大。弓长岭尾矿库排水未能被选矿厂利用而进入汤河，而汤河断面为Ⅲ类目标水域，尾矿库排水进入对汤河水环境质量产生影响。

5.2 矿区水资源合理配置与节水对策研究分析

5.2.1 矿山水资源合理配置研究分析

5.2.1.1 水资源综合利用规划的编制

针对规划矿山存在的水资源利用问题,编制矿山水资源的综合利用规划,尤其是企业改扩建或新建的多个矿区之间水资源的综合利用的规划,可对矿山水资源进行合理配置,具有非常重要的意义。

首先,在环保手续上来说,矿山水资源规划代表了国家近期环境管理的最新要求,已逐步成为支持铁矿资源开发规划的重要专项规划,从而更好的使得企业满足国家环境管理的要求。目前矿山项目规划文本中有多处涉及水资源综合利用的内容、标准和要求,因此,需要对水资源的综合利用进行专项规划,用以支撑项目规划。同时,随着此类项目规划项目环评的进一步开展,水资源综合利用专项规划文本中将作为环境影响报告书的必备要件和重要对策措施内容,对规划环评的中水资源利用方面的内容进行展开论述。其次,矿山水资源综合利用规划有利于矿山节水,是进一步提高企业效益的技术手段。区域水资源的可持续开发利用有赖于区域开发建设重点项目环节实现节水目标。企业铁矿资源开发的同时开展水资源综合利用,不仅是企业节水和规划范围内统筹用水的必要措施,通过水资源综合利用和规划区域内的统筹调配,最大限度地保障用水安全、节约用水成本、减少排污费用和环境影响损失,也是进一步促进规划实施和提高企业效益的技术手段。

基于以上原因,有必要开展矿山水资源综合利用的专项规划,目标是以此来了解矿山现有水资源综合利用情况中存在的问题,从而可结合国内外对水资源综合利用的前瞻性研究成果,从全局上对企业铁矿资源开发过程中的废污水处理和水资源综合利用进行统一规划和部署,进一步使得企业今后的水资源综合利用更具有实际可操作性,有利于降低用水成本和提高企业综合效益,也有利于相应的规划环评的审查和审批工作,能够满足国家在节水和资源综合利用方面的政策和规划要求。

矿山水资源综合利用规划要求通过水资源统筹调配、水量平衡和系统节水技术实现节水目标。为了达到推进企业节水和节水成本的目标,首先要做到矿山各工序组成环节的水的重复利用、梯次利用和分质供水。因此除了对各部分水资源的量化核算外,尤其重视各部分用水调配的平衡计算,并采取相应工程措施使各部分用水统筹调配。在各生产工序,也将通过推行节水和清洁生产工艺达到局部节水。通过规划实施的系统的节水技术推进企业节水目标的实现和综合效益的提高。系统性的节水减少与外部的物流循环,对于控制矿山生产系统环节向外环境地表水的排污控制有利,同时也是保护水环境质量的有效措施。

5.2.1.2 矿山水资源规划编制的总体技术路线

为达到矿山水资源高效利用,需要对各环节用水进行科学、合理的配置,包括水资源量和供给水源的配置。首先,依据相关法律法规、技术标准、规程规范及企业(项目)规划报告等,结合矿山水资源利用现状及实际情况,确定规划目标以及规划范围,通过对矿山供需水平衡的分析,了解矿区水资源时空分布的不均衡性,从而通过可调配水量的分析,进一步对矿山进行水资源合理配置。

矿山水资源合理配置技术路线如图5-3所示。

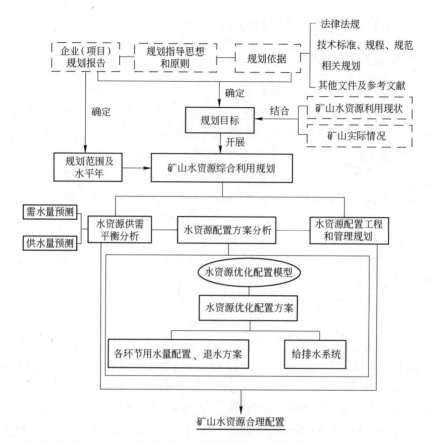

图 5-3 矿山水资源合理配置技术路线

5.2.1.3 水资源规划目标指标体系建立

矿区水资源可以达到高效综合利用是矿区水资源规划的总体目标。

矿区水资源高效综合利用：根据矿区具体情况，在充分保障各矿区"三生"（生产、生活和生态）用水（量）、保证用水水质达标（质）以及不对周边地表和地下造成较大危害影响的前提下，依据水量平衡，依托工程措施，通过梯级利用和循环利用水资源，合理配置矿区各部门用水，协调处理好各矿区内部以及矿厂间水资源时空分布（时间：年内不同时期或工程不同时间段；空间：生产各环节以及各矿区之间）的不均衡性。从而使得整个矿区水资源利用在量上能达到最大的节水效果，减少新水的取用，并使得矿区取水满足当地水资源承载力。

可通过用水总量控制目标及各分项指标体系的建立确定具体目标。用水总量控制目标，即通过设置今后一段时期区域用水上限控制指标，在保障矿区经济社会可持续发展和维持生态环境用水基本需求的前提下，到 2015 年和 2020 年，规划区新水用水总量仍然控制在 1500 万立方米左右，尽量不新增用水，但单个矿区允许有所增加。各分项目标可根据水资源高效综合利用的定义，依据当前矿山综合用水政策及相关水资源的循环经济分析和清洁生产分析提出各项指标，建立规划目标指标体系。主要包括矿坑水和井下排水回用率、选矿工业水重复利用率、生产生活污废水处理后中水回用率、选矿水耗和工业水重复利用率等，具体见表 5 - 8。

表 5 - 8　水资源规划目标指标体系

指　　标		指标由来	评价标准			备　　注
循环经济	生产过程的资源再利用和末端资源综合利用分析	矿坑水和井下排水利用率/%	参考标准	70			参考《矿井水利用专项规划》对于煤矿矿井水回用率要求在 2010 年达到 70%，本报告参考此标准执行，但考虑到铁矿实际情况，不严格要求
		选矿工业水重复利用率/%	国家标准	93			《矿山生态环境保护与污染防治技术政策》要求：到 2015 年，新、扩、改建选煤和黑色冶金选矿的水重复利用率应达到 93% 以上
		生产生活废污水处理率/%	参考标准	100			参考《辽阳市资源节约和环境保护"十二五"发展规划》要求：城区污水处理率达 100%
清洁生产	资源能源利用指标	选矿水耗 /m³·t⁻¹	国家标准	1 级	2 级	3 级	规划参照二级水平，低于 7m³/t
	污染物产生指标	废水产生量 /m³·t⁻¹	国家标准	1 级	2 级	3 级	规划参照二级水平，低于 0.7m³/t
		悬浮物 /kg·t⁻¹	国家标准	1 级	2 级	3 级	规划参照二级水平，低于 0.21m³/t
		化学需氧量 /kg·t⁻¹	国家标准	1 级	2 级	3 级	规划参照二级水平，低于 0.11m³/t
	废物回收利用指标	选矿工业水重复利用率/%	国家标准	1 级	2 级	3 级	规划参照二级水平，达 90%（与《矿山生态环境保护与污染防治技术政策》重复，本报告按较高要求执行）
	生产过程管理	生产工艺用水管理	国家标准	1 级	2 级	3 级	本规划参照二级水平，主要环节进行计量，并制定定量考核制度

5.2.1.4　供需水平衡分析

在水资源综合利用规划中，水资源供需平衡是重要环节。矿区需水主要为"三生"（生产、生活和生态）用水，由于影响需水预测成果的因素很多，不同的经济社会发展情景、产业结构及不同节水水平下，水资源需求量将会有很大差异，因此可按照不同方案分别进行预测。

矿山水资源的供给可按照"优先使用矿坑水、矿井水及污废水复用水，不足再取用外部水源"的用水原则，优先考虑非常规水供水，非常规水供不应求的情况下再考虑取用地表和地下水供水。因此主要预测各项非常规水资源，包括矿坑/井水量、尾矿回水量、废污水处理回用量和选矿内部循环水量。同样，不同技术、管理水平下，供水量有所不同，可在不同方案下预测供给量。

矿山水资源供需平衡可基于不同方案进行分析，例如，可按照"基本方案"和"推荐方案"分别进行矿山及当地需水量的预测，即在较低节水水平的情景下估算规划水平年的用水量为"基本方案"，在更高节水水平上拟定的需水方案为"推荐方案"。在了解各矿区各部门在不同时期用水富裕或短缺的情况下，进行可调配水量的分析，进一步进行水资源时空调配情景下的供需水平衡分析，为水资源配置奠定基础。水资源供需平衡框架见彩图 5 - 4。对鞍钢老区铁矿山水资源规划，仅采用一种方案，即"基本方案"进行供需平衡分析及水资源优化配置。

5.2.1.5 水资源优化配置系统

在供需平衡分析的基础上，建立水资源优化配置系统，综合考虑矿山所属水系、供给水源、矿区地理位置及所在行政区，进行配置单元的划分；确定矿山需水部门；确定矿山供水水源类别及各类别供水水源；确定配水原则及配水顺序；采用多水源、多工程、多传输系统方式，使系统中各水源、水量在各处的利用情况及来去关系得到客观的、清晰的描述。

鞍钢老区铁矿山规划配置单元为现有及新改扩建共12个矿区，分别为眼前山铁矿、大孤山铁矿及选矿厂、东鞍山铁矿及选矿厂、齐大山铁矿及选矿分厂、鞍千铁矿及选矿厂、砬子山铁矿、张家湾铁矿、谷首峪铁矿、西鞍山铁矿及选矿厂、关宝山铁矿及选矿厂、黑石砬子铁矿及选矿厂、弓长岭铁矿及选矿厂。

需水部门包括各矿区职工生活用水、采选工业用水及生态环境用水。

供水水源分为常规水源和非常规水源。前者包括当地地表水、地下水，后者包括矿坑、矿井水、尾矿回水、坝下渗水、废污水回用水及内部循环水等。

配水原则为清污分流：将浊环水、净环水、生活污水、雨水等分别回收，分别处理，分别利用；尽可能循环利用、串级使用：新水补充净环水，净环排水补充浊环水；用浊排净：将机修废水、生活污水等尽可能回收处理，用于采选生产、道路洒水或绿化，尽可能做到零排放，仅排放清净废水，一般情况下都实现循环利用，若实际情况不宜回用，则达标排放。

依据2002年《中华人民共和国水法》，各需水要求满足优先顺序为：居民生活，采选工业，生态环境。不同需水要求的供水顺序：（1）居民生活：市政供水、地下水源、非常规水；（2）采选工业：非常规水、地表水、地下水；（3）生态环境和农业：非常规水、地表水。

5.2.1.6 矿区水资源配置配套工程

为支撑上述配置方案，达到清洁生产、循环经济和节能减排的规划目标，需要相应的工程配套支撑体系，主要包括为满足铁矿山在规划年正常供水的基础配套工程及水资源调配工程措施。

A 基础配套工程

各水源给水系统工程——包括北大沟污水处理厂、弓长岭区市政污水厂中水供水管线工程及汤河至鞍山的供水管线工程。

新建3个选厂新建供水管线，管线长度、供水能力情况见表5-9。

表5-9 规划新增供水管线统计表

序号	名　称	规格	数量	线路长度/km	输水能力/×10⁴m³·d⁻¹
1	东烧厂—黑石砬子供水管线	φ500	两条	6	12
2	鞍钢16水站—齐矿选矿分厂供水管线	φ400	两条	2.6	1
3	东烧厂—西鞍山供水管线	φ800	两条	4	5

矿坑（井）水提取、水处理配套完善工程——完善采场现有矿坑、井水提取、处理设施，没有配备相应措施或不完善的矿区，包括眼前山矿区、弓长岭矿区需进一步完善，其

他新建矿区采场建设配套工程。

尾矿水回用配套工程——风水沟尾矿库设置尾矿回水管道，回用于新建关宝山选矿厂。

尾矿库坝下渗水回用配套工程——规划远期设置大孤山球团厂尾矿库、风水沟尾矿库、西果园尾矿库和弓长岭尾矿库坝下渗水回用于各选矿厂的输水管线。

生产生活废污水处理设施——完善现有矿区生产生活污水处理设施，水处理后综合利用，新建矿区建设配套废污水处理设施。

B　水资源调配工程

为进一步达到循环经济和节能减排的规划目标，要求在各矿区间及矿区内部进行用水调配，使得非常规水资源较丰富的矿区或某工序将水输送到缺水矿区或其他工序，缓解部分矿区及工序非常规水不足的问题，减小该矿山各矿区及各工序间水资源利用在空间上的不均衡性问题，主要通过建设输水管线实现。具体包括建设眼前山铁矿至鞍千选厂及关宝山选厂、东鞍山铁矿至东鞍山烧结厂、鞍千铁矿至鞍千选厂、齐大山铁矿至齐矿选矿分厂、关宝山铁矿至关宝山选厂及鞍千选厂、砬子山铁矿至大孤山球团厂、黑石砬子铁矿至黑石砬子选厂、张家湾铁矿至大孤山球团厂、谷首峪铁矿至大孤山球团厂、弓长岭铁矿至弓长岭选矿厂的输水管线，充分利用矿坑涌水。

5.2.2　矿区规划节水对策研究分析

5.2.2.1　矿山生产工序节约用水与循环利用措施

铁矿山的循环经济要针对矿山污水的来源和性质，从整个矿山的进排水体系出发，理清废水来源、水质、水量、去向，进行统一规划，全面协调，真正做到矿山水的生态化循环，如图 5-5 所示。

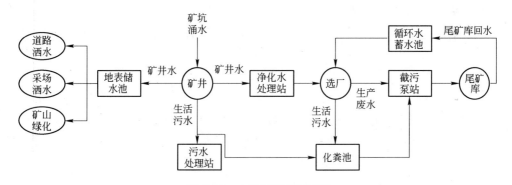

图 5-5　水资源综合利用图

本规划拟对水资源采取下列的综合利用途径：

（1）采场矿坑（井）水与处理水资源综合利用。

1）规划矿坑（井）水分质供水、分质处理：

规划新建的矿井按照"三同时"的原则，同时建设规模适宜的矿井水净化站；根据回用水用途及水质要求，按照"分质供水、分质处理"的原则进行适度处理。

矿坑（井）水净化后优先回用于水质要求不高的工业用水，必要时经深度处理后回用于工业场地，以确保达到矿井水回用率的要求。

在雨季由于大气降雨径流量的渗入导致矿坑水增加，确需排放的矿井水须满足污染物总量控制、达标排放的要求。

2）节水措施：

矿坑设贮水池，积水用于洒水车抑尘；

在矿山生产环节注重节约水资源，减少水源浪费和无效蒸发；

矿岩尽可能采用胶带运输，减少运矿道路粉尘及洒水量；

对已关闭的排土场及时进行复垦绿化，减少洒水量；

控制除尘用水量。

（2）选矿废水资源利用。

1）选矿厂内废水处理与利用措施。

为合理使用水资源、提高水循环利用率，规划新建选厂废水集中处理后多次重复、循环使用，改扩建选厂同时配套进行水循环系统改扩建。

选厂内水循环系统主要包括以下设施：

配水室：尾矿浓缩池溢流水经管道汇集后自流至配水池，在此加药后分配至机械加速澄清池。

机械加速澄清池及底流泵站：进入机械加速澄清池的废水经处理后溢流水水质达100mg/L以下，进入综合泵站清水贮水池。澄清池底流浓度达10%，经底流泵加压后既可返回尾矿浓缩池也可直送尾矿泵站。

循环水泵站：循环水经加压后供给全厂各种渣浆泵水封用水。

加药间：为满足机械加速澄清池加药需求，在加药间内设药剂搅拌槽，药剂品种采用聚合硫酸铁、聚合氯化铁等。

2）选矿厂外水循环利用措施：

选矿厂尾矿浆由高压泵送往尾矿库，矿浆在尾矿库自然脱水，由回水塔及澄清区等回水至选矿厂重复利用。

3）选厂节水与水循环利用指标。本规划选矿厂采用上述水循环流程，各用水环节均设计量设施，提高节水管理效果；各环节生产废水沉淀、澄清处理后重复、循环利用；生活污水处理后进入生产用水循环系统；选矿厂实现污水零排放，不设排污口。

规划选矿类企业9家，其中大孤山选矿厂（大孤山球团厂）、东鞍山（东烧）选矿厂、关宝山选矿厂、黑石砬子选矿厂水循环利用指标见表5-10。

表5-10 各矿业公司选厂水循环利用指标

企业名称	水耗/$m^3 \cdot t^{-1}$	工业水循环利用率/%
大孤山选矿厂（大孤山球团厂）	0.14	96
东鞍山（东烧）选矿厂	0.19	86.17
关宝山选矿厂	0.68	93.04
黑石砬子选矿厂	12	96

通过以上措施，本规划项目2015年各工程合计用水量为$8014.97 \times 10^4 m^3$，其中新鲜

水用量为 $1515.49 \times 10^4 \mathrm{m}^3$，循环水用量为 $2441.95 \times 10^4 \mathrm{m}^3$，利用矿山伴生水 $4057.53 \times 10^4 \mathrm{m}^3$，总的水耗指标约为 $0.69\mathrm{m}^3/\mathrm{t}$ 原矿，循环水利用率达到 92% 以上，满足清洁生产一级指标要求。规划远期，除尾矿库排渗水外规划矿区正常生产（非降雨期间）不外排废水。

（3）其他废污水资源利用。对办公生活污水等，在矿区建立集中废污水处理站或其他处理设施，废污水经处理后用于除尘、洒水、绿化等，其余用于选厂生产使用，利用率达 100%。

（4）尾矿库贮水资源利用。

1）尾矿库水量平衡项目：

尾矿库贮水资源化利用是落实清洁生产、循环经济和节能减排的重点，主要包括尾矿回水、坝下渗水及退役期尾矿库蓄水资源利用。

一般尾矿库的水平衡，可以概化为输入、输出端，如图 5-6 所示。据此平衡可估算各尾矿库规划年的回水量。

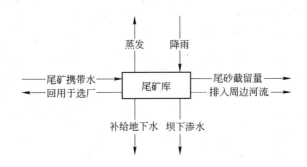

图 5-6 尾矿库水量输入、输出端

本规划不涉及退役期尾矿库，因此主要为前两项的水资源利用。规划选矿厂排到尾矿库的含水尾砂流在尾矿库内沉淀澄清、净化，扣除尾矿库蒸发、入渗排泄等因素，水量平衡后的剩余部分返回到选厂重复利用，实现尾矿自用水的循环。尾矿贮水在散失进入外环境的过程中，加入了区域水环境系统的循环，剩余的除去尾砂截留水以外，大部分的水可供选矿生产重复利用，起到平衡枯水季节水源不足的供水补给作用，这部分回水利用率（回水：来水 $\times 100\%$）一般可达 60% 甚至更高。

另外，由于尾矿库汇水面积大，其结构与水库有相似之处，因此这部分因降雨而储存在尾矿库的水资源量理论上也可以被选厂利用，但是，为避免尾矿库发生溃坝，降雨除部分补给地下水或者进入尾矿贮水中参与到尾矿库与选厂用水循环当中外，大部分通过防洪系统排入周边河流。这部分水资源相对于尾矿所含的水资源较少，但是也可以增加尾矿库回用于选厂的水量。规划除了尾矿库自用消耗一部分，澄清水应尽可能回用于相关选矿厂，进入选矿厂生产用水循环系统。

2）规划近期典型尾矿库水平衡分析：

规划尾矿库水平衡分析图（以风水沟尾矿库为例）如图 5-7 所示。

3）规划远期水量平衡措施：

规划远期，考虑到扩容后风水沟尾矿库、大孤山尾矿库因加高坝体及水面升高使得压

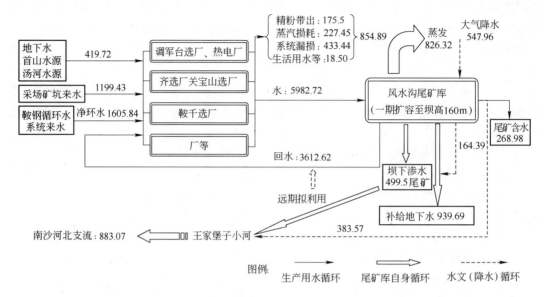

图 5 - 7 风水沟尾矿库扩容项目近期水量平衡图（2011～2019 年）　　（$10^4 m^3/a$）

力增加，垂向补给地下水有可能增加，同时由于侧向堆积面积的增大可能对两侧山体形成的侧向补给即绕库渗漏量增加从而使得补给地下水进一步增加，导致回水量减少，而尾矿库坝下渗水也有可能增加。因此，规划远期尾矿库向选矿厂的回水量将趋于减少。

为保证尽可能高效利用尾矿库贮水，一方面应加强水循环回用系统的安全生产，同时应加强坝下渗水的回用，保持向选厂回水的比率。但另一方面，考虑到尾矿库坝下渗水水质较好，对现有污染河流水质可以起到稀释作用，也能用于补充河道生态用水，使周边水体水质得到改善，水生态系统逐步实现良性循环。因此不建议无节制回用坝下渗水，而是在兼顾生态效益的同时尽量回用。

5.2.2.2 雨水收集等降水资源利用措施

A 雨水资源量

根据鞍山市、辽阳市水资源公报统计的多年平均降雨量，可计算得项目规划区的雨水资源量，见表 5 - 11。

表 5 - 11　规划项目雨水资源量

评价分区	面积 /km²	包含矿区	年均降雨量 /mm	年降雨量 /×10⁸ m³
鞍山矿区	200	重点评价区，涉及规划眼前山、大孤山、东鞍山、齐大山、鞍千改扩建矿，鞍千西大背、砬子山、张家湾、谷首峪、西鞍山、关宝山、黑石砬子新建矿，及其相应的改扩建和新建选矿厂、尾矿库	774.2	1.55
辽阳弓长岭矿区	40	涉及规划弓长岭井下矿和露天矿，均为改扩建矿，以及相应的选矿厂和尾矿库	737.0	0.29
合　计	240	—	—	1.84

B 雨水集蓄利用意义

早期我国水资源的利用主要集中在开发地表水和地下水，近年来，由于人口增长、持续干旱、地表水污染、地下水超采等原因，使得人们对雨水资源的开发利用产生了极大的兴趣并进行了广泛的研究，雨水资源的开发利用也逐步显示其巨大的潜力。

狭义的雨水集蓄利用指将汇流而上的雨水径流汇集在蓄水设施中再进行利用，强调了对正常水文循环的人为干预。很多国家已开展对雨水资源的利用，以色列、日本、美国、澳大利亚、德国等国家已将雨水利用作为面向未来的战略选择。其中，日本通过建立地下、屋顶集水等措施利用雨水资源，已拥有利用雨水设施的建筑物一百多座；美国的雨水利用以提高天然入渗能力为目的，兴建地下隧道蓄水系统，建立地表回灌系统，让洪水迂回滞留于曾经被堤防保护的土地中；澳大利亚在许多城市内都设有两套集水系统，一套是生活污水集水系统，另一套是雨水汇集系统；以色列雨水资源利用率达98%。其他国家也在雨水收集利用方面取得了很大的成效。

雨水集蓄利用在我国源远流长，但是到目前为止，都还处于初步开展的阶段，主要集中在干旱半干旱地区人畜饮水和集流节灌的问题上，同时也对集蓄雨水补灌地下水及城市集流等问题开展了研究，而在工业方面，尤其是矿山开发用水上研究较少，因此，在矿山引进先进的雨水集蓄利用技术，有利于该技术在矿山的推广，更有利于矿山自身通过进一步的节水提高自身效益，减小当地用水压力。

同时，与集中的水利工程比较，雨水集蓄利用工程有其独特的优势。雨水是就地资源，无需输水系统，可以就地开发利用，不需高昂的投资，也不存在大的生态环境问题，是"对生态环境友好"的工程。雨水集蓄利用是矿山水资源可持续开发的新形式。

鞍钢老区铁矿山规划项目所在地雨水资源量约1.84亿立方米，是一项非常重要的非常规水源。规划项目区选矿厂用水量大，在矿山建立雨水收集与利用系统，收集、利用厂区地表汇集的降雨径流，为绿化、景观水体、洗涤或选矿工序提供雨水补给，则可减少矿山三生用水对新水的取用量，同时可进一步促进企业成为"绿色矿山"，并在用水方面成为模范矿区。

C　雨水集蓄利用措施

雨水集蓄利用技术主要包括汇集、蓄存与利用三个方面，这三个方面互相衔接，组成完整的雨水集蓄利用系统。雨水汇集指利用天然或人工修筑的汇流面，汇集雨水形成的地标径流以备高效利用，可利用屋顶、城市路面、建筑物等作为集流面；雨水蓄存是雨水集蓄利用系统的中间环节，是指将汇流面汇集的雨水通过导流渠（管）引入蓄水设施贮存，等到需水时再从蓄水设施取水的过程，可利用水窖、塘坝、涝池、蓄水池、瓷缸、水泥罐等进行蓄存，还可利用引水渠、沉沙池、滤网等配套设施以导引雨水径流和保护改善水质。

我国《节水型社会建设"十一五"规划》（2007）也提出推广雨水集蓄利用技术，建设集雨水窖、水池、水柜、水塘等小型雨水集蓄工程，用于作物浇灌及家庭、公共场所和企业用水。考虑到矿山实际情况，同时地下集水池技术已在日本一些非矿山建筑物有所推广，因此规划在远期推荐方案下，各矿区充分利用建筑物的地下空间，建设地下集水池，利用雨水口、排水渠等收集选厂及附近路面雨水，回用于选厂生产。

对于鞍钢老区铁矿山，本次规划未将雨水资源进行利用，考虑在远期可建立雨水收集系统，进一步节约矿区新水取用量。

5.3 规划铁矿山水资源配置效果分析

5.3.1 规划铁矿山用水平衡分析

5.3.1.1 规划区域用水量统计

A 辽阳市城市取用水情况分析

根据《辽阳市城市总体规划（2001~2020）》和《辽阳市汤河新城总体规划（2010~2030）》，辽阳市弓长岭区（汤河新城）城市供水近期仍采用地下水，远期在汤河新建一座水厂，利用汤河水库，2020 年取水量为 $2.0 \times 10^4 \, \mathrm{m}^3/\mathrm{d}$。

B 鞍山市城市取用水情况分析

在《鞍山市水资源开发利用"十一五"规划》中，对鞍山市 2020 年规划年需水量及供水方案进行了描述。2020 年鞍山市规划年需水量 7.21 亿立方米，较 2005 年增加 3.59 亿立方米，规划建设石湖水库，向鞍山年供水 4 亿立方米，解决市区用水问题，预计工程总投资 9.9 亿元左右，并把兴建温香水源、西佛水源、黄沙水源（投资 6.39 亿元，年供水量 1.64 亿立方米）作为备用方案。

C 区域生态用水分析

规划区域内农村用水基本采用自备井解决，规划区域不另行建设地下水集中水源地，因此不会与区域农村用水产生矛盾。规划区域农业用水则基本依靠汤河水库供给，根据汤河水库调水方案，目前汤河水库农业年平均用水量为 $74.4 \times 10^6 \, \mathrm{m}^3$，该水量可以满足区域农业用水需求。

5.3.1.2 规划项目新增用水平衡分析

A 矿区规划新增用水量统计

矿区水资源合理配置，还需满足当地水资源承载力的要求，尽量减少与当地其他用水户的用水冲突，因此需对矿区水资源承载力进行分析。由于鞍山市域水资源不足，供水主要依托汤河水库解决，因此对矿区水资源承载力分析主要依托鞍山市的水资源条件，重点对汤河水库取水的承载力进行分析。

规划项目新增用水主要为选厂新增的选矿用水、矿山生态用水以及各规划项目的生活用水等，规划新鲜用水量见表 5-12。

表 5-12 规划项目新鲜用水量 　　　　　　　　　($10^4 \mathrm{m}^3$)

序号	矿山名称	性质	集中供水水源供水量			规划新增用水来源
			2009 年	2015 年	2020 年	
1	眼前山铁矿	改扩建	5.26	14.86	14.86	市政水源
2	大孤山铁矿	改扩建	6.89	11.41	11.41	市政水源
3	大孤山（大球）选厂	改扩建	73.93	75.09	75.09	市政水源
4	东鞍山铁矿	改扩建	6.01	10.43	10.43	市政水源
5	东鞍山（东烧）选厂	改扩建	202.49	246.19	242.82	—
6	西鞍山铁矿、选厂	新建			3.60	市政水源

序号	矿山名称	性质	集中供水水源供水量			规划新增用水来源
			2009 年	2015 年	2020 年	
7	黑石砬子铁矿	新建			3.6	汤河
8	黑石砬子选厂	新建			3.6	汤河
9	关宝山铁矿	新建		1.92	1.92	市政水源
10	关宝山选厂	新建		27.42	27.42	汤河
11	砬子山铁矿	新建		1.47	1.47	自备井
12	谷首峪铁矿	新建			1.8	汤河
13	张家湾铁矿	新建			1.8	汤河
14	鞍千西大背采区	新建		2.10	2.10	汤河
15	鞍千（胡家庙铁矿）	改扩建	6.17	12.81	12.81	市政水源
16	鞍千选厂	改扩建	219.00	43.8	43.8	—
17	齐大山铁矿	改扩建	16.63	27.31	27.31	市政水源
18	齐大山选厂、齐矿选矿分厂	改扩建	348.5	348.5	348.5	—
19	弓长岭露天矿	改扩建	6.91	15.36	15.36	—
20	弓长岭井下矿	改扩建	3.46	5.57	5.57	市政水源
21	弓长岭选厂	改扩建	15.60	18.72	18.72	柳河
合 计			1563.38	1515.49	1526.52	

注：鞍千选厂用水由鞍钢循环水替代。

B 矿区规划给水来源与中水利用

a 规划项目供水来源

本次矿山供水来源同现状类似，包括各类供水水源（包括鞍钢水源、首山水源、汤河水源）的自来水系统来水，鞍钢循环水系统的净环水，弓矿市政中水，以及现阶段未能准确计量的矿坑涌水。

规划矿山生活新水取自市政分配给鞍钢的供水自来水管线系统，矿山生产用水和公路除尘用水多取自矿坑涌水，选矿厂用水利用矿山剩余矿坑涌水、鞍钢循环水系统来水和自来水系统来水，尾矿库接纳选厂含水尾砂，并回水给选厂。

各矿山、选矿厂等改扩建新增用水项主要利用原有水源，近期新建关宝山选厂、远期新建黑石砬子选厂、西鞍山选厂用水需新增用水设施。鞍山市政水源供水已达极限，取用生产新水增量主要依托汤河。

b 矿坑涌水利用的管理与技术措施

本次规划文本及历年统计数据对规划矿区用水量的估计总体偏小，主要在于对矿坑涌水量未进行统计。矿坑涌水是规划矿山的产出水，未经利用成为排水的一部分，充分利用则成为矿山节水减排的关键。

规划实施前后，鞍钢老区铁矿山一方面开展了矿坑涌水的利用，另一方面对矿坑涌水的观测计量及水量、水质变化规律的研究较少，水资源管理仍较为粗放。

结合矿山涌水量以及服务时间比较长的特点，本规划设计采用分段设泵站、接力排水，且利用采场坑内的水进行公路洒水除尘、破碎站除尘、排土场洒水降尘等，做到节水降耗。正常生产中除铁矿山生产消耗外，矿坑涌水送至选厂等工序循环利用。规划近、远期矿坑涌水均做到资源化利用，正常生产状态下不排放，暴雨期间矿坑内积水未能利用的部分排入就近的地表水体。

c 鞍钢循环水系统来水及中水替代方案

本规划鞍山矿区仍使用鞍钢循环水系统来水作为部分选厂的补充用水，随着矿山渐次投入开发和采选规模的扩大，需要使用更多的循环水作为矿区补充用水，改扩建规划项目实施后总体上用水资源持续增加，需要开发循环水（中水）资源，大量使用中水作为生产用水，并挖掘矿坑水利用潜力做到100%资源化利用，以节约用水，减少矿山项目对区域水资源的占用。

规划近期增加循环水（中水）用量，可以做到鞍山矿区100%、弓长岭矿区80%矿坑涌水资源化利用，可基本不增加新鲜水用量；规划远期持续增加循环水（中水）用量，做到鞍山矿区、弓长岭矿区100%矿坑涌水资源化利用，可基本不增加新鲜水用量。

具体措施为：鞍山矿区选矿厂近期均使用鞍钢循环水系统来水作为生产用水，充分利用矿坑水作为生产用水；远期随着矿坑水用量的加大，鞍千选厂、大孤山球团厂循环水（中水）使用量较现状减少；远期西鞍山矿区充分利用矿井水，并使用就近的鞍山市政中水作为矿区用水补充。弓长岭矿区选厂扩建后充分利用矿坑水的同时减少市政中水用量，作为选厂生产补充用水，随着矿坑涌水利用率不断提高，市政中水的使用量较现状持续有所降低。

总体上规划项目用水可主要依托挖潜解决，可保持新鲜水用量近、远期均不增加。因此对现状供水水源的影响较小，区域水资源承载力可以满足供水要求。

由于矿坑涌水量增加，应当在项目实施阶段密切关注矿坑抽水对区域地下水的影响。

5.3.1.3 矿区规划排水去向与水量平衡分析

现状供排水条件是基于现状供水水源条件下的矿山用水平衡，规划实施后矿区依改扩建规模增加用水量，同时采用节水措施，建立新的供排水平衡。

规划实施后，通过统筹安排矿山水循环利用系统，统一协调用水平衡、就近利用和重复使用，使矿坑涌水用于矿区公路除尘、破碎洒水后全部用于选矿厂等配套设施，选矿厂生产用水闭路循环，尾矿水随尾矿进入尾矿库后，部分回用于选厂，部分补给地下水及作为坝下渗水排出，规划期内除分散的弓长岭露天、井下矿山外，其余铁矿山均不排放矿坑水，即规划项目排水主要通过尾矿库排出。

正常生产状态下，近期排水包括尾矿库排水，弓长岭矿区铁矿山排水；远期排水为尾矿库排水。

规划矿区近、远期供排水量见表5-13~表5-15，近期供排水平衡如彩图5-8所示，远期矿坑涌水全部利用。规划项目单个采区（齐大山矿区域）用、排水平衡分析如图5-9所示。

表 5-13 规划矿山及选矿厂近期~2015年供排水量统计表

规划矿山、选厂名称		供水量/×10⁴m³·a⁻¹				排水量/×10⁴m³·a⁻¹	排水去向
		总供水量	新鲜水	鞍钢循环水	矿坑涌水		
规划项目新增用水	鞍山	眼前山铁矿露天转地下	86.14	9.6	—	76.54	—	鞍千选厂、关宝山选厂
		大孤山铁矿二期扩建	56.42	4.52	—	51.9	—	大孤山球团厂
		东鞍山铁矿二期扩建	54.26	4.42	—	49.84	—	东鞍山烧结厂
		鞍千铁矿二期扩建	82.90	6.64	—	76.26	—	除自用外去鞍千选厂
		鞍千西大背采区新建	26.25	2.1	—	24.15	—	自用消耗
		齐大山铁矿二期扩建	177.38	10.68	—	166.7	—	齐矿选矿分厂
		关宝山铁矿新建	23.95	1.92	—	22.03	—	自用消耗
		碰子山铁矿新建	18.42	1.47	—	16.95	—	自用消耗
		鞍千选厂	-22.52	-175.2	152.68	(243.11)①	—	风水沟尾矿库
		关宝山选厂新建	27.42	27.42	—	(269.82)	—	风水沟尾矿库
		大孤山球团厂（尾矿库）改扩建	160.32	1.16	159.16	(51.9)	—	大孤山尾矿库
		齐大山选矿厂、齐矿选矿分厂	606.03	—	606.03	(196.18)	—	风水沟尾矿库
		东鞍山烧结厂	90.17	43.70	46.47	(49.84)	—	西果园尾矿库
	弓长岭	弓长岭露天矿	110.23	8.45	—	101.78	38.53	弓长岭选厂、汤河
		弓长岭井下矿	53.01	2.11	—	50.9	23.13	弓长岭选厂、汤河
		弓长岭选矿厂	-379.49	3.12	-382.61②	(641.27)	—	弓长岭尾矿库
合计			1170.89	-47.89	678.51	637.05	—	
现状用水量			6844.08	1563.38	1860.22	3420.48	1187.53	
规划矿区总用水量			8014.97	1515.49	2441.95	4057.53	61.66	削减1125.87

①括号内数据不参与统计；②弓长岭区市政中水。

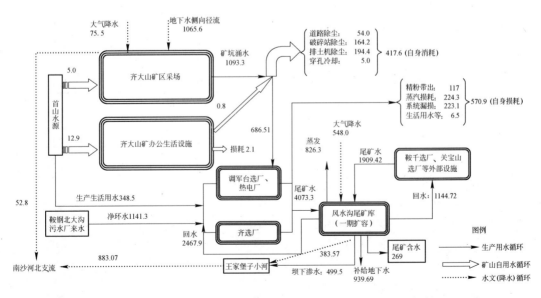

图 5-9 齐大山铁矿山区域近期水量平衡图（~2015年）（10⁴m³/a）

表5-14 规划矿山及选矿厂远期～2020年供排水量统计表

规划矿山、选厂名称		供水量/×10⁴m³·a⁻¹				排水量/×10⁴m³·a⁻¹	排水去向
		总供水量	新鲜水	鞍钢循环水	矿坑涌水		
规划项目新增用水	鞍山	眼前山铁矿露天转地下	110.87	9.6	—	101.27	—	鞍千选厂、关宝山选厂
		大孤山铁矿二期扩建	108.32	4.52	—	103.8	—	大孤山球团厂
		东鞍山铁矿二期扩建	104.10	4.42	—	99.68	—	东鞍山烧结厂
		鞍千铁矿二期扩建	159.16	6.64	—	152.52	—	鞍千选厂
		鞍千西大背采区新建	50.4	2.1	—	48.3	—	自用消耗
		齐大山铁矿二期扩建	199.68	10.68	—	189	—	齐矿选矿分厂
		关宝山铁矿新建	621.12	1.92	—	619.2	—	关宝山选厂、鞍千选厂
		砬子山铁矿新建	449.48	1.47	—	448.01	—	大孤山球团厂
		西鞍山铁矿、选矿厂新建	1712.83	3.6	927.43③	781.8	—	西果园尾矿库
		黑石砬子铁矿新建	524.8	3.6	—	521.2	—	黑石砬子选厂
		张家湾铁矿新建	548.64	1.8	—	546.84	—	大孤山球团厂
		谷首峪铁矿新建	131.33	1.8	—	129.53	—	大孤山球团厂
		鞍千选厂	-487.06	-175.2	-311.86	(829.7)	—	风水沟尾矿库
		关宝山选厂新建	27.42	27.42	0	(339.18)	—	风水沟尾矿库
		大孤山球团厂（尾矿库）改扩建	-138.84	1.16	-140.0	(824.91)	—	大孤山尾矿库
		齐大山选矿厂、齐矿选矿分厂	293.05	—	293.05	(418.48)	—	风水沟尾矿库
		东鞍山烧结厂	40.33	40.33	—	(99.68)	—	西果园尾矿库
		黑石砬子选厂新建	3.6	3.6	—	(895.90)	—	大孤山尾矿库
	弓长岭	弓长岭露天矿	115.32	8.45	—	106.87	—	弓长岭选矿厂
		弓长岭井下矿	55.55	2.11	—	53.44	—	弓长岭选矿厂
		弓长岭选矿厂	-467.19	3.12	-470.31②	(836.84)①	—	弓长岭尾矿库
合 计		4162.91	-36.86	298.31	3901.46	—	
现状用水量		6844.08	1563.38	1860.22	3420.48	1187.53	
规划矿区总用水量		11006.99	1526.52	2158.53	7321.94	0	削减1187.53

①括号内数据不参与统计；②弓长岭区市政中水；③推荐使用鞍山市政中水。

表5-15 规划矿区及尾矿库近、远期排水量统计表

序号	矿山名称	性质	水质类别	到2015年排水量/×10⁴m³·a⁻¹	到2020年排水量/×10⁴m³·a⁻¹	排水去向
1	大球厂尾矿库	扩容	尾矿库水	432.00	672.00	南沙河
2	西果园尾矿库	既有	尾矿库水	305.46	366.55	杨柳河
3	风水沟尾矿库	扩容	尾矿库水	883.07	755.41	南沙河北支
4	弓长岭尾矿库	既有	尾矿库水	367.81	465.05	汤河
合 计				1988.34	2259.01	
铁矿山排水	改扩建	矿坑排水		61.66	0	
规划矿区排水				2050.00	2259.01	

5.3.2 规划铁矿山水资源承载力分析

5.3.2.1 水源依托平衡分析

根据规划区设定的发展目标，2015年和2020年水源依托平衡分析见表5-16。

表5-16 规划区水源依托平衡 (10m³/a)

表5-16 规划区水源依托平衡 ($10^4 \text{m}^3/\text{a}$)

时　段	项　目	汤河水库	市政水源	矿山伴生水	自备井	柳河
2015年	取水量	2.1	-144.83	10.68	1.47	3.12
	剩余能力	1440	1839	2089.17	—	—
	能否满足	满足	满足	满足		
2020年	取水量	12.9	-141.23	10.68	1.47	3.12
	剩余能力	1440	1839	3759.09	—	—
	能否满足	满足	满足	满足		

注：表中汤河水库为2020年剩余能力、市政水源剩余能力为现状剩余能力，而矿山伴生水则为预测年数据。

从矿区的水资源进行分析后可知，目前汤河水源和矿山伴生水的剩余供水能力均能满足规划要求，规划实施后市政水源取水量相对现状减少明显。

从规划依托水源平衡分析可知，规划新鲜水用量远小于汤河水库及矿坑（井）伴生水可供利用的资源量，并通过规划的实施，减少了对汤河水库、市政水源的取水量，区域水资源条件可以满足矿区的开发要求。

但由于汤河水库和市政水源是主要承担区域城市发展的水源，随着城市的发展，鞍山市城市用水量也将逐步增加，长期来看，现有供水方式对规划区域所在行政分区的水资源优化配置都是一次考验。汤河水库和市政水源水资源承载能力将呈现逐步下降趋势，如果按照规划将汤河水库和市政水源作为主要取水水源设想，新增水量依托于汤河水库和市政水源，将加剧规划区与城市发展的不协调性。为避免这一问题发生，建议首先应将生产用水水源主要依托矿坑（井）伴生水，提高矿井水利用率，同时加大对用水量大的工矿企业的监管，减少水资源的浪费，提高水资源利用率；在充分利用矿山伴生水的基础上，利用市政中水、鞍钢循环水系统来水的循环水资源，可以达到不增加新鲜水用量的平衡（见2.1.8节），则可以将规划项目对市政水源的依赖降到最低。

另外，由于规划项目实施后产生大量矿坑涌水，根据地下水预测结果可知，规划近、远期鞍山矿区、弓长岭矿区内地下水补给小于排泄，随着规划的实施，矿山开发规模的不断扩大，规划矿区地下水位在规划年内仍将呈逐渐下降趋势。为减缓地下水水位下降，在尽量采用矿坑（井）伴生水作为水源的同时，还应注意排放矿坑（井）伴生水用于规划区生态用水，加大区域地下水的补给量，宏观协调区域性水资源的配置，尽量避免因矿山开采加大地下水资源开发与排泄，使矿区的经济与环境同步协调发展。

5.3.2.2 水环境容量分析

从矿区范围内河流水质情况和区域水环境容量承载的角度来看，鞍山界内南沙河、运粮河和杨柳河的COD、氨氮均超标，仅石油类尚余部分指标，目前已不能新增污染物的排放，为达到功能区目标，还须削减排入河流的COD和氨氮污染量；辽阳市境内的汤河下游 COD、氨氮达标，但石油类已经没有环境容量可供利用，为达到功能区目标，须对排入的石油类污染量进行削减。

鞍山界内南沙河和杨柳河的 COD、氨氮均没有环境容量可言，目前已不能新增污染物的排放；需对河流水污染进行积极治理。而辽阳市境内的汤河下游 COD、氨氮仍有环境容量可供利用。

因此，从水环境容量承载的角度来看，由于现状河流已超标，对鞍钢老区铁矿山改扩建规划项目存在的较大制约性，需通过区域减排来解决，将来鞍钢老区鞍山矿区发展在水环境容量方面也应做到"量容而行"。

5.3.3 矿区水资源配置目标可达性分析

经过对矿区规划年水资源的合理优化配置，并通过采取各节水措施、水污染控制及水资源保护措施后，根据 5.2.1.3 节设立的目标指标体系，进行矿区远期水资源综合利用规划后各用水、排水指标的对标分析。

5.3.3.1 参考指标对标分析

对循环经济中生产过程的资源再利用和末端资源综合利用指标——矿坑水和井下排水利用率和生产生活废污水处理率指标达标性进行分析。

规划年采场矿坑涌水除用于自身消耗外，全部送至选厂进行利用。此外，各矿区包括采场和选厂其他生产废水及生活污水全部经过处理后回用，处理率达 100%。

5.3.3.2 国家标准对标分析

鞍钢老区现有及规划工程水耗均满足清洁生产一级指标要求，各选矿厂现有和规划工程污染物产生指标、废物回收利用指标及生产过程管理指标均满足清洁生产二级指标要求。具体见表 5-17、表 5-18。

表 5-17 资源能源利用指标对比表（选矿类）

企业名称	指标	水耗/$m^3 \cdot t^{-1}$	
		状况	对标结果
大孤山选矿厂（大孤山球团厂）	现有工程	0.6	一级
	规划项目实施后	0.14	一级
鞍千选矿厂	现有工程	0.18	一级
齐大山选矿厂	现有工程	0.5	一级
调军台选矿厂	现有工程	1.2	一级
东鞍山（东烧）选矿厂	现有工程	0.19	一级
	规划项目实施后	0.342	一级
弓长岭选矿厂	现有工程	1.11	一级
关宝山选矿厂	规划项目实施后	0.68	一级
黑石砬子选矿厂	规划项目实施后	1.0	一级

表 5-18 污染物产生指标对比表（选矿类）

企业名称	指标	废水产生量/m³·t⁻¹		悬浮物/kg·t⁻¹		化学需氧量/kg·t⁻¹	
		状况	对标结果	状况	对标结果	状况	对标结果
大孤山选矿厂	现有工程	0	一级	0	一级	0	一级
（大孤山球团厂）	规划项目实施后	0	一级	0	一级	0	一级
鞍千选矿厂	现有工程	0	一级	0	一级	0	一级
齐大山选矿厂	现有工程	0.1	一级	0.01	一级	0.01	一级
调军台选矿厂	现有工程	0	一级	0	一级	0	一级
东鞍山（东烧）选矿厂	现有工程	0.01	一级	0.01	一级	0.01	一级
	规划项目实施后	0.1	一级	0.01	一级	0.01	一级
弓长岭选矿厂	现有工程	0.75	一级	0.062	二级	0.012	二级
关宝山选矿厂	规划项目实施后	0.1	一级	0.01	一级	0.01	一级
黑石砬子选矿厂	规划项目实施后	0.1	一级	0.01	一级	0.01	一级

5.4 矿区水污染控制及水资源保护措施

矿区水资源的优化配置要求在各环节贯彻落实清洁生产、循环经济和节能减排的思想，而矿山水资源利用在这三个环节涉及的主要为采场矿坑、井水资源利用，选矿水资源循环利用、废污水综合利用及尾矿库贮水资源利用，并充分开发非其他非常规水资源，例如雨水资源利用等。同时，只有"水质"符合要求的水资源才能被矿区各用水部门使用，才能满足水资源量的合理配置。因此，矿区水资源的优化配置还需要相应的水资源污染控制与水资源保护措施等的支撑。

5.4.1 水污染控制措施

5.4.1.1 采场水污染控制

A 露天采场

正常情况下矿坑涌水由水泵排到采场内不同高程的储水池内，用做采场道路洒水抑尘、破碎站除尘及冷却，以及排土场排土机头部洒水除尘等，其余通过管道送至配套工业场地、选厂或热电站供水管网作为生产用水。采场在非降雨期间基本不排放矿坑排水；雨季时除上述利用外，多余矿坑涌水排入就近地表水体（鞍山矿区外围南沙河、杨柳河，弓长岭矿区外围兰河及其支流）。

采矿生活设施排放的生活污水或送到选矿厂集中处理，或就地采用地埋式污水处理设施进行处理后，随矿坑排水送往选厂等利用。

B 井下采场

井下产生的矿井水用于井下降尘洒水、消防用水等，未利用部分抽往地面集中利用，主要用于采场和运输道路洒水以及矿山绿化等，与露天采场类似。

本规划非雨季矿坑（矿井）水全部予以利用，雨季矿坑排水按达到辽宁省污水综合排放标准进行控制。符合矿山资源化的要求，符合国家节水要求。

5.4.1.2 选矿厂水污染控制

本规划选厂生产用水循环利用率均在93%以上（清洁生产二级水平），损失水量为精矿带走水量和排入尾矿库后的蒸发、渗漏排放，扣除损耗外还需补充大量新鲜水，正常生产中各规划选厂均实现生产废水零排放，不存在外排生产废水。

部分选厂（齐选厂、调军台选厂、鞍千选厂等）对通用水循环流程未能利用的生产、办公生活污水，在厂区排水最低点设有截污泵站，生产废水经格栅截污后，进入截污泵站沉淀池。生活污水首先汇流至化粪池中，经处理后自流至截污泵站沉淀池；沉淀池中污水经沉淀后，上层清水直接进入截污泵站调节水池，由清水泵送至综合泵站调节水池，再进入尾矿系统，底流最终排入尾矿库；沉淀池污泥定期清除。这部分选矿厂实现全厂污水零排放，不增加废水对环境的贡献量。

5.4.1.3 排土场淋溶水、尾矿库排水等水污染源控制

（1）规范设计，减少土壤侵蚀排水量。排土场设计应当规范，符合地基稳定性、防洪和水土保持要求，尾矿库设计在选址、改扩建中严格遵守设计规范，做好水平衡，控制排水途径。

（2）加强监测管理。加强对矿山排水的监测管理，提高矿山废水治理、回收和利用率，按总量指标和排放标准进行控制，以减轻了对地表水的污染负荷，防止对地下水的污染。

（3）库区（坝址）泄漏防治措施。规划尾矿库库区（坝址）的防渗处理措施，宜采用铺设土工布及黏性土等防渗材料进行处理；而在库区发生地面塌陷后，建议采用铺设土工布及黏性土等防渗材料进行填塞处理。

尾矿水排到尾矿库澄清后，及时抽排到回用，严格控制库水位，尽量避免尾矿库汇集大量的尾矿水，防止出现大面积地面塌陷后产生渗漏。

规划项目水污染防治措施见表5-19。规划项目采取水污染防治后废水污染源及污染物排放量见表5-20，表5-21。

表5-19 规划项目水污染防治措施

类型	项目	2015 年		2020 年		备注
		生产废水	生活污水	生产废水	生活污水	
露天采矿	弓长岭露天矿延续开采	矿坑排水或送到选厂利用，或储存于地表储水池内，主要用于采场和运输道路洒水以及矿山绿化等，只是在雨季由于大气降雨径流量的渗入导致矿坑水增加，其水质主要受大气降水的影响，该部分水进入地表水体	采用地埋式污水处理设施进行处理后回用	矿坑排水或送到选厂利用，或储存于地表储水池内，主要用于采场和运输道路洒水以及矿山绿化等，只是在雨季由于大气降雨径流量的渗入导致矿坑水增加，其水质主要受大气降水的影响，该部分水进入地表水体	采用地埋式污水处理设施进行处理后回用	
	大孤山铁矿二期扩建					
	东鞍山铁矿二期扩建					
	鞍千铁矿二期					
	齐大山铁矿扩建					
	关宝山铁矿					
	砬子山铁矿					
	西大背铁矿					
	黑石砬子铁矿					

类型	项 目	2015 年		2020 年		备注
		生产废水	生活污水	生产废水	生活污水	
地下采矿	弓长岭井下矿延续开采 眼前山铁矿露天转地下 张家湾铁矿 谷首峪铁矿 西鞍山铁矿	矿井水由水泵抽出送相应选厂利用，雨季增加的废水经沉淀处理后外排至地表水体	经化粪池处理后自流至截污泵站沉淀池，与生产废水统一处理后回用	矿井水由水泵抽出送相应选厂利用，雨季增加的废水经沉淀处理后外排至地表水体	经化粪池处理后自流至截污泵站沉淀池，与生产废水统一处理后回用	
选厂	大孤山球团厂 东鞍山烧结厂 鞍千矿业选厂 齐大山铁矿选矿分厂 齐大山选矿厂 弓长岭选矿厂 西鞍山选厂 关宝山选厂 黑石砬子选厂	经格栅截污后，进入截污泵站沉淀池，沉淀池中污水经沉淀，上层清水直接进入截污泵站调节水池，由清水泵送至综合泵站调节水池，再进入尾矿系统，底流最终排入尾矿库；沉淀池污泥定期清除。水循环利用率达到93%以上	经化粪池处理后自流至截污泵站沉淀池，与生产废水统一处理后回用	经格栅截污后，进入截污泵站沉淀池，沉淀池中污水经沉淀后，上层清水直接进入截污泵站调节水池，由清水泵送至综合泵站调节水池，再进入尾矿系统，底流最终排入尾矿库；沉淀池污泥定期清除。水循环利用率达到93%以上	经化粪池处理后自流至截污泵站沉淀池，与生产废水统一处理后回用	

表 5 – 20　2015 年废水及其污染物排放总量统计表

序号	名　称		污水排放量 /×10⁴t·a⁻¹	COD		NH₃ – N	
				排放浓度 /mg·L⁻¹	排放量 /t·a⁻¹	排放浓度 /mg·L⁻¹	排放量 /t·a⁻¹
1	鞍山	大球厂尾矿库	432.00	10	43.20	1.0	4.32
2		西果园尾矿库	305.46	10	30.55	1.0	3.05
3		风水沟尾矿库	883.07	10	88.31	1.0	8.83
		小　计	1620.53		162.1		16.2
4	弓长岭	弓长岭尾矿库	367.81	10	36.78	1.0	3.68
5		弓长岭露天、井下矿山	61.66	10	6.17	1.0	0.62
		小　计	429.47		42.9		4.3
	合　计		2050.00		205		20.5

表 5 – 21　2020 年废水及其污染物排放总量统计表

序号	名　称		污水排放量 /×10⁴t·a⁻¹	COD		NH₃ – N	
				排放浓度 /mg·L⁻¹	排放量 /t·a⁻¹	排放浓度 /mg·L⁻¹	排放量 /t·a⁻¹
1	鞍山	大球厂尾矿库	672.00	10	67.20	1.0	6.72
2		西果园尾矿库	366.55	10	36.66	1.0	3.67
3		风水沟尾矿库	755.41	10	75.54	1.0	7.55
		小　计	1813.96		181.4		18.14
4	弓长岭	弓长岭尾矿库	465.05	10	46.5	1.0	4.65
	合　计		2259.01		225.9		22.6

由表 5 - 19 ~ 表 5 - 20 可以看出,铁矿山及尾矿库近期污水排放总量为 2050.00t/a,COD 排放量为 205.0t/a,$NH_3 - N$ 排放量为 20.5t/a。远期污水排放总量为 2259.01t/a,COD 排放量为 225.9t/a,$NH_3 - N$ 排放量为 22.6t/a。

5.4.2 水资源保护措施

5.4.2.1 地表水资源保护

(1) 矿区开采过程中应加大对周围河流地表水位的监测和水文观测,开采过程中一旦发现可能出现影响地表水体的迹象,应严格执行"有疑必探、先探后掘"的原则,以防对地表水体产生不利影响。

(2) 矿山开采中应注意对地表水和浅层地下水所处地带的保护,针对错动带边缘、发生地裂缝的区域,一旦发现地裂缝,应及时进行修补,防止浅层地下水、地表水通过裂缝进入到地下更深层,具体地裂缝的修补结合生态综合整治进行。

5.4.2.2 控制水土流失保护水环境的措施

针对矿区地貌、地形和水土条件做好生态恢复和重建,有效控制水土流失,改善区域水环境条件,减缓进入河流的泥沙量,促进评价区生态平衡。

5.4.2.3 汛期尾矿库防洪措施

(1) 制订尾矿库安全度汛方案,必要时可降低库水位,增加调洪能力;

(2) 为尽可能减少进入尾矿库的雨水,在场内的边缘设置库外排洪设施拦洪坝结合泄洪明渠,并按 100 年一遇的防洪标准进行设计和施工;

(3) 尾矿库内设置排水井和排水管排洪设施;

(4) 准备好必要的抢险物资、工具、运载机械,维护整修上坝道路;

(6) 加强值班和巡视,密切注视库内水情变化和坝体周边地表径流动态,发现险情及时报告,采用紧急措施,防止事态恶化。

5.4.2.4 地下水位及矿坑涌水量控制

(1) 矿区开发及开采过程中,穿过各含水层的井筒、钻孔或巷道,应采取冻结、注浆等一系列的防渗漏措施,严禁疏排施工,完工后井巷如发现长期涌水要及时进行封堵。

(2) 开采过程中,如需穿过直通各含水层的钻孔时,采取先探后采的方针,若涌水量过大应采取留设保护矿柱或其他封堵措施,防止形成涌水通道,致使水大量涌入井下。

(3) 开采过程中如遇到断层、陷落柱等地质构造,应先探明其导水性、延展长度和方向,若为导水构造应留设足够的保护矿柱。

5.4.2.5 开展矿坑水量计量及水位观测

(1) 在矿区开发过程中,应对矿区及周围地质环境进行监测,主要是矿坑排水与地下水位动态监测,第四系含水层水位、水温、水质监测,疏干沉降监测,并加强对周围地下水动态监测数据分析研究,及时对可能产生的不利情况进行综合治理。

(2) 矿区在开采过程中,尤其是后期开采时,应做好地下水观测工作,及时把握地下水位水质的变化情况,对受影响的居民生活区域应建立供水管网,以确保不影响居民的生活。

(3) 做好矿区地下水水量、水质观测工作,及时掌握地下水水质、水位的变化情况。

对矿坑排水量与采场地下水位开展动态观测，并纳入鞍山、辽阳地下水动态观测网，充分了解掌握采场区域水文地质规律，加强地下水位监控。

（4）加强矿山外围地下水动态监测控制，在矿区周围村庄用水井设置地下水长期观测点，掌握地下水位和水质变化情况，以便及时处理可能出现的突发问题，达到不造成居民饮用水困难、不污染环境的目的。

一旦出现因本项目矿山或配套设施运行造成地下水位下降致生活困难或水质恶化的状况，应对受影响的居民生活区域建立供水管网，确保不影响居民的正常生活。

5.4.2.6 地下水源保护

（1）加强对水源井的管理，严禁在水井位置周围100m范围内设置居住区和修建禽畜养殖场、渗水厕所、渗水坑，不得堆放垃圾、粪便、废渣或设立污水渠道以及其他可能影响地下水环境的设施；对水井位置周围现有的可能影响水源井水质的污染源设施，应拆除或废除，确保水源井水质安全卫生。

（2）对矿区矿井水、工业废水或生活污水，一定要切实落实处理回用、措施，严禁就地排放，防止地下水污染。

（3）在矿区已设立的环境保护机构中，水源井安全卫生管理应纳入其工作范围；健全饮用水卫生检验制度，水源井水质由化验室专职人员进行不定期检测，以便发现问题，及时采取相应的防治措施，确保矿区供水水源水质长期处于安全卫生的良好状态。

5.5 未来矿山水资源利用技术与政策手段展望

5.5.1 水资源利用技术探讨

矿山作为一个地区的用水大户，对区域水资源的利用具有重要的影响，而随着全球水资源量的逐步减少，各部门用水日趋紧张，因此，矿山用水如何能够进一步的缩减，成为亟待解决的重要问题。

从外部条件来说，在第二水源开发未完全成熟的大背景下，未来矿山用水仍然要以自给为核心，也就是遵循清洁生产、循环经济和节能减排的思想，充分的利用采场矿坑、井水，选矿内环水、废污水处理回用水以及尾矿库的贮水，其中尾矿库贮水资源化利用是重点，主要包括：坝下渗水资源化利用、排渗系统余水的资源化利用以及退役期尾矿库的水资源利用。此外，在各矿山，可充分的利用当地有利条件，考虑利用其他水源，例如雨水、海水淡化及污水处理厂出水等，从而尽量地减少矿山新水取用量。未来矿山应引入先进技术，将雨水收集利用逐步推广。

从内部条件来说，矿山自身也应该尽量遵循清洁生产要求，采用耗水量较少的工艺，同时采用多级循环增加内环水量，从而较大程度的减少新水取用量。

从统计角度来说，应加强对矿坑涌水更科学、准确的计算，从而为矿坑涌水的利用进行更加合理的配置。

5.5.2 政策手段展望

为加强对水资源的综合利用，只有技术和工程是远远不够的，还需要管理体系的支撑，而我们国家在这方面的管理还有所欠缺，未来矿山水资源的高效利用需得到企业的高度重视，应从以下几个方面加强。

5.5.2.1 政策保障措施

（1）构建水资源管理组织机构、完善管理体系。在矿山建立一支稳定的、素质合格的水资源管理队伍，保障各矿区水资源管理工作有效开展。矿区水资源管理队伍建设包括：向集团及上级主管部门申报建立企业节水管理机构，与地方水政管理部门建立联动机制；进行执法与决策管理能力强化培训，并组织到水资源管理先进矿山进行观摩学习，提高领导现代化管理水平；进行专业技术人员的业务技术培训，提高工作人员的业务技术水平；建立和完善节水管理各类人员录用、考核晋级与淘汰制度，保障矿山水资源管理队伍的素质不断提高。在此基础上，形成完善的实时监控、风险防范反馈管理体系。

（2）健全规章制度、建立奖励机制。通过矿山水资源管理规章制度的进一步完善，使矿山水资源管理有章可循，形成符合矿山实际的最严格的水资源管理制度。同时，设立节水奖励基金和节水技改基金，用于奖励对用水工艺、设备器材进行改造和采用新技术进行用水设施建设的单位。

5.5.2.2 日常化管理措施

（1）构建现代化管理体系。根据各需水部门用水的要求，设立环境监测室，在厂区重点排污或污水处理出水断面建立完善的水量、水质监测网，对水质进行动态监测，并建立水量、水质预警系统，为各矿区水资源保护提供基础支撑，也为各环节用水提供水质保障的依据。同时各环节完善远传超表系统，通过调节各环节供给量达到合理调节水量供给的目的，最终使企业达到清洁生产要求的生产过程管理2级水平。

（2）加强科技支撑、厉行节俭。目前对于矿山节水技术的研究相对薄弱，而选矿工艺需水量大，因此在矿山开展节水技术的研究和推广有非常重要的意义，可提高企业效益。因此，加强矿山节水技术科技项目研究的开展，以支撑试验区水资源管理，是亟待解决的问题。同时，进一步加强节水宣传教育，提高公众节水意识和节水技术与产品的应用技能。

近年鞍山、辽阳市域水资源评价方面开展了多项研究课题（根据《辽阳水资源评价》、《鞍山市水资源开发利用"十一五"规划》），具体包括以下方面：

1）首山水源地水资源评价；

2）辽阳市水资源管理信息系统的研究与开发；

3）辽阳市水环境保护建设目标与生态需水研究；

4）辽阳市矿山水土流失治理模式研究；

5）辽阳市地下水污染治理与相应恢复措施研究；

6）辽阳市水资源承载能力与水资源优化配置研究；

7）水功能区管理规划研究；

8）农业灌溉节水措施项目研究；

9）弓长岭区地热水资源的勘查与评价。

（3）加强项目、质量、资金管理。

企业应积极立项申请国家和省市资金，开展节水示范工程，要组织可行性研究与规划设计审查、竣工验收，保证立项、设计、施工等质量；特别要加强政府投资项目资金管理。实行专款专用，专项管理、单独核算。要对项目资金使用全过程实施监督管理，严格项目资金竣工决算，规范项目的政绩考评和追踪问效。

6 保障生态安全与防范环境风险的对策机制

铁矿山项目在实施和生产运行的多个环节存在一定的环境风险。除爆破作业、炸药运输环节的安全事故，炸药库、油库等爆炸危险品贮存设施外，以尾矿库、排土场等设施在自然灾害条件下引发的次生灾害最为严重。同时存在着地质灾害风险（滑坡、崩塌、地裂缝、塌陷）。此类环境风险事故与其他类型工业建设项目风险类型有较大差异，尽管发生的概率很低，但是事故一旦发生，对环境所造成的影响则是巨大的。

在规划阶段，对可能危及矿山环境与生态安全的上述因素，根据《建设项目环境风险评价技术导则》（HJ/T169—2004）中相关要求，遵照《国务院关于进一步加强企业安全生产工作的通知》以及《关于进一步加强环境影响评价管理防范环境风险的通知》（环发（2012）77号）等文件的精神，在对矿山区域的生态体系、结构、格局分析甄别的基础上，通过对矿区改扩建规划项目的生态安全影响因素与风险识别、风险分析和对环境后果计算等进行环境风险评价，了解其环境风险的可接受程度，在预测基础上给出了规划铁矿山风险防范措施及应急预案，提出减少风险的事故应急措施及社会应急预案，为规划设计和环境管理提供依据，以期达到降低危险，减少公害的目的。

对矿山生态安全与环境风险的防范重点是因突发事件或自然灾害等因素引发的风险事故。也是规划铁矿山防灾规划的重要内容。

6.1 矿山环境与生态安全影响因素分析

6.1.1 矿区生态体系构成与反馈因素分析

6.1.1.1 铁矿山生产特征及其生态系统组成

人工生态系统是金属矿山（包括铁矿山）主要的表现形式，这除了因为金属矿山的物质亏欠的后果需要恢复外，更新的矿山物质迁移后也需要优化和重新布设。采矿生产延伸出不同的岩土骨架的地貌形态，反馈到原有的生态系统，又通过人工的修复过程使之重置，发挥出相应的生态功能。在这个庞大的生态系统中，矿山不因为所占面积的大小，构成因子的单一从属于某个系统或行为，反而因为矿山行为直接导致不同的生态后果，其作用方式始终是受人为活动影响和控制的。因此称其为人工生态系统并不为过。

矿山人工生态系统及其外部连接系统的构成可表示如图6-1所示。

如图6-1所示，矿山生态系统从研究者的角度来看是独立的，但和外部系统并没有严格的界限，有部分是融合交汇在一起的，这是目前矿山生态系统的常态。

6.1.1.2 矿山外部生态系统连接与反馈控制途径

A 金属矿山与外部生态系统的连接

矿山开发前后，随着物质流、能源流和信息流的输入和大量非农业人口的涌入，原有

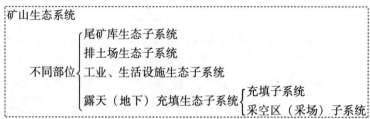

图 6 – 1 金属矿山区域生态系统类型与组成

的生态系统的结构已发生了变化，矿区生态系统由以绿色植物为主转变为以人为中心的生态系统，该系统的产生、存在、发展和消亡都是按人的意愿进行的。在此生态系统中，生物群落在人力作用下发生改变，物种减少，生物多样性降低。

矿山内部生态系统可以看成是独立于大生态系统中的一个小的生态系统，与外部保持着物质和能量以及信息的流动，但它和外部的系统并没有严格的界限，部分是与外部的生态系统是相互融合在一起的。矿山开发的本质是向自然索取资源的过程，矿山局部的人工生态子系统是通过自然生态因子与外部生态系统发生关系的，也就是说与外部生态系统的联结是过渡性的，是一般在成分上不发生变化的自然连接。

矿山作为一个社会、经济、环境子系统的组合，是一个动态中不断发展的系统，其自身内部存在物质和能量以及信息的流动。对于矿山原有的生态系统来讲，受人为活动影响的矿山系统已经成为一个退化的生态系统，而种类贫乏是退化生态系统的特征之一，对它恢复的主要任务之一是改善系统的环境，使生物多样性得以恢复。另外，矿山内部系统，内部和外部系统之间相互影响，不断反馈，也使得矿山生态恢复过程中不能单一地、割裂地只考虑矿山内部系统或单一元素的治理或恢复。

B 金属矿山人工生态系统向外部系统的垂向反馈途径

在连接方式和形态分布上，不论是露天还是地下开采，都是由上而下的垂向延伸或由外而内的深部开拓，进而产生对外部系统的影响，而外部系统的反馈也必将是由内而外，或由深部传出、垂直向上的后果，反映在空间形态要素上，影响和反馈顺序基本上是对立的和反向的，如图 6 – 2 所示。

实际的反馈远较以上单项矢量要素形态复杂，但从空间分布的立体形态分析，这种简

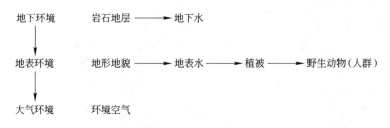

图6-2 金属矿山人工生态系统向外部系统的垂向反馈途径

化的反馈途径可以相对简单和直观地揭示问题成因与途径过程，作为宏观规律的描述是合适的。矿山生态系统各部位的反馈途径反映了各环境要素的影响趋势，揭示了控制环境影响的途径和重点环节。

6.1.2 区域生态安全控制与影响要素分析

6.1.2.1 评价区生态安全格局的组成要素与矿区空间形态特征

A 矿区生态系统的空间形态及保护要求

就矿区所处的自然生态系统而言，根据辽宁省生态功能区划，鞍山市矿区跨三个区，分属Ⅱ1-3鞍山市冶金工业污染与城郊农业面源污染防治生态功能区、Ⅱ1-1辽中—台安洪涝盐渍化防治生态功能区、Ⅰ2-6辽阳—海城土壤保持生态功能区。而弓长岭矿区属Ⅰ2-6辽阳—海城土壤保持生态功能区。矿区所在生态功能分区的不同，标志着矿区外围农业生态区面临的生态条件及功能要求有所不同。总体而言，大部分规划项目主要处于Ⅰ2-6辽阳—海城土壤保持生态功能区。即生态保护的要求主要是：通过长远规划、资源整合、清洁生产等措施规范矿产秩序，恢复已开发地区土地植被、保护区域森林和植被，保护汤河水库饮用水源地，重点是对油松栎林和落叶阔叶林生态系统进行保护，保护千山风景名胜区，发展千山旅游产业。这和本规划生态环境保护的总体指导思想也是一致的。

评价区环境保护目标如彩图2-3所示。

B 社会生产生态系统与功能

近年来，系统的、区域的解决矿山生态问题，并与区域规划相一致已成为当今的重点关注问题。因此从系统和整体的理论出发，动态的研究矿山内外部的作用机理和各因素之间的关联关系显得十分重要。

规划矿区相对单一的生产功能，在城市生态系统中被作为工矿生态系统，占用生态资源而向下一个工业生产环节输送矿产资源，同时由于本环节的初级加工，产生工业污染的环境损失、生态占用或破坏的资源损失。在此可以通过环境污染控制措施和配套生态恢复、重建措施的投入，使污染可控、资源充分利用并产生生态生产力，提供矿产资源的同时提供配套的生态产品，构成工矿生态系统向城市生态系统的回馈，从而维持了矿山生态系统的相对独立的城市生态功能。

而社会功能方面，矿区作为构成城市工业系统的因子，同时也是维持城市社会生态功能的重要因子。规划矿区在与所在鞍山市、辽阳市城市生态系统发生充分资源流、能源流、物流的交换的条件下，保持矿山生态系统的独立与稳定。在城市的社会生产生态系统中，矿山不仅作为资源能源的提供者，同时在整个社会生态格局中起到骨架和调节平衡的作用。

C 区域生态系统的组成与控制因素

本区域系生态系统由自然生态（包括风景名胜区）、矿山、城乡、水库四大生态系统组成，每个系统特征取决于组成因素，系统发展演替又分别受到不同因素的制约。

鞍山矿区历经多年矿山开采，形成以城市建设为主体的矿山规划区，以矿山生态系统和城市生态系统为主导和控制；在此外缘，自然生态系统既相对独立于矿山生态系统、城乡生态系统，又深入到矿山生态系统和城乡生态系统的作用中，保持着通畅的物质流，是其发展的要素和支撑，是生态承载力的来源；弓长岭矿区周边分布有汤河水库和参窝水库，汤河水库为鞍山市和辽阳市的水源地，该区域以矿山生态系统和水域生态系统为主导和控制，并有城市生态系统作为支持因素。除此以外该区域还包括：天然次生林生态系统（分布在区域内的自然保护区或风景名胜区内）、次生灌木林生态系统、人工林生态系统和农田生态系统。

矿山生态系统的主要组成部分为采矿区、选矿区、排土场区、尾矿库区、交通运输道路，交通运输道路作为该系统能流、物质流和信息流的重要枢纽，使其相互联系，其中采矿区、排土场区和尾矿库区对于该系统的稳定性起决定性作用。

水域生态系统以水库生态系统为主，水库作为半人工生态系统，该系统能流、物质流和信息流的调控，主要受人类的管理和决策决定。

城乡生态系统由自然系统、经济系统和社会系统所组成，这三大系统之间通过高度密集的物质流、能量流和信息流相互联系，其中人类的管理和决策起着决定性的调控作用。

6.1.2.2 区域生态安全格局影响要素分析

A 区域生态安全格局的系统稳定性控制

在组成区域生态系统的自然生态系统、矿山生态系统、城乡生态系统和水库生态系统等四大系统中。生态安全格局可以理解为在某特定区域范围内，对区域生态安全起重要意义的格局。

鞍山矿区的开发建设，向城市提供资源产品，同时在资源开发过程中占用土地，生产过程中产生的污染物，以及管理不当引起的不合理开发，造成资源的浪费，环境的污染和生态环境的恶化。城市建设，加大对矿山资源产品的需求量，同时不断地向外扩张，又一定程度上限制矿山的发展。说明在自然生态支持下的两大系统的长期开发与发展，不但形成相互维持的关系，也形成相互制约的关系。

弓长岭矿区的开发建设，向外界提供资源产品外，同时在资源开发过程中占用土地，生产过程中产生的污染物，以及管理不当引起的不合理开发，造成资源的浪费，环境的污染和生态环境的恶化。矿区周边虽分布两个大水库，由于水库与矿区没有水文关系，矿区的开发建设与其基本没有关系，却以斑块状镶嵌在乡村生态系统中，通过矿山道路作为廊道相连接。说明矿区的不断开发与发展，已逐渐形成矿山生态系统与乡村生态系统相互维持和制约的关系。

综合以上分析，该区域的矿山生态系统与城乡生态系统两大系统有着相互维持和制约的紧密联系，区域生态安全由两大系统形成的格局控制和决定。

矿山生态系统的排土场区和尾矿库区对于系统的稳定性起决定性作用；城乡生态系统人类的管理和决策，对于系统的稳定性起着决定性和调控作用。说明区域生态安全格局起重要安全影响意义的因素为排土场区和尾矿库区，以及人类的管理和决策。

矿山生态系统作为一个特殊的生态系统，具有调节和稳定系统的结构功能。虽具有自我调节的结构功能，但矿山生态系统的结构功能与自然生态系统的结构功能有很大的区别。对矿山生态系统结构与功能分析中得知，整个系统并未形成一个完善的物质循环系统，生产者被不断索取，得不到补偿，分解者（排土场、尾矿库）只具有存储功能，不断存储，得不到消减。

系统中分解者虽具有一定的自我调控和防御能力，但可能因某种不确定的突发事件，如自然灾害、人为造成的灾害等，排土场、尾矿库干滩可能成为重度的粉尘污染源；排土场一旦发生滑坡，尾矿库一旦发生溃坝，将会引发泥石流、洪水等次生灾难。系统中分解者的存储能力不能满足系统需求时，将必须进行改建或新建来满足维持系统稳定平衡的存储能力，而分解者这种满足系统稳定性的进化，却加大自身的环境风险和灾害性。

区域生态安全受矿山生态系统和城乡生态系统两大系统长期相互维持和制约形成的格局控制。两大系统中任何一个系统的稳定性都控制该区域生态安全；两大系统紧密的制约关系，任何一个系统的不稳定都将制约另一个系统的稳定性。

城乡生态系统中人类的管理和决策，即城乡建设规划中，决策与管理不具备审时度势、实事求是和与时俱进，不仅会制约城乡的良性发展，同时也会制约矿区的良性发展，甚至会影响两大系统的稳定性，以致影响区域生态安全。

B 宏观尺度生态安全的影响要素

鞍钢老区铁矿山历经多年开发，为保持稳产和接续产能，一直存在整合和进一步规划的需要，因此本次规划对项目进行的大范围的跨行政区规划，有助于在一定区域内促进形成集约、高效、协调的矿山开发格局。在社会意义上，这种格局的形成对城市社会生产生态系统形成了持续稳定的贡献，是社会生态稳定的因素，而不规范的无序开发，资源利用率低、工艺技术水平低、环境污染严重的开发项目及外来负面干扰则是生态安全的不利因素。

在自然的生态安全意义上，其影响要素则包括不利的生态演替趋势、对生态稳定性的人工干扰、自然灾害因素等。区域生态系统与架构不因为矿山的开发形成的矿区子系统影响、不因为外来干扰的影响而降低整个评价区生态系统发挥抵御灾害、干扰的能力，则被认为是安全的生态格局。

就规划矿区所在的地理位置而言，弓长岭矿区与敏感水体汤河水库及河流相距较远；鞍山矿区处于南沙河、杨柳河支流，但水环境功能不敏感；灾害发生状态下可能影响的范围不包括水源地、重要河流等敏感目标，因此在水环境灾害方面是一般意义的生态安全。

鞍山矿区建在城市市郊，弓长岭矿区建在乡村间。矿山生态系统的分解者（排土场、尾矿库）除了决定系统稳定性外，对于紧密关系的城乡生态系统是种潜伏的危险源和灾害源。排土场、尾矿库的系统功能一旦受阻或崩溃，如人工堆砌的排土场发生滑坡，尾矿库溃坝等，将会破坏矿山生态系统原有的稳定性和平衡性，同时也会破坏城乡生态系统的稳定性和平衡性，也将会破坏区域原有格局，以致影响区域的生态安全。

一旦发生尾矿库溃坝的风险事故，其影响范围大，涉及人群及敏感目标多，因此在社会环境方面是重大的生态安全因素。

C 规划矿区尺度的生态安全影响要素

在规划矿区尺度内，应重点关注的生态安全影响要素包括：

（1）与环境有关的自然灾害因素：洪水、地震；

（2）与矿山开发有关的生态安全因素：滑坡、塌陷等地质灾害因素；

（3）引发的次生灾害因素：泥石流、洪水灾害；

（4）爆炸等安全事故、环境污染事故。

D 影响区域生态系统稳定性的工程项目要素

（1）地质灾害事故，与生产事故形成连带性的影响；

（2）生态稳定性破坏，防灾抗灾能力下降；

（3）安全生产事故与灾变；

（4）自然灾害导致或诱发的事故及其影响。

E 污染与环境风险影响因子

（1）地下水污染、地表水体污染、土壤污染，呈重金属因子或有机污染特征；

（2）尾矿库、排土场灾害风险。

6.1.3 矿区环境生态安全维护途径

6.1.3.1 矿山生态系统稳定性要求

本区域系自然生态（包括风景名胜区）、矿山、城乡、水库四大生态系统组成，其中矿山生态系统和城乡生态系统紧密联系形成的稳定格局，是控制该区域生态安全的关键所在，维持和控制这个格局对维护区域生态安全具有重要的意义。

从以上分析中得知，矿山生态系统内的分解者和城乡生态系统中人类的管理和决策起重要决定作用。只要协调两者的关系，以及维持各自的系统功能，两大系统形成的格局将可得到维持和控制，也不会对区域的生态安全产生影响。

一个多年开发矿山的区域，矿山的规划和整合在确保生产者的系统功能的同时，也是维持系统稳定性的途径之一。本次对鞍钢老区铁矿山进行规划，除维持系统生产者的功能外，还有助于促进在区域内形成一个集约、高效、协调的新矿山开发格局，对城乡生态系统也提供持续稳定的贡献，减少和避免过去因不规范和不合理开发，以致引起的资源浪费、环境污染和生态恶化等对区域生态安全产生的负面影响。

自然生态系统中的生产者、消费者和分解者，在维持系统稳定的同时，还具备维持自身稳定性的能力，即抗干扰能力。鉴于这一点，提高矿山生态系统中分解者的自身稳定性能力，即抗干扰能力，也是维持系统稳定性的途径之一。本次矿山老区规划，对排土场、尾矿库在建设期、运营期和退营期都采取相应的工程、生态、土地复垦等措施，以及对其选址进行比选和合理性分析与评估，来提高矿山生态系统分解者的自身稳定性能力。维持系统稳定的同时，排土场、尾矿库服役期满后通过生态恢复和土地复垦，增加区域的绿地面积，弥补区域生物量的最初损失量，大大削弱矿山粉尘的污染源，改善城乡环境空气质量，减少区域空气粉尘污染等对区域生态安全产生的负面影响。

提高矿山生态系统分解者的自身稳定性能力作为系统稳定性途径之一，是一种显性的、可预测的事件。而作为区域的生态安全问题，还需要寻找一种更为稳靠的途径来维持系统的稳定性，并且这种途径可以更好地解决和预防那些隐性的、不可预测的突发事件而引起的系统不稳定性。

6.1.3.2 矿区生态结构骨架与防护能力

A 矿区生态功能与结构骨架

如上所述，矿区在区域生态系统中维持独立的生态功能，具有相对特殊的生态支撑意义，不因为外围城市建设用地、农业用地功能属性而改变原有工矿用地功能，同时借助于外部系统交换，也在矿区内形成生态结构骨架，构成矿区生态子系统。稳定的矿区生态子系统可与周围生态融为一体，既是城市化生态系统的合理延伸，又是有别于单纯农业、工业系统的天然、人工复合的生态系统。

矿山生态系统虽与其他生态系统有着相互交流的关系，但对于该区域而言，矿山生态系统有着维持自身系统结构稳定和完整的功能。矿山资源的储存量作为该系统的生产者，采矿区、选矿区（消费者）向外围系统不断提供矿山资源产品，最终将不合格的矿山资源产品及副产品，置入排土场和尾矿库（分解者）中，形成一个以交通运输道路作为能、物、信息流枢纽的特殊生态系统。这个特殊的系统，将会随着生产者的逐渐减少而退化以至于系统崩溃。

排土场、尾矿库作为矿山生态系统的分解者，不同于自然生态系统中的分解者（将物质最终归还环境，形成系统内的物质循环），其功能只作为存储，并非分解与归还。这个特殊系统的消费者若大量不断地向系统的生产者进行索取，也需扩大分解者的存储能力，一旦分解者的存储能力不能得到提高，系统的稳定性也将受到影响。在确保系统生产者功能时，分解者将成为该系统稳定的主要限制因子。

B 生态因子的特征与防护能力分析

在矿区生态子系统中，生产中的采场、工业场地、选厂等配套设施用地，单纯具有工业用地功能，是较为纯粹的生态资源占用和消耗方；而占地面积较大的排土场、尾矿库，在服役期满后进行生态恢复和复垦绿化，即可能成为有一定生态意义的设施，是矿山的人工（或再造）生态因子。

排土场、尾矿库等设施作为矿山人工生态因子具有典型的两面性，既可能成为矿区生态子系统的重要环节，发挥良好的生态效益；又必须时刻注意：一旦控制不力，排土场、尾矿库干滩与大面积的施工场所无异，可能成为重度的粉尘污染源，而尾矿库一旦发生溃坝事故，又是高势能的泥石流源，蕴含巨大的环境风险。

由于矿区一般会集中用地，地域性生态因子往往以人工生态为主，具有一定面积的人工生态源点，同时又是包含稳定的生态功能基质的斑块，通过道路、水流等廊道相连接，可以成为矿区生态子系统中的功能单元。

上述生态因子构成了相对完整的矿区生态子系统，进而扩展至完整的评价区生态系统。在由各生态子系统及因子构成的区域生态安全格局与体系中，需要首先考虑防护能力，即生态因子本身的稳定性（或抗干扰能力）和向系统提供生态服务与产品的能力。

矿区生态子系统因子排土场、尾矿库等设施的防护能力，在某种意义上等同于不发生地质灾害、水土流失等次生灾害和泥石流、溃坝等环境风险，抵御自然灾害的能力。

6.2 矿山地质灾害因素风险影响分析

6.2.1 区域地质灾害因素分析

自然环境状态下，评价区所在范围地质灾害发育类型可分为两个区域：西北部为地质灾害弱或不发育区，东南部为泥石流为主的地质灾害发生区域，如彩图 6 - 3 所示。

但随着本区大规模矿山开采的强烈地面扰动，规划项目评价区所在区域成为当前辽宁省岩溶塌陷、崩塌、滑坡、泥石流等地质灾害高易发区或中易发区。

鞍山、辽阳地区地质灾害种类较多，主要有地面塌陷、崩塌、滑坡、泥石流、地裂缝、地面沉降等地质灾害。在本评价区内，主要的地质灾害类型为地面塌陷、崩塌、滑坡和泥石流等四种类型。

参考鞍山市地质灾害规划资料，本评价区内地质灾害易发程度如彩图 6 - 4 所示。

6.2.2 矿山地质灾害因素形成条件与评价模型

6.2.2.1 矿山地质灾害形成条件

每种类型的地质灾害都有其形成条件，而且矿山开采及生产过程中对不同地质灾害类型产生的影响及其程度也各不一致，因此只有在分析出每种地质灾害的基本形成条件，才能从根本找出矿山地质灾害的风险影响范围，进行地质灾害影响评价和给出地质灾害防治措施。

地质灾害形成因素包括物质条件、结构条件和空间条件。

A 滑坡形成条件

滑坡发育的所有因素中，起决定性作用的是斜坡本身所具有的内部特征，而所有外界因素均处于通过内部特征而起作用的地位。对滑坡发生、发展起决定作用的内部条件是：（1）易于滑动的物质；（2）使土或岩体被分割，从而可能滑动的软弱结构面；（3）使被分割的斜坡得以向前滑移的有效临空面。因而易滑地层、控制滑移的软弱结构面和有效临空面是每一个滑坡发生所必不可少的条件。触发滑坡发生的外部条件：（1）沟谷、河流、湖泊等的斜坡坡脚的冲刷淘蚀作用；（2）地下水的作用；（3）暴雨的作用等。对矿山而言，触发滑坡发生的外部条件往往是采矿活动对边坡坡脚的切割以及爆破震动引发边坡滑坡。而分层堆放的排土场在暴雨活动激发下，也容易形成滑坡。

B 崩塌形成条件

同滑坡的形成条件类似，崩塌发生也需具备易崩物质条件，即岩、土是产生崩塌的物质条件。一般而言，各类岩、土都可以形成崩塌，但不同类型，所形成崩塌的规模大小不同。通常，岩性坚硬的各类岩浆岩、变质岩及沉积岩类的碳酸盐岩、石英砂岩、砂砾岩、初具成岩性的石质黄土、结构密实的黄土等形成规模较大的崩塌，页岩、泥灰岩等互层岩石及松散土层等往往以小型坠落和剥落为主。其次是地质构造和各种构造面，如节理、裂隙面、岩层界面、断层等，对坡体的切割、分离，为崩塌的形成提供脱离母体（山体）的边界条件。坡体中裂隙越发育，越易产生崩塌，与坡体延伸方向近于平行的陡倾构造面，最有利于崩塌的形成。最后是有效临空面，即如江、河、湖（水库）、沟的岸坡及各种山坡、铁路、公路边坡、工程建筑物边坡及其各类人工边坡都是有利崩塌产生的地貌部位，坡度大于45°的高陡斜坡、孤立山嘴或凹形陡坡均为崩塌形成的有利地形。岩土类型、地质构造、地形地貌三个条件，又统称地质条件，它是形成崩塌的基本条件。崩塌的发生一般具有以下 4 个阶段：

（1）微裂初期变形阶段 此阶段高陡边坡地表仅出现微小裂缝；

（2）张裂倾倒变形阶段 此阶段地表裂缝不断加宽，呈上大下小的锥形整体岩体向临空方倾斜；

（3）断裂剧变阶段 此阶段地表裂缝不仅继续加大，而且裂缝下部临空侧岩体开始出现断裂，当断裂的速率出现剧烈增加时，预示崩塌即将发生；

（4）崩塌堆积阶段 崩塌堆积的时间非常快，几乎同时进行，崩塌完成，堆积也就完成。

C 泥石流形成条件

泥石流的基本形成条件是：流域内有丰富的松散固体物质，陡峭的地形和丰富的水源（本文主要指降雨）。进而可知流域的物质条件、沟床地形条件在一定时期内是相对稳定的，而降雨条件变化却很大，泥石流何时暴发、成灾大小完全决定于流域内的降雨条件，降雨是激发泥石流活动最活跃的主导因素。泥石流活动概化为天上降雨的水动力主动作用系统和地面受暴雨作用的被动作用系统二者相互作用结果。对露天开采的矿山而言，巨量的松散堆积岩土堆积到排土场，就是增加了松散固体物质，在合适的地形条件（陡峭的沟谷地形）和丰富的降雨条件下，就可能暴发泥石流。

D 地面沉陷形成条件

地面塌陷是指地表岩、土体在自然或人为因素作用下，向下陷落，并在地面形成塌陷坑（洞）的一种地质现象。当这种现象发生在有人类活动的地区时，便可能成为一种地质灾害。鞍山地区的地面塌陷有两种成因类型：一种是与采矿活动有关塌陷，集中分布海城英落—马风一带矿山地下采空区塌陷；另一种分布孤山地区，为地震引发的岩溶塌陷。岫岩地区有6个塌陷点，主要分布偏岭、大房身、牧牛等地与采矿、地震等活动有关。这些塌陷坑大多为小型，直径一般为几米至十几米，坑深3~5m，最深可达十几米，造成灾害程度一般不大。较大的一次是1984年8月东解放路居民区雨后岩溶塌陷，一居民楼前仓库突然陷落，造成一人死亡，1986~1992年期间铁路器材厂、自行车总厂等地曾发生几处地面塌陷，造成较大的设备破坏和生产损失。2002年铧子峪镁矿在矿山开采中采空区突然发生地面塌陷，造成人员一死一伤的严重后果。2003年4月18日，铁东区常青建委居民楼前突然发生塌陷，约5m见方，深3.5m，有积水。以往所发生的地面塌陷虽然所幸没有造成大灾，但地下岩溶塌陷潜在的威胁很大。在评价区内，弓长岭井下矿开采使用了无底柱分段崩落法进行采矿，容易形成地面沉陷。

6.2.2.2 地质灾害危险性评价模型

A 滑坡危险性模型

$$G_L = (M_i \times W_{si} \times S_{fi})(i = 1, 2, \cdots, n)$$

$$L = R_L \times G_L = [R_1/R_{1临} + R_{24或前}/R_{24或前临}] \times (M_i \times W_{si} \times S_{fi})(i = 1, 2, \cdots, n)$$

$$(6-1)$$

式中　L——滑坡；

R_L——触发滑坡发生的降雨函数；

G_L——可能发生滑坡的地质环境函数；

R_1——最大1h降雨量；

$R_{1临}$——1h临界雨量；

$R_{24或前}$——最大24h降雨量或滑坡前期降雨量；

$R_{24或前临}$——24h临界降雨量或前期临界雨量；

n——滑坡危险性级别数，分为极高、高、中、低危险区4级；

M_i——形成滑坡的物质条件（Material）因素，分为 1 ~ 4 级；

W_{si}——形成滑坡的软弱结构面条件（Weak structural planes）因素，分为 1 ~ 4 级；

S_{fi}——形成滑坡的有效临空面因素，分为 1 ~ 4 级。

B 泥石流危险性模型

暴雨泥石流预警、监测模型：

$$D = R_D \times G_D = [R_1/R_{1临} + R_{24}/R_{24临}] \times (M_i \times T_i) \ (i = 1, 2, \cdots, n) \quad (6-2)$$

式中 D——泥石流（Debris flow）；

R_D——触发泥石流发生的降雨函数；

G_D——泥石流危险性指数，表明某一沟谷形成泥石流的可能性；

R_1——最大 1h 降雨量；

$R_{1临}$——1h 临界雨量；

R_{24}——最大 24h 降雨量；

$R_{24临}$——24h 临界降雨量；

M_i——流域内形成泥石流的物质条件指数；

T_i——流域内形成泥石流的地形条件指数；

n——泥石流危险性级别数，本评价 $n=4$，即极高、高、中、低危险区。

C 崩塌危险性模型

根据崩塌形成条件与滑坡形成条件类似，本评价借用滑坡危险性评价的公式进行崩塌的危险性评价；

$$A_L = (M_i \times W_{si} \times S_{fi}) \ (i = 1, 2, \cdots, n) \quad (6-3)$$

式中 A_L——崩塌的危险性大小；

M_i——形成滑坡的物质条件（Material）因素，分为 1 ~ 4 级；

W_{si}——形成滑坡的软弱结构面条件（Weak structural planes）因素，分为 1 ~ 4 级；

S_{fi}——形成滑坡的有效临空面因素，分为 1 ~ 4 级。

D 地面沉陷危险性模型及监测

地面塌陷可采用数值模式和差分雷达干涉测量（INSAR）获取高精度地面变形的监测方式进行。

6.2.3 规划区地质灾害影响预测

6.2.3.1 区域地质概况

A 地层与岩性

本次规划区内的低山丘陵区主要分布地层有太古宙表壳岩鞍山群变质岩系，早元古宙陆间裂谷环境形成的辽河群变质岩，出露大面积的太古宙和元古宙花岗岩系和第四系，区内残坡积层发育，地表植被生长良好。

a 鞍山群

鞍山群地层走向 145° ~ 165°，倾向南西，地表与浅部多倒转为北东，倾角大于 80°。鞍山群为本规划区内的最老岩层，主要由含铁石英岩和片岩、千枚岩组成。

b 辽河群

辽河群不整合复盖在鞍山群古地形的凹陷部位，分布于浅部，大多数分布于铁矿层的南西侧，少数分布在铁矿层的顶部或北东侧。辽河群地层走向140°，倾向SW，个别NE，倾角一般不大于45°。地层有由南西向北东厚度渐薄，奔赴深度渐浅的趋势。辽河群岩层以千枚岩为主，石英岩和砾岩较少。

c 第四系

规划区内广泛分布第四系地层，主要是山前平原及古河床中，自然沉积。第四系地层以坡洪积物和冲积物为主，岩性多为黏性土、砂类土及砂砾等，厚度不均。

d 岩浆岩

本规划区内岩浆岩主要有：（1）太古代花岗岩（γ^1）：黑云母奥长花岗岩~黑云母花岗岩分布于铁架山一带；二云母花岗岩~白云母花岗岩分布于齐大山一带。（2）中生代花岗岩（γ^5）：细粒花岗岩，主要分布在鞍山市市区南部和东南部。

B 构造

区域构造属华北地台，位于辽东台背斜、营口古隆起的边缘，鞍山复向斜北东部向斜之南东端的南西翼。本区内构造发育，各个矿山均分布在断裂带附近，西鞍山矿、东鞍山矿、大孤山矿沿寒岭断裂带分布，眼前山矿、齐大山矿则沿倪家台断裂带分布。

评价区域地质概况如彩图6-5所示。

6.2.3.2 评价方法与地质灾害易发性分区

根据《鞍山市地质灾害防治规划》中提出的现状的地质灾害危险性评价结果，并结合鞍钢各个矿山项目的地质灾害评价报告的内容，本次评价通过综合各个情景下的地质灾害形成条件，利用GIS空间叠加方法，进行地质灾害影响定量预测。

评价中根据区域地质概况并结合遥感图像，进行评价区地质概况的遥感解译和地质灾害易发性分区。

6.2.3.3 预测情景分析

将规划项目现状与实施划分为两种情景：前期建设情景，完全建设情景（同见生态影响预测3.2.1节），两种情景下的地质灾害状况预测分别如彩图6-6，彩图6-7所示。

由彩图6-7可以看出，规划项目的实施将使评价区内地质灾害高易发性的区域面积增加，高易发性区域增加的范围主要在各个矿山的采场、排土场等位置。从滑坡、泥石流、崩塌及地面沉陷的形成机理来说，矿山开采及废石的排放，一方面增加了具有地灾形成的结构面条件，例如，排土场废石与原有地表的界面，采场开挖形成岩石的卸荷裂隙等；另一方面，增加了地质灾害形成物质条件，大量废石的集中排放为滑坡、泥石流的形成提供了丰富的物源条件；第三增加了临空面条件，采场开挖形成陡的深坑，为其周围岩土提供了滑坡的有效临空面。

6.2.3.4 地质灾害影响结论

综上所述，矿区开采及其他生产活动会加剧斜坡岩土体松动、裂缝，增加松散堆积物质总量，产生陡深采坑和高陡排土场，采坑边坡易于破坏产生崩塌、滑坡；而井下铁矿开采可能加剧已有的地面塌陷程度；在特定条件下（如极端暴雨天气）评价区排土场堆积区易于形成泥石流，威胁矿山生产设施，甚至波及下游城市、村庄的安全。

基于上述影响结论，应按照地质灾害的形成条件及其激发因子（爆破、降雨）开展矿区地质灾害危险性评价以及预警系统的建设，以防止地质灾害造成的灾害损失。

6.2.3.5 地质灾害防治措施

矿山地质灾害治理是一项系统、复杂的工程，影响因素错综复杂，必须进行全面分析研究，正确选择管理政策及技术措施，科学有效地进行防治。

A 采场不稳定边坡加固

根据构造和地质特征，因地制宜采取不同的加固处理措施，体现治与防相结合、治理与生态恢复及环境美化相结合。根据齐矿山地质环境，对坡度较大的边坡实行定期巡视、定期减载是预防边坡滑坡、崩塌发生和减少地质灾害危险和破坏的有效手段。高陡边坡的复垦绿化也是减少滑坡、崩塌发生的有效措施。

B 提高排土场边坡稳定性措施

（1）在排土前，对排土场终了堆积部位的地基进行工程地质勘探，对地形条件不利于排土场稳定的区域及时提出治理措施。

（2）在排土前应将山坡的杂草落叶、山皮弱层清除，并挖成台阶形式，遇到光滑体或坡度较大的地段可采取棋盘布点爆破，以增强基底的粗糙度，清除发生滑坡的安全隐患。

（3）在潮湿多水地段，首先排弃不易风化的大块岩石，拦截地表水或者设排水设施；在排土场表面应设置有效的排水沟，防止地表水大量渗入排土场。对于容易风化的岩石和表土应安排在旱季排弃，不易风化的岩石大块排弃在土场边坡外侧。

（4）在排弃过程中，除留有岩土自然沉降量外，应使平台形成 2%~3% 内向坡度，以防止地表水汇流冲刷边坡，在排土场的堆积过程中，对地基较差地段，控制排土场的堆积速度。当排土场堆高超过一定高度时，在坡角部位堆积防护堤，以保证排土场的稳定性，另外，在生产过程中，要采用间歇式排土，分区段不集中排弃方式，以减缓排土场的下沉量；排土作业应将软弱土层和强风化层尽量分散排弃，避免集中排弃形成软弱面而引起排土场内部滑坡，处理好软弱基底，提高整体稳定措施；排土场最终境界 20m 内，应排弃大块岩石；对于物理力学性质差的风化岩土，安排在旱季排弃，并及时将没风化的大块硬岩排弃在边坡外侧，覆盖坡角，或按比例混合软硬岩石排弃；在底部排弃渗水性岩石；消除地表水对排土场的不利影响。

（5）在容易发生泥石流地段的边坡脚下，应设置构筑物来阻挡泥石流的下滑，主要措施是修筑挡泥石流的堤坝或者作石笼子来阻止泥石流的流动危害建筑物。

（6）未经设计或技术论证，任何单位不应在排土场内回采低品位矿石和石材。

（7）建立排土场监测系统，定期进行排土场监测，排土场发生滑坡时，应加强监测工作。

（8）汛期前应采取措施做好防汛工作，在靠山的一侧修建截水沟或挡水堤拦截地表水。

（9）排土场制订相应的防震和抗震应急预案。

6.3 矿山开发安全事故环境风险分析

本规划矿山开发环境风险包括和尾矿库溃坝风险，露采边坡塌帮、排土场垮塌地质环境风险、露天转地下过程中及转地下后垮塌环境风险、炸药加工地面站环境风险等。露采边坡地质环境危险性评价在 6.1 节、6.2 节已进行分析，尾矿库、排土场风险将在 6.4 节、6.5 节论述，本节仅对炸药加工地面站生产和使用过程中的环境风险进行分析。

6.3.1 矿山炸药加工地面站生产和使用过程环境风险分析

6.3.1.1 规划矿山炸药使用环境风险因素识别

A 炸药储运及爆破安全的基本要求

规划铁矿山开采规模及范围均较大，生产运营中炸药、雷管等危险品的使用和运输量也较大，存在一定的风险，一旦发生安全事故，会由此带来环境风险。

鞍矿公司在鞍山地区现有炸药加工地面站 2 座，其中大孤山混药车地面加工原料站能力为 3.2 万吨/a，齐大山地面加工原料站能力为 3.8 万吨/a，目前供给鞍矿公司现有各矿山，并有一定的富余能力。各矿山生产爆破使用的炸药及爆破材料均由鞍矿公司混药车地面化工原料站提供，由公司根据各矿山每次爆破使用量，由炸药混装车直接送至爆破作业区，在现场进行混装、直接注入钻孔使用（未来露天转地下后井下有少量储存，储存量不大于 25t）。

弓长岭矿区单独设有炸药库。

因矿山采场一般不设储存设施，因此爆炸危险品运输由矿山公司按期送达，运输过程中将炸药雷管分车押运，沿途除经过一些乡镇和居民点外，基本不进入城镇和其他人口密集区。在严格执行爆炸物品储运规定的情况下其环境风险是可以规避的。

《爆破安全规程》GB 6722—2003 对爆破作业的规程、爆破器材库的位置、结构和设施均作出相应规定。其中，爆破作业必须在一定安全距离内进行；成品库区应设于远离人群的偏僻地带，并避开山洪、滑坡和地下水活动危害区；相邻库房不应长边相对布置；雷管库应布置在库区另一端；每间库房贮存爆破器材的数量，不应超过库房设计的允许贮存量。

B 爆破器材储运过程中的风险

爆破器材在运输和贮存过程中，也存在发生爆炸的危险。产生爆炸危害的主要因素有：选用的爆破器材不符合国家安全规定或非法加工；爆破器材过期变质；没有按《爆破安全规程》的规定购买、运输、储存爆破器材；运输线路选择、敏感目标没有按《爆破安全规程》的规定行驶和回避；爆破器材管理上的不足等。

C 爆破作业过程的环境污染与风险

有毒有害废气排放：硝铵炸药爆炸除产生巨大冲击波外，另一危害是产生大量有毒气体。炸药爆炸是炸药中的可燃元素和助燃元素产生急剧猛烈的氧化燃烧反应，伴随产生大量毒性废气一氧化碳和二氧化氮。

噪声与振动：考虑爆破安全，噪声、振动的环境影响在内，《爆破安全规程》给出爆破作业安全距离要求，可计算出爆破作业的安全允许距离，作为确定矿山采场范围的依据。

6.3.1.2 规划炸药与爆破器材储运使用过程风险源识别

A 危险物质性识别

矿石开采炸药为铵油炸药，主要成分为硝酸铵（95%）和柴油（5%）。危险物质性判别按《建设项目环境风险评价技术导则》（HJ/T 169—2004）附录 A.1 "物质危险性标准"，见表 6-1。

表 6-1 物质危险性标准

类 别		LD_{50}（大鼠经口）/mg·kg^{-1}	LD_{50}（大鼠经皮）/mg·kg^{-1}	LC_{50}（小鼠吸入，4h）/mg·kg^{-1}
有毒物质	1	<5	<10	<0.01
	2	$5 < LD_{50} < 25$	$10 < LD_{50} < 50$	$0.01 < LC_{50} < 0.5$
	3	$25 < LD_{50} < 200$	$50 < LD_{50} < 400$	$0.5 < LC_{50} < 2$
易燃物质	1	可燃气体：在常压下以气态存在并与空气混合形成可燃混合物；其沸点（常压）是20℃或是20℃以下的物质		
	2	易燃液体：闪点低于21℃，沸点高于20℃的物质		
	3	可燃液体：闪点低于55℃，压力下保持液态，在实际操作条件下可以引起重大事故的物质		
爆炸物质		在火焰影响下可以爆炸，或者对冲击、摩擦比硝基苯更为敏感的物质		

本项目所涉及的具有危险性的物质理化性质见表 6-2。

表 6-2 本项目涉及物质理化性质一览表

物质名称		硝 酸 铵	柴 油
理化性质	分子式	NH_4NO_3	烷烃、环烷烃和芳香烃混合物
	相对分子质量	80.05	
	熔点/℃	169.6	> -50
	沸点/℃	210	180 ~ 360
	闪点/℃		45 ~ 90
	相对密度	1.72（水 =1）	0.80 ~ 0.86
	外观	无色透明结晶或白色颗粒	白色或淡黄色液体
危险性		强氧化剂，300℃时有爆炸危险	
毒理学资料		小鼠经口 LD_{50} 4820mg/kg	大鼠经口 LD_{50} >5000mg/kg

从表 6-2 中本项目涉及的危险性物质的理化性质，对照危险性物质判别标准和 HJ/T 169—2004 附录 A.1 列举的危险物品种类，可识别出本项目硝酸铵为爆炸物质，柴油为易燃物质（易燃液体），不涉及有毒物质。

B 生产环节的危险性识别

生产环节的危险性识别见表 6-3。

表 6-3 本项目生产场所潜在危险性识别

功能单元	主要危险及有害因素	事故后果	影响范围
开拓系统	掘进凿岩、爆破未按规程进行	人员伤亡，设备受损	小
采矿系统	采场塌帮、转地下后井下冒顶、垮塌、地表沉陷；凿岩时风管伤人、人员摔倒；爆破伤人；使用压气设备时，发生机械和爆炸伤害事故	塌帮造成生态破坏；触电、爆炸伤害，作业人员和设备伤害事故	小
通风系统	触电和机械伤害；转地下后矿井总风量不够，风流短路，通风设施不全，局部高温地段未采取空气调节，造成中毒、窒息、中暑	采掘工作面有毒、有害气体超标；人员中毒、窒息	小

功能单元	主要危险及有害因素	事故后果	影响范围
防排水	未探明含水岩层、地质构造，导致井下突水	人员伤害	小
炸药分发硐室	人为或自然原因等引起的爆炸	人员伤亡及财产损失	小

注：本表影响范围主要从环境角度考虑。

C 重大危险源识别

根据《危险化学品重大危险源辨识》（GB 18218—2009）标准，本规划涉及该标准中危险物品及其临界量见表6-4。

表6-4 危险物品及其临界量 (t)

序号	危险化学品名称	类 别	贮 存 区	
			本项目最大贮存量	临 界 量
1	铵油炸药	爆炸品（1.1D项）	0.5	250
2	柴油	易燃液体	—	5000

根据 HJ/T 169—2004《建设项目环境风险评价技术导则》，采矿区使用的硝酸铵炸药，被列入导则附录A的表4，按"导则"规定，硝酸铵储存区临界量为250t，本项目近期炸药储运量不大于25t，因此确定本规划项目炸药库不属于重大危险源。

6.3.1.3 采场炸药爆破环境风险影响分析

本项目中深孔爆破每周2~3次，白班进行；一次浅孔爆破均在白班进行。矿山爆破过程对环境的影响除了粉尘、瞬间噪声和有害气体之外，关键是地面震动、爆破飞石和爆破冲击波对环境的影响。

A 爆破地震波影响

a 安全振速

目前，判断爆破地震强度对建筑物的影响，大都采用介质质点振动速度作为判据。我国的《爆破安全规程》（GB 6722—2003）中规定了各式建筑物、构筑物的安全振速判据，见表6-5。爆破地震烈度与最大振速的关系见表6-6。

表6-5 建（构）筑物地面质点的安全振动速度 (cm/s)

建（构）筑物类型	安全振动速度
土窑洞、土坯房、毛石房屋	1.0
一般砖房、非抗震的大型砌块建筑物	2~3
钢筋混凝土框架房屋	5

表6-6 爆破地震烈度与最大振速关系

烈 度	爆破地震最大振速/cm·s^{-1}	振动标志
I	<0.2	只有仪器才能记录到
II	0.2~0.4	个别人静止情况下能感觉到
III	0.4~0.8	某些人或知道爆破的人能感觉到

烈 度	爆破地震最大振速/cm·s⁻¹	振动标志
IV	0.8~1.5	多数人感到振动，玻璃作响
V	1.5~3.0	陈旧的建筑物损坏，抹灰撒落
VI	3.0~6.0	抹灰中有细裂缝，建筑物出现变形

注：自Ⅶ~Ⅹ，建筑物破坏程度加剧，不录。

根据上述资料，本报告对矿山邻近建（构）筑物的安全振速按以下原则计算：

钢筋混凝土框架房屋 $\gamma \leqslant 5$cm/s

一般砖房 $\gamma \leqslant 2.5$cm/s

b 爆破地震安全距离

根据《爆破安全规程》（GB 6722—2003），爆破地震安全距离可按下式计算：

$$R = (K/\gamma)^{1/\alpha} \cdot Q^m$$

式中 R——爆破地震安全距离，m；

Q——炸药量，kg，齐发爆破取总炸药量，微差爆破或秒差爆破取最大一段炸药量；

γ——地震安全速度，cm/s；

m——药量指数；

K，α——与爆破点地形、地质等条件有关的系数和衰减系数。

将有关数据代入上式，计算结果如下：

对钢筋混凝土框架房屋 $R_1 = 447.2$m

对一般砖房、民房 $R_2 = 597.6$m

按照目前爆破条件，距离露天开采界447.2m以外的对钢筋混凝土框架建（构）筑物和597.6m以外的一般砖房、民房不会受到爆破地震波的破坏。以齐大山矿扩建工程为例，由于采场与附近的村庄最近距离小于300m的安全距离，所以爆破作业产生的爆破地震波对村庄建筑物设施有一定的影响，该区段存在一定环境风险。

B 爆破飞石影响

爆破飞石的安全距离 R_s 可按以下经验公式计算：

$$R_s = 20K_f n^2 \cdot W$$

式中 R_s——个别飞石对人员的安全距离，m；

K_f——安全系数，该系数综合考虑了地形、气候和风速的影响；

n——爆破作用指数，取 $n = 2$；

W——最小抵抗线，m，随孔径大小不同取值也有所不同。

由上式计算出，防止爆破飞石的最小安全距离为150m。在此范围内的生产人员、车辆及临时人群存在较大环境风险。

C 爆破冲击波与安全距离

a 空气冲击波超压

目前，判断爆破冲击波对建筑物的影响采用空气冲击波超压作为判据，空气冲击波超压是指波面峰压与空气初始压力之差，它与地面建筑物破坏程度的关系见表6-7。

根据表中提供的数据，本报告对矿山邻近的建筑物的空气冲击波超压 $\Delta P \leqslant 2$kP$_a$ 计算。

表 6 - 7 地面建筑物破坏程度与超压的关系

破坏等级	建筑物破坏程度	超压/kPa
1	部分破坏	196
2	砖墙部分倒塌或破裂，土房倒塌	98 ~ 196
3	木结构梁柱倾斜，部分折断，砖结构屋顶掀掉，墙部分移动	49 ~ 98
4	木板隔墙破坏，木屋架折断，顶棚部分破坏	20 ~ 49
5	门窗破坏，屋面瓦大部分掀掉，顶棚少量破坏	15 ~ 29
6	门窗部分破坏，玻璃破碎，屋面瓦部分破坏，顶棚抹灰脱落	7 ~ 5
7	砖墙部分破坏，屋面瓦部分翻动，顶棚抹灰部分脱落	2

b 爆破冲击波安全距离

露天深孔爆破的空气冲击波超压按以下公式计算：

$$\Delta P = K \cdot (Q^{1/3}/R) \times 10^5$$

式中 ΔP——空气冲击波超压，Pa，取 $\Delta P = 2000$；

K——经验系数；

Q——一次爆破炸药量，kg；

R——药包至敏感点的距离，m。

对上式进行变换，则空气冲击波影响半径为：

$$R = (K \times 10^5/\Delta P)^{1/\alpha} Q^{1/3}$$

将有关数据代入上式，计算出 $R = 196$m。

根据计算，在距离采矿区边界 196m 以外，建筑物受空气冲击波超压的影响很小，空气冲击波对其不会构成危害。

6.3.2 油库环境风险分析

本次规划项目中西鞍山大型井下矿设有井下油库（掘进量 3600m³），其他矿山生产中设有地上或地下的油库或容积不等的油罐、油桶等贮存设施。根据 HJ/T 169—2004《建设项目环境风险评价技术导则》，采矿区使用的柴油，被列入导则附录 A 的表 4，按"导则"规定，储存区临界量为 5000t，本项目储运量不大于 5000t，因此确定本规划油库不属于重大危险源。

除与上述炸药库同样可能发生的火灾爆炸事故因素外，储油库（罐）事故泄漏风险是重要的环境风险因素，主要指自然灾害造成的成品油泄漏对环境的影响，如地震、洪水、滑坡等非人为因素。这种由于自然因素引起的环境污染造成的后果，最不利情况下可能对河流、土壤、生物造成毁灭性的污染。这种在局部形成污染的环境后果一般较为严重，达到自然环境的完全恢复需相当长的时间。

6.4 尾矿库风险事故影响分析

6.4.1 规划尾矿库环境风险识别

尾矿库是一种特殊的工业建筑物，也是矿山三大控制性工程之一，它运行的好坏，不仅关系到矿山企业的经济效益，而且与库区下游居民的生命财产及周边环境息息相关，尾矿坝的溃决会造成重大的人员伤亡和财产损失，并产生严重的环境污染。因此，尾矿库的安全稳定性至关重要。

6.4.1.1 事故原因及几率分析

规划区内现有齐选厂风水沟尾矿库、大孤山尾矿库、西果园尾矿库、弓长岭选矿厂尾矿库及已关闭停用的数个原民选场小型尾矿库，其中风水沟尾矿库、大孤山尾矿库、西果园尾矿库、弓长岭选矿厂尾矿库属于我国现有大型尾矿库。

根据国内外尾矿库失事资料统计分析，失事的原因主要包括洪水漫顶、坝坡失稳、渗流破坏、坝基不良及地震液化等。事故原因与事故的发生几率见表6-8。

表6-8 事故原因与事故的发生几率

失事原因	洪水漫顶	坝身渗漏（包括管涌）	基础渗漏（包括管涌）	排洪工程	其 他
几率/%	28	19	22	16	15

6.4.1.2 尾矿库溃坝事故案例分析

A 紫荆矿业信宜尾矿库溃坝事故

2010年9月21日发生的广东紫金矿业信宜锡矿尾矿库垮塌特大事故，直接原因为洪水漫坝。溃坝造成260万立方米尾砂夹杂筑坝碎石沿河床下泄，强大的泥石流覆盖两岸村庄，下泄后又引发下游电站拦水坝垮塌。使得下游3个村庄被毁，造成重大人身伤害事故，财产直接损失数亿元。经多次现场勘验，调查认定此次尾矿库溃坝事件是一起特大自然灾害引发和有关涉事单位违法违规造成的安全责任事故，暴露出有关单位违法违规建设生产、安全生产责任制不落实，相关政府及职能部门监管不到位等问题。导致尾矿库溃坝的原因有：台风"凡亚比"引起的超200年一遇的强降雨是导致发生溃坝的诱因；尾矿库排水井在施工过程中被擅自抬高进水口标高、企业对尾矿库运行管理不规范，是导致洪水漫顶、尾矿库溃坝的直接原因；尾矿库设计标准水文参数和汇水面积取值不合理，致使该尾矿库防洪标准偏低是导致溃坝的间接原因。

B 海城尾矿库溃坝事故

2007年11月25日5:50左右，鞍山市海城西洋鼎洋矿业有限公司选矿厂5号尾矿库（实际库容约80万立方米）发生溃坝事故，致使约54万立方米尾矿下泄，造成该库下游约2km处的甘泉镇向阳寨村部分房屋被冲毁，13人死亡，3人失踪，39人受伤（其中4人重伤）。经初步分析，造成这起事故发生的直接原因是：建设单位严重违反设计施工，擅自加高坝体，改变坡比，造成坝体超高、边坡过陡，超过极限平衡，致使5号库南坝体最大坝高处坝体失稳，引发深层滑坡溃坝。

C 山西省襄汾重大尾矿库溃坝事故

2008年9月8日8时许，位于山西省临汾市襄汾县陶寺乡的新塔矿业有限公司塔山铁矿尾矿库（总库容约30万立方米，坝高约50m）突然发生溃坝，尾砂流失量约20万立方米，沿途带出大量泥沙，流经长度达2km，最大扇面宽度约300m，过泥面积30.2hm²，遇难人数276人。这起重大责任事故直接原因是非法矿主违法生产、尾矿库超储导致溃坝引起的。

6.4.1.3　规划尾矿库环境风险初期隐患分析

溃坝是尾矿库最严重的环境事故，一旦溃坝，会导致灾害性的后果，而大的溃坝事故，都是各种程度事故隐患在诱因下发作的后果。规划尾矿库库容较大，要特别关注以下异常因素的出现：

（1）坝体裂缝或沉降。裂缝是一种尾矿坝较为常见的病害，细小的裂缝可能发展为集中渗漏的通道，而成为坝体滑坡事故的前兆。另外，由于尾矿库区的工程地质与水文地质条件发生突变，或由于不良工程地质条件的影响等，都有可能使尾矿堆积坝产生异常的沉降与水平位移。

（2）坝基渗漏。尾矿坝坝体及坝基正常渗漏有利于尾矿坝的固结，有利于提高坝的稳定性。异常渗漏会导致渗流出口处坝体产生流土、冲刷及管涌各种形式的破坏。严重的可导致垮坝事故。其种类及成因主要有包括坝体异常渗漏、坝基异常渗漏、接触渗漏和绕坝渗漏。

（3）坝体崩塌或滑落。规划尾矿库地形相对高差较大，坡度较陡，地表岩层较破碎，且节理裂隙发育，岩石多被植被覆盖，易形成土体崩落。随着尾矿库蓄存尾砂越来越多，库坝随之增高，库内尾矿水的水位也相继抬高，库区内的尾矿水将浸润山体、坝体的坡角。在尾矿水浸润作用下将软化边坡的土体，降低抗剪强度，不稳定因素增强，易造成山体表面的土体失稳，从而引发山体表面土体滑塌地质灾害。

6.4.1.4　规划尾矿库诱发溃坝的重点次生隐患分析

A　滑坡

坝体滑坡常常导致尾矿库的溃决事故。滑塌地质灾害的发生会淤塞排水系统，造成排泄系统的不畅，影响尾矿库的正常使用，当滑塌规模较大时，滑入库区的土体会造成溢水漫坝。

B　管涌

管涌是尾矿坝坝基在较大渗透压力作用下而产生的险情。管涌险情的发展以流土为特征，涌水量也随涌水量增大挟带出砂粒也增大，如将坝基下的砂层淘空，就会导致坝身骤然下挫，甚至酿成决堤的灾害。

C　库水漫顶

尾矿库如果管理不善、安全超高不足、库内干滩短、排洪设施不完善、排水系统不畅、汇水面积大、库内长期处于高水位，在降雨量集中的月份，容易发生漫顶事故，进而可能引发垮坝事故。

D　地震

评估区地震动峰值加速度为 $0.10g$，特征周期值为 $0.35s$，相当于烈度分带的Ⅶ度带，尾矿库具有地震溃坝和尾矿库建设工程诱发地震的风险。

E　渗流破坏等其他原因

当库内排渗设施失效、排洪系统堵塞或损毁、坝体施工不规范也有可能诱发溃坝。尾矿库事故多起因于坝内地下水位控制不当，或排洪设施不利，或侵蚀和管涌，或地震液化作用，基本上都与地下水的渗流有关。据不完全统计，导致尾矿库溃坝事故的直接原因中，渗流破坏约占20%~30%。尾矿坝渗流破坏主要原因就是坝体浸润线抬高导致渗流失稳。

6.4.1.5 溃坝泥石流灾害性事故因素分析

在上述隐患出现而未得到及时处理，当坝体滑塌的规模不断扩大，库区出现排水不畅，在强降雨和山洪暴发的作用下，规划尾矿库均有遭受溃坝泥石流地质灾害的危险性。由于尾矿库作为潜在泥石流源的存在，在具备各项事故因素启动和动能条件时，尾矿库发生溃坝的可能是存在的。

尾矿库是一个具有高势能的泥石流源，尾矿坝发生溃坝破坏时，尾砂往往立即液化，顷刻间沿山谷向下游倾泻，其危害程度比水库溃坝要严重得多。

结合国内尾矿库突发溃坝事故分析，大多尾矿库失事不是力学原因，而主要是洪水、库水越顶，以及因管理疏忽、排渗系统失效等原因造成的库水位过高、子坝渗流崩溃。从选址、勘察、环评、设计、安全预评、施工、监理、验收的全过程，任何一个环节有问题都可能导致尾矿库事故的发生。库区、坝基等处的不良地质条件，可能造成坝体变形、滑坡、坝基渗漏等病害；设计质量低劣会造成坝体在中后期稳定性和防洪能力不能满足设计规范要求；施工清基不彻底、坝体密实度不均会造成坝体沉降不均，造成初期坝局部坍塌；操作管理不当，也会造成明显的隐患和病害。

6.4.2 规划尾矿库环境风险管理

6.4.2.1 规划尾矿库环境风险管理等级

本次规划改扩建项目涉及 5 个尾矿库建设内容，分别是：

（1）西果园尾矿库，设计总库容为 $18348 \times 10^4 m^3$，现堆存尾砂量为 $9525 \times 10^4 m^3$，三个尾矿库坝高分别为 86m、86m 和 90m，现状该尾矿库为三等库，规划加高扩容后，坝体顶标高为 260m，有效库容 1.8 亿立方米，剩余有效库容 7200 万立方米，可服务 21.1 年。

（2）大孤山尾矿库，经加高扩容后总库容为 $17000 \times 10^4 m^3$，改造后设计最终堆积标高为 165.00m，总坝高 $H = 77m$，目前该库库内尾砂量为 $14790.5 \times 10^4 m^3$，堆积坝顶标高为 150m，坝高 62m。该尾矿库为二等库，规划加高扩容后坝体顶标高为 180m，剩余库容 9470 万立方米，有效库容 7576 万立方米，可服务 13 年。

（3）风水沟尾矿库，现状总库容为 $22800 \times 10^4 m^3$，最终堆积标高为 140.00m，总坝高为 85m，该尾矿库为二等库，计划加高扩容后，坝顶加高至标高 200m，尾矿库总库容 6.92 亿立方米，计算有效库容 5.39 亿立方米，可延长服务 16.6 年，该库累计服务年限为 26.3 年。

（4）金家岭尾矿库，本次规划拟新建，设计主坝标高 215m，坝高 130m，总库容 2.38 亿立方米，该尾矿库为二等库，有效库容 1.90 亿立方米。

（5）弓长岭选矿厂尾矿库，1958 年进行两期设计，目前进入二期设计服役阶段。设计最终坝顶堆积标高为 190.0m，总坝高 130.0m，总库容约 37290 万立方米，至 2009 年底累积存放尾矿 19669.4 万吨，12312.1 万立方米。其中 2009 入库尾矿量 735.1 万 t，459.4 万立方米。尾矿库剩余库容为 24977.9 万立方米，剩余服务年限为 46 年。

尾矿库是一个具有高势能的人造泥石流的危险源。也是铁矿山生产的最大危险源，根据《关于开展重大危险源监督管理工作的指导意见》（安监管协调字［2004］56 号）的规定：库容 $\geq 100 \times 10^4 m^3$ 或坝高 $\geq 30m$ 的尾矿库为重大危险源。按此规定，上述 4 个尾矿库均构成重大危险源。鞍钢矿山公司至今一直将尾矿库作为重大危险源进行管理，实施完善的安全管理措施，现有 3 个尾矿库经鉴定均为正常库。

根据最新颁布的环境保护部环办〔2010〕138号文及《尾矿库环境应急管理工作指南（试行）》规定：对于环境风险较小的铁矿、锰矿等尾矿库作为一般环境风险源进行管理。根据这项规定，本规划项目尾矿库作为一般风险源进行管理。

根据对本规划尾矿（风水沟尾矿库样品）成分分析结果，本规划项目尾矿不具有浸出毒性和腐蚀性，属于一般工业固体废物。按此分析，尾矿库发生溃坝事故后的环境风险后果，可能会形成较大的泥石流灾害和淹没范围，但对排入河流形成重度污染的可能较小。

6.4.2.2 尾矿库现状安全评价结果及管理

目前规划区内运行的尾矿库均进行严格的安全生产管理，已进行安全现状评价，均确定为正常库，分别为：

（1）风水沟尾矿库。尾矿库在设计洪水位时能同时满足设计规定的安全超高和最小干滩长度的要求；排水系统各构筑物符合设计要求，工况正常；该尾矿库为二等库，现坝高66.5m，初期坝、二期坝及堆积坝内外坡比符合设计值，稳定安全系数能满足设计要求；坝体渗流控制满足设计要求，运行工况正常。

（2）西果园尾矿库。在设计洪水位时能同时满足设计规定的安全超高和最小干滩长度的要求；排水系统各构筑物符合设计要求，工况正常；该尾矿库为三等库，最大坝高90m，初期坝及堆积坝内外坡比符合设计值，稳定安全系数能满足设计要求；坝体渗流控制满足设计要求，运行工况正常。

（3）大孤山尾矿库。尾矿库在设计洪水位时能同时满足设计规定的安全超高和最小干滩长度的要求；排水系统各构筑物符合设计要求，工况正常；目前该尾矿库为二等库，最大坝高62m，初期坝、二期坝及堆积坝内外坡比符合设计值，稳定安全系数能满足设计要求；坝体渗流控制满足设计要求，运行工况正常。

（4）弓长岭尾矿库。确定现状弓选厂尾矿库的等级为二等库，校核洪水标准为1000年一遇洪水。经测算，弓选厂尾矿库干滩长度和安全超高均满足"选矿厂尾矿设施设计规范"规定。

就规划近期尾矿库扩容、新建项目，目前正在进行安全预评价工作。

6.4.3 典型尾矿库工程事故风险影响分析

6.4.3.1 规划风水沟尾矿库工程简介

为了解规划区内尾矿库的环境风险，本报告以齐选厂风水沟尾矿库作为典型工程进行重点解剖，据此对其他尾矿库环境影响进行类比分析。

风水沟尾矿库库区东西长4.5km，南北宽2.5km，总汇水面积7.828km²。区内最大降水量1757.3mm，最小降水量554.7mm，多年平均降水量为730mm，沟谷纵坡降1%，坡面有松散堆积物，沟谷内有坡洪积物。

现有尾矿坝主坝由初期坝和后期坝两种坝型组成，初期坝为透水堆石坝，位于风水沟西段沟口，后期坝采用尾矿填池法修筑，该坝原设计坝顶标高140m，目前尾矿坝标高已升至128.40m标高，原设计有效库容为1.68亿立方米。本规划根据将来生产需要，该尾矿库将进行扩建，扩建后新增有效库容3.71亿立方米。且尾矿库经两期工程最终增加到200m标高，扩建后尾矿库总库容6.92亿立方米，有效库容5.39亿立方米。

该尾矿库的初期坝为硬质岩石渣坝。后期坝（子坝）堆坝方法采用上游堆坝，放矿方式为坝前均匀放矿。

如在使用过程中当尾矿库蓄存尾砂不断增多，随着库坝增高，且外坡角较大，库坝坝体尾矿砂堆筑，其稳定性相对较差。雨水的冲刷使外边坡变高变陡，另外，大气降水和地表水可以软化边坡的坝体，降低抗剪强度，不稳定因素增强，可能造成坝体失稳，工程建设存在坝体、边坡滑塌的环境风险。

若运行管理不善，坝体病害不及时处理或库区发生大地震、大洪水等不利情况时，可能出现溃坝危险。危害对象为尾矿库、下游村庄与居民。

6.4.3.2 暴雨洪流条件下尾矿库事故影响分析

A 一期扩建后防洪能力验算

按现有筑坝方法到160m标高时，尾矿库总库容为3.52亿立方米，为二级库，相应设计洪水频率为1%，校核洪水频率为0.1%，校核洪水总量为280万立方米，校核水位调蓄库容高达9000万立方米，可容纳32次洪水，远远大于一次洪水总量，故可多蓄水以保回水率。

B 二期扩建后防洪能力验算

风水沟尾矿库二期扩建完成后总库容为6.92亿立方米，属于一级库，相应设计洪水频率为1%，校核洪水频率为0.1%。经计算该库一次最大洪峰量为272.53万立方米，最高洪水位标高198m时调蓄库容为2014万立方米，可容纳7.4次洪水，远大于一次洪水总量的要求，安全储备较大。

C 排洪系统失效事故风险分析

尾矿库排水构筑物是尾矿库安全运行的重要构筑物，在施工和运行管理中应充分重视，尤其是溢水管，如果基础处理不好，或管道强度不够，就会导致溢水管断裂、坍塌，产生漏水。坝下漏水会带走坝体细小颗粒，致使短时间内造成坝体管涌、塌陷等危险，直接影响坝体的安全。溢水管断裂、坍塌、堵塞，进入库内洪水不能及时排除，可能导致洪水漫坝、溃坝危险。雨水沟等排水构筑物坍塌、堵塞，大量洪水进入库内，超过溢水管的排泄能力，将会直接导致洪水漫坝。

6.4.3.3 地震诱发事故风险分析

风水沟尾矿库区域距下辽河新生代裂谷震中发生地段远，但谷区边侧的强震震波亦能波及至本区，如1975年海城地震的震波烈度在本区达Ⅵ度。根据国家地震局出版的第四代1/400万《中国地震动峰值加速度、地震动反应谱特征周期区划图》，查明该矿区地震动峰值加速度为0.10g，特征周期值为0.35s，相当于烈度分带的Ⅶ度带。

另外，尾矿库贮水后库区地应力变化不容忽视。尾矿入库不仅带来库区地貌形态的变化，而且带来水、土荷载的增加，加之尾矿库底透水性弱，库区应力集中，水头较高，特别是随本规划实施扩容工程，坝高分别加高至160m、200m，改变了地应力组成，具有诱发地质灾害和地震的势能条件。而一旦地震形成的断裂和错动，将会诱发局部崩塌、溃坝风险。

因此分析认为，该尾矿库具有地震溃坝和尾矿库建设工程诱发地震的风险。

6.4.3.4 尾矿库小规模渗流与溃坝溃堤事故风险影响分析

A 尾矿浆跑冒因素

本项目尾矿浆输送到尾矿库的管道输浆系统一般要几公里或十几公里，如遇事故或处理不当时，很容易由管路、泵站跑冒，从而污染农田，污染水系。由于矿浆中悬浮物含量较高，超过排放标准千倍，即使跑冒少量的矿浆，也会给带来大的环境污染威胁。

根据矿山多年的运行经验表明，只要尾矿库设计合理，运行管理得当，在设计年限内，出现溃坝情况的几率很小，即使出现溃坝的客观因素，也能通过有效的管理提前发现异常，及时处理，因此也不会造成大面积的尾矿外泄。

B　排渗设施失效的风险影响因素

尾矿坝坝体及坝基的渗漏有正常渗漏和异常渗漏之分。正常渗漏有利于尾矿坝的固结，从而有利于提高坝的稳定性。异常渗漏会导致渗流出口处坝体产生流土、冲刷及管涌各种形式的破坏。严重的可导致垮坝事故。其种类及成因主要有包括坝体异常渗漏、坝基异常渗漏、接触渗漏和绕坝渗漏。

该尾矿库的主坝坝体为透水坝，冬季坝体中的水会冻结成冰，在春融季节，冰水融化，会影响坝体的稳定性，因此，必须在春融季节加强管理。

二期工程在现有主坝外侧新建一透水碾压堆石坝，坝高144m，顶宽20m，长度1500m，上下游边坡坡度均为1:2，在主坝库内坡表面铺设块石，其下设置砂垫层和土工布反滤层，每个马道上设置一道 $\varphi300$ 钢管盲沟，坝底处设置盲沟与原盲沟相接，坝体采用未风化混合花岗岩作为碾压堆石坝的主要材料。

根据地质报告，库区地基是泥岩，渗透系数小于 1.0×10^{-7} cm/s，因此尾砂水几乎不会垂向渗透到地下造成地下水污染，但侧向渗漏由于两侧山体存在导水构造和防渗措施不足，排渗设施失效或缺失，可能仍存在不同程度渗漏。加之初期坝透水性能差，则放矿后堆积坝体内的浸润线逐年抬高，可能造成浸润线在坝外坡溢出，坝脚出现沼泽化，坝体出现裂缝、塌陷、冲沟或滑塌等危险。

C　小规模渗流与尾矿漫流溃决排水事故的环境影响

由于地面水与地下水之间有着不可分割的补给关系，尾矿库的渗透水及溢流水对地下水也有一定影响。

尾矿库外排水有溢流水和坝体渗透水。坝体渗透水无色透明，所含污染物很低，可达标排放。

但小面积的尾矿漫流也会对下游的生态等造成影响，尾砂的漫流会覆盖库区周围的地表植被，但由于库区周围主要是灌草层，生命力较强，在漫流的尾砂得到清除后，还会重新生长，对周围的生态环境影响较小。

因此尾矿库的小面积溃堤、溃坝对库区周围的地下水、生态环境的影响较小。

6.4.3.5　尾矿库溃坝影响的推演

A　溃坝情境模拟

风水沟尾矿库库容量巨大，主坝标高至160m、200m时，若考虑坝高全库容溃坝的总容量，其淹没范围波及十几平方千米外的地区，给当地造成严重的灾难性后果。

溃坝情境属严重灾害事件，它的产生、发生和发展是多种因素综合作用的结果，在这类重大灾害事件发生前杜绝各种灾害隐患，进行抢险处理，就可以预防这类事件的发生。因此对这类事件的推演主要突出事故防范措施的重要性和作为确定应急响应范围的主要依据。

本报告根据已有溃坝事故的下泄库容量，采用黄河水利委员会推荐的经验公式，分析在三分之一库容下泄及十分之一库容下泄的情境下，模拟溃坝对周围的影响。

B 大坝溃口宽度的计算

采用黄河水利委员会经验公式

$$b = 0.1KW^{\frac{1}{4}}B^{\frac{1}{4}}H^{\frac{1}{2}}$$

式中 b——溃口宽度，m；

$\quad\quad W$——尾矿库总库容，m^3；

$\quad\quad B$——主坝长度，m；

$\quad\quad H$——坝高，m；

$\quad\quad K$——经验系数（黏土类取0.65，壤土取1.30）。

C 溃口坝址最大流量估算

对于尾矿库溃坝来说，考虑到溃决时往往为库内水位较高，尾矿处于液态，为安全计，最大泄砂流量可根据肖克列奇经验公式作为备选的计算公式。

$$Q_{max} = \frac{8}{27}\sqrt{g}\left(\frac{B}{b}\right)^{\frac{1}{4}}bH_0^{\frac{3}{2}}$$

式中 Q_{max}——坝址最大流量，m^3/s；

$\quad\quad B$——主坝长度，m；

$\quad\quad b$——溃口宽度，m；

$\quad\quad H_0$——溃坝前上游水深，为尾矿库最大坝高 H 减去坝前淤深和校核水位距坝顶的距离，m；

$\quad\quad g$——重力加速度，$9.8m/s^2$。

其中各参数都取最大值。

D 尾矿库溃坝最大流量沿程演进估算

溃坝坝址处最大流量向下游演进至坝址 流程时的最大流量，可采用下式估算：

$$Q_L = W/(W/Q_{max} + LV_{max}K)$$

式中 Q_L——距坝址 L（m）控制断面溃坝最大流量，m^3/s；

$\quad\quad W$——尾矿库总库容，m^3；

$\quad\quad L$——控制断面距尾矿库坝址的距离，m；

$\quad\quad V_{max}$——特大洪水的最大流速（山区取3.0~5.0，丘陵区取2.0~3.0，平原区取1.0~2.0，m/s）；

$\quad\quad K$——经验系数（山区取1.1~1.5，丘陵区取1.0，平原区取0.8~0.9）。

E 尾砂流传播时间

采用黄委会水科所根据实验技术求得的传播时间计算公式：

$$t = k_2\frac{L^{1.4}}{W^{0.2}H^{0.5}h_m^{0.25}}$$

式中 k_2——经验系数（0.8~1.2），采用1.0；

$\quad\quad h_m$——最大流量平均水深；

$\quad\quad t$——最大流量到达时间；

$\quad\quad W$——相应的库容；

$\quad\quad L$——距坝址的距离。

尾矿库溃坝矿砂流到达时间估算：

$$T = 10^{1.3} K_1 L^{1.75} / W^{0.2} H_0^{0.35}$$

其中，系数 K_1 取值 0.7×10^{-3}，L、W、H_0 含义同前。

F 溃坝模拟计算结果

根据模拟计算结果，一期工程、二期工程主坝、副坝发生不同情境的溃坝后，淹没范围及淹没深度见表6-9。通过模拟计算，不同坝址溃坝后的淹没范围如彩图6-8~彩图6-11所示。

表6-9 不同溃坝情境下的淹没深度计算结果

溃坝情境	淹没路径距离/m	100	200	300	500	800	1000	2000	3000	5000	8000	10000	20000
一期扩容160m 全库容溃坝	主坝溃坝	25.89	20.47	14.43	11.14	6.80	3.79	3.12	0.91	0.42	0.15	0.05	0.02
	1号副坝溃坝	20.72	18.38	13.71	10.13	4.82	3.72	3.23	1.04	0.37	0.10	0.05	0.01
	2号副坝溃坝	5.87	4.32	3.50	2.38	1.24	0.85	0.60	0.52	0.24	0.12	0.10	0.03
	3号副坝溃坝	14.47	11.84	7.72	5.78	3.42	1.23	0.63	0.35	0.22	0.06	0.03	0.01
	4号副坝溃坝	24.49	22.11	10.64	6.65	4.37	1.84	1.03	0.37	0.20	0.06	0.03	0.01
	5号副坝溃坝	27.26	23.57	17.38	13.48	12.74	9.29	2.57	0.54	0.21	0.06	0.03	0.01
	6号副坝溃坝	26.06	20.85	14.89	11.59	10.79	2.93	2.06	0.98	0.40	0.09	0.03	0.01
	7号副坝溃坝	24.01	21.99	12.54	10.96	6.31	1.95	1.59	0.79	0.35	0.09	0.03	0.01
	8号副坝溃坝	23.31	21.40	10.21	8.06	4.99	2.50	1.73	1.66	1.04	0.47	0.30	0.17
	9号副坝溃坝	30.60	27.39	12.57	9.64	5.93	2.87	1.89	1.79	1.10	0.49	0.30	0.17
	10号副坝溃坝	19.93	17.00	13.15	10.71	10.09	4.21	1.91	1.66	1.16	0.50	0.31	0.17
一期扩容160m 1/3库容溃坝	主坝溃坝	15.25	10.39	6.34	4.57	2.60	1.38	1.12	0.32	0.14	0.05	0.02	0.01
	1号副坝溃坝	14.25	11.29	7.29	4.93	2.29	1.61	1.27	0.39	0.14	0.03	0.02	0.00
	2号副坝溃坝	8.92	6.33	3.55	2.46	1.43	0.48	0.23	0.12	0.08	0.03	0.02	0.00
	3号副坝溃坝	17.25	14.04	5.89	3.37	2.16	0.82	0.41	0.14	0.07	0.02	0.01	0.00
	4号副坝溃坝	18.10	13.79	8.76	6.23	5.76	3.86	0.98	0.20	0.07	0.01	0.01	0.00
	5号副坝溃坝	15.59	10.76	6.65	4.81	4.40	1.12	0.74	0.35	0.14	0.03	0.01	0.00
	6号副坝溃坝	17.25	14.39	7.21	5.77	3.25	0.91	0.66	0.31	0.13	0.03	0.01	0.00
	7号副坝溃坝	16.81	14.08	5.91	4.27	2.59	1.17	0.72	0.66	0.39	0.17	0.10	0.06
	8号副坝溃坝	21.30	17.11	6.82	4.79	2.88	1.26	0.75	0.69	0.40	0.17	0.11	0.06
	9号副坝溃坝	13.00	9.72	6.47	4.85	4.47	1.72	0.72	0.61	0.41	0.17	0.11	0.06
	10号副坝溃坝	11.13	8.64	5.97	4.56	4.23	1.65	0.70	0.60	0.41	0.17	0.11	0.06
一期扩容160m 1/10库容溃坝	主坝溃坝	20.91	13.90	10.41	6.16	3.96	3.24	1.40	0.63	0.23	0.07	0.06	0.01
	1号副坝溃坝	6.85	4.03	2.21	1.52	0.83	0.43	0.35	0.10	0.04	0.02	0.00	0.00
	2号副坝溃坝	7.92	5.33	2.95	1.85	0.84	0.56	0.41	0.04	0.01	0.00	0.00	0.00
	3号副坝溃坝	4.23	2.57	1.28	0.84	0.48	0.16	0.07	0.04	0.02	0.01	0.00	0.00
	4号副坝溃坝	9.98	6.93	2.47	1.30	0.82	0.29	0.14	0.05	0.01	0.00	0.00	0.00
	5号副坝溃坝	9.51	6.15	3.38	2.25	2.05	1.30	0.31	0.06	0.02	0.01	0.00	0.00
	6号副坝溃坝	7.13	4.24	2.34	1.61	1.46	0.36	0.23	0.11	0.04	0.01	0.00	0.00
	7号副坝溃坝	10.35	7.41	3.15	2.31	1.27	0.33	0.22	0.10	0.04	0.01	0.00	0.00
	8号副坝溃坝	10.15	7.31	2.60	1.72	1.02	0.43	0.24	0.22	0.13	0.05	0.03	0.02
	9号副坝溃坝	12.08	8.26	2.81	1.82	1.07	0.44	0.25	0.22	0.13	0.05	0.03	0.02
	10号副坝溃坝	6.65	4.23	2.44	1.72	1.56	0.57	0.23	0.19	0.13	0.05	0.03	0.02

溃坝情境	淹没路径距离/m	100	200	300	500	800	1000	2000	3000	5000	8000	10000	20000
二期200m 全库容溃坝	主坝溃坝	70.57	63.52	57.75	43.44	34.02	30.24	16.0	7.88	3.10	1.02	0.83	0.17
	1号副坝溃坝	67.60	46.96	29.15	19.22	12.40	5.93	4.82	1.86	0.84	0.30	0.10	0.04
	2号副坝溃坝	49.34	43.12	34.43	25.79	19.31	8.77	5.39	3.35	2.33	1.45	0.62	0.50
	3号副坝溃坝	41.91	32.93	23.06	17.74	11.03	5.49	4.52	1.80	0.82	0.30	0.09	0.04
	4号副坝溃坝	25.14	18.95	12.69	9.54	6.38	1.98	1.62	0.85	0.41	0.25	0.02	
二期200m 1/3库容 溃坝	主坝溃坝	33.68	20.32	11.34	7.14	4.43	2.07	1.67	0.63	0.28	0.10	0.03	0.01
	1号副坝溃坝	33.24	25.73	17.72	12.17	8.25	3.48	2.08	1.21	0.82	0.50	0.21	0.17
	2号副坝溃坝	24.49	16.57	10.06	7.23	4.20	2.00	1.62	0.62	0.28	0.10	0.01	0.01
	3号副坝溃坝	13.91	9.02	5.29	3.75	2.36	0.71	0.57	0.29	0.14	0.08	0.01	0.01
	4号副坝溃坝	26.90	18.95	11.91	8.68	5.00	2.68	2.18	0.62	0.28	0.10	0.01	0.01
二期200m 1/10库容 溃坝	主坝溃坝	12.85	7.00	3.66	2.26	1.37	0.63	0.51	0.19	0.09	0.03	0.01	0.00
	1号副坝溃坝	17.87	11.73	6.96	4.45	2.82	1.14	0.67	0.38	0.25	0.15	0.06	0.05
	2号副坝溃坝	10.90	6.38	3.49	2.40	1.34	0.62	0.50	0.19	0.08	0.03	0.00	0.00
	3号副坝溃坝	5.84	3.32	1.78	1.22	0.75	0.22	0.18	0.09	0.04	0.03	0.00	0.00
	4号副坝溃坝	12.65	7.63	4.25	2.95	1.62	0.85	0.68	0.19	0.08	0.03	0.01	0.00

G 溃坝模拟结果评价与归类分析

上述溃坝模拟结果基于不利情景的推演,其事故概率还需结合各事故因素环节的概率与相关事故情形进一步验证分析。总体而言,由于尾矿库作为潜在泥石流源的存在,在具备各项事故因素启动和动能条件时,发生溃坝的可能是存在的。

(1)一旦发生尾矿库溃坝事故,在短期内形成的动、势能巨大,大量洪水、尾砂等呈泥石流状下泄,沿地势充填低洼地带,随着尾砂流动、势能的转化和能量随持续时间逐步衰减,流动性减弱,在受灾范围内最终归于静止。

不同坝体的溃坝差异也较大,其中一期扩容(160m)主坝和主要副坝的溃坝,在2000m内的淹没深度分别为1~8m、1~4m,而次要副坝的溃坝,在2000m内的淹没深度即低于1m;二期扩容至200m时,由于坝体增加高度,大部分副坝溃坝的动能接近于主坝,到1~8m淹没水平的范围扩大至3000m,次要副坝淹没深度低于1m的距离也在3000m左右。

(2)就风水沟尾矿库可能出现事故的淹没范围进行的推演,大致沿西、北、南三个方向范围倾泻,其中西向跨越齐大山矿王家堡子采场和鞍千矿业许东沟采区,穿过调军台选矿厂流向鞍山市区;北向将沿着齐大山矿排土场东侧的开阔地带大面积下泄,穿越兰家镇单家村等农区,最终可达到辽阳化工公司附近;向南则会使辽阳县马家庄村、孔姓台村首当其冲,借助南沙河北支流河道,下泄途中受到南侧山体阻挡,形成近东西向带状淹没范围,西边缘抵达鞍山市区,东边缘抵达辽阳县响山子村一带。

(3)在溃坝事故推演情境中,向南的倾泻所遇到南沙河北支流是较为通畅的泄洪通道,但其河床较窄,流态平缓,相对于集中下泄的尾矿库一部分库容而言是远远不够的,因此尾矿砂流会继续下泄;向北的倾泻除了西侧齐大山矿排土场以及东侧2km外的辽阳县山区的阻挡外，主流范围开阔地带的农业区将成为集中的泄洪区，最终蔓延至辽化附近；但主坝溃坝后的影响（向西）范围可以有条件控制，主要因为向西北经过齐大山采场时，采场矿坑可接纳一部分尾砂流，这是出现事故时可能出现的情景，也是削减流量、保障西侧鞍山城市建设区可以利用的重要依托条件。

对主坝溃坝的预测图 6-8 未考虑齐大山矿坑接纳尾砂流的情景，抵达南沙河支流和魏家屯村附近，接近鞍山市一中等市区重点社会目标，具有很大的社会环境风险；如图 6-9 所示考虑齐大山等矿坑接纳尾砂流，则使溃坝尾砂流动能大幅度衰减，尤其在王家堡子、许东沟采区全面开发后，主坝溃坝后将面临三个巨大的矿坑——王家堡子采场矿坑、许东沟采场矿坑和齐大山采场矿坑，仅齐大山矿坑容积即在 1 亿方以上，如果行洪顺畅，尾砂流将主要在三大矿坑消纳，不会向西侧蔓延，出现危害鞍山市区的不利情形。

（4）根据以上分析，为防止尾矿库溃坝事态进一步扩大，有必要设置行洪蓄洪场所。结合本矿区规划，在风水沟尾矿库溃坝事故处置过程中如果将采场矿坑设置为滞污塘，则即使出现主坝溃坝事故，也可做到自我消纳、万无一失，切实保护影响范围内千山区、鞍山市区人群生命财产。设置滞污塘势必要牺牲一部分矿山利益，可待事故控制后再考虑恢复生产。

（5）鞍钢矿山公司风水沟尾矿库与其他大球尾矿库、西果园尾矿库、弓长岭选矿厂尾矿库及待建的金家岭尾矿库均属于我国现有大型尾矿库，存在的环境风险基本相似，这些尾矿库也均处于山区地带，因此用于风水沟尾矿库溃坝的影响预测也可类推于其他四个尾矿库，除影响范围和人口数有所区别外，形成的危害方式是类似的。

（6）根据风水沟尾矿库溃坝推演情景的分析，对规划尾矿库防溃坝事故需考虑以下重点防范控制环节：

1）事故各环节的控制尤其重要。大的溃坝事故都是由小的故障或事故无法控制而逐步加剧的，因此在事故发生发展阶段，应及时进行抢险和应急处置，控制事故状态，减缓次生灾害。

2）为防止形成溃坝事故后的事故蔓延，规划设计阶段在尾矿库外围应考虑布设行洪蓄洪场所，以减缓对敏感人群和其他保护目标的侵害。该布局内容应一并纳入防洪防灾规划、尾矿库应急处理计划中。

6.4.4 规划尾矿库事故安全防护距离与范围

6.4.4.1 尾矿库安全防护的相关规定

尾矿库溃坝具有突发性强、破坏巨大的特点。国家安全生产监督管理总局令第 6 号《尾矿库安全监督管理规定》、《尾矿库安全技术规程》（AQ 2006—2005）对尾矿库选址要求做了规定；国务院国发 [2010] 23 号文《国务院关于进一步加强企业安全生产工作的通知》、环境保护部《尾矿库环境应急管理工作指南（试行）》要求，对尾矿库存在的环境风险进行评估，制定环境应急管理预案；这些规定要求在尾矿库选址、规划设计阶段应当充分考虑尾矿库下游的安全防护要求。

《一般工业固体废物贮存、处置场污染控制标准》（GB 18599—2001）规定：一般工业固体废物贮存、处置场址应符合当地城乡建设总体规划要求；应选在工业区和居民集中区主导风向下风侧，厂界距居民集中区 500m 以外；应避开断层、断层破碎带、溶洞区，以及天然滑坡或泥石流影响区；禁止选在自然保护区、风景名胜区和其他需要特别保护的区域。

最新公布的山西省《山西省尾矿库安全生产规定（草案)》，提出尾矿库安全距离的要求，旨在确保尾矿库下游人民群众生命财产和重要设施的安全。包括：选址下游三公里之内无大型水源地、国家和省重点保护名胜古迹、重要设施和居民区；应当在已耕种农田区域之外；应当避开地质构造复杂、不良地质现象严重的区域；对已建成的尾矿库，其下游三公里内，住房建设部门将不再批准建设重要设施和居民区。

6.4.4.2　规划尾矿库安全防护距离与应急响应范围

根据以上文件精神，参照国内大中型尾矿库选址、规划设计的经验，初步确定本规划尾矿库安全防护距离为500m，即在尾矿库外围500m范围内作为尾矿库安全防护距离，不布设居民集中区和其他有保护意义的城市公用设施。

根据上述影响范围推演结果，确定在事故应急状态下，将尾矿库坝下、周边之外500～3000m范围的行政单元纳入应急响应范围（并考虑山体阻挡、河流下泄等局部地形因素），即将应急救援的通讯联络扩大至尾矿库周边3000m范围内的鞍山、辽阳市有关管理部门，实施协同救援和应急响应。

仍以风水沟尾矿库为例，尾矿库出现溃坝事故的应急响应范围如彩图6-12所示。

推荐将确定的上述安全防护距离和应急影响范围作为编制下一步防灾专项规划的依据。

6.4.5　规划尾矿库风险敏感目标与应急响应等级

6.4.5.1　尾矿库风险敏感目标及影响人群

根据尾矿库等级及可能影响人群的范围，对规划5个尾矿库周围500～3000m内（500m范围内居民应进行搬迁）主要敏感目标进行了统计分析，见表6-10。

表6-10　规划区内鞍钢尾矿库坝下主要环境敏感点及保护目标一览表

序号	敏感目标名称	保护要求	人数	方位	与库区距离/m
		风水沟尾矿库			
1	未搬迁零星工业设施	工业设施（防洪）		坝下	400～2000
2	胡家庙子	居住区、农区	500	SW	2500～3000
3	鞍千矿许东沟采场	采场作业区、蓄洪区	300	SW	2300～2800
4	齐大山矿王家堡子采区	采场作业区、蓄洪区	200	W	1000～1800
5	王家新村	居住区、农区		W	
6	梨花峪村	居住区、农区		NWW	
7	判甲炉村	居住区、农区		NW	
8	兰家镇洋湖沟村	居住区、农区	300	N	2100～2300
9	兰家镇泉眼沟村	居住区、农区	400	N	400～700
10	兰家镇前林子村	居住区、农区	200	NNE	900～1600
11	电力公司兰家变电所	社会关注目标	20	NNE	2500
12	兰家镇单家村、来家堡子、闫家、谭家等	居住区、农区	700	NE	1700～3500

序号	敏感目标名称	保护要求	人数	方位	与库区距离/m
13	原墓地、辽阳县宏大公墓	社会环境保护目标		NE-E	100~1300
14	兰家镇泉水村	居住区、农区	700	NEE	1500~2300
15	辽阳市垃圾处理厂	社会关注目标	60	E	600~1200
16	辽阳县马家庄村	居住区、农区	600	SE	1000~1500
17	辽阳县孔姓台村	居住区、农区	400	S	500~1700
18	南侧南沙河支流	V类地表水体		S	1000~1500
19	青龙山公墓	社会环境保护目标		SSW	2000
金家岭尾矿库					
1	谷首峪村	居住区、农区	500	S	2500~3000
2	袁家岭村	居住区、农区	400	SSW	600~800
3	金家岭村	待搬迁农业居民混合区	800	SWW	300~800
4	辽阳县马家庄村	居住区、农区	500	N	1700~1900
5	辽阳县响山子村	居住区、农区	700	NE	1100~2500
6	赵家沟村	居住区、农区	300	E	1500~1800
7	东侧南沙河支流	Ⅲ类地表水体		E	1000~1500
大孤山尾矿库					
1	大孤山采场	采场作业区、蓄洪区	700	W	800~2600
2	大孤山村、红楼等	居住区	800	W	2300~3000
3	大球厂及北侧居住区	工业用地、居住区、农区	600	NWW	1000~2500
4	黄岭子村	居住区、农区	600	N	700~1700
5	千山镇、忠新堡村	居住区、农区	7000	NE	1600~2500
6	千山风景区综合服务区	风景区、公共设施用地	100	E	600~2000
7	南沙河西支流、干流	Ⅲ类地表水体		NWW-E	1000~1500
西果园尾矿库					
1	火龙寨村	居住区、农区	600	NWW	2300~3000
2	李氏房村、文洞沟村	农区、居住区	900	NNW	2500~3000
3	西果园村	居住区、农区	1200	NNE	600~1900
4	什间房村、太平沟村	居住区、农区	1000	SEE	600~2700
5	杨柳河（井峪河段）	Ⅲ类地表水体		E-N	600~1500
弓长岭矿区尾矿库					
1	汤河镇、孙家寨村（路北）	农区、居住区	1000	S	2000~3000
2	汤河旅游度假村	旅游设施、人群	800	SSE	1500~2000
3	弓长岭城区（河西）	城市区域	3000	SE	1200~1500
4	安平村	农区、居民区	700	SEE	800~1500
5	安平站、新安平村	交通设施、居民	2000	E	1000~3000
6	汤河（水库下游）	Ⅲ类地表水体，风景区		S-E	500~3000

表6-10根据尾矿库可能发生溃坝等事故影响的范围，扣除了山体阻挡（高于坝顶的山体）等因素，统计了5座尾矿库可能影响的人群及影响范围。根据地势走向、库容及风险值估计，重大溃坝事故的影响范围在坝下1500～3000m之间，影响人群共约28000人左右。

目前规划阶段尚未最终完成尾矿库扩容、新建项目的征地拆迁工作，加上矿山开发征地，此敏感目标范围及人数会稍有变化，有待在项目设计阶段进一步核实。在此基础上，还需根据行政管理职能划分，由矿业公司或各采区与敏感目标建立信息通讯联络，构建防范事故发生的应急响应体系。

6.4.5.2 重大环境事件应急响应等级

A 环境事件分级响应

按照《国家突发环境事件应急预案》关于突发环境事件分级的规定，尾矿库突发环境事件预警分为一般（Ⅳ级）较大（Ⅲ级）重大（Ⅱ级）特大（Ⅰ级）四级。与《国家突发环境事件应急预案》预警分级相对应，分别对应蓝色、黄色、橙色和红色预警信号。

根据尾矿水质及地表水、地下水环境预测成果判定，规划尾矿库出现重大事故后引起排入径流的水质异常环境事件最大为较大级，黄色预警信号，可在事故发生时报请政府启动相应等级的预警与应急预案。

B 三级防控体系及职责

本规划矿区应急救援体系，应当首先明确应急防范体系的构成。可依次分为三级防控体系，分别为车间、采区、矿业公司和流域级。

a 第一级防控：车间级

因坝体裂缝、设备故障或事故造成尾矿浆跑冒、溢流或小规模渗流的情形。

防控措施：尾矿库管理人员及时采取故障处理措施，控制渗流和收集溢流的矿浆，并随时将事故池内的矿浆排入工艺中。

b 第二级防控：采区级

尾砂输送管道破裂造成矿浆泄漏或暴雨造成尾矿库废水漫坝溢流，以及小规模渗流加剧的情形。

防控措施：在尾矿库初期坝下建有足够容量的事故池，将泄漏废水收集，经处理后循环使用。

c 第三级防控第一层级：矿区级

出现溃坝征兆，在短期内抢险措施失效，具有进一步加剧的风险情形。

防控措施：及时通讯联络鞍山市、辽阳市相关部门，对敏感目标人群进行疏散；将溃坝形成的尾砂泥石流引入在尾矿库下游设置的拦截吸附坝、滞污塘等，监测和控制灾害影响。

d 第三级防控第二层级：流域级

尾矿库发生大面积溃坝，一、二、三级第一层级防控措施失败。

防控措施：启动流域级应急联动机制，在鞍山、辽阳市人民政府组织下，结合鞍山市、辽阳市防洪防灾应急预案执行南沙河、汤河等流域级应急救援预案。

6.5 排土场环境风险事故影响分析

6.5.1 规划排土场环境风险识别

6.5.1.1 排土场事故因素分析

排土场是一种大型人工松散堆积体。排土场变形破坏，产生滑坡和泥石流的影响因素主要是基底的软弱岩层，以及地表汇水和雨水的作用。

排土场失稳将导致矿山土场灾害和重大工程事故，不仅影响到矿山的正常生产，也将使矿山蒙受巨大的经济损失。排土场一旦产生滑坡直接影响是冲毁土地、矿山、阻塞河流、损毁工业厂房等设施，并有可能产生泥石流，对下游设施造成破坏，同时破坏生态环境。

A 排土场滑坡事故

排土场失稳滑坡模式主要有：排土场内部滑坡、沿排土场地基软弱层滑坡、沿地基接触面滑坡三种：

（1）排土场内部滑坡。基底岩层稳固，由于岩土物料的性质、排土工艺及其他外界条件（如外载荷和雨水等）所导致的排土场滑坡，其滑动面出露在边坡的不同高度。最常见的排土场内部滑坡由两个因素所引起，一是在排土场内夹有软弱层，由于软弱岩土层的强度低，特别是在雨水浸润下，极易酿成滑坡，二是排土场台阶高度超过散体岩石极限高度，在散体岩石本身荷载作用下而产生滑坡。

（2）沿排土场地基软弱层滑坡。当排土场坐落在软弱基底上时，由于基底承载能力低而产生滑移，并牵动排土场的滑坡。规划场区软弱地层有：第四系人工堆积层、第四系坡洪积粉质黏土、冲洪积漂卵石层中可能存在的粉质黏土、淤泥质粉质黏土。地基软弱层厚度的大小影响到排土场的破坏形式，地基软弱层较厚多为底鼓和旋转破坏，地基软弱层较薄多为平推式滑移。沿排土场地基软弱层滑动规模一般较大。

（3）沿地基接触面滑坡。当排土场松散岩石与地基接触面之间的摩擦强度小于排土场物料内部的抗剪强度时，易产生沿地基接触面滑坡。沿地基接触面滑坡，一般发生在地基倾角较陡的情况下，当接触面排弃第四系表土和风化岩石，或地表植被、腐殖土形成软弱层，而地形较陡，易形成沿地基接触面滑坡。沿地基接触面滑坡规模一般较大。

B 排土场泥石流

排土场泥石流是指排土场大量松散岩土物料充水饱和后，在重力作用下沿陡坡和沟谷快速流动，形成一股能量巨大的特殊洪流。矿山泥石流多数以滑坡和坡面冲刷的形式出现，即滑坡和泥石流相伴而生，迅速转化难于截然区分，所以又可分为滑坡型泥石流和冲刷型泥石流。

形成泥石流有三个基本条件：

（1）泥石流区含有丰富的松散岩土。

（2）地形陡峻和较大的沟床纵坡。

（3）泥石流区的上中游有较大的汇水面积和充足的水源。

综上所述，排土场灾害形成原因主要有建设初期选址、设计、建设不规范；生产中排土不科学；排水设施不健全；人为破坏因素；其他不可抗拒因素等。

6.5.1.2 排土场事故案例及成因

A 太钢尖山铁矿排土场垮塌事故及其原因

2008年8月1日,山西省太原市娄烦县境内的太原钢铁(集团)有限公司矿业分公司尖山铁矿发生特别重大排土场垮塌事故,造成45人死亡、1人受伤,直接经济损失3080万元。

国务院对此做出批复,认定"8·1"尖山铁矿排土场垮塌事故是一起责任事故。事故暴露出尖山铁矿及其上级公司安全生产主体责任不落实,违规建设,违法生产,有关部门安全生产监管职责不落实,对矿区违规扒渣拣矿活动清理不彻底,对违反"三同时"规定失察等问题。37名事故责任人受到责任追究。

B 攀枝花米易县排土场滑坡事故及其原因

2011年2月27日6时40分,攀枝花市米易县中禾矿业公司一号排土场发生一起滑坡事故,约30万方废土从排土场滑下,掩埋排土场下方2户人家,17人及时逃出,6人被埋(后确认遇难)。

2月28日16时,应急救援指挥部事故调查初步分析认为,导致本次滑坡事故的原因是:

(1)排土堆积物前端及基底存在软弱地基,在排土堆积物重力作用下,软弱地基土失稳而产生滑坡;

(2)软弱地基排水不畅,导致软弱土饱水而强度降低;

(3)排土荷载作用;

(4)2011年1月31日晚上8点30左右,米易县发生3.2级地震,震中位于湾丘乡万年沟,距离滑坡位置较近,且有感,对该排土场边坡地基应力演变有促进作用,对该滑坡突然发生有影响;

(5)2011年2月23日的降雨雨水下渗不仅增加了排土场的荷载,而且使排土场前缘地基土进一步软化;

(6)因本区域泉眼发育,泉水不能有效排出,因泉眼来水加速抬升地下水浸润线,增加了地基土体空隙水压力,导致边坡失稳。

6.5.2 现状排土场稳定性分析评价

边坡滑坡破坏模式主要有内部滑坡、沿地基软弱层滑坡、沿地基接触面滑坡。本规划区各排土场基底较为平缓,因此最有可能发生的是排土场自身的滑坡和地基软弱层滑坡两种方式。

规划区现状条件下依地势形成多个排土场,根据最新工程地质勘察成果,规划矿区现有排土场边坡稳定性计算见表6-11。

表6-11 现有排土场稳定性统计表

区域	矿山名称	排土场名称	稳定性计算结果			
			滑动模式	稳定性系数	安全系数	评价结果
鞍山矿区	齐大山	胶带、汽车、铁路排土场	内部滑动	1.740~2.062	1.300	边坡稳定
	鞍千	许东沟、哑巴岭排土场	内部滑动	1.305~1.320	1.300	边坡稳定
	大孤山	胶带、汽车、铁路排土场	内部滑动	1.305~1.320	1.300	边坡稳定

区域	矿山名称		排土场名称	稳定性计算结果			
				滑动模式	稳定性系数	安全系数	评价结果
鞍山矿区	眼前山		汽车、铁路排土场	内部滑动	1.304 ~ 1.323	1.300	边坡稳定
	东鞍山		山南排土场	内部滑动	1.304 ~ 1.323	1.300	边坡稳定
			月明山排土场	内部滑动	1.302 ~ 1.311	1.300	边坡稳定
辽阳弓长岭矿区	弓长岭露天	独木采场	棋盘岭排土场、哑巴岭排土场、大阳沟汽车排土场	本体滑动	>1.300	1.300	边坡稳定
		何家采场					
		大砬子采场					
	弓长岭井下		—				
合　计							

由表 6 - 11 可看出，现状排土场边坡稳定性均满足安全要求。

6.5.3　排土场事故影响分析

6.5.3.1　规划排土场稳定性及垮塌滑坡事故分析

A　部分新扩建排土场边坡稳定性分析

（1）大孤山矿区：规划项目在原有排土场范围排土，无新扩建范围。

（2）眼前山矿区：原有排土场尚有可利用容积 7400 万立方米，远期将利用露天采场作为排土场使用。眼前山排土场同时可用于张家湾铁矿、砬子山铁矿、关宝山铁矿排土之用。

（3）齐大山矿区：新扩建排土场场地位于斜坡地带，地形坡度较陡，为坡下土质、坡上风化岩体边坡。下伏基岩为块状结构混合花岗岩稳定性较好。坡下地表主要覆盖素填土和粉质黏土，土岩接触面顺坡倾斜。根据边坡目前的情况，边坡在自然状态下是处于稳定状态，岩层倾向与坡面相反，有利于边坡稳定，因此，该边坡是处于自然稳定状态，其主要破坏表现为岩体表层风化剥落现象。

新扩建排土场场地岩土层坡度陡，分布不均匀，厚度变化大，为不均匀地基，排土场破坏模式为沿与地基接触面滑动。根据边坡结构，假定斜坡土岩接触面为潜在滑动面，其破坏模式为折线的推移式滑移，计算天然工况下自然斜坡稳定性系数 K_s = 2.055 ~ 2.560 均大于 1.3，处于稳定状态；饱和工况下自然斜坡稳定性系数 K_s = 1.662 ~ 2.020 均大于 1.3，也处于稳定状态。

（4）鞍千矿区：原有许东沟排土场尚有可利用容积 1655 万立方米，现状排土场稳定性评价已包括部分新扩建排土场范围，边坡稳定性满足安全要求。

（5）东鞍山矿区：原有山南、月明山排土场尚有可利用容积 15325 万立方米，本次排土场现状稳定性评价已包括部分新扩建排土场范围。

（6）弓长岭矿区：原有排土场尚有可利用容积 2950 万立方米，现状排土场稳定性评价已包括部分新扩建排土场范围，边坡稳定性满足安全要求。

如上所述，规划新扩建排土场范围工程地质勘察正在进行，已确定范围排土场稳定性满足安全要求。未确定范围排土场稳定性待进一步工程地质勘察判定。

B 规划排土场垮塌滑坡事故影响程度分析

根据上述计算分析，本规划设计的排土场是经过稳定性验算的，技术上是稳定的，但自然灾害、地质灾害仍有可能使排土场整体失稳，存在产生滑坡的可能。

排土场稳定性会受到大气降雨、上游汇水、地基土特征、排土高度、排土形式、物料特征、边坡坡度等多种因素的影响。结合案例分析也可看出，发生排土场事故既可能由于管理原因，也可能由于技术原因或自然地理原因。

但总体来说，排土场滑坡垮塌事故的发生，往往是多种诱因共同作用的结果，且其初始形态都是以地表变形、裂缝等基本的地质灾害为表征的。强化排土场地域的地质灾害监测，注意汛期、地震等自然条件异常期间的管理控制，则可以有效防止大的排土场垮塌事故的发生。

本规划实施后，相邻矿区设施从土地使用功能而言基本连为一体，矿区间用地范围不再有居民，处于矿区外缘的排土场、周边村庄搬迁后均在500m以外，因此排土场发生滑坡、泥石流等地质灾害及事故可能造成的环境影响，首先是破坏土壤和植被，对地表水体有一定影响，对敏感人群的生命财产威胁则相对较小。

根据项目环评阶段工程地质勘察、地质灾害综合评估确定排土场下游应急响应范围，一旦出现排土场表面出现变形、裂缝、位移或其他部位异常，在应急响应范围内应及时联络响应，采取针对性措施加以防范。

6.5.3.2 排土场发生泥石流的可能性及影响程度分析

A 规划项目排土场可能发生泥石流的可能性分析

泥石流的形成必须同时具备以下3个条件：陡峻的便于集水、集物的地形、地貌；有丰富的松散物质；短时间内有大量的水源。就规划区水文、气象条件而言，泥石流的形成既是在具备滑坡垮塌条件下同时具备暴雨诱导因素的叠加后果。

本规划项目大部分排土场所处位置的坡度较小，不属于陡峻地形；岩土堆置量大但堆置时进行碾压密实，坡角处采用大块石填筑，基底设置纵、横排水系统；加之项目所在地不属于东北暴雨集中区，因此排土场发生泥石流的可能性很小。

B 排土场泥石流事故影响程度分析

基于地形条件及统一布局，本规划各排土场临近矿区集中设置，在矿区内部及矿区之间分布，与采场、选矿厂、尾矿库等矿山设施位置关系密切，或位于矿区外缘的沟谷、缓坡处。由于形成泥石流的条件是基于暴雨等水媒介因素诱导的结果，一般往往由排土场的边坡脚在雨季很容易发生泥石流。同时由于水、土流动性的加快产生更大的动能，将发生较排土场崩塌、滑坡更为严重的灾害。

6.5.3.3 排土场崩塌与泥石流事故影响范围预测

A 预测情景分析

在规划矿区内包括规划新扩建排土场、现状排土场、已复垦的退役排土场在内的各类排土场，由连续或分散单元构成，总体容积由若干排土单元组成的最大的鞍千排土场45449万立方米至最小的单个排土场单元不足1000万立方米，基本属高位排渣形式，但容积大小变化大；排土作业情景类似，但地形构成及基底有着明显的差异。因此对排土场可能产生灾害性事故的预测情景在可达的垂向及平面范围也会有大的差异。形成地质灾害的初期，排土场发生事故的影响范围可能较为局限，而部分新规划的容积较大的排土场一旦出现滑坡、崩塌、泥石流事故，其扩散范围又可能超过500m范围。因此本评价结合上述对尾矿库溃坝类灾害的分析，立足于对排土场事故进行比对分析。

B　影响范围预测分析

参考国内湿排尾矿库中的尾矿特性和已有垮坝的实际经验，在最不利条件下，尾矿库下泄的尾矿量一般最高可达到库容的2/3，影响距离约为坝高的10~60倍（以40倍左右居多）。这个经验估计对于中、小型尾矿库是适宜的，对于大型尾矿库的估计其下泄尾矿和影响范围都将偏大，因此本环评在6.4节按照相应情景对尾矿库进行了预测分析，影响距离如彩图6-12。

按尾矿库类比，本规划项目排土场容积为中型至大型，形态为干堆岩土，岩土粒径比尾矿大的多，参考以上对尾矿库最不利情景下形成溃坝泥石流灾害的推演，排土场泥石流事故的概率及危害均较尾矿库小，即使在发生泥石流的最不利条件下，排土场的下泄废石量较湿排尾矿库小很多，影响范围也将远小于尾矿库溃坝情景。

本评价取一般湿排尾矿库估算结果的1/10作为排土场下泄量的估算结果，按尾矿库下泄影响范围的1/2作为排土场影响范围。结合表8-13的预测情景，按风水沟尾矿库主坝1/10溃坝推演，在下游2000m处淹没深度已不足0.50m，则下游1000m可作为排土场最不利事故情景的影响预测边界。

按上述预测情景，规划排土场按0~500m完成敏感人群动迁，大型排土场应急响应范围可按500~1000m进行控制，中型排土场应急响应范围可暂按约500m进行控制，将排土场纳入规划项目风险源进行统一管理。

6.6　矿区生态安全保障与风险控制对策

6.6.1　区域生态安全格局的控制途径

6.6.1.1　生态系统稳定性控制途径

区域内矿山生态系统和城乡生态系统紧密联系形成的格局是区域生态安全既有格局，维持和控制这个格局对维护区域生态安全具有重要的意义。

矿山生态系统内的分解者和城乡生态系统中人类的管理和决策起重要决定作用。只要协调两者的关系，以及维持各自的系统功能，两大系统形成的格局将可得到维持和控制，也不会对区域的生态安全产生影响。

鞍钢老区铁矿山是多年开发矿山的区域，在确保生产者的系统功能的同时，矿山规划本身也是维持系统稳定性的途径之一。本次规划除了维持系统生产者的功能外，还有助于促进在区域内形成一个集约、高效、协调的新矿山开发格局，对城乡生态系统也提供持续稳定的贡献。减少和避免过去因不规范和不合理开发，以致引起的资源浪费、环境污染和生态恶化等对区域生态安全产生的负面影响。

自然生态系统中的生产者、消费者和分解者，在维持系统稳定的同时，还具备维持自身稳定性的能力，即抗干扰能力。鉴于这一点，提高矿山生态系统中分解者的自身稳定性能力，即抗干扰能力，也是维持系统稳定性的途径之一。本次矿山老区规划，对排土场、尾矿库在建设期、运营期和退营期都采取相应的工程、生态、土地复垦等措施，以及对其选址进行比选和合理性分析与评估，来提高矿山生态系统分解者的自身稳定性能力。维持系统稳定的同时，排土场、尾矿库服役期满后通过生态恢复和土地复垦，增加区域的绿地面积，弥补区域生物量的最初损失量，大大削弱矿山粉尘的污染源，改善城乡环境空气质量，减少区域空气粉尘污染等对区域生态安全产生的负面影响。

6.6.1.2 环境风险的生态安全控制途径

前述提高矿山生态系统分解者的自身稳定性能力作为系统稳定性途径之一，是一种显性的、可预测的事件。而作为区域的生态安全问题，还需要寻找一种更为稳定可靠的途径来维持系统的稳定性，并且这种途径可以更好地解决和预防那些隐性的、不可预测的突发事件而引起的系统不稳定性，即防范环境风险引起的生态安全问题。

A 控制环境风险事故的生态危害

进行突发事件危害性最大化影响预测与评估，提出相应的减免措施，不仅是维护系统稳定性的途径之一，也是解决和预防那些隐性的、不可预测的突发事件的途径。人工堆砌的排土场突然滑坡，尾矿库突然溃坝，两个巨大的人工泥石堆砌场，作为高势能的泥石流源，将引起巨大的泥石流和洪水灾难，淹没周边其他系统，特别是与其有着紧密关系的城乡生态系统，此时不仅是矿山生态系统的崩溃，城乡生态系统也同样崩溃，两个系统形成的区域生态安全格局严重受到破坏，区域的生态安全将严重受损。

相关地质灾害、尾矿库环境风险的影响与防范措施，在6.3节、6.4节中已进行分析。其中保持生态稳定性的措施不仅可作为环境风险防范措施，同时又是长效的生态安全保障机制。

B 控制环境风险事故的污染后果

各类矿山环境风险事故不仅可诱发生态灾难，还将因为灾变与事故范围的扩大使污染蔓延，形成不同程度的污染后果。包括：地质灾害及地震、洪水等灾害造成尾矿库泄漏、溃决对地下水环境、地表水环境的污染影响；爆炸烟气、粉尘排放对环境空气乃至人群健康的影响；选矿厂设施、尾矿管线事故状态泄漏对水环境、生态环境的影响；采场地下水位的变化可能导致地下水质的恶化劣化的影响等。部分影响的污染后果和危害在风险事故期间就可能显现，有些污染后果类型迟滞一个时期才显现出危害。

对环境风险事故可能造成污染后果，在抢险和事故后果处置环节要进行细致的评估，对污染部位进行有针对性的控制措施。并有赖于建立包括环境监测、环境应急在内的生态安全预警系统，进行全方位防控。

以上维持生态系统安全的途径，一定程度上可确保区域安全格局的稳定，区域的生态安全也可得到有效和正面的控制。

6.6.2 保障矿区生态安全的对策措施

6.6.2.1 矿山环境与生态安全维护的对策措施

A 矿山生态系统安全格局研究

从研究矿区所在区域的生态体系结构、功能出发，识别矿山生态系统的稳定性控制因素，结合对矿区空间分布、开发强度、时限等环节的分析，构建基于区域生态系统稳定性的矿区生态安全格局和评价指标体系，推动形成保障矿山生态安全的系统化解决方案。

在研究基础上，规划区空间控制与生态安全格局应当按照建立对规划区具有保护作用的稳定的生态安全格局的原则进行规划。土地分类系统及其空间结构应该作为规划区域生态安全的标准参考系。

B 减少矿区环境风险的规划布局措施

为维护区域的生态安全，以及维持系统的稳定，通过规划与合理布局尽可能减少和削弱环境风险影响的措施包括：

(1) 在矿区内建立安全系统，即疏通系统，以此来削减和减弱泥石流和洪水的摧毁能力和时间。

(2) 与所在区域的城乡规划进行协调，在泥石流和洪水发生影响最严重的区域内，调节其功能规划，特别是居民用地功能规划，若该区域内已有的居民点，则需要外迁。

(3) 加强矿山生产的安全与环境保护管理，特别是矿区环境风险事故应急预案，并在其中加强矿区生态安全风险事故应急措施。

(4) 提高资源综合利用率，尽量减少尾矿和废石排入尾矿库和排土场。

C 矿山防灾规划的编制与实施

规划矿区生态系统稳定性及风险控制对于区域生态安全格局控制具有重要意义，为保障矿区生态安全，应考虑编制规划矿区防灾专项规划，关注防灾应变措施，建立矿山环境安全的保障体系，作为推进区域生态安全格局的管理措施。

防灾规划即防次生灾害规划，主要是指地质灾害隐患和自然灾害因素、人为因素等相互作用，引发次生灾害的防治与救护，特别是自然灾害条件下次生灾害后果的预防或消除。并与区域性环境风险事故的应急预案相对应。

根据矿区生产与地域特征，防灾规划内容应当包括：防震减灾、消防安全、防洪减灾、生命线工程等。具体如下：

(1) 防震减灾：除了普通意义上的保障人身安全及减少生命、设施财产损失外，还应体现减少地震造成地貌、地质构造及排土场、尾矿库等设施次生灾害的对策措施。

(2) 防洪规划：应当考虑与地质灾害防治、泥石流灾害预防减缓措施相结合；确定尾矿库、排土场安全生产重点控制环节；应急避险安全距离与削减洪峰、贮存泥石流物质的场所；接纳污染物的缓冲受体监测评估措施；土壤、局部水体、采场水环境自净能力与容量评估。

(3) 消防安全：安全生产管理措施；矿山防爆、防火灾安全生产设施；消防设施与规划。

(4) 能力建设：矿区重点系统和生命线工程；矿山道路及线状系统抗灾变能力建设；矿山应急救援能力建设。

6.6.2.2 规划矿区生态安全的监控与管理

A 推动基于区域环境安全的矿山生态系统协同控制

控制矿山生产影响安全生产的因素，实现矿区环境质量与生态安全的预警，实现对各种要素的协同控制。

应当包括：环境质量与生态破坏的评估与控制体系；地质灾害因素控制；安全生产控制；敏感工程因子控制。

B 矿区生态安全预警体系的建立

随着矿业经济不断发展，区域经济飞速增长，矿区工业化和城市化进程不断加深，区域矿区生态环境同样也遭受了不同程度的破坏，其中主要表现为：地表破坏、土地占用、自然景观改变、"三废"污染、水资源破坏、水土流失、滑坡、泥石流、地压、矿震、等动力地质、环境地质问题等。矿区生态环境问题因长期未得到有效、及时解决，致使矿区生态环境系统遭到了程度不一的破坏，同时由于生态环境问题具有综合性、空间性、动态性、迁延性和不确定性等特点，给研究和治理工作大大增加了难度。

可持续矿区环境质量管理体系的建立，充分体现出矿区环境质量系统动态性的重要性，因此对矿区生态环境质量的评价应采用动态评价方法，对矿区生态环境质量的预警预报系统同样应充分体现出矿区生态环境的时效性和动态规律。基于矿区生态环境资源利用的时间性和持续性，构建了污染风险下矿区环境质量预警系统，如图 6-13 所示。

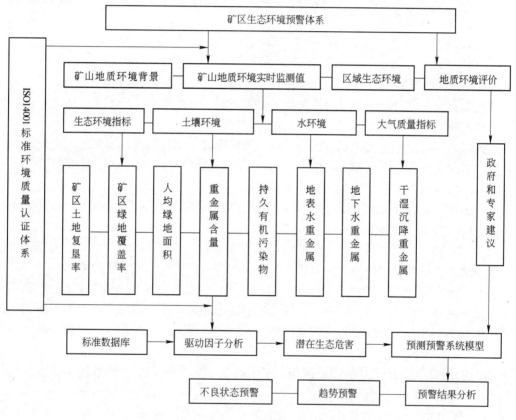

图 6-13　矿区生态环境质量预警指标体系

因此，建立可持续矿区生态环境评价、预警体系是矿区生态环境保护和治理的重要组成部分。通过该系统的建立，能够动态、综合地反映矿区的生态环境状况，对矿区的生态环境质量进行综合、全面的评价和预警，为矿区的生态环境质量保护工作提供科学的参考依据。

6.6.3　风险隐患排查与监控措施

6.6.3.1　规划矿区环境风险隐患排查
本规划环境风险隐患存在于下列部位：

（1）露天采场与井下采区：存在不稳定边坡、塌陷等地质灾害及由此引起的滑坡、崩塌、塌帮等灾害加剧的风险；

（2）炸药库与油库（罐）区：存在爆炸、火灾、窒息等风险；

（3）排土场：存在滑坡、崩塌、泥石流等地质灾害风险；

（4）尾矿库：坝体变形、滑坡、坝基渗漏等诸多病害及坝体沉降、坍塌等，均是溃坝风险的诱因，暴雨洪流等自然灾害发生期间应当重点防范。

由上述情况分析，规划矿山的风险隐患存在于多个部位，在规划设计、施工运营的各个环节要做好防灾设计、风险隐患排查，以采取针对性的风险防范措施。

6.6.3.2 风险源日常监督管理

鞍钢矿业公司对规划矿区上述各类风险源宜纳入统一的管理，完善风险源档案，严格执行安全生产规程和巡检制度。日常监督管理除上报鞍钢集团公司外，应建立与鞍山市、辽宁省的应急联动机制。并制定事故应急救援预案。

6.6.4 规划设计风险防范措施

6.6.4.1 规划设计期地质灾害风险防范措施

A 矿山总体布局

在总图布置上，矿区生产区与生活区分区布置，排土场、尾矿库的设置要经过方案比选和厂址论证。

B 排土场

（1）对排土场进行相应的水文地质、工程地质勘察，并进行排土场稳定性研究，根据研究结论提出安全、可靠的工艺调整措施和安全防护措施。

（2）在排土场规划设计中设置防洪导洪措施和有效的截排水措施，设计在排土场四周设置截、排水沟及其他导水构筑物，将地表汇流水引入就近河流，水沟、堤坝可由排弃废岩石堆筑。

（3）对排土场设置影响原有道路、溪流或泄洪通道的情况，要在保持占压区原有功能和恢复畅通的基础上，重点考虑暴雨洪流或地震等灾害情形下诱发泥石流的风险。

（4）在排土场基底修建纵、横排水系统，减少雨水下渗机会。

（5）严格控制安全平台宽度，保证排土场的整体边坡角满足设计要求。

（6）坡角处采用大块石填筑。

（7）根据 GB 18599—2001《一般工业固体废物贮存、处置场污染控制标准》要求，距离排土场界 500m 范围内的居民应予以搬迁。

C 露天与井下采场

采用合理剥采比，按照岩石物理力学性质确定开采台阶高度、边坡角，以预防边坡失稳；终帮边坡破碎处要加护坡，必要时应加锚杆加固。

采矿场边坡内侧修流水沟，以防止形成坡面流水，产生坡面泥石流现象。

在矿区周围建立地下水监测点，监测矿坑排水对周围地下水位的影响。

6.6.4.2 炸药库、油库事故风险防范措施

A 炸药库设计及爆破作业规程

（1）运输时车辆上标注清楚醒目的危险警示标志。

（2）炸药库的布置严格按照《爆破安全规程》GB 6722—2003 的规范执行。炸药库与库区外的保护目标的布局要符合规程的要求。

（3）炸药库在建筑时库房墙壁，屋面用不燃性材料建筑，并具有良好的通风和防潮设施；库房的窗户应设有栏杆或百叶窗；库房应有门斗。

（4）炸药库库内必须备有灭火器、砂箱和水箱等消防器材，灭火器应定期检查或更换。

（5）炸药库库房的防雷应按《建筑物防雷规范》执行。炸药库内应设有导出静电的设施。

（6）爆破作业、火药库管理、器材运输、存放、加工使用必须严格遵循《爆破安全规程》GB 672—2003。

B 油库设计、施工期技术措施

（1）应严格按照《加油站设计规范》（GB 50156—1992）等相关规定、规范进行设计，特别要做好地下储油罐的防渗基础和供油站站区内的防渗设计，防止柴油泄漏对土壤和地下水环境产生环境风险。

（2）对地质结构进行勘察，避免将油库建在断裂带上，给油库及供油站的正常运行埋下隐患。

（3）在油库的设计和施工过程中，严格设计规范，提高油库基础结构的抗震强度，确保储油罐和输油管线在一般的自然灾害下不发生渗漏。

（4）对防洪措施应给予充分重视，在设计时要充分考虑防洪设施的设计，施工中严格控制质量，减少由于洪水可能产生的影响。

（5）油罐场地应设置罩棚，有效高度不小于 4.5m，不得采用燃烧体建筑；在站房及罩棚应设置可靠的防雷设施，采用避雷带保护；储油罐应设有高液位报警的液位计，在站房应设置可燃性气体检测报警装置。

（6）油罐区域的电器设备选型、安装、电力线路敷设等，应符合现有的国家标准《爆炸和火灾危险环境电力装置设计规范》的规定。应在站内设适当醒目的位置设置"进站须知"、"油库重地 严禁烟火"、"禁止吸烟"、"火警119"、"请熄火加油"、"谨慎倒车"等警示标志。

6.6.4.3 尾矿库设计防风险措施

（1）在初步设计中应按《尾矿库安全技术规程》（AQ 2006—2005）之规定，系统地编制安全专篇。

（2）在堆积坝坡设置浸润线监测孔，定期监测坝内浸润线的位置及变化情况，以判定坝体的安全度；在坝坡上设置位移观测点，以便及时掌握尾矿坝的变形情况及规律，判定有无滑坡、滑动和倾覆等趋势，以确保尾矿坝运行的稳定和安全。

（3）尾矿库必须编制作业计划，尾矿排放与筑坝，包括岸坡清理、尾矿排放、坝体堆筑、坝面维护和质量检测等环节，必须严格按设计要求和作业计划及《尾矿库安全技术规程》（AQ 2006—2005）的要求精心施工。

（4）尾矿库运行期间应加强观测，注意坝体浸润线埋深及其出溢点的变化情况及分布状态，严格按设计要求控制。

（5）尾矿库初期坝、拦挡坝、排洪设施、观测设施等安全设施的施工及验收应按

《尾矿设施施工及验收规程》（YS 5418—1995）和其他有关规程进行。

（6）从选址、勘察、环评、设计、安全预评、施工、监理、验收的全过程，必须选择有资质专业院、公司承担，并杜绝低价中标。

6.6.5　施工及生产运营期间风险防范措施

6.6.5.1　矿山地质灾害防范措施

A　露天采场

为保证露天采场的边坡稳定，预防滑坡等事故的发生，建议采取以下措施：

（1）邻近边坡的生产爆破要采取控制爆破措施（减震爆破、缓冲爆破、预裂爆破），避免因频繁的生产爆破，导致边坡岩体卸荷后的结构面强度降低，诱发塌帮；

（2）采取有效的疏排水措施，防止地表水对边坡岩体的冲刷及渗入边坡软弱结构面中，降低岩体强度，降低地下水压力对边坡稳定性的影响；

（3）采取锚杆、锚索加固局部和护坡，避免由于构造发育、岩体稳定性差而引起的局部滑坡。同时，在生产中要做到边坡定期清扫、维护和治理，防范局部滑坡和滚石，保证矿山安全生产；

（4）采取局部加固及护坡，避免由于构造发育、岩体稳定性差而引起的局部滑坡。同时，在生产中要做到边坡定期清扫、维护和治理，防范局部滑坡和滚石，保证矿山安全生产；

（5）安全平台和清扫平台间隔布置，以防滚石伤人；

（6）进行岩移监测，做好滑坡预报，并采取必要的处理措施。

B　井下采区塌陷区防护措施

（1）井下开采或露天转地下开采，开采过程中应进行规范采准设计，建立完善的采矿系统常规监测网，对矿区沉降、变形、水文地质进行系统监测，以防止坑道坍塌与断层及其他含水地层突水事故发生。

（2）合理的采矿方案和完善的采准设计可将大部分生产废石回溜以充填采空区，既减少了废石排放量，又可保证上覆岩层的稳定，这对减少地表地形地貌破坏，防治地质灾害发生和保持地表生态环境的整体完好性具有十分重要的作用。

C　露天转地下开采滑坡、塌帮等风险事故处置措施

本规划露天转地下矿山开采时，爆破、振动具有诱发边坡滑坡、崩塌等地质灾害的可能，此类风险事故防范与应急措施有以下几种：

（1）为实现露天转地下的安全过渡，确保安全生产，台阶露天爆破时，为了避免爆破地震波对地下采准巷道的破坏，应采用微差爆破，严格控制同段药量，同时合理调度露天与井下的施工时间，确保安全生产。

（2）露天转地下开采后，露天底部的矿体主要采用无底柱分段崩落法回采，这种采矿方法在第一个分段回采之前，要求其上面必须形成一定厚度的覆盖层，设计利用剥离的岩石、地下生产的废石向露天坑底排放，最小形成15~20m厚的岩石层覆盖露天坑底。

（3）对局部受地质构造影响的破碎带，采用锚杆、钢筋网护面。

（4）对深部体积较大危岩，采用深孔预应力锚索，长锚杆进行加固。

（5）对于边坡构造发育，岩石风化严重，易造成小范围塌方的削坡后低处宜用挡土墙支挡，高处可采用框格式拱墙护坡。

（6）为防止滚石伤人，坡面要进行严格的预剥，然后结合绿化工程在坡上铺设金属网，或塑料格栅网挡石。

（7）对排渣场要进行动态监测、预报，定期委托专业院所进行稳定性评价。如发现问题及时进行处理，以防止大规模边坡岩体滑动和泥石流发生。

（8）开采过程中必须严格按照 GB 16423—2006《金属非金属矿山安全规程》的要求进行作业，并采取一定的保护措施，可以避免因爆破、震动造成的采场边坡滑坡、崩塌等地质灾害。

（9）制订采场事故抢险救助应急预案，包括组织机构、过程控制、后续处理等。

D　排土排岩场

（1）按照 GB 16423—2006《金属非金属矿山安全规程》和 AQ 2005—2005《金属非金属矿山排土场安全生产规则》等有关规定进行严格管理。

（2）布设监测网，加强对排土场稳定性的监测，发现异常，及时采取相应的安全措施。

（3）排土场排弃作业时，须圈定危险范围，并设立警戒标志，严禁人员入内。

（4）卸排作业场地经常保持平整，并保持 3%～5% 的反坡；排岩过程中实行碾压，提高废石堆的稳定性。

（5）调整排弃计划，改变排弃顺序时由专人指挥，并设置可靠的挡车设施等。

（6）汛期前做好预测，并采取相应措施做好防汛工作。

（7）对于物理力学性质差的风化岩土，单独堆放，并及时将不风化大块硬岩排弃在边坡外侧，覆盖坡角。

（8）为保证排土场长期稳定，对排土场现有边坡进入到地下开采错动区内不稳定部分进行处理，将该部分岩石清除到塌陷区内。在排土场与居民区之间尽可能种植高大树木，以起到阻拦和减缓废石滚动作用。

（9）在各排土场的排放过程中，要对边坡竖向高每隔 20～30m 高进行台阶处理，待排土场停止使用后尽快进行土地复垦，及时对边坡进行绿化。恢复地表植被。

（10）在保证排土场稳定的前提下，加强洒水抑尘工作，对土场表面及排岩点进行经常性地洒水。

6.6.5.2 爆炸危险品管理与环境风险防范措施

（1）爆破器材运输、加工等工作严格遵守《爆破安全规程》中的有关规定。领取爆破材料后，要直接送到爆破现场，严禁乱丢、私自带走等。

（2）井下爆破工作，必须由经过专门培训有爆破许可证的工人进行。

（3）爆破后必须进行机械通风，炮烟排除后方可进入工作面，必须严格遵守《冶金地下矿山爆破安全规程》中有关规定。

（4）定期检查安全责任制落实情况、作业现场安全管理、设备技术状况、灭火作战预案以及隐患整改情况等。

（5）重大危险源消防配置必须符合国家规定。

（6）危险源罐区储罐应当标明介质的名称和危险物品标志。

（7）油罐防渗漏措施：

1）储油罐基础采取防渗漏措施。

2）地下储油罐周围设计防渗漏检查孔或检查通道，为及时发现地下油罐渗漏提供条件，防止成品油泄漏造成大面积的地下水污染。

3）在储油罐周围修建防油堤，并备有和罐区面积相同的专用吸油毡，防止成品油意外事故渗漏时造成大面积的环境污染。

6.6.5.3　尾矿库溃坝事故风险防范措施

溃坝是尾矿库最严重的事故类型，为防止溃坝事故发生，需采取如下安全对策措施：

A　尾矿库安全管理

（1）矿区应设有尾矿设施安全管理部门，组织制定适合本矿实际情况的规章制度，配备相应的专业技术人员或有实际工作能力的人员负责尾矿库的安全管理工作，保证必须的安全生产资金；

（2）尾矿库应聘请具有资质的单位进行施工、监理，并做好施工验收工作；

（3）确保有足够的干滩长度和安全超高；

（4）库内严禁滥挖尾砂、取土、炸鱼或其他爆破等危害尾矿库安全的活动；

（5）在尾矿库的下游，不准再建住宅和其他设施；

（6）堆积坝外坡采用植草皮、覆盖坡土等措施护坡。

B　尾矿库运行

必须按设计要求认真做好放矿、筑坝及坝面的维护管理工作：

（1）每一期堆积坝冲填作业前必须进行岸坡处理，将树木、草皮、树根、废石、坟墓及风化石层等全部清除。若遇有泉眼、暗井或洞穴等应作妥善处理。

（2）堆积坝外坡坡度不得高于设计要求坡度。

（3）岸坡清理应做隐蔽工程记录，经有关技术人员或工程监理人员检验合格后方可筑坝或冲填。

（4）放矿应于坝前分散轮流放矿，不得任意在库后或一侧岸坡放矿。严禁矿浆沿子坝内坡趾横流冲刷坝体。

（5）每期子坝堆筑完毕，应进行质量检验。检验记录与报告需经技术人员签字后存档。

（6）坝肩和坝坡面建纵横排水沟，防止雨水冲刷坝坡。

C　做好汛期尾矿库管理工作

（1）在满足水质要求下，尽量降低库内水位；水边线应与坝轴线保持基石平行，与坝顶距离不能变化太大。

（2）对泄洪系统及坝体必须进行详细检查和维护，疏浚坝肩截水沟。

（3）对排洪渠巡查，清理漂浮杂物，防止堵塞。

（4）加强值班和巡逻，设报警信号和组织检验队伍；了解和掌握汛期水情和气象预报。

（5）洪水过后应对坝体和排水构筑物进行全面认真的检查与清理，发现问题及时修复。采取措施降低水位，防止连续暴雨后发生垮坝事故。

D　严格控制坝体浸润线高度

（1）保护排渗设施的完整。

（2）改进放矿工艺，尽量减少堆积坝体内的淤泥夹层，改善坝体内的渗流状况。

（3）发现坝面局部隆起、坍塌、管涌、渗水量增大或浑浊时，应立即采取处理措施。

（4）堆积坝外坡不得过缓，防止浸润线从坝体溢出。

6.6.6　事故应急处理与污染、灾害后果消除

6.6.6.1　爆炸、火灾类事故应急处理

本项目中炸药库属易燃、易爆、产生有毒气体，油库易引起火灾。对以上危险物质可能发生的爆炸、着火和中毒事故，提出以下应急处理措施：

A　爆炸事故处理

（1）立即隔离爆炸源，并迅速组织撤离附近人员；

（2）对出事地点严加警戒，绝对禁止通行，以防更多的人受到危害；

（3）在爆炸地点40m之内禁止火源，以防着火事故；

（4）迅速查明事故原因，在未查明原因和采取可靠措施前，禁止靠近。

B　油库火灾事故处理

（1）由设备不严而轻微小漏着火，可用湿泥、湿麻袋等堵住着火处灭火，火熄后，再按有关规定补漏；

（2）设备烧红时，不得用水骤然冷却，以防管道和设备急剧收缩造成变形或断裂；

（3）若管线着火，应采取逐渐管阀门降压，通入蒸气或氮气灭火，在降压时必须在现场安装临时压力表，使压力逐渐下降，不至于因突然关死阀门引起回火爆炸。

6.6.6.2　地质灾害类应急事故处理措施

（1）环境事故或灾害等紧急情况发生后，事故的当事人或发现人在一分钟内向值班长报告，并采取应急措施防止事故扩大。

（2）班长接报告后通知本班应急队员对环境事故或紧急情况按本单位应急措施进行处理，并通过电话向生产管理中心及本单位领导报告。应急队员接到通知后，携带应急器具，赶赴现场处理环境事故或紧急情况。

（3）当出现超过设计标准的特大洪水时，通知本公司应急处理领导小组成员指挥和协助环境事故或紧急情况的处理，并在抢筑坝的同时，报请上级批准，采取非常措施加强排洪，降低汛期水位，以确保坝体的安全，严禁任意在筑坝坝顶上开口泄洪。

（4）出现溃坝等事故时，及时通知周围居民进行疏散，撤离险区。

（5）做好人员组织、物质、交通、通讯、报警、抢险和救护等各项抗洪准备工作。

6.6.6.3　尾矿库故障事故应急处置对策

在尾矿库的生产运行过程中，难免会出现一些异常、事故，对这些现象，必要时首先采取应急措施，然后分析其原因，确定处理措施。部分异常迹象的处理措施见表6-12。

表6-12 尾矿库常见故障及处理措施

迹 象	原 因	处理措施坡脚隆起坡
坡脚隆起坡	脚基础变形	先降库水位，坡脚压重
坝坡渗水及沼泽化	浸润线过高	先降库水位，加长沉积滩，采取降低浸润线措施
	不透水初期坝导致浸润线高	在略高于初期坝顶部位设排渗设施
	矿泥夹层引起水的逸出	增设排渗井穿透矿泥夹层
坝坡或坝基冒砂	渗流失稳	先降库水位，铺反滤布，压上碎石或块石，设导流沟，必要时加排渗设施
坝坡隆起	边坡太陡	先降库水位，再放缓边坡或加固边坡
	矿泥集中，强度低	先降库水位，加排渗设施或加固边坡
坝坡向下游位移或沿坝轴向裂缝	基础强度不够	先降库水位，坝坡脚压重加固基础
	边坡剪切失稳	先降库水位，再降低浸润线或加固边坡
堆积坝塌陷	排水管破坏或漏矿	先降库水位，加固或新建排水管，再填平塌坑
	排渗设施破坏	开挖处理或做反滤后回填
洪水位过高	调洪库容小或泄水能力小	先降低控制水位，改造排洪设施，增大泄水能力或采取截洪分洪设施

6.6.6.4 污染与灾害减缓措施

在应急处理环节，要及时清理事故现场，将事故形成的污染危害、灾害形成次生灾害的可能降至最低。

（1）一旦发生爆炸产生大量有害物、着火等情况时，要根据灾情采取有针对性的消解措施，尽力降低危害程度及便于进行抢救。

（2）尾矿库管理人员对坝体、边坡、排水井、管及排洪渠等排水系统设施定期进行巡查，发现异常现象和破坏及时报告并抢修。

（3）地质灾害隐患加剧而形成的事故，在做好应急响应的同时应立即采取控制事故现场的措施，减缓次生灾害发生的可能。

6.6.7 项目风险防范措施审批与"三同时"管理

6.6.7.1 实施的程序与相关审批

对上述环境风险防范措施，要求在规划、设计、施工运营的各个环节，在机制、资金、设施上给予保障。

包括安全生产设施在内的各项环境风险防范措施，要同时满足环保部环办〔2010〕138号文及《尾矿库环境应急管理工作指南（试行）》规定、地质灾害风险防范的规定与相关环保审批要求。

6.6.7.2 规划项目风险防范措施"三同时"管理要求

规划矿区环境风险防范措施要执行"三同时"管理，保证风险防范措施与主体工程同时设计、同时施工、同时投入运行。

规划矿区风险防范措施"三同时"检查内容，宜包括上述各个隐患部位的风险防范，在每个阶段的落实情况。要做到：

（1）各阶段风险防范措施与主体工程同时投建，纳入统一的预算管理。

（2）严格执行规划设计要求，保证施工质量符合工程验收规范、规程和检验评定标准。

（3）运营期执行严格的安全生产操作规程和巡检制度，明确安全生产的各级责任主体，安全和环境风险防范责任到人。

6.6.8 矿山环境风险事故应急预案

6.6.8.1 事故应急救援流程

A 事故应急启动与响应级别

在各种可能情形下，出现突发环境事件，除采用各项风险防范的管理、技术措施外，相应进入应急启动程序，随之采用事故应急处理措施，进入事故应急救援流程，如图6-14所示。

应急预案的启动及报警程序：在发生事故和接警后，立即进入警情判别环节。

事故源判断：是炸药库事故、油库事故，还是尾矿库事故？事故性质、范围？同现场保持直接联系。

响应级别：应急启动后即迅速扩展响应至风险防范的三个防控层级体系，车间、采区，公司或相关方。

爆炸、火灾事故的响应级别针对作业范围或事故发生地带外围的相关方，尾矿库及排土场地质灾害类事故着重于流域层级设防布控。

鞍钢矿业公司须同地方政府保持良好的沟通渠道。当事故风险扩大到厂外，危及到厂外周边地区的居民、水体及农田时，公司须立即上报当地政府。当地政府立即启动处理紧急事故的预案，成立处理紧急事故指挥部，采取相应措施对事故扩散至厂外的区域进行处理。指挥部负责向周围群众发布紧急通知，组织疏散当地居民，远离扩散区域。并且负责扩散区域的戒严，阻止不明真相的群众进入该区域而发生危险。及时抢救群众的财产，阻止污染物侵蚀农田和污染河水，对已污染的水体和农田进行及时的监测和修复工作。

B 指挥机构、职责及分工

矿业公司应成立突发环境事故应急领导小组和指挥部。

a 领导小组

领导小组组长：公司总经理。

领导小组副组长：公司主管副总经理、规划矿区项目负责人。

成员：各采区总经理，安环部、生产部、规划部、保卫部、机动能源部、行政部、中心医院、卫生防疫站、监测中心等部门/单位的主要领导及相关专业人员。

领导小组的职责主要有：

（1）负责本单位"预案"的制定、修订；

（2）组建应急救援专业队伍，组织实施和演练；

（3）检查督促做好重大事故的预防措施和应急救援各项准备工作。

b 指挥部

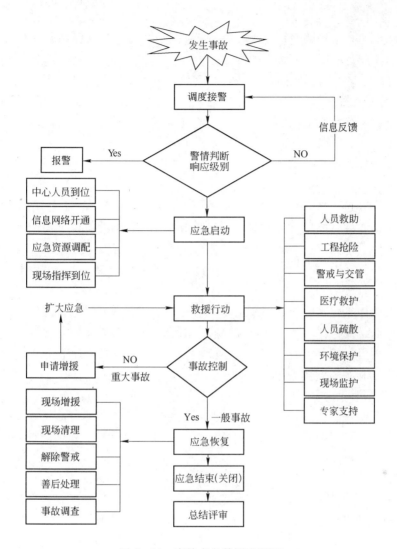

图6-14 事故应急救援流程图

应急救援总指挥：公司主管副总经理。

应急救援副总指挥：事故采区总经理。

成员：公司安环部、生产部、规划部、保卫部、机动能源部、行政部、中心医院、卫生防疫站、监测中心等部门/单位的主要领导及相关专业人员；矿山救援队，事故采区生产技术科、安全环保科。

指挥部职责：

（1）负责对突发事故和应急情况进行应急处理统一决策和指挥。

（2）组织指挥救援队伍实施救援行动。

（3）向矿业公司、鞍钢集团汇报和向友邻单位通报事故情况，必要时向区域矿山救援队发出救援请求。

（4）发生重大事故时，由指挥部发布和解除应急救援命令、信号。

（5）组织事故调查，总结应急救援经验教训。

c 采区部门

生产科：生产技术科调度接到事故发生报告后，立即通知采区领导、相关部门和生产装置。负责所需物资的供应及车辆的调配。

安环科：安全环保科接到报警后，立即组织人员进入事故现场，根据现场实际情况划定危险区域，停止厂内一切作业，清除或疏散警戒区域内无关人员，严格控制无关人员进入危险区域。同时组织员工使用安全防护装备进行有关的处理。配合医疗部门对事故伤害人员进行救护。

C 救援行动与事故控制

a 救援队伍

根据《国务院关于进一步加强企业安全生产工作的通知》精神，目前国家建有 7 个矿山应急救援队和安全生产应急救援基地，包括山西大同、河北开滦、河南平顶山、安徽淮南、黑龙江鹤岗、甘肃靖远、四川芙蓉。将以这 7 个国家级基地为基础，对应急救援队伍加强进一步整合，加强演练，提高应急救援能力，进一步带动整个安全生产应急救援能力建设。

与国家救援体系相对应，规划矿山要建立各种不脱产的专业救援队伍，包括抢险抢修队、医疗救护队、义务消防队、通讯保障队、治安队等，救援队伍是突发环境污染事故应急救援的骨干力量，担负企业各类突发环境污染事故的处置任务。企业的职工医院应承担中毒伤员的现场和院内抢救治疗任务。

b 抢险装备和信号规定

为保证应急救援工作及时有效，事先必须配备装备器材，并对信号做出规定。

(1) 矿业公司必须针对风险目标并根据需要，将抢险抢修、个体防护、医疗救援、通讯联络等装备器材配备齐全。平时要专人维护、保管、检验，确保器材始终处于完好状态，保证能有效使用。

(2) 信号规定。对各种通讯工具、警报及事故信号，平时必须做出明确规定；报警方法、联络号码和信号使用规定要置于明显位置，使值班人员熟练掌握。

c 应急联络

(1) 指挥人员名单、职责、指挥地点、值班表；

(2) 事故报警电话号码、联络方法；

(3) 休息日、突发停电、雷电暴雨特殊情况联络方式；

(4) 专职、兼职抢险人员名单、常规排险措施；

(5) 现场急救点的标志、医护人员值班表、联系途径；

(6) 抢险队的值班、培训，事故时与现场指挥联络途径。

d 应急救护

应急救护预先做好以下记录：

(1) 不同事故不同急救方案、职工自救、互救方法；

(2) 伤员转送中的医护人员技术要求；

(3) 不同事故时的抢险方案、工具、器材、防护用品；

(4) 指挥层次示意图，人员疏散分流图；

(5) 防护设施分布图，设施名称、型号、数量、方位。

e 应急监测

检测中心、卫生防疫站根据现场应急指挥部的安排立即组织开展应急监测工作，并及时将监测结果报现场指挥部，由现场指挥部统一对外发布。

f 现场警戒和紧急安全疏散

在发生突发环境污染事故，可能对厂区内外人群安全构成威胁时，必须在指挥部统一指挥下，根据现场实际情况划定警戒区域，并用警戒绳圈定，并安排人员负责把守，警戒人员必须佩带安全防护用具。禁止无关人员进入危险区域。

对与事故应急救援无关的人员进行紧急疏散，撤离到警戒区以外。疏散的方向、距离和集中地点根据不同事故做出具体规定，总的原则是疏散安全点处于当时的上风向（或泥石流下泄通道之外）。对可能威胁到厂外居民（包括友邻单位人员）安全时，应立即和地方有关部门联系，引导居民迅速撤离到安全地点。

D 应急终止及恢复措施

应急预案实施终止后，应采取有效措施防止事故扩大，保护事故现场，需要移动现场物品时，应当做出标记和书面记录，妥善保管有关物证，并按照国家有关规定及时向有关部门进行事故报告。对事故过程中造成的人员伤亡和财物损失做收集统计、归纳、形成文件，为进一步处理事故的工作提供资料。对应急预案在事故发生实施的全过程，认真科学地作出总结，完善预案中的不足和缺陷，为今后的预案建立、制订提供经验和完善的依据。依据公司经济责任制制度，对事故过程中的功过人员进行奖罚，妥善处理好在事故中伤亡人员的善后工作。尽快组织恢复正常的生产和工作。

E 应急培训计划

应急预案的培训：公司安环部门、人事部门每年制订应急预案的培训计划及实施，使应急救援系统的所有人员、现场操作人员熟悉预案的实施内容和方式，充分掌握职责范围的救援行动，保持高度的准确性，培训的计划和内容及效果应有记录。

训练与演习：各职能部门根据职责范围，每半年进行一次实战演习，测试应急预案的有效性，并对训练与演习进行评估，确定需改进的需求。

通讯演习：应急反应组织的通讯联络在指挥中心和控制中心每3个月测试一次，保存测试记录，确定需改进的需求。

消防培训和演习：消防队按业务职责，组织本单位人员及各单位人员进行不同程度的消防知识培训和演习。

应急预案的复检：本预案每年在应急总指挥指导下进行审查。审查内容包括预案、应急程序、培训与训练情况，应急设备/设施以及政府应急管理机构的沟通。审查的结果保持记录，确定需改进的需求。

F 公众教育和信息

在事故风险环境保护目标所在的地区开展公众教育，并对其进行相关的培训。及时发布有关信息。

6.6.8.2 应急救援预案编制与实施

A 编制原则与机构要求

为应对项目可能产生的各类突发性环境污染事件以及生态破坏事故，矿业公司应考虑以规划矿区为背景编制环境安全应急预案，并与《鞍钢集团矿业公司重、特大安全生产事故应急救援预案》、鞍钢集团以及鞍山市环境风险应急预案保持联动。

突发环境事件应急预案的编制同时也是落实事故应急救援的必要步骤。

突发环境事件应急预案应体现"企业自救、属地为主，分类管理，分级响应，区域联动"的原则，并与鞍山市、辽阳市人民政府突发环境事件应急预案相衔接。

本规划矿区应急救援体系，现阶段应当明确环境风险三级（车间、采区和矿业公司）应急防范体系的构成。针对矿区生产内容指定的应急预案，主要侧重于区域联动机制；待矿区规划项目实施阶段编制企业应急预案时，则应制定风险防范措施与应急预案细则，明确事故响应和报警条件，规定应急处置措施。

B 方案制定的准备工作

（1）组成小组。

（2）确定规划矿区危险源：危险物状态、数量、特性，事故途径、性质、范围、危险等级。

（3）筹备救援网络，救援力量参与。

C 方案的实施

措施落实：各类事故救援路线图，工程抢险、现场急救、人群疏散、车辆行驶；

制度落实：专业培训演练、值班、防护抢险器材、药品保养检查；

硬件落实：各类器材、装备配套齐全，定期检查；

应急演习：各类专业队伍常规培训、演练，模拟应急救援演习；

应急方案应用：实施时不随意变更、实施中遇未考虑的问题冷静分析、果断处理，事故后认真总结，完善方案。

6.6.8.3 应急救援预案内容

规划矿区应急救援预案内容见表6-13。

表6-13 鞍钢矿业公司突发环境事件应急救援预案

序号	项 目	具 体 内 容
1	总 则	
1.1	编制目的	保障矿山应急救援运行机制及其有效救援、实施抢救的预案
1.2	编制依据	矿山事故应急救援预案规划编制实施有关的法律制度及依据
1.3	环境事件分类与分级	根据警情判别事故类型（燃爆事故、尾矿库事故还是地质灾害事故）与分级（特大、重大、较大、一般），规定进行分级响应的程序
1.4	适用范围	矿山主要风险源的控制管理，敏感环境保护目标的保护
1.5	工作原则	根据事故的严重程度制定相应级别的应急预案，以及适合相应情况的处理措施
2	组织指挥与职责	矿区实施二级应急组织（采区级、公司级）机构，各级别主要负责人为应急计划、协调第一人，应急人员必须为培训上岗熟练工；区域应急组织结构由当地政府、相关行业专家、卫生安全相关单位组成，并由当地政府进行统一调度
3	预 警	矿山救援救护预防、预警机制的建立；矿山救援救护值班制度；接警与警情判断。根据事态的发展情况和采取措施的效果，预警颜色可以升级、降级或解除
4	应急响应	

序号	项 目	具 体 内 容
4.1	分级响应机制	应急响应坚持属地为主的原则，矿区应急响应体系与鞍山市、辽阳市联动，按照有关规定实施应急处置工作；超出本级应急处置能力时，应及时请求上一级应急救援指挥机构启动上一级应急预案
4.2	应急响应程序	应急救援程序：报警→指挥→救援力量→岗位负责人→联系方式
4.3	信息报送与处理	筹备矿山救援救护信息化平台建设。要求在事故发生后安全环保科 24 小时内将事故概况迅速上报安全、环保等相关部门。报告发生事故的单位、时间、地点、事故原因、对环境的影响、灾情损失情况和抢险情况
4.4	指挥和协调	矿山救援救护管理系统建设；矿山应急救援指挥调度机制的确立；矿山灾害应急救援预案系统；应急救援的指挥与协调
4.5	应急处置措施	严格规定事故多发区、事故现场、邻近区域、控制防火区域设置控制和清除污染措施及相应设备的数量、使用方法、使用人员；制定紧急撤离组织计划和实施救护
4.6	应急监测	组织专业队伍负责对事故现场进行侦察监测，对事故性质、参数与后果进行评估，为指挥部门提供决策依据
4.7	应急终止	制定相关应急状态终止程序，事故现场、受影响范围内的善后处理、恢复措施，邻近区域解除事故警戒及善后恢复措施
5	应急保障	保障救援资金、设施及抢险人员到位；保障事故现场、矿区邻近区、受事故影响的区域人员及公众对有毒有害物质应急剂量满足控制规定；医疗救护与公众健康
5.1	资金保障	矿山救援资金保障机制
5.2	装备保障	矿山救援救护装备保障和储备、机制
5.3	通讯保障	逐一细化应急状态下各主要负责单位的报警通讯方式、地点、电话号码以及相关配套的交通保障、管制、消防联络方法，涉及跨区域的还应与相关区域环境保护部门和上级环保部门保持联系。及时通报事故处理情况，以获得区域性支援
5.4	人力资源保障	矿山事故应急救援队伍的建设与管理；应急救援领导小组及指挥部人员组成、责任到位情况
5.5	技术保障	矿山救援技术支撑系统建设；应急处理与抢险技术方法应用培训；新技术应用开发
5.6	宣传、培训与演练	预案完成后对周边开展公众教育、培训和宣传，安排有关人员进行培训与演练
5.7	应急能力评价	组织专业人员对事故后的环境变化进行监测，对事故应急措施的环境可行性进行后影响评价
6	善后处置	组织恢复生产，并实施有关的环境恢复措施（包括生态环境、地表水体）。由矿区办公室或指定人员统一对外发布信息。有关部门迅速成立事故调查小组，对突发环境事件及矿山救援事故法律责任追究认定处理。
7	预案管理与更新	根据生产特征和管理要求不断充实预案内容，对有变更和不完全适宜的内容进行修订。注意矿山救援相关实用新技术的研发应用，矿山事故应急救援救护新标准规范的应用，保证应急救援的有效性

6.7 生态敏感区保护对策与措施

6.7.1 千山风景区保护对策与措施

6.7.1.1 千山风景区保护的重要意义

千山是鞍山市生态安全屏障区。作为辽宁省，尤其是鞍山市区保护较为完好的森林区，千山山脉生态景观区尤其是核心的千山风景区对于净化城市污染、动植物保护和生态环境改善具有不可替代的作用。对千山风景名胜区进行切实有效的保护，也即是构建鞍山市生态屏障的关键措施。

6.7.1.2　风景区保护措施与对策

（1）鞍山市政府和鞍钢集团协调，将矿区的生态环境恢复和千山风景区及周边地区的生态环境保护工作统一起来，采用边开采、边复垦的形式，及时美化矿区环境，逐步地、局部地恢复生物多样性，减少对景区的粉尘污染。

在大球尾矿库扩容工程运营中，随着堆积坝的完工，尽快开展坝体的绿化与复垦；正在使用的大孤山排土场应尽快参照大孤山东山包的复垦模式，优先执行分区域生态复垦计划。

（2）减小大球尾矿库的清水回水率，尽量保持一个较高水平的清水水面，既能增加水体景观面积，增强千山风景区景观协调度，又能增加干滩的湿度，抑制沙尘产生。

（3）在新建采场周围，建立一定高度的防护林，遮挡地面开采挖掘造成对千山风景区高山远望景观的影响。

（4）由鞍山市政府牵头，协同风景区做好景区范围内各项自然资源、特别是生物多样性的本底调查和监测工作，以利于生态资源的科学保护和合理利用。

（5）大孤山尾矿库扩容完成后，澄清区提供一定水量用于风景区一侧山体绿化用水。

6.7.2　汤河水库水源保护区保护措施

6.7.2.1　汤河水库水源保护要求

汤河水库既担负辽阳市城市中心区供水，同时也为鞍山供水。根据《辽阳市饮用水水源保护区区划方案》的界限范围叠图比对，本规划项目在汤河水库水源保护区的一级保护区、二级保护区和准保护区范围之外。在规划项目建设过程和运行过程中，应遵守其一级保护区、二级保护区、准保护区的保护规定。

6.7.2.2　汤河水库水源保护区规定

A　一级保护区

汤河水库水源一级保护区为非开采和非旅游区，应禁止下列活动：

（1）新建、扩建、改建与供水设施和保护水源无关的项目；
（2）向水体排放污染物、设置排污口；
（3）与供水和保护水源无关的船舶通行及设置码头；
（4）从事网箱养殖、垂钓、游泳、放养畜禽、种植农作物；
（5）堆放工业固体废弃物、垃圾、粪便和其他废弃物；
（6）挖沙、取土；
（7）设置油库；
（8）建立墓地和掩埋动物尸体；
（9）其他可能污染饮用水水体的活动。

已建成的与供水设施和保护水源无关的建设项目，由县级以上人民政府责令拆除或者关闭。

B 二级保护区

汤河水库水源二级保护区内为严格限制建设区,禁止下列活动:

(1) 新设置排污口,现有排污口要依法取缔;

(2) 新建、扩建、改建排放污染物的建设项目(已建成的项目由县级以上人民政府责令拆除或者关闭);

(3) 采矿及与供水和保护水源无关的河道工程等项目;

(4) 影响水源水质、水量的大规模养殖和旅游等活动;

(5) 兴建规模化养殖场及园区;

(6) 堆放、贮存危险化学品或工业固体废弃物;

(7) 设立装卸垃圾、油类及其他有毒有害物品的码头;

(8) 在15°以上坡耕地开垦耕作。

C 准保护区

汤河水库水源准保护区内为控制建设区,禁止下列活动:

(1) 利用水域清洗装载过有毒有害物品的容器。

(2) 超过国家或省规定的标准排放废水污染物。当排放总量不能保证保护区内水质满足规定的标准时,必须削减排污总量。

(3) 建设严重污染环境的农药、化工、造纸、制药、制革、印染、电镀、冶金、选矿等项目,其他建设项目必须严格遵守国家和省、市有关建设项目的环境管理规定;④严重影响下游水质和水量的其他行为。

D 各级保护区

保护区内,禁止下列活动:

(1) 破坏水源涵养林、护岸林以及与水源保护相关的植被;

(2) 向水域倾倒工业废渣、垃圾、粪便及其他废弃物;

(3) 使用剧毒、高残留农药或滥用化肥;

(4) 使用炸药、毒药捕杀鱼类和其他生物;

(5) 使用不符合国家规定防污条件的运载工具,运载油类、粪便及其他有毒有害物品通过保护区;运输危险化学品的车辆通过保护区,确需通过的,应当依照国务院《危险化学品安全管理条例》的有关规定执行。

6.7.2.3 规划项目与汤河水源保护区区划方案的符合性

鉴于本规划项目不涉及汤河水库及其一、二级保护区及准保护区的现状,规划实施应做到严格保护汤河水库流域内的植被,在汤河水库的支流流域形成的一、二级保护区范围内,不得设置和扩建新的排土场,在准保护区范围内,不得设置选矿厂。

弓长岭矿区大阳沟排土场位于矿区最南端,与汤河水库二级保护区边界最近距离约3km,本次规划不进行扩建并严格控制建设范围;鞍山矿区与二级保护区邻近的矿区为谷首峪矿区、眼前山矿区,最近的关宝山选矿厂距离准保护区边界在5km以上。

结合上述条件分析,规划项目与汤河水源保护区区划方案符合较好。

6.7.3 引汤入鞍输水管线保护及禁采措施

6.7.3.1 引汤入鞍输水管线保护要求

引汤入鞍输水管线自汤河水库取水，供给鞍山市和鞍山矿区用水。使用钢筋混凝土管沿着南沙河北侧支流胡家庙河河谷地下铺设，从鞍千铁矿哑巴山采区200m爆破警戒线处经过，本规划鞍千铁矿扩建二期工程项目施工期和营运期必须采取切实可行的措施，确保"引汤入鞍"输水管线的环境安全。

6.7.3.2 引汤入鞍输水管线保护措施

（1）认真落实许东沟露天采区境界后撤调整方案，哑巴山露天采区南部境界距输水管线必须大于200m，距输水管线0~200m下部含矿带列入禁止开采范围；

（2）认真落实哑巴山露天采区境界后撤调整方案，哑巴山露天采区北部境界距输水管线必须大于200m，距输水管线0~200m下部含矿带列入禁止开采范围；

（3）爆破采用中深孔微差松动爆破方式，防止爆破振动对输水管线产生影响；

（4）施工和采矿产生的固体废弃物不得堆放在输水管线附近，运输载重车辆应绕行，不得跨越输水管线；

（5）鞍千铁矿许东沟、哑巴岭采区矿石运输至哑巴山破碎站，破碎后矿石采用胶带机送往鞍千选矿厂（胡家庙选矿厂），胶带机要采取封闭防止扬尘污染，避免矿石散落压损输水管线。

7 土地、地质与景观环境的空间控制对策

矿山地质环境、视觉景观环境和土地布局的合理控制有赖于铁矿山空间控制系统的建立。针对矿区开发后总用地面积增加，原有用地功能发生改变，需从土地控制入手，综合考虑地质环境、生态和资源保护等因素，将规划区空间分为已建区、禁建区、限建区和适建区，分别实施不同的建设管治要求。开发前后矿区设施用地发生复杂的空间置换不仅是生产功能的区别，更多地表现为深凹开采后采场标高降低，尾矿库、排土场高度升高及形成矿区地貌等空间的变化，这就要求从景观控制入手，切合地质环境治理要求，研究高程变化，确定适宜的空间控制对策。

7.1 项目用地总体布局与功能分区合理划分

7.1.1 用地布局评价技术路线

用地布局评价采用宏观层次、中观层次和微观层次相结合的思路，对鞍钢矿山规划总体规划布局方案的合理性进行评价。首先对鞍钢矿山规划布局进行宏观层次的合理性评价，即对鞍钢矿山规划总体布局的合理性评价，然后针对鞍钢矿山规划地块功能分区，进行地块层次的合理性评价，最后从环境角度对微观层次的企业装置布置提出推荐方案。

本规划铁矿山布局方案通过调整改变现有铁矿山布局中不合理的组分，使之适合城市总体规划要求的功能分区，减少对其他功能组分的环境影响。在矿区内部通过规划布局优化矿山生产系统，对铁矿山规划的实施、发展有着至关重要的作用。

评价技术路线如图 7-1 所示。

7.1.2 鞍钢矿山规划总体布局合理性评价

7.1.2.1 区域布局的合理性分析

A 依靠鞍钢集团地缘优势

我国钢铁行业合理产业布局的重要特征是：内陆企业依靠自有资源，港口企业主要依靠进口资源。规划项目作为鞍钢可依托的自有铁矿石资源，距离鞍钢较近，可减少钢铁物流运输成本，符合辽宁省钢铁产业以鞍钢、本钢为中心的布局，符合以区位、市场、成本等优势参与竞争的产业布局要求，有利于促进辽宁省乃至渤海湾区域钢铁行业的产业布局更加合理。

2008 年国家发展和改革委员会发布的《钢铁产业调整和振兴规划》以及东北地区振兴规划，对矿产资源开发利用布局与结构调整提出了具体要求。振兴规划指出：落实国家区域发展战略，推动矿产资源开发利用与区域协调发展。东北地区重点调整矿产资源开发利用结构，稳定规模，保障振兴，促进资源型城市可持续发展。综合考虑矿产资源禀赋条

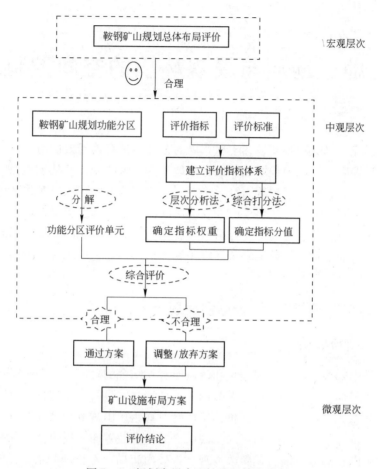

图 7-1 规划布局合理性论证技术路线

件、经济社会发展需要以及主体功能区的要求，统筹矿产资源勘查与开采，规划不同功能的矿产资源开采区，科学划分开采规划区块，指导采矿权合理设置，避免将大中型矿产地分割开采，合理确定大矿山周边安全距离，促进矿产资源开发利用合理布局，保障正常的开发秩序。

通过本次规划可以使矿产资源开发整合，优化矿山布局和企业结构，引导资源向大型、特大型现代化矿山企业集中，促进形成集约、高效、协调的矿山开发格局，符合《钢铁产业调整和振兴规划》中关于"矿产资源开发利用布局"的要求。规划的背景和对布局的总体考虑是符合上述精神的。

B 切合鞍山辽阳地区铁矿石开发的布局与产业升级

根据国发［2005］28 号《国务院关于全面整顿和规范矿产资源开发秩序的通知》，其中第四条"规范矿产资源开发秩序的主要任务"包括：

（1）严格探矿权、采矿权管理。组织对各地探矿权、采矿权审批情况进行全面清理，坚决刹住一些地方非法干预设置探矿权、采矿权的行为。

（2）集中解决矿山布局不合理问题。通过资源整合，切实解决矿山布局不合理等问题，逐步实现资源开发规模化、集约化。各类矿山都要按照规模化、集约化的原则进行整合，限期达到规定的最低开采规模。各地要统一组织制定小矿整合方案，并切实抓好落实，提高矿产资源开发利用水平，执行不同矿种的最低开采规模标准。

鞍山老区铁矿山历经多年开发，为保持稳产和接续产能，存在整合和进一步规划的需要。本次规划对项目进行的大范围的跨行政区规划，有助于促进矿产资源开发利用合理布局，保障正常的开发秩序；有助于通过有序勘查开发、规模开采和集约利用，形成矿产资源稳定供给和创新资源开发模式的重要区域；有助于促进形成集约、高效、协调的矿山开发格局。

近年来，鞍山、辽阳地区铁矿山资源经过不断整合已形成较为集中的开发布局，整合中不仅要通过产权置换、统一管理、集中布置、技术提升的手段，也要通过预先布局、划分功能、统筹规划的手段。但随着城市化的推进和城区面积的扩大，矿区与城镇发展区同区、混合布置的现象越来越普遍，对矿山开发根据可持续发展原则进行时间和空间规划，解决好开发规模、开发时序和开发布局问题，使之与城市生态系统相融合协调，已越来越成为管理层、民众和开发业主的共识。

本规划是切合国家资源整合要求，在近年来对铁矿石资源富集的这一区域布局进行的第一次规划，也体现了采用规划手段促进矿山开发资源整合、合理布局的要求。是必要的优化布局手段，因此也是合理的。

7.1.2.2　采区布局的合理性分析

研究区现状铁矿山采区的形成，除了基于资源禀赋因素外，有相当数量是不同历史时期进行过勘探或开采，又在新的工艺技术条件下重新评估并划定的新的开采范围和接替区域，对由此形成的新的采区采用符合资源综合利用要求的开采技术、开拓工艺、开采强度和选矿流程，并兼顾配套设施的建设，最终形成功能完善、工艺顺畅、布局合理的采区。

本次规划主要在鞍钢自有矿山范围内对5~10年的项目进行规划，并将近年整合的若干中小矿山纳入统一规划，对采区布局方案立足于鞍钢矿山规划的建设现状条件，充分考虑了鞍钢矿山规划内现存的各项物质内容的构成形态与数量状况，包括对现有矿区、现有工业基础等内容的准确把握。

综上所述，鞍钢矿山规划总体布局方案是合理的。因此，本次规划环评针对下一个层次，即地块和功能分区的布局合理性进行评价。

7.1.3　中观层次——鞍山矿区与鞍山市规划布局划分

7.1.3.1　城市规划地块设置与规划矿区的一致性分析

鞍钢集团与鞍山市签订了"十二五"战略合作协议，在关键问题上予以充分协调，本规划与鞍山市总体规划在政策、规章层面的障碍已完全解决。

根据《鞍山市城市发展战略规划研究》和《鞍山市城市总体规划》（2006~2020），鞍山市城市规划拟定布局图见彩图7-2。

如彩图7-2所示中散布着"鞍钢矿山"地块，自西向东再到鞍山市东北部，依次分布着西鞍山采场、东鞍山采场、排土场及东烧厂、西果园尾矿库、黑石砬子采场及选厂、大孤山采场、尾矿库、排土场及大孤山球团厂、眼前山矿区及排土场、张家湾采场、谷首峪采场、砬子山采场、关宝山采场及选厂、鞍千铁矿西大背采区、哑巴岭采区及排土场、许东沟采区及排土场、鞍千选矿厂、风水沟尾矿库（主体位于辽阳县境内）、齐大山铁矿选矿分厂、齐大山铁矿及排土场、齐大山选矿厂，基本涵盖了鞍山矿区所有规划项目，在规划图件中给鞍钢矿山地块明确标识。

7.1.3.2 鞍山市城市发展方向与规划矿区的协调性分析

A 鞍山市城市发展方向的战略考虑

鞍山城市发展始终受到行政区划的制约，难以摆脱单中心、圈层式的扩展模式，面临提高城市空间质量与优化中心城市空间结构的困境。

鞍山海城城镇发展轴是鞍山区域发展的重心，是最具发展动力的地区，这里将是人口地域转移的主要方向，目前这一地区集中了全市人口的70%~80%，鞍山市区有、又占到这一地区的70%~80%。

向南发展是未来鞍山市空间拓展的主导方向，即"东控、南进、西拓、北调、中疏"的贯彻"十一五"规划的方针。

随着这一战略的贯彻，未来鞍山市城市空间将跨越东西鞍山，在南部结合腾鳌组团、汤岗子组团发展城市新区，与老城区一起形成南北两个中心共同统领城市发展的空间格局。

B 规划矿区与城市发展方向的协调关系

上述城市发展的战略规划方向，决定了规划鞍山矿区各个方向所处方位不同，未来城矿结合关系会发生实质性变化。

鞍山矿区大致可分为东部、南部两部分，鞍山市东部紧贴辽阳的部分为规划齐大山矿区、鞍千矿区至眼前山矿区，矿区与城市关系由长期历史形成，东部发展模式大体定型，不因实施规划发生明显变化；南部有两大新开发矿区——西鞍山矿区和黑石砬子矿区，有与敏感区千山风景区相邻的大孤山矿区。城矿结合关系至关重要。可能会因为发展产生不协调，慎重处理好也会有利于双方发展。

C 东鞍山地块、黑石砬子地块与城市发展方向的协调性分析

东鞍山地块、黑石砬子地块地处鞍山海城发展轴的轴部，应符合根据城市发展方向进行的细部规划要求。

东鞍山矿区以西、矿区中部已留出城市发展交通通道，黑石砬子矿区以东尚有未规划利用土地范围，及另一条南北向主干道，目前两矿区范围与城市规划符合性良好，规划项目实施过程中还应进一步加强协调。

D 西鞍山地块、大孤山地块与城市景观、风景名胜区保护的协调性分析

西鞍山地块在鞍山市城市规划图件上已进行标识划分，西鞍山铁矿开发目前已做到政策性符合。西鞍山地块以东、西东鞍山之间留有南北向通道，西鞍山矿体中部也留有南北向通道，西鞍山铁矿的开发满足城市发展方向要求；西鞍山铁矿拟采用井下充填开采技术以保护鞍山市西鞍山景观。总体来说协调性较好。

大孤山地块与千山风景区毗邻的位置关系源于历史，又随着规划进一步深入。两者目前已基本解决了占地相容性问题，其他问题也能够在规划层面协调，见6.7.1节。

E 鞍山矿区南部布局的规划合理性小结

上述鞍山矿区南部地块地处鞍山市城市发展方向的南北轴向或两侧地带，目前城市规划已解决矿山用地类型及地块分布，留出城市发展的南北轴向通道，总体而言协调性较

好。大孤山地块与风景区保护的用地划分在规划阶段基本解决。

7.1.4 中微观层次——鞍山市东部地块布局划分

7.1.4.1 评价方法与指标分解

A 评价对象与单元设置

考虑规划用地类型并结合矿山用地现状，选取已划定的有代表性的齐大山 - 风水沟 - 鞍千地块（以下简称"评价区"），将评价区划分为 22 个评价单元，针对每个评价单元逐一进行功能分区布局合理性评价。

评价单元划分示意图如彩图 7 - 3 所示，各评价单元的用地类型情况见表 7 - 1。

表 7 - 1 鞍钢矿山规划评价区地块布局方案合理性评价单元设置

评价单元	用地类型	评价单元	用地类型
1	工业用地	12	工业用地
2	居住用地	13	居住用地
3	水域或其他	14	工业用地
4	工业用地	15	工业用地
5	居住用地	16	市政公用设施用地
6	工业用地	17	市政公用设施用地
7	居住用地	18	居住用地
8	工业用地	19	工业用地
9	水域或其他	20	水域或其他
10	居住用地	21	工业用地
11	水域或其他	22	风景区

B 评价方法与评价指标

首先针对评价区涉及的用地类型，选择相应的评价指标和评价标准，并按照评价标准逐一对评价指标进行综合打分，然后采用层次分析法计算各评价指标的权重值，最后将各指标分值进行加权求和得出评价单元的合理性评价分值，根据评价分值的大小分析评价单元的布局合理性，并在此基础上提出鞍钢矿山规划功能分区布局的推荐方案和替代方案。

针对评价区功能分区类型分别建立布局合理性评价指标体系。指标体系包括三个层次，主要分为目标层、准则层和指标层，指标体系选取应该满足科学性、可操作性、代表性、针对性。科学性要求以公认的科学理论为依托，可操作性是要求评价因子的信息较易获得，代表性是各评价因子能代表一方面或一类而无重复，针对性要求针对不同对象有的放矢。

具体指标见表 7 - 2。

表7-2 鞍钢矿山规划评价区地块布局方案合理性评价指标体系

序号	目标层	准则层	指标层	备 注
1			水土流失强度	侵蚀模数, $t/(km^2 \cdot a)$
2			植被覆盖	植被覆盖类型
3		自然生态	地下水资源	地下水资源丰富程度
4			地下水埋深	地下水埋藏深度
5			土壤类型	土壤类型
6			风向关系	与当地主导风向的关系
7			居民点影响	居民点、学校与工业用地距离
8	土地布局合理性	环境污染	生态敏感性	生态敏感程度
9			现有景观质量	当地周边景观质量
10			环境质量现状	当地水、气、声环境质量情况
11			与工业用地关系	与工业用地的距离
12			征地动迁	征用土地类型
13		社会要素	交通运输	运输条件便捷程度
14			现有基础设施	工程服务基础条件
15			与工业用地位置距离	与工业用地位置距离远近

7.1.4.2 评价标准

针对评价区规划功能分区类型的适宜度制定相应的评价标准，将评价标准划分为三个等级。各评价标准具体数值见表7-3～表7-7。

表7-3 规划工业用地评价标准

序号	准则层	指标层	综合打分 100	综合打分 60	综合打分 20
			一级标准	二级标准	三级标准
1		水土流失强度	小于100	500	大于1000
2	自然生态	植被覆盖	荒地	草地	林地
3		地下水埋深	地下水埋藏很深	地下水埋藏较深	地下水埋藏较浅
4		风向关系	城市主导风向下风向	-	城市主导风向上风向
5	环境污染	居民点影响	大于500m	200～500m	小于200m
6		生态敏感性	不敏感	较敏感	非常敏感
7		征地动迁	荒地，无居民	林地，搬迁少量居民	良田，搬迁大量居民
8	社会要素	交通运输	交通便捷	交通较方便	交通不便
9		现有基础设施	具有较好的基础条件	基础条件一般	没有基础

表7-4 规划居住用地评价标准

序号	准则层	指标层	综合打分		
			100	60	20
			一级标准	二级标准	三级标准
1	环境污染	风向关系	位于工业区的上风向	位于工业区的上风向，但距离较近	位于工业区的下风向
2		现有景观质量	景观质量优美	景观质量一般	景观质量较差
3		环境质量现状	质量较好	质量一般	质量较差
4	社会要素	与工业区位置距离远近	相对距离适合	相对距离较远	相对距离太远
5		距离道路距离远近	600~1000m	300~600和1000~1300	<300和>1300
6		现有居民住宅楼建设情况	现有基础设施较好	现有基础设施一般	现状无基础设施

表7-5 规划水域或其他用地评价标准

序号	准则层	指标层	综合打分		
			100	60	20
			一级标准	二级标准	三级标准
1	自然生态	水土流失强度	小于100	500	大于1000
2		植被覆盖	林地	草地	荒地
3		土壤类型	沙土	壤土	黏土
4	环境污染	风向关系	位于工业区的上风向	位于工业区的上风向，但距离较近	位于工业区的下风向
5		环境质量现状	质量较好	质量一般	质量较差
6		生态敏感性	非常敏感	较敏感	不敏感

表7-6 规划市政公用设施用地评价标准

序号	准则层	指标层	综合打分		
			100	60	20
			一级标准	二级标准	三级标准
1	环境污染	风向关系	位于工业区的上风向	位于工业区的上风向，但距离较近	位于工业区的下风向
2		与工业用地关系	距离工业用地较远	距离工业用地较近	紧邻工业用地
3		环境质量现状	质量较好	质量一般	质量较差
4	社会要素	交通运输	交通便捷	交通较方便	交通不便
5		现有基础设施	具有较好的基础条件	基础条件一般	没有基础

表 7 - 7 规划风景区用地评价标准

序号	准则层	指标层	综合打分		
			100	60	20
			一级标准	二级标准	三级标准
1	自然生态	水土流失强度	小于100	500	大于1000
2		植被覆盖	林地	草地	荒地
3		地下水资源	地下水资源丰富	地下水资源较丰富	地下水资源缺乏
4	环境污染	风向关系	位于工业区的上风向	位于工业区的上风向，但距离较近	位于工业区的下风向
5		与工业用地关系	距离工业用地较远	距离工业用地较近	紧邻工业用地
6		环境质量现状	质量较好	质量一般	质量较差
7		生态敏感性	非常敏感	较敏感	不敏感

7.1.4.3 评价指标构权法

在评价中采用层次分析法确定用地布局方案合理性评价指标的权重值。

层次分析法（Analytic Hierarchy Process，AHP）是美国运筹学家 T. L. Saaty 于 20 世纪 70 年代后期提出的一种系统分析方法。

AHP 的基本思想是先按问题要求建立起一个描述系统功能或特征的内部独立的递阶层次结构，通过两两比较因素的相对重要性，给出相应的比例标度，构造上层某要素对下层相关元素的判断矩阵，以给出相关元素对上层某要素的相对重要序列。

运用 AHP 解决问题，具体方法如下：

（1）建立指标递阶层次结构模型。

根据问题包含的因素按属性不同而分层，由上到下分成目标层、准则层、指标层，如果需要，还可对指标进一步分解为分指标 1、分指标 2……

$$A = \begin{matrix} a_{11} & a_{12} & a_{13} & a_{1n} \\ a_{21} & a_{21} & a_{23} & a_{2n} \\ a_{31} & a_{32} & a_{33} & a_{3n} \\ a_{n1} & a_{n2} & a_{n3} & a_{nn} \end{matrix}$$

（2）构造两两比较判断矩阵。

首先假使对承载指数影响的因子共有 n 个，构成集合 $X = \{x_1, x_2, \cdots, x_n\}$，确定它们对承载指数所占的比重，每次取两个因素 x_i 和 x_j，以 a_{ij} 表示 x_i 和 x_j 对承载指数的影响之比，得到两两比较判断矩阵：

$$A = (a_{ij})_{n \times n}$$

该矩阵应满足条件：

$$a_{ij} > 0, \ a_{ij} = 1/a_{ji} \ (i \neq j), \ a_{ii} = 1, \ i, j = 1, 2, \cdots, n$$

a_{ij} 的大小根据 Saaty 提出的以 1~9 及其倒数作为衡量尺度的标度方法给出，详见表 7 - 8。

表 7-8 比较尺度 a_{ij} 的取值方法

表 7-8 比较尺度 a_{ij} 的取值方法

x_i/x_j	相等	较强	强	很强	绝对强
a_{ij}	1	3	5	7	9

（3）计算矩阵 A 中每一行元素的乘积 M_i

$$M_i = \prod_{j=1}^{m} a_{ij} \quad (i = 1, 2, 3, \cdots, m)$$

计算 M_i 的 m 次方根 W_i

$$W_i = \sqrt[m]{M_i} = \sqrt[m]{\prod_{i=1}^{m} a_{ij}} \quad (i = 1, 2, \cdots, m)$$

对 $\overline{W}_i$ 作归一化处理：

$$W_i = \frac{\overline{W}_i}{\sum_{j=1}^{n} \overline{W}_j} \quad (i = 1, 2, \cdots, n)$$

则 $W = [W_1, W_2, \cdots, W_n]^T$ 为所求特征向量。

（4）作一致性检验。

先采用平均方法解出判断矩阵 A 的最大特征值 $\lambda_{\max}$，

$$\lambda_{\max} = \sum_{i=1}^{n} \frac{(AW)_i}{nW_i}$$

再利用

$$AW = \lambda_{\max} W$$

解出所对应的特征向量 W，W 经标准化后，即为同一层次中相应元素对于上一层次某个元素相对重要性权重。

然后利用如下公式进行一致性检验：

$$CR = \frac{CI}{RI}$$

$$CI = (\lambda_{\max} - n)/(n - 1)$$

当 $CR < 0.10$ 时，判断矩阵具有满意的一致性，否则需对矩阵进行重新调整。RI 为平均随机一致性指标，对于 1~9 阶判断矩阵，T. L. Saaty 给出了其取值，见表 7-9。

表 7-9 随机性指标 RI 值

阶数 n	1	2	3	4	5	6	7	8	9
RI	0	0	0.58	0.90	1.12	1.24	1.32	1.41	1.45

（5）层次总排序及其一致性检验。

利用同一层次中所有层次单排序结果，计算针对上一层次而言本层次所有元素的重要性权重，此即为层次总排序，计算需从上到下逐层顺序进行。

假设上一层次中所有元素 A_1，A_2，$\cdots$，A_m 的总排序已完成，得到的权值分别为 a_1，a_2，$\cdots a_m$，与 a_i 对应的本层次元素 B_1，B_2，$\cdots$，B_n 单排序的结果为 b_1，b_2，$\cdots$，b_{nj}，此时层次总排序权值由表 7-10 给出。

表 7 - 10　层次总排序示意结果

层次 A 层次 B	A_1，A_2，$\cdots$，A_m a_1，a_2，$\cdots$，a_m	B 层次总排序权值
B_1	b_{11}，b_{12}，$\cdots$，b_{1m}	$\sum\limits_{j=1}^{m} a_j b_{1j}$
B_2	B_{21}，b_{22}，$\cdots$，b_{2m}	$\sum\limits_{j=1}^{m} a_j b_{2j}$
$\vdots$	$\vdots$	$\vdots$
B_n	B_{n1}，b_{n2}，$\cdots$，b_{nm}	$\sum\limits_{j=1}^{m} a_j b_{nj}$

7.1.4.4　综合评价计算方法

将各评价单元的评价分值进行综合加权，得到评价单元布局合理性的分值。计算公式如下：

$$Q = \sum_{i=1}^{n} Q_i \times W_i$$

式中　Q_i——某评价单元单因子评价分值；

W_i——某评价单元单因子权重值；

n——某评价单元评价因子个数；

Q——某评价单元合理性综合评价分值。

在评价中，将布局合理性评价标准划分等级，见表 7 - 11。

表 7 - 11　方案评价标准

序号	综合评价分值（Q）	合理性等级	方案优选及调整
1	<40	不合理	建议放弃方案，执行替代方案
2	40 ~ 60		执行原方案，但需满足限制性条件
3	60 ~ 80	较合理	建议执行原方案，但需采取一定措施
4	≥80	合理	建议采纳原方案

7.1.4.5　指标权重值计算结果

按照层次分析法，各用地类型的评价指标因子权重值计算结果见表 7 - 12 ~ 表 7 - 16。

表 7 - 12　规划工业用地评价指标权重值

准则层	指标层	权重值	CR 值	是否通过一致性检验
自然生态（0.3090）	水土流失强度	0.0505	0.0088	√
	植被覆盖	0.0918		
	地下水埋深	0.1667		
环境污染（0.5816）	风向关系	0.3138	0.0088	√
	居民点影响	0.1727		
	生态敏感性	0.0950		
社会要素（0.1095）	征地动迁	0.0540	0.0516	√
	交通运输	0.0214		
	现有基础设施	0.0340		

表 7 – 13　规划居住用地评价指标权重值

准则层	指标层	权重值	CR 值	是否通过一致性检验
环境污染 (0.7500)	风向关系	0.2227	0.0088	√
	现有景观质量	0.1226		
	环境质量现状	0.4047		
社会要素 (0.2500)	与工业区位置距离远近	0.1233	0.0516	√
	距离道路距离远近	0.0490		
	现有居民住宅楼建设情况	0.0777		

表 7 – 14　规划水域或其他用地评价指标权重值

准则层	指标层	权重值	CR 值	是否通过一致性检验
自然生态 (0.3333)	水土流失强度	0.0990	0.0088	√
	植被覆盖	0.1799		
	土壤类型	0.0545		
环境污染 (0.6667)	风向关系	0.0813	0.0176	√
	环境质量现状	0.2131		
	生态敏感性	0.3723		

表 7 – 15　规划市政公用设施用地评价指标权重值

准则层	指标层	权重值	CR 值	是否通过一致性检验
环境污染 (0.7500)	风向关系	0.2227	0.0088	√
	与工业用地关系	0.1226		
	环境质量现状	0.4047		
社会要素 (0.2500)	交通运输	0.0833	—	—
	现有基础设施	0.1667		

表 7 – 16　规划风景区用地评价指标权重值

准则层	指标层	权重值	CR 值	是否通过一致性检验
自然生态 (0.5000)	水土流失强度	0.0817	0.0088	√
	植被覆盖	0.1485		
	地下水资源	0.2698		
环境污染 (0.5000)	风向关系	0.0490	0.0171	√
	与工业用地关系	0.0912		
	环境质量现状	0.1428		
	生态敏感性	0.2170		

7.1.4.6　评价区合理性评价计算结果

根据提出的综合评价公式，对评价单元的布局合理性数值进行计算，结果见表 7 – 17，表 7 – 18。

表7-17 用地布局方案合理性评价单元综合得分

评价单元	计算结果	评价单元	计算结果	评价单元	计算结果
1	59.40	9	78.72	17	28.61
2	37.84	10	36.64	18	37.19
3	81.47	11	77.48	19	69.74
4	75.65	12	77.17	20	84.47
5	26.56	13	37.05	21	74.75
6	73.67	14	71.89	22	58.14
7	39.02	15	58.78		
8	79.10	16	36.19		

表7-18 用地布局方案合理性评价结论

评价层级	评价单元分值范围	包含单元	占总评价单元比例/%	方案优选
一	≥80	3, 20	9.09	执行原方案
二	[60, 80)	4, 6, 8, 9, 11, 12, 14, 19, 21	40.91	执行原方案，但需采取一定积极措施
三	[40, 60)	1, 15, 22	13.64	执行原方案，但需满足限制性条件
四	<40	2, 5, 7, 10, 13, 16, 17, 18	36.36	放弃原方案，执行替代方案

从表7-17、表7-18的计算结果可以看出，鞍钢矿山规划地齐大山-风水沟-鞍千块的功能分区布局方案总体来说较为合理，可以按照原方案执行的评价单元占总评价单元数的63.64%。按布局合理性评价标准，评价单元合理性分值不小于80的单元，占总评价单元的9.09%，布局十分合理，可以执行原方案；80大于评价单元合理性分值不小于60的单元，占总评价单元的40.91%，在执行原规划方案的同时，需要采取一定的措施；60大于评价单元合理性分值不小于40的评价单元，占总评价单元的13.64%，建议在满足一定限制性条件的前提下执行原方案。对合理性分值小于40的评价单元，占评价单元总数的36.36%，建议放弃原规划方案，执行本次规划环评提出的替代方案。

7.1.5 基于地块布局合理性的推荐方案分析

基于以上用地布局方案合理性评价的结论，在此提出鞍钢矿山"齐大山—风水沟—鞍千"地块用地布局方案的推荐方案及替代方案，替代方案和推荐方案主要针对用地布局合理性评价层级中的二、三和四提出。

7.1.5.1 评价层级二推荐方案

针对评价层级二中包含评价单元有4、6、8、9、11、12、14、19、21，需要在执行方案的同时采取积极的环境措施。

评价单元4、12主要为选矿厂，但与周边村落距离较近，且处于鞍山城区的上风向，考虑其粉尘和SO_2对周边居民的影响，建议在厂区与居民区建设绿化隔离带，并保证大气防护距离达标。

评价单元6主要为风水沟尾矿库，由于库容较大，尾矿颗粒较细，遇大风天气极易起尘，对周边村路及鞍山市的环境空气质量影响较大，建议控制尾矿库干滩长度，对坝体易起尘部分进行绿化，并搬迁周边 500m 范围内的零星居民。

评价单元 8、14、19、21 主要为许东沟采场、排土场，采场粉尘及爆破噪声、排土场粉尘等对周边环境影响较大，且水土流失量较大，建议保留足够的采场爆破安全距离，搬迁排土场 500m 范围内的居民，同时对废弃采场及封闭后的排土场进行综合利用和复垦绿化。

评价单元 9 主要以山地为主，但由于其处在矿山采场、排土场及尾矿库的下风向，受粉尘影响较大，建议设立绿化隔离带，以减少粉尘的影响。

评价单元 11 主要为南沙河北支流，由于受矿山采坑及尾矿库对地下水的疏干和补充作用，河流水位会受到一定影响，建议加强对该地区水位的监测与控制。

7.1.5.2　评价层级三推荐方案

评价层级三中包含单元有 1，15，22。

评价单元 1 主要为齐大山采场、排土场，其粉尘影响周边居民及鞍山市，爆破振动及噪声对周边居民影响也较大，且在采场爆破警戒圈内及排土场 500m 范围内有部分居民。为避免以上问题的影响，提出在评价单元 1 的西、南侧采取绿化隔离措施，并对其排土场进行绿化工作。

评价单元 15 对周边村庄及市政设施的影响较大，提出在评价单元 5 与村庄、市政设施之间建设绿化隔离带，并对排土场等区域进行绿化工作。

评价单元 22 为千山风景区，其主要受大孤山铁矿采场、排土场粉尘影响，且大孤山深凹采场导致地区地下水位下降，造成千山风景区北区部分植物干枯。为减轻上述影响，提出在千山风景区保护范围内禁止建设工业设施，在控制范围内不再新建工业设施。

7.1.5.3　评价层级四替代方案

评价层级四中包含单元有 2、5、7、10、13、16、17、18。

评价区 2、5、7、10、13、18 目前有居民居住，且较为分散，受周边矿山采场、排土场、尾矿库等的粉尘影响较大，故为布局不合理单元。总体规划在距离矿山较远的上风向地区集中安排居住集中用地，建议将上述单元用地改为工业用地。

评价区 16、17 目前分别为看守所和锅炉房，由于其在矿山工业厂地内或紧邻采场、排土场，本次规划建议对看守所和锅炉房进行易地重建，将上述单元用地改为工业用地。

7.1.5.4　对不合理地块的推荐措施与替代方案

根据中观、微观布局评价，对不够合理的地块需采取一定的措施，满足限制性要求直至采用替代方案使地块功能趋于合理。方案措施主要包括：改变用地功能、增加防护距离、限制或禁止建设工业设施、设置绿化隔离带、加强绿化、加强对地下水位的监控等。

7.1.6　基于规划协调性的规划用地优化与调整措施

7.1.6.1　与鞍山市土地及总体规划冲突的优化解决措施

A　大球厂尾矿库征地占用千山风景区用地的解决措施

大孤山球团厂尾矿库扩建占用土地与千山风景区相邻，尾矿库加高坝体扩容后将有部分水面与拟规划风景区范围相接，相关问题已经过初步协调，征地前千山风景区管理部门已原则同意矿业公司的意见，尚需进行如下工作：

（1）千山风景区修订后的总体规划正在送审报批阶段，基于尾矿库水面对一侧风景区植被恢复的重要性，千山风景区总体规划宜将毗邻尾矿库水面的用地类型调整为水体景观用地，邻近景点类型调整为非核心区用地类型。

（2）尾矿库澄清水同时用作千山风景区生态用水。

（3）对尾矿库堆积坝体和加高坝体两侧复垦绿化，在尾矿库扩容项目环评中对库区西侧排土场选址进行合理性分析和慎重论证，减缓大孤山矿开发和尾矿库扩容对千山风景区的影响，保持大孤山矿区与千山景观协调一致。

在做好上述工作的基础上，在本规划远期，要做好大球尾矿库退役的技术准备，包括退役后尾矿库生态复垦绿化规划，提高尾矿综合利用水平，采用尾矿干堆和尾矿、岩石混排新技术，及尽早启用金家岭尾矿库。

B 西鞍山铁矿采选工程与鞍山市规划冲突的解决措施

之前西鞍山采选工程设想与鞍山市城市发展存在一定的矛盾点，目前经过协调在关键问题上已基本取得一致，正在办理相关土地手续，其中西鞍山选厂用地与鞍山市正在进行协调。

鞍山市政府已同意西鞍山矿山开发，并要求采用地下开采方式，对采矿方法明确为充填式，不破坏西鞍山地表景观。基于服从鞍山市城市特征维护和城市发展方向的考虑，西鞍山铁矿采选工程除需做好地下开采充填工艺设计外，矿区东侧与东鞍山矿区的南北向通道、矿区中部南北向通道宜保留，为鞍山市城市发展保持畅通物流。

C 东鞍山矿区、黑石砬子采选工程与城市发展方向的协调解决措施

东鞍山矿区、黑石砬子铁矿采选工程地处鞍山市城市发展南进方向的轴部（见13.3节），要符合城市发展方向畅通物流的要求，鞍山市总体规划中已设置了明确的东鞍山矿区、黑石砬子矿区地块范围，矿区规划实施中还要符合城市规划的要求，在矿区中留有南北向通道。同时注意城市景观协调性要求。

另外，原定黑石砬子采选工程占地与鞍山市近期道路规划和部分建筑物布置距离过近，不能满足卫生防护距离要求，建议在项目前期征地及环评过程中鞍钢与鞍山市积极协调，在市区规划方案基础上协调一致。

D 金家岭尾矿库征地与市规划冲突的解决措施

原金家岭尾矿库位置之前鞍山市计划拨给鞍山市武警支队占用，位置大致在原金家岭村水库附近，该位置基本上位于该库的中心。目前鞍钢已与鞍山市沟通，协调解决武警支队用地，为金家岭尾矿库的用地达成一致意见。

E 规划项目占用基本农田的解决措施

本次规划项目征用土地占用基本农田应采取如下措施进行：

（1）少量占用通过方案优化合理避让。

（2）大量占用时请国土部门通过修改规划，复垦造田代换等方式进行。

7.1.6.2 与辽阳市土地及总体规划冲突的解决措施

A 风水沟尾矿库扩建与周边墓地冲突的解决措施

风水沟尾矿库坝高二期拟增加到200m，北侧3号副坝区域正常设计放坡与辽阳县宏大墓地相冲突，为此设计采取了向库内筑坝的方式加以解决，避开了宏大墓地的占地范围，并使征地面积大大减少。

B 弓长岭区扩建与弓长岭汤河新城保护规划的协调解决措施

弓长岭区开发历时久，资源勘探程度较低，矿区附近中小型民营企业矿山分布众多，矿权界限较为模糊，近两年经过初步整合后有所改善。延续这种各自为政的开发方式，既不利于规范这一区块铁矿山资源开发秩序，在目前弓长岭区汤河新城保护规划编制过程中，也不能给出相关的矿区规划内容。

近期在加快这一片区铁矿资源整合同时，应尽快编制统一的弓长岭区铁矿山开发方案，并与汤河新城总体规划相协调，在规划中优化和确定弓长岭矿山布局方案。

7.1.7 规划用地布局合理性评价与建议

7.1.7.1 规划用地布局合理性评价小结

A 总体布局和采区布局

本规划总体布局有助于形成集约、高效、协调的矿山开发格局，符合矿产资源开发的区域布局要求；在总体布局框架内遵循可持续发展原则，在规划采区进行统筹开发，兼顾配套设施的建设，最终形成功能完善、工艺顺畅、布局合理的采区；总体布局和采区布局合理，有待通过规划进一步加强规划协调性。

B 中观地块布局

鞍山矿区南部地块西鞍山、东鞍山矿区、黑石砬子矿区、大孤山矿区等地块，地处鞍山市城市发展方向的南北轴向或两侧地带，目前城市规划已解决矿山用地类型及地块分布，留出城市发展的南北轴向通道，总体而言协调性较好。大孤山地块与风景区保护的用地划分在规划阶段基本解决。

齐大山矿区—鞍千矿区—眼前山矿区一线，对已初步划定的地块进行中观布局合理性分析评价，表明该地块的功能分区布局方案总体来说较为合理。可以按照原方案执行的评价单元占总评价单元数的63.64%；其中9.09%布局十分合理，可以执行原方案；40.91%的单元在执行原规划方案的同时，需要采取一定的措施；13.64%的评价单元可以在满足一定限制性条件的前提下执行原方案。36.36%的评价单元合理性分值小于40，建议放弃原规划方案，执行本次规划环评提出的替代方案。

C 对不合理地块的推荐措施与替代方案

根据中观布局评价，对不够合理的地块需采取一定的措施，满足限制性要求直至采用替代方案使地块功能趋于合理。方案措施主要包括：改变用地功能、增加防护距离、限制或禁止建设工业设施、设置绿化隔离带、加强绿化、加强对地下水位的监控等。

7.1.7.2 设计建设期间用地布局建议

在本次规划基础上，对下一阶段设计提出如下建议：

（1）贯彻总体规划布局和采区布局，在完善规划内容的基础上进一步做好规划地块布局，对地块单元进行分析评价，根据评价单元合理性确定地块用地类型，执行或放弃原方案，并采取必要措施。

（2）在下一步规划和设计阶段对拟设的排土场、尾矿库进行厂址比选分析。

（3）在规划基础上完善专项规划，对矿山设施进行统筹布局。

7.2 矿区地质环境治理与视觉景观保护对策

7.2.1 矿区生态景观的空间控制要求

7.2.1.1 铁矿山空间形态特点

铁矿山等金属矿山开发前后生态环境的变化，与非金属矿山有着显著不同，非金属矿山的开发总体上反映在生产区（采区）的后果是一种搬移后物质亏欠的状态，经历了地貌和地质变化后，呈现一种局部表面破坏（地表剥离）、高度显性（露天开采或地表塌陷）或隐性（地下开采）降低（或亏空）的空间形态，矿区生态环境需要在经历上述不可逆变化的基础上进行修复和重建。国内大量煤矿矿区的生态恢复与重建，基本上是在物质亏欠后果基础上，依据现有地貌形态的重建方式，由此在大范围露天采坑、塌陷区形成了回填区、湖泊、水域等形态。

大量采、选一体化的金属矿山，反映在生产区（采区）的物质亏欠，在矿山生产中又以排土（排岩）场或尾矿库的方式弥补，重回矿山系统，表现在整个矿区的物质亏欠状态不明显。金属矿山生态系统的组成和空间形态已不限于采场区，远较非金属矿山复杂。

基于金属矿山开发前后的复杂化、多样性的变化，对矿区生态环境的修复和重建，需要结合矿山生产统筹，遵循生态规律，进行综合治理，不再是满足单一生态因子（或功能）要求的生态恢复。尤其应当关注金属矿山生产环节的矿区空间形态变化，关注矿区空间管制。

7.2.1.2 矿区生态系统的空间格局及保护要求

A 矿区生态系统的空间格局

就矿区所处的自然生态系统而言，根据辽宁省生态功能区划，鞍山市矿区跨三个区，分属Ⅱ1-3鞍山市冶金工业污染与城郊农业面源污染防治生态功能区、Ⅱ1-1辽中—台安洪涝盐渍化防治生态功能区、Ⅰ2-6辽阳—海城土壤保持生态功能区。而弓长岭矿区属Ⅰ2-6辽阳—海城土壤保持生态功能区。矿区所在生态功能分区的不同，标志着矿区外围农业生态区面临的生态条件及功能要求有所不同。总体而言，大部分规划项目主要处于Ⅰ2-6辽阳—海城土壤保持生态功能区。即生态保护的要求主要是：通过长远规划、资源整合、清洁生产等措施规范矿产秩序，恢复已开发地区土地植被、保护区域森林和植被，保护汤河水库饮用水源地，重点是对油松栎林和落叶阔叶林生态系统进行保护，保护千山风景名胜区，发展千山旅游产业。这和本规划的总体指导思想也是一致的。

其中鞍山市矿区的空间形态，总体呈条带状围绕于鞍山市城区，基本地处于千山山脉北麓（东鞍山至鞍千一线）、西麓（齐大山铁矿至风水沟尾矿库），横切千山山前冲洪积扇。在连绵起伏、深沟纵壑的矿区范围内进行的长期持续开发，完成了开发范围从自然丘陵形态向人工丘陵形态的彻底改变；加上矿山工业场地与配套设施建设占地，形成了对原状农业生态系统的完全或部分替代。由于矿区地处鞍山市城郊的城乡结合地带，对城市人工生态系统和农业、山区绿洲林业生态系统起到一定程度的阻隔作用，并由于矿山开发使这种阻隔作用得到特殊意义的强化。矿山主体工程与配套设施的建设导致矿山生态系统替代原有的多种生态系统，又因鞍山市城区向外发展和扩张，两种趋势共同作用而形成该区域以矿山生态系统和城市生态系统为主导的空间格局。

弓长岭矿区所处位置同在城郊，部分工业场地与居住区处于市区边缘而采区地处城郊或乡村包围中，其空间形态，总体上以斑块状镶嵌在辽阳城区外的乡村地带，通过矿山道路作为廊道相连接。这里地处千山余脉，在连绵起伏的低山丘陵地带内长期持续进行矿山开发，矿山主体工程与配套设施的建设，使原有的自然丘陵形态向人工丘陵形态改变，以矿山生态系统逐步替代原有的多种生态系统的过程中，增加了该区域矿山生态系统的比重，又因矿区周边分布有两大水库，形成该区域以矿山生态系统和水库生态系统为主导的空间格局。

B 矿区生态景观保护与空间控制要求

a 区域社会经济发展规划的要求

区域内生态系统有赖于矿山生态系统与城市生态系统共同作用达到一定程度的平衡，因此矿山规划项目应与区域社会经济发展形势相协调，需符合鞍山市、辽阳弓长岭区各项发展规划特别是城市总体规划的要求。其中，矿区总体布局作为城市发展轴、带的组成部分，对城市规划施加影响并从属于规划发展布局；在城市规划中根据矿山资源、矿体赋存条件划出矿区设施用地，在满足城市规划的前提下进行矿区用地规划；处理好矿山用地与相邻城乡用地的关系，做好用地功能的合理划分；矿区内部，根据生产组成与环境特征进行规划而形成合理的功能分区，同时满足城市建设与环境保护的相关要求。

b 自然生态景观与环境美学要求

矿山人工生态系统的确立及同时形成的矿山生态景观，除满足控制粉尘排放、防止污染水环境、土壤环境等环境保护要求外，应符合：

(1) 环境美学要求。

(2) 满足公众认可的社会心理评价的要求。

(3) 矿山景观不会影响原有天然景观（本规划千山风景区自然景观、西鞍山地貌景观）和重要公用设施（高速公路、汤河水源保护区）的可视化要求。

(4) 减少景观破碎化、增强连通性，消除生态系统结构不稳定因素，提高生态安全程度的要求。

c 工程技术与地质环境保护要求

排土场、尾矿库等矿山设施应满足结构、荷载、排水等岩土工程技术要求，反演出基于合理规模的矿山设施体量、形态设计指标，和基于地形、高程指标控制的地质环境保护要求。空间控制不仅关注用地范围，更关注建、构筑物体量、形态的控制。

上述要求并不是完全割裂和独立的，最终可以通过多学科综合，使之具体化和指标化。

7.2.2 地质环境宏观管理措施

7.2.2.1 开展科学全面的地质灾害评价工作

从地质灾害形成条件出发，本项目初步评价了生态评价区范围内的小比例尺地质灾害易发性状况，服务于生态影响评价的结论。为实现矿区精细的地质灾害防治，必须进行大比例尺的矿区地质灾害易发性评价。首先进行调研，收集分析矿区地质背景资料，应用勘察手段查明已有的地质灾害类型、分布、岩土体物理力学性质及成因规律；查明滑坡、崩塌的成因及其与矿坑边坡变形之间关系；在调查、勘察的基础上，建立地质数学模型，从理论和实践上为地质灾害的治理提供依据。

7.2.2.2 建立地质灾害监测和预报系统

对于复杂地质灾害的治理，必须建立科学的组织管理体系，完善监测系统。开展矿坑边坡变形监测，地表塌陷、地裂缝变形监测，地下水埋深、水质监测等，对监测数据进行综合分析，及时有效地提出灾害预测预报，为工程实践和理论研究提供依据。

7.2.3 防治地质灾害的工程与生产措施

7.2.3.1 采场不稳定边坡加固

根据构造和地质特征，因地制宜采取不同的加固处理措施，体现治与防相结合、治理与生态恢复及环境美化相结合。根据齐矿山地质环境，对坡度较大的边坡实行定期巡视、定期减载是预防边坡滑坡、崩塌发生和减少地质灾害危险和破坏的有效手段。高陡边坡的复垦绿化也是减少滑坡、崩塌发生的有效措施。

7.2.3.2 提高排土场边坡稳定性措施

（1）在排土前，对排土场终了堆积部位的地基进行工程地质勘探，对地形条件不利于排土场稳定的区域及时提出治理措施。

（2）在排土前应将山坡的杂草落叶、山皮弱层清除，并挖成台阶形式，遇到光滑体或坡度较大的地段可采取棋盘布点爆破，以增强基底的粗糙度，清除发生滑坡的安全隐患。

（3）在潮湿多水地段，首先排弃不易风化的大块岩石，拦截地表水或者设排水设施；在排土场表面应设置有效的排水沟，防止地表水大量渗入排土场。对于容易风化的岩石和表土应安排在旱季排弃，不易风化的岩石大块排弃在土场边坡外侧。

（4）在排弃过程中，除留有岩土自然沉降量外，应使平台形成 2%~3% 内向坡度，以防止地表水汇流冲刷边坡。在排土场的堆积过程中，对地基较差地段，控制排土场的堆积速度。当排土场堆高超过一定高度时，在坡角部位堆积防护堤，以保证排土场的稳定性。另外，在生产过程中，要采用间歇式排土，分区段不集中排弃方式，以减缓排土场的下沉量；排土作业应将软弱土层和强风化层尽量分散排弃，避免集中排弃形成软弱面而引起排土场内部滑坡，处理好软弱基底，提高整体稳定措施；排土场最终境界 20m 内，应排弃大块岩石；对于物理力学性质差的风化岩土，安排在旱季排弃，并及时将没风化的大块硬岩排弃在边坡外侧，覆盖坡角，或按比例混合软硬岩石排弃；在底部排弃渗水性岩石；消除地表水对排土场的不利影响。

（5）未经设计或技术论证，任何单位不应在排土场内回采低品位矿石和石材，

（6）建立排土场监测系统，定期进行排土场监测；排土场发生滑坡时，应加强监测工作。

（7）在容易发生泥石流地段的边坡脚下，应设置构筑物来阻挡泥石流的下滑，主要措施是修筑挡泥石流的堤坝或者作石笼来阻止泥石流的流动危害建筑物。

7.2.3.3 尾矿库、排土场防灾管理

（1）汛期前应采取措施做好防汛工作，加强尾矿库汛期管理和重点关注排洪设施，在排土场靠山的一侧修建截水沟或挡水堤拦截地表水。

（2）尾矿库、排土场应制订相应的防震和抗震应急预案。

其他防治地质灾害的相关内容详见6.6.4节，6.6.5节。

7.2.4 矿山地形地貌的高程指标控制

7.2.4.1 几类典型矿山设施的高程变化规律

A 露天开采矿坑

露天开采初期开挖或削平山体阶段，采场基于山峰形态的变化，高度逐渐降低至地面；进入深凹开采后，渐次形成工作平台的高度也在不断降低，至最终形成开采境界范围内的深凹露天采坑，采场高程呈持续降低状态。

B 地下开采矿井

根据矿体赋存条件，进行地下开采形成的矿井空腔，既是闲置的空间资源，又是塌陷灾害的产生源。采用崩落、放顶等作业使上部岩层塌落的方法，其塌落程度、范围、时间的不确定性受制于矿层产状、围岩力学性质，其后果又反映在地表高度的变化上。采用充填法利用地下空间资源的做法，高程的变化则主要反映为地表高度的细微变化。

C 排土场

排土排岩场一般选址于沟谷地带，运营期高度呈逐渐升高的状态，在服役期内，沟谷填平后又逐渐高出周围地面，最终可能依一定的坡角而堆积形成人工山体，原沟谷形态和地表汇流也由此发生改变。

D 尾矿库

与排土场类似，无论何种类型尾矿库，运营期库区始终处于高度逐渐增高的过程，直至服役期满。

7.2.4.2 矿山设施高程指标控制的内容与意义

规划矿区地形地貌在开发前后发生了巨大的变化。尽管改变地形的地块面积较小，而高程变化剧烈。从平面布局看，规划项目的实施并不会改变目前评价区内整体土地利用的格局；从地形地貌的变化看，排土场、尾矿库选址于相对低洼地带逐渐堆积抬升为山峰，采场的深凹一般从高耸山体开始逐渐开拓或塌陷为谷地，选厂和其他工业设施依地势建设并做平整处理，矿区地表总体呈现出一种土地的再整理形态；地表或地下岩层错动、崩塌、滑坡等地质灾害，除了与岩土置换过程有关外，其势能因素与高度、深度或高程密切相关，往往高度越大，灾害后果越严重。因此高程指标成为影响地质环境安全与地貌形态的关键因子。

在规划阶段，要做好矿山空间地貌形态的高程指标控制。研讨不同高度空间分布的地质现象及矿山设施的适宜空间高度，寻求通过几何的高度约束，建立与规划区地质条件的响应机制，促进实现地质环境保护的预先控制，有效减缓与防止灾害事件的发生。

7.2.5 矿区视觉景观环境保护与优化方案

7.2.5.1 矿山设施景观功能规划设计

针对矿山开发形成的排土场、尾矿库等设施地貌形态，应开辟景观功能规划设计，包括以下内容：

（1）生态复垦与重建规划设计：做好对生态复垦完成后形成的地貌类型与未来生态功能定位，对复垦范围内的用地进行规划，完成满足地质环境、建筑设计要求的景观环境设计。

（2）工业旅游景观设计：对退役后完成生态复垦相对集中连片的排土场、尾矿库、露天采场等设施，转变用地功能后可进一步拓宽其使用功能，将其开发作为工业旅游景观。以旅游的开发带动生态景观维护。

（3）复垦后矿山设施再应用：复垦完成后的原矿山设施用地除可进行用地置换外，为进一步提高生态复垦的附加值，用地范围可转为林地、农业用地使用进而产生经济效益；城区附近有条件的可部分开辟为民居建设用地，以缓解城市用地紧张的状况。

7.2.5.2　重要敏感景观规避措施

在满足规划与功能分区布局的前提下，根据可视化原理等环境景观要求，优化项目建设方案及空间形态，对邻近的重要敏感景观目标实施规避，包括：对千山风景区可视化景观的优化、重要景点的保护规避；为做好西鞍山地貌景观的维护，采用充填法地下开采工艺，慎重论证排土场、尾矿库等设施选址对景观可视化的影响。

7.2.5.3　推进景观维护与生态修复一体化管理

矿山规划实施阶段，要推进景观维护与生态修复的一体化管理，以矿区生态修复重建为目标，以地质环境保护为切入点，以景观维护为手段，落实规划阶段对矿区设施空间的划分和控制要求。

7.2.5.4　矿区视觉景观与地质环境监测评估

作为支持管理目标的技术手段，项目实施后定期开展生态环境、地质环境监测和跟踪评价，监控地质环境变化，分析评估生态恢复重建效果。包括：排土场稳定性分析评估；尾矿库安全评价；生态环境（景观环境）跟踪评价；地质灾害危险性评估等。

7.2.5.5　地质灾害监测方案

依据第六章矿山地质灾害易发程度的评价结果、地质灾害防治基本原理以及地质灾害特征和建设手段进行地质灾害监测方案设计。

同时，考虑到鞍钢各个铁矿山分布范围较大，本次规划环评提出地质灾害的监测分为两个尺度进行：既包括全部矿山范围的区域尺度和局部重点地质灾害变形较大的局地监测尺度，并同时分别设计两种监测方案。

地质灾害的监测方案分别按照区域尺度和重点工程监测两个尺度进行。对于区域尺度的监测来说，利用星载雷达干涉测量，可委托专业遥感部门进行；而对于重点工程的监测可充分利用目前鞍钢集团内部和各个矿山内部的现有矿山测量的技术力量与仪器设备。

A　区域遥感地质灾害监测技术程序

在大范围尺度上，遥感手段是地质灾害变形监测的重要手段，目前常用星载雷达干涉测量（Satellite Synthetic Aperture Radar Interferometry，InSAR）技术。InSAR 是一种相位测量技术，它通过比较雷达回波信号的相位差异，可以获取某一时间段内的地表形变信息，其精度可达毫米级。目前雷达干涉测量技术在地震同震位移场观测、滑坡监测、沉降监测、矿区地质灾害形变监测、大型基础设施监测方面均涌现出大量的应用实例并取得较好成果。

综合国内外已有的矿山地质灾害监测案例，DInSAR，PSInSAR 和 SBAS 技术在矿区地质灾害监测的应用上较为成熟，效果良好，运用雷达干涉测量技术对鞍钢老区铁矿山进行区域尺度的地质灾害监测具有坚实的技术基础和可实现性。

基于 InSAR 技术的矿区地质灾害监测实施可分为三个阶段：

（1）数据获取，按照鞍钢老区铁矿山分布的范围，收集覆盖该区域的各种雷达影像；

（2）利用存档数据对矿区的历史性地质灾害进行分析，即分析从卫星在矿区首次获取影像的时间起到目前的地质灾害情况；

（3）向数据发售机构购买数据或免费下载共享数据，利用已经成熟的 DInSAR、PSInSAR 或 SBAS 技术对矿区地质灾害进行例行监测。

规划区域地质灾害监测与鞍山市、辽阳市地质灾害监测相结合并突出矿区特点，针对敏感问题开展重点地域监测。

B 重点区域地质灾害监测技术程序

在上述区域尺度地质灾害遥感监测的基础上，选择变形较大的区域，如露采边坡、排土场边坡等重点地质灾害易发区域按照测量的方式进行监测。随着 GPS 等空间测量手段以及仪器设备的提高，GPS 测量技术已经越来越多地应用到矿山地质灾害监测中。因此，本环评给出利用 GPS 技术进行重点区域地质灾害监测的概略步骤。

利用 GPS 技术实施重点区域地质灾害监测的实施步骤如下所述：

（1）选定监测基准点。监测基准点的选择直接影响到 GPS 监测数据的可靠性。这就要求 GPS 监测基准点稳定、可靠，且尽可能不受各种不利因素的影响。此外，在选定监测基准点时，不但要考虑到当前鞍钢集团矿山地质灾害监测的需要，还应考虑整个矿区规划实施后地质灾害监测的需要，将监测基点建在不受影响的稳定地层上。

（2）GPS 监测网的设计。监测网设计是采用 GPS 技术进行地质灾害监测的关键。应根据不同的监测目的选择不同等级的监测网及相应精度的基点坐标。根据 GPS 的测量范围，A、B 级网均为大区域范围的国家控制网，边长在 15km 以上或达上百公里。C 级网平均边长为 10 ~ 15km，D 级网平均边长为 5 ~ 10km，E 级网平均边长为 2 ~ 5km。A 级网基点采用 WGS - 84（1984 年世界大地坐标系）的坐标精度 1m，B 级网的精度 3m，C 级网 5m，D 级网 12.5m，E 级网 25m。

（3）监测点设计是监测网建立的重要内容，根据鞍钢集团老区铁矿山的各个矿山、排土场等的实际情况及规划实施进度，选择原有监测基点，四等三角点及矿山重要部位的新测点作 GPS 系统的监测点。这些监测点应大多分布通过区域遥感监测获取的地表变形较为强烈的区域。

（4）GPS 监测。野外数据采集使用高精度 GPS 接收机，一台布设在监测基点，进行长时间连续观测，另几台依次布设于各监测点。对重要监测点观测的时段为 2h，且要求 2个或 2 个以上的观测时段，一般测点为一个观测时段，且段长为 1h。监测数据可自动处理，计算出相应的基线向量，并调出相位双差参差图，对于波动起伏超过限差要求的监测应进行分析或重新测量。

（5）监测结果数据处理和分析。GPS 监测系统采用 WGS - 84 坐标系，通常采用的数据形式经度、纬度和椭球高程。不进行坐标转换，比较不同时间的观测结果，便可直接求出相应的差值或计算出相应的位移量。但如果分析评价 GPS 测量建立之前，用常规测量测得的结果，要将 GPS 测点作为工程地质测绘图的控制点时，则需要进行坐标体系的转换，将 GPS 系统采用的 WGS-84 坐标体系转换成矿区采用的地方坐标，建立二者之间的联系，便可分析评价地质灾害历年的累计形变信息及发展趋势。

C 地质环境调查监测重点内容

(1) 排土场，边坡位移观测，沉降监测，崩塌、滑坡、泥石流调查；

(2) 露天采场，边坡位移观测，崩塌、滑坡、泥石流调查；

(3) 井下采场，地表变形观测，塌陷区调查；

(4) 尾矿库，坝体边坡变形位移观测、渗漏、渗水点、滑坡、泥石流调查。

D 监测进度及实施责任

对于区域尺度的遥感监测来说，由于历史数据只是对区域地质灾害的一种分析，故其监测进度和频次按照每年一次的频率进行，选择每年雨季后，冬季前的雷达影像进行监测分析。而对于未来实施的监测，按照每年两次的频次进行，分别为雨季之前和雨季之后进行年度的地质灾害监测。

对重点区域地质灾害的 GPS 监测来说，需要根据区域尺度的遥感监测结果和矿山开采计划以及排土场的排土计划进行安排，目前无法确定精细的监测进度。

上述两种尺度的地质灾害监测方案，首先区域尺度的监测方案需要的监测仪器为遥感影像和计算机硬件以及干涉测量软件系统，这一方案可委托专业部分进行监测。重点区域的监测以工程测量手段为主，可采用全站仪、水准仪以及 GPS 进行，主要由鞍钢集团的测绘部门及各个矿山企业的测绘部门具体实施。

7.3 规划矿区空间控制系统的建立

7.3.1 矿区空间控制研究与管理

国内迄今对空间管制的研究，多用于满足承载力需求的国土功能分区领域。按照不同的资源开发条件、生态环境条件及其他空间特点，划定区域内不同发展特性的类型区，制订类型区内国土开发的标准和控制引导措施，从而作为区域尺度上的资源配置、调节方式。建设部在新版《城市规划编制办法》中也提出了空间管制的概念，规定了其在城市规划中的相关内容，以图促使城市规划真正成为调控和配置空间资源的公共政策。

开展多维度的空间管制是铁矿山生态保护的重要方式。本文所涉及的规划铁矿山矿区空间控制，是不局限于土地使用功能的控制方式，是建立在景观控制基础上的、涵盖地貌、地质与视觉景观控制的综合控制体系，并作为矿山生态保护体系的有机组成。其首要的问题是解决不同尺度和维度界面下的评价指标和方法选择问题。

7.3.2 矿区空间控制系统的内容

7.3.2.1 矿区空间控制系统控制方式、目的

A 矿区空间控制系统的概念

根据国务院国发〔2010〕46 号《关于印发全国主体功能区规划的通知》的精神，规划铁矿山矿区应当在开发中切合主体功能规划分区的内容，在上述一维的土地使用平面布

局控制的基础上，根据矿山开发的一般特征，谋求建立规划矿区空间控制系统，形成控制空间格局的措施机制。

B　矿区空间控制系统的建立

（1）根据矿区生态完整性评价和地形测绘、环境评价、地质灾害、水土保持方案编制等成果，建立规划矿区高程控制、空间异动、空间使用档案数据库；

（2）根据矿山开发一般特征和污染防治、生态保护、防范风险等控制性要求，在审批管理方面将矿山生产设施与必须同时投入、配套建设的各项环境保护措施，纳入统一的空间评估与控制体系，进行计划、指标控制与定期跟踪评价；

（3）在规划控制的基础上，通过矿山生产的有序组织规范排土场、采场矿坑，井下采空区及尾矿库的使用，最大限度削减固废排放，做到合理规范、保护环境；

（4）对汛期重点风险源尾矿库、排土场，结合河流、坑塘、露天采场设置应急贮存空间，纳入抢险救援和应急处置体系；

（5）开展对规划矿区控制空间内生态系统结构、地貌形态、工程地质及生物量组成的空间分布与功能研究，作为今后规划区域水土保持、防灾减灾、生态复垦等专项规划编制依据。

C　空间控制系统的目的与作用

（1）规范开发秩序，依法、合理、安全使用空间；

（2）防范环境风险和保障规划区生态安全，防止灾害侵害；

（3）保持规划区生态景观与结构体系的完整性；

（4）削减规划项目固体废物排放，治理矿山废水、粉尘固废污染。

7.3.2.2　土地使用控制与功能分区的合理划分

A　划分原则与要求

已建区指现状企业用地，包括各企业、道路、市政公用服务设施。

禁止建设区包括地质灾害极易发区和高易发区、河流水域、饮用水保护区、高压走廊控制区以及基本农田保护区。饮用水源保护区按照鞍山市、辽阳市饮用水源保护区区划方案的要求执行。

限制建设区包括地质灾害中易发区和低易发、饮用水水源防护区的建设控制地带。

适建区指禁止建设区、限制建设区、现状建成区以外的地区。

B　划分依据与方法

在宏观层面，主要基于矿区总体布局与城市环境保护的关系。矿区设施的选择作为中观和微观层面，进行布局合理性分析。

C　矿区详细规划阶段用地布局优化与系统控制

在矿区详细规划的控制性详细规划中，要首先满足限制或强制性的相关规划要求，根据矿山开发实际做好布局和配套设施规划；在修建性详细规划或近期项目实施阶段，则主要工作是按照相关规划要求做好地块布局，完成细部规划设计。

通过进一步详细规划采用有利于高效生产、全面治污、循环经济的布局，实现集中的生产控制和污染防治、生态保护。

进一步落实拟规划建设项目与外部设施的用地布局，充分考虑到项目的协同影响，克服基于单个建设项目范围局限，难以解决依托设施能力平衡等问题，完成各设施、系统的集中控制与合理布置。

7.3.3 空间控制系统主要规划对策的实施要点

7.3.3.1 实施的阶段

上述规划对策措施将分阶段予以实施，分别为：

（1）相关规划编制、专项规划编制阶段；

（2）矿区详细规划编制阶段；

（3）项目可行性研究与设计阶段；

（4）项目建设阶段。

对与规划有关的现状项目的运营与调查研究贯穿其中，作为完成上述阶段措施建议的技术环节。

7.3.3.2 实施的责任主体

现阶段实施矿区规划的责任主体为鞍钢矿业公司。

按照本规划上升为政府层面规划的目标，其中多项措施实施无法由鞍钢矿业公司独立完成，需要经过诸多部门相互协调，在此前提下实施的责任主体为：

鞍山市政府有关部门、辽阳市政府有关部门、鞍钢矿业公司。

7.3.3.3 监督与执行

监督可由有监督职能及义务的政府部门、媒体、公众做出。

上述规划对策措施的制定依据包括各项法律、法规、条例、规章，在其执行环节及其后的监督均可依照相关规定要求。

8 清洁生产机制与资源综合利用对策

资源综合利用、循环经济是建设矿山生态文明、打造绿色矿山的重要标志。规划铁矿山生产工艺达到较好的清洁生产水平，主要立足于开采工艺对矿产资源的利用，矿山固废废石、尾矿资源的综合利用和水资源综合利用，其中废石尾矿综合利用是下一阶段铁矿山资源综合利用的重点内容。如果把土地复垦看作是矿山生态恢复的末端治理，则矿产资源、尾矿资源综合利用则是促进生态恢复的前端、中间控制的清洁生产环节，也是从矿山生产组织、从人工措施方面落实矿山环境综合治理与生态恢复的主要内容，是实现矿山清洁生产、促进矿山循环经济、创新矿山生态再造机制的重要措施。

8.1 规划铁矿山清洁生产

8.1.1 清洁生产水平分析

8.1.1.1 清洁生产概述

推行清洁生产是我国环境保护和工业污染防治的重大策略，是建成生产全过程控制、进行整体污染预防、实现达标排放和污染物总量控制的重要手段，可实现节能、降耗、减污、增效的目的。

清洁生产包括清洁的产品、清洁的生产过程和清洁的服务三个方面。对生产过程，要求节约原材料和能源，淘汰有毒原材料，减少废弃物的数量和毒性；对产品，要求减少从原材料提炼到产品最终处置的全生命周期过程中对人类和环境的不利影响；对服务，要求将环境因素纳入设计和提供的服务中。

8.1.1.2 评价内容、方法及指标

根据《清洁生产标准 铁矿采选行业》（HJ/T 294—2006）中的指标，分别对鞍钢矿区规划各矿井及选厂现有和规划实施后的清洁生产水平进行定性和定量分析。铁矿采选行业生产过程清洁生产水平的三级技术指标分别为：一级，国际清洁生产先进水平；二级，国内清洁生产先进水平；三级，国内清洁生产基本水平。

8.1.1.3 矿山企业清洁生产水平分析

将鞍钢规划各矿山企业现有和规划实施后有关清洁生产指标数据与该标准进行对比。见表8-1~表8-3。

表8-1 露天开采类企业清洁生产指标对标结果分析一览表

行业指标		现有露天开采类企业（6家）对标结果				规划后露天开采类企业（9家）对标结果				
指标分类	指标项数	一级	二级	三级	未达标	指标项数	一级	二级	三级	未达标
工艺装备要求	5×6=30	11	17	2	0	5×9=45	21	24	0	0

行业指标		现有露天开采类企业（6家）对标结果				规划后露天开采类企业（9家）对标结果				
指标分类	指标项数	一级	二级	三级	未达标	指标项数	一级	二级	三级	未达标
资源能源利用指标	4×6=24	8	10	6	0	4×9=36	14	22	0	0
废物回收利用指标	1×1=1	0	0	0	1	1×1=1	0	1	0	0
合计数	55	19	27	8	1	82	35	47	0	0
比率/%	—	34.55	49.09	14.55	1.82	—	42.68	57.32	0.00	0.00

注：废石综合利用率按整个矿区总体考核。

表8-2 地下开采类企业清洁生产指标对标结果分析一览表

行业指标		现有地下开采类企业（1家）对标结果				规划后地下开采类企业（5家）对标结果				
指标分类	指标项数	一级	二级	三级	未达标	指标项数	一级	二级	三级	未达标
工艺装备要求	7×1=7	4	2	1	0	7×5=35	23	12	0	0
资源能源利用指标	4×1=4	2	1	0	1	4×5=20	4	16	0	0
废物回收利用指标	1×1=1	0	0	0	1	1×1=1	1	0	0	0
合计数	12	6	3	1	2	56	28	28	0	0
比率/%		50.00	25.00	8.33	16.67		50.00	50.00	0.00	0.00

注：废石综合利用率按整个矿区总体考核。

表8-3 选矿类企业清洁生产指标对标结果分析一览表

行业指标		现有选矿类企业（6家）对标结果				规划后选矿类企业（4家）对标结果				
指标分类	指标项数	一级	二级	三级	未达标	指标项数	一级	二级	三级	未达标
工艺装备要求	5×6=30	10	17	3	0	5×4=20	6	14	0	0
资源能源利用指标	3×6=18	6	1	7	4	3×4=12	4	5	3	0
污染物产生指标	3×6=18	16	2	0	0	3×4=12	12	0	0	0
废物回收利用指标	1×6+1×1=7	5	1	0	1	1×4+1×1=5	4	1	0	0
合计数	73	37	21	10	5	49	26	20	3	0
比率/%		50.68	28.77	13.70	6.85		53.06	40.82	6.12	0.00

注：尾矿综合利用率按整个矿区总体考核。

A 铁矿采选行业（露天开采类）清洁生产标准对比情况

由表8-1可知，通过将露天开采类矿山企业现有和规划后清洁生产指标数据与铁矿采选业清洁生产标准（露天开采类）定性及定量指标数据对比，结果分析如下：

（1）工艺装备水平（露天开采类）。矿山生产所使用的装备水平是清洁生产强调污染预防技术的一个重要方面。其中露天开采使用的钻机、电铲、运输汽车和电机车效率等代表了矿山的装备水平，其先进性如何直接影响着生产的能耗、劳动生产率及生产技术指标等参数，从而决定对环境产生影响的大小。

本规划露天开采类企业现有和规划后所使用的设备所采用的设备均采用大型、高效、耐用、低消耗的装备，属于目前大中型露天矿山使用比较普遍的设备，而且是技术装备水平和自动化水平较高的设备。现有企业除眼前山铁矿（规划后露天改地采）现有爆破和排水指标满足清洁生产三级指标要求外，其余均满足清洁生产二级指标要求。规划后各矿山企业装备水平基本不变，个别指标略有提升。总体上看，本规划露天矿山装备水平属国内先进，可达到清洁生产二级水平。

（2）资源能源利用指标（露天开采类）。各露天开采类矿山企业现有工程矿石回采率、贫化率、采矿强度和电耗满足清洁生产三级指标要求，规划后满足清洁生产二级指标要求。

（3）废物回收利用指标（露天开采类）。采矿生产过程产生的废物主要是废石。由于露天矿山剥离废石产生量很大，在目前经济技术条件下，不能实现每个现有生产矿山及规划矿山达到清洁生产指标要求，但鞍钢废石综合利用由鞍钢集团矿业公司总体考虑，整体负责开发，从整个鞍钢集团老区铁矿山废石资源综合利用率来看，目前全区废石综合利用率达到8.56%，未达到清洁生产指标中的三级标准要求。规划实施后，通过实施尾矿库扩容筑坝、废石用于露天采坑回填复垦、废石干选三大类项目，同时，通过将废石用于矿山建设期铺路路基材料或土地平整材料等途径，可实现全区废石综合利用率达到15.6%，能够达到清洁生产指标中的二级标准要求。

（4）露天开采类矿山企业清洁生产对标结果统计汇总。由露天开采类企业清洁生产指标对标结果可知，现有露天开采类企业各项指标达标率为98.18%，不达标项主要是废石综合利用率。规划后各矿山企业达标率为100%，全部达到清洁生产指标中的二级标准要求。

B 铁矿采选行业（地下开采类）清洁生产标准对比情况

由表8-2可知，通过将地下开采类矿山企业现有和规划后清洁生产指标数据与铁矿采选业清洁生产标准（地下开采类）定性及定量指标数据对比，结果分析如下：

（1）工艺装备水平（地下开采类）。工艺装备水平是清洁生产强调污染预防技术的重要方面，它的先进性如何，直接影响着生产能耗、劳动生产率、生产技术指标等，从而决定对环境影响的大小。本规划主要工艺装备现有和规划工程基本选取国内外先进的大型设备，主要包括掘进台车、采矿台车、装药车、电动铲运机等，各矿山生产装备水平均达到清洁生产二级水平。

（2）资源能源利用指标（地下开采类）。受矿体赋存条件和无底柱分段崩落的采矿方式的限制，弓长岭井下矿现有工程贫化率未达到清洁生产三级指标要求，回采率、采矿强度和电耗指标均满足清洁生产二级指标要求。规划项目实施后，各矿山企业在回采率、贫化率、采矿强度、电耗指标均满足清洁生产二级指标要求。

（3）废物回收利用指标（地下开采类）。采矿生产过程产生的废物主要是井下开采过程中的掘进废石。规划实施后，由于掘进废石产生量很少，通过井下充填不出井，尾矿库扩容筑坝和废石用于露天采坑回填复垦等途径，可实现80%综合利用，能够达到清洁生产一级指标要求。

（4）地下开采类矿山企业清洁生产对标结果。由地下开采类矿山企业清洁生产指标数据对标结果可知，现有地下开采类企业各项指标达标率为83.33%，不达标项主要是贫化率和废石综合利用率。规划后各矿山企业达标率为100%，全部达到二级以上水平。

C 铁矿采选行业（选矿类）清洁生产标准对比情况

由表8-3可知，通过将选矿类矿山企业现有和规划后清洁生产指标数据与铁矿采选业清洁生产标准（选矿类）定性及定量指标数据对比，结果分析如下：

（1）工艺装备水平（选矿类）。工艺装备水平是清洁生产强调污染预防技术的重要方面，它的先进性如何，直接影响着生产能耗、劳动生产率、生产技术指标等，从而决定对环境影响的大小。除齐大山选矿厂现有工程磨矿、分级和脱水过滤工艺装备指标满足清洁生产三级指标要求外，其余选矿厂现有工程装备均满足清洁生产二级指标要求。规划实施后，各选矿厂破碎筛分、磨矿、分级、选别、脱水过滤等指标均满足清洁生产二级标准。

（2）资源能源利用指标（选矿类）。现有工程除齐大山选矿厂、调军台选矿厂、东鞍山（东烧）选矿厂、弓长岭选矿厂电耗达不到清洁生产三级标准要求外，其他现有工程金属回收率、电耗、水耗均满足清洁生产三级指标要求。规划后，东鞍山（东烧）选矿厂、关宝山选矿厂和黑石砬子选矿厂金属回收率指标满足清洁生产三级指标要求，其他指标均满足清洁生产二级标准。金属回收率仅达到三级标准水平与原矿品位、矿石类型和矿石的可选性以及选矿工艺等有直接关系。鞍山地区的矿石品位大多为30%左右，且类型多为含碳酸铁、硅酸铁、绿泥石矿等难选矿石，可选性差，故无法有效回收。基于充分利用资源、节省能源以及铁矿石的市场情况，边界品位以下的部分矿物也逐渐被矿山所利用，也是致使入选符合品位比较低的原因。目前在选矿未能回收的部分金属量作为尾矿，在尾矿库存放，待今后技术发展并达到可选、可利用的时候，考虑综合利用。

（3）污染物产生指标（选矿类）。各选矿厂现有和规划工程污染物产生指标均满足清洁生产二级指标要求。

（4）废物回收利用指标对比表（选矿类）。各选矿厂现有工程和规划工程工业水重复利用率均满足清洁生产二级指标要求。鞍千选矿厂、调军台选矿厂、东鞍山（东烧）选矿厂、弓长岭选矿厂现有工程尾矿存放尾矿库堆存，未综合利用。规划后，各选矿厂各指标均能满足清洁生产二级标准要求；从整个鞍钢老区铁矿山尾矿综合利用率来看，规划实施后通过尾矿充填井下、尾矿制建材、尾矿再选等项目，可实现整个鞍钢老区铁矿山尾矿综合率达到33.3%，总体达到清洁生产一级标准要求。

（5）选矿类企业清洁生产对标结果。由选矿类矿山企业清洁生产指标数据对标结果可知，现有选矿类企业各项指标达标率为93.15%，不达标项主要是电耗和尾矿综合利用率。规划后各矿山企业达标率为100%，达到二级以上水平所占比例为93.88%。

8.1.1.4 规划铁矿山矿山环境管理的清洁生产水平

按照《清洁生产标准　铁矿采选业》（HJ/T 294—2006）的要求，各露天开采类、地下开采类和选矿类矿山环境管理共设置环境法律法规标准、环境审核、生产过程环境管理、环境管理、土地复垦、废物处理与处置以及相关方环境管理七项指标。

本规划各矿山企业为鞍钢矿山公司的分子公司，管理模式基本一致，而且现有矿山企业生产多年，具有一定的生产和管理经验，清洁生产管理水平基本满足二级指标要求。因此，本规划只要按照《清洁生产标准　铁矿采选业》（HJ/T 294—2006）的要求，建立完善的环境管理制度，按照清洁生产审核指南的要求进行定期审核，实现环境污染预防的全过程管理。制定完整的矿山生态环境保护、恢复规划，将复垦管理纳入日常生产管理，土地复垦率达到50%以上，本规划的清洁生产管理水平至少应达到二级水平，并应力争达到一级水平。

8.1.1.5 规划铁矿山清洁生产分析结论

由上述各项清洁生产指标分析，本规划实施后可得到以下结论：

露天开采类矿山企业现状基本满足清洁生产三级指标要求，不达标项主要是废石综合利用率。规划后各矿山企业达标率为100%，且全部达到清洁生产指标中的二级标准要求。

地下开采类矿山企业现状基本满足清洁生产三级指标要求，不达标项主要是贫化率和废石综合利用率。规划后各矿山企业达标率为100%，且全部达到二级以上水平。

选矿类矿山企业现状基本满足清洁生产三级指标要求，不达标项主要是电耗和尾矿综合利用率。规划后各矿山企业达标率为100%，达到二级以上水平所占比例为93.88%。

8.1.2 持续改进的清洁生产要点

8.1.2.1 清洁生产的组织与实施

清洁生产是实施可持续发展战略的最佳模式，通过实施清洁生产，可以使废物减量化、资源化和无害化，不仅可以促使矿区内铁矿采场和选厂提高管理水平、节能降耗减排、降低生产成本、提高经济效益和增强市场竞争力，还可以树立良好的企业现象。因此，矿区开发建设要重视清洁生产工作，做好清洁生产的组织与实施。

矿区内规划的铁矿和选厂等成立清洁生产领导小组来具体组织实施清洁生产工作，清洁生产领导小组由主管技术和环保的副厂长负责，由各相关部门人员组成。清洁生产领导小组具体职责如下：

（1）宣传清洁生产知识，提高全厂职工对清洁生产的认识，转变传统观念，使各级领导认识到推行清洁生产的重要性，使全厂职工认识到环境污染危害的严重性及污染的实质和来源。

（2）制定清洁生产管理制度，促进企业管理制度的完善与可操作性的提高。

（3）制定全厂及各生产车间的清洁生产目标，研究生产工艺，提出过程控制的改进措施、岗位操作改进措施。

（4）制定清洁生产方案，组织协调并监督其实施；组织企业职工的清洁生产教育和培训；编写清洁生产报告，建立清洁生产档案；制定持续开展清洁生产的工作计划。

8.1.2.2 铁矿山清洁生产的持续改进

根据本规划的实际情况，为保证持续改进，提出如下清洁生产建议：

（1）规划期清洁生产措施——推行保护性开采技术。为矿山开发生产源头抓起，尽量减轻地表地形地貌破坏和影响；围岩剥离和排土尽量减量化、无害化；疏干废水进行综合利用；矿山其他垃圾按环卫部门指定位置填埋；保护矿区内现有植被，保持区内生态系统的完整性和稳定性。

（2）降低电耗，节约能源。露天开采类矿山企业：采取合理的矿石开拓运输系统，在适当位置建设矿石破碎胶带运输系统。对于排土场距离远，排土量大的矿山采用岩石破碎胶带排土机排岩的方式。根据矿体赋存条件和矿区地表地形特征，将露天采场分区，分别确定各分区最大允许边坡角。采用合理开采方式，实现采扩同步，推迟剥岩，减少初期生产剥采比。根据实际的外部地形条件及运输条件并结合尾矿库位置等选择合理的排土场位置。排水设施采用分段设泵站、接力排水。设备选取考虑设备的配套协调，并配备相应的管理调度设施。通过以上措施，可以使露天开采类矿山企业节省大量能源，降低能耗。

地下开采类矿山企业：按照全面统筹规划、分期勘探、建设、开采资源的方针，采用分期开拓的方式进行开采。合理选择多种适合各矿山矿体特点的采矿方法。设备选取大型化、高效化、自动化的大型国外凿岩及装运设备。废石内排。井下开采通风采用抽压结合的多级机站通风方式。提升供气排水系统。通过采取以上措施，可以使地下开采类矿山企业节省大量能源，降低能耗。

选矿类企业：采用合理的磨矿选别工艺。充分发挥"多破少磨、以破代磨"的理念，选择高效破碎机和大型高效球磨机。主要作业如旋流器给矿泵、浓缩机底流泵、尾矿输送泵采用变频调速。室内外照明采用节能灯具。选用新型节能变压器具。通过以上措施，可以使选矿类矿山企业节省大量能源，降低能耗。

（3）降低贫化率。加强矿山生产时期地质测量工作，及时为采矿设计和生产提供可靠的资料，以便正确确定采掘界线，减少矿石损失量和废石混入量。

（4）提高金属回收率。采用适合矿石性质的选别流程，尽可能多的回收金属，建设尾矿回收处理设施，提高金属回收率。

（5）节约用水，降低水耗。根据回用水用途及水质要求，按照"分质供水、分质处理"的原则进行适度处理。矿坑（矿井）排水或送到选厂利用，或储存于地表储水池内，主要用于采场和运输道路洒水以及矿山绿化等，全部予以利用。

选厂废水循环利用，将选厂外排水全部回收，选厂废水集中处理后循环利用。尾矿库回水沉淀后送循环水蓄水池中重复利用。

（6）提高废石综合利用率。对废石开展综合利用研究。利用矿山排弃的碎石土为尾矿库筑坝的材料，将矿山排土场和选矿厂尾矿库有效结合起来，达到节省基建投资和避免大量征地的目的。排岩筑坝可以大大提高尾矿库的筑坝高度，增加尾矿库有效容积，提高尾矿库有效利用系数，提高土地利用率，其经济效益和社会效益明显。

另外，还可将开采剥离的废石用来作为铺路基石、回填钻孔等；将开采剥离岩石用做建筑材料、筑路材料或充填骨料；还可将某些废石提取有用成分制造农用肥料；以便变废为宝，提高清洁生产水平。暂时不能进行利用的表外矿，可以单独堆存，以待选矿技术进步后再进行利用。

（7）提高尾矿综合利用率。对尾矿开展综合利用研究。首先，对尾矿进行再选，该途径不仅适用于正在生产的铁矿，也适用于老尾矿库。对尾矿进行高效分选，尽可能多的回收金属元素，提高金属回收率。其次，用铁尾矿替代河砂。该途径一是可以大量消耗铁尾矿，为现有尾矿库腾出库容，减少对周围环境的污染和少征用土地；二是可以降低建筑工程造价，实现其自身价值；三是可以大量减少河砂的消耗量，避免新的土地和环境破坏。

另外，还可将尾矿用于生产建筑材料（制免烧砖，制装饰面砖、制干粉砂浆、泡沫陶瓷等），筑路材料（制铁路路枕等），制作肥料，充填矿山采空区，在尾矿库上覆土造田，种植农林作物等，变废为宝，提高清洁生产水平。

（8）加强管理。在生产过程中应加强对职工的管理和技术培训教育，提高作业人员的技术操作水平。

8.1.3 资源综合利用与生态再造的清洁生产管理

8.1.3.1 铁矿山资源综合利用清洁生产评价指标

铁矿山资源综合利用包括三项内容：矿产资源综合利用、废石尾矿资源综合利用、水资源综合利用。对其清洁生产审核与管理，现有标准分别用回采率、贫化率、金属回收率、废石综合利用率和工业水重复利用率等指标进行评价，评价结果见表8-4~表8-9。

表8-4 资源能源利用指标对比表（露天开采类）

企业名称	指标	回采率/%		贫化率/%		采矿强度 /t·(m²·a)⁻¹		电耗/kW·h·t⁻¹	
		状况	对标结果	状况	对标结果	状况	对标结果	状况	对标结果
大孤山铁矿	现有工程	99.11	一级	2.89	一级	1279.74	三级	1.67	三级
	规划项目实施后	97	二级	3	一级	3571	二级	1.17	二级
东鞍山铁矿	现有工程	96.5	二级	3	一级	2144	二级	1.2	二级
	规划项目实施后	97	二级	3	一级	2500	二级	1.16	二级
齐大山铁矿	现有工程	98.72	一级	4.21	二级	5000	二级	1.95	三级
	规划项目实施后	97	二级	3	一级	6667	二级	1.19	二级
鞍千（胡家庙子）铁矿	现有工程	98.94	一级	2.01	一级	4382	二级	0.74	二级
	规划项目实施后	98.5	一级	1.5	一级	8571	一级	1.2	二级
弓长岭露天矿	现有工程	94.58	三级	10.39	三级	2452	二级	0.5	一级
	规划项目实施后	95	二级	5	二级	7333	一级	1.1	二级
眼前山铁矿	现有工程	97.17	二级	2.85	一级	2542	二级	2.5	三级
	规划项目实施后	眼前山铁矿露天转地下							
西大背铁矿	规划项目实施后	97	二级	3	一级	6383	一级	1.08	二级
砬子山铁矿	规划项目实施后	97	二级	3	一级	5000	二级	1.12	二级
关宝山铁矿	规划项目实施后	97	二级	3	一级	2308	二级	1.2	二级
黑石砬子铁矿	规划项目实施后	97	二级	3	一级	7143	一级	1.17	二级

表8-5 废物回收利用指标对比表（露天开采类）

序 号	矿区名称	指 标	废石综合利用率/%	
			状况	对标结果
1	鞍山矿区	现有工程	11.65	三级
		规划项目实施后	17.23	二级
2	辽阳弓长岭矿区	现有工程	1.99	不达标
		规划项目实施后	5.79	不达标
合 计		现有工程	8.56	不达标
		规划项目实施后	15.6	二级

注：虽然各采矿企业具有独立法人资格，但各企业集中分布在鞍钢集团老区铁矿山的鞍山矿区和辽阳弓长岭矿区两个片区，废石综合利用由鞍钢集团矿业公司总体考虑，负责开发，故废石回收利用指标也按照整个矿区进行整体考核。

表8-6 资源能源利用指标对比表（地下开采类）

企业名称	指 标	回采率/%		贫化率/%		采矿强度 /t·(m²·a)⁻¹		电耗/kW·h·t⁻¹	
		状况	对标结果	状况	对标结果	状况	对标结果	状况	对标结果
弓长岭井下矿	现有工程	87.99	二级	25.04	不达标	130	一级	9.5	一级
	规划项目实施后	85	二级	12	二级	54.8	一级	15.6	二级
西鞍山铁矿	规划项目实施后	90	一级	5	一级	45	二级	18	二级
张家湾铁矿	规划项目实施后	85	二级	12	二级	35	二级	17.5	二级
谷首峪铁矿	规划项目实施后	85	二级	12	二级	34	二级	17.5	二级
眼前山铁矿	规划项目实施后	85	二级	12	二级	58.5	一级	16.2	二级

表8-7 废物回收利用指标对比表（地下开采类）

序 号	矿区名称	指 标	废石综合利用率/%	
			状况	对标结果
1	鞍山矿区	规划项目实施后	93.3	一级
2	辽阳弓长岭矿区	现有工程	0	不达标
		规划项目实施后	80	一级
合 计		现有工程	0	不达标
		规划项目实施后	90	一级

注：虽然各采矿企业具有独立法人资格，但各企业集中分布在鞍钢集团老区铁矿山的鞍山矿区和辽阳弓长岭矿区两个片区，废石综合利用由鞍钢集团矿业公司总体考虑，负责开发，故废石回收利用指标也按照整个矿区进行整体考核。

表8-8 资源能源利用指标对比表（选矿类）

企业名称	指 标	金属回收率/%		电耗/kW·h·t⁻¹		水耗/m³·t⁻¹	
		状况	对标结果	状况	对标结果	状况	对标结果
大孤山选矿厂 （大孤山球团厂）	现有工程	88.69	二级	31.6	三级	0.6	一级
	规划项目实施后	84	二级	26.6	二级	0.14	一级

续表 8-8

企业名称	指标	金属回收率/%		电耗/kW·h·t^{-1}		水耗/m^3·t^{-1}	
		状况	对标结果	状况	对标结果	状况	对标结果
鞍千选矿厂	现有工程	74.4	三级	30.18	三级	0.18	一级
齐大山选矿厂	现有工程	72.24	三级	36.5	不达标	0.5	一级
调军台选矿厂	现有工程	78.28	三级	40.7	不达标	1.2	一级
东鞍山（东烧）选矿厂	现有工程	75	三级	38.7	不达标	0.19	一级
	规划项目实施后	75	三级	28	二级	0.342	一级
弓长岭选矿厂	现有工程	77.12	三级	37.32	不达标	1.11	一级
关宝山选矿厂	规划项目实施后	71	三级	27.5	二级	0.68	一级
黑石砬子选矿厂	规划项目实施后	75	三级	27	二级	1.0	一级

表 8-9　废物回收利用指标对比表（选矿类）

序号	企业名称	指标	工业水重复利用率/%	
			状况	对标结果
1	大孤山选矿厂（大孤山球团厂）	现有工程	96.5	一级
		规划项目实施后	96	一级
2	鞍千选矿厂	现有工程	96.6	一级
3	齐大山选矿厂	现有工程	95	一级
4	调军台选矿厂	现有工程	95	一级
5	东鞍山（东烧）选矿厂	现有工程	95	一级
		规划项目实施后	96	一级
6	弓长岭选矿厂	现有工程	92.3	二级
7	关宝山选矿厂	规划项目实施后	93.04	二级
8	黑石砬子选矿厂	规划项目实施后	96	一级

序号	矿区名称	指标	尾矿综合利用率/%	
			状况	对标结果
1	鞍山矿区	现有工程	0	不达标
		规划项目实施后	35.23	一级
2	辽阳弓长岭矿区	现有工程	0	不达标
		规划项目实施后	21.36	二级
	合计	现有工程	0	不达标
		规划项目实施后	33.31	一级

注：虽然各采矿企业具有独立法人，但各企业集中分布在鞍钢集团老区铁矿山的鞍山矿区和辽阳弓长岭矿区两个片区，尾矿综合利用由鞍钢集团矿业公司总体考虑，负责开发，故尾矿回收利用指标也按照整个矿区进行整体考核。

由上述指标评价结果可看出，规划铁矿山资源综合利用指标不同程度较现有铁矿山有所改善，反映规划实施对铁矿山资源综合利用的推进作用。

在具体指标方面，反映矿产资源综合利用的露天、地下开采矿山回采率、贫化率两项指标，选矿厂的金属回收率指标，现状与规划水平稳定中有反复，反映出新开层位属贫矿、难选矿的情况，因采出矿量大、选矿工艺技术复杂等原因，规划指标水平未比现状水平有改善；采矿强度进一步提高，反映采矿设备大型化、规模化及工艺技术进步带来的变化；采矿、选矿电耗有所降低，是在保持工艺设备先进水平和大型化、规模化装备基础上，针对贫矿、难选矿基本保持原有清洁生产水平并持续改进的结果。

8.1.3.2 绿色采矿、生态再造与清洁生产指标创新

A 绿色采矿与循环经济、资源综合利用

关于绿色矿山建设，国土资源部《关于贯彻落实全国矿产资源规划发展绿色矿业建设绿色矿山工作的指导意见》（国土资发〔2010〕119号）是政策性、指针性文件，提出了原则要求和推行政策措施。"意见"指出，建设绿色矿山是加快转变矿业发展方式的现实途径。发展绿色矿业、建设绿色矿山，以资源合理利用、节能减排、保护生态环境和促进矿地和谐为主要目标，以开采方式科学化、资源利用高效化、企业管理规范化、生产工艺环保化、矿山环境生态化为基本要求，将绿色矿业理念贯穿于矿产资源开发利用全过程，推行循环经济发展模式，实现资源开发的经济效益、生态效益和社会效益协调统一，为转变单纯以消耗资源、破坏生态为代价的开发利用方式提供了现实途径。

这项"意见"的出台，代表了近一个时期的政策倾向，将通过绿色矿山建设促进矿业发展方式的转变，努力构建规范矿产资源开发利用秩序的长效机制。从政府、企业、行业多个层次和方位，建立完善制度，推动绿色矿山建设。

为推动绿色矿山建设，作为实施的企业主体，首先必须开展的工作内容有：规范矿山开采管理；编制绿色矿山建设相关规划；按照依法办矿、规范管理、综合利用、技术创新、节能减排、环境保护、土地复垦、社区和谐、企业文化（即绿色矿山建设的基本条件）要求，完成绿色矿山申报；接受行业规范和自律，自觉按照绿色矿山建设标准不断改进开发利用方式，提高开发利用水平，促进节能减排，落实企业社会责任，实现合理开发、节约资源、保护环境、安全生产和社区和谐，为绿色矿山建设工作营造良好环境。最终实现矿山开发利用方式的转变。

在技术环节方面，绿色矿山主要是从绿色采矿开始，构建绿色开采评价指标体系，全面贯彻循环经济理念，推行清洁生产，完善资源综合利用措施，强化环境保护，推进土地复垦和生态恢复，实现可持续发展，促进社会和谐。

绿色矿山以资源综合利用为重要抓手，以循环经济和生态文明为目标，是在矿山区域范围内针对矿山开采和资源综合利用的清洁生产，绿色矿山的打造过程也将进一步丰富矿山清洁生产指标体系，达到相辅相成的效果。

B 矿山生态再造概念与意义

铁矿山开发前至勘探前期，矿山维持自然生态或原有生态系统的平衡，矿山开发前后整个矿区以排土场、尾矿库、采场、采空区为主要土工构筑物单元，加上选矿厂、其他各类工业设施占地，使铁矿山发生了从地貌形态变化、地层空间变化直至生态系统变化的系列变化。对此，应当认可矿山开发前后必然发生的以地层空间变化、生态演替为特征的人工生态化。铁矿山规划实施后，无论矿山开发进程持续，或作为一项活动的结束，矿山开发前后替代自然生态的再造过程也一直持续发生，对其展开跟踪评估，将其纳入未来矿山

清洁生产评价与管理的范畴是必要的。

在形成铁矿山人工生态系统基础上进行的资源综合利用，包括废石、尾矿资源化利用、矿山地质环境治理等，既是矿山生态复垦的前端内容，又是矿山生态再造的重要措施。

C 矿山开发进程中生态再造的清洁生产评价与管理

现阶段铁矿山清洁生产评价与管理，除上述相应标准及体系指标外，根据国土资源部国土资发〔2010〕119号《关于贯彻落实全国矿产资源规划发展绿色矿业建设绿色矿山工作的指导意见》、环保部组织编制的《矿山生态环境保护与恢复治理方案编制导则》等系列文件精神，也提出了建设绿色矿山、进行生态环境恢复治理方面的清洁生产要求推荐工艺技术。

在技术方面倡导绿色采矿，协调矿产资源、土地、水、环境资源各方面的综合利用与平衡关系。在管理与控制方面按照符合生态规律、地质环境保护的生态系统平衡的要求恢复和重建生态，推动铁矿山生态再造。这些文件精神和技术政策要求，是推动未来铁矿山清洁生产指标的创新的重要抓手。

8.2 规划铁矿山循环经济与资源综合利用

8.2.1 规划铁矿山循环经济与资源综合利用模式

8.2.1.1 铁矿山循环经济要求

循环经济是把清洁生产和废弃物的综合利用融为一体的经济，循环经济是在可持续发展的思想指导下，按照清洁生产的方式，对能源及其废弃物实行综合利用的生产活动过程。它要求把经济活动组成一个"资源—产品—再生资源"的反馈式流程；其特征是低开采，高利用，低排放。在资源开采环节，要大力提高资源综合开发和回收利用率；在资源消耗环节，要大力提高资源利用效率；在废弃物产生环节，要大力开展资源综合利用；在再生资源产生环节，要大力回收和循环利用各种废旧资源。

循环经济的目的在于以尽可能小的资源消耗和环境成本，获得尽可能大的经济和社会效益，从而使经济系统与自然生态系统的物质循环过程相互和谐，促进资源永续利用。铁矿山的循环经济规划目标是通过矿区循环经济系统的建立，提高矿区资源和能源的利用率，最大限度地降低规划区污染物的产生量，维护矿区的生态环境，获得尽可能大的经济效益。2013年2月，国务院国发〔2013〕5号印发了《循环经济发展战略及近期行动计划》，该计划提出构建循环型工业体系，在工业领域全面推行循环型生产方式，促进清洁生产、源头减量，实现能源梯级利用、水资源循环利用、废物交换利用、土地节约集约利用。针对铁矿山，其内容包括：推进铁矿石资源综合开发利用；推进铁尾矿伴生金属的高效提取利用、富铁老尾矿低成本再选和低铁富硅尾矿高值整体利用；鼓励利用尾矿砂生产建材、进行井下充填和开展生态环境治理等。

《循环经济促进法》规定矿山企业在开采主要矿种的同时，应当对具有工业价值的共生和伴生矿实行综合开采、合理利用；对必须同时采出而暂时不能利用的矿产以及含有有用组分的尾矿，应当采取保护措施，防止资源损失和生态破坏。

减量化（Reduce）、再利用（Reuse）、再循环（Recycle）（简称3R原则）是循环经济的基本原则。矿区循环经济发展规划应在3R原则的指导下，以铁矿开采为核心，开展行业清洁生产，促进资源在行业内各工序内和工序间的高效合理利用；针对金属、非金属资源建立和延伸循环经济产业链, 促进资源的多途径、全方位利用。矿区的循环经济要坚持与区域经济发展相结合的原则, 促进周边的产业结构调整和提升, 使区域环境得到持续改善, 资源得到充分利用和循环, 达到企业经济效益、环境保护和企业组织管理效能提高的共赢局面, 从而实现矿区与环境和社会的和谐发展。

8.2.1.2 鞍钢老区铁矿山循环经济现状与发展条件

A 水资源循环利用现状

鞍钢矿业公司一方面通过加强技术创新, 应用节水设备设施来减少水资源的消耗量, 另一方面推广普及水循环利用技术, 做到生产用水厂内循环利用。2002 年以来, 矿业公司先后完成了东烧厂、大选厂和齐选厂外排水回收利用等污水治理项目, 目前矿业公司各选矿厂的循环水利用率均在 92% 左右, 损失水量为尾矿库的蒸发、渗漏和精矿带走水量, 各选矿厂均实现污水零排放。矿业公司各选厂水循环利用现状见表 8-10。

表 8-10 矿业公司选厂水循环利用现状

企业名称	水耗/$m^3 \cdot t^{-1}$	工业水循环利用率/%
大孤山选矿厂 (大孤山球团厂)	0.6	96.5
鞍千选矿厂	0.18	96.6
齐大山选矿厂	0.5	95
调军台选矿厂	1.2	95
东鞍山 (东烧) 选矿厂	0.342	95
弓长岭选矿厂	1.11	92.3

B 废石、尾矿形成与循环利用现状

鞍山钢铁集团矿业公司现有矿山包括齐大山铁矿、大孤山铁矿、鞍千矿业公司、东鞍山铁矿、眼前山铁矿, 弓长岭露天及井下开采项目等, 配套有 6 个选矿厂。废石和尾矿主要排弃于排土场和尾矿库, 鞍山地区有大孤山球团厂尾矿库、风水沟尾矿库、西果园尾矿库等三座尾矿库, 在鞍山地区形成了占地 1213 万 hm^2 的排岩场和 519hm^2 的尾矿坝。1999 ~ 2009 年累积剥离废石 11.3 亿吨、尾矿 2.4 亿吨。目前鞍钢集团对于废石的综合利用, 主要集中在废石作基建期铺路路基材料、废石干选以及尾矿库筑坝三种形式。

矿业公司废石和尾矿产量及综合利用率见表 8-11。

表 8-11 矿业公司废石和尾矿利用现状 (2009)

企业名称	废石量/$\times 10^4 m^3 \cdot a^{-1}$	废石利用率/%	企业名称	尾矿量/$\times 10^4 m^3 \cdot a^{-1}$	尾矿利用率/%
大孤山铁矿	2155	11.14	大孤山选矿厂 (大孤山球团厂)	364	0
东鞍山铁矿	2749	0	鞍千选矿厂	601	0
齐大山铁矿	3424	28.59	齐大山选矿厂	426	0
鞍千(胡家庙子)铁矿	2042	0	调军台选矿厂	729	0
眼前山铁矿 (露天)	90	0	东鞍山 (东烧) 选矿厂	336	0
弓长岭	5052 (井下97)	1.99	弓长岭选矿厂	396	0
合 计	15512	8.51	合 计	2852	0

规划区铁矿资源以贫矿为主，每生产 1t 成品平均需要采剥约 8t 左右的矿岩，排弃 7t 左右的废石和尾矿。矿岩、尾矿和废石体现出以下几个特点：

(1) 产出量大、面积广，综合利用难度大、技术复杂、牵涉面广；

(2) 矿山的开采相对比较集中，进行综合利用的半径比较小；

(3) 矿山的矿产资源多以某种资源为主，同时还伴有多种其他资源，在开发过程中未利用部分则成为资源性副产品被抛弃。成为排弃废石的一部分。

废石、尾矿等虽然是矿山企业的废弃物，但也是非金属矿物的重要潜在资源，具有再进行利用的价值。目前，矿业公司废石的利用途径主要是筑路、废石干选、尾矿库筑坝等几种形式。2009 年，鞍钢矿区废石干选利用废石 120 万吨，辽阳弓长岭矿区废石干选利用废石 100.7 万吨。风水沟以及大球厂尾矿库排岩筑坝利用废石量为 1098.8 万吨/a。通过排岩筑坝、筑路和废石干选等途径，废石利用总量为 1319.5 万吨/a，综合利用率达到 8.51%。

尾矿的利用途径主要是尾矿再选、制建筑用砂、制砖等。矿业公司年利用尾矿 10 万立方米的砖厂处于在建中，并筹备砂厂利用废石生产建筑砂，年产建筑砂 70 万立方米。

C 规划矿区发展循环经济的现状条件

现状铁矿山固废资源综合利用不足。尾矿已成为大宗固体废物之一，与矿山废石、废土成为矿山各类环境影响的主要来源。除了未进行规划统筹的管理因素与研究应用不足的技术因素外，观念和认识不足是影响推行循环经济模式和区域生态产业链形成的重要原因。废石和尾矿关系企业和行业生存与发展，也影响环境与安全。就规划建设绿色铁矿山而言，鞍钢老区铁矿山勘探开发力度不断加强，已成为国家战略资源储备的重要内容。但历史上环境欠账较多，亟待提高装备现代化水平和采选矿生产工艺技术水平，重视开发区域生态环境问题，处理好矿山与城市、乡村、自然生态系统维护的关系，解决矿山开发战略与区域社会经济发展规划的符合性问题。

现状条件下矿区发展循环经济，首先需要对资源性副产品进行保护储存和利用。其次，相对于一般的工业生产企业，矿山的循环经济更迫切需要提高资源利用水平和规模，扩大循环经济范围，更需要多行业和区域性的协作。开发整体性和区域性资源经济生态产业群，生态产业园区之间不同经济实体互为原料基础，形成新的经济协作和发展模式。

8.2.1.3 规划铁矿山区域循环经济模式与拓展层位

为进一步挖掘各矿山的废石综合利用途径提高综合利用率，从企业内部、企业间协作和区域协作三个层面进行规划拓展，循环经济发展模式如图 8-1 所示。

由图 8-1 可见，规划矿区循环经济模式反映在企业内部，要通过强化综合利用，配置静脉产业，构建鞍钢老区铁矿山"自然资源—产品—再生资源"的循环经济反馈式流程；在企业间，要建立合作关系，与静脉企业形成原料供应关系，利用外部静脉企业的能力消化废石和尾矿；在区域协作层面，要与鞍山、辽阳地方政府协调综合利用途径，将循环经济延伸至规划区域。

A 企业内部

对不同成分的废石进行分选、分别堆存，以便针对废石成分进行分类利用，例如滑石片岩和石英岩等非金属矿石。

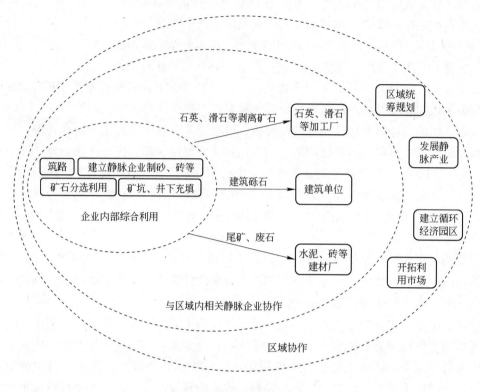

图 8-1 循环经济模式图

完善矿区交通道路，使废石和尾矿的综合利用道路通畅，修筑道路既可利用废石又有利于废石和尾矿的外运，重点改善齐大山铁矿、鞍千（胡家庙子）铁矿、弓长岭露天矿的交通状况。

结合鞍山矿石的品质特征和现有技术，加速免蒸砖、装饰砖、铁路轨枕、胶结水泥的产业化试验，建立废石和尾矿综合利用的生产厂，在 2015 年前进行产业化生产，2020 年前规模化生产，西鞍山井下充填需用的胶结水泥实现自给自足。

对废弃矿坑和矿井进行统计和统筹规划，充分利用废弃矿坑和矿井作排岩场和尾矿库；同时探索以废石和尾矿进行矿井充填的其他充填方式。

B　企业间协作

对静脉行业进行调查，规划建立企业间的协作关系，以废石、尾矿作为原料提供给静脉企业，建立静脉产业链，实现废弃资源交换利用，促进周边的产业结构调整和提升。可从以下三个途径开展与静脉企业的合作：

（1）与滑石、石英等矿的需求厂家联系，将从废石中分选出的滑石片石、石英外销。

（2）与建筑单位建立合作，将废石作为建筑砾石外运，用于建筑。

（3）与砖厂、水泥厂等企业合作，将废石和尾矿供给这些企业生产免烧砖、砌块、装饰面砖、水泥等。

C　区域协作

《鞍山生态市建设规划纲要（2008～2022）》提出建立鞍钢内部及鞍钢与社会间的生

态链接，尾矿可部分用于制造免烧砖，并加大对尾矿利用的研究；加快发展市区建设，扩大城市规模，推进县（市）城镇和重点镇建设，集中式的开发建设"一带、九区"，要对企业进行集中和搬迁，将分散的工业企业向综合园区或专业工业园区集中；压缩铁矿、菱镁矿、滑石等开采热点矿和热点矿区的矿山数量，到 2010 年固体矿产矿山由规划基期的 512 家压缩到 350 家，完成压缩率 31%；加强铁矿上部覆盖的钓鱼台组石英岩的综合开采、综合回收；对鞍山城区周边的齐大山、眼前山、大孤山、东鞍山、西鞍山等铁矿废弃地进行景观再造，规划建设为环城森林公园，境内废弃矿山及现生产矿山闭坑后的矿山生态环境全面恢复，治理率达到 100%。

根据鞍山市的以上规划，与鞍山市、辽阳市政府沟通协调，从以下几个方面构建鞍山市、辽阳市乃至更大范围的大宗固废循环经济利用产业链条：

（1）商讨在矿业公司附近规划静脉产业和循环经济园区的可行性，以及可以规划的静脉行业类型、企业数量和规模。通过建立循环经济园区，与循环经济园区内相关的静脉企业合作，以矿业公司的废石和尾矿为原料，就近、集中地对废石和尾矿进行综合利用。

（2）资源型城市的循环经济发展也要符合城市发展的需要。向有关部门了解未来 5~10 年城市发展需要的建材量，包括墙体砖、装饰砖、水泥等，估算可以消纳尾矿和废石的量。

（3）统计区域内各种矿坑的类型、容量、位置和交通等资料，利用已闭坑的矿坑作为排岩场，既改善景观生态，又能利用废石。

（4）与鞍山市的生态整治规划结合，争取政府的支持，加强矿山的生态复垦，对齐大山、眼前山、大孤山、东鞍山、西鞍山等铁矿废弃地进行全面复垦，既能利用排土场堆存的剥离表土，又能改善生态环境。

8.2.2 规划铁矿山资源综合利用途径

8.2.2.1 矿产资源综合利用途径

A 采矿工艺技术措施

采取各种有效的管理措施保持矿产资源"三率"指标稳定，开展先进的采矿选矿工艺技术研究，提高矿产资源"三率"指标，减少矿山固体废物的产生量。

为防止资源浪费，项目在建设和投产后应加强对矿石回采率的控制，尽可能多的回收矿产资源。矿山开采坚持贫富兼采、黑（磁铁矿）红（赤铁矿）兼采的原则，将境界内的富矿、贫矿和表外矿一并采出综合利用；将磁铁矿、假象矿与赤铁矿一并采出利用；将所有矿体，只要开采厚度达到最低开采厚度，一并采出利用；充分利用露天开采境界内的各种铁矿资源。

低品位矿、极贫矿和地表表土定点堆放。对设计境界内因经济和技术原因暂时不能利用的低品位矿和极贫矿进行定点堆放，以便技术进步后利用。

将露天开采剥离岩石用做建筑材料、筑路材料或充填骨料。

B 选矿工艺技术措施

采用适合矿石性质的选别流程，尽可能多的回收金属，建设尾矿回收处理设施，提高金属回收率。

C 土地资源（废弃采场、排土场、尾矿库）的综合利用

铁矿的开采具有采掘量大和排弃量大等特点，因此，挖损、塌陷和压占等必然要破坏大量的土地，其循环经济涉及表土资源和土地空间资源合理利用和复垦问题。如大型露天开采要剥离出大量的地表土，对剥离的地表表土可进行定点堆放，以便绿化和矿山闭坑后用于覆土造田，恢复生态环境。这种土地复垦技术也是保护土地资源最好的办法。规划将露天采场、排土场、尾矿库进行分期复垦。图 8-2 所示为露天开采土地复垦流程图。

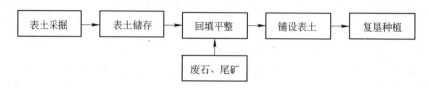

图 8-2 典型露天开采土地复垦流程

前苏联黑色冶金工业各矿山企业用土地复垦方法复田 4000hm² 以上，既利用了沃土又减少了囤积用地；首钢马兰庄铁矿，利用磁选尾矿和剥离岩土造地 34.88 hm²，相当于占用耕地面积的 90%。

本规划对矿区内的矿山采取有序开采，尽量利用废弃的矿坑作为排土场和尾矿库，以达到土地资源的综合利用。

8.2.2.2 采矿废石综合利用途径

采矿废石的利用大致可以概括为下列几种途径：

（1）对于开采剥离的废石，首先用于废石干选，再用来作为铺路基石、筑坝（尾矿坝）、回填闭矿露天采坑等。

（2）废石还可用作建材原料，如制造水泥，建筑陶瓷砖、硅酸盐墙板、平板玻璃、建筑用砾石和混凝土填料等。

（3）暂时不能进行利用的表外矿，可以单独堆存，以待选矿技术进步后再进行利用。

目前国内外对于铁矿废石综合利用的主要技术有：废石筑坝、废石干选、废石制建材、废石回填、废石回收高附加值金属等 5 个方面。其中大宗量的利用废石主要为废石筑坝和废石回填。

本规划 2015 年时产生废石 12799 万吨/a，部分用于充填矿坑和排岩筑坝，综合利用率达到 20.85%；2020 年时产生废石 16514 万吨/a，用于排岩筑坝，综合利用率平均达到 31.17%。部分废石用于筑路可使综合利用率有所提高。废石综合利用可减小排土场压力，减少占地带来的生态破坏和粉尘无组织排放，有利于减小采矿项目的环境压力。

鞍钢老区废石中无伴生矿产资源，难以进行回收高附加值金属的利用途径；而基于鞍钢老区自身尾矿扩容筑坝、回收废石中铁矿石资源及露天采坑复垦需要，故对于鞍钢老区的废石综合技术途径优先考虑顺序为：废石筑坝、废石干选、废石回填。考虑到废石成分与建筑砂石的相似性，将来在条件成熟时，远期还应开展废石其他综合利用方式的研究和应用，如废石制建筑材料中建筑石料、废石制砖等。

8.2.2.3 尾矿资源综合利用途径

目前国内外对于尾矿的利用大致可以概括为下列几种途径：

（1）用作矿山地下开采采空场的充填料：水砂充填材料或胶结充填的集料。

（2）用作建筑材料的原料：制作水泥、硅酸盐尾矿砖、瓦、加气混凝土、铸石、耐火材料、陶粒、玻璃、混凝土集料、微晶玻璃、溶渣花砖、泡沫材料和泡沫玻璃等。

（3）在尾矿库上覆土造田，种植农林作物。此外，还有用于修筑公路、路面的集料、防滑材料、海岸造地等。

（4）尾矿再选：该途径不仅适用于正在生产的铁矿，也适用于老尾矿库。对尾矿进行高效分选，尽可能多的回收金属元素，提高金属回收率。

鞍钢集团老区铁矿山尾矿综合利用正处于试验和研究阶段，尚未有尾矿综合利用项目，目前全部采取排入尾矿库的处置方式。目前已开展的尾矿综合利用试验和研究主要在：尾矿再选、制泡沫混凝土砌块、制装饰面砖、制铁路路枕、制干粉砂浆和泡沫陶瓷、尾矿制砂六个方面。

根据国内外尾矿综合利用技术进展并结合尾矿理化性质，规划矿区尾矿综合利用途径优先顺序为：尾矿再选、尾矿制砂、尾矿制砖、尾矿充填项目。另外，将来在条件成熟时，远期还应开展尾矿综合利用高附加值项目方面研究的应用，如尾矿制微晶玻璃、尾矿制肥料等；将来在露天坑达到内排尾矿的条件下，还应发展尾矿回填采空区技术和应用。

在规划项目实施期间应进一步研究尾矿成分，开发适宜综合利用的方法。

根据矿业公司现有砂厂和砖厂规模计算，2015年尾矿综合利用率平均达到5%。远期西鞍山选厂尾矿用于井下充填，还可通过修建更多砖厂和砂厂，充分利用尾矿，提高尾矿的综合利用率。尾矿进行综合利用可减少排入尾矿库的量，减小尾矿库容积需求和新建、扩容尾矿库造成的地质灾害风险；相对于传统河砂和制砖工艺，尾矿制砂和制砖工艺还可避免开采河砂和黏土造成的生态破坏和土地流失。尾矿的综合利用有利于提高规划与环境的协调性，但仍要做好砂厂的粉尘无组织排放的防护工作，减小规划对矿区及周围大气环境的影响。

8.2.2.4 水资源综合利用途径与措施

A 水资源综合利用途径

根据循环经济的3R原则，对矿区的水资源可从以下三方面进行控制和优化：

（1）采取必要的措施，尽可能地减少通过各种途径进入矿山的水源；采取节水措施，减少选厂排水。

（2）采用串接供水系统，使污水在生产过程中多次串接利用，矿井排水经过处理后可用作选矿用水或洒水抑尘，选矿排水经过相应的处理后可再次用作厂区道路抑尘水或矿粉抑尘水。

（3）选矿之后的污水在经过处理后可再次回用于选矿，形成一个循环圈，从而在整体上减少选矿的新水用量。

B 水资源综合利用对策措施

（1）本规划通过配套各项综合利用设施合理利用水资源、提高水循环利用率。

（2）建立矿井水净化站，矿井水净化后用于洒水车抑尘、绿化或选厂生产。

（3）选厂设立截污泵站，所有生产污水处理后作环水使用。

（4）选厂生活污水处理后纳入选矿厂水循环系统。

（5）尾矿库回水用于选矿厂，提高废水利用率。

水资源综合利用途径与措施见5.2节。

8.3 铁矿石资源综合利用对策与措施

8.3.1 矿区铁矿石资源储量与规划利用储量

8.3.1.1 鞍钢拥有的矿产资源情况

鞍钢集团截止2009年末保有地质矿量为88.52573亿吨，其中采矿权范围内保有地质储量为26.79831亿吨，采矿权范围外保有地质储量为61.72742亿吨。

截止2009年末，鞍钢已开采矿山有7座，保有地质储量为54.88413亿吨；未开采矿山7座，保有地质储量为33.6416亿吨。已开采的7座矿山均已获得采矿许可证，未开采矿山中碴子山铁矿、谷首峪铁矿、张家湾铁矿已获得采矿许可证；关宝山铁矿获得划定矿区批复，并已缴纳采矿权价款；黑石碴子铁矿已获得探矿权，并缴纳探矿权价款；国家计委办公厅在《关于西鞍山等三十个矿山作为第一批国家中、长期开发规划矿区的复函》（计办国土〔1989〕66号）中把西鞍山铁矿与祁家沟铁矿为鞍钢后备矿山。

8.3.1.2 规划利用资源量

规划利用铁矿石资源量为20.76亿吨，详见表8-12。

表8-12 铁矿石资源利用情况汇总表

序号	矿山名称	开采方式	规划利用资源储量/×10⁴t	矿床全铁含量/%	采出品位/%	备注
1	弓长岭露天矿	露天	21426.41	31.51	29.89	弓长岭矿业
2	弓长岭井下矿	井下	21027.66		40	弓长岭矿业
3	眼前山铁矿	露天转井下	27832.64		26.18	
4	大孤山铁矿	露天	12770.58		30.48	
5	东鞍山铁矿	露天	15053		31.48	
6	鞍千矿业铁矿	露天	41943	28.13	27.29	鞍千矿业
7	齐大山铁矿	露天	39241	30.62	29.44	
8	关宝山铁矿	露天	6011	29.14	29.91	
9	碴子山铁矿	露天	16993	26.47	26.06	
10	西大背铁矿	露天	5254	30.8	29.88	鞍千矿业
	合 计		207552.29			

8.3.2 矿产资源综合利用规划

8.3.2.1 矿产资源整合措施

鞍钢集团鞍山矿业公司根据鞍钢集团"十五"、"十一五"规划，按照国家发改委对鞍钢西部新区项目的批复和辽宁省国土资源厅关于支持鞍钢做大做强的政策（《关于国家规划矿区内现有矿山企业采矿权管理有关事宜的通知》（辽国土资发［2003］121 号）），对鞍山地区的铁矿资源进行了整合，至规划实施阶段已将胡家庙、西鞍山等地区的 31 个民营、个体小矿点的采矿权予以收购，并办理了新的采矿许可证。在此基础上，对拥有的资源进行统一规划，实行大矿大开，实现了在开发中保护、在保护中利用的目的。

A　鞍千（胡家庙子）铁矿资源整合

整合资源是为了更好地开发资源利用资源，使资源更好地为经济发展服务。对胡家庙子铁矿进行科学、合理的规划和开采。2007 年 10 月 8 日获得采矿许可证后，鞍钢集团矿业公司胡家庙子铁矿采矿活动依法在批准的矿区范围内，按设计有计划进行。矿山按时上缴矿产资源补偿费，无采矿权转让现象，无越界开采现象发生；矿石开采过程中严格控制矿石损失，充分合理利用资源，提高开采回采率；在开采范围内未发现共生伴生矿产；在选矿过程中，采取有效措施，提高精矿品位，降低尾矿品位，不断提高选矿回收率；各种生产台账、销售台账、图件齐全；矿山统计年报表等资料上报准确及时。

截止 2009 年底，鞍千铁矿保有资源总储量 1180510 千吨，2009 年度年生产矿石 925 万吨，设计回收率 97%，实际回采率 99.09%；选矿设计回收率 77.24%，实际回收率 74.4%。铁精矿产出品位为 67.55%。

整合后的鞍千矿业公司本次规划项目拟将设计开采能力扩建为 1500 万吨/a，在扩大生产规模的基础上巩固整合成果，提高生产工艺技术水平。

B　西鞍山铁矿资源整合

西鞍山铁矿是一个资源量 17 亿吨以上的大型铁矿床，截止 2003 年末该矿区具有合法开采权的民营和集体矿山企业共 5 家，其设计年生产能力从 10 万 ~ 66 万吨不等，年采出矿量约 120 万吨。

2003 年鞍钢矿业公司根据鞍钢集团"十五"、"十一五"规划和鞍山市将西鞍山地区列为风景名胜区的实际情况，本着"在开发中保护、在保护中开发"的原则，于 2004 年与 5 家民营和集体矿山企业签订了采矿权转让协议，2004 年 8 月完成了采矿权转让、变更登记手续。

鞍钢矿业公司取得采矿权后，于 2005 年末将西鞍山铁矿整合为两个采区，即西鞍山采场和前进采场，矿区面积由 0.3748km^2 减少为 0.2862km^2，达到了有效保护矿产资源、减少植被破坏的目的。

为切实保护好西鞍山景观资源，根据鞍山市人大提案和鞍山市有关部门的建议，本次规划将西鞍山铁矿纳入远期项目，近期暂缓开采，待井下开采充填工艺技术取得成熟经验后确定开发方案。

C　铁矿资源开发的有序管理

在整合和清理整顿小矿点的基础上，矿业公司制定了《鞍钢集团矿业公司矿产资源管理及矿石输出管理办法（暂行）》，在全公司范围内开展保卫矿产资源的专项活动，与各矿山签订了矿产资源管理责任书，进一步明确了资源管理和保护的职责。对公司所属矿山、排岩场、尾矿库周边地界内的非法小矿点、小选厂、碎石加工厂等进行了清理整顿，全面规范了铁矿石资源管理。

8.3.2.2　资源节约利用措施

为防止资源浪费，项目在建设和投产运营后应加强对矿石回采率的控制，尽可能多的

回收矿产资源。设计中采取的资源节约措施主要包括:

(1) 贫富兼采: 境界内的富矿、贫矿和表外矿一并采出综合利用;

(2) 矿种兼采: 境界内的磁铁矿、假象矿与赤铁矿一并采出利用;

(3) 厚薄兼采: 境界内的所有矿体, 只要开采厚度达到最低开采厚度, 一并采出利用;

(4) 岩石资源化利用: 将露天开采剥离岩石用做建筑材料、筑路材料或充填骨料;

(5) 金属回收: 采用适合矿石性质的选别流程, 尽可能多的回收金属, 建设尾矿回收处理设施, 提高金属回收率;

(6) 选矿技术: 持续推进选矿技术创新和技术进步, 不断提高精矿品位、产率和铁矿资源利用率, 最大限度地用好有限的矿产资源。

(7) 低品位矿、极贫矿和地表表土定点堆放: 对设计境界内因经济和技术原因暂时不能利用的低品位矿和极贫矿进行定点堆放, 以便技术进步后利用; 对剥离的地表表土进行定点堆放, 以便绿化和矿山闭坑后用于覆土造田, 恢复生态环境。

8.3.2.3 挖掘资源潜力和规划资源接续区

鞍钢各大铁矿山除弓矿位于辽阳之外, 其余均位于鞍山地区著名的南北铁矿带和东西铁矿带之中, 它们均为产于太古界鞍山群中的"鞍山式"铁矿, 目前这些铁矿床控制标高大多在 -500m 左右 (地表往下 700~800m), 为了对鞍钢各大铁矿山资源潜力进行评价, 根据各大铁矿床矿体特征结合磁异常特征, 对各大铁矿床的深部及其外围进行资源潜力分析, 对于深部又分为 1000m 以内和 1000~2000m 进行预测。预测结果: 鞍钢各大铁矿床外围资源潜力预测为 6.5 亿吨, 深部 1000m 以上资源潜力预测为 38.96 亿吨, 1000~2000m 间资源潜力预测为 137.38 亿吨, 总资源潜力可达 182.84 亿吨, 见表 8-13。

上述资源接续区均位于规划铁矿山现有勘探范围内, 未考虑本期未开发利用的祁家沟铁矿, 及未来可能新发现铁矿床资源量因素, 表中数据是保守的。由此可看出, 规划矿区范围至规划末期仍有大量深部资源潜力可供挖掘, 本规划完全可以保证在规划开发强度下矿山区域具有可持续发展所需的资源量。

表 8-13 鞍钢各大铁矿床资源潜力预测一览表   (10^8t)

矿床名称	矿石类型	深 部		外 围	总资源潜力
		1000m 以上	1000~2000m 之间		
齐大山铁矿	贫矿	10.56	26.4		36.96
王家堡子铁矿	贫矿	4	12		16
胡家庙子铁矿	贫矿	12	25		37
眼前山铁矿床	贫矿	3	10		13
关门山铁矿床	贫矿	4	13	1.8	18.8
大孤山铁矿床	贫矿	1.7			1.7
黑石砬子铁矿床	贫矿		9		9
东鞍山铁矿床	贫矿		11.62	1.7	13.32
西鞍山铁矿床	贫矿	3.7	18.8		22.5
弓长岭二矿区	富矿		4.51		4.51
	贫矿		7.05		7.05

续表 8 - 13

矿床名称	矿石类型	深 部		外 围	总资源潜力
		1000m 以上	1000～2000m 之间		
弓长岭一矿区南	贫矿			1	1
独木山至八盘岭	贫矿			2	2
合 计	贫矿＋富矿	38.96	137.38	6.5	182.84

8.3.3 铁矿石资源利用措施

8.3.3.1 应用先进的采矿技术

鞍山地区拥有丰富的铁矿资源，主要集中在鞍山周边和辽阳的弓长岭地区，属于鞍山式贫铁矿。本环评推荐鞍钢矿业公司采用成熟、先进的采选工艺，最大限度的利用矿石，提高矿石回采率。

A 依靠数字化矿山技术实现精确采矿

东鞍山铁矿应用澳大利亚 Surpac 大型矿山工程软件，该软件采用勘探和生产数据相结合的赋值方法，精确地建立了资源模型（实体模型、块模型）和地质数据库，可以掌握精确到 3m×3m×3.5m 块体的各种数据。并在此基础上，通过在效益最大化目标函数的控制条件下，编制科学合理的采掘进度计划以指导日常的矿山生产作业，实现矿产资源的优化配置，使资源得到充分利用。同时建立 GPS 定位系统，利用其高精度的定位功能，除了能够对采场的移动设备进行实时跟踪调度外，将其与矿山工程软件相结合，实现钻机钻孔的精确定位和挖掘机的定位采掘，使原本因某些因素导致矿岩交接部位的矿石未被回采的现象得到避免或大幅度减少。

B 应用先进技术提高矿石回收率

弓长岭、齐大山和大孤山铁矿等采用 Exel 导爆管雷管有效地完成分穿分爆工作。Exel 导爆管雷管具有延时精度高（误差是国内普通导爆雷管的 1/10）、机械强度大及使用简便和安全可靠等特点。利用其延时精度高的特性可以在规模较大的爆区实现逐孔起爆，在获得理想爆破质量的同时，可准确控制矿岩的抛移方向，利用该特点在矿岩交界处采取控制爆破，使爆破后矿岩的接触线依然清晰，为矿岩分装、分运创造条件，并可进一步降低矿石的损失贫化，提高矿石的回收率。

应用磁性矿干选技术，将混入待排弃岩石内的具有一定磁性矿石再回收。在大孤山铁矿现有的胶带排岩系统应用该项技术，每年可回收矿石 20 万吨左右，提高了矿石回收率。

C 发挥间断—连续开拓工艺的优势

间断—连续开拓运输工艺是当前世界比较先进的工艺，它的主要优势体现在提高运输效率、缩短运输距离、降低运输成本及加大露天采矿深度等方面。大孤山铁矿早在 20 世纪 80 年代就建成了当时国内首套半固定式间断—连续开拓运输系统，经过两次下延服务了近 20 年。齐大山铁矿的间断—连续开拓运输系统建于 1997 年，主体设备及与其配套设备为国外进口。该两座矿山的间断—连续生产工艺无论是装备水平及使用效果在国内都是比较先进的。大孤山铁矿由于该生产工艺的运用，使露天开采深度达到 -414m，比单一汽运或铁运及两者的联合运输方式可多下降 100m 以上，这意味着露天开采资源利用率高的优势得以继续发挥。

8.3.3.2 新建、改建选厂，采用先进的矿石选别技术

规划矿石资源的利用包括新建选厂、改造现有选厂等工程项目。

A 新建关宝山选矿厂

鞍钢集团矿业公司研究所基于对关宝山铁矿石的工艺矿物学特征和可选性的研究结果，进行了连选试验，确定拟建关宝山选矿厂破碎筛分工艺采用"三段一闭路"工艺流程，磨矿选别工艺采用"两段连续磨矿、粗细分级、重选、中矿再磨、弱磁—强磁—阴离子反浮选"工艺流程。当原矿品位为 31.09% 时，可以获得精矿品位 64.68%，尾矿品位 12.47%，金属回收率 74.19% 的较好指标。

B 老选矿厂改造

弓长岭选矿厂二选车间原来流程为处理磁铁矿流程，由于缺少磁铁矿资源目前停产，导致选矿能力闲置，拟对弓长岭选矿厂二选车间进行改造，改为处理赤铁矿的流程。对弓长岭选矿厂二选车间进行改造，增加原矿处理能力 150 万吨/a，增加精矿生产能力 50 万吨/a。项目实施后，弓选厂年处理赤铁矿石规模由目前的 300 万吨增加到 450 万吨（含三选），赤铁精矿产量由目前的 100 万吨增加到 150 万吨（含三选）。

大孤山球团厂选矿分厂由于缺少矿石资源，选矿分厂处于停产状态，待眼前山铁矿和大孤山铁矿改造达产后，选矿分厂恢复生产并对三选车间进行改扩建，以处理增加的矿石。对大孤山球团厂三选车间实施球磨大型化改造，增加原矿处理能力 400 万吨/a，增加精矿生产能力 100 万吨/a。

对鞍千选厂进行局部改造，处理鞍千矿业铁矿二期扩建后增加的矿石。鞍千选厂增加原矿处理能力 360 万吨/a，增加精矿生产能力 50 万吨/a。拟增建两个磨矿、选别系统。

C 采用先进、成熟的贫铁矿选矿技术

鞍山地区的铁矿具有贫、细、杂的特点，属于难磨难选的贫铁矿石，主要脉石矿物是石英。

规划项目将采用鞍钢矿业公司研究开发的适应该地区特点的选矿新工艺、新药剂及新设备，主要有如下技术：

鞍钢矿业公司研究开发的拥有自主知识产权的选矿新工艺，其核心技术主要包括：

（1）早收早弃工艺技术，通过阶段磨矿与重、磁、反浮选作业段的合理分配及工艺的有机结合，实现 3 个阶段抛尾、生产两种精矿，最后进入反浮选工序的矿量仅占总矿量的 1/3，使总选矿作业流程缩短，减少了磨矿量和药剂消耗量，达到了利用重选降成本和浮选提质量的高质低耗的目的；

（2）开发高效、无毒环保的新型选矿药剂。该类型药剂对提高精矿品位、保证金属回收率、降低药剂消耗起到了重要作用；

（3）研究开发用于反浮选作业前脱泥工序的脉动立环强磁选机，对回收细粒级弱磁性矿物效果十分明显。上述三项核心技术使鞍钢矿业公司选矿成果达到世界领先水平。

（4）采用提铁降硅新技术。

鞍钢矿山应用选矿提铁降硅新技术，先后完成了对齐选厂、弓选厂和东烧厂的工艺技

术改造，新建了弓长岭选厂三选车间和胡家庙子选厂；国内其他矿山企业也应用此项技术开发利用其矿产资源，如河北的司家营铁矿等。

优化选矿工艺流程、降低尾矿品位。优化磨矿结构，实现一扫精自返的研究使浮选作业段的能耗与药耗进一步降低，仅此一项在齐选厂推广，年获效益550万元；采用立环脉动中磁机替代筒式中磁机处理扫螺尾矿，由于该选矿设备的场强可调，对于矿石性质变化的适应性增强，仅此一项年可降低综合尾矿铁品位0.60%，年创效益1230万元。此外，还进行了捕收剂研究开发，确保了精矿品位由65.5%提高到67.5%以上。

选矿工艺技术进步带来了十分显著的效果，至2004年末，鞍山地区矿山应用提铁降硅新技术已全部完成了对老选厂的工艺流程改造，2004年矿山供炼铁的综合精矿品位达到67.50%，比2000年提高了3.06%，SiO_2含量4.05%，比2000年下降了2.97%，高炉入炉品位达到60%。通过提铁降硅新技术的全面应用，铁前系统自产的铁精矿以其低S、P，高品位的优异品质达到世界先进水平，综合入炉品位的提高和铁前成本的降低极大地提升了铁精矿的市场竞争力。

对于工业场地、排土场等的设置地点，做到不压覆矿产资源。砬子山铁矿用于新建倒装场的拟征地范围压覆矿产资源，该倒装场为临时倒装场，对倒装场进行搬迁，可以不压覆矿产资源。

8.4 废石尾矿资源综合利用对策与措施

8.4.1 规划废石、尾矿综合利用技术方案

8.4.1.1 规划大宗矿山固体废物排放总量

规划期间加强废石、尾矿资源综合利用，各时段固废排放总量见表8-14。

表8-14 大宗固体废物总量控制目标   (10^4 t/a)

类 别	近 期			远 期		
	产生量	利用量	排放量	产生量	利用量	排放量
废石	11923	1817	10106	16480	3464	13016
尾矿	4650	976.91	3673.09	7912	2635.19	5276.81
总 计	16573	2793.91	13779.09	24392	6099.19	18292.81

由表8-14可以看出，近期矿山废石和尾矿总产生量为16573万吨/a，排放量为13779.09万吨/a，综合利用量为2793.91万吨/a。远期矿山废石和尾矿总产生量为24392万吨/a，排放量为18292.81万吨/a，综合利用量6099.19万吨/a。

近期矿山废石产生量为11923万吨/a，排放量为10106万吨/a，综合利用量为1817万吨/a，综合利用率为15.24%。远期矿山废石产生量为16480万吨/a，排放量为13016万吨/a，综合利用量为3464万吨/a，综合利用率为21.02%。其中，远期露天矿山废石综合利用率为15.6%，井下开采废石综合利用率90%。

近期选矿尾矿产生量为4650万吨/a，排放量为3673.09万吨/a，综合利用量为

976.91 万吨/a，综合利用率为 20.34%。远期选矿尾矿产生量为 7912 万吨/a，排放量为 5276.81 万吨/a，综合利用量为 2635.19 万吨/a，综合利用率为 33.3%。

近远期燃煤灰渣和生活垃圾经妥善处理和综合利用后，不外排。

8.4.1.2 废石综合利用途径及技术方案

对设计境界内因经济和技术原因暂时不能利用的低品位矿和极贫矿进行定点堆放，以便技术进步后利用。剥离的表土单独堆放，全部用以绿化和复垦。井下矿废石将采用充填矿坑的方式进行内排，无废石外排，废石主要由露天采场产生。

废石综合利用途径如图 8-3 所示。

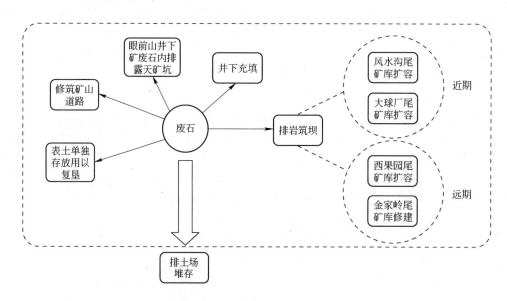

图 8-3 废石综合利用图

A 近期

主要的利用方式为大孤山球团厂和风水沟尾矿库排岩筑坝及废石干选，而各矿山修筑矿山道路也可以利用部分废石，但由于量小且不稳定，重点考虑用于尾矿库扩容排岩筑坝和废石干选项目。2015 年废石总产生量为 11923 万吨/a，综合利用量为 1817 万吨/a。

大孤山球团厂尾矿库、风水沟尾矿库扩容计划分别于 2013 年、2014 年投产，采用排岩筑坝利用废石，其中风水沟尾矿库扩容一、二期分别将坝顶标高扩容至 160m 和 200m。风水沟尾矿库扩容一期工程筑坝估计可利用废石 2715 万立方米，大孤山球团厂尾矿库扩容规划坝顶标高由 157m 增至 180m，可利用废石 780m³。2010~2015 年排岩筑坝约可利用 3495 万立方米，合 6900 万吨，平均每年利用 1398 万吨。

目前，鞍钢矿区齐大山废石干选综合利用量为 80 万吨/a，大孤山为 40 万吨/a，辽阳弓长岭矿区为 100.7 万吨/a。根据鞍钢老区已有废石干选工程处理规模，结合近期老区铁矿山相关采场开采规模，鞍钢集团老区铁矿山近期废石干选工程规模可达到 234 万吨/a。

B 远期

2016~2020 年风水沟尾矿库扩容二期工程估计利用废石 1620 万吨/a；废石干选工程可利用废石 239 万吨/a；眼前山露天矿坑充填可利用废石 525 万吨/a。

8.4.1.3　矿山尾矿资源综合利用途径与技术方案

工信部《金属尾矿综合利用专项规划（2010~2015年）》要求到2015年全国尾矿综合利用率达到20%，尾矿新增贮存量增幅逐年降低；已实现安全闭库的尾矿库50%完成复垦；初步建成3~5个具有鲜明循环经济特征和清洁生产特征的铁尾矿综合利用示范基地。

工信部规 [2011] 600号文发布《大宗工业固体废物综合利用"十二五"规划》规定，尾矿综合利用率由2010年的14%提高到2015年的20%。开展以尾矿有价金属组分高效分离提取和利用、生产高附加值大宗建筑材料、充填、无害化农用和用于生态环境修复为重点，推进尾矿综合利用。包括：

（1）大力发展磁铁石英岩型尾矿再选，赤铁矿尾矿预富集还原再选，钒钛磁铁矿型尾矿提取铁、钒、钛；铜、钴、镍尾矿多元素综合回收，铅、锌、银多元素伴生尾矿清洁综合利用，黄金尾矿硫化物深度分选及有价组分提取，有效提高矿产资源利用效率。

（2）解决尾矿大宗整体利用的瓶颈问题，加强尾矿生产加气混凝土的推广力度，鼓励年产30万立方米以上规模生产线建设；鼓励优等品砌块、大型板材等高附加值产品的规模化生产。开展超高强结构材料、高附加值熔浆型材料产业化示范，形成成套技术与装备。因地制宜，加快推广尾矿商品混凝土、尾矿透水砖及高品质保温墙体材料的应用。

（3）重点发展全尾砂胶结充填，提高金属矿产资源回采率；鼓励发展尾矿水砂充填采空区、尾矿干排干堆充填塌陷区；开展尾矿无害化生产农用缓释肥、土壤调理剂应用示范，加强尾矿缓释肥、土壤调理剂等对农作物及土壤的影响评价的方法和标准研究。

尾矿综合利用途径如图8-4所示。

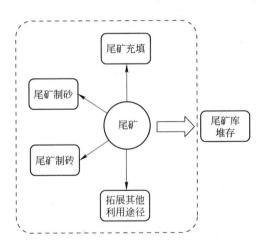

图8-4　尾矿综合利用图

A　近期

尾矿充填尚不具备条件，主要采用尾矿制砖、制建筑砂和尾矿再选进行利用。至2015年，选厂共产生尾矿4650万吨/a，尾矿综合利用量976.91万吨/a。

鞍钢集团矿业公司于2010年3月委托长春金世纪矿业技术开发有限公司对大选厂尾矿进行了泡沫混凝土试验研究，鞍钢集团矿业设计研究院也于2010年5月编制了《鞍钢集团矿业公司选矿厂尾矿生产泡沫混凝土砌块工程项目设计说明书》。即鞍钢集团老区已具备开展尾矿制泡沫混凝土砌块的技术基础。

作为鞍钢集团科技重大项目（2008 - 科 A30），利用尾矿替代河砂的技术，鞍钢集团已开展大量研究，并于 2009 年由鞍钢集团矿业设计研究院编制完成《鞍钢铁尾矿替代河砂的研究报告》（以下简称"研究报告"）。即鞍钢集团老区已具备利用尾矿替代河砂的技术基础。而从目前的市场消耗情况看，以鞍山市为例，河砂资源供应非常紧张，鞍山市城市建设每年需消耗大量的河砂，仅流态混凝土每年就需河砂 150 万立方米，本地砂产量根本满足不了需要，所需的河砂主要来源于海城市和沈阳市，运距为 40km 和 70km，运费比较高，河砂运到施工场地的平均价格在 40 ~ 50 元/m³ 左右。即利用尾矿替代河砂也具有广阔的市场前景。

目前鞍钢集团通过对齐大山选厂尾矿再选进行了大量的工业试验，积累了尾矿再选的技术基础，并于 2010 年 9 月形成《赤铁矿尾矿铁资源回收再利用新工艺试验研究试验报告》（以下简称"试验报告"）。鞍钢集团老区铁矿山选厂已具备尾矿再选的技术条件。

B 远期

远期尾矿主要用于西鞍山尾矿充填采矿、尾矿制建材、尾矿再选三个项目。至 2020 年，鞍钢老区铁矿山选厂产生尾矿 7912 万吨/a，综合利用量 2635.19 万吨/a。

西鞍山铁矿计划 2015 ~ 2020 年开始建设，5 年基建、2 年试生产，预计 2020 年以后建成投产，地下充填采用粗颗粒尾矿。西鞍山尾矿产量 1912 万吨/a，地下充填量 1399 万吨/a，充填率约 73%。而通过新建、扩建尾矿建材厂和再选厂，可分别利用尾矿 1085.52 万吨/a、105.21 万吨/a。

8.4.2 废石综合利用规划目标与措施

8.4.2.1 废石综合利用规划项目内容

规划废石综合利用项目分为：尾矿库扩容排岩筑坝、废石回填复垦、废石干选三大类。规划近、远期废石综合利用规划项目内容见表 8 - 15、表 8 - 16。

表 8 - 15 近期废石综合利用项目规模及投产时间

序号	名 称	规模 /×10⁴t·a⁻¹	所属矿区	废石来源	废石消耗量 /×10⁴t·a⁻¹	类型	投产时间
一、废石尾矿库筑坝项目							
1	风水沟尾矿一期扩容工程排岩筑坝	1086	鞍山矿区	齐大山铁矿	1086	—	2011 ~ 2015
2	大孤山尾矿库扩容排岩筑坝	312	辽阳弓长岭矿区	大孤山铁矿	312	—	2011 ~ 2015
小 计					1398		
二、废石干选工程项目							
1	齐大山废石干选工程	350	鞍山矿区	齐大山铁矿	100	利用现有工程	2013
2	大孤山废石干选工程	552	鞍山矿区	大孤山铁矿	22		2013
3	弓长岭废石干选工程	650	辽阳弓长岭矿区	弓长岭露天矿	112		2013
小 计					234		
合 计					1632		

表 8-16　远期废石综合利用项目规模及投产时间

序号	名　　称	规模 /$\times10^4$t·a^{-1}	所属矿区	废石来源	废石消耗量 /$\times10^4$t·a^{-1}	类型	投产时间
一、废石尾矿库筑坝项目							
1	风水沟尾矿二期扩容工程排岩筑坝	1620	鞍山矿区	齐大山铁矿	1620	扩建	2016~2020
二、废石干选工程项目							
1	齐大山废石干选工程	350	鞍山矿区	齐大山矿	100	利用现有工程	2018
2	大孤山废石干选工程	316	鞍山矿区	大孤山矿	13		2018
3	弓长岭废石干选工程	700	辽阳弓长岭矿区	弓长岭露天矿	126		2018
	小　计				239		
三、废石回填露天矿坑复垦项目							
1	眼前山废石回填项目	525	鞍山矿区	关宝山矿	525	扩建	2016~2020
	合　计				2384		

8.4.2.2　废石综合利用规划目标

规划近期到 2015 年鞍钢集团老区铁矿山废石综合利用率达到 15%；远期废石综合利用水平将在近期基础之上再进一步提高，到 2020 年实现废石综合利用率达到 21%，使废石综合利用走向可持续发展的轨道。见表 8-17。

表 8-17　废石综合利用效果

项　目	现状（2009 年）	2015 年	2020 年
矿石产量/$\times10^4$t·a^{-1}	4635	6950	11600
废石产量/$\times10^4$t·a^{-1}	露天开采：15415 地下开采：97	露天开采：11648 地下开采：375	露天开采：15280 地下开采：1200
利用量/$\times10^4$t·a^{-1}	大球厂和风水沟尾矿库排岩筑坝共利用：1098.8 废石干选：220.7	排岩筑坝：1398 废石干选：234 井下充填：185	排岩筑坝：1620 废石干选：239 露天矿坑充填：525 井下充填：1080
利用率/%	露天开采：8.56 地下开采：0	露天开采：14.1 地下开采：49.3	露天开采：15.6 地下开采：90
清洁生产标准	露天开采类：三级≥10%，二级≥15%，一级≥25%		
达标情况	露天开采：未达标 地下开采：未达标	露天开采：三级 地下开采：一级	露天开采：二级 地下开采：一级

由表 8-17 可知，2015 年时露天开采产生废石 11648 万吨/a，排岩筑坝使用 1398 万吨/a，废石干选利用量为 234 万吨/a，共利用 1632 万吨/a，综合利用率达到 14.1%，接近清洁生产二级标准要求。井下开采产生废石 375 万吨/a，充填利用 185 万吨/a，综合利用率达到 49.3%，达到清洁生产一级标准要求。2020 年时露天开采产生废石 15280 万吨/a，排岩筑坝使用 1620 万吨/a，废石干选利用量为 239 万吨/a，露天矿坑充填利用 525 万吨/a，共利用 2384 万吨/a，综合利用率达到 15.6%，达到清洁生产二级标准要求。井下开采产生

废石 1200 万吨/a，充填利用 1080 万吨/a，综合利用率达到 90%，达到清洁生产一级标准要求。

8.4.3 尾矿综合利用规划措施

8.4.3.1 尾矿综合利用规划项目内容

尾矿综合利用规划项目类别分为三大类：尾矿充填、尾矿建材和尾矿再选项目。规划近、远期尾矿综合利用规划项目内容见表 8-18、表 8-19。

表 8-18 近期尾矿综合利用项目规模及投产时间

序号	名称	规模 /×10⁴t·a⁻¹	所属矿区	尾矿来源	尾矿消耗量 /×10⁴t·a⁻¹	投产时间
	一、尾矿充填项目（尚不具备条件）					
	二、尾矿制建材项目					
1	大孤山尾矿制泡沫混凝土砌块厂	$7.83×10^4 m^3/a$	鞍山矿区	大孤山选厂	4	2013
2	大孤山尾矿制砂项目	120.37	鞍山矿区	大孤山选厂	120.37	2013
3	东鞍山尾矿制砂项目	87.89	鞍山矿区	东鞍山选厂	87.89	2013
4	关宝山尾矿制砂项目	53.50	鞍山矿区	关宝山选厂	53.50	2013
5	鞍千尾矿制砂项目	166.23	鞍山矿区	鞍千选厂	166.23	2013
6	齐大山选厂尾矿制砂项目	114.64	鞍山矿区	齐大山选厂	114.64	2013
7	齐矿选矿分厂尾矿制砂项目	179.60	鞍山矿区	齐矿选矿分厂	179.60	2013
8	弓长岭尾矿制砂项目	166.23	辽阳弓长岭矿区	弓长岭选厂	166.23	2013
	合计				892.46（干矿）	
	三、尾矿再选项目					
1	齐大山选厂尾矿再选项目	120	鞍山矿区	齐大山选厂	13.55	2013
2	齐矿选矿分厂尾矿再选项目	188	鞍山矿区	齐矿选矿分厂	21.23	2013
3	鞍千选厂尾矿再选项目	174	鞍山矿区	鞍千选厂	19.64	2013
4	东鞍山选厂尾矿再选项目	92	鞍山矿区	东鞍山选厂	10.39	2013
5	弓长岭选厂尾矿再选项目	174	弓长岭矿区	弓长岭选厂	19.64	2013
	合计	748			84.45	
	一、二、三项目合计				976.91（干矿）	

表 8-19 远期尾矿综合利用项目规模及投产时间

序号	名称	规模 /×10⁴t·a⁻¹	所属矿区	尾矿来源	尾矿消耗量 /×10⁴t·a⁻¹	类型	投产时间
	一、尾矿充填项目						
1	西鞍山充填项目	1399.46	鞍山矿区	西鞍山选厂，以东鞍山选厂作为备用来源	1399.46	新建	2018
	小计				1399.46（干矿）		

续表 8-19

序号	名　称	规模 /×10⁴t·a⁻¹	所属矿区	尾矿来源	尾矿消耗量 /×10⁴t·a⁻¹	类型	投产时间
二、尾矿制建材项目							
1	大孤山尾矿制泡沫混凝土砌块厂	11.75×10^4 m³/a	鞍山矿区	大孤山选厂	6	扩建	2017
2	大孤山尾矿制砂项目	120.37	鞍山矿区	大孤山选厂	120.37	维持规模	
3	东鞍山尾矿制砂项目	87.89	鞍山矿区	东鞍山选厂	87.89	维持规模	
4	关宝山尾矿制砂项目	53.50	鞍山矿区	关宝山选厂	53.50	维持规模	
5	鞍千尾矿制砂项目	166.23	鞍山矿区	鞍千选厂	166.23	维持规模	
6	齐大山尾矿制砂项目	114.64	鞍山矿区	齐大山选厂	114.64	维持规模	
7	齐矿选矿分厂尾矿制砂项目	179.60	鞍山矿区	齐矿选矿分厂	179.60	维持规模	
8	黑石砬子尾矿制砂项目	147.12	鞍山矿区	黑石砬子选厂	147.12	新建	2018
9	弓长岭尾矿制砂项目	210.17	辽阳弓长岭矿区	弓长岭选厂	210.17	扩建	2017
	小　计				1085.52（干矿）		
三、尾矿再选项目							
1	齐大山选厂尾矿再选项目	120	鞍山矿区	齐大山选厂	13.55	维持规模	
2	齐矿选矿分厂尾矿再选项目	188	鞍山矿区	齐矿选矿分厂	21.23	维持规模	
3	鞍千选厂尾矿再选项目	174	鞍山矿区	鞍千选厂	19.64	维持规模	
4	东鞍山选厂尾矿再选项目	92	鞍山矿区	东鞍山选厂	10.39	维持规模	
5	黑石砬子选厂尾矿再选项目	154	鞍山矿区	黑石砬子选厂	17.39	新建	2018
6	西鞍山选厂尾矿再选项目	382.4	鞍山矿区	西鞍山选厂	43.19	新建	2018
7	弓长岭选厂尾矿再选项目	220	弓长岭矿区	弓长岭选厂	24.84	扩建	2017
	小　计				150.21（干矿）		
	一、二、三项目合计				2635.19（干矿）		

8.4.3.2 尾矿综合利用规划目标

根据工信部联规〔2010〕174号发布的《金属尾矿综合利用专项规划（2010~2015年）》中"到2015年全国尾矿综合利用率达到20%"的要求，鞍钢集团老区铁矿山到2015年实现尾矿综合利用达到20%；远期尾矿综合利用水平，在近期基础之上再进一步，到2020年实现尾矿综合利用达到30%，使尾矿综合利用走向可持续发展的轨道。尾矿综合利用效果见表8-20。

表 8-20 尾矿综合利用效果

项　目	现状	2015年	2020年
尾矿产量/×10⁴t·a⁻¹	3494	4650	7912
利用量/×10⁴t·a⁻¹	0	976.91	2635.19
利用率/%	0	21	33.3

项　目	现　状	2015 年	2020 年
清洁生产标准	三级≥8%，二级≥15%，一级≥20%		
工信部要求	2015 年达到20%		
达标情况	未达标	达到清洁生产一级和工信部要求	达到清洁生产一级和工信部要求

由表 8 – 20 可知，本规划 2015 年时选厂产生尾矿 4650 万吨/a，根据矿业公司拟建建材厂规模和尾矿再选规模计算，尾矿综合利用量为 976.91 万吨/a，综合利用率达到 21%。2020 年时选厂产生尾矿 7912 万吨/a，尾矿利用量 2635.19 万吨/a，综合利用率达到33.3%。近期和远期尾矿综合利用率均达到清洁生产一级标准和工信部要求。

8.5 打造绿色矿山的对策机制

8.5.1 区域循环经济对策与措施机制

8.5.1.1 推进循环经济的地域性管理对策机制

A 上升本规划为政府层面规划、规范矿区开发秩序

鞍山 – 辽阳地区是国内传统的铁矿石资源富集区，矿山责任主体为多种所有制体制并存，除鞍钢外还有若干个中小型铁矿山。本次规划涉及的鞍钢铁矿山包括了区域铁矿石资源的重点区域，占地面积较大，但数量有限。通过本次合理规划、资源整合与开发过程优化，对区域铁矿山开发起到了带动作用，但对在区域内统一规范开发而言还只是起步工作。因此在完善规划内容的基础上，应尽快将矿区规划上升为政府层面的规划，协调矿山开发与相关规划的关系，不仅仅是鞍钢矿业公司的需求，也是对区域铁矿石开发实行统一管理、规范开发秩序的需要。

在力求将本规划上升为政府层面规划的工作中，无论在规划编制阶段还是实施阶段，鞍钢矿业公司都应及时征求鞍山、辽阳市政府有关部门的意见；两地政府也宜尽快介入，提出调整优化规划的建议与要求，共商解决方案；对实施时间较长、或在特定时期实施的措施与方案，应划出时间表，建立有效沟通、协商、执行和监督的机制，严格按计划执行。

在上升为政府层面的矿区规划范围内，对所有矿山开发进行集中统一的规划管理，对规划用地、资源综合利用及污染物排放、生态保护指标等进行统一要求，在合适时段促成矿山资源整合和形成统一有序的开发条件。

B 构建城矿结合型循环经济决策与运营机制

根据鞍山市"以矿立市"的特征，及鞍山矿区、辽阳弓长岭矿区开发历程，鞍山市、辽阳市政府相关部门在编制城市总体规划、土地利用规划、工业园区发展规划、产业发展规划、鞍山市高新区发展规划、辽阳市弓长岭区总体规划、汤河水源保护区规划、汤河旅游度假区等规划的过程中，要重点梳理矿山项目内容，要充分听取意见和吸收鞍钢集团相关部门参与编制，将鞍钢矿山废石尾矿等资源综合利用当做市域循环经济的重点环节、生态保护的前端必备措施，推进矿山的资源利用型项目在本地落户，形成发展循环经济的

"城矿结合型"决策机制。

鞍山市、辽阳市政府有关部门在推进循环经济中，要创新理念，强化目标与过程控制，按照"政府引领、企业主导、全社会参与和监督"的思路，做好资源综合利用型项目立项申报、论证、实施、鉴定评估、验收与日常监督管理的全方位服务，促进循环经济和资源综合利用产业的健康发展。

8.5.1.2 资源综合利用市场开拓与项目实施

A 开拓与构建区域资源综合利用市场

积极开拓废石和尾矿综合利用的潜在市场，通过扩大市场来引导静脉产业的发展。由鞍山市、辽阳市延伸至沈阳经济圈开展和推进循环经济，倡导"吃干榨尽"的深度处理工艺路线和扩展至由多个城市组成区域循环经济模式。倡导和推动区域和社会层面循环经济产业链形成，逐步提高矿山废石、尾矿综合利用率。节约矿山占地，为矿山生态恢复与重建打下基础。

针对自然资源储存和需求布局不平衡的情况，可利用鞍钢自身和区域发达的铁路运输，将废石、废石分类后的非金属矿石、尾矿等原料和以废石、尾矿为原料制作的建材外运，辐射多个省市，扩大利用范围。

B 实施综合利用专项规划项目

本规划已编制完成"废石、尾矿综合利用专项规划"，可用于指导规划项目实施。该规划中列举了若干处置、综合利用废石、尾矿的静脉产业项目，建议以此为依据将其中重点工程措施纳入鞍钢集团发展规划，并按程序报行业主管部门立项，按计划投入实施。

C 提高综合利用率促进循环经济产业发展

通过协调相关规划逐步提高废石、尾矿综合利用率，主要采取以下措施：

(1) 通过规划尾矿库、排岩场选址比选优化，采用排岩筑坝等方式解决废石利用途径。

(2) 在区域范围内统筹考虑矿山废石、尾矿利用途径。

(3) 与矿山生产配套安排静脉产业项目，解决废石、尾矿最终利用途径。

(4) 在开展废石、尾矿的综合利用时，对现有排土场和尾矿库堆存的废石和尾矿进行综合利用，减少堆存量。

(5) 对老尾矿库的尾矿进行尾矿再选，充分利用金属元素。

(6) 对现有达到复垦条件的排岩场和尾矿库进行复垦，种植观光植物和经济树种，开发生态园林。

8.5.1.3 技术研发重点领域

(1) 加大技术研究投入，通过技术上的创新实现资源的充分利用、废物的减量化和综合利用。遵循资源—产品—再生资源的循环流动模式，大力开展以尾矿资源综合利用为主体的适用技术研究与应用，鼓励技术创新，打造静脉产业。

(2) 积极探索先进开采技术的可行性以及如何降低先进开采技术的开采成本，降低回采率，实现废石减量化，例如充填采矿法在本规划矿山的应用。

(3) 改进选矿工艺提高金属回收率，并充分利用其他金属元素。

(4) 积极研究废石和尾矿深度综合利用的新技术，开拓综合利用的途径。

8.5.2 绿色采矿技术与目标推进机制

8.5.2.1 绿色采矿技术内容

本规划已采用和部分采用的绿色采矿技术包括：开采工艺与设备选型的合理化、提高（金属）回采率的工艺技术，地下矿山充填开采工艺技术，露天矿全移动半连续开采工艺技术、露天矿运输系统优化工艺技术，控制粉尘排放、矿坑矿井水资源综合利用、减少井下废石产生量、生产经营与管理的数字化等节能减排技术。

8.5.2.2 绿色采矿技术实现的推进措施

A 技术推进措施

进一步加大勘探力度。尤其应当加强对深部区域的勘探工作力度，落实铁矿石资源储备，做好中长期规划，充分利用矿产资源。

继续开展针对区域铁矿石尤其是贫矿、极贫矿的开采新工艺、新技术的研究与开发，进一步提高矿石资源回收率，实现可持续开发利用。

B 管理推进措施

近年来，国内矿业虽然在生产工艺、机械装备、资源回收、综合利用、数字矿山、矿业信息化等方面取得了长足进步，但是在9000多座金属矿山中，真正能代表国家金属矿业水平、达到或接近世界先进水平的现代化矿山还为数不多；相当数量的中型矿山，其装备技术仍处于20世纪70年代水平；大量的小型矿山，其机械化水平低、管理粗放、环境安全等问题依然突出。

本规划所包含的国内大中型系列矿山要进一步推进绿色开发、深部开采和智能采矿工作，将绿色矿山的开发理念和矿山开发工艺技术水平推向更高深度。

8.5.3 矿山固废减量化与生态再造环节的清洁生产机制

8.5.3.1 矿山清洁生产审核与评价机制

在现有矿山清洁生产管理及评价指标体系的基础上，针对矿山固废减量化需求和生态复垦现状技术水平，制定主要考核指标，细化量化评价指标体系，不断丰富和挖掘矿山生态保护内涵，实施推荐国内现阶段先进工艺技术，开展符合矿山特征与工艺技术水平的清洁生产审核，促进矿山企业持续清洁生产。

8.5.3.2 固废减量化目标推进战略

A 目标制定与分类管理

根据政策文件对矿山大宗固废综合利用率的要求和对矿山生态恢复重建的要求，制定不同时期的固废减量化目标，减轻后续生态复垦压力。针对不同类型矿山分时段、地域进行管理和确定固废综合利用、土地复垦指标要求，分别采用对应措施。

对历史遗留形成的矿山地貌区块，排土场、尾矿库已经基本定型（无论其是否退役或闭库），采场开采规模稳定或处于衰退，开采面状范围不会再急剧扩大的情况，生态保护措施主要立足于扩大退役或稳定地貌区块的生态复垦成果，对影响扰动进行生态复垦和地质环境保护，实施边开采（或边排土、边排尾）、边复垦的措施减少地表裸露范围和时间；固废的减量化立足于对矿产资源的综合利用，对排土、排尾的综合利用不做硬性规定。

对现状矿山采用一定措施进行固废资源综合利用和生态复垦的情况，制定持续改进的目标并持续推进。采用措施包括：拓宽废石尾矿综合利用途径，提高废石、尾矿和铁矿石资源综合利用率，控制排土场占地面积、容量和控制尾矿库容量，制定分时段土地复垦计划并逐步落实。

新、扩、改建矿山项目应当满足新时期国家政策对资源综合利用、土地复垦的最新要求，在规划、设计阶段立足于尽可能的固废减量化和减少土地占用、工程影响扰动面积。将固废减量化作为前端和过程控制，将土地复垦作为末端治理要求，严格执行规划指标和目标控制。

B 固废减量化项目设计阶段重点环节目标推进

（1）将已建设项目纳入规划。对规划矿区内项目的建设给出在规划整体框架下的约束条件，避免与其他项目建设冲突的可能。

（2）严格按规划实施未建项目。对本规划未尽项目及未实施的项目，包括矿山设施、固废减量化设施或项目、生态复垦设施，应尽快纳入统一的规划管理，推动铁矿石资源开发合理布局、集约发展和先规划后建设。

8.5.4 下一阶段绿色矿山规划推进内容

8.5.4.1 规划与环境保护目标的进一步推进

A 编制矿区详细规划和实施专项规划项目

本次改扩建规划项目采用规划环评的形式意味着环境管理手段的前置，从根本上解决了布局优化和全局控制问题。为推进规划实施，应及时开展矿区详细规划，和实施生态保护专项规划项目。

在本次规划的完善中，除了在现阶段与鞍山、辽阳市城市总体规划及相关规划协调外，要着重编制矿区的各类专项规划，包括编制绿色矿山建设规划，对各采区范围内的地块布局及项目建设提出具体要求。为详细规划的开展做好铺垫。

在规划项目实施面临具体问题时的解决措施：针对单一铁矿石矿区（或）采区的控制性详细规划中，随着规划的进一步细化修订建设方案使之符合规划条件；在项目实施过程中通过协商予以解决。

对矿区内已经进行的项目环评工作内容纳入规划统一管理，对下一步项目开展环境影响评价，应符合本规划环评提出的原则要求并落实建议措施。

B 推进和申报国家级绿色矿山

矿山生产应遵循"开采方式科学化、资源利用高效化、企业管理规范化、生产工艺环保化、矿山环境生态化"的基本要求，努力实现矿山发展的资源效益、环境效益和社会效益的协调统一，资源开发与环境保护并举，矿山发展与社区繁荣共赢。

8.5.4.2 规划资源整合与综合利用的进一步推进

规划的实施中，要通过采取政策、规划和各种经济杠杆、行政手段，推动区域铁矿山资源整合与高效综合利用。

基于绿色矿山考评指标的全面性及和矿山经济相联系的特点，应逐步建立和完善绿色矿山建设考评指标体系。它可以为绿色矿山建设提供技术支持和指导，同时，促进矿山企业保护生态环境、降低资源消耗、走循环经济的道路。

可以现阶段绿色矿山建设标准为基础，构建绿色矿山建设考评框架，从资源能源利用、采选矿现代化、矿山清洁生产、矿山规范管理、矿山生产安全和生态环境重建等六方面，建立绿色矿山建设考评指标体系。

8.5.4.3　规划行政管理程序与社会化自我约束管理的推进机制

A　规划行政管理程序

本规划还不是政府层面的规划，各项生态保护对策与措施切合了国家新时期矿山生态保护与污染防治、资源综合利用的各项政策要求，并与鞍山市、辽阳市地方社会经济发展规划、城市总体规划充分协调，逐步上升或完善为政府层面规划的前提是存在的。

基于上述前提，本规划各项生态保护措施的落实和执行有赖于两地政府和鞍钢集团共同作为，适合采取一定的行政管理措施，规范操作程序。即在和两市相关规划充分协调后，适时纳入两市社会经济发展体系统一管理。

B　矿山企业自我约束型质量管理机制创建

本规划层面研究报告的编制（即"铁矿山规划生态环境保护对策"的编制），不仅在于对规划内容的丰富，更在于鞍钢集团作为企业主体，对矿山开发行为从严要求，提高环境保护水平。体现了鞍钢集团履行企业社会责任，强化自我约束机制，处理好矿山开发与地方社会经济发展关系的精神境界和文化追求。

按照绿色矿山建设要求，在涉及单一矿区的细部措施方面，要加强矿山内部绿色矿山建设宣传，将绿色矿业的理念贯穿于矿山日常生产的全过程；完善企业管理制度和安全条例；定期开展培训教育，增强员工专业技能水平；拓展企业文化。

要力主与周围相关人群构建和谐社区。加强与地方社区互动，建立良好的磋商协调机制，利用企业自身优势加大企业与地方项目往来，积极带动地方经济发展，加深企地之间的融合。

9 铁矿山生态保护对策的经济分析

对铁矿山进行有效的生态保护规划和管理的对策内容，除了矿山治污设施外，在现阶段制定有完善的水土保持措施，已经开始重视土地复垦措施、地质环境保护措施的制定等，但总体来说对环保措施的归类分析不足。另一方面，引用项目环评的经验对环境代价、环境成本及生态补偿进行了初步核算，但对经济分析、方案比选关注较少。未来还需要进一步拓展矿山生态保护经济评价的内容。

9.1 项目实施环境目标可达性分析

规划建设规模合理性分析是一个综合性论题，与区域铁矿资源需求、建设外部条件、资源和环境承载力、规划项目实施的环境影响等因素密切相关，本报告将分别从四个方面论证鞍钢老区铁矿山规划建设规模在环境保护方面的合理性。

9.1.1 规划建设规模在区域铁矿资源需求上合理性分析

鞍钢是中国钢铁工业的摇篮，是国家重点扶持和培育的具有较强国际竞争力的特大型钢铁集团，鞍钢矿业是国内最具有铁矿资源优势的特大型矿山企业，鞍钢的最重要优势和竞争力来源就是拥有雄厚的资源和较高的自产铁矿原料。但自 2005 年以来，随着鞍钢新区 500 万吨钢产能投产，对铁矿石需求急剧增加，鞍钢矿山超负荷生产，近年来虽然实施了一些老矿山改扩建项目，但总体上滞后于钢铁发展，造成采选比例失调，后续能力跟不上钢铁生产需要，矿山生产能力不足的问题已成为制约鞍钢生产和发展的瓶颈。2010 年，鞍钢计划铁产量 2205 万吨，鞍钢矿山自产铁精矿 1550 万吨，铁精矿自给率为 45.35%；预计到 2015 年，鞍钢铁产量将达到 2450 万吨，如不实施矿山改扩建及新建项目，鞍钢矿山自产铁精矿产量到 2015 年将降到 1200 万吨左右，铁精矿自给率仅为 30% 左右，鞍钢的资源优势将大大削弱，鞍钢的国内外竞争力非但得不到提升，反而会受到极大的损害。

另外，从国际铁矿石市场来看，鞍钢采取措施增加自产铁矿石、铁精矿的产量是减轻中国进口铁矿压力，平抑不断上涨的进口铁矿价格的重要国家战略举措的组成部分，是落实国务院制定的《钢铁产业调整振兴规划》的具体体现，也是落实国务院关于加强节能减排、推进钢铁工业结构调整的具体行动。据了解，中国铁矿石进口依存度已超 66%，由于进口需求过大，不仅影响钢铁企业效益，也影响国家战略安全。鞍钢扩大铁精矿产量，增加自产精矿比例，对钢铁行业铁矿谈判，抑制进口矿价格，具有重大意义。

因此，实施老矿山改扩建和新矿山建设，其规划建设规模是在鞍钢自身生产发展需要及抑制国外进口矿价格的背景下提出的，也是实现鞍钢矿山可持续发展的需要，鞍钢老区铁矿山建设规模是合理的。

9.1.2 规划建设规模在外部条件上的合理性分析

A 在交通条件上的合理性分析

鞍钢各矿山距离市区较近，市（区）内有公路、铁路直通矿山、选厂，现有矿山与选厂已经形成比较完备的运输系统。改造的选厂利用原有运输设施，新建的矿山、选厂利用鞍钢矿山运输专线。因此，鞍钢老区铁矿山外部交通运输条件是不会制约老区铁矿山规划建设规模的。

B 在供电条件上的合理性分析

目前鞍钢集团已形成完善的供电系统网络，能够满足现有矿山和选厂的用电需求；对于将来新建项目用电，通过利用现有电源并对部分矿山供电电源及供配电网络需重新规划和调整，经核算是能满足将来新建项目用电需求。

因此，鞍钢老区铁矿山供电电源是可靠和有保证的，不会对老区铁矿山规划规模构成制约。

C 在辅助服务设施条件上的合理性分析

鞍钢老区铁矿山开发历史悠久，经过多年建设，目前已形成完善的老区辅助配套系统。鞍钢老区改扩建利用现有公辅配套设施，各新矿区紧邻鞍钢老矿区，检修设施、火药加工、生活福利等公用和辅助设施可充分利用鞍钢现有设施，不需新建，节省投资。因此，鞍钢老区铁矿山具有既有完善的辅助服务设施，不会对老区铁矿山改扩建规划规模构成制约影响。

总之，从鞍钢老区铁矿山改扩建规划项目建设的外部条件来看，鞍钢老区交通运输条件便利、具有可靠的供电电源以及既有完善的矿区服务设施，外部建设条件良好，能够促进鞍钢老区铁矿山的发展，不会对规划建设规模构成制约。

9.1.3 环保措施的有效性论证

9.1.3.1 重点环保措施的技术论证

A 废气和无组织颗粒物控制措施

露天矿山和排土场的无组织颗粒物排放，采用的洒水车对采掘、排土工作面和道路进行洒水，是目前矿山和排土场普遍采取的一种降低粉尘排放的措施。

选矿综合工艺特点、除尘效果、位置和运行管理等各方面的因素，根据产尘点具体情况分别采用集中除尘、单点除尘及喷雾洒水除尘等除尘方式。

尾矿库干破段的粉尘控制采用以下控制措施：

（1）洒水增加粉尘湿润性和坝内多段均匀放矿，增加湿润面积，从而抑制扬尘；

（2）采取覆盖措施抑制扬尘，在子坝外坡铺压山皮土，并在其上栽植丛树；喷洒粉尘覆盖剂，沙尘表面形成 $1 \sim 3mm$ 厚的硬化层，硬化层保持时间可达 $3 \sim 6$ 个月，从而抑制扬尘并且有利于植物生长。

所有锅炉均配套选用脱硫除尘器对烟气进行处理，除尘效率可达95%，脱硫效率可达70%，处理后的烟气中的粉尘和二氧化硫的浓度可达到国家排放标准。

B 废水控制措施

矿坑排水或送到选厂利用，或储存于地表储水池内，主要用于采场和运输道路洒水以及矿山绿化等，全部予以资源化利用，只是在雨季由于降雨径流量的渗入导致矿坑水增加而有部分进入地表水体，其水质主要受大气降水的影响，不会对地表水体产生污染，地表水体仍然维持现有的功能。

本规划改造和新建选矿厂设计全部实现污水零排放。目前矿业公司各选矿厂的循环水利用率均在92%左右，损失水量为尾矿库的蒸发、渗漏和精矿带走水量，各选矿厂均已实现污水零排放，因此改造、新建选厂的污水零排放是可实现的。

C 固废控制措施

固体废物主要是岩石和尾矿，安排部分排弃到排土场和尾矿库堆置，部分进行综合利用。规划设计将根据采选规模和时序新建排土场和扩容尾矿库，以达到固体废物的排弃要求，使固体废物全部得到妥善处置。

废石的综合利用主要采用排岩筑坝和充填矿坑的方式，尾矿的综合利用主要采用制砂、制砖和胶结充填的方式，矿业公司已实施了排岩筑坝和尾矿制砂、制砖工程，并取得一定成效。

D 生态控制措施

本规划采取下列生态控制措施：

(1) 在露天采矿场周围种植树木，形成封闭防护林带，从而抑制采场扬尘对周边环境的影响。

(2) 选厂及工业场地四周栽树，以减小粉尘、废气和噪声对周围环境的影响，场地内进行绿化。

(3) 对运输道路、各类输送线路、地表塌陷区和未利用土地等采取绿化和尽量避免扰动地表及植被的措施。

(4) 排土场和尾矿库对开采过程中堆积形成的稳定边坡及平台及时采取恢复措施，如：对平台先进行地面初步平整，然后覆土平整，覆土厚度为0.3m，再种植刺槐等适生树种，按照生态景观的要求进行恢复。

其中重点是排土场和尾矿库的生态恢复。由于近百年的矿山开采活动，鞍钢矿业公司在鞍山市城市周边形成了占地1213万平方米的排岩场和519万平方米的尾矿坝，产生扬尘和水土流失影响。鞍钢矿业公司已对部分矿区开展了复垦工作。2000年以来，公司累计投资2.6亿元，完成生态恢复面积976.5万平方米，复垦绿化覆盖率达到43%。经过几年的努力，矿山的绿化和生态发生了很大的变化，使鞍山市区大气环境有了明显的改善，而且对市区周边的生态恢复起到了积极的作用，不仅抑制了扬尘污染和水土流失，绿化美化了环境，也为本规划的生态恢复措施创造了条件、积累了经验。

规划矿区历经多年开发，历史欠账很多，生态恢复任务较重。在规划实施过程中，要根据鞍山、辽阳市矿山恢复指标要求，根据矿山现状及规划矿区排土场、尾矿库等使用期限，确定需进行生态恢复的面积，订出计划，分阶段予以实施。

9.1.3.2 环保措施的经济论证

本次规划环保投资6.57亿元，占本次规划项目总资金215.84亿元的3.04%，其中以生态恢复为主的部分环保措施内容为主，在规划后期还需在现有投资基础上逐年增加，分项投入。其中排土场、尾矿库生态恢复措施投资2亿元，与"十二五"鞍山环保规划中矿山生态恢复资金合并使用。

规划拟达到的可恢复土地复垦率为80%，新增复垦面积为1419.3hm²，预计需要资金约2.3亿元。生态恢复措施耗资金巨大，恢复矿山生态环境需要政府的大力协作，动员社会多方面力量支持，在经济上给以扶持，因地制宜地搞好生态恢复建设。因此能否完成复垦指标、达到生态恢复、水土保持和抑制扬尘的效果还在于资金能否到位。

《金属尾矿综合利用专项规划（2010～2015年）》提出将投资约150亿元重点规划建设150～180个项目，选择具有较好技术基础的矿山分别在地下采空区非胶结充填、露天矿坑回填和胶结充填采矿三个方面进行工程示范；投资约100亿元重点规划建设200～300个项目，分别在铁矿山、黄金矿山和有色金属矿山具有典型尾矿成分特征和区域特征的尾矿库中选择具有较好绿化复垦基础的尾矿库作为示范项目。本规划的生态复垦和远期地下开采胶结充填可积极争取国家工信部的资金支持。

9.1.3.3 环保措施效果

项目总的粉尘排放为0.4t/t原矿。各矿山及选厂在生产中大量采用循环水代替新水，节约了水资源，循环水利用率超过92%，高于清洁生产标准（清洁生产标准85%），项目总的水耗指标为2m³/t原矿，低于《铁矿采选业清洁生产标准》（选矿类）三级标准（该标准为10m³/t原矿）。优先将生产生活污水处理后回用于生产补充用水，污水按零排放考虑，因此本规划无废水外排。

鞍钢老区铁矿山改扩建规划中仅对部分指标作出明确要求，且部分指标还不满足当前环境保护相关法规要求，若鞍钢老区能够严格按照本报告提出的指标和要求实施开发，鞍钢老区铁矿山开发将符合国家国民经济和社会发展的"十二五"规划要求，符合国家产业和环保政策要求，能够提高铁矿资源利用率、节约资源和能源、避免和减缓规划项目开发产生的生态和污染影响，能够促进国家和地方经济可持续发展，老区规划项目总体发展水平将符合铁矿采选业行业清洁生产要求，达到国内先进水平。

9.2 项目实施的环境代价分析

9.2.1 规划项目环保投资估算

本规划项目环保设施主要包括：排土场、尾矿库生态恢复措施、工业场地废石场及尾矿库坝坡复垦费用、充填加压泵站、废石场环保治理设施、井下充填设施、采矿水处理系统、地表防尘设施、矿井通风设施、井下矿石破碎、运输除尘、废水处理站事故池、水土流失防治及保持设施投资、绿化、环境监测设施。

根据第9章内容及现状环保设施情况类比，给出规划项目环保投资估算，见表9-1。

表9-1 鞍钢老区铁矿山环境保护措施及投资估算

序号	环境保护措施内容	投资/万元	备 注
一	以新带老措施		
1	排土场、尾矿库生态恢复措施	20000	与"十二五"鞍山环保规划中矿山生态恢复资金合并使用
2	清洁生产技术改造项目	4000	在选厂等采用低费工艺，提高矿山整体工艺技术水平
二	规划项目配套环保措施		
3	充填加压泵站、井下充填设施	3000	西鞍山井下开采废石、尾矿回填井下

续表 9 – 1

序号	环境保护措施内容	投资/万元	备 注
4	废石场环保治理、灾害防治措施	2000	废石场抑尘、边坡治理
5	采区防排水	10000	采区截洪沟，矿坑水排水泵站及管道
6	尾矿库排水循环利用系统	600	尾矿坝渗流水等的充分回用
7	采矿水处理、利用系统	500	矿坑涌水处理回用
8	矿山运输道路防尘设施	1000	洒水车等设备
9	燃煤锅炉除尘脱硫措施	300	
10	噪声振动控制措施	100	
11	废水处理站、事故池建设	800	采场、选厂工业场地办公污水处理
三	矿区环境影响减缓措施		
12	地质灾害防治措施	2000	
13	水土流失防治及保持设施	3000	
14	工业场地区绿化及灌溉设施	2000	
15	废石场及尾矿库坝坡复垦费用	15000	
16	地下水位、水质动态观测系统	300	在矿区设立地下水监测系统
17	环境监测、管理设施	500	近期监测设施投入
18	环境影响评价与跟踪评价	600	
合 计		65700	

上述环境保护投资主要为规划的基础设施建设内容，占本次规划项目总资金 215.84 亿元的 3.04%，其中以生态恢复为主的部分环保措施内容为主，在规划后期还需在现有投资基础上逐年增加，分项投入。

上述环保投资包含了规划矿区生产运营的多个方面，是以环境污染控制及生态保护为主的设施投资，应执行环保设施的"三同时"制度。考虑在编制下一阶段规划及建设期间予以落实。

9.2.2 环境经济损失计算

9.2.2.1 环境经济损失计量

规划实施形成的环境经济损失包括资源浪费损失、环境污染破坏损失和地质灾害破坏损失。同时包括环保工程不能消除的污染和破坏而产生的环境剩余损失。

资源浪费损失包括不利用处理后的井下水，直接排放造成的经济损失，尾矿库坝下排水的浪费，以及采选工艺技术水平等原因随废石、尾矿排出的金属资源。

环境污染损失主要包括矿区因开采造成的井下水和生产、生活污废水排放造成的水体污染，机械或动力噪声等引起的噪声污染等问题。

地质灾害损失随灾害的扩大而呈几何级数增加，表现为长期性和难以计量。

上述计算方法及结果与近年采用生物量核算的总体生态资源损失进行对比分析、校正，最终可得出全面、真实反映环境影响的环境经济损失值。

9.2.2.2 环境经济损失的计算应用

A 计算公式

规划矿山可能产生的环境经济损失包括两种情形：在未采取环保措施情况下产生的环境损失，和采取环保措施仍未能消除的剩余环境损失。因此也可采用污染物排放的环境经济损失计算环保设施改善环境的效益 EBt：

$$EBt = W - W'$$

式中　W——未采取环保措施前环境污染导致和破坏的经济损失货币当量值，元；指在不采取任何环保措施情况下，任意排污及资源开发工程作用造成的总损失。包括资源浪费损失、环境污染破坏损失和地质灾害破坏损失；

　　　W'——环保工程不能消除的污染和破坏而产生的环境剩余损失（环保剩余损失费），指工程已采取相应的环保措施，由于工程无法消除它对环境的污染和破坏而造成的经济损失，如产出劣质矿石造成的资源浪费、排放废水造成的环境污染以及未能控制噪声导致的危害等，如井下水未能很好地复用、废物回收率较低及环保设施不健全等。

对环境污染损失的计算可用污染物量的绝对值表示：

$$W = \sum Q_i K_i$$

式中　Q_i——各种废物排放量，t；

　　　K_i——各种废物排放产生的经济损失系数，元/t。

增加环保设施后的每年环境损失 W' 的计算：

$$W' = \sum Q_i' K_i'$$

式中符号意义同前。

B 计算项目

a 减少资源损失估算

按水处理设施减少水资源损失，选厂收尘设施回收粉尘，出坑废石进行综合利用用于建材或回收金属估算。

b 减少环境影响损失估算

减少废水造成的污染损失估算。

减少固体废物乱堆乱放造成的损失。

根据以上分析估算环保设施投入改善环境的效益 EBt，估算结果见表 9-2 和表 9-3。

表 9-2 各项环保措施改善的经济效益（近期）

序号	项　目	减少损失费用/万元·a^{-1}	备　注
一	减少资源损失		
1	减少水资源损失	742.97	水费 0.6 元/t
2	废石、尾矿综合利用	76830	综合利用产生效益
二	减少环境影响损失		
1	废水	451.4	矿坑、井下水
2	固体废物	27920	减少占地
三	合计（EBt）	105944.37	

表9-3 各项环保措施改善的经济效益（远期）

序号	项目	减少损失费用/万元·a⁻¹	备注
一	减少资源损失		
1	减少水资源损失	1308.32	水费0.6元/t
2	废石、尾矿综合利用	101900	综合利用产生效益
二	减少环境影响损失		
1	废水	638.77	矿坑、井下水
2	固体废物	35100	减少占地
三	合计（EBt）	138947.09	

经上表估算，$EBt_{近期}$ = 105944.37 万元；则 $PVEB_{近期}$ = 521246.3 万元。

$EBt_{远期}$ = 138947.09 万元，则 $PVEB_{远期}$ = 683619.68 万元。

从以上分析亦可看出，环境经济损失是远超过环境治理投资与运行费用的支出项，也是项目环境代价的主要组成。

9.2.3 项目环境代价与环境成本

9.2.3.1 环境代价

项目环境代价是指环境治理设施投资、运行费用及污染损失之和，按下式计算：

$$C_1 = (C_{1-1} \times \beta/n) + C_{1-2}$$

式中 C_{1-1}——环保投资；

C_{1-2}——运行费用；

n——矿山规划近期设备折旧年限按5年，远期设备折旧年限按5年；

β——固定资产形成率，本规划项目取0.9。

计算后得到本矿山规划项目近期环境代价为22926万元/a；远期环境代价为26826万元/a。

9.2.3.2 环境成本

环境成本 = 环境代价÷年产量

矿山规划项目近期按年产量原矿6950万吨/a计算后，本项目环境成本为3.3元/t矿石；远期按年产量原矿10100万吨/a计算后，本项目环境成本为2.66元/t矿石。本项目环境成本一般。

9.2.4 环境经济损益分析

9.2.4.1 环境经济损益分析方法

本项目环境经济损益分析方法按照HJ/T 19—1997《环境影响评价技术导则·非污染生态影响》推荐的环境经济损益方法，采用效益与费用现值的比较来进行分析。本矿山近期规划项目的服务年限按5年计算，现行贴现率为8%；矿山远期规划项目的服务年限按5年计算，现行贴现率为8%。

9.2.4.2 费用效益分析

采用以下计算公式计算。

A 环保措施净现值 *PVNB*

$$PVNB = PVDB + PVEB - PVC - PVEC$$

a 环保措施直接经济效益的现值 *PVDB*

$$PVDB = \sum_{i=1}^{n} \frac{DBt}{(1+r)^t}$$

式中 *DBt*——第 *t* 年环保措施直接经济效益；

r——贴现率（按 8% 计）；

n——服务年限，矿山近期规划服务年限 5 年；远期规划服务年限 5 年计。

按每年发生等量效益估算，则：

$$PVDB = DBt \frac{(1+r)^{t+1} - 1}{r(1+r)^t}$$

环保投资产生的经济效益 *DBt* 根据国家环保总局 2003 年 2 月 28 日发布的第 31 号令《排污费征收标准管理办法》估算，本规划项目若未采取相应的环保措施，近期规划每年应缴纳排污费 133786.73 万元/a，若采取环保治理措施（包括废石堆存及综合利用）后应缴纳排污费 0.84 万元/a，则减少缴纳排污费（*DBt*）133785.89 万元/a；远期规划每年应缴纳排污费 180366.4 万元/a，若采取环保治理措施（包括废石堆存及综合利用）后应缴纳排污费 1.13 万元/a，则减少缴纳排污费（*DBt*）180365.27 万元/a。

工程污染物排放费用统计表见表 9-4 和表 9-5。

计算后得到 *PVDB*近期 为 658226.58 万元，*PVDB*远期 为 887397.13 万元。

表 9-4 污染物排放费用统计表 (近期)

类别	收费项目	污染当量值/kg	单位征收费用/元·t^{-1}	治理前		治理后		差值/万元·a^{-1}
				排污量/×10^{4}t·a^{-1}	征收费用/万元·a^{-1}	排污量/×10^{4}t·a^{-1}	征收费用/万元·a^{-1}	
固废	尾矿	—	15	4650	69750	—	—	69750
	废石	—	5	12799	63995	—	—	63995
废气	粉尘	4	0.6元/当量	0.2782	41.73	0.0056	0.84	40.89
合 计		—	—	—	—	—	133786.73	0.84

表 9-5 污染物排放费用统计表 (远期)

类别	收费项目	污染当量值/kg	单位征收费用/元·t^{-1}	治理前		治理后		差值/万元·a^{-1}
				排污量/×10^{4}t·a^{-1}	征收费用/万元·a^{-1}	排污量/×10^{4}t·a^{-1}	征收费用/万元·a^{-1}	
固废	尾矿	—	15	6560	98400	—	—	98400
	废石	—	5	16382	81910	—	—	81910
废气	粉尘	4	0.6元/当量	0.3760	56.4	0.0075	1.13	55.27
合 计		—	—	—	180366.4	—	1.13	180365.27

b 环保措施使环境改善的效益限值 *PVEB*

按每年发生等量效益估算，则：

$$PVEB = EBt \frac{(1+r)^{t+1} - 1}{r(1+r)^t}$$

式中　EBt——第 t 年环保措施改善的环境效益，同以上污染损失计算内容。

c　环保措施费用的现值 PVC

$$PVC = \sum_{i=1}^{n} \frac{C_t}{(1+r)^t} + EI$$

式中　C_t——第 t 年环保设施运行费用；

　　　EI——环保投资。

按每年发生等量效益估算，则：

$$PVC = C_t \frac{(1+r)^{t+1} - 1}{r(1+r)^t} + EI$$

在采取相应环保措施情况下，环保工程运行费用包括材料费、人员工资、折旧费等，运行费用 $C_{t近期}$ 估算约 11100 万元/a，$PVC_{近期} = 120312$ 万元；$C_{t远期}$ 估算约 15000 万元/a，$PVC_{远期} = 139500$ 万元。远近期各项环保设施运行费用见表 9-6、表 9-7。

表 9-6　各项环保设施运行费用（近期）

序　号	项　目	运行费用/万元·a^{-1}
1	采矿水处理系统	600
2	废石堆存抑尘及管理	900
3	充填采空区治理	600
4	水保及复垦措施	9000
	合计（C_t）	11100

表 9-7　各项环保设施运行费用（远期）

序　号	项　目	运行费用/万元·a^{-1}
1	采矿水处理系统	900
2	废石堆存抑尘及管理	1200
3	充填采空区治理	900
4	水保及复垦措施	12000
	合计（C_t）	15000

环保措施带来新的生态变化（或污染影响）损失的现值 $PVEC$，以零计。

B　效益与费用比值 BCR

$$BCR = \frac{PVDB + PVEB}{PVC + PVEC}$$

C　效益分析结果

经计算得到：环保措施净效益 $PVNB_{近期} = 1059160.88$ 万元；效益与投资之比 $BCR_{近期} = 9.8$；环保措施净效益 $PVNB_{远期} = 1441516.81$ 万元；效益与投资之比 $BCR_{远期} = 11.3$，远远大于1。由此说明，矿区规划项目废石和尾矿的综合利用及污染措施矿井污废水治理和复用措施，废气及噪声防治措施和生态复垦措施，使得矿区规划项目建设的环境经济效益较好。

10 铁矿山规划生态保护执行总结

10.1 研究结论

10.1.1 规划铁矿山区域环境问题、生态环境现状与保护要求

10.1.1.1 区域开发过程及开发中的环境问题

鞍钢老区铁矿山所在区域历经多年开发，环境问题的产生有其复杂的历史原因，伴随铁矿山区域经济发展，各类环境问题凸现，资源开发与环境保护的矛盾日益突出。

A 区域铁矿山开发历程

鞍钢集团在鞍山、辽阳地区的铁矿山进入规模开发已有数十年开发历史，历经"十五"以来技术改造和改扩建建设，铁矿开采在区域社会经济中占有很大比重，部分采选工艺技术已经达到国际先进水平，部分落后的工艺技术、设施和装备亟待进行改造、替换和升级换代。

目前鞍钢矿业公司所属的露天铁矿均为大型露天矿，矿山分别处于山坡、凹陷、深凹和开采末期阶段。公司所属的弓长岭井下矿为大型地下矿山，已经累计开采 30 年。东鞍山铁矿、齐大山铁矿和弓长岭露天铁矿独木采区即将进入分期开采过渡期，眼前山铁矿已进入露天转地下开采过渡期。目前，各矿山采用联合开拓运输方式和纵、横采矿方法。

B 区域铁矿山开发中存在问题

（1）勘探开发程度不平衡，缺乏统一规划，不能适应经济发展的需要。

（2）矿山主体多样，开发秩序待规范资源利用效率低。

（3）资源开发过程中生态环境破坏现象严重。

（4）矿山历史遗留问题较多，环境治理与生态恢复任务较重，面临严重的资金困难。

C 规划区域现状资源环境问题

（1）评价区生态环境脆弱，铁矿开采对生态造成了较大的破坏，且没有得到有效的恢复。区内生态环境恶化的趋势没能在经济快速发展中得到控制。

（2）规划区内水资源总量有限，在经济快速发展的同时水资源缺口日趋扩大；水环境承载能力较差，地表水受到严重的污染。

（3）矿山排土场、尾矿库扬尘等污染严重，使敏感目标与人群遭受粉尘污染困扰。

（4）固体废物综合利用率低，特别是土岩剥离物和尾矿的堆存量很大，排土场压占耕地、植被对农业生产和生态环境造成较大影响。

10.1.1.2 规划铁矿山区域环境质量与生态环境现状与回顾

A 区域环境质量现状

（1）环境空气质量：区域内各点位 SO_2、NO_2 小时浓度和日均浓度监测结果均能满足

《环境空气质量标准》（GB 3095—1996）中二级标准，但 PM_{10} 和 TSP 日均浓度均出现超标现象。规划区内环境空气质量受到矿山开发以粉尘为主的污染。

（2）地表水环境：规划区域内南沙河、杨柳河段地表水环境质量较差，各断面水质已不能满足《地表水环境质量标准》（GB 3838—2002）中Ⅲ类、Ⅳ类水体水质标准要求。实际已经成为接纳鞍山市生活、生产废水的纳污河，已经不具备作为地表水源的条件。

汤河水库下游汤河桥断面水质符合Ⅲ类水质标准要求。

（3）地下水环境：评价区内浅层地下水水质较差，出现不同程度的细菌类指标超标以及高锰酸盐指数、硝酸盐氮、总硬度和锰超标。深层地下水源水质较好，各项监测指标基本可满足《地下水质量标准》（GB/T 14848—1993）Ⅲ类水质要求。

（4）声环境：监测期间除个别点位超标外，矿区各测点噪声基本能满足《声环境质量标准》（GB 3096—2008）相应标准限值要求，区域内声环境质量现状较好。

鞍山市区及矿区其他边界地段噪声符合相应标准的要求。

B　区域生态环境现状

（1）土壤环境质量：除个别监测点位出现镍、锌超标外，大部分监测点位及各监测因子均能满足《土壤环境质量标准》（GB 15618—1995）中的二级标准要求，说明规划区内土壤环境质量状况较好。

（2）水土流失：鞍山市土壤侵蚀以水力侵蚀为主。水土流失多存在于工矿用地区域，且较为严重。部分农业用地也存在水土流失现象。总体而言，鞍山市范围内水土流失面积及强度均较低。

（3）生态系统完整性：生态系统的稳定性多年来处于动态平衡当中，并且局部区域的生态环境相对处于一个遭受破坏的过程中，但在矿山退役后，经人工辅助生态恢复措施，生态系统可以缓慢地进入新的平衡，并使原本被破坏的系统结构得到一定的修复，并发挥其新的生态调节等功能，使系统转入良性循环，如大孤山、眼前山等的排土场生态恢复区。

从整个区域的连通性来看，生态系统层次结构仍基本保持完整，组成各生态系统各因子的匹配与协调性以及生物链的完整性依然存在。

C　区域环境质量与生态环境回顾

2005~2009 年鞍山市环境空气中 SO_2 浓度有所下降，PM_{10} 上升后下降，NO_2 浓度基本均衡；2005~2009 年南沙河、杨柳河、运粮河 COD 浓度均超标，2009 年较前几年 COD 浓度有所下降，但仍超标。

区域生态系统景观整体形状是趋于复杂化的，受人类活动的干扰程度逐渐增大，人为干扰逐年增强。

评价区生态环境脆弱，矿山开采后加剧了斑块破碎化过程和景观破碎程度，对生态造成了较大的破坏，且没有得到有效的恢复。区内生态环境恶化的趋势没能在经济快速发展中得到控制。

10.1.1.3　鞍钢集团环保投入及环境发展趋势

近年来，鞍钢集团针对城市规模的不断扩大，与鞍山市协调调整矿山设施布局，形成城矿融合的局面；积极协调与辽阳市总体规划、汤河新城规划的关系；积极参与矿山资源整合，形成统一的、有序的铁矿山开发体系及配套设施布局。

针对矿业生产、开发对鞍山城市建设及发展的影响逐步加剧的问题，做出积极治理和修复矿山地质生态环境，改善当地居民的生活环境举措。自 2000 年起累计投入共约 2.6 亿元，对历史上形成的矿山环境破坏进行了生态恢复与重建。

鞍钢老区铁矿山开采历史悠久，历史遗留的环境欠账较多，环评执行率不足，严重缺乏区域性的现状分析、回顾分析和跟踪评价。随着本规划的实施，需要不断强化执行和构建管理制度创新机制，还清历史生态欠账，使企业在环境管理执行方面步入良性化运转轨道。

本规划项目不投入的背景下，区域环境质量与生态环境较现状无明显变化，投入生态复垦措施后规划矿区环境质量与生态环境将会有所改善。

10.1.2 规划铁矿山重点生态环境要素影响预测研究

10.1.2.1 规划铁矿山环境影响类型、评价因子与指标

铁矿山规划的实施存在一定的制约条件，环境影响的类型纷繁复杂，成因包含多个方面，但其影响的最终后果均表现为生态后果，和区域性、系统性的影响。系统控制和区域综合治理是解决矿山生态环境问题、打造绿色矿山的有效途径。

铁矿山生态保护基于系统控制和区域综合治理要求，根据不同的环境影响因素主题，通过在开发中控制相应评价指标，促进合理的环境目标的实现。

10.1.2.2 生态环境影响分析

A 土地利用状况变化影响分析

规划露采形成的矿坑、尾矿库等的占地造成永久的土地利用变化。随着矿山闭坑及排土场的复垦绿化，项目对土地利用的影响将趋于弱化。

B 对土壤侵蚀和理化性状影响分析

矿山开采形成大量的表土裸露，排土场形成的大量松散固体物质堆积，极易造成土壤侵蚀范围及其强度的扩大化，但不会造成大区域的土壤理化性状的巨变。

C 对自然景观的影响分析

露采形成陡深的矿坑和高大的排土场，在局部范围内很大程度上改变了自然地形地貌的景观分布及其格局。尾矿库的建设改变小流域的地表水流通条件，形成集中的水域，一定程度上改变局地小气候。采坑及排土场建设改变了山林绿地景观。部分项目对千山风景区等景观的协调性有一定影响，需持续进行生态复垦以减缓影响。

D 对植被的影响分析

露采及排土场、尾矿库建设均破坏已有的植被，但随着排土场复垦和绿化建设进度的推进，规划项目对植被的影响将会得到补偿和恢复。

E 对野生动物影响分析

规划矿区内野生动物的生境出现先破坏，后恢复的过程，野生动物的影响也随着生境的变化而变化。

F 对生态敏感区的影响分析

近期建设大孤山尾矿库扩容项目与新规划千山风景区边界相邻，尾矿库水面对邻近一

侧千山风景区的生态环境、地下水位恢复具有重要作用，规划项目建设要落实各项污染防治措施、生态治理措施以做好对风景区生态环境的保护。

规划项目实施后千山风景区可视化情景与现状差别不大，不会继续破坏景观的协调性。

远期建设西鞍山铁矿采用地下开采充填工艺，不破坏西鞍山地表景观，满足保护鞍山城市景观要求。

规划项目实施对汤河水库及其水源保护区无不利影响。

G　生态系统完整性影响分析

规划实施后，随着生态影响的逆向干扰的消失和人工生态恢复重建的正向干扰的强化，规划项目对自然生态系统完整性的影响日趋减弱。规划项目对鞍山城市空间布局、社会经济结构、区域人文居住等方面的影响体现了社会生态系统完整性的干扰。

鉴于规划项目对鞍山市社会生态系统影响的重要程度，有必要进一步深入开展规划项目与城市空间布局优化、经济结构调整等方面的研究，引导规划项目实施对社会生态系统的影响形成正向的干扰，实现鞍山市社会经济、人文景观及自然生态系统的和谐和可持续发展。

10.1.2.3　地下水环境影响分析

A　对地下水资源的影响

规划项目采场抽取矿坑水，在采场第四系地下水含水层被疏干后影响范围随深度增加不大，对外围影响半径之外开采第四系含水层的干扰影响相对有限。对采场外的用水井地下水位会产生一定程度影响。经采取有针对性的应对措施，对采场周边用户取用地下水源的影响可以得到有效控制。

根据尾矿库扩建库区水文调查和尾矿库建设方案分析，在尾矿库加高使得水头压力抬高后，将造成尾矿库周边一定区域内水位相对上升。但在规划区范围内，在疏干与排水强度增加的工况下，局部地下水将出现明显下降，并导致区域地下水流场的变化。

B　对地下水质的影响

规划项目生活废水经处理后用于绿化，疏干废水经沉淀后全部用于采场生产、爆堆预湿、厂内抑尘，多余部分输送到选厂，废水利用率达到100%（含蒸发损失），正常生产中无废水进入河流和其他水系，对区域地下水环境质量不会产生加重影响。规划尾矿库均为山谷型尾矿库，库底地层上覆以第四系冲洪积作用主导的地层。库底下覆基岩为变性花岗岩地层完整，断裂、节理构造不甚发育，属低渗透性岩石，尾矿库排水污染因子简单，水质相对较好，不会对地下水水质产生明显污染影响。

虽然规划区污水按"零排放"控制，地下水质量将会向好的方向转化，但地下水污染的自净和解吸是一个长期的过程，据此预测该区地下水污染将在一定时间内维持现有水平。

C　对鞍山市饮用水源地的影响

鞍山市政水源距离齐大山矿区、东鞍山矿区采场及西鞍山井口均有相当距离，受采场疏干抽水的影响较小。规划项目实施对饮用水水源地水质不产生影响。

10.1.2.4　地表水环境影响分析

总体来说，在采取完善的废水处理和回用措施后，矿区生产区排水可较现状有所控制。矿区排水主要为尾矿库排水和未利用矿井涌水，其水质较好，衰减至控制断面后，浓度明显降低，与现状断面混合后，地表水质无明显变化或较现状有所改善，基本可以满足地表水体功能。

10.1.2.5 大气环境影响分析

A 规划矿区各类大气污染源控制措施效果分析

（1）露天开采的深凹露天矿，随着开采深度的下降，对外环境的影响较小。

（2）地下开采主要对风井周围近距离范围环境空气产生一定的影响。

（3）排土场对环境空气的污染主要在运营期间，服务期满后将对废弃的排土场及时进行覆土绿化，排土场扬尘将不再存在。

（4）尾矿库尾矿排放过程不会产生扬尘，仅产生干坡段扬尘，且影响范围有限。

（5）对运输道路路面适时进行洒水抑尘，保持路面湿润，可有效抑制扬尘。

（6）规划选矿厂、工业场地的锅炉烟囱、选矿厂集中除尘的排气筒等大气污染源可实现达标排放，影响范围有限。

B 环境空气影响预测分析

从空气环境质量预测结果可知，2015年、2020年正常排放下项目对各敏感点的粉尘、SO_2、NO_x 贡献值日均最大浓度值、年均值均未超过《环境空气质量标准》中相应标准限值。在100%保证率时，由2015年和2020年粉尘、SO_2、NO_x 排放的地面扩散浓度均低于标准限值，最大值均位于矿区以内。规划项目实施在近、远期对鞍山矿区、弓长岭矿区敏感点的贡献值均很低，空气环境质量维持现有水平。

10.1.2.6 声环境影响分析

规划项目实施后各工业场地噪声源对周围的声环境基本不构成影响，各敏感点的声环境基本可维持现状。

10.1.2.7 固体废物贮存处置的环境影响分析

规划产生的各类固体废物，最终都得到综合利用或者安全合理处置，对环境影响的程度不大，要进一步提高废石、尾矿等固体废物综合利用率。

10.1.2.8 社会环境影响分析

鞍钢老区铁矿山改扩建规划项目的实施虽然有一定不利影响，但其有利影响是主流，将提升当地的矿山开采水平、工业技术实力和管理水平；为当地创造大量的税收收入和就业机会；使地区产业结构更加合理；带动建筑业、运输业、加工服务业、文化教育及医疗卫生等相关产业的发展；项目的建成必将大力促进当地的经济发展，提高当地人民的生活水平，提高地区的综合实力，为当地经济和社会发展做出重大贡献。从长远来看，规划矿区原有居民搬迁对当地农民生活水平的提高也有明显的促进作用。

规划项目的实施对社会生态系统的完整性存在逆向和正向的干扰，正向的干扰促进了鞍山市城市空间布局优化，社会经济、人文发展及自然生态的和谐，促使鞍山整体社会生态系统的可持续发展，促进了辽阳市弓长岭区的资源整合和社会经济发展。逆向干扰的出现将伴随规划项目的实施，在社会经济结构、城市空间布局冲突，导致社会生态系统的不和谐，以及鞍山市、辽阳市、弓长岭区社会发展的不可持续性。为保障区域社会经济可持续发展，应当强化正向干扰的作用，按规划方案实施生态环境保护措施，推进规划总体目标的实现。

10.1.2.9　环境影响综合评价

A　环境影响综合分析

区域环境质量评价为负效益，反映规划实施前后对环境质量的改善尚不足以还清历史欠账，需要通过加大环保资金投入和实行区域综合整治，逐步加以改善；生态资源评价结果为负效益，是矿山开发不可避免的环境代价与成本；综合评价为正效益，反映通过规划及规划环保措施的实施，能够做到规划项目所在区域的可持续发展和社会、环境、经济三个效益的统一。

B　环境影响的长期与累加趋势

（1）环境空气：现状矿区与鞍山市区所排放的粉尘无空间叠加影响。而在矿区规划项目所排出的粉尘与矿区周边矿山排放的粉尘在数量、空间上都有叠加影响。矿区规划建设所排放的空气污染物对区域空气质量长期（累积）影响不大，空气质量仍能保持在《空气环境质量标准》（GB 3095—1996）的二级标准范围内。区域烟尘、SO_2 和 NO_2 尚有一定的环境空气容量，而无组织排放粉尘可能仍会在个别时段形成局部的污染影响。

（2）水环境：长期来看，从汤河水库取水对区域水资源及矿区所在行政分区的水资源优化配置都是一次考验。本规划根据区域水资源平衡，在矿区给排水平衡中考虑不增加新鲜用水量、主要依托循环水（中水）和充分利用矿山伴生水的用水情景，保障从汤河水库获得充足的水资源。

对规划实施后地下水环境状况的监控，要依赖于对地下水环境的长期连续观测和分析研究，并根据地下水赋存规律采用有针对性的控制措施，保持地下水环境水位、水质的良性平衡。

10.1.2.10　铁矿山规划环境影响的可接受性

A　规划区域环境资源承载与环境容量的协调性

鞍山市 SO_2 环境达标比较脆弱，随着 SO_2 削减措施的实施及矿山进一步削减 SO_2 排放量，SO_2 环境容量不会对规划项目实施形成制约；鞍山市域没有 PM_{10} 环境容量可供利用，要进一步控制钢铁产业规模，加大钢铁产业污染治理力度，推进鞍山市城区大气颗粒物污染防治。弓长岭片区环境空气 SO_2、PM_{10} 容量仍可承载区域的进一步发展。

鞍山界内南沙河、运粮河和杨柳河的 COD、氨氮均没有环境容量，需对河流水污染进行积极治理。辽阳市境内的汤河下游 COD、氨氮仍有环境容量可供利用。铁矿山规划项目水环境影响将对规划建设规模存在一定程度的制约。

铁矿山规划的实施将对区域土地结构、地形地貌、植被、动物生境、土壤侵蚀等方面产生一定程度的影响，但随着生态影响的逆向干扰消失和人工生态恢复重建的正向干扰强化，规划项目实施对自然生态系统完整性的影响日趋减弱，还将有助于区内现状生态系统的恢复和稳定良性发展，不会对铁矿山规划建设规构成制约影响。规划采用优化生产方式和生态优化措施，还需要进一步加大生态环境的养护力度，以维护生态环境的承载力。

B　环境影响的可接受性

铁矿山规划项目建设规模符合区域铁矿资源需求，所处的区域交通、电源和辅助设施等外部建设条件能够支持和促进规划的发展，铁矿资源、水资源能够满足规划项目的需要，不会对规划建设总体规模构成制约；但也存在大气和水环境容量不足，以及矿区开发所带来的一系列生态、大气、水和固废对环境造成的影响和对矿区建设规模的制约。

规划项目建设采用生态环境保护和节能减排措施，做到"量容而行"，在环境容量、资源承载和环境影响上的制约将大大减少，规划的建设规模总体是可行的。

10.1.3 铁矿山区域土地复垦与生态系统恢复重建对策

10.1.3.1 区域生态环境承载力

A 生态承载力

鞍山市、辽阳市区域生态环境状况指数一般，较适合人类生存，但社会消费需求超过了区域生物生产能力，生态系统处于人类过度开发利用状态之中，区域生态环境受人类开发影响较重，需进行区域综合整治和养护才能维持区域的发展。规划实施后加大生态复垦力度，可促进规划区域生态赤字减少，环境承载力进一步提高。

B 土地资源承载力

规划矿区用地指标将无法从目前确定的鞍山市、辽阳市土地利用总体规划中得到满足，存在与土地利用规划的不协调，需通过土地复垦对用地进行调整。

规划通过复垦已开发过的矿山，将复垦成林地的土地指标转换成规划新增的工矿用地指标，同时严格控制各厂矿用地指标，可以满足占补平衡的要求，使规划得以顺利实施。

10.1.3.2 区域生态恢复与重建对策

A 生态整治与土地复垦对策措施

生态整治措施包括生态破坏的恢复与补偿、生态体系的恢复与建设、绿化与景观体系建设等。

规划矿区历经多年开发，历史欠账很多，生态恢复任务较重。规划实施后，随着矿山开采进度推进，露天采场逐渐闭坑和排土场服役期满，生态复垦面积中的可恢复面积将大幅度增加，进一步的生态复垦规划需要根据运营期满后的规划区实际状况进行修编，以达到矿山建设用地的全面占补平衡目标和建设绿色矿山，实现矿区生态可持续发展的总体要求。

在规划实施过程中，要根据鞍山、辽阳市矿山生态恢复指标要求，根据矿山现状及规划矿区排土场、尾矿库等使用期限，确定需进行生态恢复的面积，订出计划，分阶段予以实施。

B 土地占用范围内居民安置

对规划铁矿山涉及到的居民搬迁，要使在建设过程中涉及的居民和企业利益得到充分保障。建设单位对失地村民均按鞍山市、辽阳市政府规定标准给予经济补偿。建设方还将积极配合地方政府进行基础设施的建设，做到通过移民使居民生活改善，今后生活有保证。

C 水土流失防治

根据水土流失现状及影响分析，评价区内各侵蚀等级范围依次为：微度侵蚀区域>轻度侵蚀区域>中度侵蚀区域>强烈侵蚀区域>极强侵蚀区域>剧烈侵蚀区域。各类用地的土壤严重程度排序依次为：矿坑及排土场的陡坡、沿河谷两侧植被分布较为稀疏的区域、未硬化道路路面、胶带机、选矿厂区等。宜采用有针对性的措施，进行全面、综合的分区体系防治。

10.1.4 铁矿山区域水资源承载力与节水对策

10.1.4.1 水资源承载力与供水现状

A 规划铁矿山供水水源

目前矿业公司水资源依托汤河水源、首山水源、鞍钢循环水、弓长岭市政中水和矿坑涌水作为生产用水。汤河水源和市区地下水源有一定剩余供水能力，可为规划提供所需水资源，在鞍山、辽阳市域内合理调剂，可以满足矿区开发要求。

B 水资源承载力

就现状供水条件而言，水资源承载力可以满足铁矿山规划项目的需要。

铁矿山规划项目用水可主要依托现有水源挖潜解决，保持新鲜水用量近、远期均不增加。对现状供水水源的影响较小，区域水资源承载力可以满足供水要求。

C 规划矿区现状供排水存在问题

(1) 矿坑涌水利用率仍较低，部分矿区未利用矿坑水就近排入地表水体。

(2) 生活污水处理利用方式不尽合理。

(3) 尾矿库回水利用不足，部分尾矿库坝下渗水未利用，排水量较大。

10.1.4.2 规划水资源综合利用与节水对策

A 规划铁矿山水资源综合利用目标

规划铁矿山充分利用矿山伴生水资源和鞍山辽阳两市市政中水、鞍钢企业循环水资源，使规划近、远期新鲜水用量均可维持在现状供水量水平不增加。

规划实施进一步拓宽矿山伴生水、市政循环水作为生产用水的资源化利用途径。规划近期增加循环水（中水）用量，可以做到鞍山矿区100%、弓长岭矿区80%矿坑涌水资源化利用，可基本不增加新鲜水用量；规划远期持续增加循环水（中水）用量，做到鞍山矿区、弓长岭矿区100%矿坑涌水资源化利用，可基本不增加新鲜水用量。

主要对策为：鞍山矿区选矿厂近期均使用鞍钢循环水系统来水作为生产用水，充分利用矿坑水作为生产用水；远期随着矿坑水用量的加大，鞍千选厂、大孤山球团厂循环水（中水）使用量较现状减少；远期西鞍山矿区充分利用矿井水，并使用就近的鞍山市政中水作为矿区用水补充。弓长岭矿区选厂扩建后充分利用矿坑水的同时减少市政中水用量，作为选厂生产补充水，随着矿坑涌水利用率不断提高，市政中水的使用量较现状持续有所降低。

B 水资源综合利用规划编制与管理对策

在铁矿山规划阶段要强化水资源管理，通过编制铁矿山水资源综合利用规划，规划、设计相应的水资源节约利用和保护措施来缓解供水矛盾，实现水资源综合利用。在了解矿区现有水资源状况的基础上，合理配置各环节用水，并通过相应的水污染控制、水资源保护对策及配套工程，支撑矿山区域系统性的水平衡，解决水资源时空平衡问题。

水资源综合利用规划通过水资源统筹调配、水循环利用和系统节水技术，最终达到符合清洁生产、循环经济及节能减排的节水目标。通过水资源统筹调配达到系统性的节水，对于控制矿山生产系统环节向外环境地表水的排污控制有利，同时也是保护水环境质量的有效措施。针对单个矿山设施要做到矿山各工序组成环节的水的重复利用、梯次利用和分质供水，除了对各部分水资源的量化核算外，尤其重视各部分用水调配的平衡计算，并采取相应工程措施使各部分用水统筹调配。在各生产工序，也将通过推行节水和清洁生产工艺达到局部节水。通过规划实施的系统的节水技术降低企业用水成本，推进企业节水目标的实现和综合效益的提高。

10.1.4.3 规划配套节水工程措施

为支撑上述配置方案，达到水资源综合利用的规划目标，需要相应的工程配套支撑体系，主要包括为满足铁矿山在规划年正常供水的基础配套工程及水资源调配工程措施。具体如下：

（1）市政供水水源与中水输水工程。
（2）矿坑（井）水提取、水处理配套完善工程。
（3）尾矿水回用配套工程。
（4）尾矿库坝下渗水回用配套工程。
（5）生产生活废污水处理设施。
（6）矿区间水资源调配工程。
（7）雨水蓄集、利用工程。

10.1.4.4 水污染控制与水环境影响减缓措施

A 废水处理与循环利用措施

规划铁矿山应按照"达标排放、总量控制"原则对矿山工业场地三废排放予以控制。针对矿山污水的来源和性质，从整个矿山的进排水体系出发，理清废水来源、水质、水量、去向，进行统一规划，全面协调，真正做到矿山水的生态化循环。

B 地表水资源保护措施

矿区开采过程中应加大对周围河流地表水位的监测和水文观测，开采过程中一旦发现可能影响地表水体的迹象，应严格执行"有疑必探、先探后掘"的原则，以防对地表水体产生不利影响。

针对矿区地貌、地形和水土条件做好生态恢复和重建，有效控制水土流失，改善区域水环境条件，减缓进入河流的泥沙量，促进评价区生态平衡。

做好汛期尾矿库防洪管理。

C 地下水资源保护措施

加强对水源井的管理，确保水源井水质安全卫生。

严禁矿井水、工业废水或生活污水未经处理就地排放，防止地下水污染。

对矿区及周围地质环境进行监测，包括矿坑排水与地下水位动态监测，疏干沉降监测，及时把握地下水位水质的变化情况，对受影响的居民生活区域应建立供水管网，以确保不影响居民的生活。

10.1.5 保障生态安全与防范环境风险的对策机制

10.1.5.1 规划铁矿山生态安全与环境风险影响因素

A 区域生态体系组成与生态安全影响因素

矿区人工生态体系作为退化的生态系统有恢复和再造的巨大需求，同时与外部的区域生态系统借助自然生态因子连接和发生物质交换。矿山生态恢复过程中不能单一地、割裂地只考虑矿山内部系统或单一元素的治理或恢复，而应当实施全方位保护和综合治理。

规划区生态安全由规划铁矿山生态系统与城乡生态系统两大系统形成的格局控制和决定。提高矿山自身系统稳定性和防灾抗灾能力，是维护矿区生态安全的重要途径，也是区域生态安全格局的重要组成部分。

规划区生态恢复应注重矿山系统与外部系统的协调控制，各设施部分生态功能的维护，和矿山设施在各种自然要素和不同生产工况下的安全运转，以维护区域生态体系结构与安全格局，避免影响生态系统稳定性和导致尾矿库、排土场等矿山设施超越自身防护或抗灾能力，引发地质灾害、水土流失等次生灾害和泥石流、溃坝等环境风险事件的可能。

B　环境风险源识别分析

规划在项目实施和生产运行的多个环节存在一定的环境风险。除爆破作业、炸药运输环节、炸药库、油库等爆炸危险品贮存设施的安全事故外，以尾矿库、排土场等设施在自然灾害条件下引发的次生灾害最为严重。同时存在着地质灾害风险。经综合分析，规划项目不存在重大危险源。

10.1.5.2　环境风险影响

A　尾矿库环境风险

规划区内5处尾矿库有2处在用库拟进行扩容，规划实施后5座库均为二等库，一旦发生溃坝风险影响巨大，将波及鞍山市区和辽阳市弓长岭区、辽阳县有关农区，造成重大灾害性影响。

B　排土场环境风险

排土场失稳将导致矿山土场灾害和重大工程事故，使矿山蒙受巨大的经济损失。规划矿区现状排土场基底无松软地基，边坡稳定性满足安全要求，产生泥石流的概率极小。规划排土场按0～500m完成敏感人群动迁，大型排土场应急响应范围可按500～1000m进行控制，中型排土场应急响应范围可暂按约500m进行控制，将排土场纳入规划项目风险源进行统一管理。

C　地质灾害与安全事故风险

铁矿山开采及其他生产活动会加剧斜坡岩土体松动、裂缝，增加松散堆积物质总量，产生陡深采坑和高陡排土场，产生崩塌、滑坡、地面塌陷等地质灾害，在特定条件下形成次生灾害或引发泥石流、溃坝等灾害性事故，威胁矿山生产设施，甚至波及下游城市、村庄的安全。

因矿山生产安全形成火灾爆炸事故，可能造成环境污染的危害，如炸药烟气的高浓度扩散，和储油库（罐）事故泄漏风险，最不利情况下可能对河流、土壤、生物造成毁灭性的污染。

10.1.5.3　生态安全保障与环境风险防范措施

A　矿区生态安全的控制环节与保障措施

基于保持矿区生态系统稳定性与控制风险事故生态危害、污染后果的要求，在规划布局阶段应采取有针对性的措施，开展矿山生态系统安全格局研究，编制矿区防灾规划，建立可持续的矿区环境质量与生态预警体系，作为矿区生态环境保护和治理的重要组成部分。

B 风险管理

在规划、设计、施工、运营的各个阶段要制定出细致完备的环境风险防范措施，并纳入三同时管理。各生产部位要严格遵守岗位操作规程，避免误操作，加强设备的维护和管理，加强尾矿库的日常观测和管理以及汛期的预防和巡查抢险工作。

C 生态敏感目标规避与风险源布局控制

规划铁矿山对鞍山市生态屏障——千山风景区，区域供水水源地——鞍山市供水水源、汤河水源保护区等，引汤入鞍输水管线穿越矿山地段，在规划实施中分别采用有针对性的保护和规避措施，保证了敏感目标安全。

结合本次规划实施，通过合理的布局规划，应对矿区尾矿库址、排土场址 0～500m 范围内的居民实施搬迁。

D 环境风险应急救援与评估

本规划矿区应急救援体系，现阶段应当首先明确环境风险三级（车间、采区和矿业公司）应急防范体系的构成。应启动针对规划矿区的事故应急救援，并制定与鞍山市、辽阳市区域联动的事故应急预案。待矿区规划项目实施阶段编制企业应急预案时，则应制定风险防范措施与应急预案细则，明确事故响应和报警条件，规定应急处置措施。

规划矿区应当委托有专业资质的安全评价单位对本项目生产过程中的运行风险进行定期全面、详细的安全评价。在此基础上及时改进，解决问题，确保运行安全，减少对环境的负面影响。

10.1.6 铁矿山区域空间控制系统与地质环境治理对策

10.1.6.1 规划空间控制系统

开展多维度的空间管制是铁矿山生态保护的重要内容。规划铁矿山矿区空间控制，是建立在景观控制基础上的、不局限于土地使用功能的控制方式，是涵盖地貌、地质与视觉景观控制的综合控制体系，其首要的问题是解决不同尺度和维度界面下的评价指标和方法选择问题。

10.1.6.2 规划空间功能与平面布局

用地布局评价采用"宏观层次"、"中观层次"和"微观层次"相结合的思路，对鞍钢矿山规划总体规划布局方案的合理性进行评价。

A 总体布局和采区布局

本规划总体布局和采区布局合理，有待通过规划进一步加强规划协调性。

鞍钢老区铁矿山经过长期的勘探或开采，经过改进开采技术、开拓工艺、开采强度和选矿流程，并兼顾配套设施的建设，最终形成功能完善、工艺顺畅、布局合理的采区。但由于城市的不断发展，环境风险影响涉及环境敏感点（区）与保护目标等因素的影响，项目布局存在不确定性和不合理地块单元。在完善规划内容的基础上进一步做好规划地块布局，对地块单元进行分析评价，根据评价单元合理性确定地块用地类型，执行或放弃原方案，并采取必要措施。

B 中观地块与矿山设施布局

中观地块布局总体而言协调性较好。根据中观布局评价，对不够合理的地块需采取一定的措施,通过调整改变现有铁矿山布局中不合理的组分,在矿区内部通过规划布局优化矿山生产系统,使之适合城市总体规划要求的功能分区,减少对其他功能组分的环境影响。

C 设计建设期间用地布局

(1)贯彻总体规划布局和采区布局,在完善规划内容的基础上进一步做好规划地块布局,对地块单元进行分析评价,根据评价单元合理性确定地块用地类型,执行或放弃原方案,并采取必要措施。

(2)在下一步规划和设计阶段对拟设的排土场、尾矿库进行厂址比选分析。

(3)在规划基础上完善专项规划,对矿山设施进行统筹布局。

10.1.6.3 地质环境与视觉景观控制

规划铁矿山以地质环境为切入点,以高程控制为主线,开展地质环境与视觉景观的控制,完善铁矿山制体系。

对于复杂的地质灾害的治理,必须建立科学的组织管理体系,完善监测系统。开展矿坑边坡变形监测,地表塌陷、地裂缝变形监测,地下水埋深、水质监测等,对监测数据进行综合分析,及时有效地提出灾害预测预报,为工程实践和理论研究提供依据。

在规划阶段,要做好矿山空间地貌形态的高程指标控制。研讨不同高度空间分布的地质现象及矿山设施的适宜空间高度,寻求通过几何的高度约束,建立与规划区地质条件的响应机制,促进实现地质环境保护的预先控制,有效减缓与防止灾害事件的发生。

10.1.7 铁矿山清洁生产机制与资源综合利用

10.1.7.1 规划循环经济与资源综合利用措施

A 循环经济模式与生态网络

规划矿区目前尚未形成有效的循环经济链条和资源循环利用生态网络。规划中应强化资源综合利用,并设计循环经济产业链条的上下游环节,构建静脉产业链。项目规划指标体系中要体现资源综合利用率、污染低排放、废水零排放等指标。在规划中要增加本区域与周边地域的循环经济互动。

B 废石、尾矿资源综合利用

鞍钢矿山废石、尾矿综合利用率较低,既有历史形成的因素,也有工艺技术先进性不足的因素,在循环经济和规划协调性方面则主要是产业不配套、综合利用途径有限,造成了大量堆存,污染环境的局面,在环评过程中鞍钢矿业公司增补了废石、尾矿综合利用专项规划并作为环评技术支撑。

10.1.7.2 持续清洁生产与节能降耗

A 铁矿山清洁生产水平

规划项目所处理的原矿属于难选、难处理的贫铁矿,导致加工工艺流程长,用电设备增多。但项目在设计过程中已经充分考虑了节能措施,随着工业试验的开展和工艺技术的进步,项目能耗将进一步降低。在规划实施中对关键技术指标予以改进,使规划项目全面达到二级清洁生产水平。

B 铁矿山清洁生产审核与评价机制

在现有矿山清洁生产管理及评价指标体系的基础上,针对矿山固废减量化需求和生态复垦现状技术水平，制定主要考核指标，细化量化评价指标体系，不断丰富和挖掘矿山生态保护内涵，实施推荐国内现阶段先进工艺技术，开展符合矿山特征与工艺技术水平的清洁生产审核，促进矿山企业持续清洁生产。

10.1.7.3 矿山生态再造与绿色矿山建设

A 规划已采用和部分采用的绿色采矿技术

开采工艺与设备选型的合理化、提高（金属）回采率的工艺技术，地下矿山充填开采工艺技术，露天矿全移动半连续开采工艺技术、露天矿运输系统优化工艺技术，控制粉尘排放、矿坑矿井水资源综合利用、减少井下废石产生量、生产经营与管理的数字化等节能减排技术。

B 推进生态再造和绿色矿山建设的措施

规划应推进基于铁矿山人工生态系统和谐与可持续发展的资源综合利用，包括废石、尾矿资源化利用、矿山地质环境治理等，既为矿区开展生态复垦打下基础，又是矿山生态再造的重要措施。

在技术方面倡导绿色采矿，协调矿产资源、土地、水、环境资源各方面的综合利用与平衡关系。在管理与控制方面按照符合生态规律、地质环境保护的生态系统平衡的要求恢复和重建生态，推动铁矿山生态再造。

C 固废减量化目标推进战略

根据铁矿山生态恢复重建的要求，制定不同时期的固废减量化目标，减轻后续生态复垦压力。针对不同类型矿山分时段、地域进行管理和确定固废综合利用、土地复垦指标要求，尽快纳入统一的规划管理，推动铁矿石资源开发合理布局、集约发展和先规划后建设。

10.1.8 铁矿山区域生态环境综合治理经济分析

A 环保投入与环境代价

规划项目拟采用的环保措施投资 6.57 亿元，占规划总投入的 3.04%；环保措施运行费用 13.95 亿元；环保投入使环境改善的效益 68.36 亿元；产生的环境代价 2.68 亿元，环境成本 2.66 元/吨$_{矿石}$；环保措施效益投资比 11.3，远大于 1。

规划项目环保投入一定程度上缓解了环境影响，减少了由此造成的资源浪费损失和环境污染损失，减少了地质灾害因素引发环境风险事故的可能，由此也降低了规划付出的环境代价，使项目具有环境合理性。在现有技术经济条件下，应保持必要的环保投入以控制环境成本，应审慎确定资源开发方案，达到开发利用资源产生效益的最大化。

B 规划生态恢复的经济控制

在规划层面，要重视和处理好区域城镇化发展与矿山开发的关系，城市发展与国家铁矿石资源战略的关系，城市总体规划与矿山规划的关系，在充分协调关系的基础上开展环境综合治理与生态恢复，尽可能降低环境成本，使铁矿石资源开发的环境代价维持在合理限度。

10.1.9 铁矿山生态保护对策研究结论

10.1.9.1 规划方案环境合理性

鞍钢老区铁矿山经过长期的勘探或开采，经过改进开采技术、开拓工艺、开采强度和选矿流程，并兼顾配套设施的建设，最终形成功能完善、工艺顺畅、布局合理的采区。本次铁矿山规划符合区域规划和国家产业政策要求；矿区开发建设对促进鞍山市、辽阳市社会经济发展有推进作用；矿区规划符合鞍山市、辽阳市城市总体规划和相关规划要求，规划矿区用地在鞍山市、辽阳市土地利用规划层面得到解决；区域生态环境与环境质量受矿区开发影响局部已呈环境破坏与污染，本规划通过规范开发和增加环保投入有助于解决现存环境问题；区域资源与环境承载力可支撑规划实施；矿区规划生态恢复与复垦重建措施可行，环境风险可控，生态安全可得到保障；各类环境要素污染控制措施可行，矿区各类污染物达标排放后能满足各功能区的环境目标要求；规划项目满足清洁生产、循环经济要求，规划实施后可达到节能减排目标并能够持续改进提高，矿山固废可做到安全处置、减量化并符合国家政策导向；矿区开发规划得到当地公众支持。从环境保护角度分析，鞍钢老区铁矿山改扩建规划项目合理可行。

10.1.9.2 铁矿山生态环境保护对策

（1）铁矿山规划要按照清洁生产、资源综合利用的要求，重点论述开发方案，统筹规划、设计铁矿山开发建设进程，实施包括土地复垦、节约水资源、保护地质环境、做好空间控制多个方面的生态环境综合治理对策与措施，解决铁矿山开发中的环境问题，减缓各类环境要素的影响。

（2）在矿山土地复垦的基础上，要进一步推进矿山废弃地治理和生态修复技术。以科学发展观为指导，以维护矿区生态环境安全为重点，针对矿产资源开发利用方式以及产生的主要生态环境问题，科学规划、合理布局，提出生态环境保护与恢复治理的主要措施，及时治理受损的生态环境，最大限度地减少因矿产资源开发利用造成的危害，促进矿产资源开发与社会经济的可持续发展。

（3）铁矿山开发进程要贯彻环境保护的三同时与竣工验收制度，要按照建设绿色矿山要求，对开发进程实施观测与控制，贯彻跟踪评价与后期评估制度。

10.2 建议

（1）增强鞍钢集团矿业公司与鞍山市、辽阳市政府有关部门的互动机制，针对矿山开发中出现的各类问题及时交流和解决，防止不利因素和不利事态的扩大。

（2）在完善、优化规划方案的基础上，亟待推进规划下一层面的工作，使规划项目建设切合区域各层面规划精神，满足环境保护管理要求。

（3）对规划矿区及周边矿产资源富集地带的生产企业进行全面调查和统计，在摸清底数的基础上统一规划布局，规范开发秩序，提升工艺技术水平和实现可持续的资源开发、综合利用。

（4）对西鞍山铁矿采用充填工艺技术开采进行工艺技术论证，在技术成熟的基础上进行小规模、局部的试验性开采，为过渡至大规模开采提供参数。

（5）开展对规划矿区地下、地表水资源评价和矿山区域生态需水研究，建立矿区节水指标体系和生态矿区指标体系，并进行定期评估。以提高矿山用水整体效能，保障矿区生态恢复和土地复垦用水，做到规划矿区水资源可持续开发利用。

参 考 文 献

[1] 农晓丹. 中国矿山生态环境管理研究 [D]. 中国地质大学硕士学位论文. 2004 年 5 月.

[2] 付薇. 矿山生态环境综合治理协同机制与对策研究 [D]. 中国地质大学博士学位论文. 2010 年 5 月.

[3] 张文宁. 我国矿山环境治理法律制度问题研究 [D]. 中国地质大学硕士学位论文. 2010 年 5 月.

[4] 夏既胜, 刘晓芳, 等. 露天矿区生态问题及生态重建方法探讨 [J]. 金属矿山, 2009 (6): 163 ~ 166.

[5] 代宏文. 矿区生态修复技术 [J]. 中国矿业, 2010 (8): 58 ~ 61.

[6] 蒋国胜, 常凤池, 郭兆成. 金属矿山区域空间管制浅议. 金属采掘—冶炼环境影响评价国际研讨会论文. 2012 年 10 月.

[7] 郭德俊, 张亮亮. 矿山生态修复的研究进展 [J]. 能源与环境, 2010 (11): 127.

[8] 赵世亮. 鞍山铁矿山土地复垦评价体系研究 [D]. 中国地质大学硕士学位论文. 2011 年 5 月.

[9] 辽宁省第二水文队. 辽宁省地下水资源区划报告. 1998 年.

[10] 鞍山市水资源管理办公室. 鞍山市城郊水资源评价及开发利用对策研究报告. 1999 年.

[11] 辽阳市水资源调查及开发利用对策研究.

[12] 庞莹. 浅谈鞍山市水环境状况及治理措施 [J]. 水利发展研究, 2006 (1): 52.

[13] 林秋, 高光松, 等. 鞍山市水资源承载能力分析 [J]. 吉林水利, 2007 (增刊): 1 ~ 2.

[14] 曹志鹏, 刘亚君. 鞍山市水资源开发利用分析与对策研究 [J]. 吉林水利, 2007 (增刊): 29 ~ 30.

[15] 林秋, 谭萍. "十一五" 期间鞍山市的水供求分析 [J]. 水利科技与经济, 2007 (6): 396 ~ 397.

[16] 胡国廉, 等. 自然地质体中污染元素的迁移转化 [J]. 中国环境科学学报, 1980 (8).

[17] 裴中文, 沙兆光, 等. 单井充氧回灌地层除铁除锰研究 [J]. 轻金属, 2001 (1): 64.

[18] 李斌, 于国洪. 鞍山市水生态环境建设战略构想 [J]. 吉林水利, 2007 (增刊): 31 ~ 32.

[19] 陈文军. 汤河水库跨区域调水兴利最优方案研究 [J]. 农业与技术, 2010 (1): 112 ~ 114.

[20] 田嘉印. 鞍山矿业公司铁精矿提铁降硅工艺改造发展现状及展望 [A]. 2004 年全国选矿新技术及其发展方向学术研讨与技术交流会论文集 [C]. 2004 年.

[21] 古德生, 周科平. 绿色开发 深部开采 智能采矿 [N]. 中国冶金报. 2012 年 10 月 25 日.

[22] 中国地质科学院, 中国地质大学 (北京), 中国矿业联合会. 国家级绿色矿山建设规划技术要点和编写提纲. 2011 年 7 月 18 日.

[23] 黄敬军, 倪嘉曾, 等. 绿色矿山建设考评指标体系的探讨 [J]. 金属矿山, 2009, V39 (11): 147 ~ 150.

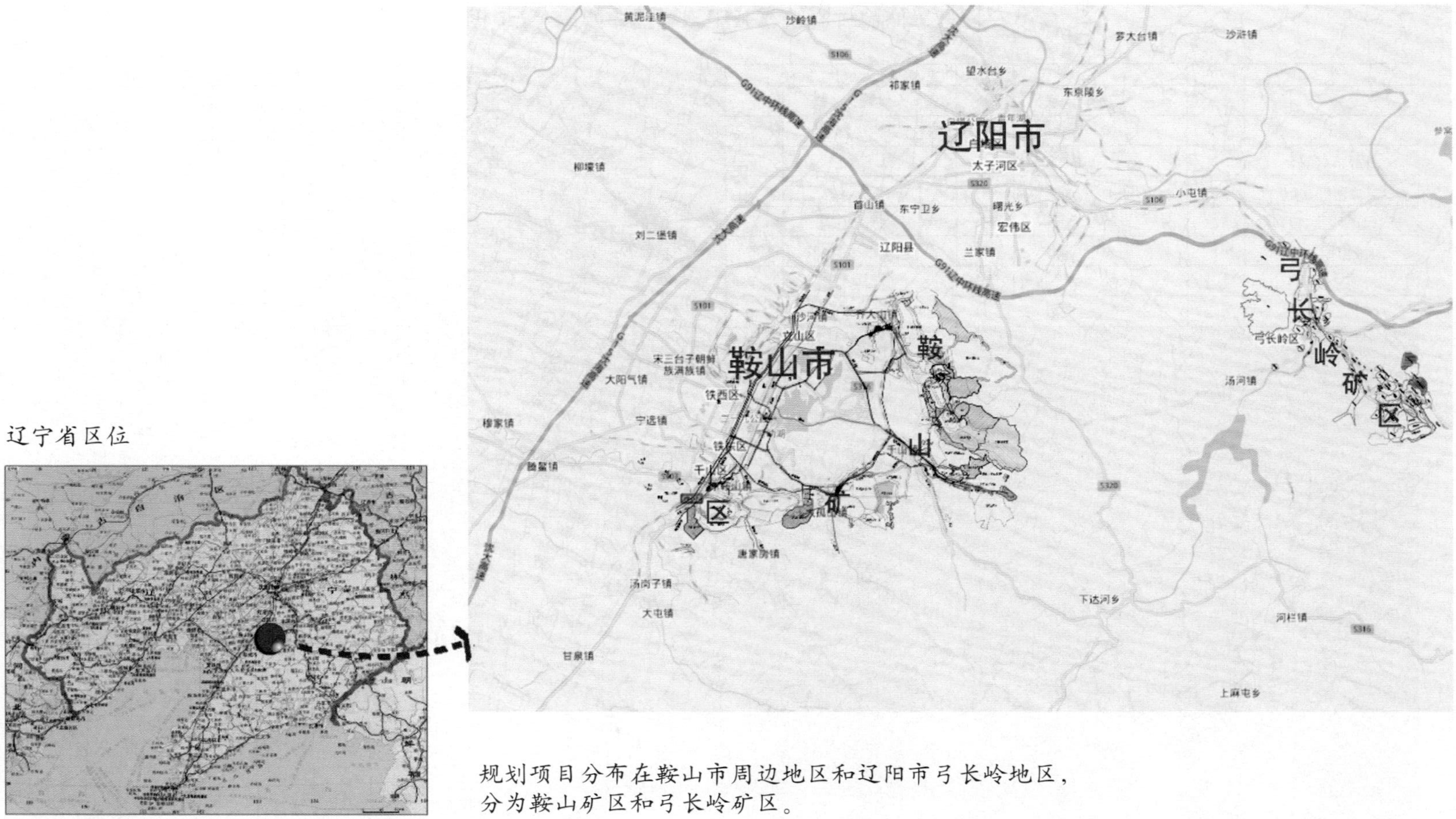

规划项目分布在鞍山市周边地区和辽阳市弓长岭地区，分为鞍山矿区和弓长岭矿区。

图 2-1 鞍钢老区铁矿山区域位置图

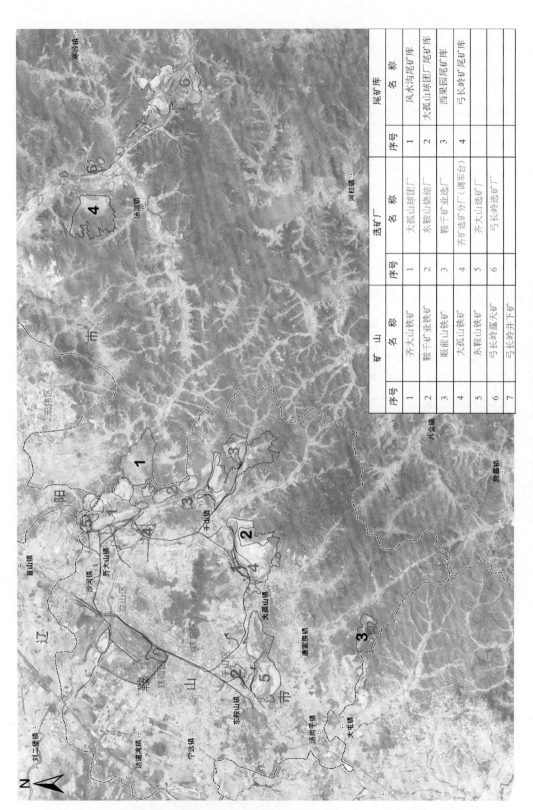

序号	矿 山 名 称		序号	选矿厂 名 称		序号	尾矿库 名 称
1	齐大山铁矿		1	大孤山球团厂		1	风水沟尾矿库
2	鞍千矿业铁矿		2	东鞍山烧结厂		2	大孤山球团厂尾矿库
3	眼前山铁矿		3	鞍千矿业选厂		3	西果园尾矿库
4	大孤山铁矿		4	齐矿造矿分厂（调军台）		4	弓长岭尾矿库
5	东鞍山铁矿		5	齐大山选矿厂			
6	弓长岭露天矿		6	弓长岭选矿厂			
7	弓长岭井下矿						

图 2-2　鞍钢老区铁矿山开发现状与规划布局图

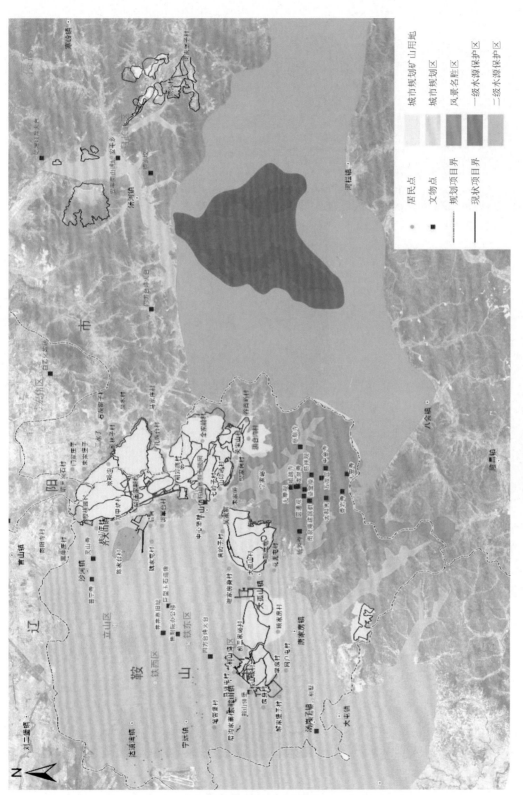

图 2-3　评价区环境保护目标分布图

眼前山铁矿

齐大山铁矿

弓长岭何家采场

鞍千矿业许东沟采场

图 2-4　鞍钢矿山现状采场示意图

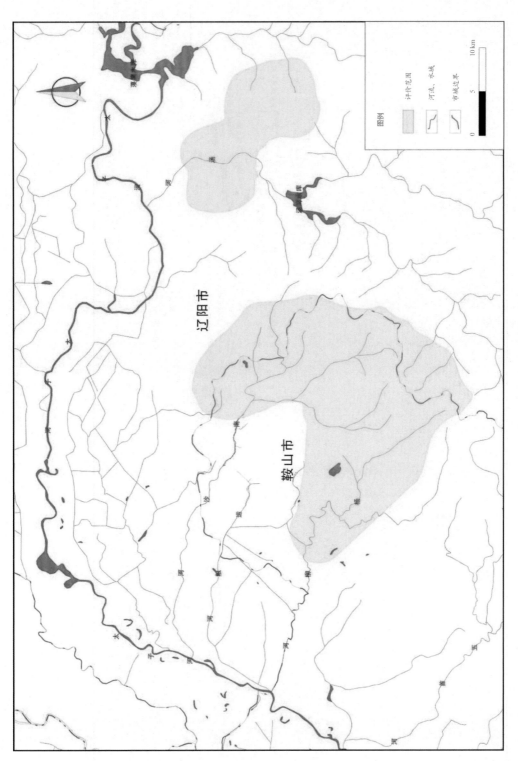

图 2-6 评价区域地表水系分布图

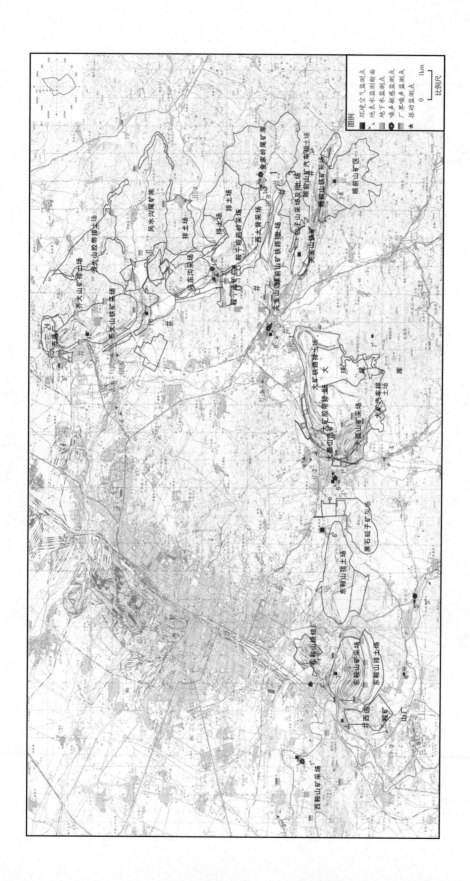

图 2-7 规划项目环境质量监测点位图（鞍山矿区）

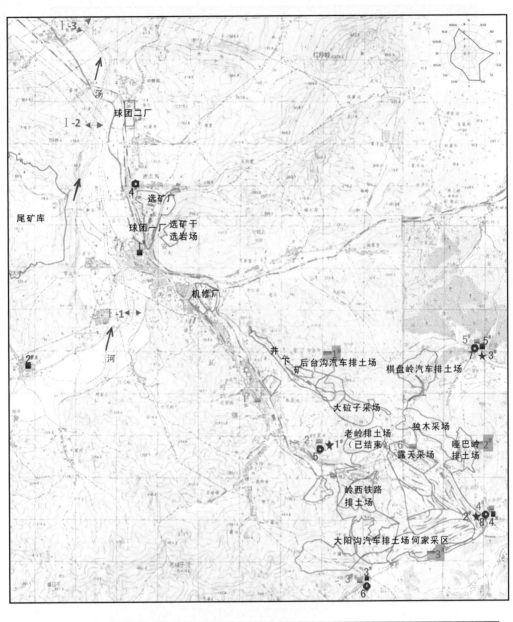

图例

■ 环境空气监测点　　　▲ 地表水监测断面　　　■ 地下水监测点

⬣ 噪声敏感监测点　　　■ 厂界噪声监测点　　　★ 振动监测点

比例尺　0　　　1km

图 2-8　规划项目环境质量监测点位图（弓长岭矿区）

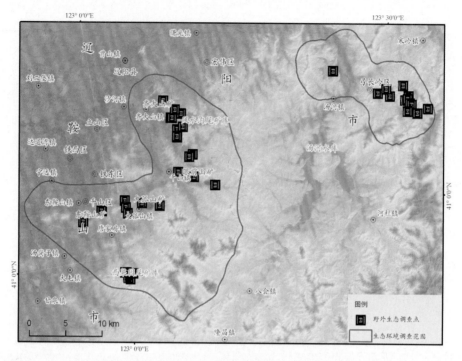

图 2-9　生态评价区范围及野外生态调查点分布

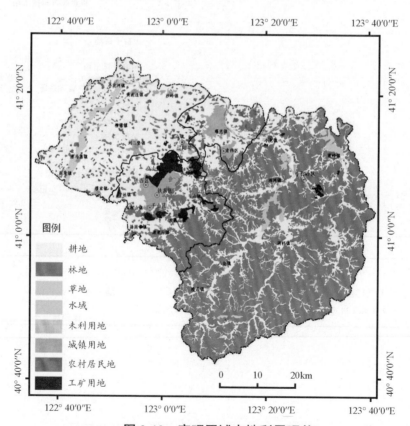

图 2-13　宏观区域土地利用现状

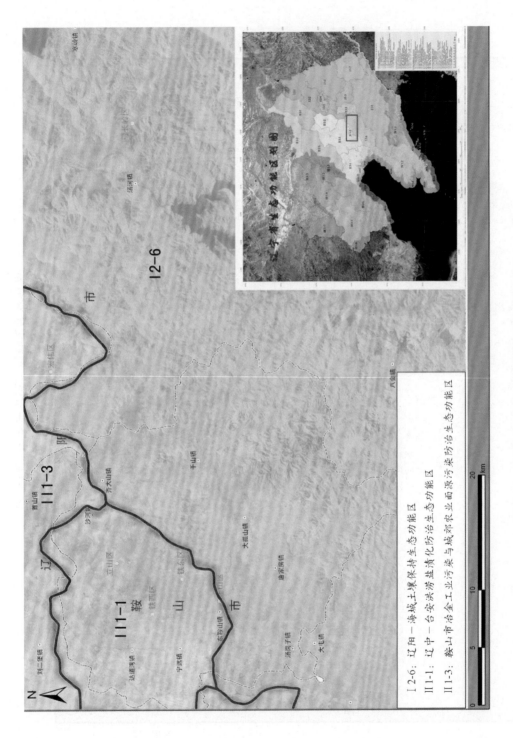

I 2-6：辽阳-海城土壤保持生态功能区

II 1-1：辽中-台安渍涝盐渍化防治生态功能区

II 1-3：鞍山市冶金工业污染与城郊农业面源污染防治生态功能区

图 2-11　辽宁省生态功能分区及评价区位置

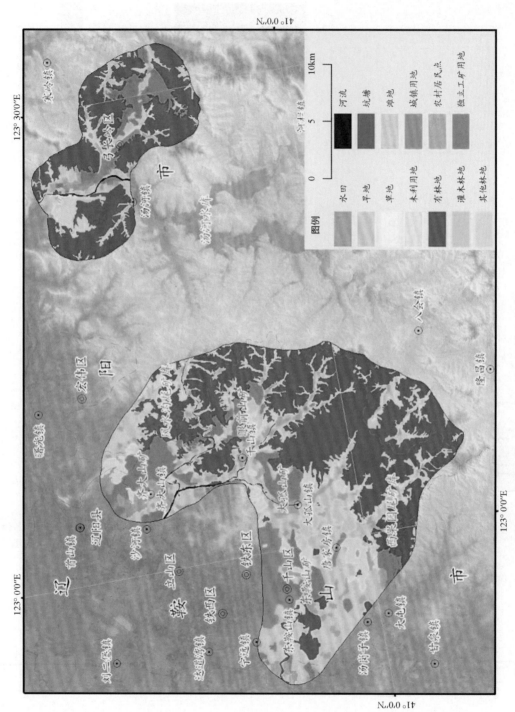

图 2-14 生态评价区土地利用现状分布

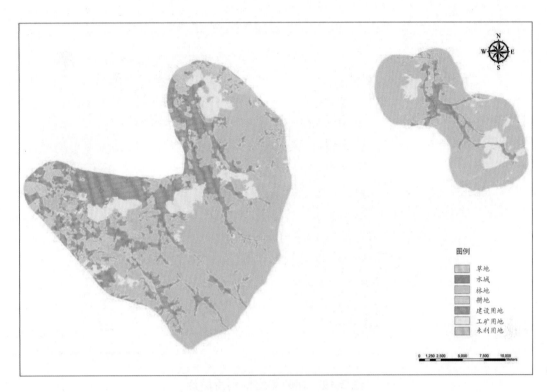

图 2-16　1992年土地利用解译

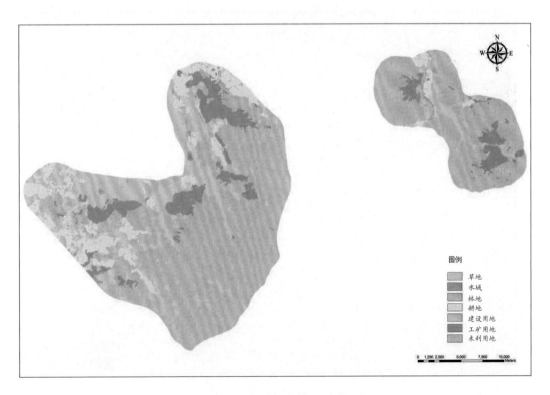

图 2-18　2001年土地利用解译

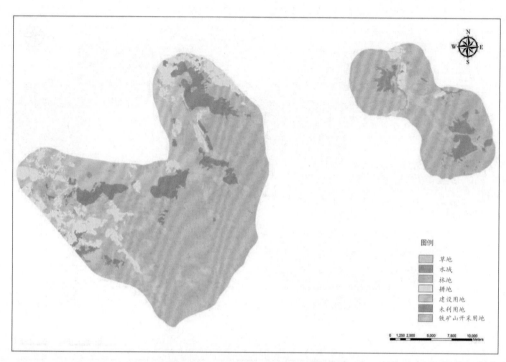

图 2-19　2007年土地利用解译

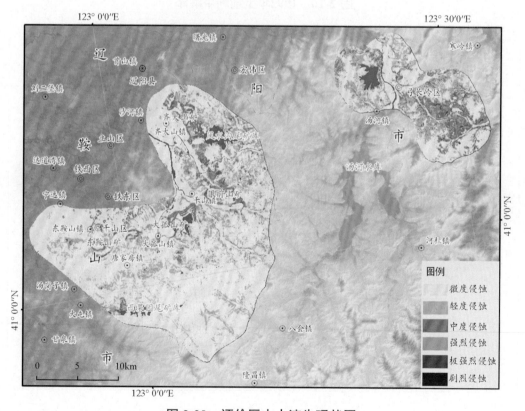

图 2-20　评价区水土流失现状图

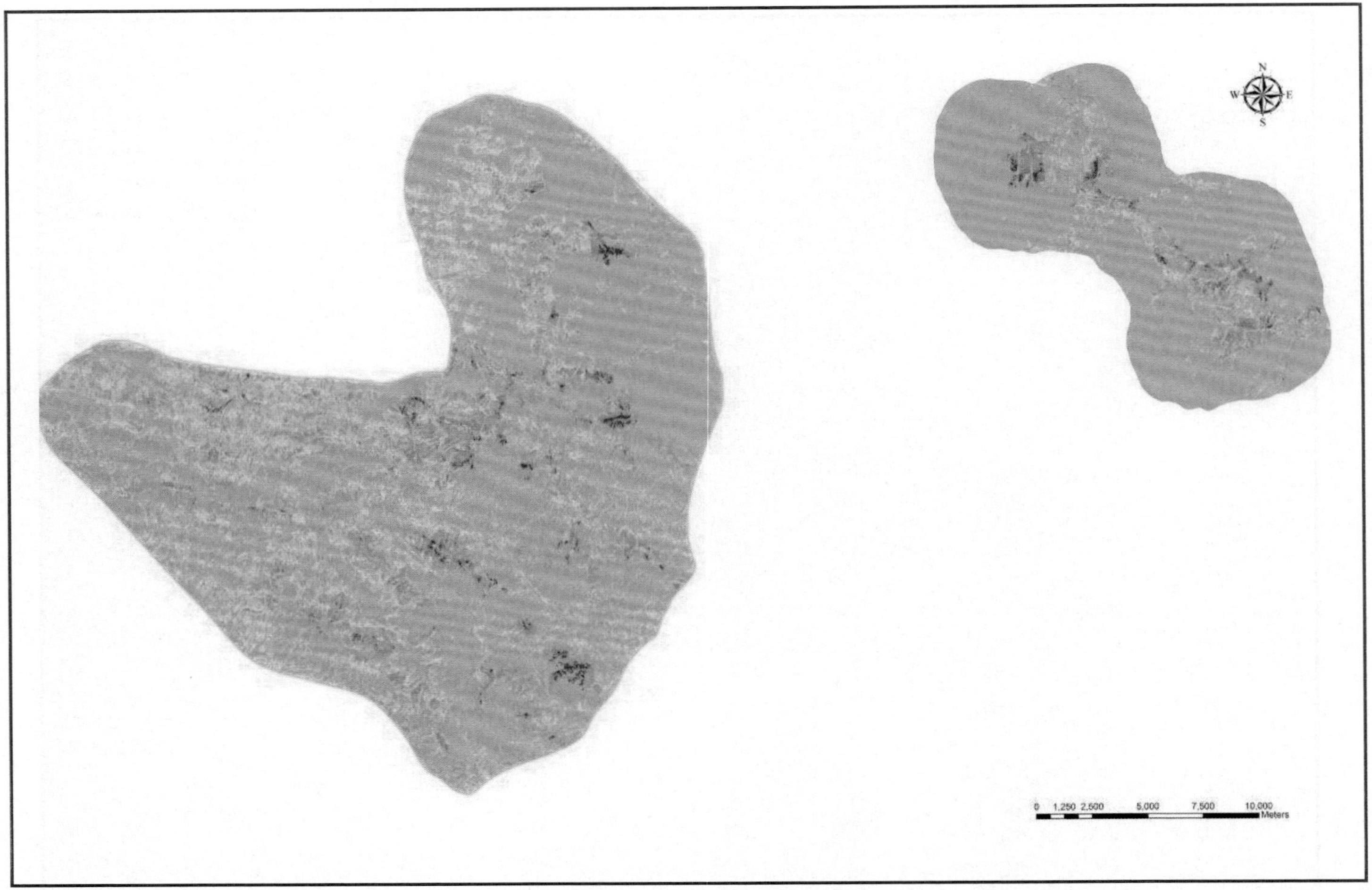

图 2-21　2007年土壤侵蚀图

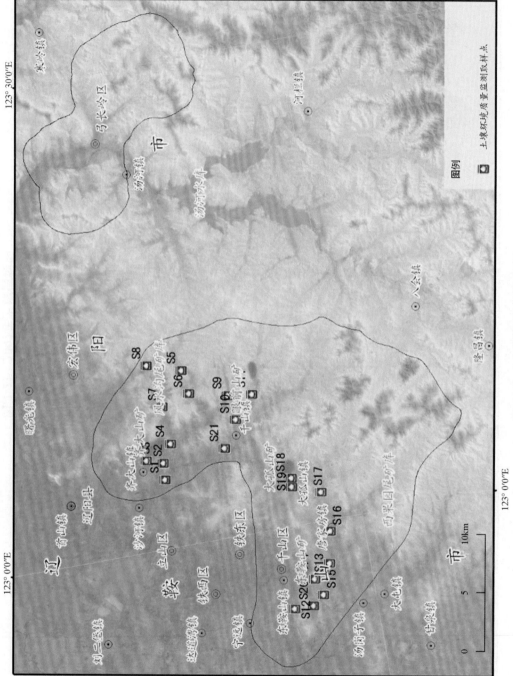

图 2-22　土壤监测点分布图

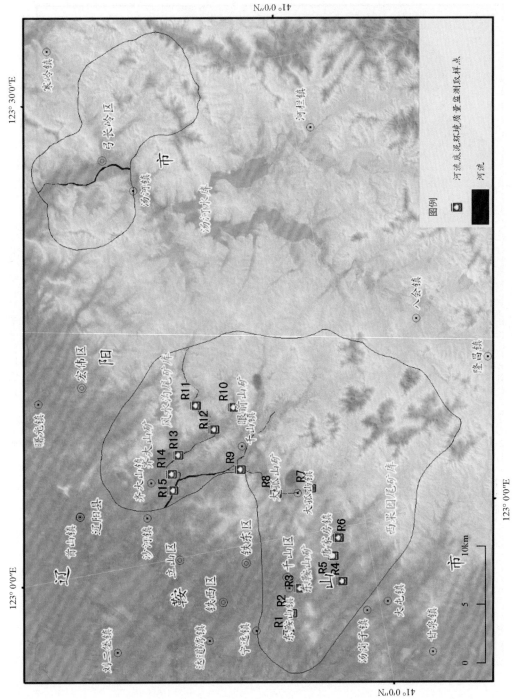

图 2-23　河流底泥监测位置点

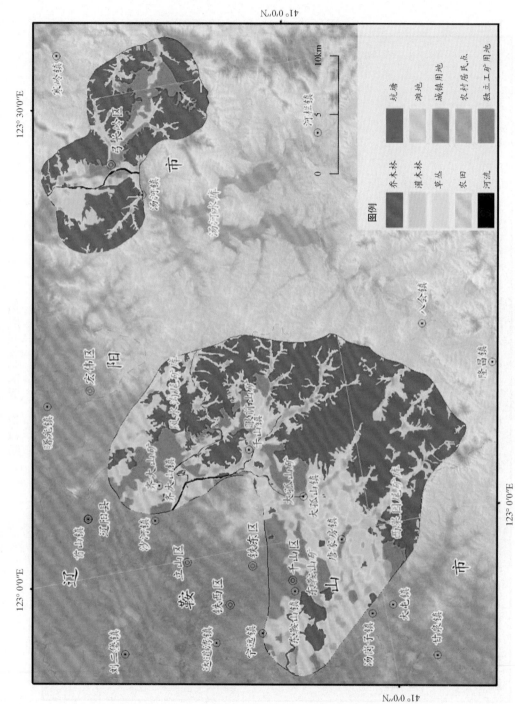

图 2-24　评价区植被类型空间分布

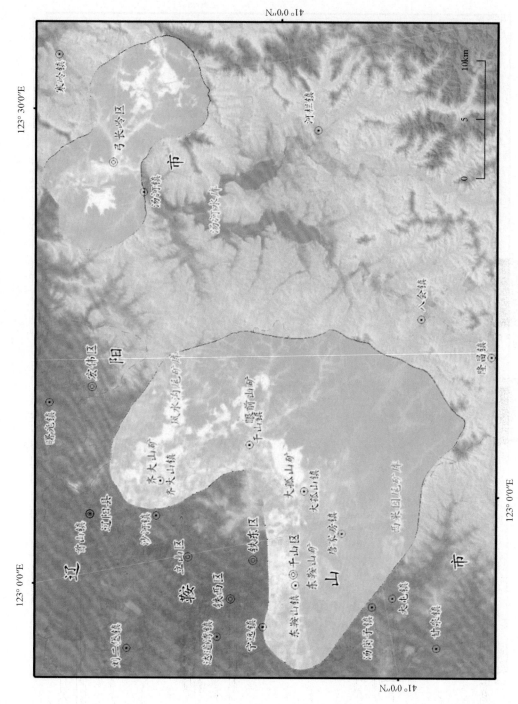

图 2-25 评价区植被生产力空间分布

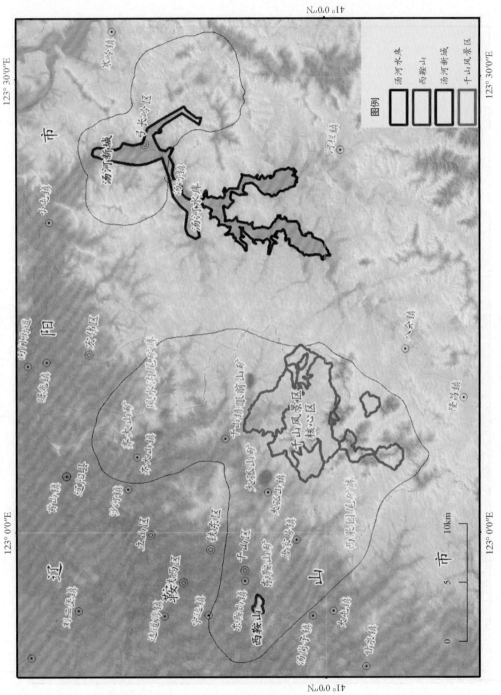

图 2-26 生态敏感区分布

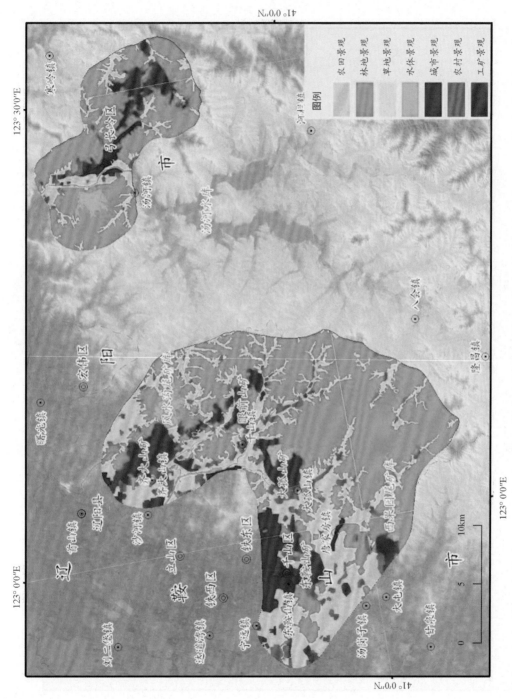

图 2-28 评价区景观分布图

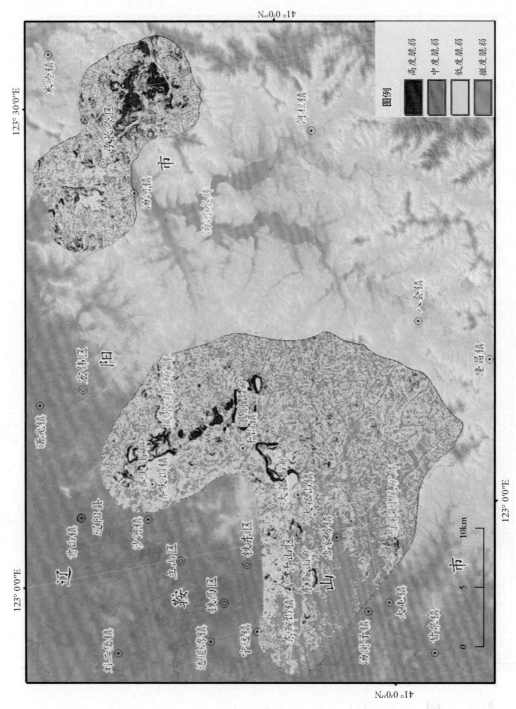

图 2-29　生态脆弱性现状分布

表2-44 扬尘尘源解译表

类　型	面积/m²	典型照片	遥感标志
排土场	17062621		
采　场	9537400		
尾矿库干坡段	988887		

注：面积计算是扣除排土场复垦区域面积。

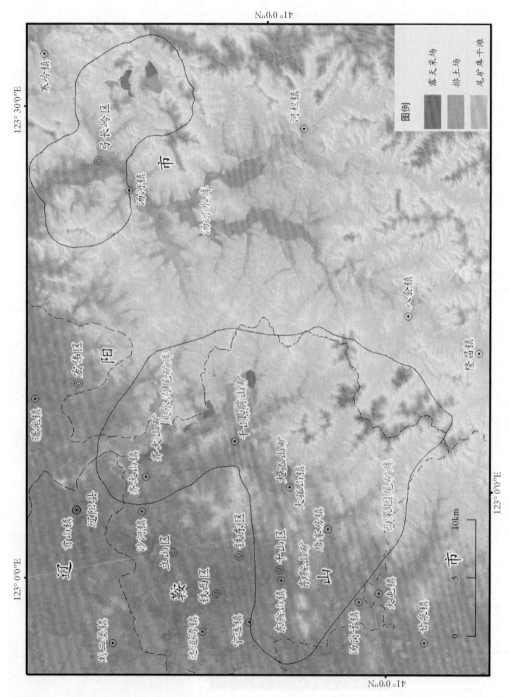

图 2-30 鞍钢矿山规划区域扬尘尘源分布

(a) 齐矿排土场暴雨滑坡（溜滑）

(b) 齐矿矿坑边坡小型溜滑

(c) 鞍千矿业采场内的小型滑坡、崩塌

(d) 规划区泥石流物质源

(e) 齐大山矿排土场地面裂缝

(f) 尾矿库土地及设施沙化、失稳

(g) 地下开采地面塌陷及排土场滑坡隐患

图 2-31　矿山地质灾害照片

图 2-33　大孤山东山排土场复垦效果

图 2-34　东烧前峪尾矿库复垦效果

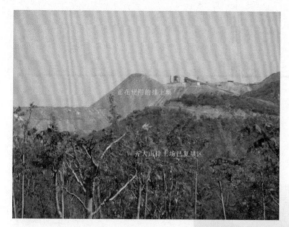

齐大山铁矿排土场复垦

眼前山杨树林

眼前山复垦后成熟的果树

东鞍山排土场复垦

图 2-35　规划区域生态复垦绿化效果

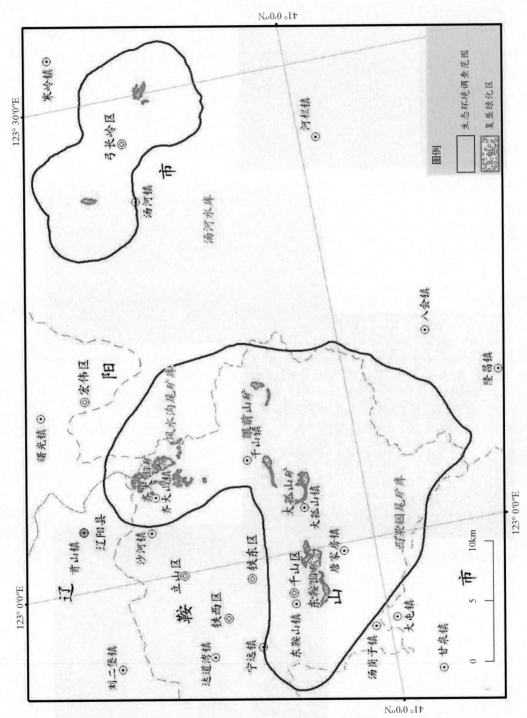

图 2-36　评价区现状生态复垦绿化区分布

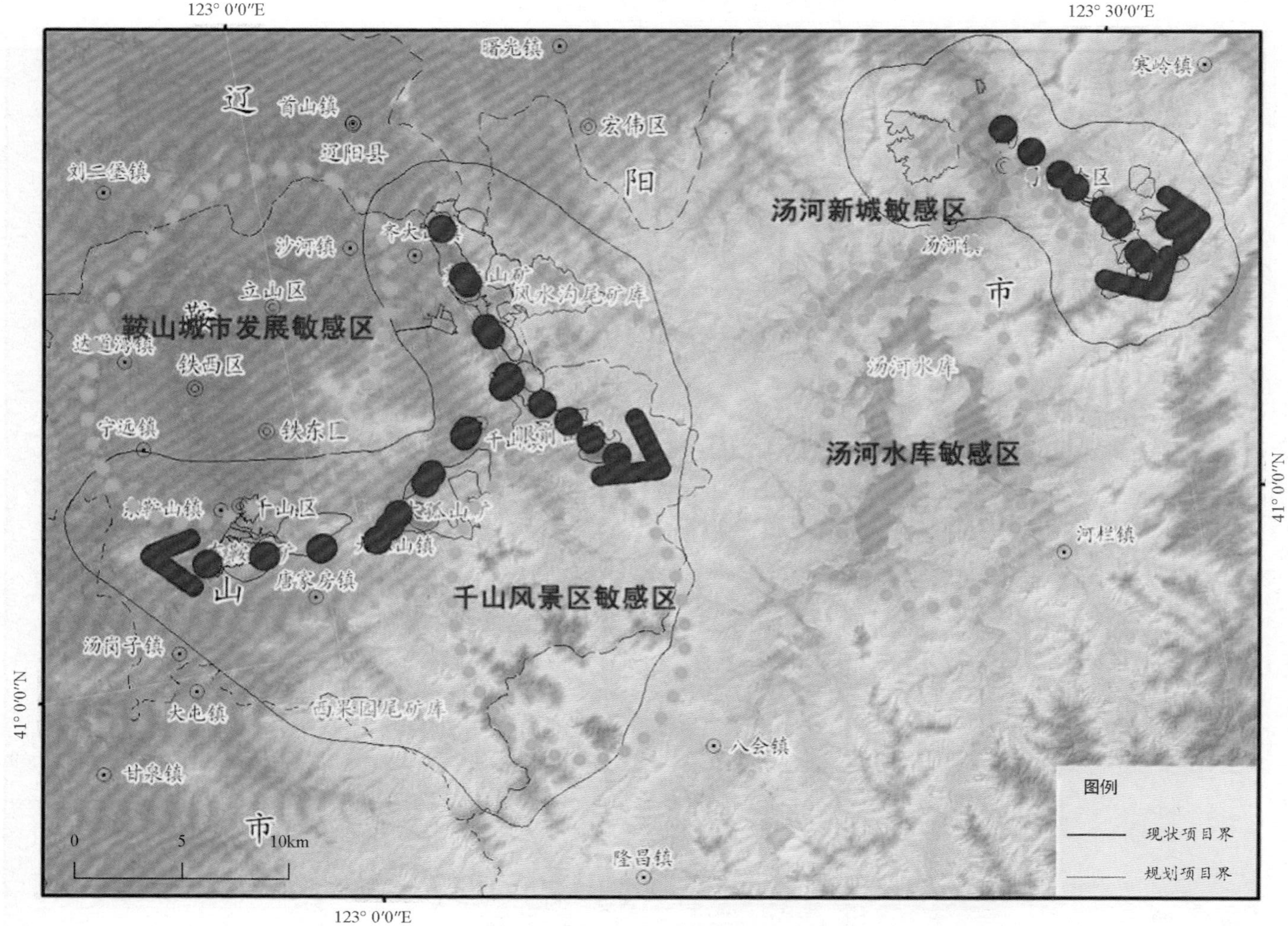

图 3-1 规划景观格局影响分析图

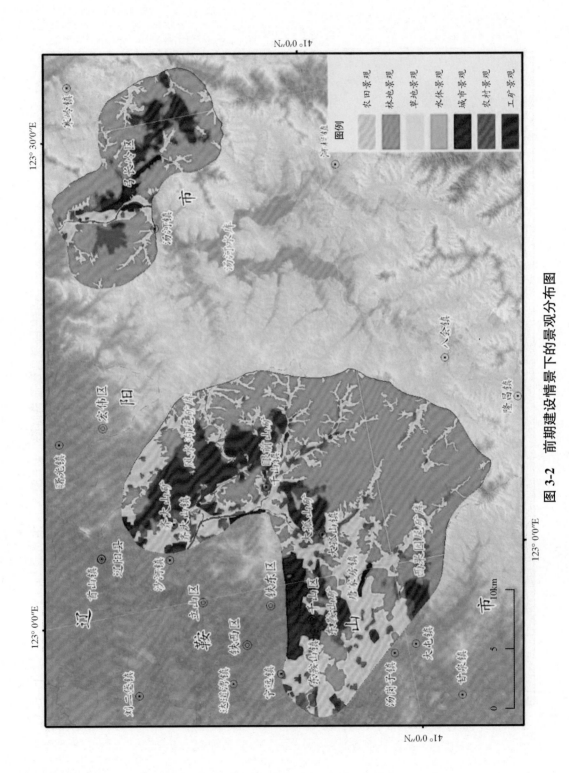

图 3-2　前期建设情景下的景观分布图

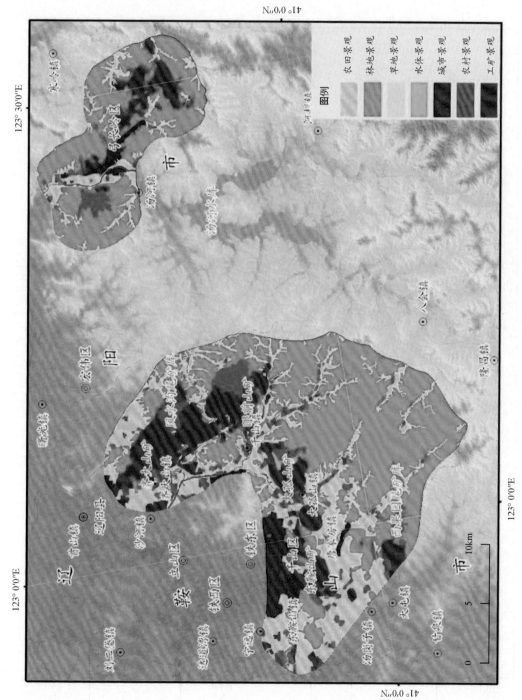

图 3-3　完全建设情景下景观预测

图例

	农田景观
	林地景观
	草地景观
	水体景观
	城市景观
	农村景观
	工矿景观

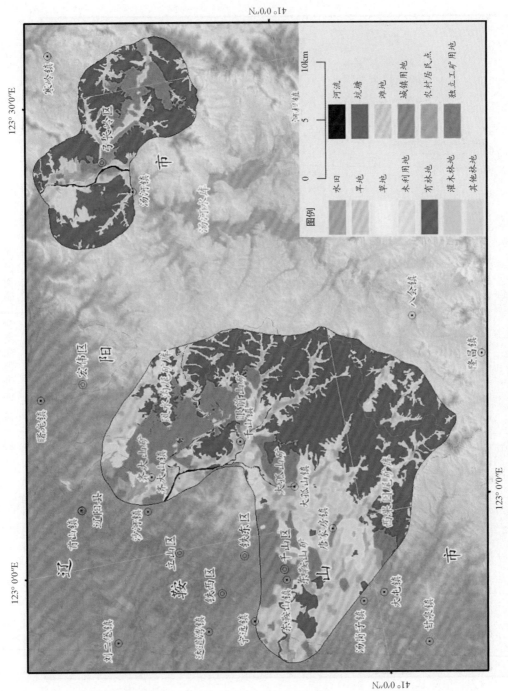

图 3-4 前期建设情景下土地利用范围

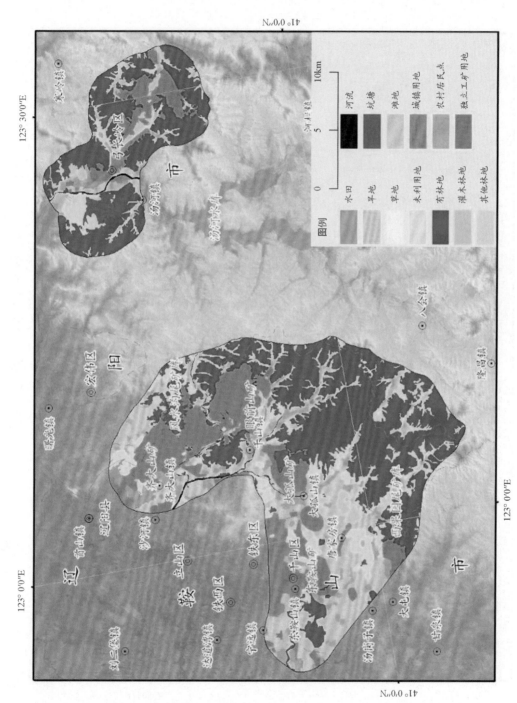

图 3-6 完全建设情景下土地利用范围

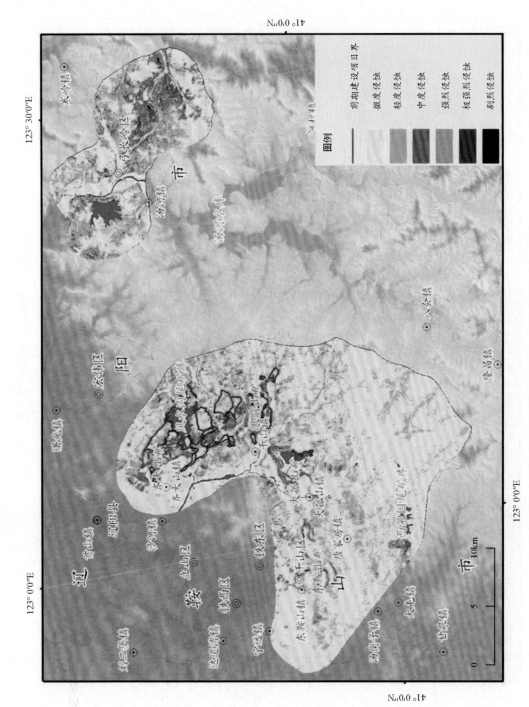

图 3-8　前期建设情景下水土流失影响预测

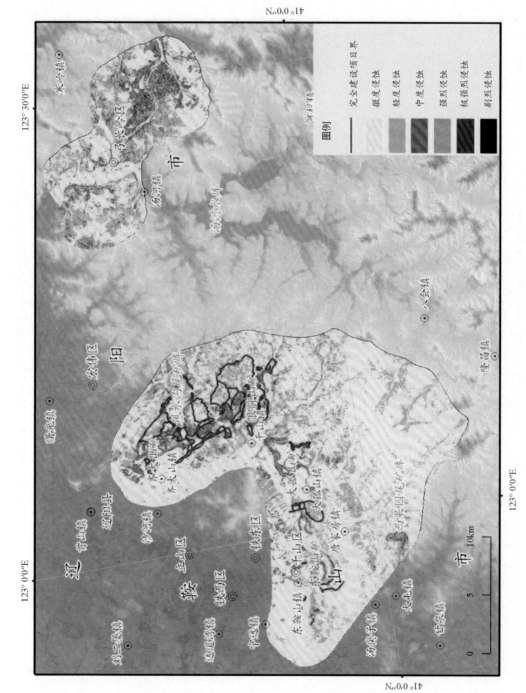

图 3-9 完全建设情景下水土流失影响预测

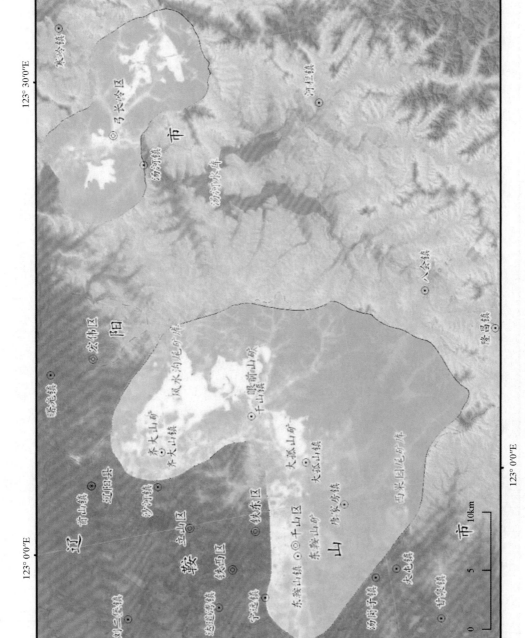

图 3-10　前期建设情景下的植被生产力影响空间分布预测

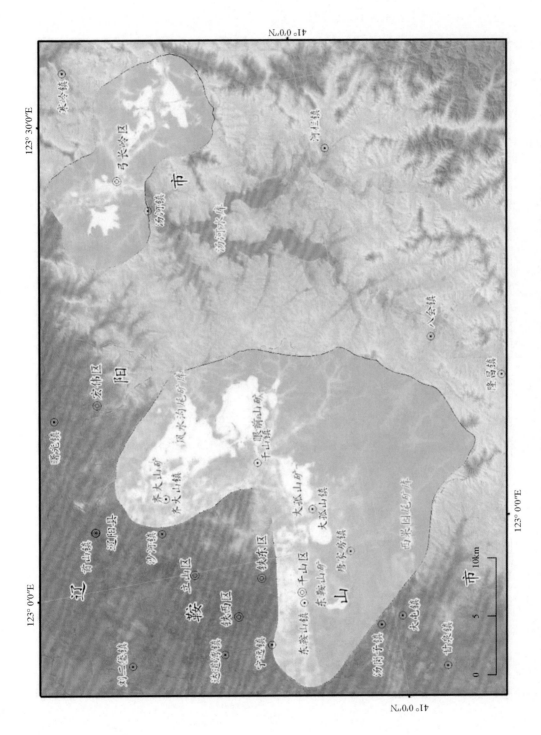

图 3-11 完全建设情景下的植被生产力影响空间分布预测

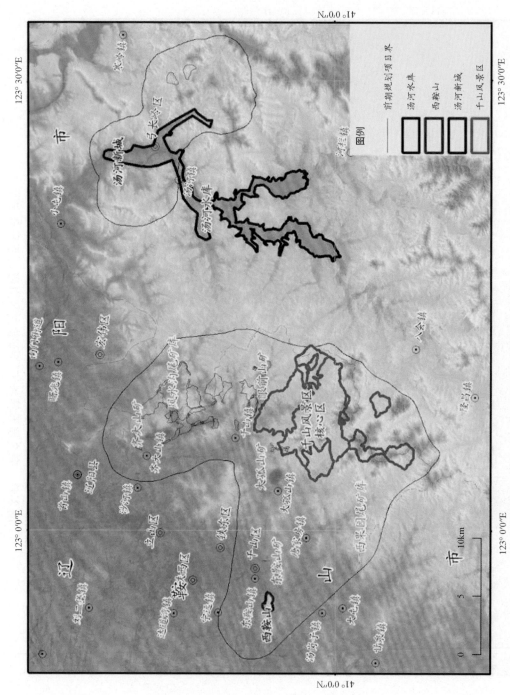

图 3-12　前期建设情景下敏感区影响分析预测

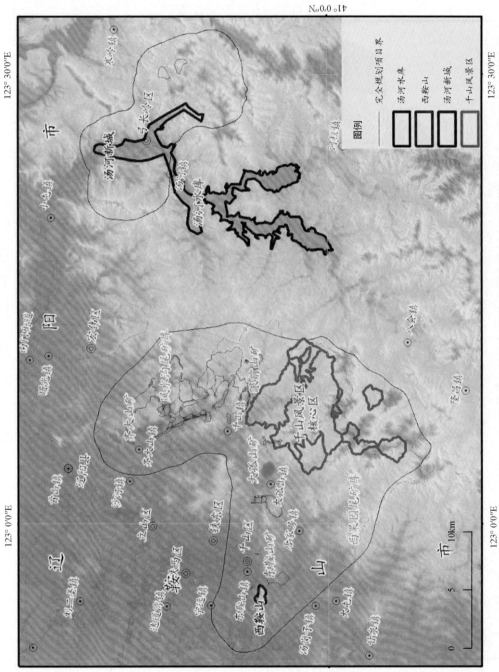

图 3-13 完全建设情景下敏感区影响分析预测

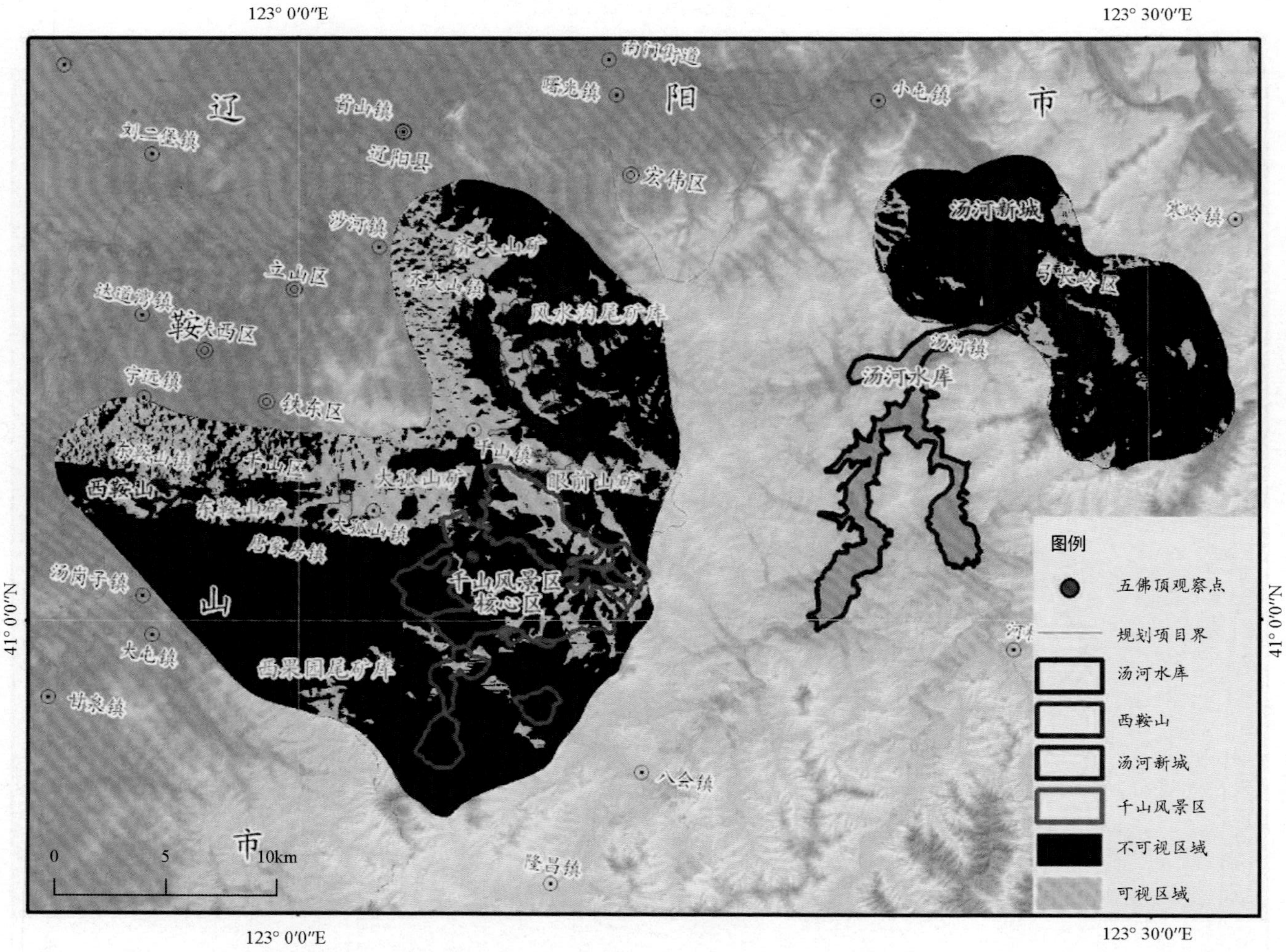

图 3-14　评价区区域可视性分析

图 3-15　在千山观察大孤山尾矿库概貌

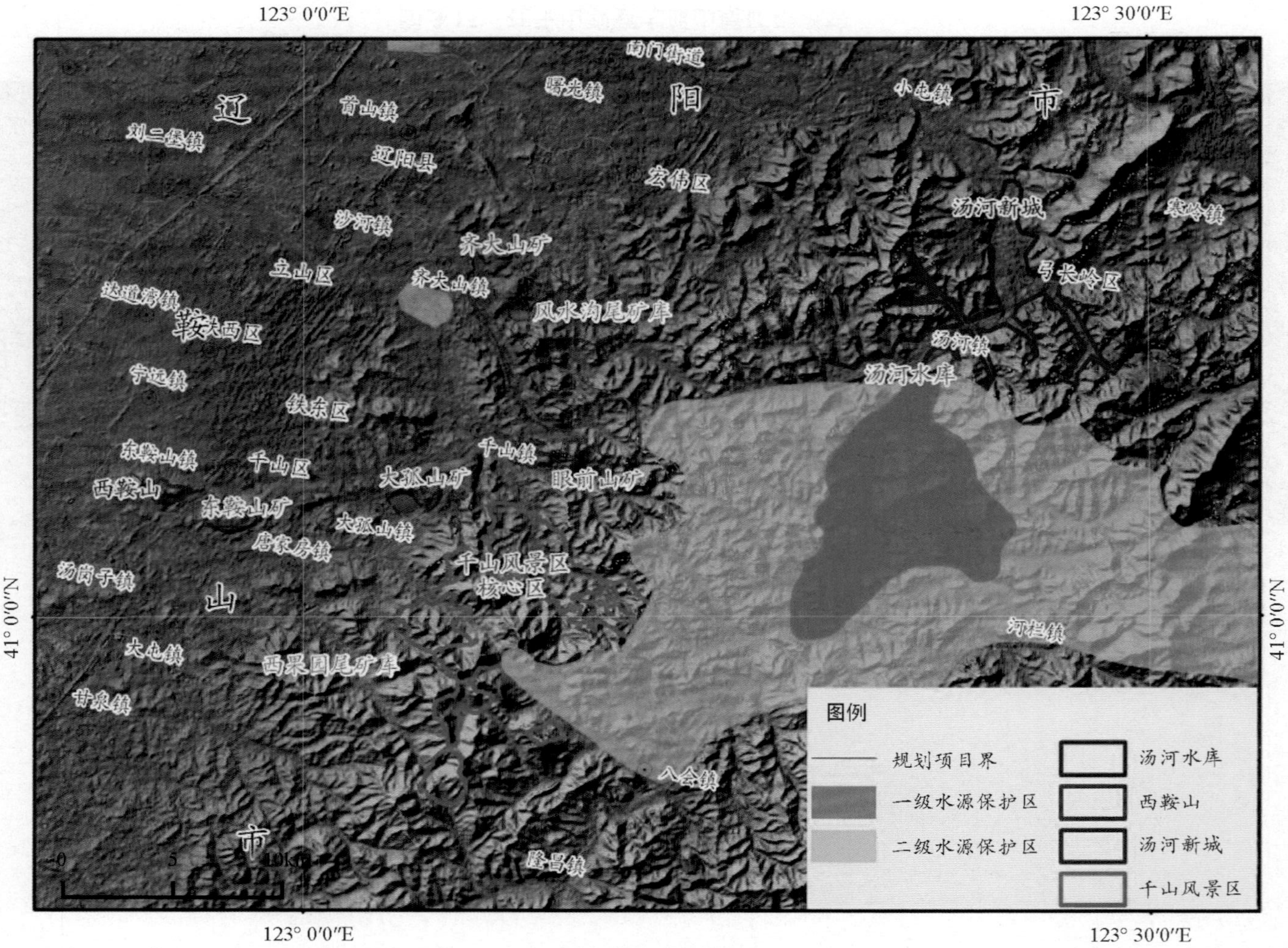

图 3-16 评价区区域地势水文分析

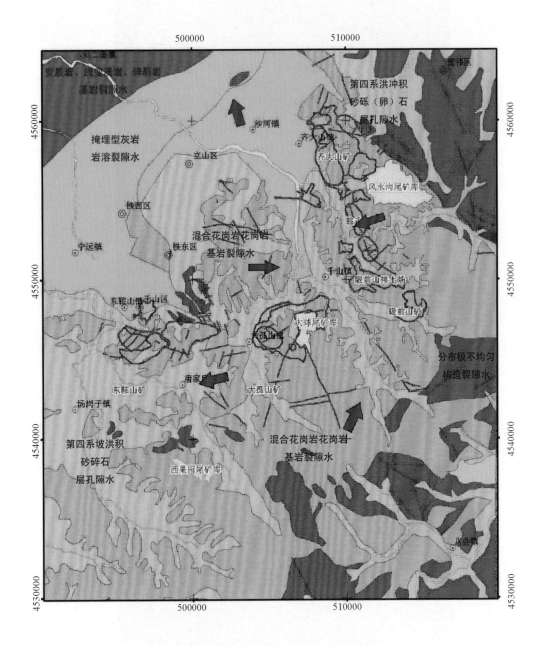

图 3-17　鞍山矿区水文地质图

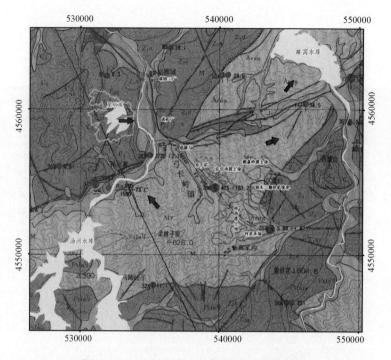

图 3-18　辽阳弓长岭矿区水文地质图

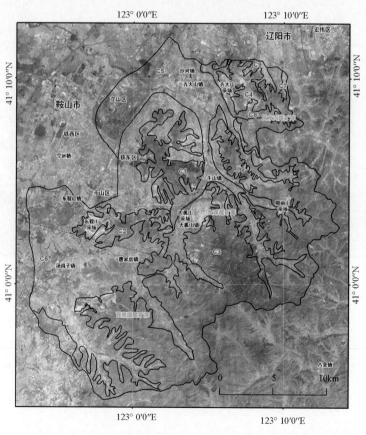

图 3-19　鞍山规划区地下水系统计算单元划分图

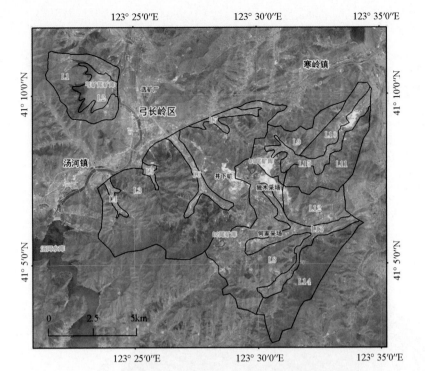

图 3-20　弓长岭规划区地下水系统计算单元划分图

(a) 齐大山排土场　　　　　(b) 排土场场地基底地层结构

(c) 凤水沟尾矿库现状　　　　(d) 尾矿库基底地层

(e) 尾矿库山体地层结构

图 3-21　规划项目矿区地层结构

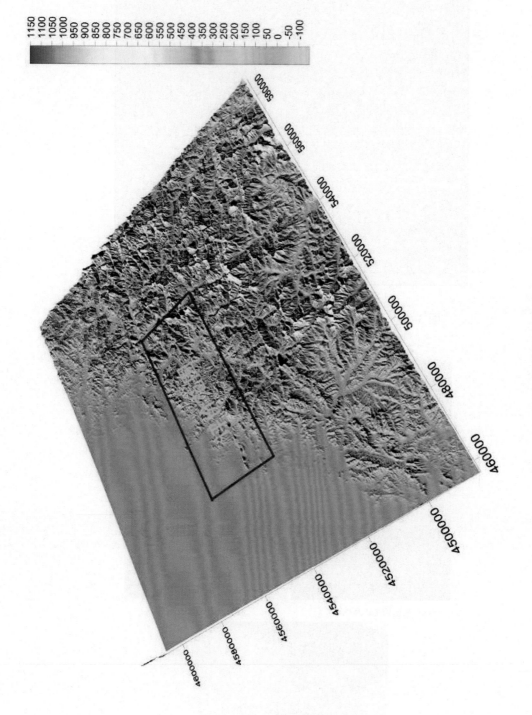

图 3-23　空气影响评价区域地形图

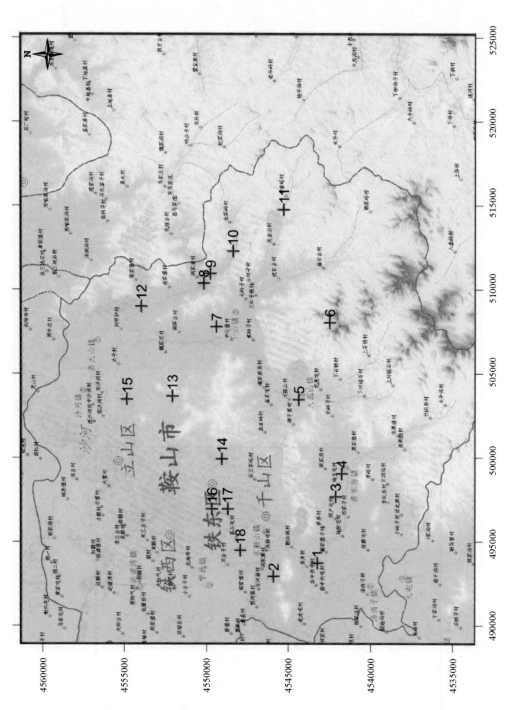

图 3-24　鞍山敏感点分布图

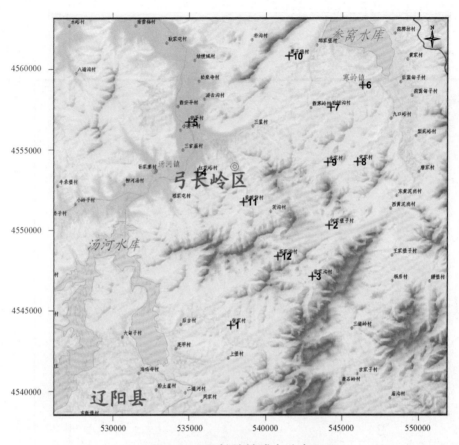

图 3-25　弓长岭敏感点分布图

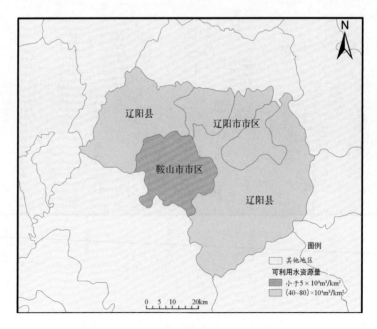

图 5-1　鞍山市和辽阳市水资源量对比

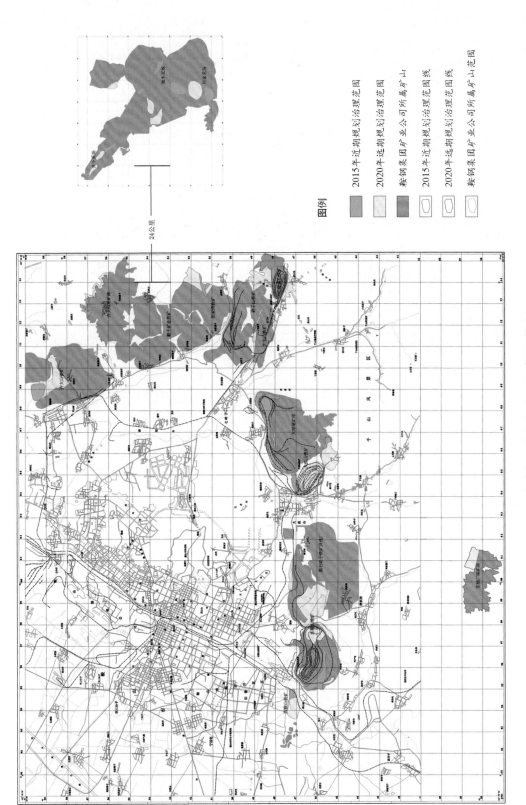

图例

2015年近期规划治理范围

2020年远期规划治理范围

鞍钢集团矿业公司所属矿山

2015年近期规划治理范围线

2020年远期规划治理范围线

鞍钢集团矿业公司所属矿山范围

图 4-1　规划项目生态治理、复垦范围图

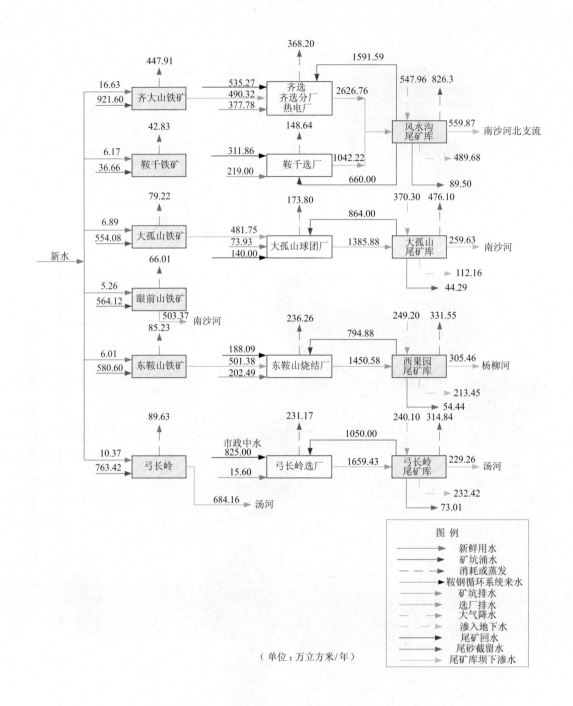

图 5-2　规划矿区现状供、排水平衡分析

（单位：万立方米/年）

图 例
- ——————▶ 新鲜用水
- ——————▶ 矿坑涌水
- -- -- -- ▶ 消耗或蒸发
- ——————▶ 鞍钢循环系统来水
- ——————▶ 矿坑排水
- ——————▶ 选厂排水
- ——————▶ 大气降水
- -- -- -- ▶ 渗入地下水
- ——————▶ 尾矿回水
- ——————▶ 尾砂截留水
- ——————▶ 尾矿库坝下渗水

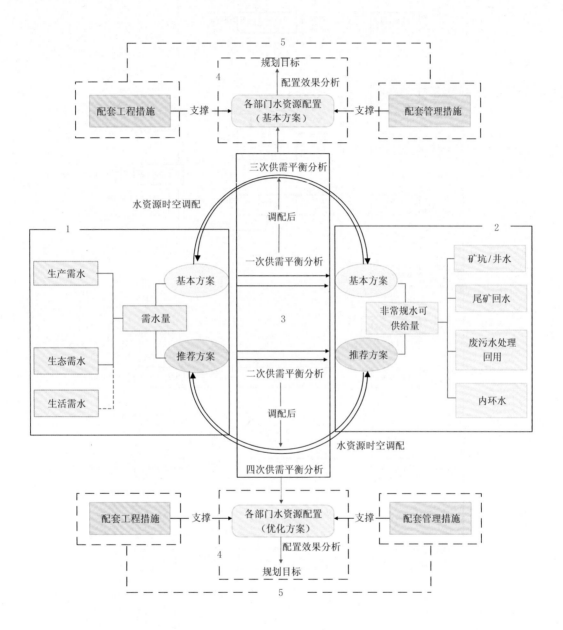

图 5-4 矿山水资源供需平衡分析框架

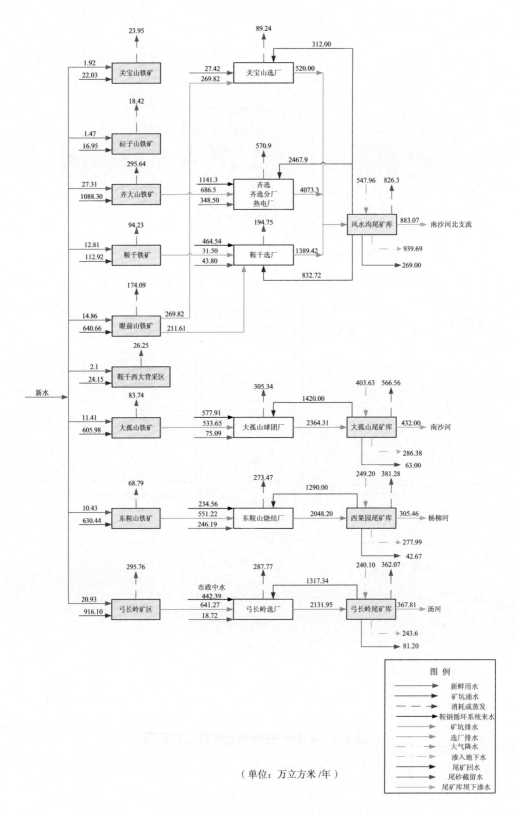

（单位：万立方米/年）

图 5-8 近期（~2015年）规划矿区供排水平衡分析

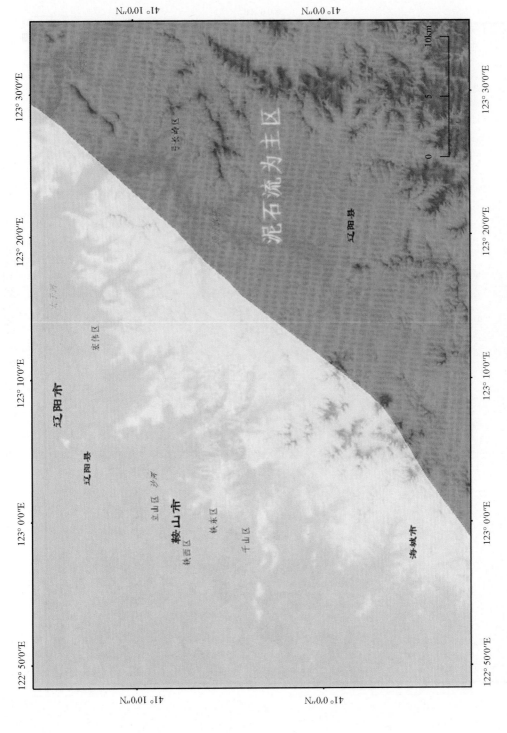

图 6-3　区域地质灾害分区图

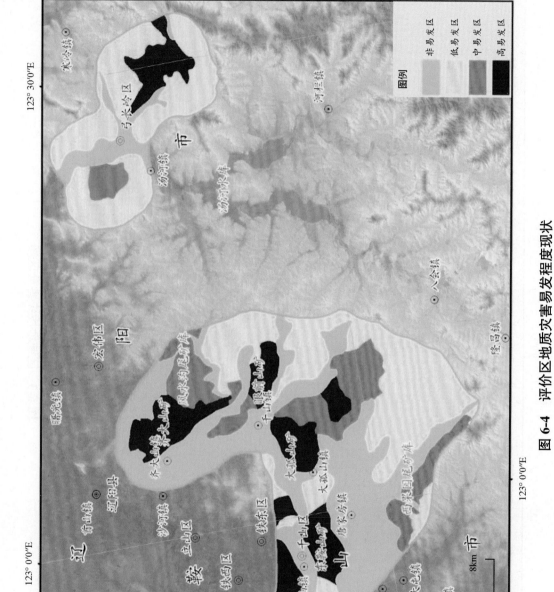

图 6-4 评价区地质灾害易发程度现状

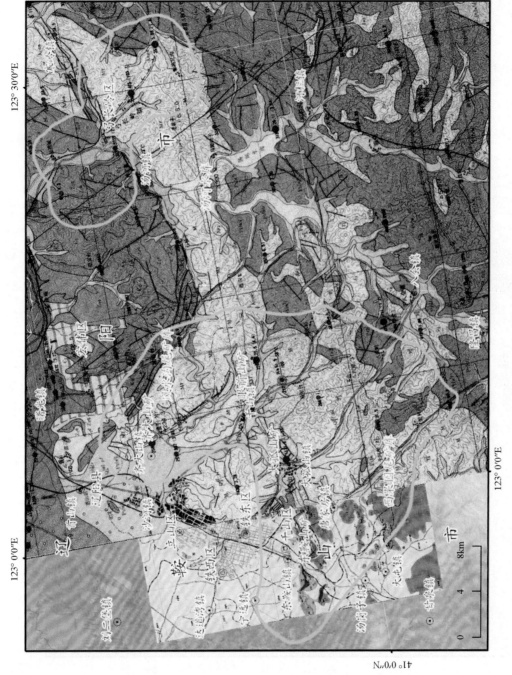

图 6-5 评价区域地质图

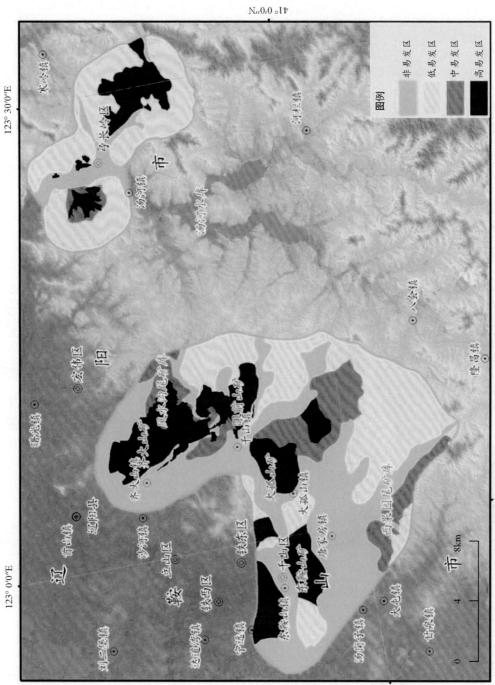

图 6-6 前期建设情景下的地质灾害现状分析

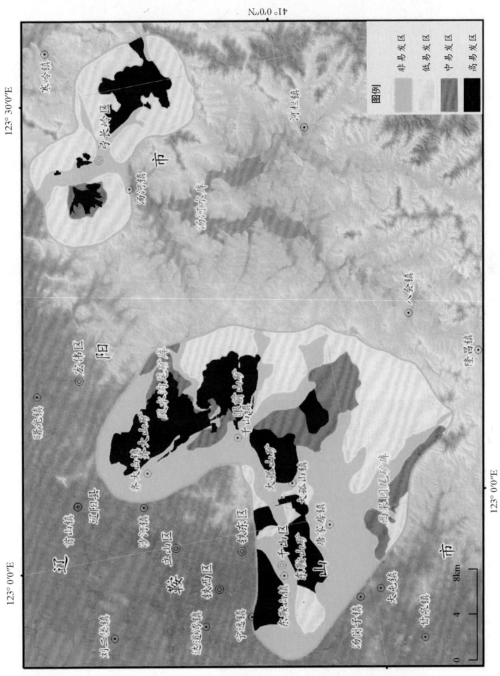

图 6-7 完全建设情景下地质灾害预测分析

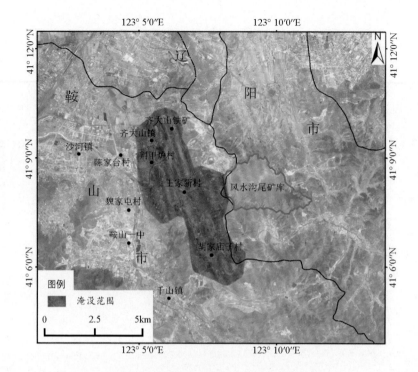

图 6-8 主坝溃坝影响范围（未采用滞污塘）

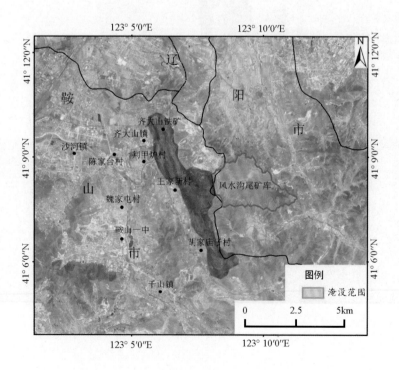

图 6-9 主坝溃坝影响范围（采用滞污塘）

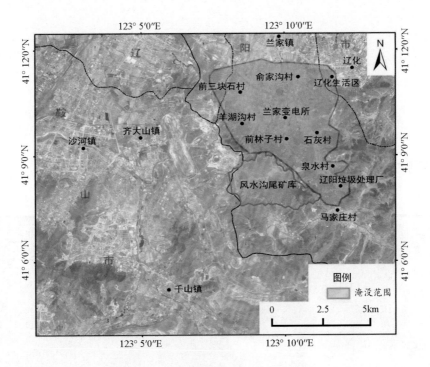

图 6-10　北侧副坝溃坝影响范围

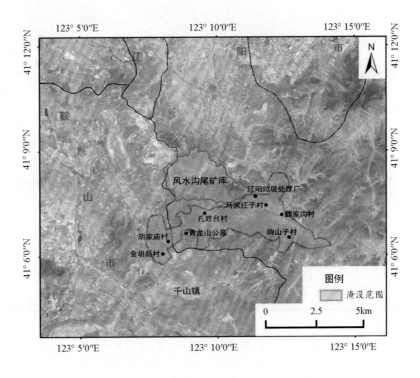

图 6-11　南侧副坝溃坝影响范围

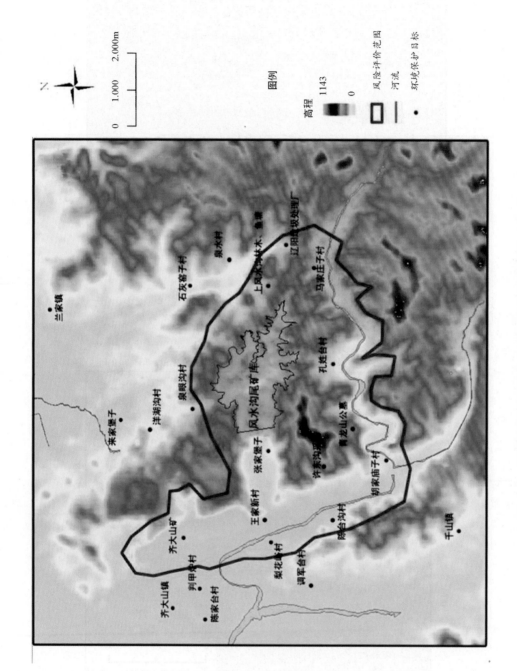

图 6-12 规划风水沟尾矿库风险评价溃坝事故应急响应范围

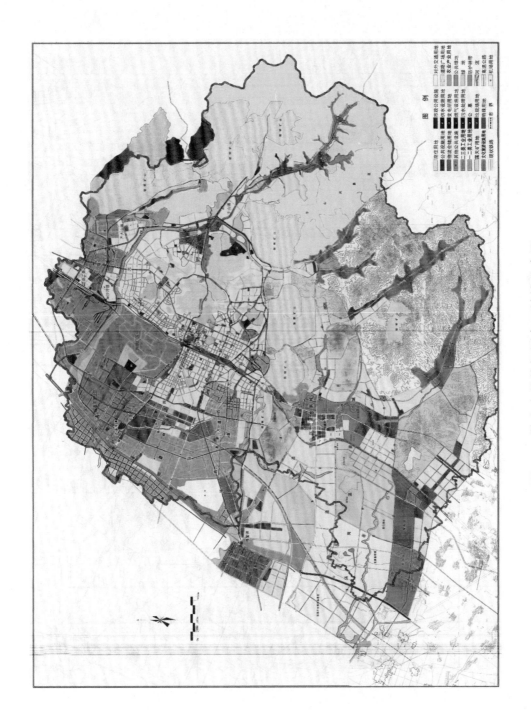

图 7-2　鞍山市总体规划布局地块分布图

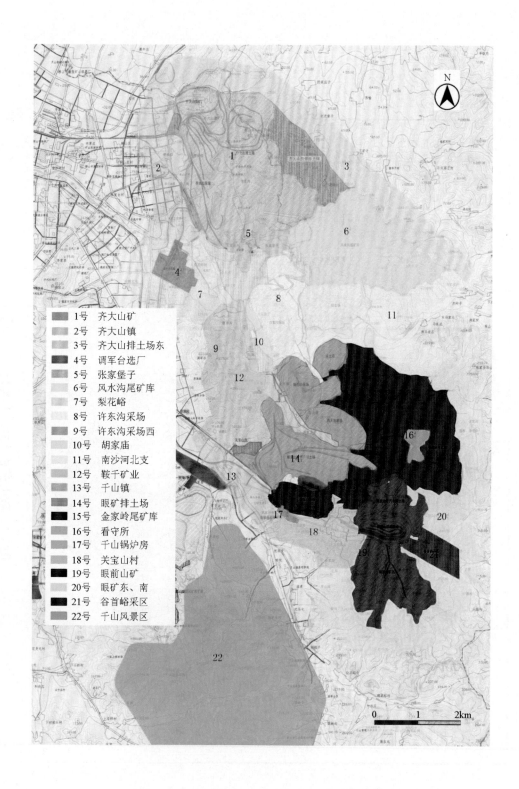

图例：

1号	齐大山矿
2号	齐大山镇
3号	齐大山排土场东
4号	调军台选厂
5号	张家堡子
6号	风水沟尾矿库
7号	梨花峪
8号	许东沟采场
9号	许东沟采场西
10号	胡家庙
11号	南沙河北支
12号	鞍千矿业
13号	千山镇
14号	眼矿排土场
15号	金家岭尾矿库
16号	看守所
17号	千山锅炉房
18号	关宝山村
19号	眼前山矿
20号	眼矿东、南
21号	谷首峪采区
22号	千山风景区

图 7-3　鞍钢矿山规划评价区地块布局方案合理性评价单元设置